微處理機／單晶片
組合語言教學範本

陳正義 博士
李建華 博士

前言

本書主要以科技大學電機系、電子系或是機械系的微處理器原理及實習的課程為設計方針。由於 MCS-8051 架構簡單，是目前被廣泛運用的微處理器。因此，本書採用組合語言程式設計為主，希望由低階單晶片原理及控制技巧，以實作為主、理論為輔，講授 MCS-8051 內部構造、指令執行及輸入/輸出控制之基本知識，以實驗方式大量講解 MCS-8051 常見的介面控制與程式設計技巧，再藉由進階程式問題設計，考驗及提升學員的程式設計整合能力，進而培養學員對實務問題解決實力。本書是以培養學員利用微處理器/單晶片控制於日常生活的應用能力，及提升技術創造能力。

作者在編輯本書時已力求完整，但疏漏之處仍恐難免，尚祈先進及讀者不吝指教。最後作者要在此感謝研究生 劉宗瑋 在實驗上的幫忙，都是促使本書能夠完成之大功臣。另外，感謝碁峰資訊出版企劃部人員的大力幫忙，協助本書排版與相關圖表的修訂，也是幫助本書早日出版之幕後助手，在此獻上十二萬分的謝意。

本書特色

1. 結合 8051.8052 簡易型實驗板，深入淺出講解 8051 內部硬體架構、組織與組合語言指令分析。

2. 結合 KEIL 程式開發環境與 ISP 程式燒錄方式，提供一個微處理機/單晶片組合語言的優質學習平台。

3. 結合原理及典型範例講解方式，在一章節中，詳細介紹實驗主題的原理、軟體設計和硬體設計等技術。

4. 結合程式分析與流程圖及程式撰寫說明，讓讀者熟悉微處理器專案設計過程。

5. 本書提供超過 100 個以上的典型範例，讓讀者可以參考及學習與整合應用。

6. 本書製作了一個單晶片主板及 I/O 實驗板，幫助讀者快速學習單晶片韌體與介面電路之整合設計。此外，單晶片主板還可以應用在專題製作上。

目錄

3 程式開發流程與應用

4 數位輸出及輸入應用

5 副程式與中斷副程式之應用

6 計時器與計數器之應用

7 七段顯示器之應用

8 聲音與音樂之應用

chapter 1

單晶片介紹

本章主要介紹單晶片微電腦內部的結構、種類與功能，期望讀者能具備單晶片微電腦的基礎知識。進而在接下來的章節裡，利用實習板探索單晶片微電腦的程式與介面電路設計之整合應用。若讀者能充分掌握本章各節的內容，對於微控制器的應用電路與相關韌體程式設計，將有莫大的助益。

本章學習重點

- 何謂單晶片微電腦
- 單晶片種類介紹
- MCS-51 及 ATMEL 89C51RD2 的內部結構
- MCS-51 功能特色說明
- 微控制器基本應用電路介紹
- MCS-51 記憶體架構介紹
- 實習板電路介紹
- 問題與討論

1-1 單晶片微電腦系統

單晶片微電腦（Single Chip Microcomputer）就是構成一部微電腦系統必要的元件，主要用於控制相關應用，所以常被稱為微控制器（Microcontroller Unit, MCU）與單晶片微控制器（Single Chip Microcontroller）。一般而言，單晶片微電腦就是把微電腦的結構整合且製造在一個積體電路（IC）上，經由簡單介面電路設計即可形成一個可獨立作業的微電腦控制系統。基本上，微控制器的內部結構具有如圖 1-1 所示的類似 8051 單晶片的核心元件：

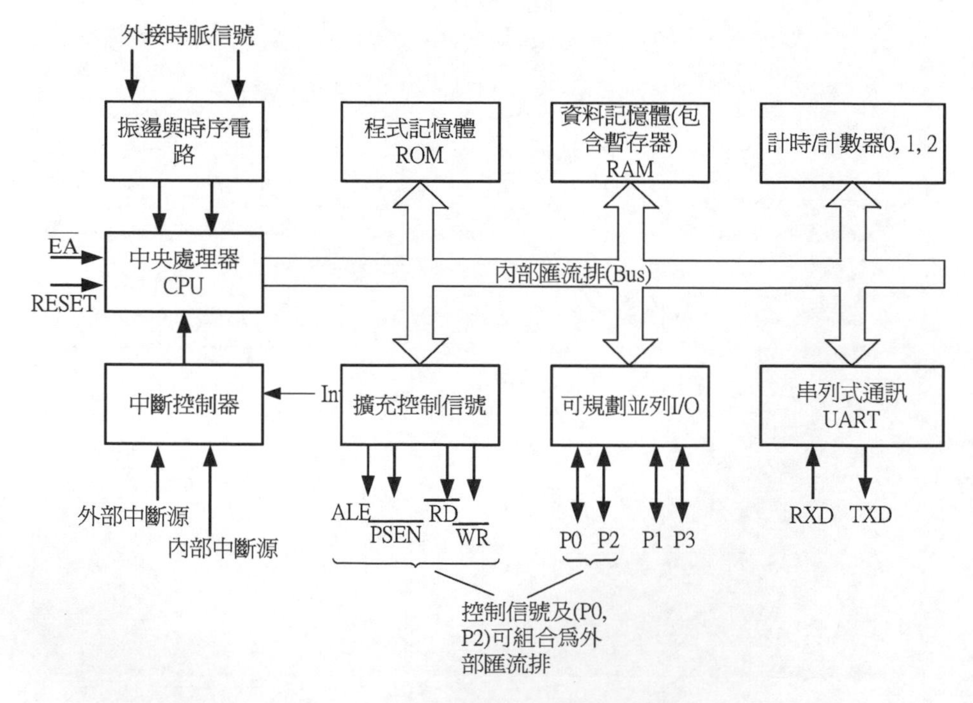

圖 1-1 8051 單晶片內部方塊圖

⊙ 振盪及時序（OSC）：只要在外部加上石英振盪晶體，就可產生頻率非常穩定的脈波，此脈波正是 CPU 中央處理單元工作的主要時序來源。也就是說，微控制器的所有時脈及信號皆以此振盪信號為基準而運作。

- 中央處理器（Central Processing Unit, CPU）：算術邏輯單元（Algorithm Logic Unit, ALU）與邏輯控制單元（Logic Control Unit, LCU）合起來統稱為中央處理單元（Central Processing Unit 或 CPU）。算術邏輯單元是從事微控制器的算術和邏輯運算，例如加、減、乘除或邏輯 AND、OR 等運算，並將資料正確從來源地送到目的地。而控制單元是指揮微控制器運作的邏輯電路，控制單元透過控制匯流排執行指令的提取、解碼及發出執行指令的訊號。因此，中央處理器是整個微控制器的核心，負責從記憶體讀取指令，加以分析與執行指令。

- 暫存器（Register）：用來儲存微控制器在運作過程的暫時資料，例如：累積器（accumulator）、程式計數器（Program Counter）、狀態旗標暫存器...等。注意，微控制器中，暫存器也是屬於記憶體一部份且一般都指向比較前面位址的記憶體。

- 匯流排：微控制器內部各元件間傳送資料的管道稱為匯流排（Bus），可區分為資料匯流排（Data bus），位址匯流排（Address Bus）與控制匯流排（Control bus）。資料匯流排是描述元件之間純粹傳送資料的通道，且可決定一次傳送或是接收的資料量，匯流排是採用並列傳遞方式，對於微控制器而言，又可區分為微控制器對內部的資料匯流排（internal data bus）與微控制器對外界周邊設備的外部資料匯流排（external data bus）兩種。位址匯流排是微控制器用來溝通所要存取（讀取/寫入）記憶體元件的實體位址。控制匯流排是指微控制器除了定址匯流排與資料匯流排以外的控制線路，例如讀取（RD）與寫入訊號（WR）。

- 堆疊指位器（Stack Pointer）或暫存器：堆疊指位器通常是 8 位元暫存器，故堆疊區最大容量是 256 位元。中斷發生時或是程式要執行 PUSH 或 CALL 指令時，堆疊指標（SP）的值會先加 1，然後再把資料推入到堆疊指標所指的堆疊區中存放。注意，此堆疊指位器是執行先進後出的功能。

- ⊙ 隨機存取記憶體（Random-Access Memory, RAM）：用來作為程式設計中，變數或是資料的暫時儲存位置。一般微控制器是採用外部匯流排電路設計，增加程式變數或是資料儲存的空間。

- ⊙ 唯讀記憶體（Read Only Memory, ROM）：用於儲存程式與程式中需要用到資料的儲存位置。注意，在程式執行中，此部份資料只可扮演唯讀的功能。

- ⊙ 輸入與輸出埠（Input and Output Port, I/O Port）：輸入埠（Input Port）負責將外界的命令與資料讀入微控制器中；輸出埠（Output Port）則負責將 CPU 處理之結果與訊號送到外界的裝置中。由於很多微控制器所用之元件，既可當輸入埠用亦可當輸出埠用，因此通常將輸入埠與輸出埠統稱為通用型 I/O 埠。

- ⊙ 計時計數器（TIME/COUNTER）：8051 系列有 2 個計時計數器，8052 系列有 3 個計時計數器，每個計時/計數器有多種模式可供選擇。

- ⊙ 串列傳輸（SERIAL PORT）：經由 RXD、TXD 與外部的電腦或儀器設備連線交換訊息，可選擇不同傳送工作摸式。

此外，還有許多其它共同的特點定義此微電腦或微控制器系統。如同一台電腦一樣，具備大多數這樣的特點，那麼它就可以被稱為『微』電腦或微控制器。這些特點如下：

- ⊙ 『嵌入式』內含一些其他設備（通常是消費產品），使他們能夠控制產品的功能或行為。它是一種電腦軟體與硬體的綜合體，並且特別強調『量身定做』的原則，也就是基於某一種特殊用途，我們就會針對這項用途開發出截然不同的一項系統出來，也就是所謂的客制化（Customize）。因此單晶片微電腦也可被稱作『嵌入式控制器』。

- ⊙ 唯讀記憶體（Read-Only Memory，ROM）是一種半導體記憶體，其特性是一旦儲存資料就無法再將之改變或刪除。通常用在不需經常變更資料的電子或電腦系統中，資料並且不會因為電源關閉而消失。因此執行某個特定任務的韌體程式（Firmware）將被存儲在唯讀記憶體中，在一般產品應用情況下，其韌體程式將不會被改變的。

⊙ 一種低功率設備，電池即可驅動的單晶片微電腦，其消耗功率可能小於 50 毫瓦。

功能較強的單晶片微電腦，內部除了中央處理器（CPU）、記憶體、I/O 等基本結構外，更將計時器、計數器、串列傳輸介面、A/D 轉換器、D/A 轉換器...等等週邊裝置加以整合在晶片內部中。如圖 1-2 所示，微電腦系統 51（Micro Computer System 51, MCS-51）真可謂麻雀雖小，五臟俱全，在一般應用上，已可滿足大部份產品設計需求。

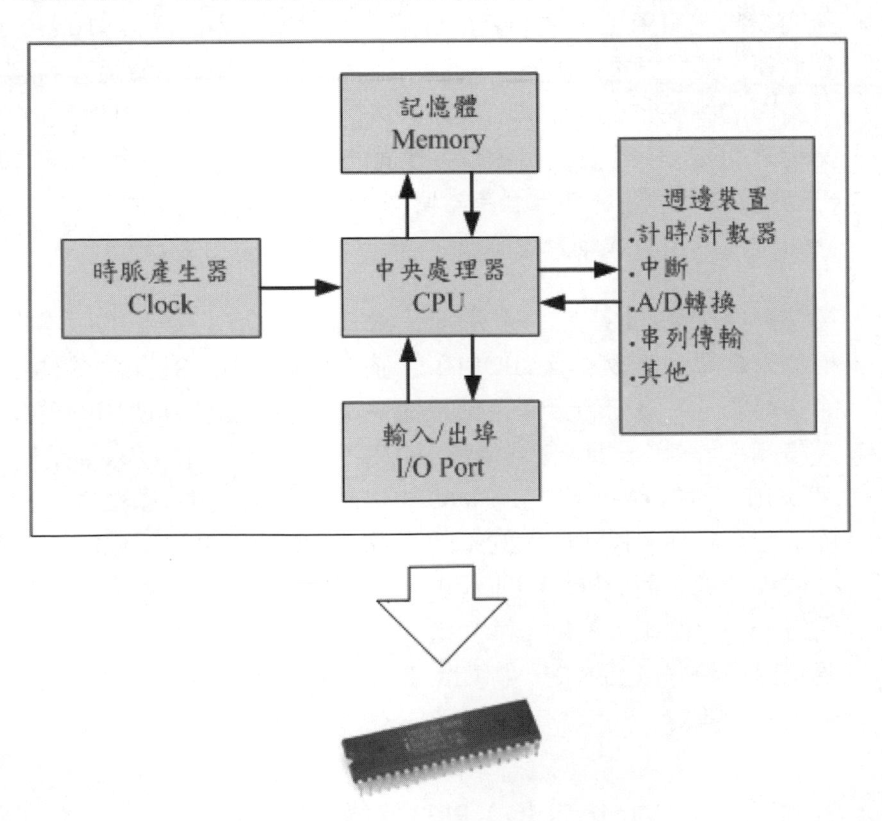

圖 1-2　單晶片微電腦的基本架構圖

目前在單晶片產品市場上，依產品硬體架構不同，大致上可區分為下列二大類。

1. MCS-51（8051）架構

MCS（Micro computer system）-51 系列是目前市面上很受歡迎與加以應用的 8 位元單晶片微電腦，是由英特爾公司（INTEL）於 1981 年製造，普遍地應用在工業系統中。8031、8032 為無 ROM 且只有 RAM（資料記憶體），需外接程式記憶體。8051/8052 為大量生產的 MASK ROM 型，晶片廠把客戶的程式碼，直接在製造時 MASK（光罩）在晶片上的型號。8751/8752 為EPROM型，在 IC 包裝（晶片的外殼）上設置有石英玻璃的透明窗口，可用工業級的紫外線燈，照射窗口內的晶片 10~30 分鐘以清除資料，就能再重新燒錄，此型為工程師設計用或小量生產打樣用。由於有窗口的陶瓷包裝比較貴，所以其後也有出品無窗口的樹脂包裝，因為對晶片廠而言，不管有沒有窗口，裡面的晶片都一樣，故稱無窗口的為 OTP（一次燒錄型）的 8751。因為對使用者而言，OTP的使用方式，就跟PROM一樣，所以也有人稱為 PROM 型的 8751。

英特爾原來 8051 系列的開發利用 NMOS 技術，但後來的版本中，在其名稱加入字母 C（例如，80C51），確定使用 CMOS技術，這樣比 NMOS 節省能源。這使它們更適合於電池供電設備。由於其使用的普及，許多半導體晶片設計公司也有製造與 MCS-51（8051）相容的單晶片，例如由 ATMEL 公司所生產製造的 89C51 單晶片，便與英特爾公司的 8051 單晶片是完全相容。其間最大的不同之處是，89C51 是採用快閃記憶體的可重複燒錄方式，而 80C51 則不可以。目前國內也開發生產與相容產品的廠商也最多，例如：笙泉、華邦電、旺宏、茂矽、民生等。此類型的產品主要應用以資訊產品為主，例如：鍵盤、讀卡機、微電腦電風扇、散分式控制模組...等等。

2. 微晶片（Microchip）PIC 架構

此類產品的應用市場有別於 MCS-51 族群，它提供體積小及低價格的產品，產品規格也具備多樣性，加上微晶片台灣分公司的努力推展以及發展工具取得容易，市面上相關書籍也紛紛出籠，近年來已引起單晶片市場上的重視。有些學校也開始使用此產品取代 8051 為學習單晶片的教材。PIC

產品主要應用市場在一般小家電及工業控制等，例如：全自動 RO 逆滲透沖刷器、空壓機、閥門開度控制器...等等。尤其是低腳數、速度快的產品開發，更增加了它的實用性。例如：Microchip PIC（16CXX）系列、義隆電子 EM78XX 系列、合泰半導體 HT-XXXX 系列等，可說相當豐富。

由於 Intel 推出的 8048/8051 晶片相當早，產品知名度高，市場各種發展工具（如模擬器，燒錄器等）、參考書籍甚多，並且許多學校也以此產品為學習單晶片微電腦的教材，因此市場上的認同度較高。因此本書選用 ATMEL 89C51RD2 單晶片作為教材，此單晶片具備有在系統程式燒錄（In-System Programmable）能力，故只要透過單純的 RS-232 通訊介面即可將程式碼下載至單晶片的快閃記憶體（Flash memory）裡，並且可重複燒寫至少 10 萬次以上，讀者無需另外購買 IC 燒錄器即可進行本書提供的單元學習與實習。因此，本書將以 ATMEL 89C51RD2 單晶片為架構設計實驗板，將焦點聚集在這個單晶片的介紹、硬體設計與韌體程式設計上，讀者應可將本書內容直接擴展至其他相容單晶片整合應用上。

1-2 單晶片種類介紹

目前市面上可買到的單晶片種類相當多，如果以匯流排的位元數來分類，可分為：4、8、16 及 32 位元。一般情況下，位元數越高代表單晶片處理能力較好，相對的它的價格也會較高。不過在設計時，通常會依據功能需求與晶片價格進行評估，選擇一種符合經濟效益的單晶片加以應用。以下為單晶片常用的分類方式：

1. 以指令集來分類

⊙ 精簡指令集運算（Reduced Instruction Set Computing, RISC）：此類提供的基本指令較少，且每個指令的執行時間較短，一般執行一個 RISC 指令只需要一個機械週期（Machine Cycle），例如: 68000 單晶片。

⊙ 複雜指令集運算（Complex Instruction Set Computing, CISC）：此類強調指令的功能性，因此指令集較多。有些應用指令是需要一個機械週期（Machine Cycle）以上才能執行完畢，例如：乘法 MUL 與除法 DIV 指令通常需要 2 至 4 個機械週期。此類單晶片以 8051 為典型代表。

2. 以燒入次數來分類

⊙ 一次燒入（One Time Programmable, OTP）：此種單晶片只允許燒入一次程式碼到單晶片裡，因為成本比較低，一般應用於已開發完成的量產產品上，例如：87C51 晶片。

⊙ 多次燒入（Multi Time Programmable, MTP）：此種單晶片能夠多次燒入或抹除程式碼，一般被使用於學習、開發中、或是初期產品研發上，例如：89C51 晶片。

3. 單晶片產品封裝類型

⊙ DIP（Dual In-line Package）：DIP 或 PDIP 為雙排並列針腳式包裝而成的積體電路（IC），絕大多數中小型的積體電路均採用這種類型包裝，如圖 1-3 所示，其腳位一般不超過 100 個腳位。

圖 1-3 DIP 類封裝圖

⊙ PLCC(Plastic Leaded Chip Carrier):PLCC 為帶引線塑料晶片(Chip)封裝，它屬於表面黏著型包裝之一，外形呈正方形，腳位從四個封裝側邊引出，如圖 1-4 所示，外形尺寸比 DIP 包裝小得許多。

圖 1-4 PLCC 類封裝圖

⊙ QFP（Quad Flat Package）與 PFP（Plastic Flat Package）：QFP 與 PFP 兩者可統稱為 PQFP（Plastic Quad Flat Package），採塑料四方扁平式封裝，其晶片的腳位距離很小，引腳線細，一般大型積體電路都採用這種類型包裝，如圖 1-5 所示。這種形式包裝的晶片必須採用 SMD（表面黏著設備技術），將晶片與電路板之間焊接起來。

圖 1-5 PQFP 類封裝圖

以下列出一些國內比較有知名度的單晶片製造廠商，提供讀者參考。

- ⊙ Intel （MCS51 系列）：http://www.intel.com/
- ⊙ ATMEL（AT & AVR 系列）：http://www.atmel.com/
- ⊙ Microchip（PIC 8, 16 & 32bits 系列）：http://www.microchip.com/
- ⊙ 笙泉科技（MPC & MG 系列）：http://www.megawin.com.tw/
- ⊙ 義隆科技（EMC 78 系列）：http://www.emc.com.tw/
- ⊙ Silicon Labs（C8051 系列）：http://www.silabs.com/
- ⊙ Philips （80C51 系列）：http://www.nxp.com/
- ⊙ TI （MSP430 系列）：http://www.ti.com/
- ⊙ Zilog （eZ80 系列）：http://www.zilog.com/
- ⊙ Maxim （8051 系列）：http://www.maxim-ic.com/
- ⊙ 華邦（Winbond）公司: http://www.winbond.com.tw/
- ⊙ SST 公司: http://www.sst.com/

1-3 8051/8052 單晶片基本功能介紹

如果我們選用 8051/8052 單晶片為 40 支接腳，如圖 1-6 所示，其單晶片的接腳名稱與功用說明如表 1-1 所示，通常具有 4 個 8 位元雙向 I/O 埠。值得注意的是，PORT0 及 PORT2 可以組合為外部記憶體擴充應用，其中 PORT0 可以當為資料匯流排（D0~7）及位址匯流排（A0~7），而 PORT2 則是位址匯流排（A8-15）。另外，PORT3 除了可當作 I/O 埠以外，也可兼具其他特殊功能。詳如表 1-1 功能說明。

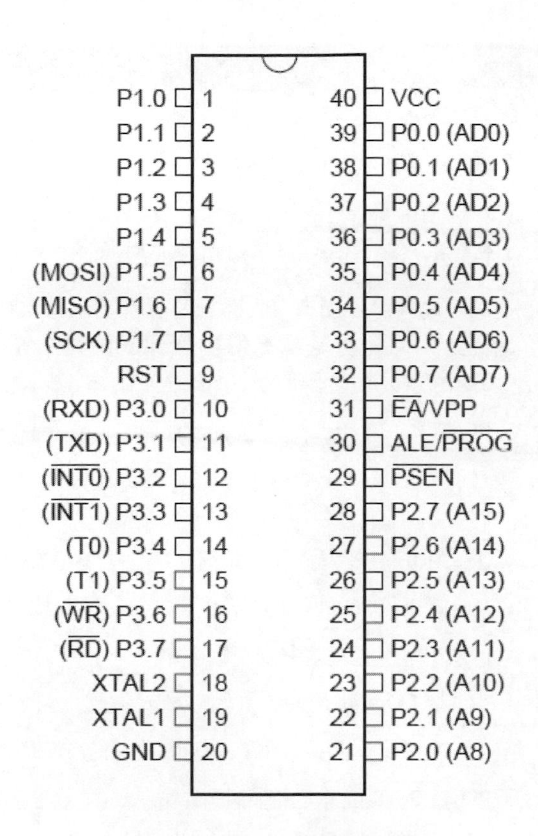

圖 1-6　8051 DIP 腳位圖

表 1-1　MCS-51 接腳功能

接腳	說明
VCC	電源接腳，4.5V~5.5V
VSS	電源之地電位
XTAL1,XTAL2	外部振盪器輸入腳
RESET	重置輸入腳，正常工作下需保持低電位（Low），若有需要強制系統重置，只要輸入一高電位（High）脈衝，大於 2 個機械週期，就可以完成重置動作

接腳	說明
$\overline{EA}$/VPP	程式記憶體選擇腳 High：讀取內部程式記憶體 Low：讀取外部程式記憶體
P0.0~P0.7	PORT0：8 位元之輸入/輸出埠 此埠為開洩極結構，內部沒有提升電阻，作為輸入/輸出埠時，需外接提升電阻。可是當應用為外部記憶體擴充時，可當作資料匯流排（D0~7）及位址匯流排（A0~7）
P1.0~P1.7	PORT1：8 位元之輸入/輸出埠 具有內部提升電阻（約 30KΩ）的雙向輸入/輸出埠。另外在 8052 模式，P1.0 及 P1.1 具有以下功能： 1. P1.0：T2（計時/計數器 2 的外部輸入腳） 2. P1.1：T2EX（計時/計數器 2 處於捕取或載入模式下的觸發輸入腳）
P2.0~P2.7	PORT2：8 位元之輸入/輸出埠 1. 當 I/O 埠應用時，具內部提升電阻（約 30KΩ）的雙向輸入/輸出埠 2. 外部記憶體擴充時，當作位址匯流排（A8~15）
P3.0~P3.7	PORT 3：8 位元之輸入/輸出埠 1. 一般 I/O 使用，具內部提升電阻（約 30KΩ）的雙向輸入/輸出埠 2. 當作為特殊功能時，各腳功能如下： • P3.0：RXD（串列埠的輸入腳） • P3.1：TXD（串列埠的輸出腳） • P3.2：$\overline{INT0}$（外部中斷 0 的輸入腳） • P3.3：$\overline{INT1}$（外部中斷 1 的輸入腳） • P3.4：T0（計數器 0 的輸入腳） • P3.5：T1（計數器 1 的輸入腳） • P3.6：$\overline{WR}$。當 CPU 欲將資料寫至外部記憶體時，此腳會產生負脈波，稱為寫入脈波輸出腳 • P3.7：$\overline{RD}$。當 CPU 欲從外部記憶體讀取資料時，此腳會產生負脈波，稱為讀取脈波輸出腳

接腳	說明
ALE/$\overline{\text{PROG}}$	位址閂鎖致能輸出腳： 1. 當 CPU 對外部裝置存取資料時，此腳輸出脈波之負緣可用來鎖住由 P0 送出之低位元的位址 2. 未接外部記憶體時，有 1/6 石英晶體的振盪頻率 3. 做為外部時脈在燒錄 PROM 時，此接腳也是燒錄脈波之輸入端
$\overline{\text{PSEN}}$	外埠記憶體致能輸出腳： 當作程式儲存致能外部程式記憶體之讀取脈波，在每個機械週期會動作 2 次。外接 ROM 時，此腳位須與 ROM 的/OE 腳連接

8051 單晶片是同步式的順序邏輯系統，整個系統的工作完全是依賴系統內部的時脈信號，用以來產生各種動作週期及同步信號。在 8051 單晶片中已內建時脈產生器，在使用時只需接上石英振盪晶體及電容就可以讓系統產生正確的時脈信號，如圖 1-7 所示。

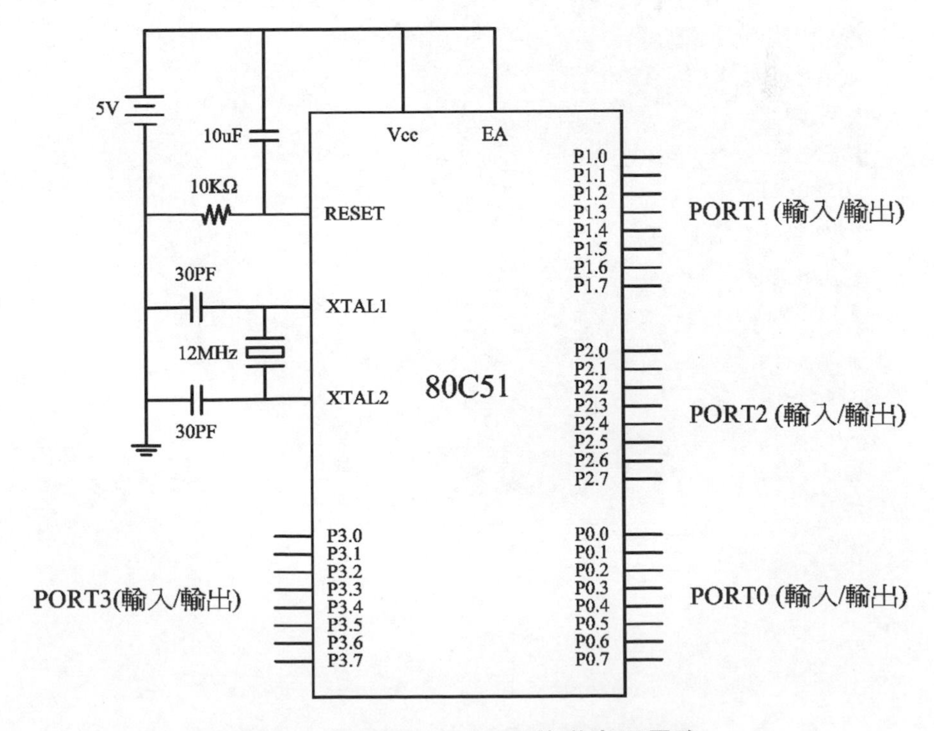

圖 1-7　89C51/89C52 基礎應用電路

近年來由於快閃記憶體（Flash Memory）技術的快速發展，已有多家廠商將此技術應用在單晶片身上，開發出以快閃記憶體為程式記憶體的 8051 系列單晶片。例如美商 ATMEL 公司的 AT89CXX 系列單晶片及國內的笙泉公司的 MPC89XXX 系列單晶片，都是以 MCS-51 為架構，配上快閃記憶體的程式記憶體所構成的 8051 微電腦單晶片。表 1-2 及 1-3 即是目前廠商生產 MCS-51 架構之產品一覽表。

表 1-2 ATMEL 相容 MCS-51 產品一覽表

型號（Device）	AT89S51	AT89S52	AT89S8253	AT89C2051	AT89C4051	AT89C51RD2
程式記憶體（Flash Bytes）	4K	8K	12K	2K	4K	64K
資料記憶體（SRAM Bytes）	128	256	256	128	128	2048
電子式可抹除可編程唯讀記憶體（EEPROM Bytes）	NO	NO	2K	NO	NO	NO
輸入/出腳位數（I/O Pins）	32	32	32	15	15	44, 64, 68
非同步式串列傳輸（UART）	1	1	1	1	1	1
看門狗裝置（Watch Dog）	YES	YES	Yes	NO	NO	Yes

型號（Device）	AT89S51	AT89S52	AT89S8253	AT89C2051	AT89C4051	AT89C51RD2
最高操作頻率（MHz）	33MHz	33MHz	24MHz	24MHz	24MHz	40 MHz（Vcc 2.7~ 5.5V） 60 MHz（Vcc 4.5~ 5.5V） 倍頻模式只能使用上述 1/2 頻率
計時/計數器（Timer/Counter）	2	3	3	2	2	3
中斷源（Interrupt）	6	8	9	6	6	9
電源電壓範圍（Voltage）	4.0~5.5	4.0~5.5	2.7~5.5	2.7~6.0	2.7~6.0	2.7~5.5
封裝（Package）	PDIP 40 PLCC 44 TQFP 44	PDIP 40 PLCC 44 TQFP 44	PDIP 40 PDIP 42 PLCC 44 TQFP 44	PDIP 20 SOIC 20	PDIP 20 SOIC 20	PLCC 44 PLCC 68 LQFP 64 LQFP 44

表 1-3　笙泉（Megawin）相容 MCS-51 產品一覽表

型號（Device）	MPC89E51	MPC89E52	MPC89L51	MPC82L52	MPC82G516
程式記憶體（Flash Bytes）	4K	8K	4K	8K	64K
資料記憶體（SRAM Bytes）	256+256	256+256	256+256	256	256+1024
電子式可抹除可編程唯讀記憶體（EEPROM Bytes）	NO	NO	NO	NO	NO
輸入/出腳位數（I/O Pins）	32+4	32+4	32+4	15	32+8
非同步式串列傳輸（UART）	1	1	1	1	2

型號（Device）	MPC89E51	MPC89E52	MPC89L51	MPC82L52	MPC82G516
看門狗裝置（Watch Dog）	Yes	Yes	Yes	Yes	Yes
最高操作頻率（MHz）	48MHz@12T 24MHz@6T	48MHz@12T 24MHz@6T	48MHz@12T 24MHz@6T	24MHz @ 1T	24MHz
計時/計數器（Timer/Counter）	3	3	3	2	3
中斷源（Interrupt）	8	8	8	7	14
電源電壓範圍（Voltage）	4.5~5.5	4.5~5.5	2.4~3.6	2.4~3.6	2.4~3.6 2.6~5.5
封裝（Package）	PDIP40 PQFP44 PLCC44	PDIP40 PQFP44 PLCC44	PDIP40 PQFP44 PLCC44	PDIP20 SOP20 TTSOP20	SSOP-28 PLCC-44 PDIP-40 PQFP-44 LQFP-48

1-4 8051/8052 的記憶體架構

在記憶體中有分為唯讀記憶體（Read-Only Memory，ROM）與隨機存取暫存器（Random Access Memory，RAM）兩種，其中 ROM 的主要用途是儲存程式所以也被稱為程式記憶體。ROM 最大的特點是電源關閉後，內部所儲存的資料並不會消失。而 RAM 主要是作為程式運算中暫時存放資料用的，因此被稱為資料記憶體，但 RAM 內部的資料當電源關閉後將會自動清除。以下將對 MCS-51/52 的程式記憶體與資料記憶體做一介紹：

1-4.1 程式記憶體

程式記憶體（ROM）是存放程式的位置。當 MCS-51 被送電及執行初始化程序後，CPU 將自動從程式記憶體讀取所要執行的指令碼。圖 1-8 為 MCS-51 系列的程式記憶體架構，可以區分為內部程式記憶體及外部程式記憶體，而其總程式容量為 64K 位元（Byte）。而其選擇使用內部程式記憶體或外部記憶體方式，如下說明：

- ⊙ 當 $\overline{EA}$ 腳接至高電位（$\overline{EA}$=1）時，CPU 將使用內部程式記憶體，若程式超過 4k 位元（8x51）或 8k 位元（8x52）時，則 CPU 會自動從外部程式記憶體讀取程式碼。
- ⊙ 當 $\overline{EA}$ 腳接至低電位（$\overline{EA}$=0）時，CPU 將自外部程式記憶體讀取所要執行的指令碼，此時單晶片內部如果有程式記憶體將會形同虛設。一般在使用 8031 或 8032 時，因為其內部沒有程式記憶體，所以將 $\overline{EA}$ 腳接至低電位，強制應用外部程式記憶體。

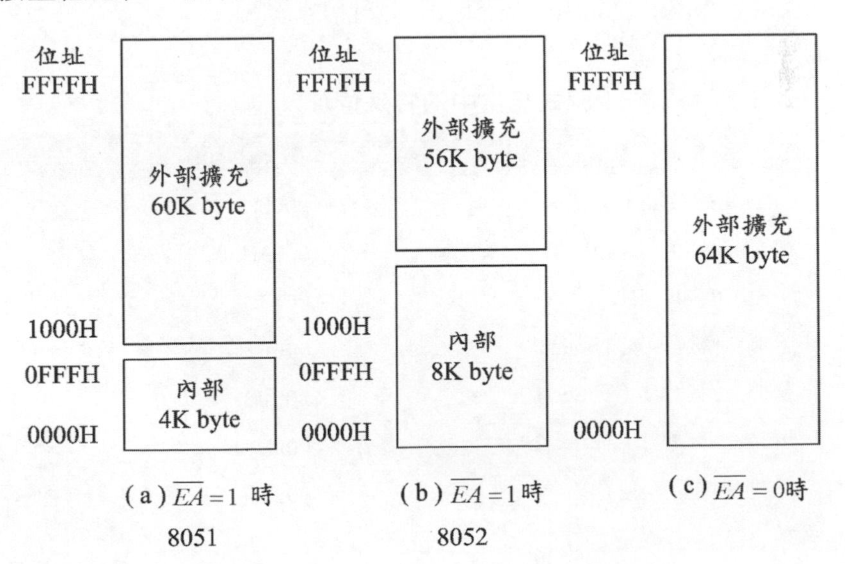

圖 1-8 MCS-51 系列之程式記憶體

程式記憶體是儲存程式的地方，一般都是採用唯讀記憶體方式，可是唯讀記憶體又可分為 FLASH ROM、EEPROM、EPROM、PROM、MARK ROM 等幾類別，表 1-4 為各種程式記憶體的特性說明。在 89S51/89S52 分別有 4K/8K bytes 的 Flash ROM，而 AT89C51RD2 單晶片則由內建有 64K bytes 的 Flash ROM。此外，在 MCS-51 系列單晶片的程式記憶體中，有提供七個特殊用途的定位位址，如表 1-5 所示，通常是配合中斷程式設計應用，我們將在中斷程式設計章節中，再深入說明及探討。

表 1-4 各種程式記憶體的特性

類型	特性
FLASH ROM	可使用電力抹除和寫入（5V）
EEPROM	可使用電力抹除和寫入（12V）
EPROM	需要使用紫外線照射才能清除（IC 上有一個透明孔的）
PROM	可程式燒錄一次之後就改不了啦
MARK ROM	出廠時內容固定，無法清除重燒

表 1-5 MCS-51 程式記憶中的特殊位址

功能說明	位址
程式起始位址（重置）	0000H
外部中斷-0（INT-0）	0003H
外部中斷-1（INT-1）	0013H
計時/計數器-0（Timer-0）	000BH
計時/計數器-1（Timer-1）	0001B
計時/計數器-2（Timer-2）	002BH
串列埠中斷	0023H

1-4.2 資料記憶體

MCS-51 的資料記憶體可分為內部資料記憶體（包含特殊功能暫存器）及外部資料記憶體，如圖 1-9 所示。當電源 OFF 時，資料記憶體的內容也會隨之消失，所以資料記憶體的主要用途為程式運作時暫存資料的空間。MCS-51 的內部資料記憶體的容量依晶片型號的不同將有所異，在部分的晶片型號中只有 128 bytes 的內部資料記憶體（8051），而部份型號則有 256 bytes 的內部資料記憶體（8052），甚至少部份型號內建更高的容量資料記憶體（AT89C51RD2），其有 1792 位元的 XRAM。所以在使用各式 8051 型號前，可到該公司網站下載相關 Datasheet 了解詳細規格。也就是說，當內建的資料記憶體不足使用時，可透過外部電路設計擴充資料記憶體方式，來增加暫存的記憶體的存取空間。值得注意的是，資料記憶體定址空間最大只有 64K。

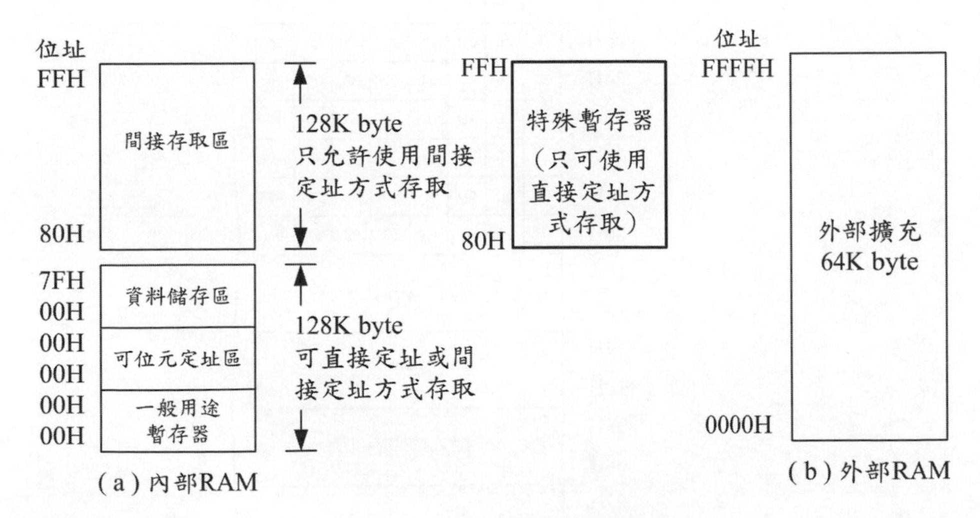

圖 1-9 MCS-51 記憶體架構　（a）內部記憶體架構　（b）外部擴充記憶體

位元組位址	位元位址 (MSB)							(LSB)	
7FH									資料儲存區
30H	bit 7	bit 6	bit 5	bit 4	bit 3	bit 2	bit 1	bit 0	
2FH	7F	7E	7D	7C	7B	7A	79	78	位元定址區
2EH	77	76	75	74	73	72	71	70	
2DH	6F	6E	6D	6C	6B	6A	69	68	
2CH	67	66	65	64	63	62	61	60	
2BH	5F	5E	5D	5C	5B	5A	59	58	
2AH	57	56	55	54	53	52	51	50	
29H	4F	4E	4D	4C	4B	4A	49	48	
28H	47	46	45	44	43	42	41	40	
27H	3F	3E	3D	3C	3B	3A	39	38	
26H	37	36	35	34	33	32	31	30	
25H	2F	2E	2D	2C	2B	2A	29	28	
24H	27	26	25	24	23	22	21	20	
23H	1F	1E	1D	1C	1B	1A	19	18	
22H	17	16	15	14	13	12	11	10	
21H	0F	0E	0D	0C	0B	0A	09	08	
20H	07	06	05	04	03	02	01	00	
1FH–18H	暫存器庫 3								一般用途暫存器
17H–10H	暫存器庫 2								
0FH–08H	暫存器庫 1								
07H–00H	暫存器庫 0								

圖 1-10 內部資料記憶體

內部記憶體依用途可分為一般用途暫存器、可位元定址區、一般資料儲存、堆疊區與特殊功能暫存器等部分，如圖 1-9 及 1-10 所示。

一般用途暫存器

位址在 00H~1FH 共有 32 byte，共可區分為四個暫存器庫，暫存器庫 0~暫存器庫 3（Bank0~Bank3），而每個暫存器庫都有八個一般用途的暫存器，分別為 R0 至 R7。當系統啟動或重置時，預設指向暫存器庫 0，也就是在程式中所用到的一般暫存器 R0 至 R7 的啟始位址為 00H 至 07H。若想存取其他暫存器庫，則必須先使用指令改變程式狀態字元 PSW 中的暫存器選擇位元 RS1 和 RS0 內容，設定方式如圖 1-11 所示。

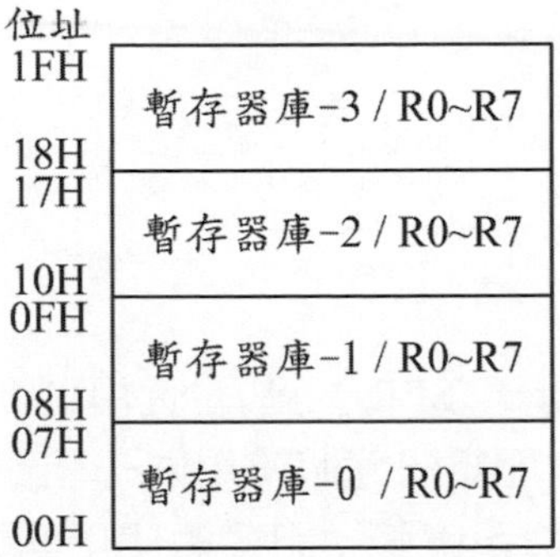

位址	
1FH 18H	暫存器庫-3 / R0~R7
17H 10H	暫存器庫-2 / R0~R7
0FH 08H	暫存器庫-1 / R0~R7
07H 00H	暫存器庫-0 / R0~R7

PSW 選擇位元 / 暫存器庫	RS1	RS0
暫存器庫-0	0	0
暫存器庫-1	0	1
暫存器庫-2	1	0
暫存器庫-3	1	1

圖 1-11　暫存器庫的位址與選擇方式

可位元定址區

內部資料記憶體的位址介於 20H 至 2FH 間，共有 16 位元組（byte）記憶體，也就是 128 個位元（16*8）記憶體。可進行位元定址應用，每一個位元均可以單獨應用位元定指法予以直接定址。例如：SETB 21H, 1 為設定 24H 的位元 1 為 1。

資料儲存區

位元在 30H~7FH，共有 80 byte 可以自由的應用。撰寫程式時，經常將堆疊指標 SP 指向此記憶體空間，可將資料儲存區的一部分當作堆疊器來使用。

間接存取區

有些單晶片有提供超過 128 位元組的資料記憶體時，在位址 80H~FFH 間的 128 位元組，可當一般資料儲存區使用。可是存取資料方式必須應用間接定址法方式，因為必須有別與晶片特殊功能暫存器 80H~FFH 區間的直接定址存取方式，如圖 1-9 說明。值得注意的是，此記憶體空間僅少數型號有內建，所以使用前只須詳查各晶片的 Datasheet 即可。間接定址法方式存取資料方式如下說明，例如要取得 AFH 這個位址內容其指令是：

```
MOV R0,#0AFH ;R0 指到位址 AFH
MOV A,@R0 ;使用間接定址法取得 AFH 的內容
```

特殊功能暫存器（SFR）

特殊功能暫器（Special Function Register, SFR）區所使用的地址是 80H-FFH。這塊區域與 8052 的較高 128 位元組記憶體使用同一記憶空間。8052 是採用了不同的定址法來區分這兩塊記憶體。記憶體使用間接定址法，特殊功能暫存器（SFR）則是使用直接定址法。例如，如讓資料寫入特殊功暫存器的位址 80H（I/O 埠 PO 的位址），其指令是:

```
MOV    80H, A        ;直接使用位址
或
MOV    P0, A         ;呼叫其名稱
```

在特殊功能暫存器（SFR）裡的每一個位元組都有其各別的名稱，如表 1-6 所示，在設計程式如要用到這些位元組時，可直接呼叫其名稱，而不需要使用位址，因此記住這些名稱，對寫程式很有幫助。以下簡要說明各個特殊暫存器位元組功能：

表 1-6 MCS-51 特殊功能暫存器記憶體位址

	8	9	A	B	C	D	E	F	
F8									FF
F0	B								F7
E8									EF
E0	ACC								E7
D8									DF
D0	PSW								D7
C8	T2CON		RCAP2L	RCAP2H	TL2	TH2			CF
C0									C7
B8	IP								BF
B0	P3								B7
A8	IE								AF
A0	P2		AUXR1				WDTRST		A7
98	SCON	SBUF							9F
90	P1								97
88	TCON	TMOD	TL0	TL1	TH0	TH1	AUXR		8F
80	P0	SP	DP0L	DP0H	DP1L	DP1H		PCON	87
	0	1	2	3	4	5	6	7	

1. P0、P1、P2、P3 為單晶片的 4 個輸出入埠，其位址分別為 80H、90H、0A0H 及 0B0H，只要透過這些位址的存取即可以控制晶片外部的 I/O 腳位輸出準位。在後面的章節將詳細的介紹輸出入埠應用方式。

2. SP 為堆疊指標暫存器（Stack Pointer Register），其位址為 81H。堆疊是一種特殊的資料儲存方式，其資料的操作順序是先進後出（First In Last Out，簡稱為 FILO），當資料以 PUSH 命令送入堆疊時，SP 自動加 1；若以 POP 命令從堆疊取出資料時，SP 自動減 1。

3. DPL、DPH 為 16 位元的資料指標暫存器（Data Pointer Register，簡稱 DPTR ），而且 16 位元資料指標暫存器是由 DPL 與 DPH 兩個 8 位元的資料指標暫存器，其位址分別為 82H、83H。若以 DPL 為低 8 位元、DPH 為高 8 位元，所組成的 16 位元資料指標暫存器，將可定址到 64K bytes 的資料位址。

4. PCON 為電源控制暫存器（Power Control Register），位址為 87H，其功能是設定 CPU 的電源模式，待後續關於電源控用時再行說明。

5. TCON 為計時/計數器控制暫存器（Timer/Counter Control Register），位址為 88H，其功能是設定計時/計數器的啟動、計錄計時/計數溢位，以及外部中斷的型式等，待後面關於計時/計數器部分，再行說明。

6. TMOD 為計時/計數模式控制暫存器（Timer/Counter Mode Control Register），位址為 089H，其功能式設定計時/計數的模式，待後面關於計時/計數器部分，再行說明。

7. TL0、TH0 為第一組計時/計數器（Timer0）的計量暫存器，位址為 8AH、8CH，將 TH0 與 TL0 組合即可進行 16 位元的計時/計數。待後面關於計時/計數器應用時，再行說明。

8. TL1、TH1 為第二組計時/計數器（Timer1）的計量暫存器，位址為 8BH、8DH，將 TH1 與 TL1 組合即可進行 16 位元的計時/計數。待後面關於計時/計數器應用時，再行說明。

9. SCON 為串列埠控制暫存器（Serial Port Control Register），位址為 98H，其功能是設定串列埠工作模式與旗標，待後面關於串列埠部分，在行說明。

10. SBUF 為串列埠緩衝器，位址為 99H。這是由使用同一個位址的兩個暫存器所構成，其中一個暫存器做為傳出資料用的緩衝器，另一個暫存器作為接收資料用的緩衝器。至於如何分辨同一個位址的兩個暫存器，則是由指令而定，若是資料傳出的指令，則自動定位到傳出資料用的緩衝器；若是接收資料的指令，則自動定位到接收資料用的緩衝器，待後面關於串列埠部分，再行說明。

11. IE 為中斷致能暫存器（Interrupt Enable Register），位址為 0A8H，其功能是啟用中斷功能，待關於中斷部分，再行說明。

12. IP 為中斷優先等級暫存器（Interrupt Priority Register），位址為 0B8H，其功能式設定中斷的優先等級，待關於中斷部分，再行說明。

13. T2CON 為 Timer2 的計時/計數器控制暫存器，位址為 0C8H，其功能式設定 Timer2 的啟動，記錄計時/計數溢位，以及外部中斷的型式等，而 Timer2 只有在少部份單晶才有，例如本實習板所使用的單晶片。

14. TL2、TH2 為第三組計時/計數器（Timer2）的計量暫存器，位址為 0CCH、0CDH。可將 TH2 與 TL2 組合即可進行 16 位元的計時/計數、而 Timer2 只在少部分單晶片才有，如本實習版所使用的單晶片。

15. PSW 為 CPU 的程式狀態字組暫存器（Program Status Word Register），位址為 0D0H，其內容如下：

	7	6	5	4	3	2	1	0
PSW	CY	AC	F0	RS1	RS0	OV		P

- PSW.7：本位元為進位位元（CY），進行加法（減法）運算時，若最左邊位元（MSB，即 bit7）產生進位（借位）時，則本位元將自動設定為 1，即 CY=1；否則 CY=0。
- PSW.6：本位元為輔助進位位元（AC），進行加法（減法）運算時，若 bit3 產生進位（借位）時，則本位元將自動設定為 1，即 AC=1；否則 AC=0。
- PSW.5：本位元為使用者旗標（F0），可由使用者自行設定的位元。

- PSW.4、PSW.3：這兩個位元為暫存器庫選擇位元（RS1、RS0），其功能如下表所示：

RS1	RS0	暫存器庫
0	0	RB0
0	1	RB1
1	0	RB2
1	1	RB3

- PSW.2：本位元為溢位旗標（OV），當進行算術運算時，若發生溢位，則 OV=1；否則 OV=0。
- PSW.1：本位元為保留位元，沒有提供服務。
- PSW.0：本位元為同位位元（P），單晶片採偶同位，若 ACC 裡面有奇數個 1，則 P=1；若 ACC 裡有偶個數個 1，則 P=0。

16. ACC 累積器（Accumulator）又稱為 A 暫存器，其位址為 0E0H，這個暫存器提供 CPU 主要運作的位置，可說是最常用的暫存器。
17. B 暫存器的位址為 0F0H，主要功能是搭配 A 暫存器進行乘法或除法運算，進行乘法運算時，乘數放在 B 暫存器，而運算的結果，高八位元放在 B 暫存器；進行除法運算時，除數放在 B 暫存器，而運算的結果，餘數放在 B 暫存器。若不進行乘/除法運算，B 暫存器也可當成一般暫存器使用。
18. AUXR 暫存器為 89S51 新增的輔助暫存器（Auxiliary register），其位址為 8EH，其內容如下說明：

	7	6	5	4	3	2	1	0
AUXR				WDIDLE	DISRTO			DISALE

- WDIDLE：本位元設定在閒置模式（Idle Mode）下，是否啟用看門狗。若本位元設定為 1，則在 Idle 模式下將啟用看門狗。若本位元設定為 0，則再 Idle 模式下將停用看門狗。

- DISRTO：本位元設定是否輸出重置信號，若本位元設定為 1，則 Reset 接腳（第 9 腳）只有輸入功能。若本位元設定為 0，則在 WDT 計數完畢後，Reset 接腳輸出重置信號（即高態脈波）。
- DISALE：本位元設定是否啟用 ALE 信號，若本位元設定為 1，則只有在執行 MOVX 指令或 MOVC 指令時，ALE 接腳（第 30 腳）才會正常工作。若本位元設定為 0，則固定每 6 個脈波就輸出 1 個高態脈波，詳見第三章。

19. AUXR1 暫存器為 89S51 新增的第二個輔助暫存器，其位址為 0A2H。這個暫存器只有在 89S51 裡才有作用,其內容如下說明：

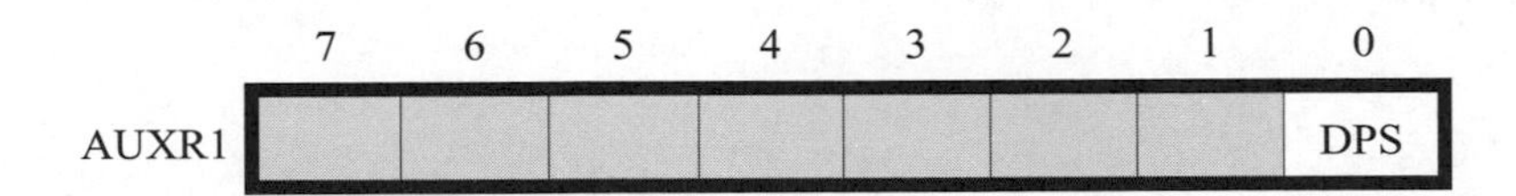

- DPS：本位元的功能是選擇資料指標暫存器。若本位元設定為 1，則使用 DP1L 及 DP1H。若本位元設定為 0，則使用 DP0L 及 DP0H。

20. WDTRST 暫存器為 89S51 新增的看門狗計時器重置暫存器（Watchdog Tumer Reset register）其位址為 0A6H。當我們要啟用 WDT 時，則依序將 01EH、0EH 放入 WDTRST 暫存器，當 14 位元計數器溢位（達到 16883，即 3FFFH），即由 RESET 接腳送出一個高脈波以重置裝置。此脈波的寬度為 98×TOSC，其中 TOSC＝1/FOSC，以 12MHz 的時鐘脈波為例，脈波的寬度為 Width=98×（1/12M）≅8.167μs，關於看門狗與省電模式，詳見後面章節說明。

值得注意的是，晶片的特殊暫存器的內容在 8051 重置（Reset）後，會自動設定為如表 1-7 顯示的初值設定值。

表 1-7 特殊暫存器的初始值

暫存器	二進位表示值
*ACC	00000000
*B	00000000
*PSW	00000000
SP	00000111
DPH	00000000
DPL	00000000
*P0	11111111
*P1	11111111
*P2	11111111
*P3	11111111
IP	XXXX0000
IE	0XX00000
TMOD	00000000
*TCOM	00000000
TH0	00000000
TL0	00000000
TH1	00000000
TL1	00000000
*SCON	00000000
SBUF	XXXXXXXX
PCON	HMOS 0XXXXXXX
	CHMOS 0XXX0000

X：未定

*：可位元定址

外部記憶體電路說明

單晶片雖有內建 128 byte 的資料記憶體或是擴展至 256 byte，但是當需要更多記憶體時就必須外接記憶體來使用。使用者如何選取內部及外部的程式記憶體呢? 對於內部資料記憶體的應用只要參考圖 1-9（a），採用指定可應用定址模式即可存取相關資料記憶體。而如要存取外部資料記憶體，使用者必須設計外部資料記憶體電路與應用 MOVX 指令，方可達成資料存取控制。在此，我們以 89C51 與 T15M256B（32k×8）記憶體之整合應用電路加以說明，如圖 1-12 所示。

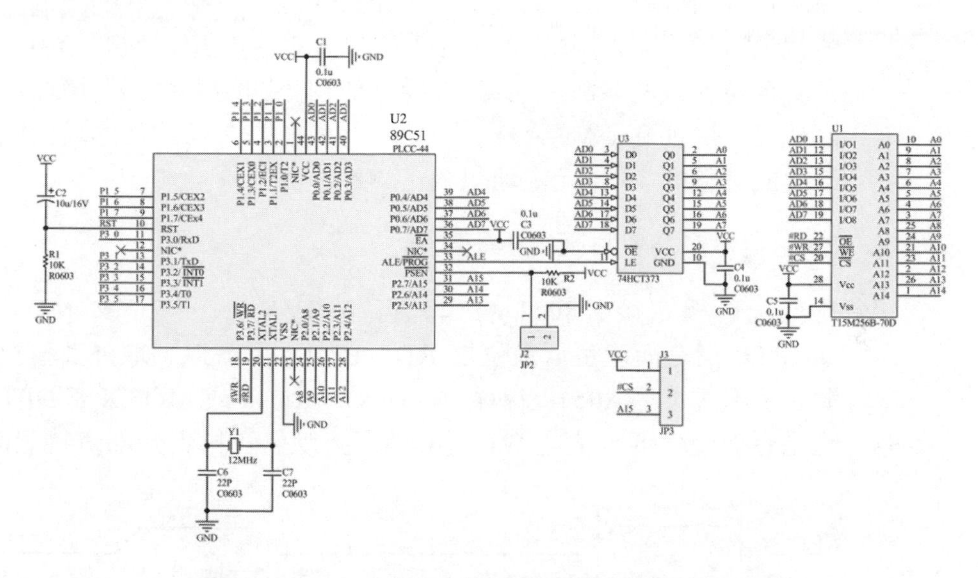

圖 1-12 MCS-51 執行外部程式記憶體示意圖

當單片需從外部記憶體存取資料時，程式設計是採用 MOVX 指令的間接定址方式，例如：（1）MOVX A，@DPTR 表示應用 16 位元位址暫存器 DPTR 指定的外部資料讀入累積器中，（2）MOVX @DPTR, A 表示將累積器中的資料寫入 16 位元位址暫存器 DPTR 指定的外部資料中，圖 1-13 及 1-14 是分別為外部程式記憶體讀取及寫入時序圖。當 8051 對外部記憶體讀/寫資料時，P0 埠首先送出待讀寫記憶體位址之低位元組位址碼（A0~A7），隨即配合位址閂鎖效能（ALE）信號將此低位元組位址碼閂鎖於外加之閂鎖器（74HCT373）上，然後 P0 埠馬上又當成資料匯流排以便傳遞待讀入/寫出之資料。整個存取流程如下：

1. 當 ALE 為高電位期間，位址閂鎖器 74HCT373 被致能，此時來自 P0 埠的信號 A0~A7 將會呈現在 74HCT373 的輸出端上。
2. 緊接著當 ALE 從高電位變成低電位時，74HCT373 被禁能，此時會使得先前出現的位址信號 A0~A7 被鎖住於 74HCT373 輸出端上，直到下一個 ALE 的高電位脈衝信號來臨時才會改變。74HCT373 只有在 ALE 從高電位變成低電位，才能鎖住位址信號於其輸出端上。而將位址信號 A0~A7 鎖住的理由是因為他們在整個存取週期中，並非一直保持有效的緣故。注意 P2 從存取程序開始即送出記憶體位址之高位元組位址碼（A8~A15）。因此，74HCT373 與 P2 的輸出訊號可以建立完整的 16 位元定址訊號（64K）。
3. P0 訊號轉換為資料匯流排訊號。
4. 待位址碼穩定後，8051 會因執行 MOVX A, @Ri 或 MOVX A, @DPTR 指令而產生低電位之 RD（P3.7）信號以讀取外部資料記憶體之資料，或者 8051 因執行 MOVX @Ri, A 或 MOVX @DPTR, A 之指令而產生低電位之 WR（P3.6）信號以寫資料到外部資料記憶體。

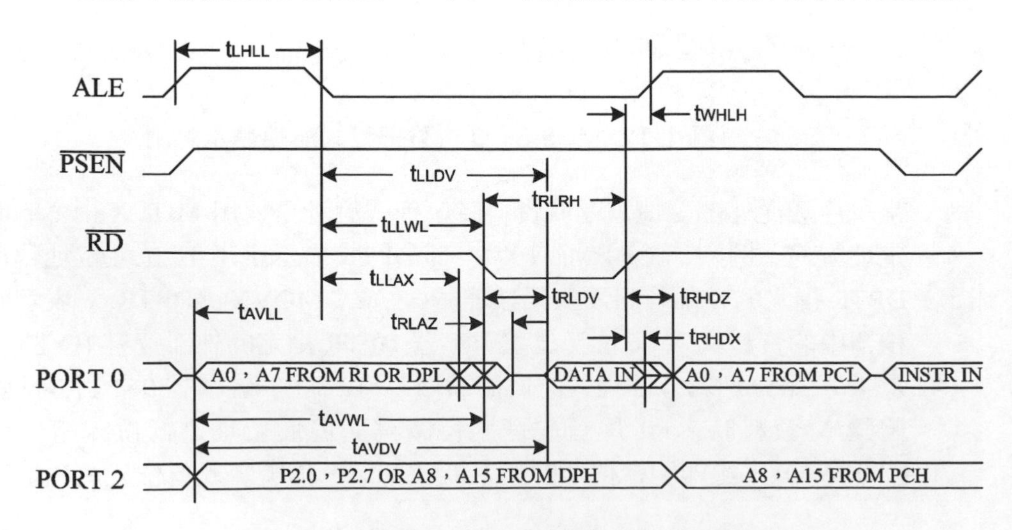

圖 1-13 單晶片讀取外部記憶體之時序圖

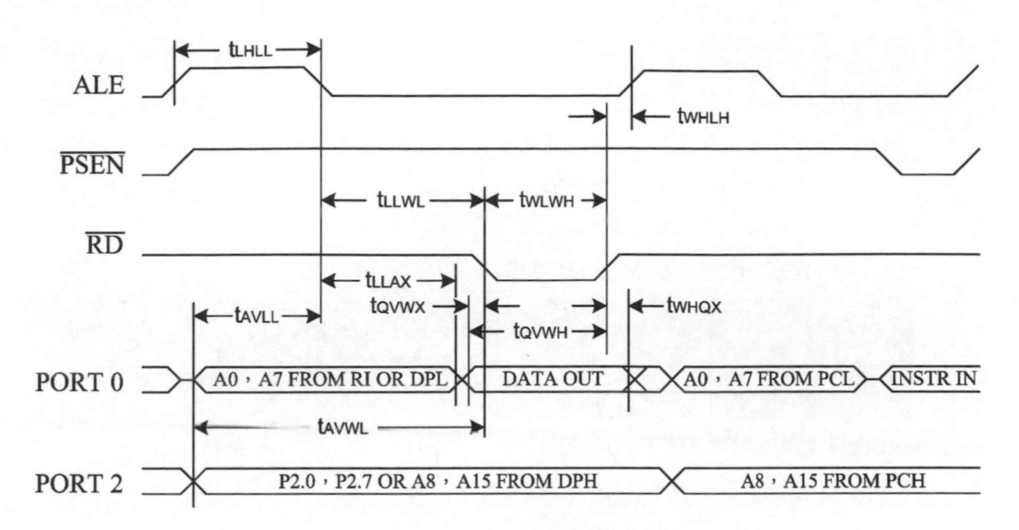

圖 1-14　單晶片寫入外部記憶體之時序圖

1-5 AT89C51RD2 單晶片介紹

AT89C51RD2 屬於 8052 架構，且採用高性能 CMOS 快閃記憶體版本的 8 位元微電腦控制器。它包含一個 64K 位元組快閃記憶體區塊，供程式碼與資料使用。此 64K 位元組快閃記憶體，可使用軟體經由 ISP 串列模式進行程式碼燒寫，燒寫所需的電壓來自於標準的內部 V_{CC} 腳位。此外，AT89C51RD2 也保留了 ATMEL 80C52 單晶片的所有特色，如內部的記憶體（RAM）為 256 位元（Bytes）、9 個中斷源以及 3 個計時/計數器。另外，AT89C51RD2 也有一個可規劃的計數器陣列、1792 位元延伸記憶體（XRAM）、一個硬體的看門狗計時器（Watchdog Timer）、串列至並列介面（Serial Peripheral Interface, SPI）、鍵盤、一個更靈活的串列埠（EUART）有利於多處理器通信，以及速度改善機制（X2 Mode）。AT89C51RD2 屬於全靜態設計，允許減少系統的電力消耗，當時脈下降到某種程度時（包括 DC），不會遺失資料。此 AT89C51RD2 有 2 種降低活動的軟體選擇模式與一個 8 位元的分頻器，可進一步降低電力消耗。在閒置模式下 CPU 被凍結，但周邊設備與中斷系統仍然在運作。在省電模式下，記憶體（RAM）被保存和所有其他功能將不運作。使用AT89C51RD2所附加功能，如脈波調變（PWM），高速I/O及計數能力，可做為更強大的應用，例如：報警、馬達控制、有線電話與智慧型讀卡機。記憶體大小與輸入/出腳數如表1-8所示。以下將針對部分功能加以說明。

表 1-8 記憶體大小與輸入/出腳數

封裝（Package）	快閃記憶體（Flash Bytes）	延伸記憶體（XRAM Bytes）	記憶體大小（位元組）Total RAM bytes	輸入/出腳數（I/O）
PLCC44/VQFP44	64K	1792	2048	34
PLCC68/VQFP64	64K	1792	2048	50

如圖1-15為AT89C51RD2的內部結構方塊圖，其黑線實框指示C51核心部份，全完相同於8051架構。此外，AT89C51RD2還包含有：Flash（64K x 8 位元）、延伸記憶體 XRAM（1792 x 8 位元）、可規劃計數器陣列（Programmable Counter Array, PCA）、計時器 2（Timer2）、鍵盤（Keyboard）、看門狗（Watchdog）、SPI、啟動唯獨記憶體（Boot ROM）（2K x 8）、以及整合電源監控（Regulator POR/PFD）等。詳細請參ATMEL技術手冊（http://www.atmel.com）。

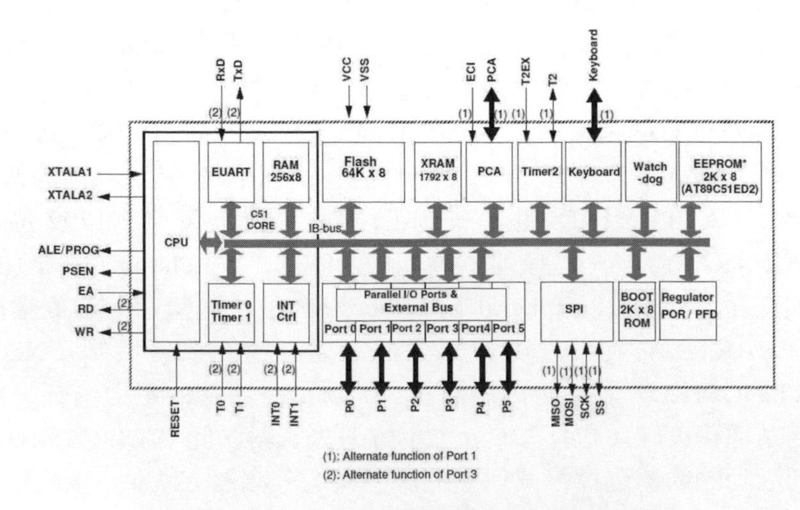

圖 1-15 AT89C51RD2 內部結構方塊圖

AT89C51RD2 功能特色如下：

◎ 完全相容於 89C52
  - 相容 8051 指令集
  - 6 個 8-bit 輸入/出埠（64 腳位或 68 腳位包裝）；4 個 8-bit 輸入/輸出埠（44 腳位包裝）
  - 3 個 16-bit 計時器/計數器
  - 256 位元組內部隨機存取記憶體（RAM）
  - 9 個中斷源具 4 個優先權位階

◎ 整合電源監控（POR/PFD），監督內部供應的電源

◎ 使用標準 V_{cc} 電力供應的 ISP 在系統程式燒錄方式

◎ 2048 Bytes 啟動唯獨記憶體，包含低階快閃記憶體燒寫程序及一個預設串列傳輸載入器

◎ 高速架構
  - 標準模式：
    - 40 MHz（V_{cc} 2.7V to 5.5V, 可執行於內部或外部程式碼）
    - 60 MHz（V_{cc} 4.5V to 5.5V, 只能執行於內部程式碼）
  - X2 模式：
    - 20 MHz（V_{cc} 2.7V to 5.5V, 可執行於內部或外部程式碼）
    - 30 MHz（V_{cc} 4.5V to 5.5V, 只能執行於內部程式碼）

◎ 內含 64K Bytes 快閃程式/資料記憶體

◎ 內含 1792 bytes 延伸隨機存取記憶體（XRAM）
  - 軟體規劃大小（0, 256, 512, 768, 1024, 1792 Bytes）
  - AT89C51RD2 預設值為 768 Bytes

- ⊙ 可燒寫 10 萬次
- ⊙ 雙資料指標器
- ⊙ 慢速記載體（RAM）或周邊可應用之可變長度 MOVX 指令
- ⊙ CPU 或每個周邊可獨立選擇的改善 X2 模式
- ⊙ 鍵盤中斷介面於 PORT1
- ⊙ 串列至並列埠介面 SPI 介面（Master/Slave 模式）
- ⊙ 8 位元時脈分頻器
- ⊙ 16 位元可規劃計數器陣列
  - 高速輸出
  - 比較/捕捉
  - 波寬調變（PWM）
  - 看門狗計時器功能
- ⊙ 非同步埠的重置
- ⊙ 使用專屬的內部鮑率產生器的全雙工增強型 UART
- ⊙ 低電磁干擾（EMI）
- ⊙ 硬體看門狗計時器
- ⊙ 電源控制模式：Idle 模式, Power-down 模式
- ⊙ 電壓供應範圍：2.7V 至 5.5V
- ⊙ 工業溫度範圍（-40 至+85° C）
- ⊙ 產品封裝型式：PLCC44, VQFP44, PLCC68, VQFP64

AT89C51RD2 的特殊功能暫存器（SFRs）的分為以下幾類，詳如表 1-9~1-18 所示。

- ⊙ C51 核心暫存器：ACC, B, DPH, DPL, PSW, SP
- ⊙ I/O 埠暫存器：P0, P1, P2, P3, PI2
- ⊙ 計時暫存器：T2CON, T2MOD, TCON, TH0, TH1, TH2, TMOD, TL0, TL1, TL2, RCAP2L,RCAP2H
- ⊙ 串列 I/O 埠暫存器：SADDR, SADEN, SBUF, SCON
- ⊙ 可規劃計數陣列 PCA 暫存器：CCON, CCAPMx, CL, CH, CCAPxH, CCAPxL（x: 0 to 4）
- ⊙ 電源與時脈暫存器：PCON
- ⊙ 硬體看門狗計時暫存器：WDTRST, WDTPRG
- ⊙ 中斷系統暫存器：IE0, IPL0, IPH0, IE1, IPL1, IPH1
- ⊙ 鍵盤介面暫存器：KBE, KBF, KBLS
- ⊙ SPI 暫存器：SPCON, SPSTR, SPDAT
- ⊙ BRG （鮑率產生器）暫存器：BRL, BDRCON
- ⊙ 時脈分頻暫存器：CKRL
- ⊙ 其他暫存器：AUXR, AUXR1, CKCON0, CKCON1

表 1-9 C51 核心暫存器

暫存器	位址	名　稱	7	6	5	4	3	2	1	0
ACC	E0h	累積器								
B	F0h	B 暫存器								
PSW	D0h	程式狀態字語	CY	AC	F0	RS1	RS0	OV	F1	P
SP	81h	堆疊指標								
DPL	82h	資料指標低位元組								
DPH	83h	資料指標高位元組								

表 1-10 系統管理暫存器

暫存器	位址	名 稱	7	6	5	4	3	2	1	0
PCON	87h	電源控制	SMOD1	SMOD0	-	POF	GF1	GF0	PD	IDL
AUXR	8Eh	輔助暫存器 0	DPU	-	M0	XRS2	XRS1	XRS0	EXTRAM	AO
AUXR1	A2h	輔助暫存器 1	-	-	ENBOOT	-	GF3	0	-	DPS
CKRL	97h	時脈重載暫存器	-	-	-	-	-	-	-	-
CKCKON0	8Fh	時脈控制暫存器 0	-	WDTX2	PCAX2	SIX2	T2X2	T1X2	T0X2	X2
CKCKON1	AFh	時脈控制暫存器 1	-	-	-	-	-	-	-	SPIX2

表 1-11 中斷暫存器

暫存器	位址	名 稱	7	6	5	4	3	2	1	0
IEN0	A8h	中斷致能控制 0	EA	EC	ET2	ES	ET1	EX1	ET0	EX0
IEN1	B1h	中斷致能控制 1	-	-	-	-	-	ESPI		KBD
IPH0	B7h	中斷優先控制高 0	-	PPCH	PT2H	PHS	PT1H	PX1H	PT0H	PX0H
IPL0	B8h	中斷優先控制低 0	-	PPCL	PT2L	PLS	PT1L	PX1L	PT0L	PX0L
IPH1	B3h	中斷優先控制高 1	-	-	-	-	-	SPIH		KBDH
IPL1	B2h	中斷優先控制低 1	-	-	-	-	-	SPIL		KBDL

表 1-12 輸出入埠暫存器

暫存器	位址	名 稱	7	6	5	4	3	2	1	0
P0	80h	8-bit Port 0								
P1	90h	8-bit Port 1								
P2	A0h	8-bit Port 2								
P3	B0h	8-bit Port 3								
P4	C0h	8-bit Port 4								
P5	E8h	8-bit Port 5								

表 1-13　計時（Timer）暫存器

暫存器	位址	名稱	7	6	5	4	3	2	1	0
TCON	88h	計時/計數 0 與 1 控制	TF1	TR1	TF0	TR0	IE1	IT1	IE0	IT0
TMOD	89h	計時/計數 0 與 1 模式	GATE1	C/T1#	M11	M01	GATE0	C/T0#	M10	M00
TL0	8Ah	計時/計數 0 低位元組								
TH0	8Ch	計時/計數 0 高位元組								
TL1	8Bh	計時/計數 1 低位元組								
TH1	8Dh	計時/計數 1 高位元組								
WDTRST	A6h	看門狗計時重置								
WDTPRG	A7h	看門狗計時規劃	-	-	-	-	-	WTO2	WTO1	WTO0
T2CON	C8h	計時/計數 2 控制	TF2	EXF2	RCLK	TCLK	EXEN2	TR2	C/T2#	CP/RL2#
T2MOD	C9h	計時/計數 2 模式	-	-	-	-	-	-	T2OE	DCEN
RCAP2H	CBh	計時/計數 2 重載/捕捉高位元組								
RCAP2L	CAh	計時/計數 2 重載/捕捉低位元組								
TH2	CDh	計時/計數 2 高位元組								
TL2	CCh	計時/計數 2 低位元組								

表 1-14　PCA 暫存器

暫存器	位址	名　稱	7	6	5	4	3	2	1	0
CCON	D8h	計時/計數控制	CF	CR		CCF4	CCF3	CCF2	CCF1	CCF0
CMOD	D9h	計時/計數模式	CIDL	WDTE				CPS1	CPS0	ECF
CL	E9h	計時/計數低位元組								
CH	F9h	計時/計數高位元組								

暫存器	位址	名 稱	7	6	5	4	3	2	1	0
CCAPM0	DAh	計時/計數模式 0		ECOM0	CAPP0	CAPN0	MAT0	TOG0	PWM0	ECCF0
CCAPM1	DBh	計時/計數模式 1		ECOM1	CAPP1	CAPN1	MAT1	TOG1	PWM1	ECCF1
CCAPM2	DCh	計時/計數模式 2		ECOM2	CAPP2	CAPN2	MAT2	TOG2	PWM2	ECCF2
CCAPM3	DDh	計時/計數模式 3		ECOM3	CAPP3	CAPN3	MAT3	TOG3	PWM3	ECCF3
CCAPM4	DEh	計時/計數模式 4		ECOM4	CAPP4	CAPN4	MAT4	TOG4	PWM4	ECCF4
CCAP0H	FAh	比較捕捉模組 0H	CCAP0H7	CCAP0H6	CCAP0H5	CCAP0H4	CCAP0H3	CCAP0H2	CCAP0H1	CCAP0H0
CCAP1H	FBh	比較捕捉模組 1H	CCAP1H7	CCAP1H6	CCAP1H5	CCAP1H4	CCAP1H3	CCAP1H2	CCAP1H1	CCAP1H0
CCAP2H	FCh	比較捕捉模組 2H	CCAP2H7	CCAP2H6	CCAP2H5	CCAP2H4	CCAP2H3	CCAP2H2	CCAP2H1	CCAP2H0
CCAP3H	FDh	比較捕捉模組 3H	CCAP3H7	CCAP3H6	CCAP3H5	CCAP3H4	CCAP3H3	CCAP3H2	CCAP3H1	CCAP3H0
CCAP4H	FEh	比較捕捉模組 4H	CCAP4H7	CCAP4H6	CCAP4H5	CCAP4H4	CCAP4H3	CCAP4H2	CCAP4H1	CCAP4H0
CCAP0L	EAh	比較捕捉模組 0L	CCAP0L7	CCAP0L6	CCAP0L5	CCAP0L4	CCAP0L3	CCAP0L2	CCAP0L1	CCAP0L0
CCAP1L	EBh	比較捕捉模組 1L	CCAP1L7	CCAP1L6	CCAP1L5	CCAP1L4	CCAP1L3	CCAP1L2	CCAP1L1	CCAP1L0

暫存器	位址	名　稱	7	6	5	4	3	2	1	0
CCAP2L	ECh	比較捕捉模組2L	CCAP2L7	CCAP2L6	CCAP2L5	CCAP2L4	CCAP2L3	CCAP2L2	CCAP2L1	CCAP2L0
CCAP3L	EDh	比較捕捉模組3L	CCAP3L7	CCAP3L6	CCAP3L5	CCAP3L4	CCAP3L3	CCAP3L2	CCAP3L1	CCAP3L0
CCAP4L	EEh	比較捕捉模組4L	CCAP4L7	CCAP4L6	CCAP4L5	CCAP4L4	CCAP4L3	CCAP4L2	CCAP4L1	CCAP4L0

表 1-15 串列 I/O 埠暫存器

暫存器	位址	名　稱	7	6	5	4	3	2	1	0
SCON	98h	串列控制	FE/SM0	SM1	SM2	REN	TB8	RB8	TI	RI
SUBF	99h	串列資料緩衝器								
SADEN	B9h	從端位址遮罩								
SADDR	A9h	從端位址								
BDRCON	9Bh	鮑率控制				BRR	TBCK	RBCK	SPD	SRC
BRL	9Ah	鮑率重置								

表 1-16 SPI 暫存器

暫存器	位址	名　稱	7	6	5	4	3	2	1	0
SPCON	C3h	SPI 控制	SPR2	SPEN	SSDIS	MSTR	CPOL	CPHA	SPR1	SPR0
SPSTA	C4h	SPI 狀態	SPIF	WCOL	SSERR	MODF				
SPDAT	C5h	SPI 資料	SPD7	SPD6	SPD5	SPD4	SPD3	SPD2	SPD1	SPD0

表 1-17 鍵盤介面暫存器

暫存器	位址	名稱	7	6	5	4	3	2	1	0
KBLS	9Ch	鍵盤層級選擇器	KBLS7	KBLS6	KBLS5	KBLS4	KBLS3	KBLS2	KBLS1	KBLS0
KBE	9Dh	鍵盤輸入致能	KBE7	KBE6	KBE5	KBE4	KBE3	KBE2	KBE1	KBE0
KBF	9Eh	鍵盤旗標暫存器	KBF7	KBF6	KBF5	KBF4	KBF3	KBF2	KBF1	KBF0

表 1-18 特殊功能暫存器（SFR）對照表

	可位元定址	不可位元定址							
	0/8	1/9	2/A	3/B	4/C	5/D	6/E	7/F	
F8h		CH 0000 0000	CCAP0H xxxx xxxx	CCAP1H xxxx xxxx	CCAP2H xxxx xxxx	CCAP3H xxxx xxxx	CCAP4H xxxx xxxx		FFh
F0h	B 0000 0000								F7h
E8h	P5 1111 1111	CL 0000 0000	CCAP0L xxxx xxxx	CCAP1L xxxx xxxx	CCAP2L xxxx xxxx	CCAP3L xxxx xxxx	CCAP4L xxxx xxxx		EFh
E0h	ACC 0000 0000								E7h
D8h	CCON 00x0 0000	CMOD 00xx x000	CCAPM0 x000 0000	CCAPM1 x000 0000	CCAPM2 x000 0000	CCAPM3 x000 0000	CCAPM4 x000 0000		DFh
D0h	PSW 0000 0000	FCON xxxx 0000	EECON xxxx xx00						D7h
C8h	T2CON 0000 0000	T2MOD xxxx xx00	RCAP2L 0000 0000	RCAP2H 0000 0000	TL2 0000 0000	TH2 0000 0000			CFh
C0h	P4 1111 1111			SPCON 0001 0100	SPSTA 0000 0000	SPDAT xxxx xxxx		P5 Byte 1111 1111	C7h
B8h	IPL0 x000 0000	SADEN 0000 0000							BFh
B0h	P3 1111 1111	IEN1 xxxx x000	IPL1 xxxx x000	IPH1 xxxx x000				IPH0 x000 0000	B7h
A8h	IEN0 0000 0000	SADDR 0000 0000						CKCON1 xxxx xxx0	AFh
A0h	P2 1111 1111		AUXR1 0xxx x0x0				WDTRST xxxx xxxx	WDTPRG xxxx x000	A7h
98h	SCON 0000 0000	SBUF xxxx xxxx	BRL 0000 0000	BDRCON xxx0 0000	KBLS 0000 0000	KBE 0000 0000	KBF 0000 0000		9Fh
90h	P1 1111 1111							CKRL 1111 1111	97h
88h	TCON 0000 0000	TMOD 0000 0000	TL0 0000 0000	TL1 0000 0000	TH0 0000 0000	TH1 0000 0000	AUXR 0x00 1000	CKCON0 0000 0000	8Fh
80h	P0 1111 1111	SP 0000 0111	DPL 0000 0000	DPH 0000 0000				PCON 00x1 0000	87h
	0/8	1/9	2/A	3/B	4/C	5/D	6/E	7/F	

備註： 1. SFR 內各暫存器的值在重置（Reset）後，會自動設為下方的值。

2. x：表示未定。3. ☐：保留。

圖 1-16 為 AT89C51RD2 的 PLCC 封裝 44 支接腳名稱圖，圖 1-17 為 AT89C51RD2 的 VQFP 封裝 44 支接腳名稱圖，各接腳之編號與功能說明，描述於表 1-19。

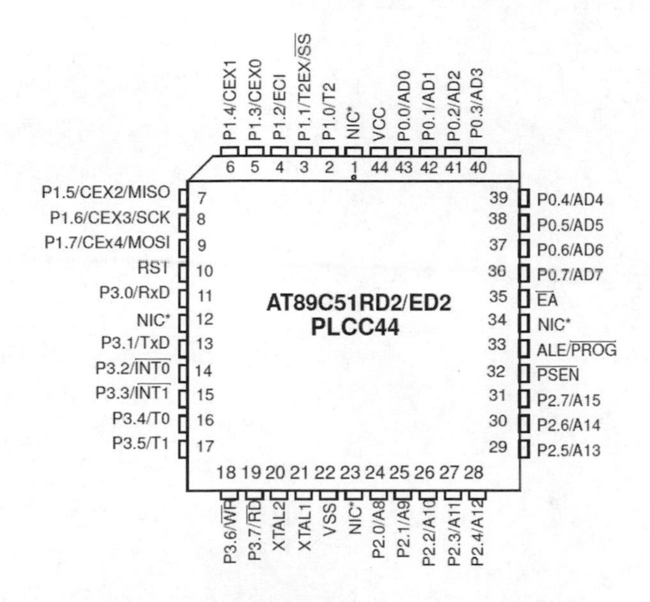

圖 1-16 AT89C51RD2 PLCC 封裝接腳圖

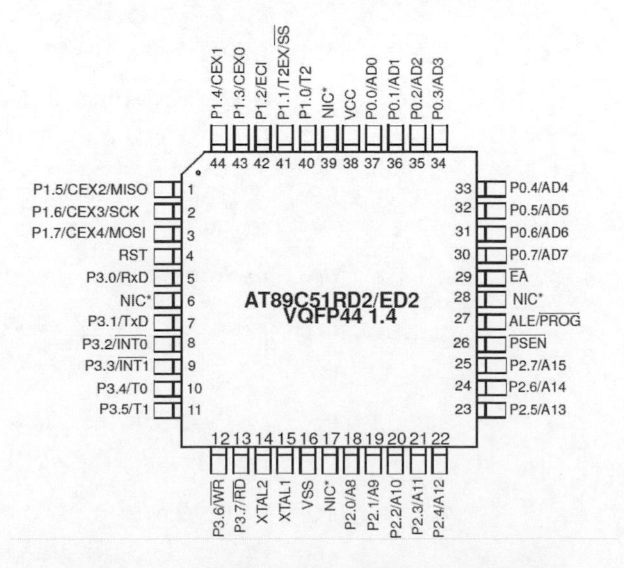

圖 1-17 AT89C51RD2 VQFP 封裝接腳圖

表 1-19 腳位功能說明

接腳名稱	接腳編號		類型	說明
	PLCC44	VQFP44		
V_{SS}	22	16	I	接地接腳，接 0V。
V_{CC}	44	38	I	正電源輸入接腳，接+5V。
P0.0-P0.7	43-36	37-30	I/O	PORT0：一個 8 位元的開汲極（Open-Drain），雙向 I/O 埠。當 Port 0 為浮接（float）和作為高阻抗輸入時，寫 1 到此埠。Port 0 必須被極化至 V_{cc} 或 V_{ss}，為防止任何寄生電流消耗。當存取外部程式和資料記憶體時，PORT0 作為位址匯流排（A0~A7）與資料匯流排（D0~D7）。當 EPROM 燒寫時，PORT0 也當作程式碼位元組的輸入。當 P0 輸出程式碼位元組，在做程式的確認時，必須外加外部提升電阻。外部提升電阻電路請參考圖。
P1.0-P1.7	2-9	40-44 1-3	I/O	PORT1：一個 8 位元具內部提升電阻的雙向 I/O 埠。PORT1 經由內部提升電阻拉高電位和作為輸入時，寫 1 到此埠。當作輸入時，由於內部具提升電阻，故 PORT1 接腳為拉低電位作動。當記憶體燒寫與確認時，PORT1 可接收到位址位元組（A0~A7）。 AT89C51RD2/ED2 PORT1 還包含下列功能：
	2	40	I/O I/O	P1.0：輸入/輸出。 T2（P1.0）：計時/計數 2 外部計數輸入/時脈輸出。
	3	41	I/O I I	P1.1：輸入/輸出。 T2EX：計時/計數 2 重載/捕捉/方向控制。 $\overline{SS}$：SPI 從端選擇。
	4	42	I/O I	P1.2：輸入/輸出。 ECI：PCA 的外部時脈。
	5	43	I/O I/O	P1.3：輸入/輸出。 CEX0：PCA 模組 0 的捕捉/比較外部 I/O。

接腳名稱	接腳編號		類型	說明
	PLCC44	VQFP44		
	6	44	I/O	P1.4：輸入/輸出。
			I/O	CEX1：PCA 模組 1 的捕捉/比較外部 I/O。
	7	1	I/O	P1.5：輸入/輸出。
			I/O	CEX2：PCA 模組 2 的捕捉/比較外部 I/O。
			I/O	MISO：SPI 主端輸入從端輸出線。
				當 SPI 在主（Master）模式，MISO 接收資料來自從端。當 SPI 在從（Slave）模式，MISO 輸出資料到主控端。
	8	2	I/O	P1.6：輸入/輸出。
			I/O	CEX3：PCA 模組 3 的捕捉/比較外部 I/O。
			I/O	SCK：SPI 串列時脈。
	9	3	I/O	P1.7：輸入/輸出。
			I/O	CEX4：PCA 模組 4 的捕捉/比較外部 I/O。
			I/O	MOSI：SPI 主端輸出從端輸入線。
				當 SPI 在主（Master）模式，MOSI 輸出資料到從端。當 SPI 在從（Slave）模式，MOSI 接收資料來自主控端。
XTALA1	21	15	I	XTALA 1: 輸入到反相振盪放大器和輸入到內部時脈產生電路。
XTALA2	20	14	O	XTALA 2: 輸出來自反相振盪放大器。
P2.0-P2.7	24-31	18-25	I/O	PORT2：一個 8 位元具內部提升電阻的雙向 I/O 埠。PORT2 經由內部提升電阻拉高電位和作為輸入時，寫 1 到此埠。當作輸入時，由於內部具提升電阻，故 PORT2 接腳為拉低電位作動。當提取外部程式記憶體與存取外部資料記憶體，如使用 16-bit 位址（MOVX @DPTR）時，PORT2 作為位址匯流排（A8~A15）。當存取外部資料記憶體，如使用 8-bit 位址（MOVX @Ri），PORT2 只為 PORT2 特殊功能暫存器。

接腳名稱	接腳編號		類型	說明
	PLCC44	VQFP44		
P3.0-P3.7	11, 13-19	5, 7-13	I/O	PORT3：一個 8 位元具內部提升電阻的雙向 I/O 埠。PORT3 經由內部提升電阻拉高電位和作為輸入時，寫 1 到此埠。當作輸入時，由於內部具提升電阻，故 PORT3 接腳為拉低電位作動。在 80C51 系列提供 PORT3 具下列特殊功能：
	11	5	I	RXD（P3.0）：串列輸入埠。
	13	7	O	TXD（P3.1）：串列輸出埠。
	14	8	I	$\overline{\text{INT0}}$（P3.2）：外部中斷 0。
	15	9	I	$\overline{\text{INT1}}$（P3.3）：外部中斷 1。
	16	10	I	T0（P3.4）：Timer 0 外部輸入。
	17	11	I	T1（P3.5）: Timer 1 外部輸入。
	18	12	O	$\overline{\text{WR}}$（P3.6）: 外部資料記憶體寫入觸發信號。
	19	13	O	$\overline{\text{RD}}$（P3.7）: 外部資料記憶體讀取觸發信號。
RST	10	4	I	重置（Reset）：一個高電位，2 個機械週期時，將重置此設備。一個內部滲出電阻至 V_{ss}，允許開機重置，只需一個外部電容連接至 Vcc。當硬體看門狗推動系統重置時，此腳位為輸出。
ALE/$\overline{\text{PROG}}$	33	27	O(I)	Address Latch Enable/Program Pulse：當存取外部記憶體時，輸出脈波去栓鎖低位元位址（A0~A7）。在正常操作，ALE 輸出固定的振盪頻率為 1/6（X2 模式為 1/3），並且可使用外部計時或時脈。當在快閃記憶體寫入時，此腳位為寫入脈波輸入（$\overline{\text{PROG}}$）。ALE 可被禁能經由設定特殊功能暫存器 AUXR.0 位元。
PSEN	32	26	O	Program Strobe Enable：讀取脈沖給外部程式記憶體，當從外部程式記憶體執行程式碼時，$\overline{\text{PSEN}}$ 於每個機械週期動作兩次，此外當存取外部資料記憶體時，$\overline{\text{PSEN}}$ 會跳過兩個脈波才動作。當從內部程式記憶體提取時，$\overline{\text{PSEN}}$ 不動作。

接腳名稱	接腳編號		類型	說明
	PLCC44	VQFP44		
EA	35	29	I	External Access Enable：從外部配置 0000h 到 FFFFh 的程式記憶體去提取程式碼時，$\overline{EA}$ 腳位必須接低電位。假如保密層級 1 被規劃時，在重置時 $\overline{EA}$ 內部將被門鎖。

1-6 實驗板電路板電路及說明

本書實習板可以區分為 CPU 主板與 I/O 介面實習板，分別如圖 1-18 及 1-19 所示，而整個組合在一起後將如圖 1-20 所示。

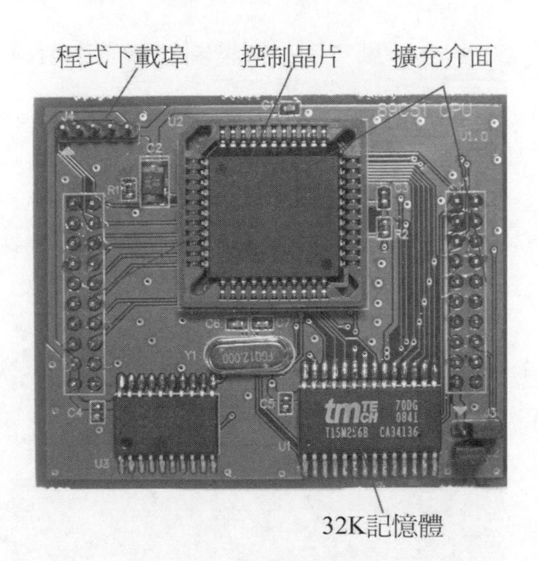

圖 1-18　微控制器主板

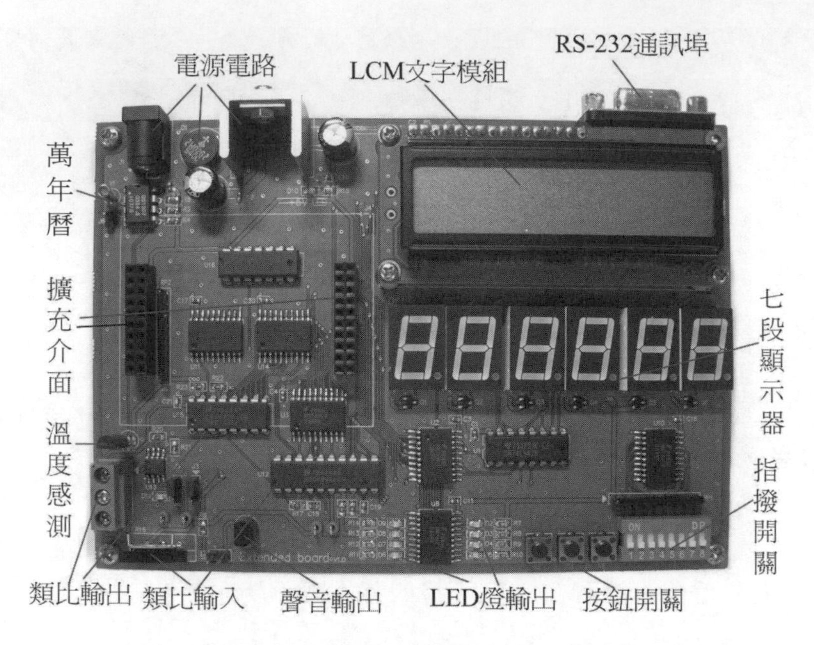

圖 1-19 微控制器擴充應用板

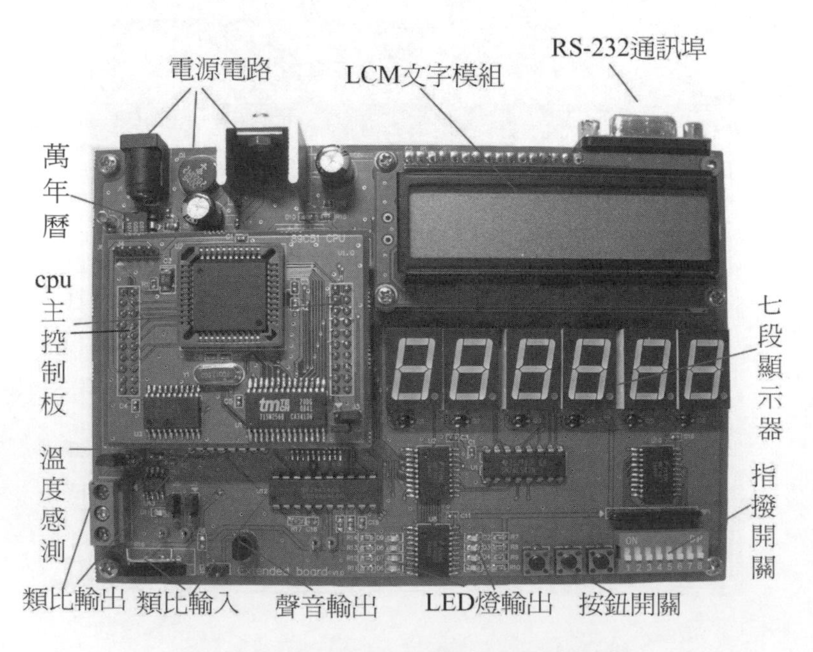

圖 1-20 微控制器的整合應用實習板

CPU 主板的電路如圖 1-21 所示，主要包含有 CPU 基礎應用電路、外部資料記憶體（32k×8）電路與 I/O 介面實習板整合之連接器電路。

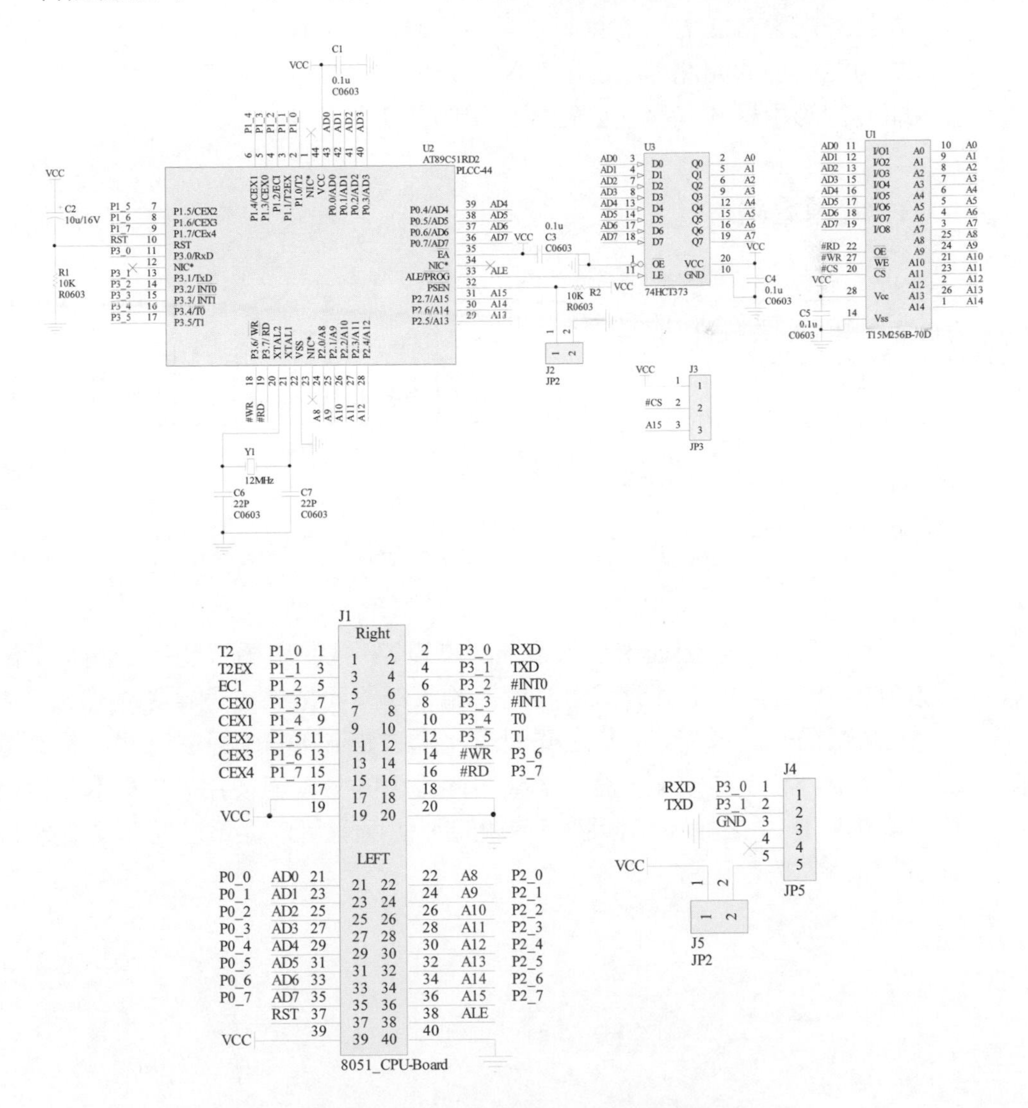

圖 1-21　微控制器主控板電路圖

介面電路實習模組主要整合 13 個介面電路設計，包含電源電路、LED 電路、按鈕電路、指撥開關電路、七段顯示電路、Speaker 電路、溫度電路、時鐘 IC 電路、LCM 模組電路、串列通訊電路、類比轉數位模組、數位轉類比模組、CPU 板連結座等介面設計。其中有 11 項電路模組是可由使用者加以發揮與控制應用，可加速學習的效益，提升單晶片在硬體與韌體程式設計之整合能力。注意有些模組是應用 74HCT244 三態匯流排元件做為功能切換的開關，讓使用者不需改變線路或是作硬體上的變動即可以立即進行應用程式開發。詳細模組電路如下說明：

1. 電源電路

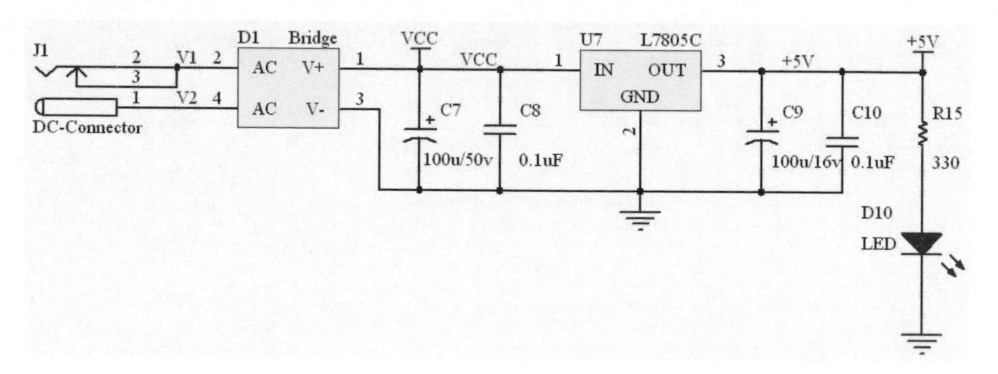

實習板上設計一個通用型的電源穩壓電路，且使用橋式整流子調整電源正負的方向，可防止直流電源的極性輸入錯誤而造成整個電路燒燬。只要輸入電壓源介於 7.5V~32V 之間即可，再透過 L7805C 穩壓元件可將其電源調降至+5V 工作電壓，提供給整個實習板的各模組使用。注意本實習板上有加入 D10 之發光二極體指示功能，使用者可以從電源燈了解實驗板的電源輸入是否正常工作。

2. 指示燈控制電路

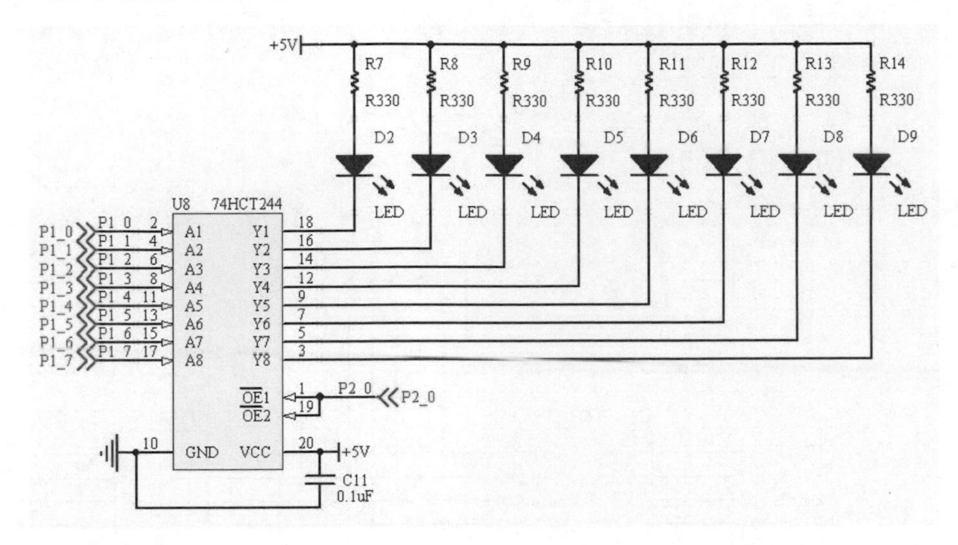

8 通道的獨立 LED 燈號輸出控制。本介面電路是採用 1 個 74HCT244 三態匯流排元件做為功能切換的開關作，在應用 LED 燈號輸出前，需先使用 P2.0=0 致能 U8 的 74HCT244，此時 PORT1 的 I/O 訊號將直接傳遞給相對的 LED 元件，如電路圖說明。也就是說，從 PORT1 輸出資料可直接控制 LED 的輸出狀態。

3. 按鈕開關電路

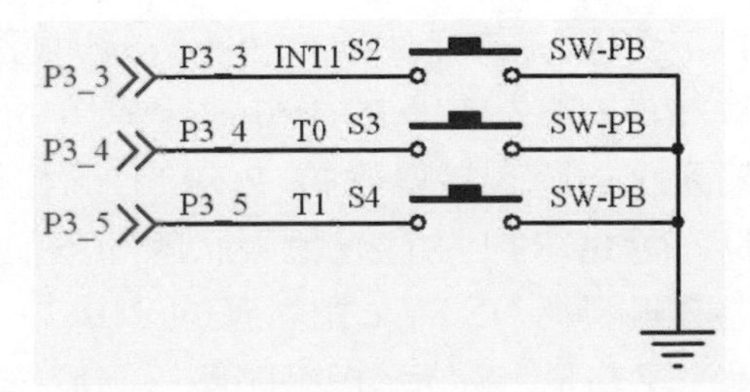

實習板上提供三個按鈕，分別直接連至單晶片的 P3.3, P3.4 及 P3.5，如上圖說明，因為 PORT3 的腳位有內部提升電阻，所以電路設計不須額外設計外接提升電阻。當按鈕被按下時，相對應的腳位是低電位；反之，當按鈕沒有被按下時，相對應的腳位是高電位。此外，因為 3 個按鈕是分別連接至 PORT3 的 $\overline{INT1}$ 、T0 及 T1 腳位，可執行 S2 外部中斷 1、S3 計時/計數-0 中斷、S4 計時/計數-1 中斷等特殊功能，可讓使用者加強中斷功能應用程式設計訓練。

4. 切指撥換開關電路

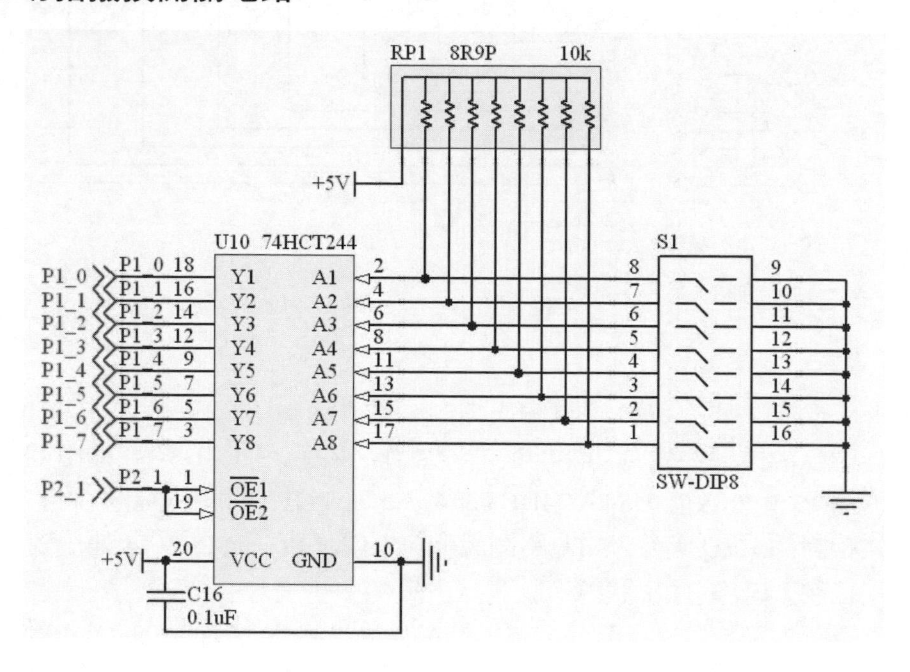

切換開關電路為 8 通道指撥開關的控制輸入電路，本介面電路是採用 1 個 74HCT244 三態匯流排元件做為功能致能與否的控制開關，在應用指撥開關模組輸入前，需先使用 P2.1=0 致能 U10 的 74HCT244 功能，此時指撥開關的輸入狀態將直接傳遞給 PORT1 的相對應腳位，如電路圖說明。也就是說，從 PORT1 的位元輸入狀態即可了解相對應指撥開關的動作狀態。當指撥開關為 ON 時，相對應的 PORT1 腳位為低電位，反之為高電位。值得注意的是，8 位元指撥開關不同於按鈕模組，按鈕為觸發型態，而指撥開關則是持續性的訊號輸入，可作為狀態的切換或是位元的變化。

5. 七段顯示器控制電路

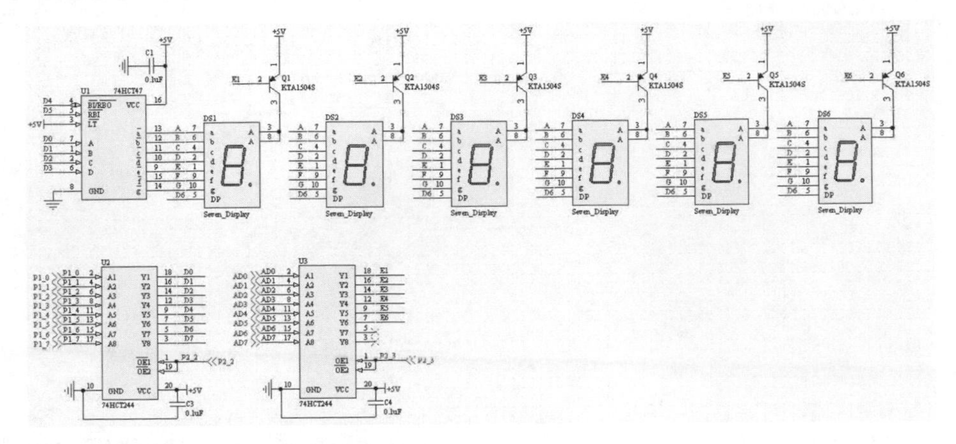

本實習模組提供六個七段顯示器的掃瞄輸出控制，如電路圖說明。本電路同樣的採用 1 個 74HCT244 三態匯流排元件做為功能致能與否的控制開關。傳統多數字顯示系統都是一個數字使用一輸出埠控制，相當損耗單晶片資源，本實習板透過掃描電路的方式來解決此問題，並且靈活使用單晶片資源且加強對於程式設計的技巧，而數值輸出則是透過 74HCT47 七段顯示器共陽型解碼驅動 IC 輸出七段顯示器所需的數碼，其優點為降低單晶片所使用的輸出埠且達到簡化介面電路目的。

在七段顯示器掃瞄輸出控制前，需先使用 P2.2=0 及 P2.3=0 致能 U2 及 U3 的 74HCT244 功能，此時 PORT1 訊號將直接傳遞給 U1 的 74HCT47 七段顯示器共陽型解碼驅動 IC，因此可以透過 P1.0~P1.5 的腳位訊號經 74HCT47 的轉換，將所需的指定編碼送至七段顯示器的 a, b, ...與 g 接腳上，而 P1.6 則是控制七段顯示器的 dp 訊號。至於七段顯示器的點亮與否，則是由 PORT0 訊號經由 U3 的 74HCT244 去控制電晶體 Q1 至 Q6，可控制電源是否經由電晶體流至相對應的共陽七段顯示器。注意，由於實驗板的控制是採用 PNP 電晶體，因此 P0.0~P0.5 的控制腳位要為低電位，才可點亮相對應的七段顯示器。由於本電路是採用掃描電路的控制方式，P0.0~P0.5 的腳位訊號只能在同一時間只有一個可為低電位，也就是說，一次只能點亮一個七段顯示器，經由快速的 6 次輸出控制及眼睛的視覺暫停現象，即可以達成 6 個七段顯示器的輸出控制方式。

6. 發聲電路

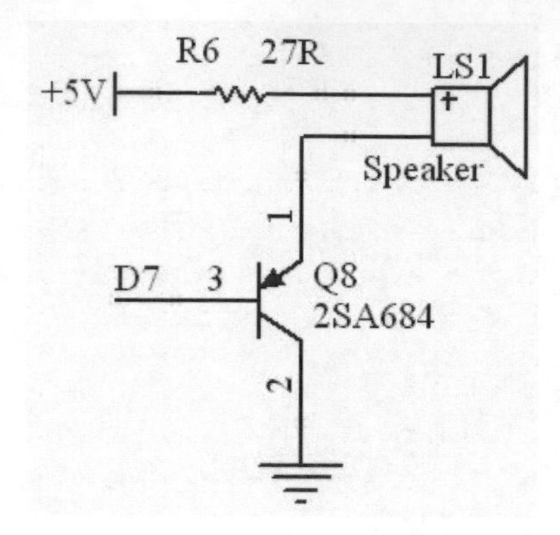

發聲模組電路是與七段顯示控制電路的數值輸出致能開關 74HCT244（U2）結合在一起，當 P2.2=0 時可致能 U2 的 74HCT244 的輸出腳位，注意訊號 D7 是控制 Q8 的 2SA684 電晶體開關，其主要目的是在於如何使用單晶片控制喇叭發出聲音，藉由控制 D7 訊號在不同週期的輸出變化來產生不同頻率的聲頻。藉由揚聲器發出聲音的方法，了解歌曲的音頻、音質與音節原理。接著利用微控制器的數位輸出技術，輸出不同頻率的電壓，再送至揚聲器的線圈，致使揚聲器的紙膜上產生一鬆一緊，而發出相對頻率的音頻，可探討製作警報聲、鈴聲、蜂鳴器與音樂曲技術。

7. 溫度電路

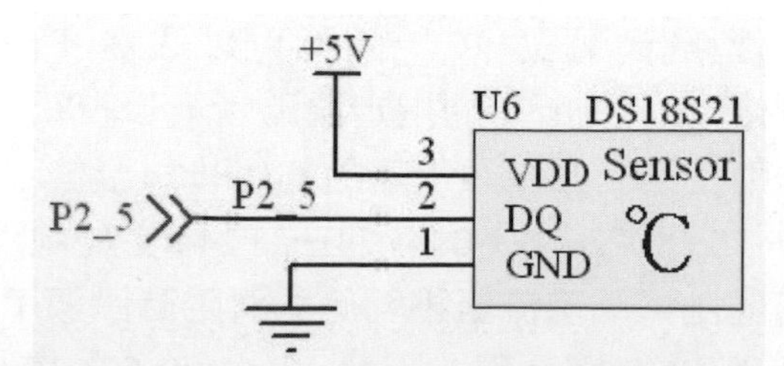

傳統的溫度感測電路是使用類比訊號輸出的感測元件，必須透過運算放大器與類比轉數位積體電路來組裝，不僅電路複雜且容易受到雜訊的干擾。而本實習板採用數位化的感測元件 DS18S21，直接透過串列式訊號的傳輸與感測元件進行通訊，感測元件可直接將感測值轉換為數位訊號後，再

透過通訊命令方式，傳送至後端的單晶片，不僅程式簡單且線路也比傳統溫度感測電路更為簡單，最重的是，本電路可有效的降低類比溫度量測電路受外界干擾的影響。

基本上，DS1821 可以扮演具有可使用者定義溫度警報點的自動調溫器或是具有 1 線式數位介面通訊控制的 8 位元溫度感測器。因為自動調溫器的溫度警報點是被儲存在非揮發性記憶體（Non-Volatile Memory；NVM），所以 DS1821 元件可以事先被規劃具有獨立應用模式。其操作溫度範圍為–55°C to +125°C 且在 0°C 到+85°C 的溫度範圍具有±1° C 的量測精度，它的通訊腳是經由開汲極（open-drain） DQ 腳達成，另外這個腳也扮演自動調溫器的輸出腳位。基本上，它只需 3 支腳，一支接正電源、一支接 GND 及一支是控制腳（P2.5）。所以在控制上只要應用 P2.5 的 I/O 腳位，即可達成 8051 與 D18S21 的通訊，可節省額外 I/O 接腳使用，對於簡化電路來說是非常好的選擇。此外，1 線式通訊所獲得的是數位 8 位元訊號，因此可以省去 ADC 轉換的麻煩，輸出的資料可以直接給各種數位電路直接使用處理。

8. 時鐘 IC 電路

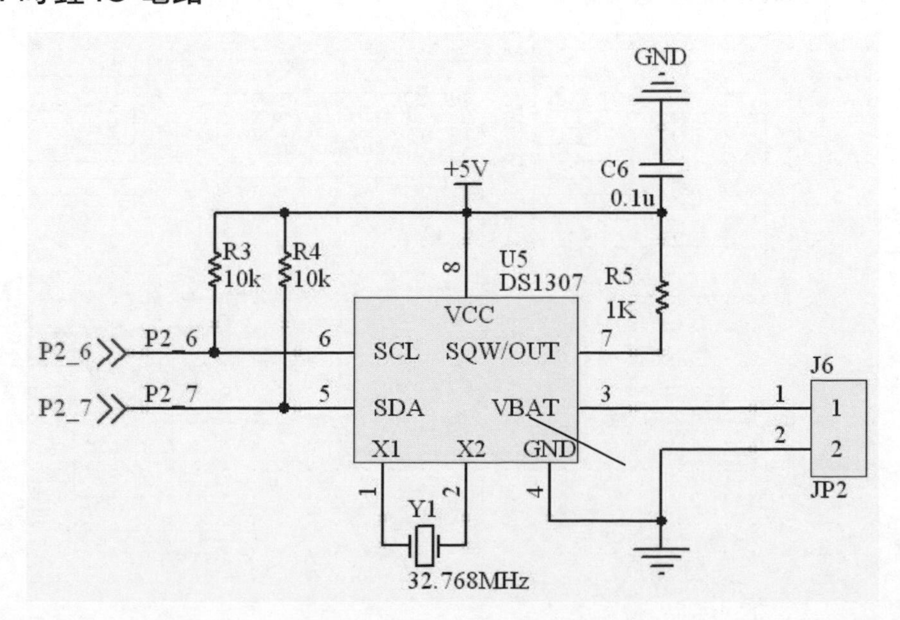

以往的實習板皆使用單晶片的計時/計數器模擬時鐘計數，在程式設計上複雜，且計算時間也因單晶片的晶體振盪與單晶片本身數值計算上有些許誤差，導致時間量測或計算不準確。所以本實習板採用 DS1307 時鐘 IC 的設計，因為DS1307即時時鐘是一個具有低功耗、全二進碼十位數(BCD)時鐘/日曆與具有 56 位元的非揮發性靜態記憶體，可由 2 線式雙向匯流排串列傳遞位址與資料。單晶片只需透過 I^2C 通訊方式即可與時鐘 IC 溝通，本實驗設計可讓讀者了解業界常用的 I^2C 通訊技術。

因為 DS1307 為一具有 I^2C 的 2 線式串列匯流排通訊，主裝置可利用 I^2C 匯流排的資料線 SDA 和時脈線 SCL 向 DS1307 寫入與讀取資料。裝置的 SCL 和 SDA 腳位要為開洩極（Open-Drain）或開集極（Open-Collector），且採用並聯接線的方式。因此匯流排上的裝置平常不使用時，二線的訊號都處於高電位，如上圖所示。因為 8051 的 P2.6（SCL）及 P2.7（SDA）腳位已經包含有 10KΩ提升電阻，所以在 8051 與 DS1307 的 SDA 與 SCL 的連接線上不需要再別外加 10KΩ提升電阻，以符合 I^2C 規範要求。詳細功能及應用方式說明，請參考第 13 章內容說明。

9. LCM 模組電路

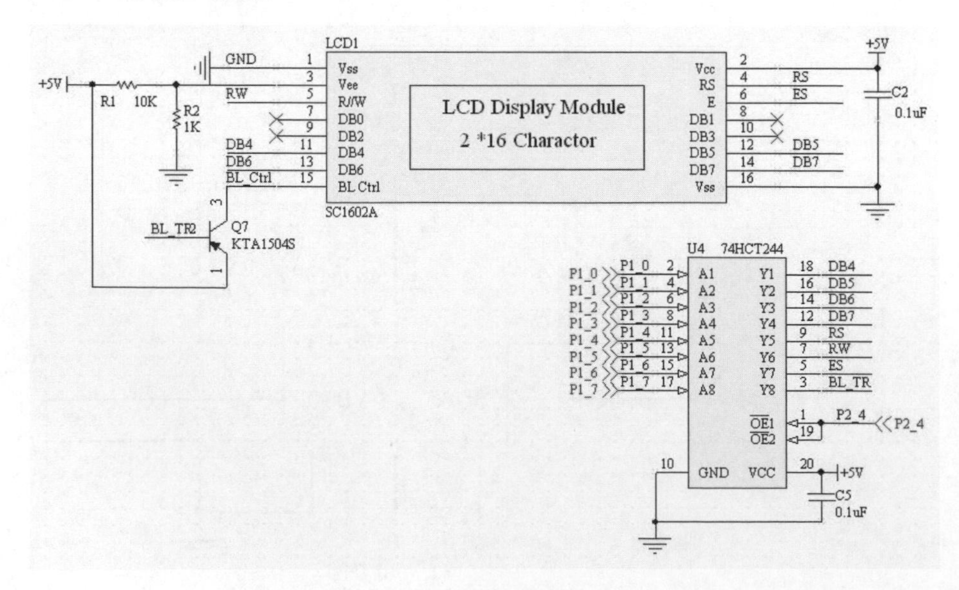

傳統上，8051 的顯示控制經常採用發光二極體與七段顯示器作為顯示系統，由於介面電路比較複雜且只可顯示簡單的字元，狀態的表現非常模糊且比較不容易辨識，所以本實習模組採用單晶片與液晶顯示器（Liquid Crystal Display；LCD）的整合應用，讓使用者可學習如何使用顯示模組顯示英文文字與數值，可直接顯示出英文文字讓系統的狀態更容易辨識，同時可以用來比較 LED 或七段顯示器與 LCM 之間的差異性。由於 SC1602A 與 8051 整合應用可採用 8 位元與 4 位通訊模式，本電路同樣的採用 1 個 74HCT244（U4）三態匯流排元件做為功能致能與否的控制開關，在通訊電路設計採用 4 位模式，可以進一步降低 8051 晶片的輸出入腳位需求。當 P2.4=0 可致能液晶顯示器的輸出控制，此時（P1.0~P1.3）連至高 4 位元資料匯流排 D4~D7、P1.4=Rs 為暫存器選擇（reqister selection）信號、P1.5=R/W 為 8051 對液晶顯示器讀取或寫入命令訊號、P1.6=ES 為致能液晶顯示器，而 P1.7 為訊號連接至電晶體 Q7 的控制訊號，可控制液晶顯示器的背光板是否點亮。詳細功能及應用方式說明，請參考第 9 章內容說明。

10. 串列通訊模組電路

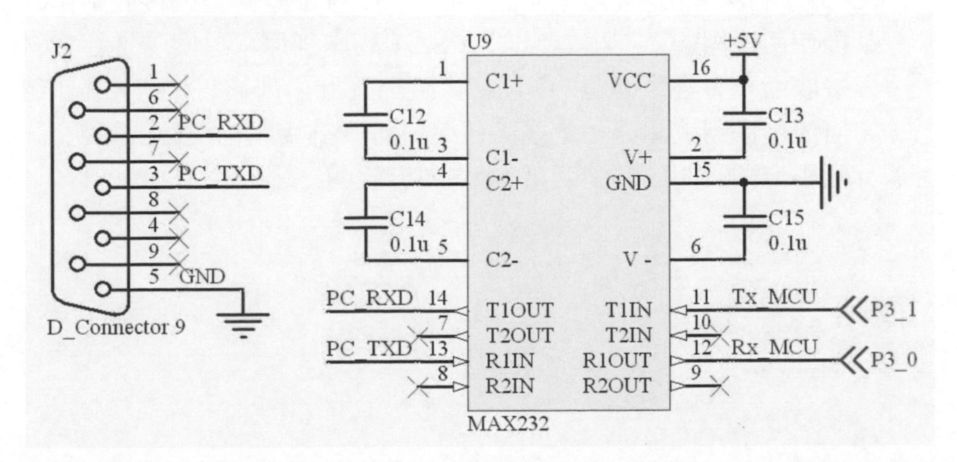

電腦系統之間的資料傳輸方法，可分為並列式傳輸與串列式傳輸兩種。並列式傳輸法的優點為傳送速度快，但需要較多的傳輸線，因此在做遠距離資料傳送時施工不易且所線材費用較多。但是串列式傳輸只需要三條傳輸線就可以做到全雙工通信，因此串列式傳輸介面就被廣泛的運用在微電腦系統之間的通信上，例如 PC 上所使用的 RS-232 就是串列介面。8051 單晶片雖然為小型的微電腦系統，其通常有提供一組全雙工的非同步串列通訊介面（UART）。8051 使用 P3.0 腳做為串列傳輸的資料接收腳（RXD），P3.1 腳做為串列傳輸的訊號傳送腳（TXD）。本實習模組應用 MAX232 信號轉換的 IC，可將 UART 的 TTL 訊號提升至 RS-232 通用訊號準位，因此可以與任何標準的 RS-232 設備進行通訊。注意，J2 的 D-sub 的腳位訊號，為了方便實習模組與上位機的個人電腦進行通訊，我們已經將 8051 的 RXD 接至 D-Sub 的腳位 3（TXD），而其 TXD 腳位接至 D-Sub 的腳位 2（RXD）。此外，實習板的接地（GND）則接至 D-Sub 的腳位 5（GND），可達成兩端設備共接地方式，以確保傳送與接收訊號的精準性。

8051 利用 SFR 的串列埠緩衝器（Serial port Buffer，簡稱 SBUF）執行串列傳輸的工作。當一切的設定工作完成之後，存入一筆資料到 SBUF 就會引發資料傳送的動作；而從串列埠收到一筆資料後也會存放在 SBUF 內供後續的處理。雖然資料的傳輸與接收都使用 SBUF，但是在 MCS-51 內部的結構中，接收資料與傳送資料實際使用的暫存器並不是同一個，只不過他們具有相同的定址位址而已，MCS-51 會依照傳送或接收動作的不同而選擇使用不同的暫存器，所以 MCS-51 的串列埠可以同時進行資料的傳送與接收而不會發生問題。所以實習版上設計串列通訊模組，讓使用者了解如何使用串列式訊號和電腦溝通與如何讓晶片間相互傳遞訊號。詳細功能及應用方式說明，請參考第 14 章內容說明。

11. 類比轉數位模組

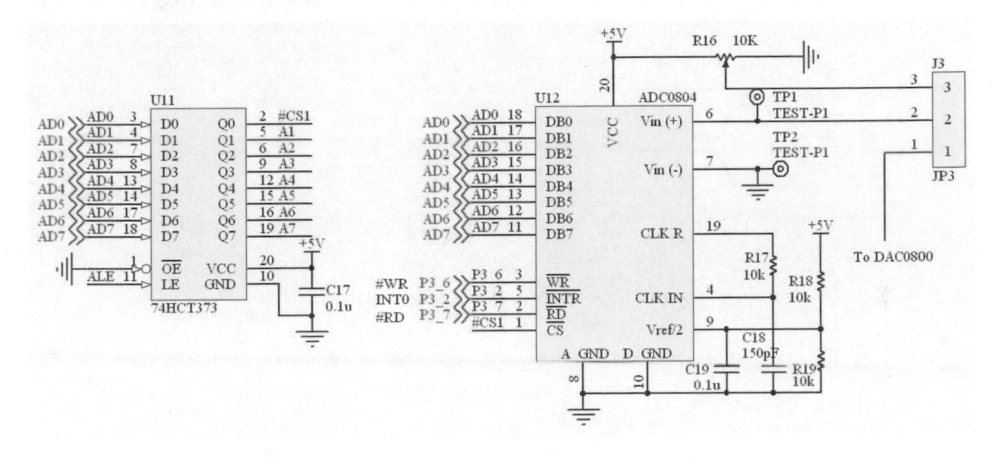

在本實習版上的類比轉數位電路如上圖所示，將 ADC0804 的 $\overline{WR}$ 接腳連接到 8051 的 $\overline{WR}$ 接腳（P3.6）、將 ADC0804 的 $\overline{RD}$ 接腳連接到 8051 的 $\overline{RD}$ 接腳（P3.7）、將 ADC0804 的 $\overline{INTR}$ 接腳連接到 8051 的 $\overline{INT0}$ 接腳（P3.2），而 DB0~DB7 連接到 8051 的 PORT0。然後採用外部資料記憶體存取方式（MOVX），來進行 ADC0804 的交握式轉換控制與讀取，ADC0804 的工作頻率為 $f = 1/(R_{17}C_{18}) \approx 60.6$Khz，而資料的讀取是採用外部記憶體寫入與讀取應用方式。本電路 ADC0804 的 Vin（-）是 GND，Vin（+）可由 JP3 的跳線進行選擇，如果 2 及 3 短路時，類比輸入由可變電阻的變化，提供一個 0~5V 訊號；但是如果 2 及 1 短路，則類比輸入是由實驗板的 ADC0800 數位轉類比元件提供。此外，值得注意的是本電路 ADC0804 的 Vref/2 是 2.5V，因此類比輸入的範圍為 0~5V。本類比轉數位（A/D）模組主要採用外部記憶體讀取的介面電路，使用讀取外部記憶的形式來讀取以及控制類比轉數位模組的電路，主要的目的在於減化電路以及將單晶片讀取外部記憶體的電路加以應用。而經過類比至數位轉換後的數位信號可以提供給單晶片做為後續處理應用，常見的有溫度、電壓、壓力、光度...等量測或是控制應用，本實習可強化外部記憶體應用的程式設計技巧。詳細功能及應用方式說明，請參考第 10 章內容說明。

12. 數位轉類比模組

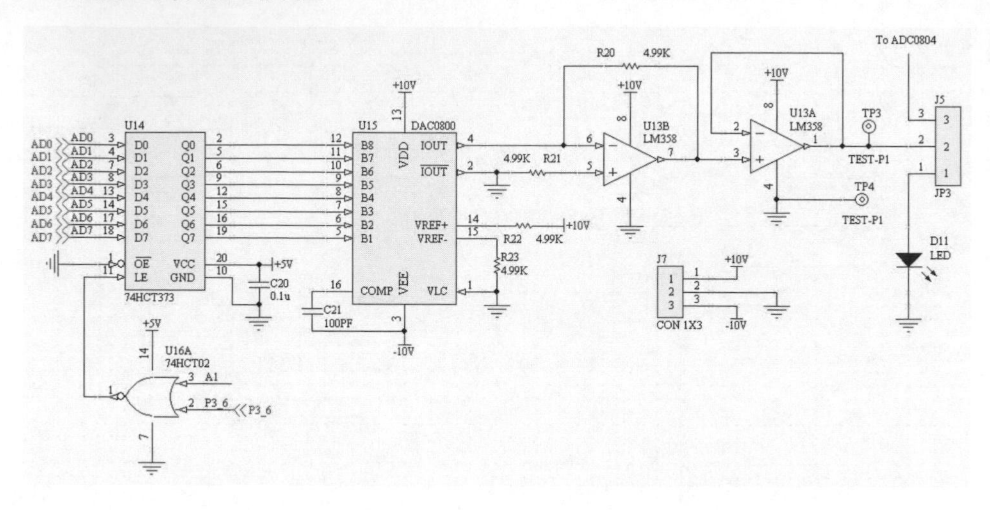

本數位轉類比模組主要探討單晶片與數位至類比轉 DAC0800 元件之整合應用。上圖的 DAC 電路應用的方式與 ADC 電路所使用的方式相同，只是多使用一個反或閘（NOR Gate）來作為拴鎖器的致能控制腳，其目的為避免與 ADC 同時動作。基本上，電路的應用與 ADC 的電路相似，期望由外部記憶體讀寫方式去控制數位至類比轉換元件 DAC0800。但由於 DAC0800 沒有致能腳位，所以在本電路設計中，我們再引入一個反或閘（NOR Gate）來作為拴鎖器的 74HCT373 的致能控制腳位，允許單晶片 8051 如要更新類比輸出資料時，才利用外部記憶體寫出方式將資料寫入 ADC0800 元件。本電路 ADC0800 的 V_{CC} 接 12V，V_{EE} 接-12V，可由 JP5 的跳線進行選擇輸出模式，如果 2 及 3 短路時，則輸出類比訊號至 JP3 的腳位 1；但如果 2 及 3 短路時，則輸出類比訊號至 LED（D11）上，可控制 LED 的明亮度。詳細功能及應用方式說明，請參考第 11 章內容說明。

13. CPU 板連結座

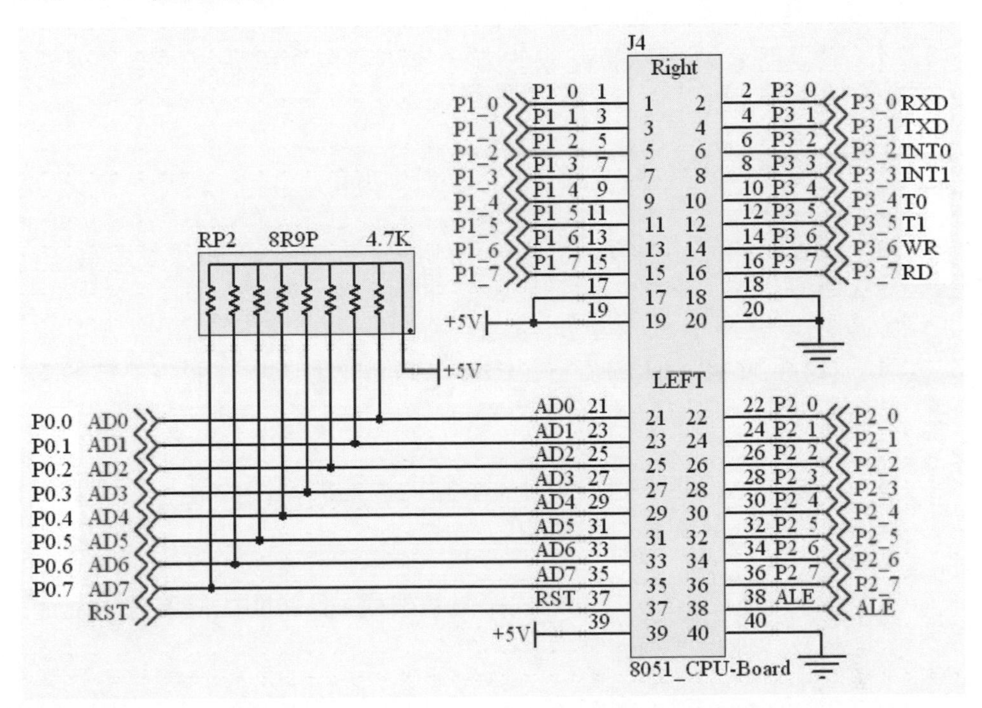

因為單晶片的種類繁多，各具其特色功能，其應用的層面也不盡相同，為了讓實習版發揮更大的經濟價值，所以設計可以拔插的 CPU 母板設計，可讓使用更換晶片來學習其他種類的單晶片，學習各種單晶片的程式設計技巧。

Chapter 1

問題與討論

1. 請說明資料記憶體存取的方式，注意包含單晶片內部及外部記憶體裝置。

2. 請簡要說明微控制器的內部結構及功能。

3. 試說明如何切換暫存器庫，例如內定為 Bank0 要改設定為 Bank3 的情況。

4. 試說明 MCS-51 的資料記憶體架構，並進一步說明內部資料記憶體及外部資料記憶體的應用方式。

5. 根據本章說明，請說明外部資料記憶體的電路設計，並說明讀取及寫入資料至外部資料記憶體的方式。

6. 試說明 MCS-51/52 的程式記憶體架構，且說明如何區分內部程式記憶體及外部程式記憶體方式。

7. 一般 MCS-51 的程式是儲存在唯讀記憶體方式，可是唯讀記憶體又可分為 FLASH ROM、EEPROM、EPROM、PROM、MARK ROM 等幾類別，試說明其程式記憶體的特性。

8. MCS-52 的較高 128 位元組的記憶體與特殊功能暫存器使用同一記憶空間，試說明及比較其各別記憶體的讀取與寫入方式。

9. 試說明 SP 堆疊指標暫存器的位址及堆疊的資料儲存方式。

10. 試說明 MCS-51 程式狀態字組暫存器的位址及功能。

11. 試說明 MCS-51 的特殊功能暫器在送電及初始化後之設定值，並以 I/O 埠說明其設定為輸入或輸出功能。

12. 比較 MCS-51/52 與 AT89C51RD2 單晶片之不同，說明 AT89C51RD2 具有那些進階功能。

chapter 2

組合語言與程式設計

本章主要介紹 8051 單晶片的程式設計方式及程式語法，透過定址模式及各式指令介紹與功能說明，期望讀者能具備單晶片程式設計能力。進而在接下來的章節裡，利用實習板探索單晶片微電腦的程式與介面電路設計之整合應用。若讀者能充分掌握本章各節的內容，對於微控制器的應用電路與相關韌體程式設計，將有莫大的助益。

本章學習重點

- 組合語言程式基礎概念
- 定址模式介紹
- 機械週期與指令週期
- 指令集及典型程式應用說明
- 問題與討論

2-1 組合語言程式架構

8051 的組合語言程式是由一行行的指令所構成。每行指令都有一定的格式，如下所示為一個 LED 閃爍控制程式，其分別由假指令 ORG 與 END 為啟始與結束，其間是由指令格式的組合而成的程式設計，因此可以根據程式流程達成 LED 閃爍控制。值得注意的是，每一行指令包含有標記、運算碼、運算元及註解等部分，其個別功能說明如下：

標記	運算碼	運算元	註解
	ORG	0000H	; 程式由位址 0000H 開始
;			
	MOV	A,#00	; 燈全亮
LOOP:	MOV	P1,A	
	ACALL	DELAY	;呼叫延時副程式
	CPL	A	; 將 A 反相
	JMP	LOOP	; 跳至 LOOP 標籤，重複執行程式
;			
DELAY:	MOV	R6,#100	; 延時副程式
DL1:	MOV	R7,#200	
DL1:	DJNZ	R7,DL2	
	DJNZ	R6,DL1	
	RET		; 副程式結束
	END		

1. 標記欄（Label）

標記的功用是用以替代繁複的記憶體位址計算，以方便程式的編寫、分析與維護。標記欄是在一列中需要使用者輸入的第一個項目，但這一項目並不是絕對必須的，任何兩列的組合語言指令皆可藉標記欄加以區別。在程式中若有需要使用標記時，必須將它放在程式的每一列的第一個起始位址。標記的第一個字元必需是英文字母，而接下來可以由英文字母、阿拉伯數字、問號及底線字元組合而成，長度最多可以達 8 個位元，最後必須以冒號（:）來結束，例如：LOOP:、DELAY:、DL1:、DL2:等皆為正確語法。要注意的是，標記欄不用時需留空白，可按 Tab 鍵或空白鍵去跳過，再撰寫指令及運算元。

2. 指令/運算碼欄（Mnemonic）

在組合語言中，8051 可使用的指令（運算碼）有兩種；一種是 MCS-51 單晶片指令，另一種則是編譯程式的虛指令（pseudo op code）。MCS-51 單晶片將在本章說明，而虛指令是用以通知編譯器對程式作某些特定的處理，使編譯器可以決定位址及常數。

3. 運算元欄（Operand）

在組合語言中，隨著指令的不同就有不同個數的運算元，去組合出一個完整的執行序，某些指令沒有運算元（如 NOP）、某些指令只需要有一個運算元（如 INC R1）、某些指令需要有二個運算元（MOV A, #0FH）、某些指令需要有三個運算元（CJNE A, #10, LOOP）。若運算元為兩個以上，則需在兩個運算元之間以逗點分隔。

4. 註解欄（Comment）

註解是以分號“；”起頭的一段說明文字，主要加入程式說明讓維護程式人員了解程式的功能，在組譯時直接跳過去且並不會被編譯出。因此程式設計應該多應用程式註解功能，增加程式碼的可讀性。

8051 的程式編譯是屬於全文交互組譯器（Cross assembler），其是一種文字與機械碼之間的控制轉換，此組譯器提供條件式組譯、巨集（MARCO）功能、列表顯示控制等功能。此外，一個組合語言的程式除了含有組合語言的指令群之外，為了書寫程式參考上的方便性，在程式設計中，還包含了一些控制指令是不屬於 8051 指令集中的指令，這些指令通常稱為“假指令”或是“虛擬指令”，如表 2-1 所示，其中“假指令”ORG 與 END 分別表示一個程式的啟始與結束。另外，為了增加程式設計的可讀性，8051 交互組譯器也可允許表 2-2 所示的運算元的運算式。另外，表 2-3 說明組合語言的數字系統表示方式。

表 2-1 常用的虛擬指令

虛指令	功能
ORG nn	定義下一個指令的機械碼從位址 nn 開始存放。 例：ORG 100H 表示下一個指令的機械碼由位址 100H 開始存放。
EQU nn	將程式中的某一標記設定值為 nn。 例 TIME EQU 300H 表示組譯器在組譯程式時，會將 TIME 以 300H 代入。注意任何標記，在程式中都只能設定一次。
DB nn	令組譯器在程式位址存入常數 nn。 例 DB 38H 表示在程式位址存入 38H。
END	告訴組譯器“程式的終止位置”。 組譯器見到 END 就會停止組譯。

表 2-2 運算元所允許之運算式

運算子（OPERATOR）	意 義	實例說明
+	正	例：MOV A,#+7FH 等於 MOV A,#7FH
-	負	例：MOV A,#-1 等於 MOV A,#0FFH
+	加	例：MOV R1,#2+2 等於 MOV R1,#4
-	減	例：MOV R1,#8-6 等於 MOV R1,#2
*	乘	例：MOV A,#8*8 等於 MOV A,#64

運算子（OPERATOR）	意 義	實例說明
/	除	例：MOV A,#8/8 等於 MOV A,#1
MOD	餘數	例：MOV A,#8 MOD 3 等於 MOV A,#2
>	高位元組	例：MOV A,#>(8877H-4444H) 等於 MOV A,#44H
<	低位元組	例：MOV A,#<(8877H-4444H 等於 MOV A,#33H

表 2-3 組合語言的數字系統

基 底	說 明	範 例	結 果
B	二進制（Binary）	MOV A, #11111111B	A=FFH
O 或 Q	八進制（Octal）	MOV A, #377O MOV A, #377Q	A=FFH A=FFH
D 或不指定	十進制（Decimal）	MOV A, #255 MOV A, #255D	A=FFH A=FFH
H	十六進制（Hexadecimal）	MOV A, #FFH	A=FFH
“ ”	ASCII	MOV A, #″A″	A=41H

2-2 定址模式介紹

8051 組合語言有多種的資料存取方式，資料存取模式又稱定址模式（Addressing Mode）。定址模式就是用來指定運算元，運算元可能附加在運算碼中、也可能儲存在暫存器或資料記憶體中，也可能只是一個位址。也就是說，定址模式是 CPU 尋找運算元的方法。MCS-51 共有六種定址模式，說明如下：

⊙ 立即定址法（Immediate Addressing）

⊙ 暫存器定址法（Register Addressing）

⊙ 直接定址法（Direct Addressing）

⊙ 間接定址法（Indirect Addressing）

⊙ 索引定址法（Indexed Addressing）

⊙ 位元定址法（Bit Addressing）

1. 立即定址法（Immediate Addressing）

立即定址法主要是應用在將某一常數值直接載入至某個暫存器或內部記憶體（RAM）位址內。注意使用立即定址法時，常數值的前面須加入前制符號 “#”。如下列範例說明：

MOV	A, #30H	;將常數值 30H 載入累加器 A 中，即 A=30H
MOV	R1, #30H	;將常數值 30H 搬入 R1 暫存器內，即 R1=30H
MOV	30H, #30H	;將常數值 30H 搬入內部記憶體 30H 位址內
MOV	DPTR, #1234H	;將 16 位元常數值 1234H 搬入 DPTR 暫存器內

2. 直接定址法（Direct Addressing）

直接定址法主要是應用在將單晶片內某個位址的內容直接被搬移（複製）至某個暫存器內，僅適用於內部資料記憶體（RAM）及特殊功能暫存器（SFR）。如下列範例說明：

MOV	A, 30H	; 將內部記憶體位址 30H 的內容值搬至累加器 A 中
MOV	20H, 01H	; 將內部記憶體位址 01H 的內容值搬至累加器記憶體位址 20H 中
MOV	R1, 30H	; 將內部記憶體位址 01H 的內容值搬至暫存器 R1 中
MOV	P1, 30H	; 將內部記憶體位址 30H 的內容值搬至特殊功能暫存器 P1 中

3. 間接定址法（Indirect Addressing）

間接定址法是把運算元的位址存放在一個暫存器，這個暫存器就是運算元位址的指標（POINTER），8051/8052 內部具有這種存取位址功能的暫存器有 R0，Rl, SP 與 DPTR。也就是說，間接定址法使用暫存器 R0、R1、SP 與 DPTR 做指標，而間接取得該指標內容為位址，再從該位址取出真正的內容值，然後搬移至指定的位址。注意使用間接定址法時，前面需要加上前置符號 “@”。

MOV	R0, #30H	; 將值 30H 載入 R0
MOV	A, @R0	; 把內部記憶體位址 30H 內的值搬至累加器 A 中
MOVX	A, @R0	; 把外部記憶體位址 30H 內的值搬至累加器 A 中

SP 是 8 位元堆疊指標（STACK POINTER）暫存器，它是堆疊區存放或取出資料的位址指示。例如：

PUSH	40H	;把內部記憶體位址 40H 內的值放到堆疊區中

是將記憶體位址 40H 的內容存入堆疊區，而存入的位址就是由 SP 暫存器所指定。例如，假如 SP=70H，則執行上面的指令時，就是把位址 40H 的內容值存放在記憶體位址 70H 內，而 SP 則指向 71H。

DPTR 是 16 位元的資料指標暫存器，因此可定址 65536 個記憶體位置，通常是應用在定址外部擴充記憶體（RAM）和外部擴充程式記憶體（ROM）的專用指標。例如：

MOV	DPTR, #1024H	; 將常數 1024H（16bit）載入 DPTR 中
MOVX	A, @DPTR	; 把外部記憶體位址 1024H 的值搬至累加器 A 中

4. 暫存器定址法（Register Addressing）

8051/8052 內部記憶體的每個暫存器庫均含有 8 個工作暫存器 R0~R7，若運算元是使用 R0~R7 的定址法都稱為暫存器定址法。因為 8051/8052 內部有四組暫存器庫（BANK），因此在使用前需透過程式狀態字元暫存器（PSW）內的 [RSl, RS0] 兩個位元設定到底應用那一個暫存器庫。例如：

MOV	A, R0	;將暫存器 R0 的內容存入累加器 A 中
ADD	A, R1	;將暫存器 R1 的內容存入累加器 A 中

5. 索引定址法（Indexed Addressing）

索引定址法是利用程式計數器 PC 或 DPTR 暫存器當作基底值，將基底值再加上累加器 A 的值去獲得一個實際位址值，然後再將該位址內容的資料取出且存入累加器 A 中，因此應用索引定址法只能讀出記憶體位址的內容值且不能應用在寫入資料方式。例如：

	MOV	R0,#00	; 將常數 0 寫入 R0 暫存器中
LOOP:			
	MOV	A, R0	; 將 R0 暫存器的內容搬至累加器 A 中
	MOV	DPTR, #1234	; 將 DPTR 值設為 1234H（16bit）
	MOVC	A, @A+DPTR	; 將累加器 A 的值與 DPTR 暫存器相加得到一個位址值 ; 然後由此位址值內取出資料存入累加器 A 中
	INC	R0	; 增加 R0 的內容值一次
	JMP	LOOP	; 強制跳至 LOOP 標籤處
	MOVC	A, @A+PC	; 把程式現在 PC 值加入累加器 A 中，可得到一個實際位址值 ; 然後由此位址內取出資料且存入累加器 A 中

6. 位元定址法（Bit Addressing）

位元定址法針對內部記憶體或可位元定址法的特殊功能暫存器（SFR）的某個位元直接設定（1）或清除（0）。注意，位元定址法只能應用在可位元址的暫存器上，詳細參考第一章的單晶片硬體介紹。例如：

SETB	P1.0	;將 P1.0 輸出設定為高電位
CLR	P1.1	;將 P1.1 輸出設定為低電位
SETB	C	;將進位旗號 C 設定為 1

2-3 指令集及應用說明

單晶片微電腦系統是同步的順序邏輯（Sequential logic）系統，整個系統的工作完全是依賴系統內部的時脈信號來產生各種動作週期及同步信號等，這表示當 CPU 每執行一個指令都必須花費一些時間。在 MCS-51 中 CPU 每執行一個指令要花費多久的時間，必須由 MCS-51 的振盪頻率及執行的指令決定。連接在 MCS-51 第 18、19 腳（XTAL1 及 XTAL2）的石英晶體振盪器和電容，與 MCS-51 的內部電路形成一振盪電路，該振盪電路會將一連串的脈波輸入 MCS-51，控制 MCS-51 內部各單元的動作順序。這些動作週而復始的一直進行，形成 MCS-51 的機械週期（Machine cycle）。

機械週期與指令執行的狀態時序如圖 2.1 所示。每一個機械週期由 6 個狀態（status）組成，分別是 S1、S2、S3、S4、S5 及 S6，每個狀態是由兩個被稱為相位 1（P1）及相位 2（P2）的振盪器週期組成。所以一個機械週期包含 12 個振盪週期，當振盪頻率為 12MHz 時，則 CPU 每執行一個機械週期要花費 1 微秒（1μs）。MCS-51 大部分的指令執行時序都可以歸入圖 2.1 所示的 4 種形式中，即 1 Byte 1 cycle 、1 Byte 2 cycle，2 Byte 1 cycle 及 MOVX 指令，另有 MUL AB 和 DIV AB 是 4 個機械週期的指令。因此我們可以得到一個結論，MCS-51 執行一個指令需要花費 1、2 及 4

個機械週期，即 12、24 及 48 個振盪週期，當振盪頻率為 12MHz 時，分別花費 1 微秒（μs, 10^{-6} 秒）、2 微秒及 4 微秒。

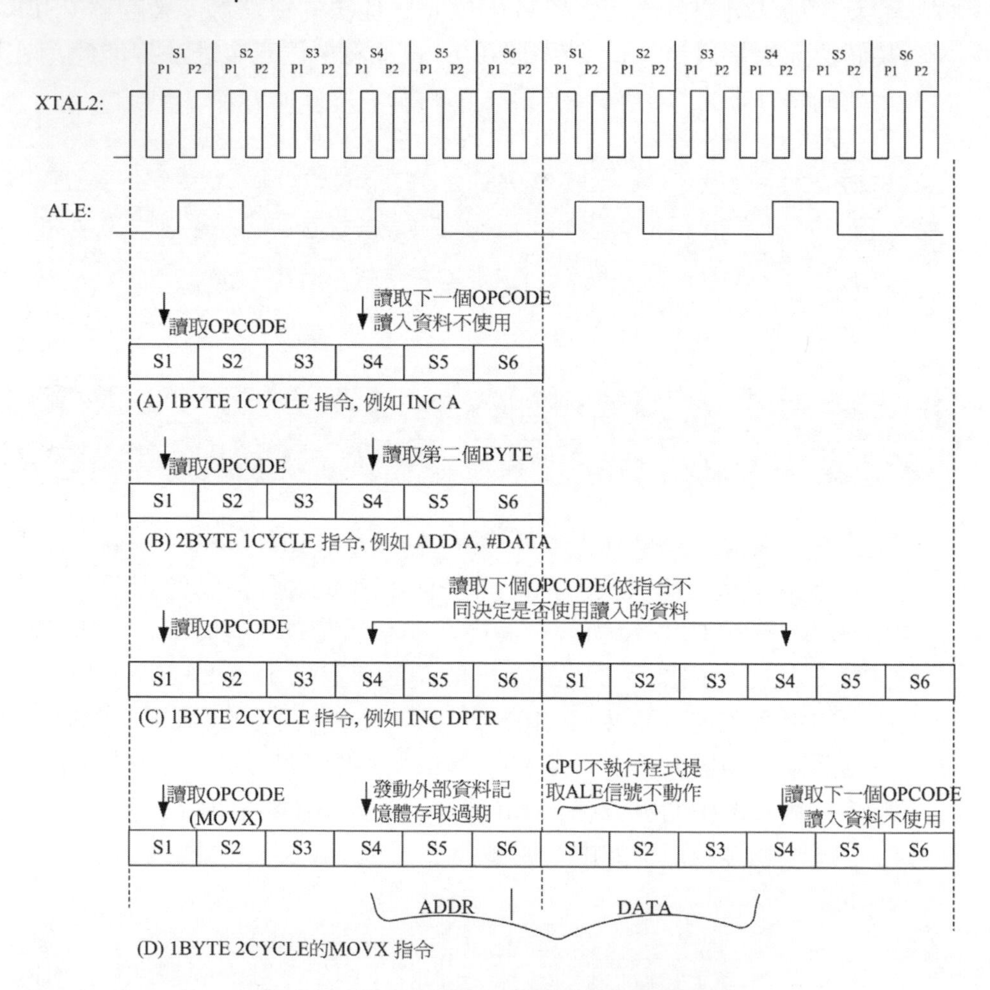

圖 2-1　8051 的指令抓取及執行時序圖

8051 指令集共 111 個，單位元組共 49 個，雙位元組共 45 個，三位元組共 17 個。8051 單晶片程式指令依其功能，可分為以下五大類：（1）算術運算指令、（2）邏輯運算指令、（3）資料轉移指令、（4）布林運算指令、（5）條件跳躍指令。以下將分別列出每一個分類的相關指令，針對每個指令的指令動作、佔用的位元數及執行時間週期進行簡要功能說明，其中在說明中使用到的符號表示定義如表 2-4。

表 2-4　指令常用符號定義

符號	說明
A	累加器
Rn	R0~R7 暫存器
Direct	RAM 位址（00H~7FH）或 SFR 位址（80H~FFH）
@Ri	透過 R1 或 R0 做間接定址
#data	8 位元常數值
#data16	16 位元常數值
Addr11	11bit 位址，用於 ACALL 或 AJMP 指令（2k）
Addr16	16bit 位址，用於 LCALL 或 LJMP（64k）
bit	位元定址位址
Rel	具正負號 8 位元位址偏移量，用於 SJMP 和所有條件是跳躍指令

2-3.1 算數運算指令

在 8051 的組合語言程式中，算術運算是最叫人嘆為觀止的部分，它將二進位的運算規則發揮得淋漓盡致，再搭配各式各樣條件的判斷與變化，便成了校正器、計算器、及各種量測工具的核心控制程式，越是精準的儀器，其核心程式裡的運算方程往往具備十足的工程美感，而這些運算方程，正是 8051 另一個引人入勝的領域。

談到算數，第一個聯想到的就是加減乘除，8051 的算術運算指令如表 2-5 所示共有 24 條，包括了加、減、乘、除等各種運算，全部指令都是 8 位元資料運算。而所有的加、減、乘、除等運算，又都是以加法運算為基底所衍生出來的運算法則，因此我們將以加法做為算數運算的說明。加法指令共有 4 條，如下圖所示，被加數總是累加器 A，而且結果也放在 A 中。這四條指令使得累加器 A 可以和內部 RAM 的任何一單元內容相加，也可以和一個 8 位元常數值相加。無論是哪一條加法指令，參加運算的都是 8 位元二進位數字，對指令使用者來說，這些 8 位元二進位資料可以當作無符號數，也可以當作帶符號數，但電腦在作加法運算時總是按以下規則進行。在求和時，總是把運算元直接相加，而無須任何變換。另外，在確定相加後進位元旗標（CY）的值時，總是把運算元當無符號數直接相加，而得出進位位元旗標 CY 的值。在確定相加後溢出旗標 OV 的值時，微控器總是把運算元當作帶符號數來對待。在作加法運算時，一個正數和一個負數相加是不可能產生溢出的。只有兩個同符號數相加時，才有可能溢出。若兩個正數相加其結果為負，或兩個負數相加其結果為正數，則一定產生溢出，產生溢出時，OV=1，否則 OV=0。加法指令還會影響輔助進位元旗標 AC 和奇偶旗標 P。也說是說，若執行加法指令時，累加器 A 的第三位元有向第四位元進位，則 AC=1，否則 AC=0；若執行加法指令後，累加器 A 中的 1 的數目為奇數，則 P=1，否則 P=0。

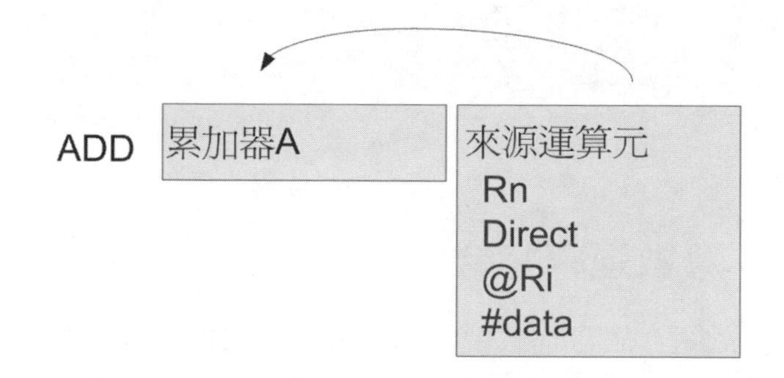

指令 ADD A, Rn 將累加器 A 中的資料和暫存器 Rn 中的資料相加，且存入累加器中，指令所占空間為 1 位元組，執行時間為 1 週期。例如指令 ADD A, R1 運行過程，假定指令運行前累加器 A 中內容為 57H，R1 中的內容為 23H，則指令運行後，累加器 A 中資料變為 7AH，進位旗標 CY 變為 0，半進位元旗標 AC 變為 0。溢出旗標 OV 變為 0，奇偶旗標 P 變為 1。

指令 ADD A, direct 將累加器 A 中的資料和內部資料記憶體 direct 單元中的資料相加且和存入累加器中，指令所占空間為 2 位元組，執行時間為 1 週期。例如指令 ADD A, 30H 運行過程。假定指令運行前累加器 A 中的內容為 37H，30H 中的內容為 53H，則指令運行後，累加器 A 中資料變為 8AH，進位元旗標 CY 變為 0，半進位元旗標 AC 變為 0，溢出旗標 OV 變為 1，奇偶旗標 P 變為 1。

指令 ADD A, @Rn 將累加器 A 中的資料和工作暫存器 Rn 指向的內部資料記憶體單元中的資料相加且將和存入累加器中，該指令所占空間為 1 位元組，執行時間為 1 週期。例如指令 ADD A, @R0 運行過程，假定指令運行前累加器 A 中內容為 74H，R0 中的內容為 13H，內部資料記憶體 13H 單元中資料為 6FH，則指令運行後，累加器 A 中資料變為 E3H，進位元旗標 CY 變為 0，半進位元旗標 AC 變為 1，溢出旗標 OV 變為 1 奇偶旗標 P 變為 1。

指令 ADD A, #data 將累加器 A 中的資料和立即數值 data 相加且和存入累加器中，該指令所占空間為 2 位元組，執行時間為 1 週期。例如指令 ADD A, #54h 運行過程，假定指令運行前累加器 A 中的內容為 0B7H，則指令運行後，累加器 A 中資料變為 0BH，進位元旗標 CY 變為 1，半進位元旗標 AC 變為 0，溢出旗標 OV 變為 0，奇偶旗標 P 變為 1。

另外，因為 DA 指令為將 A 累加器內容調整成 10 進制 BCD 數值，也就是執行下列判斷式：（1） 設若 [[(A3~0)>9]或[(AC)=1]]，則為(A3~0)← (A3~0)+6，（2）設若 [[(A7~4)>9]或[(CF)=1]]，則為(A7~4) ← (A7~4)+6。我們詳細說明如下，將累加器 A 之內值調整為二進碼十進位（BCD）之形式，並將調整後的結果值存回累加器 A 中。調整原則：若累加器之位元 0~3 之值大於 9 或輔助進位（AC）之值為 1，則累加器之內含值加 06，若有進位則高 4 位元再加 1。然後再檢查位元 4~7。若同時超過 9，或進位旗號（C）為 1，則高 4 位元值亦加 6。結果若發生溢位，則進位旗號（CF）設定為 1，否則為 0。例如：

MOV A, #6	; A=6
ADD A, #9	; A=A+9=0FH
DA, A	; A 調整為 BCD 碼, A=15H

表 2-5 算數運算指令

指令	說明	位元組	機械週期
ADD A, Rn	將暫存器內容加入 A 累加器	1	1
ADD A, direct	將直接位址內容加入 A 累加器	2	1
ADD A, @Ri	將間接位址內容加入 A 累加器	1	1
ADD A, #data	將 8 位元常數資料加入 A 累加器	2	1
ADDC A, Rn	將暫存器與進位 CF 加入 A 累加器	1	1
ADDC A, direct	直接位址內容與進位 CF 加入累加器	2	1
ADDC A, @Ri	間接位址內容與進位 CF 加入累加器	1	1
ADDC A, #data	將 8 位元常數資料與進位 CF 加入累加器	2	1
SUBB A, Rn	A 累加器內容減暫存器與借位 CF	1	1
SUBB A, direct	A 累加器內容減直接位址內容與借位	2	1
SUBB A, @Ri	A 累加器內容減間接位址內容與借位	1	1
SUBB A, #data	累加器內容減 8 位元常數資料與借位	2	1
INC A	A 累加器內容加 1	1	1
INC Rn	暫存器內容加 1	1	1
INC direct	直接位址內容加 1	2	1
INC @Ri	間接位址內容加 1	1	1
INC DPTR	資料指標 DPTR 內容加 1	1	2
DEC A	A 累加器內容減 1	1	1
DEC Rn	暫存器內容減 1	1	1
DEC direct	直接位址內容減 1	2	1
DEC @Ri	間接位址內容減 1	1	1
MUL AB	A 累加器乘以暫存器 B，相乘結果之高 8 位元存入 B，低 8 位元存入 A	1	4
DIV AB	A 累加器除以暫存器 B（A/B），相除結果之商存入 A，餘數存入 B	1	4
DA A	A 累加器內容調整成 10 進制 BCD 數	1	1

2-3.2 邏輯運算指令

8051 的邏輯運算相關指令有 25 個，主要是執行邏輯和（AND）、或（ORL）、互斥（XOR）操作、CLR 位元資料清除為零、不帶進位旗標的左旋轉（RL）、帶進位旗標的左旋轉（RLC）、不帶進位旗標的右旋轉（RR）、帶進位旗標的右旋轉（RRC）與 A 累加器的高低 4 位元互相交換（SWAP）等 10 個功能，如表 2-6 所示。注意，除了以累加器 A 為目標暫存器的指令會影響 PSW 的 P 位元外，其餘指令對 PSW 均無影響。這些指令的格式都類似，我們將以邏輯和 ANL 指令與不帶進位旗標的左旋轉（RL）為例加以說明，讀者參考邏輯運算指令表 2-6 即可了解。

邏輯和 ANL 指令為將目的位元組與來源位元組做邏輯"和"之運算，結果再存到目的位元組中，可應用指令方式如下圖所明。例如：ANL A, #3Fh 運行說明，假設指令執行前 A=0FH，則執行後為 A=(0FH) and 3FH=0FH。

A=0FH	;A=	00001111=0Fh
#3Fh	;	00111111=3Fh
ANL A, #3Fh	;	00001111=0Fh

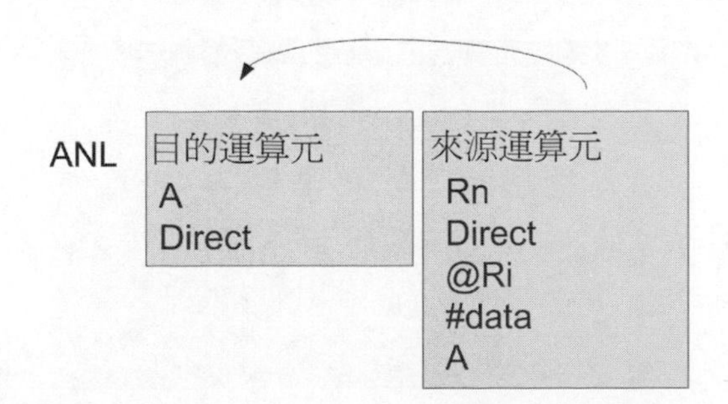

不帶進位旗標的左旋轉（RL）為將累加器"A"值向左旋一位元，此時位元 7（MSB）會被旋到位元 0 處去。而帶進位旗標的左旋轉（RLC）為將累加器"A"與進位旗標連成一迴路，然後像左旋一位元方式，此時位元 7 旋入進位旗號（CY）內，進位旗號（CY）則旋入累加器之位元 0 內。

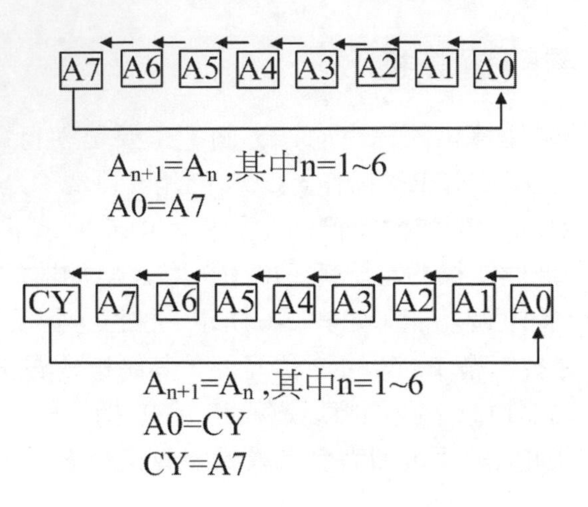

表 2-6 邏輯運算指

指令	說明	位元組	機械週期
ANL A, Rn	暫存器 AND 至 A 累加器內	1	1
ANL A, direct	直接位址內容 AND 至 A 累加器內	2	1
ANL A, @Ri	間接位址內容 AND 至 A 累加器內	1	1
ANL A, #data	8 位元資料 AND 至 A 累加器內	2	1
ANL direct, A	A 累加器內容 AND 至直接位址內	2	1
ANL direct, #data	8 位元資料 AND 至直接位址內	3	2
ORL A, Rn	暫存器 OR 至 A 累加器內	1	1
ORL A, direct	直接位址內容 OR 至 A 累加器內	2	1
ORL A, @Ri	間接位址內容 OR 至 A 累加器內	1	1
ORL A, #data	8 位元資料 OR 至 A 累加器內	2	1
ORL direct, A	A 累加器內容 OR 至直接位址內	2	1
ORL direct, #data	8 位元資料 OR 至直接位址內	3	2
XRL A, Rn	暫存器 XOR 至 A 累加器內	1	1
XRL A, direct	直接位址內容 XOR 至 A 累加器內	2	1
XRL A, @Ri	間接位址內容 XOR 至 A 累加器內	1	1
XRL A, #data	8 位元資料 XOR 至 A 累加器內	2	1
XRL direct, A	A 累加器內容 XOR 至直接位址內	2	1

指令	說明	位元組	機械週期
XRL direct, #data	8 位元資料 XOR 至直接位址內	3	2
CLR A	清除 A 累加器	1	1
CPL A	A 累加器內容取補數	1	1
RL A	A 累加器內容向左旋轉 1 位元	1	1
RLC A	A 累加器與進位 CF 一起左旋 1 位元	1	1
RR A	A 累加器內容向右旋轉 1 位元	1	1
RRC A	A 累加器與進位 CF 一起右旋 1 位元	1	1
SWAP A	A 累加器的高低 4 位元互相交換	1	1

2-3.3 資料轉移指令

資料轉移（MOV）指令可在 2 個指定運算元間搬移資料位元組。在第 2 個運算元指定的位元組將被複製至第 1 個運算元指定的位置。注意，來源的資料不會被改變，此指令執行結果不影響任何旗標。資料轉移 MOV 指令的應用方式如下圖所示，五種定址法都有，如表 2-7 所示總共有 28 個資料轉移指令。

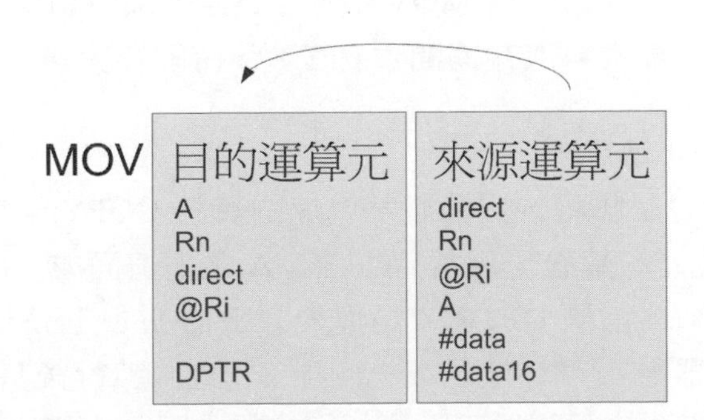

MOVX 指令之目的在於存取接於單晶片外面記憶體（RAM）內之資料，但本指令僅允許累加器"A"與外部記憶體間之資料互相交換取存。另外本指令有兩種型態的位址碼，一種是以 8 位元當位址碼（R0 或 R1 暫存器）取存外部記憶體資料，另一種是以 16 位元位址碼（DPTR）取存外部資料記憶體。

指令	<目的位元組>	<來源位元組>
MOVX	A	@A+Rm
	@A+Rm	A
	A	@A+DPTR
	@A+DPTR	A

在第一種型態，是以暫存器 R0 或 R1 之內含值當成位址碼，從埠 0（P0）送出去，此時位址碼值在 ALE 信號負緣時被拴鎖住，而在 WR 或 RD 信號"L"期間存取外部資料。如果取存外部資料在偏移量（0~255）以內時，此種方式是合適的。在第二種型態，則是以資料指標暫存器（DPTR）為位址碼，資料指標暫存器為 16 位元，高 8 位元是"DPH"，低 8 位元是"DPL"。執行本指令時，CPU 會把高 8 位元（DPH）從埠 2（P2）送出去，而低 8 位元（DPL）則從埠 0 送出去，埠 0 之動作與第一種型態一樣，是多工的，因此當埠 0 送出位址碼時，亦需以"ALE"信號負緣波，將其位址碼值拴鎖住。以便埠 0 接著執行資料匯流排（data bus）的工作。當埠 2（P2）送出 DPH 的高 8 位元位址碼值時，特殊功能暫存器（SFR）之埠 2 暫存器之值將保持原先的值不變。當存取資料很多時，此種方式是較快速且有效率。另外當使用 MOVX 指令取存外部資料記憶體時，埠 2 上的資料只有在外部資料取存期間才有變動，待取存完後，原先埠腳上之值將會還原。

MOVC 指令是將程式記憶體某位址的資料 COPY 至累加器 A 中，此位址是由 16 位元的基底暫存器，再加上 A 之內值而成，16 位元的基底暫存器可以使用資料指標 DPTR 或是程式計數器 PC。若使用程式計數器 PC，在加入累加器之前，PC 值是下一個指令位址，執行後基底暫存器之值不變，注意，此指令執行結果不影響任何旗標。因為本指令應用索引定址法，所以只能讀出記憶體位址的內容值且不能應用在寫入資料方式。

指令	<目的位元組>	<來源位元組>
MOVC	A	@A+DPTR
	@A+Rm	@A+PC

XCH 指令的應用方式如下圖所示，只要是執行將累加器 A 內容與後面來源運算元指定內容進行位元組值交換。例如 XCH A, Rn 指令可將累加器 A 與工作暫存器內部資料的交換。XCH A, Direct 指令可將累加器 A 與資料記憶體位址內部資料的交換；XCH A, @Rn 指令可將累加器 A 與工作暫存器簡接定址的資料記憶體內部資料的交換。

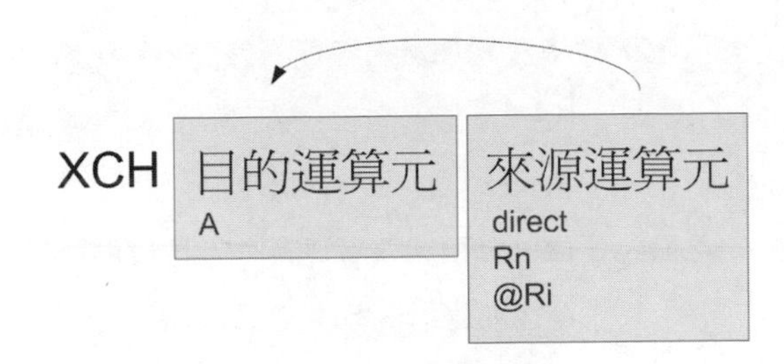

表 2-7 資料轉移指令

指令	說明	位元組	機械週期
MOV A, Rn	將暫存器內容移入 A 累加器	1	1
MOV A, direct	將直接位址內容移入 A 累加器	2	1
MOV A, @Ri	暫存器間接位址內容移入 A 累加器	1	1
MOV A, #data	將 8 位元常數資料移入 A 累加器	2	1
MOV Rn, A	將 A 累加器內容移入暫存器	1	1
MOV Rn, direct	將直接位址內容移入暫存器	2	2
MOV Rn, #data	將 8 位元常數資料移入暫存器	2	1
MOV direct, A	將 A 累加器內容移入直接位址內	2	1
MOV direct, Rn	將暫存器內容移入直接位址內	2	2
MOV direct, direct	將直接位址內容移入直接位址內	3	2
MOV direct, @Ri	暫存器間接定址內容移入直接位址內	2	2
MOV direct, #data	將 8 位元常數資料移入直接位址內	3	2
MOV @Ri, A	將 A 累加器內容移入間接位址內	1	1
MOV @Ri, direct	將直接位址內容移入間接位址內	2	2
MOV @Ri, #data	將 8 位元常數資料移入間接位址內	2	1
MOV DPTR, #data16	將 16 位元常數資料移入資料指標內	3	2

指令	說明	位元組	機械週期
MOVC A, @A+DPTR	將程式記憶體內容移入 A 累加器內	1	2
MOVC A, @A+PC	將程式記憶體內容移入 A 累加器內	1	2
MOVX A, @Ri	將外部資料記憶體內容移入 A 累加器	1	2
MOVX A, @DPTR	將外部資料記憶體內容移入 A 累加器	1	2
MOVX @Ri, A	將 A 累加器內容移入外部資料記憶體	1	2
MOVX @DPTR, A	將 A 累加器內容移入外部資料記憶體	1	2
PUSH direct	將直接位址內容存入堆疊內	2	2
POP direct	自堆疊頂端取出資料存入直接位址內	2	2
XCH A, Rn	A 累加器內容與暫存器內容互換	1	1
XCH A, direct	A 累加器內容與直接位址內容互換	2	1
XCH A, @Ri	A 累加器內容與間接位址內容互換	1	1
XCHD A, @Ri	累加器與間接位址低 4 位元內容互換	1	1

2-3.4 布林運算指令

布林代數運算是 8051 較特殊的指令，可對『單一位元』作運算，運算時若有必要，則以進位旗號 CY 作為位元累加器。8051 內部可作單一位元運算的區域有內部資料記憶體 20H~2FH 及特殊功能暫存器 SFR 的第一行。

所謂的『布林位元處理』就是可以針對單一位元（bit）做處理及運算的功能，這樣的功能簡化了程式撰寫的複雜度，讓 8051 的運用更顯得靈活自如。在 MOV 的指令中，有兩個指令是屬於這一類的指令，如下表所示，它們是屬於直接定址模式的運作方法，較特別的地方是：這兩個不同的 bit 裡，其中一個必須是 CY 進位旗標。在算術運算裡，這是非常重要的指令，因為它們可以直接影響到進位旗標的值，提供觸發條件的設定，如果您的程式裡有必要記錄 CY 旗標的借溢位狀況的話，那麼這兩個指令必定是不可或缺的。

指令	＜目的位元組＞	＜來源位元組＞
MOV	C	bit
	bit	C

表 2-8 布林運算指令

指令	說明	位元組	機械週期
CLR C	清除進位旗標 CF＝0	1	1
CLR bit	清除位元位址內容	2	1
SETB C	設定進位旗標 CF＝1	1	1
SETB bit	設定位元位址內容	2	1
CPL C	將進位旗標 CF 內容取補數	1	1
CPL bit	將位元位址內容取補數	2	1
ANL C, bit	將位元位址內容 AND 至 CF 內	2	1
ANL C, /bit	將位元位址內容取補數 AND 至 CF 內	2	2
ORL C, bit	將位元位址內容 OR 至 CF 內	2	2
ORL C, /bit	將位元位址內容取補數 OR 至 CF 內	2	2
MOV C, bit	將位元位址內容移入進位旗標 CF 內	2	1
MOV bit, C	將進位旗標 CF 移入位元位址內	2	2
JC rel	若 CF＝1，則跳至相對位址 rel	2	2
JNC rel	若 CF＝0，則跳至相對位址 rel	2	2
JB bit, rel	若 (bit)＝1，則跳至相對位址 rel	3	2
JNB bit, rel	若 (bit)＝0，則跳至相對位址 rel	3	2
JBC bit, rel	若 (bit)＝1，則跳至相對位址 rel，同時清除位元位址 bit 內容	3	2

2-3.5 流程式控制指令

8051 流程控制是透過程式計數器（PC）的變更，改變程式執行的流程順序。有關流程控制方面的指令，可區分為以下幾種形式：

- ⊙ 無條件跳躍：JMP 指令。
- ⊙ 條件跳躍：例如，JC、JZ、JB、CJNE 等指令。
- ⊙ 迴圈：例如 DJNZ 指令。
- ⊙ 副程式程式：例如 CALL、ACALL、RET。

無條件跳躍

無條件轉移指令包括長程跳躍指令（LJMP）、絕對跳躍指令（AJMP）、短程跳躍指（SJMP）令、變址定址跳躍指令（JMP）等 4 條。長程跳躍指令 LJMP addr16 的功能是把 16 位元位址傳送給程式計數器 PC，實現程式的執行轉移動作。因為操作碼提供 16 位元位址，所以可在 64KB 程式記憶體範圍內進行長程跳躍，該指令為三位元組指令，執行時間為兩週期。

絕對跳躍指令 AJMP addr11 的功能：先將 PC 的內容加 2，使 PC 指向下一條指令，然後將 addr11 送入 PC 的低 11 位，PC 的高 5 位保持不變，形成新的 PC 值，實現程式的執行轉移動作。本指令的跳躍範圍為下一條指令位址所在的 2K 程式範圍之內，可能跳躍到當前指令之前，也可能跳躍到當前指令之後。

短程跳躍指令 SJMP rel 的功能：首先將 PC 內容加 2，即加入本指令長度，再與 rel 相加形成轉移目的位址。其中 rel 是 8 位元補數表示的相對偏移量，rel 的表示範圍決定了短程跳躍指令的跳躍範圍是以本指令所在位址加 2 為基準，向低位址跳躍 128 位元組或是向高位址跳躍 127 位元組。該指令為 2 週期 2 位元組指令。

變址定址跳躍指令 JMP @A+DPTR 的功能：將累加器 A 中的內容與 16 位元暫存器 DPTR 的內容相加所得的和載入 PC 中，完成程式的跳躍運行，本指令為一位元組兩週期指令。本指令常用於以跳躍表去實現多分支跳躍，其功能相當於高階語言中 SWITCH 語句。例如：

MOV DPTR, #TABLE	; DPTR 指各 TABLE 標籤位址
ADD A, A	; A=A×2，因為每個 AJMP 指令佔用 2byte 的記憶體位址
JMP @A+DPTR	
TABLE：AJMP CASE0	
AJMP CASE1	
AJMP CASE2	
AJMP CASE3	

因此根據上列程式設計，當累加器 A=0 時，會跳去 CASE0 處去執行程式；當 A=1 時，會跳去 CASE1 處去執行程式，依此類推。

條件跳躍

條件跳躍指令是指當某種條件滿足時，才進行流程轉移，否則程式將順序執行。8051 中的所有條件轉移指令都只採用相對定址方式指示轉移的目的地址。

累加器為 0 條件跳躍指令 JZ rel 的功能為，若累加器 A 等於零，則跳至 rel 位址處去執行程式，否則繼續往下執行程式。例如：JZ CCC 指令，表示若 A=0 則跳至 CCC 標籤處去執行程式，否則繼續往下執行程式。

累加器不為 0 的條件跳躍指令 JNZ rel 的功能為，若累加器 A 不等於零，則跳至 rel 位址處去執行程式，若累加器 A 的內容等於零，則不跳且繼續往下執行程式。例如：JNZ LOOP 指令，表示若 A≠0 則跳至 LOOP 標籤處執行程式，否則繼續往下執行程式。

CJNE 的判斷條件是比較兩數是否相等，若不相則執行跳躍，比較的兩數可以是累加器、#data（數值資料）、Rn（工作暫存器）、direct（直接定址記憶體資料）、或@Rm（間接定址記憶體資料）等，例如：

指令	目的運算元	來源運算元	跳躍位址
CJNE	A	Direct	Rel
	A	#data	
	Rn	#data	
	@Rm	#data	

例如：

CJNE A, P2, CCC	；若 A 的內容不等於 P2 的內容，則跳至 CCC 標籤處去執行程式，否則繼續往下執行程式
CJNE A,#38H, CCC	；若 A≠38H，則跳至 CCC 標籤處去執行程式，否則繼續往下執行程式
CJNE R5,#23H, CCC	；若 R5≠23H，則跳至 CCC 標籤處去執行程式，否則繼續往下執行程式
MOV R1,#23H CJNE @R1,#30H, CCC	；若內部 RAM 位址 23H 的內容不等於常數 30H，則跳至 CCC 標籤處去執行程式，否則繼續往下執行程式

迴圈指令 DJNZ 格式如下表所示，DJNZ 指令將其後面的第一個參數中的值減 1，然後判斷一下這個值是否等於 0，如果等於 0，就往下執行，如果不等於 0，就執行程式流程轉移。

指令	目的運算元	跳躍位址
DJNZ	Rn	Rel
	direct	

例如：

DJNZ R5, CCC	；若 R5 的內容減 1 不等於零，則跳至 CCC 標籤處去執行程式，否則繼續往下執行程式
DJNZ B, CCC	；若 B 的內容減 1 不等於零，則跳至 CCC 標籤處去執行程式，否則繼續往下執行程式

副程式：副程式呼叫指令共有兩條，一條為長程呼叫副程式（LCALL）指令，另一條為絕對呼叫副程式（ACALL）指令。遠程副程式呼叫指令 LCALL addr16 是一條三位元組的兩週期指令，該指令完成下列操作：先將 PC 內容加 3，再將 PC 值存入堆疊器內，最後將指令中的 16 位元位址 addr16 送入 PC 中，長程呼叫副程式的應用範圍是 64KB，本指令可簡寫成 CALL addr16。這個指令來解釋這個運作模式，如下表所示。

;(PC) ← (PC+3)
; (SP) ← (SP+1)
; ((SP)) ← (PC7~PC0)
; (SP) ← (SP+1)
; ((SP)) ← (PC15~PC8)
; (PC) ← addr16 (addr15~0)

當 LCALL 的指令執行時，會先將 PC 值增加 3，為什麼 PC 值要先加 3？因為呼叫副程式的動作執行完畢時，緊接著要執行 LCALL addr16 的下一個指令，而 LCALL 佔用了三個 Bytes 的程式空間，若要執行下一個指令，其 PC 值需先增加 3。接著會將 SP 值增加 1，如果將 SP 宣告為 60H，則存放的位址會是 60H + 01H =61H，存放時會先將低位元的位址值存到堆疊裡，再把高位元的位址值存到堆疊裡，然後 PC 值才進行跳躍的動作，進入到副程式的起始點位址。因此 60H 並不是堆疊所使用的第一個位址，應該是 61H 才是。

同理，絕對副程式呼叫指令 ACALL addr 11 為一無條件呼叫一副程式執行之命令，本指令執行完成後，程式計數值自動加 2，當跳往副程式（addr

11）處執行前，CPU 會先把目前之程式計數器值推入堆疊區存放（PC 低位元組先存放，高位元組後存放），存放完後，堆疊指標自動加 2。當跳至副程式處執行後，如遇到"RET"指令，則會從堆疊區原先推入之程式計數器值，再回返原副程式呼叫指令之下一指令處繼續執行。注意，因為有應用堆疊觀念，所以一定要在第一次呼叫前，設定 8051 堆疊 STACK 的擺放位置，例如 MOV SP, #60H，這代表資料記憶體的 60H~ 7FH 共 32 個 Bytes 是供系統堆疊使用，所以使用者不可以再將其他變數擺在這個區域中，不然會有當機或意外發生。

表 2-9 程式分支指令

指令	說明	位元組	機械週期
ACALL addrl1	副程式呼叫，可定址 2KB 範圍	2	2
LCALL addrl6	副程式呼叫，可定址 64KB 範圍	3	2
RET	自副程式返回主程式	1	2
RETI	自中斷副程式返回主程式	1	2
AJMP addrl1	絕對跳躍，可定址 2KB 範圍	3	2
LJMP addrl6	遠程跳躍，可定址 64KB 範圍	3	2
SJMP rel	相對跳躍，可定址-128byte 至 +127byte	2	2
JMP @A+DPTR	間接跳躍，可定址 64KB 範圍	1	2
JZ rel	若 A＝0，則跳至 rel 標籤位置，可位址範圍為-128byte 至+127byte	2	2
JNZ rel	若 A≠0，則跳至 rel 標籤位置，可位址範圍為-128byte 至+127byte	2	2
CJNE A, direct, rel	若 A 累加器與直接位址內容不相等，則跳至 rel 標籤位置，可位址範圍為-128byte 至 +127byte	3	2
CJNE A, #data, rel	若 A≠data，則跳至 rel 標籤位置，可位址範圍為-128byte 至 +127byte	3	2
CJNE Rn, #data, rel	若暫存器內容≠data，則跳至 rel 標籤位置，可位址範圍為-128byte 至 +127byte	3	2

指令	說明	位元組	機械週期
CJNE @Ri, #data, rel	若間接位址內容≠data，則跳至 rel 標籤位置，可定址範圍為-128byte 至 +127byte	3	2
DJNZ Rn, rel	暫存器內容先減 1。若暫存器不等於 0，則跳至 rel 標籤位置	2	2
DJNZ direct, rel	直接位址內容先減 1。若直接位址內容不等於 0，則跳至 rel 標籤位置	3	2
NOP	無動作	1	1

最後，我們想列出影響旗標的指令，讓使用者參考。萬一應用到這些指令時，一定要參考指令的說明，詳細分析指令影響的旗標及檢查程式是否受到不確定之影響。

表 2-10　影響旗標的指令

指令	進位旗標 C	溢位旗標 OV	輔助進位旗標 AC
ADD	×	×	×
ADDC	×	×	×
SUBB	×	×	×
MUL	0	×	
DIV	0	×	
DA	×		
RRC	×		
RLC	×		
SETB C	1		
CLR C	0		
CPL C	×		
ANL C, Bit	×		
ANL C,/bit	×		
ORL C, bit	×		
ORL C, /bit	×		

指令	進位旗標 C	溢位旗標 OV	輔助進位旗標 AC
MOV C, bit	×		
CJNE	×		

2-4 典型範例程式

2-4.1 延遲副程式

程式碼

```
1   ; ===   Delay function =0.2s =======
2   DELAY: MOV  R6,#250
3   DL1:   MOV  R7,#200
4   DL2:   DJNZ R7,DL2
5          DJNZ R6,DL1
6          RET
```

程式說明

1. 第 2 行將 DELAY 副程式的標籤位置，且設定 R6=250。
2. 第 3 行 DL1 標籤位置且設定 R7=200。
3. 第 4 行 DL2 標籤位置，並執行 R7=R7-1 及判斷 R7 是否等於 0，如果 R7 不等 0，則再執行 DL2 標籤程式一次，但如果 R7=0 則執行下一行。
4. 第 5 行執行 R6=R6-1 及判斷 R6 是否等於 0，如果 R6 不等 0 則再跳至 DL1 標籤處再執行第 3 至 5 行程式，但如果 R6=0 則執行下一行程式，結束延遲副程式。
5. 第 6 行執行 RET 指令結束延遲副程式。注意本副程式計有 $1+R6\times(1+R7\times2+2)+2=1+250\times(200\times2+3)+2=100752$ 個機械週期，因

為 DJNZ 及 RET 指令有 2 機械週期，其他為 1 個機械週期。如以 12M 振盪器為例，本副程式可產生約 0.1 秒程式時間延遲。

流程圖

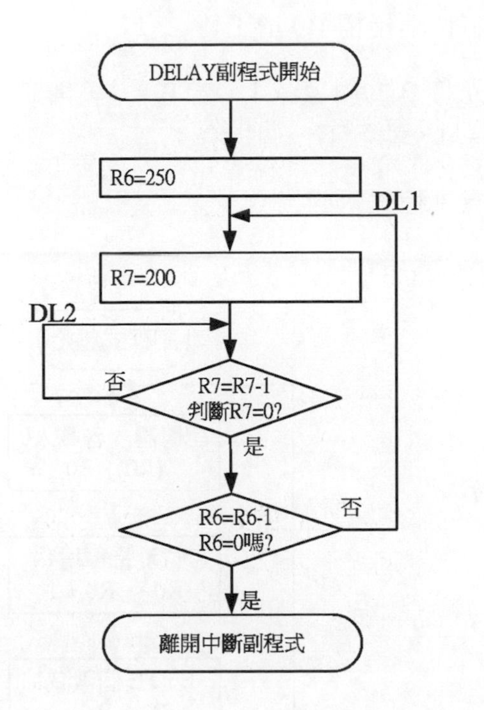

2-4.2 清除內部 RAM 的某段記憶體爲 0

將欲清除為 0 之記憶體的起始位址存於 R0 中，而要清除為 0 的位元個數存於 B 中。

```
1   ; === CLR_RAM Subroutine  =======
2   CLR_RAM:
3            MOV      @R0,#00H
4            INC      R0
5            DJNZ     B,CLR_RAM ;B
6            RET
```

程式說明

1. 第 3 行將 0 載入 R0 所指定位址的位址內；
2. 第 4 行將位址指標 R0 增 1；
3. 第 5 行先將 B 的內容減 1，若 B = 1，則跳至 CLR_RAM 繼續清除，否則 B = 0，執行下一個指令；
4. 第 6 行為副程式返回指令。

流程圖

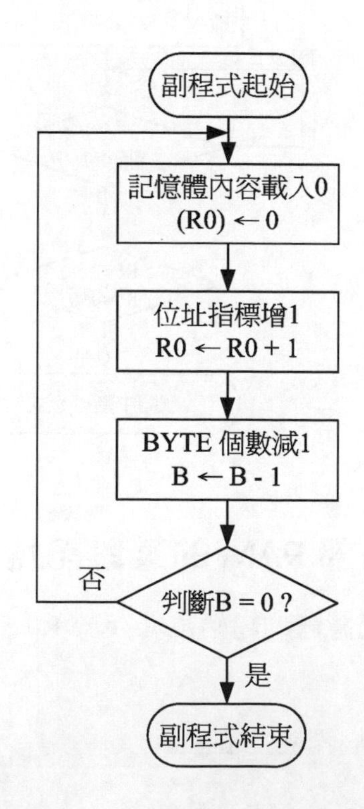

2-4.3 累加運算副程式

9+8+7+......+3+2+1 的 BCD 加法運算。程式中，暫存器 R3 為計數器（counter），最後的和（sum）存於暫存器 A。

```
1          ORG   0000H
2          MOV   SP,#60H
3          MOV   R3,#09H    ;將數值 09H 載入 R3
4          CLR   A
5          CALL  Nine_To_One
6          JMP   $
7   "==== nine -to-one sumary====
8   Nine_To_One:
9   LOOP:  ADD   A,R3
10         DA    A
11         DJNZ  R3,LOOP
12         RET
```

程式說明

1. 第 1 行程式的啟始位置 0000H。
2. 第 2 行將堆疊指標 SP 改為 60H。
3. 第 3 行將數值 09H 載入 R3。
4. 第 4 行清除累積器 A，以便作「累加」運算。
5. 第 5 行呼叫 Nine_To_One 副程式，執行 9+8+7+......+3+2+1 的 BCD 加法運算。
6. 第 9 行為 LOOP 標籤位址且將 R3 中之數值加入 A 中。
7. 第 10 行調整 A 的數值為 BCD 型式。
8. 第 10 行將 R3 的內容值減 1，且判斷，（1）若 R3=0，則跳至 LOOP，繼續累加，（2）否則 R3=0，執行下一個副程式返回指令。

流程圖

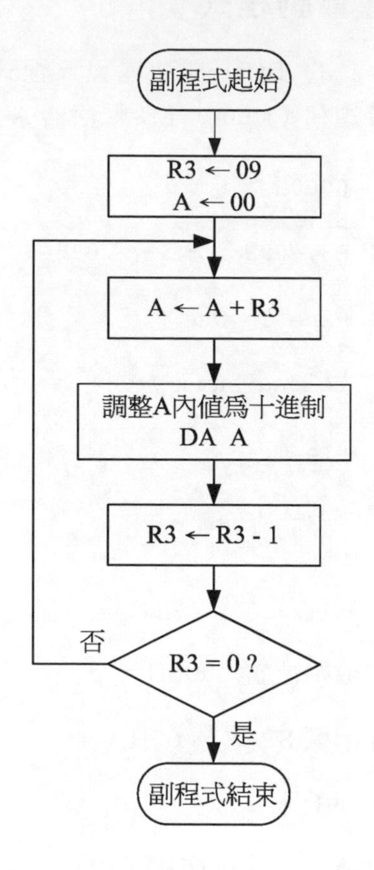

2-4.4 找最大值運算副程式

找一些數據中的最大值。將存在於 RAM 的一些數據（數據以 FF 作為結束）找出其中的最大值，數據儲存的起始位址存入 R0，最大值存於暫存器 B。

```
1    ;========= MAXIMUM  Subroutine ===========
2    MAXIMUM: PUSH   A
3             MOV    B,#0
4    MXLOOP:  MOV    A, @R0
5             CJNE   A,#FFH,MXTEST
6             JMP    MXRET
7    MXTEST:  CLR    C
```

```
8             SUBB  A,B
9             JC          MXLOAD
10            MOV   B,@R0
11   MXLOAD:  INC   R0
12            JMP   MXLOOP
13   MXRET:   POP   A
14            RET
```

程式說明

1. 第 2 行將 A 存入堆疊區。
2. 第 3 行清除 B 暫存區且先將 0 當作「暫定最大值」。
3. 第 4 行由 RAM 中取出資料。
4. 第 5 行判斷是否結束資料 FFH，若不是結束資料 FFH 則跳至 MXTEST 標籤，可是如是結束資料 FFH，則在第 6 行跳至 MXRET 返回。
5. 第 7 行為 MXTEST 標籤且消除進位旗標，第 8 行將資料與「暫定最大值」相減，執行下列判斷式：（1）若資料<「暫定最大值」（有借位），則跳至 MXLOAD，（2）若資料 >「暫定最大值」（無借位），則將資料存入 B 成為「暫定最大值」。
6. 第 11 行將數據「儲存位址」增 1，第 12 行跳至 MXLOOP 繼續取資料。
7. 第 13 行在離開副程式前，先從堆疊區取回原先存入 A 的值，而第 14 行為副程式返回指令。

流程圖

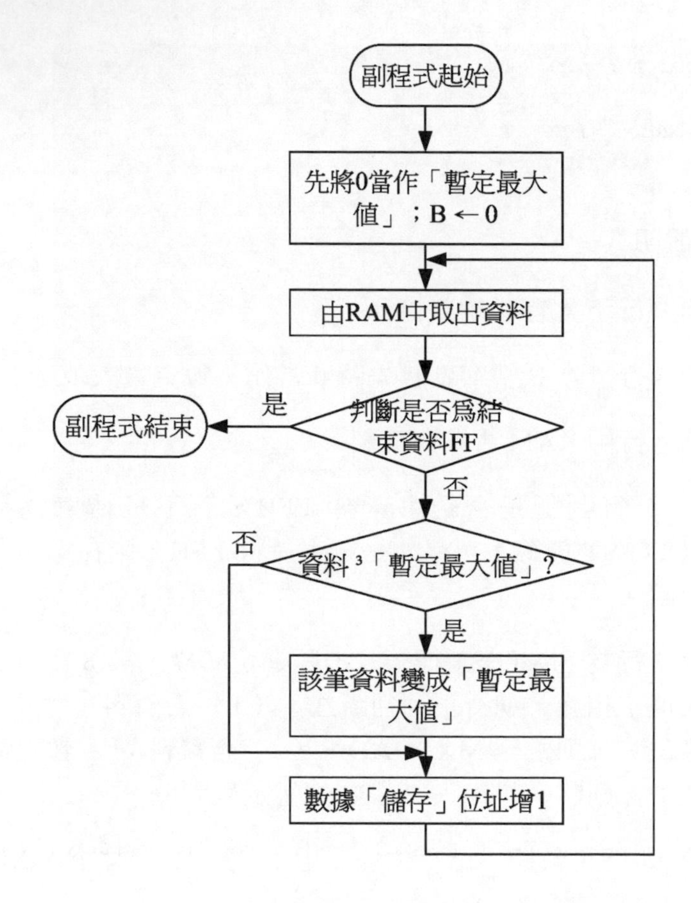
副程式起始
先將0當作「暫定最大值」；B ← 0
由RAM中取出資料
判斷是否爲結束資料FF
是
副程式結束
否
資料 ³「暫定最大值」?
否
是
該筆資料變成「暫定最大值」
數據「儲存」位址增1

問題與討論

1. 資料排序（SORT）副程式，將存於 RAM 的一些數據，根據大小按照順序由大而小排列，數據儲存的起始位址先存入 R0，數據的個數存於暫存器 B。請參考本章範例程式，進行程式說明及繪製流程圖。

```
1    ;========= SORT  Subroutine ===========
2    MUL16:     PUSH   A
3               PUSH   6
4               PUSH   7
5               PUSH   1
6               MOV    6,R0
7               DEC    B
8               MOV    7,B
9    SLOOP:     CLR    F0
10              MOV    R0,6
11              MOV    R1,6
12              INC    R1
13              MOV    B,7
14   COMPARE:          MOV   A,@R0
15              CLR    C
16              SUBB   A,@R1
17              JNC    NO_CHANGE
18              SETB   F0
19              XCH    A,@R0
20              XCH    A,@R1
21              XCH    A,@R0
22   NO_CHANGE: INC    R0
23              INC    R1              ;
24              DJNZ   B,COMPARE
25              JB     F0,SLOOP
26              POP    1
27              POP    7
28              POP    6
29              POP    A
30              RET
```

2. 延遲副程式，利用 CPU 內部 Timer0 工作於模式 1。請參考本章範例程式，進行程式說明及繪製流程圖。

```
1    ;========= Delay Subroutine ===========
2    DELAY:   MOV   TMOD, #00000001B   ;
3    DY:      MOV   R6,   #100
4    DY1:     MOV   TH0,  #>(65536-5000)
5             MOV   TL0,  #<(65536-5000)     ;
6             SETB  TR0
7    WAIT:    JNB   TF0,WAIT
8             CLR   TF0
9             CLR   TR0
10            DJNZ  R6,DY1
11            DJNZ  R7,DY
12            RET
```

chapter

3

程式開發流程與應用

本章主要是在介紹應用 Keil μVision 整合開發環境與除錯軟體的 8051 組合語言程式設計方式與流程。然後透過 Atmel Flip 3.4.3 的 8051 下載燒錄器（In system programmer, ISP），將目標硬體程式碼燒錄至 AT89C51RD2 的快閃記憶體中。在 Keil μVision 這個軟體中，使用者可以學習到如何將自己所要的程式輸入、編輯與編譯為目標硬體的可執行程式碼。而在 Atmel Flip 3.4.3 燒錄軟體中，使用者可以學習到如何將所設計的程式燒錄至目標硬體中，進行測試與應用。本章我們將會按步驟詳細教導開發系統之使用流程，也會使用一些簡單的範例幫助初學者快速進入程式設計與應用實務。

本章學習重點

- Keil μVision 整合開發環境與程式開發流程介紹
- 第一個程式組譯展示
- 程式燒錄流程介紹
- 程式執行模式介紹
- 範例程式組譯流程練習
- 問題與討論

圖 3-1 列出了整合 Keil μVision 4 與 ISP 燒錄軟體 Flip 3.4.3 的單晶片微電腦系統之開發流程。Keil μVision 4 的整合性程式開發環境（Integrated Development Environment, IDE）提供的友善專案程式開發環境介面，其包含有編輯原始程式碼、編譯、連結、組譯與除錯功能，可以輕易完成客制化程式設計。另外，採用具有串列燒錄（In System Programable, ISP）功能的 8051 來發展系統，8051 可置於電路板中不必取下，透過個人電腦即可直接將程式下載至 8051 的快閃記憶體中進行功能測試，因此可馬上看出程式設計的結果。這樣的系統發展方式，可建立一個友善的學習環境且可免除 ICE 及 IC 燒錄器的額外設備投資成本。此外，這個架構可以從組合語言程式設計學習起，再無縫延伸至 C 語言程式設計學習。

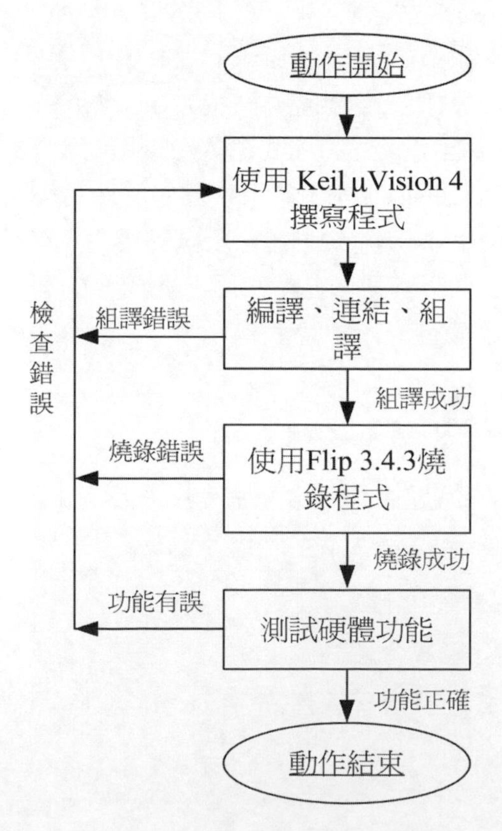

圖 3-1 8051 程式開發流程

3-1 KEIL 單晶片程式開發流程

Keil μVision 4 是一個嵌入式程式開發的商業軟體，其有提供一個整合性程式開發環境（Integrated Development Environment, IDE），如下圖所示。對一個初學者或是教育市場，該軟體有提供 4K 程式碼大小的評估測試版本，因此我們可應用此軟體提供的友善開發環境介面，從建立設計專案開始，編輯原始程式碼（組合語言或是 C 語言）、編譯、連結、組譯與除錯，可以輕易完成一個完整的專案程式設計，而不需花太多時間在選擇用什麼工具上。因此，可讓程式設計者專注在晶片應用程式設計上，且可提升程式效率及性能。所以本書採用此軟體為教學系統，希望可以降低讀者在學習上的困擾。

首先至 Keil 官方網站（https://www.keil.com/demo/eval/c51.htm），下載 C51 Evaluation Software 軟體，例如本書在撰寫時是 C51V903.EXE，然後雙擊下載的軟體，即可依序完成軟體的安裝程序，當安裝完成後，桌面將出現 圖示。利用滑鼠左鍵雙擊該圖示，即可以開啟 Keil μVision 4 的整合開發環境軟體。以下我們將展現一個完整程式設計流程，讀者可依示範步驟輕易完成一個專案程式設計。

步驟 1： 開啟一個新的專案（Project/New μvision project），且設定專案檔名，例如：Demo01.uvproj，然後按下"儲存"按鈕。

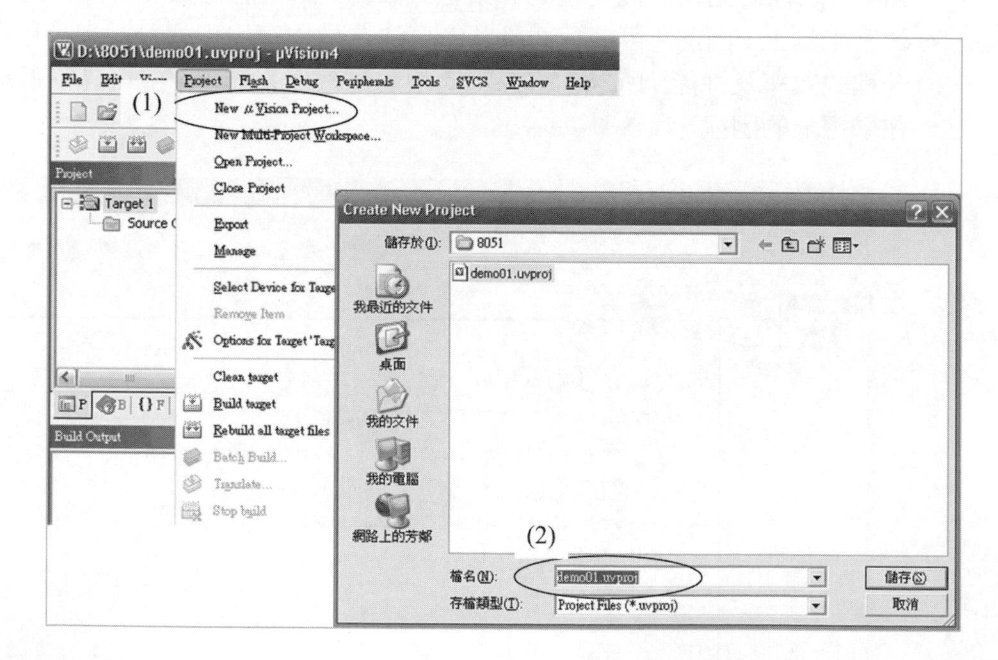

步驟 2： 設定專案的目標硬體廠牌。因為本書實習板是採用 AT89C51RD2 且採用組合語言的程式設計技術，所以在第（4）步驟時，一定選擇按下『否（N）』按鈕。才是確定應用組合語言程式開發環境。

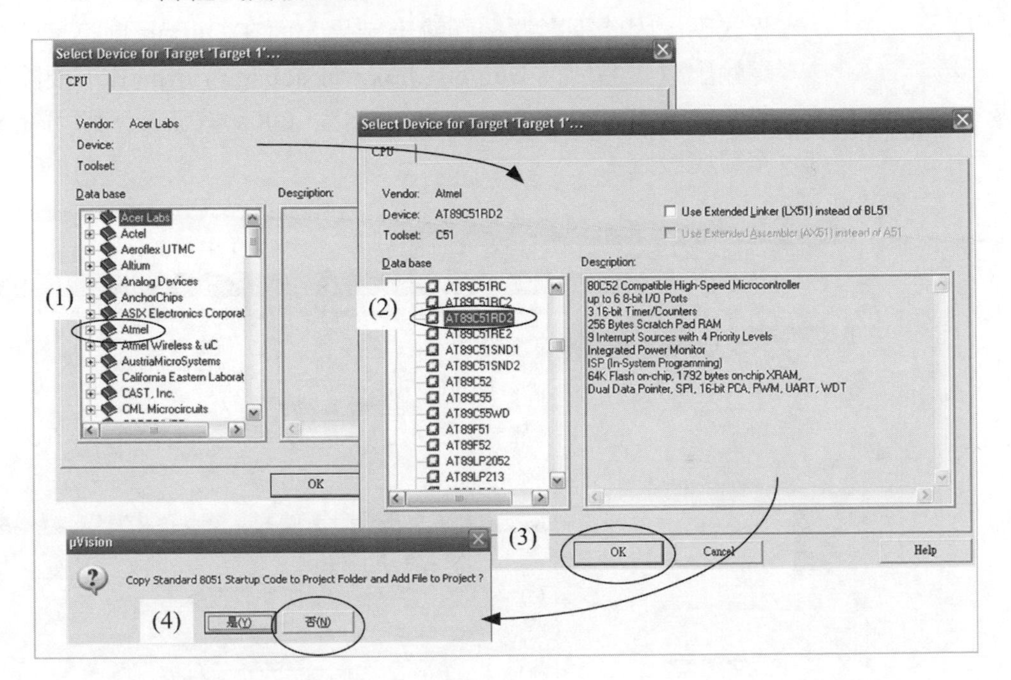

步驟 3： 專案環境設定。在 Project 頁面且在 Target1 上按滑鼠右鍵，可跳出專案環境設定介面。因為本書是屬於 8051 程式初學者且 Keil μvision 4 是屬於測試版，只可以撰寫 4K 程式碼而已，請依 Target 頁籤畫面設定參數，但是我們的程式都不會超出 4K 程式碼，因此不影響編譯輸出結果。而在 Output 頁籤是確定編譯輸出檔案名稱為 Demo01.hex，而 debug information 要除能且設定輸出 Hex 輸出格式。最後按下『OK』按鈕後，即可完成專案環境設定。

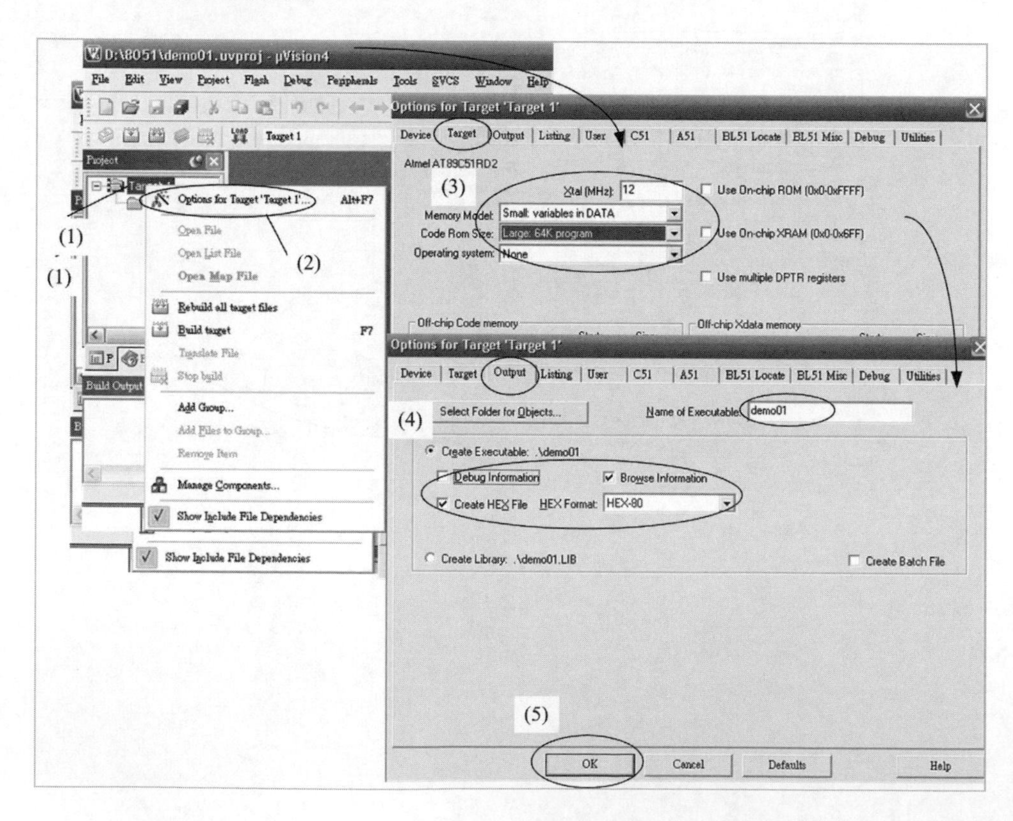

步驟 4： 程式編輯環境設定。按下『Edit/Configuration』，如圖所示設定 TAB 的跳躍距離為 7 個空格。這樣讀者在設定程式時，可以適時利用『TAB』鍵去做好程式縮排方式，可以增加程式可讀性。

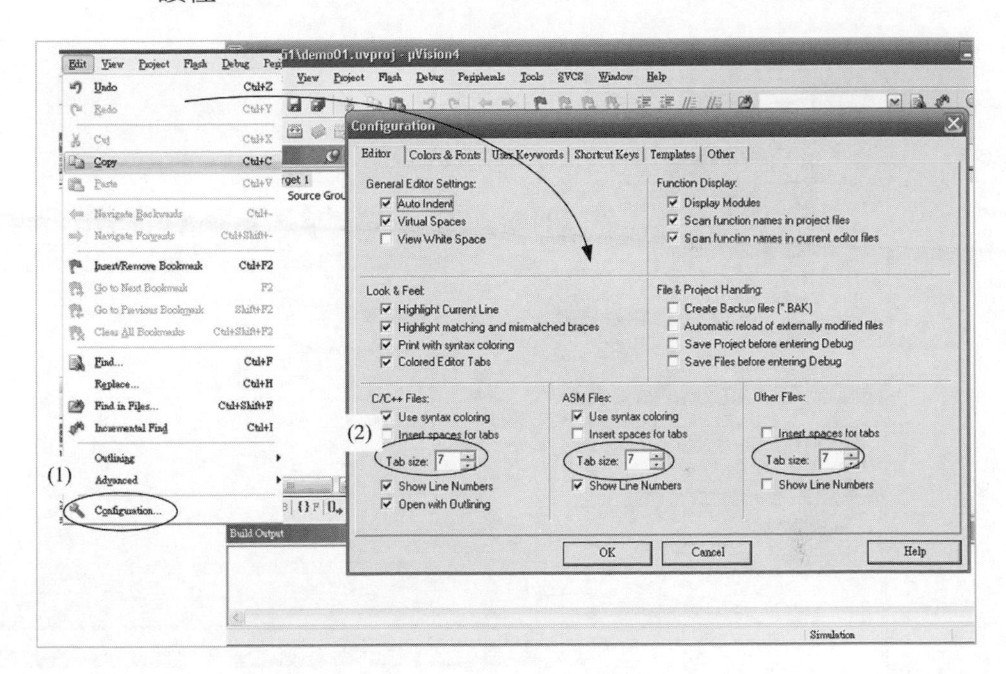

步驟 5： 程式儲存為 Demo01.asm 或是 Demo01.s。然後在專案介面的『Sources group』上按下滑鼠右鍵，在第（4）小步驟按下『Add file to Sources group』，此時只要選擇剛才設計好的 Demo01.asm 檔案即可。

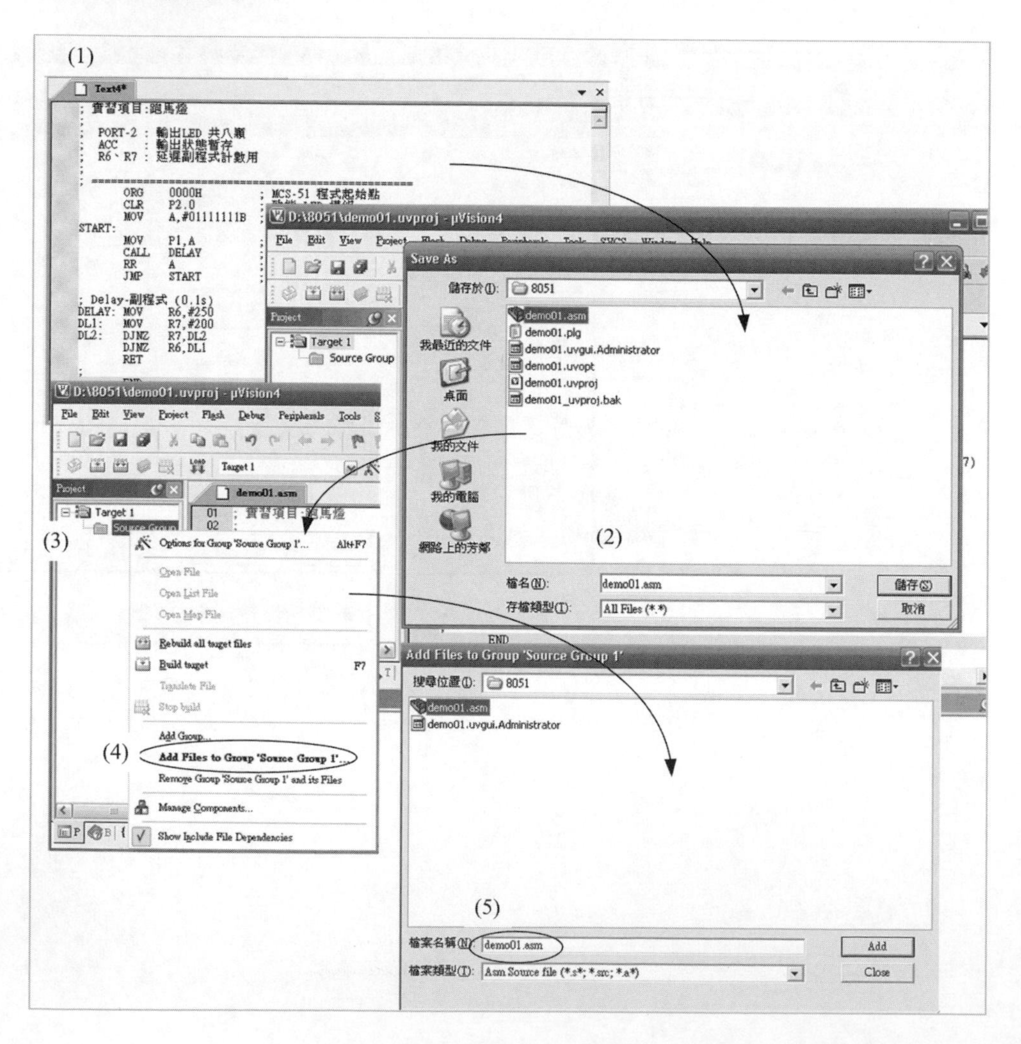

步驟 6： 將程式碼編譯為目標硬體可執行檔。此步驟按下工具列的『Rebuild all』按鈕後，即可將程式碼編譯為目標硬體可執行檔，如編譯輸出（Build output）頁面了解整合編譯情況，本範例顯示程式設計沒有錯誤，且程式有應用 8 個位元組記憶體與程式碼大小為 20 個位元組，另外輸出檔期為 demo01.hex。

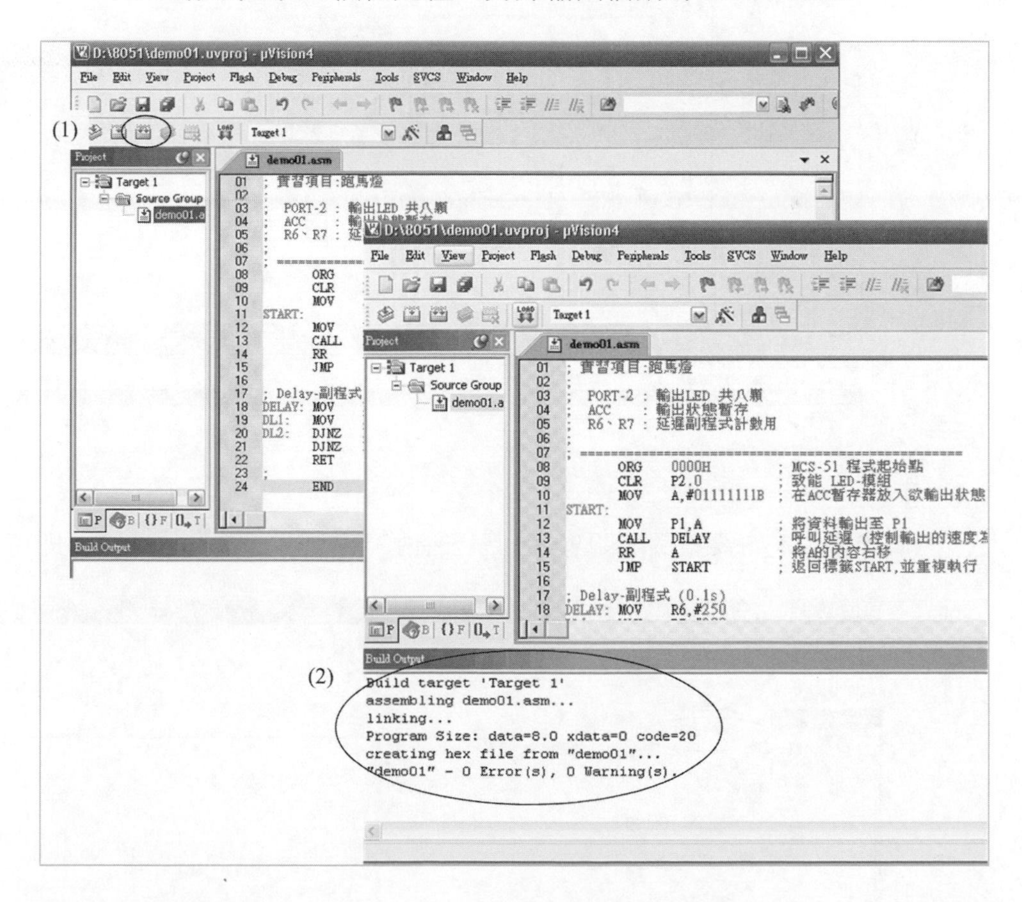

假如組譯後產生錯誤（Errors），例如下圖所示在第 15 行有 Undefined Symbol 錯誤，此時只要在組譯輸出視窗有錯誤處雙擊滑鼠左鍵，即可切換至程式碼可能發生的錯誤處，只要讀者再次檢查程式及修正程式碼，然後再次組譯程式即可。

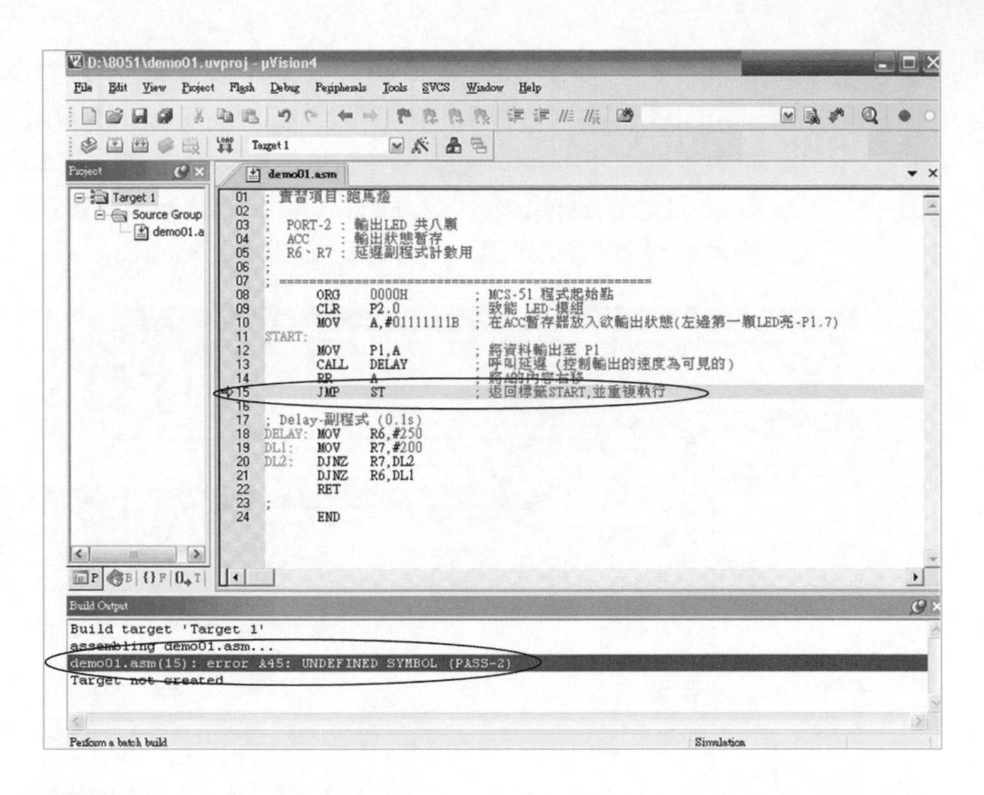

步驟 7：如要整個關閉專案，只要在按下 Project/Close Project 即可。

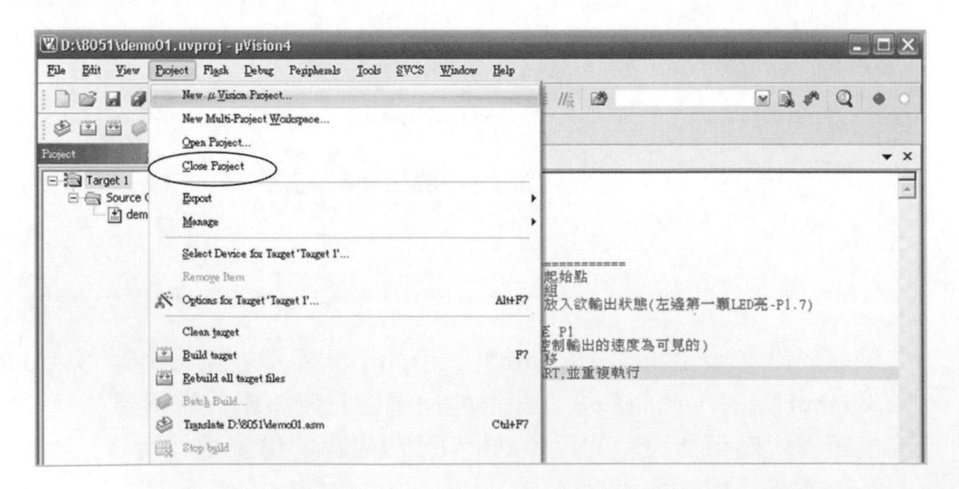

值得注意的是，在完成組合語言程式的組譯過程式中，除了會產指定的目標硬體程式碼外（例如本範例的 Demo01.hex），同時也會產生程式報表

檔 demo01.LST，如下圖所示。由於微控制器所執行的是稱為運算碼的機械語言，而 8051 的程式編譯是屬於全文的 8051 交互組譯器（Cross assembler），其是一種文字與機械碼之間的控制轉換。所以在組譯器產生程式報表檔 demo01.LST 中，將陳列出機械碼與組合語言指令程式的對照碼，如下圖所示，讀者可以根據指令與機械語言的對照情況，進一步判斷程式的正確性與精簡性。例如：「MOV A, #data」的運算碼是（11101001），如果是「MOV direct, direct」的運算碼是（10000101），運算碼的長度是依指令的種類與格式而定。

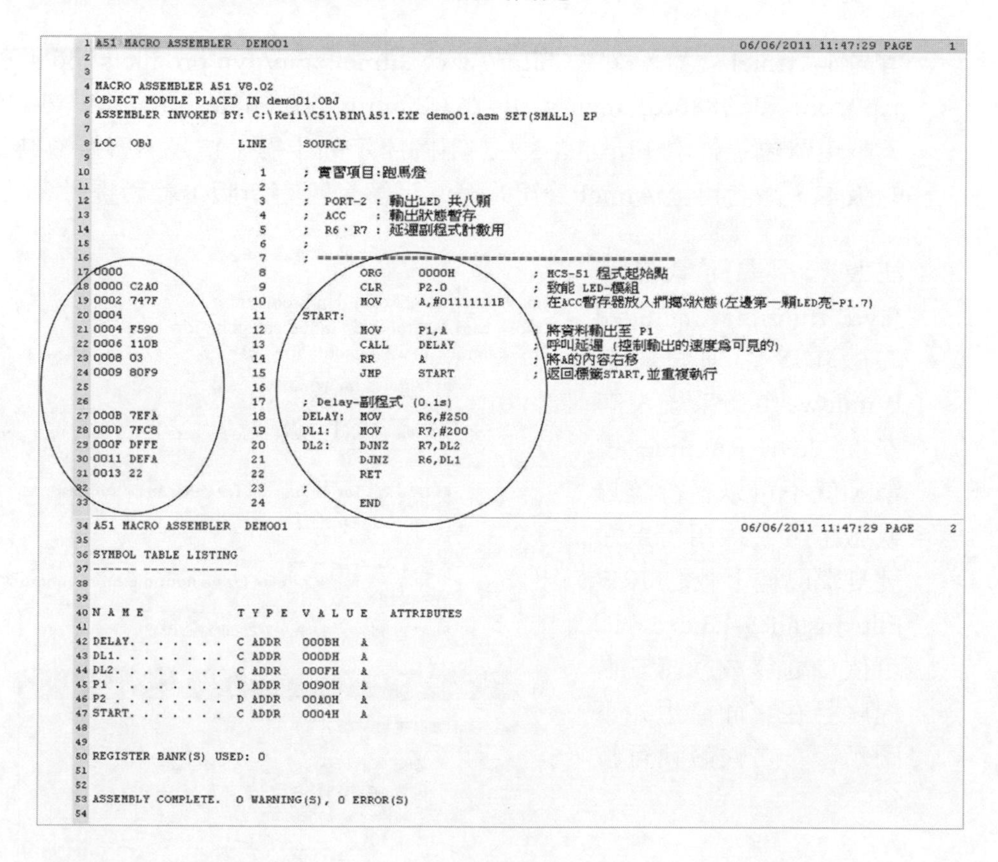

```
1 A51 MACRO ASSEMBLER  DEMO01                                    06/06/2011 11:47:29 PAGE     1
2
3
4 MACRO ASSEMBLER A51 V8.02
5 OBJECT MODULE PLACED IN demo01.OBJ
6 ASSEMBLER INVOKED BY: C:\Keil\C51\BIN\A51.EXE demo01.asm SET(SMALL) EP
7
8 LOC  OBJ            LINE     SOURCE
9
10                       1     ; 實習項目:跑馬燈
11                       2     ;
12                       3     ;  PORT-2 : 輸出LED 共八顆
13                       4     ;  ACC    : 輸出狀態暫存
14                       5     ;  R6、R7 : 延遲副程式計數用
15                       6     ;
16                       7     ; ================================================
17 0000                  8             ORG     0000H           ; MCS-51 程式起始點
18 0000 C2A0             9             CLR     P2.0            ; 致能 LED-模組
19 0002 747F            10             MOV     A,#01111111B    ; 在ACC暫存器放入指撥狀態(左邊第一顆LED亮-P1.7)
20 0004                 11     START:
21 0004 F590            12             MOV     P1,A            ; 將資料輸出至 P1
22 0006 110B            13             CALL    DELAY           ; 呼叫延遲 (控制輸出的速度為可見的)
23 0008 03              14             RR      A               ; 將A的內容右移
24 0009 80F9            15             JMP     START           ; 返回標籤START,並重複執行
25                      16
26                      17     ; Delay-副程式 (0.1s)
27 000B 7EFA            18     DELAY:  MOV     R6,#250
28 000D 7FC8            19     DL1:    MOV     R7,#200
29 000F DFFE            20     DL2:    DJNZ    R7,DL2
30 0011 DEFA            21             DJNZ    R6,DL1
31 0013 22              22             RET
32                      23     ;
33                      24             END
34 A51 MACRO ASSEMBLER  DEMO01                                    06/06/2011 11:47:29 PAGE     2
35
36 SYMBOL TABLE LISTING
37 ------ ----- -------
38
39
40 N A M E             T Y P E  V A L U E   ATTRIBUTES
41
42 DELAY. . . . . . .  C ADDR   000BH   A
43 DL1. . . . . . . .  C ADDR   000DH   A
44 DL2. . . . . . . .  C ADDR   000FH   A
45 P1 . . . . . . . .  D ADDR   0090H   A
46 P2 . . . . . . . .  D ADDR   00A0H   A
47 START. . . . . . .  C ADDR   0004H   A
48
49
50 REGISTER BANK(S) USED: 0
51
52
53 ASSEMBLY COMPLETE.  0 WARNING(S), 0 ERROR(S)
54
```

3-2 ISP 程式燒錄

本書將針對 Atmel 公司的 AT89C51RD2 晶片進行實驗板設計，這顆晶片非常適合初學者用來學習 8051 程式設計能力，因為它具有 ISP（In-System Programmable）功能的程式燒錄方式，只要利用電腦上的 RS-232 埠且再配合 Atmel 提供免費燒錄軟體 Flip（Flexible In-System Programmer），就可以將程式碼燒錄到 8051 的內部 ROM 中。

首先至 Atmel 公司的網站（http://www.atmel.com/dyn/products/tools_card.asp? tool_id=3886&category_id=163&family_id=604&subfamily_id=753）下載免費燒錄軟體 Flip 3.4.3，如下圖所示的步驟，這是本書撰寫時最新的版本，讀者可至 Atmel 公司的網站了解是否有新版本軟體提供。

注意一下要下載具有 Java Runtime included 的版本，否則假如在 Window 作業系統沒有安裝 Java Runtime 引擎，就不可以執行燒錄軟體了。最後用滑鼠左鍵雙擊已經下載的 JRE-Flip Install 3.4.3.exe，即可依步驟完成軟體安裝程序且在桌面產生如下圖示 之軟體執行按鈕。

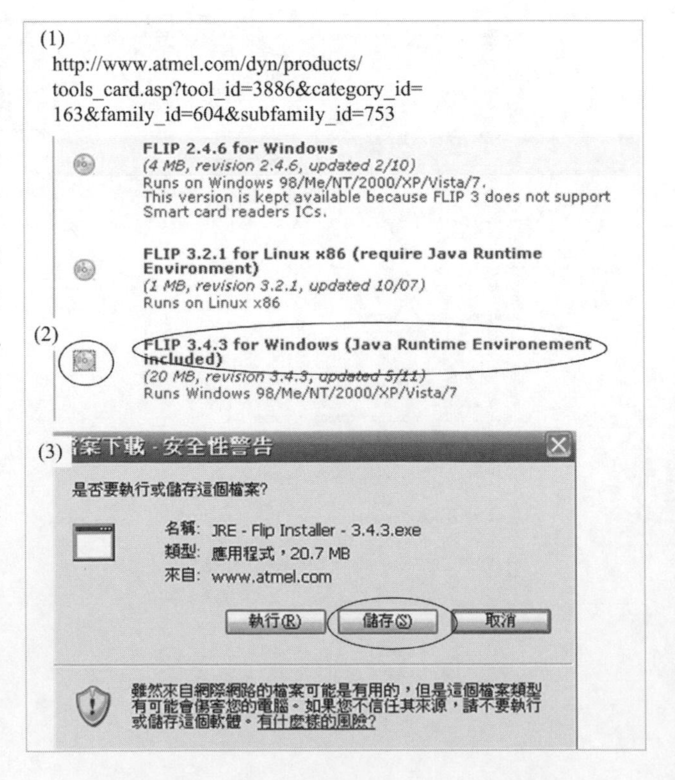

本書所開發的 8051 實習板如第一章圖 1-20 所示電路及功能說明，因為本實習板在 RS-232 的串列通訊上，已經採用跳線設計（RXD 與 TXD）機制。所以只要讀者購買市面上的 USB 轉換 RS232 的通訊線，將個人電腦與實習板建立一個實體的通訊連結，如下圖所示。例如本書採用 Prolific 晶片的 USB 通訊埠供電的 USB to RS-232 的通訊線。注意，我們需事先須安裝 PL2303_Prolific_DriverInstaller_v10518 驅動程式，才能讓 USB/RS232 通訊線啟動隨插即用的功能。在確定實驗系統之 RS-232 虛擬通訊埠位置後，讀者可以雙擊 Flip 燒錄軟體圖示，啟動 Flip 軟體執行程式燒錄程序。詳細如下步驟說明：

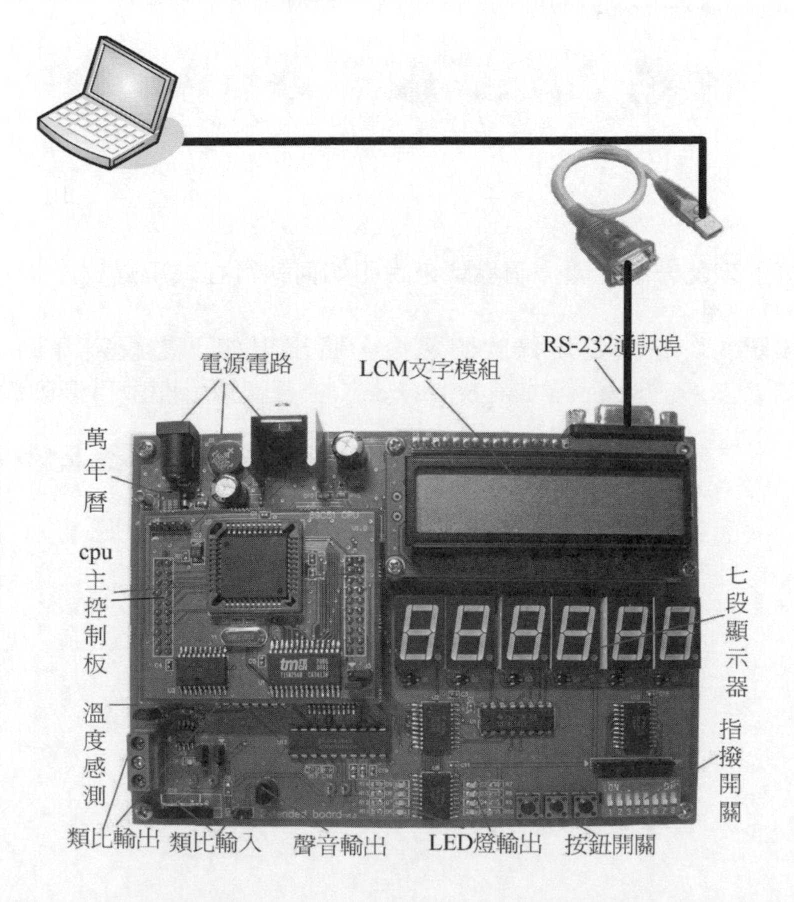

首先我們先說明 Flip（Flexible In-System Programmer）的功能鍵，如下圖所示。由左到右分別為。1. Select Device 為選擇元件編號；2. Set

Communication 為設定 PC 與元件通訊方式；3. Erase Device 為清除元件內部的 FLASH ROM；4. Blank Check Device 為檢查元件內部的 FLASH ROM 是否空白；5. Program Device 為燒錄程式到空白的 FLASH ROM 中；6. Verify Device 為驗證元件是否燒錄完成；7. Read Device 將元件的程式由 FLASH ROM 讀到 PC 中；8. Edit Buffer 為編輯 Buffer 中的資料；9. Load HEX file 為載入 HEX File；10. Save HEX file 為儲存 HEX File；11. Help 為線上協助手冊。

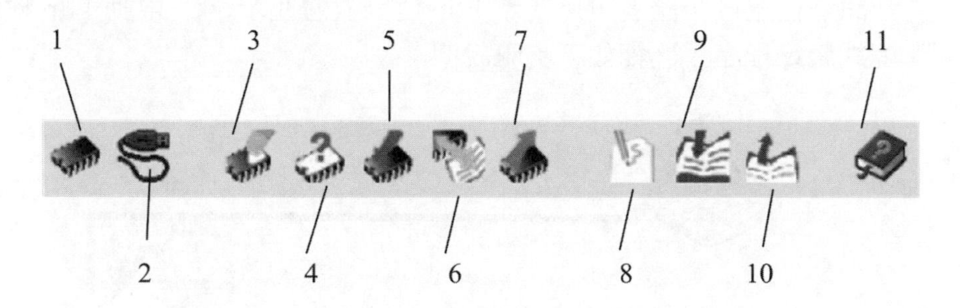

接下來就一個步驟一個步驟來說明如何執行程式燒錄程序：

步驟 1： 在啟動燒錄軟體之後，將出現如下之視窗介面。首先按下"Select a Target Device" 工具圖示，開啟目標硬體晶片設定。

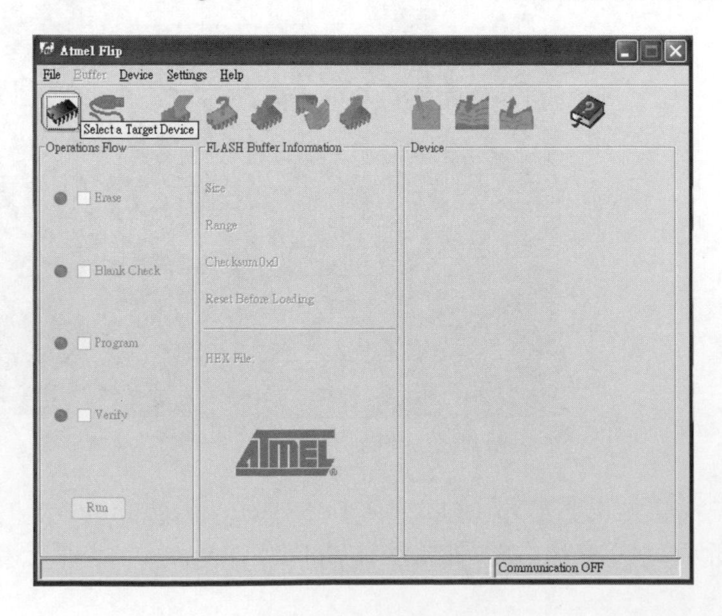

步驟 2： 目標裝置設定。選定本書的目標硬體是 AT89C51RD2，然後按下『確定』按鈕。

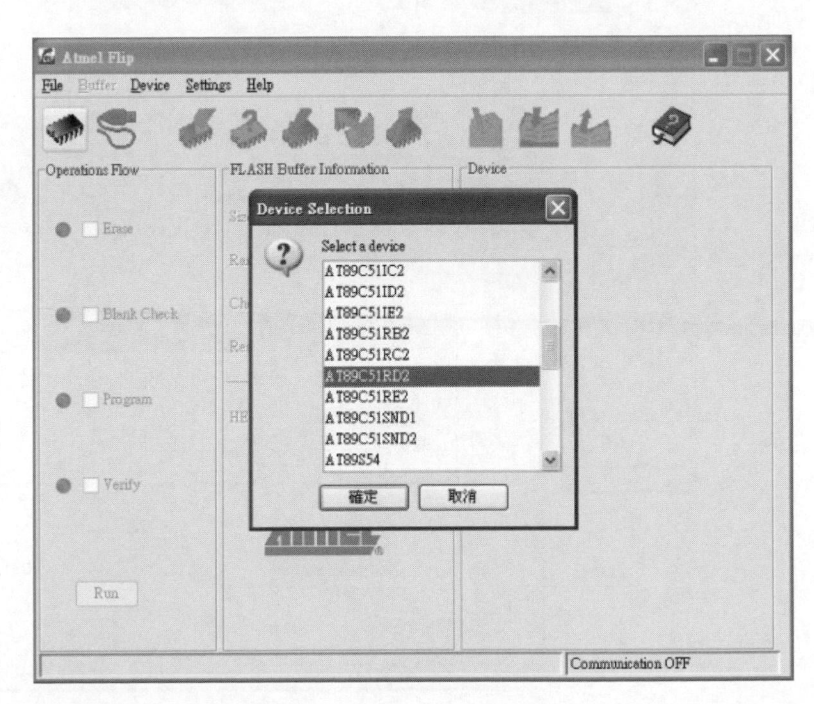

步驟 3： 建立連線。在工具列的 RS232（Ctrl+R）按下滑鼠左鍵，開啟 RS-232 通訊埠設定，例如本書的 USB/RS-232 虛擬通訊埠位置為 COM3 且設定通訊速率為 9600Bits/Sec（比較慢的傳輸速率出錯的機率較少），最後按下『Connect』按鈕，即可致能 Flip 燒錄軟體的所有介面。如果沒有辦法完成連線，先檢查 8051 電路板是否有將電源打開，然後再按一下 8051 電路板上的 Reset 按鍵。再重新按下 Flip 軟體上的 Connect，因該就可以完成連線。

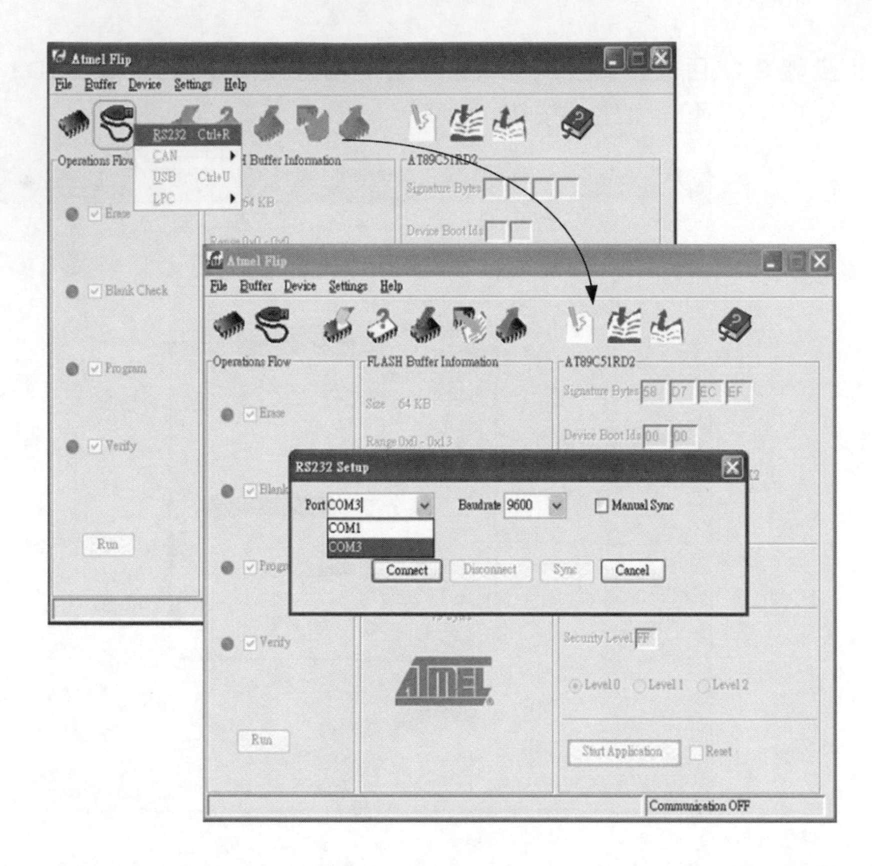

注意，通訊速率的設定是依據你電路板上 8051 的石英晶體振盪器的頻率來決定，如下表所示，因為本書實習板是採用 12M 石英晶體振盪器，因此我們只可以採用 4800, 9600, 19200, 38400 Bits/Sec，本範例設定 9600Bits/Sec。

	1.8432	2	2.4576	3.6864	4	5	6	7.3728	8
4800	OK	OK	OK	OK	OK	OK	OK	OK	-
9600	OK	OK	OK	OK	OK	-	OK	OK	OK
19200	OK	OK	OK	OK	OK	OK	OK	OK	OK
38400	-	OK	-	OK	OK	OK	OK	OK	OK
57600	-	-	-	OK	-	-	-	OK	-
115200	-	-	-	-	-	-	-	OK	-

	10	11.0592	12	14.318	14.746	16	20	24	32
4800	OK	OK	OK	OK	OK	-	-	-	-
9600	OK	OK	OK	OK	OK	OK	OK	OK	-
19200	-	OK	OK	OK	OK	OK	OK	OK	OK
38400	OK	OK	OK	OK	OK	-	-	OK	OK
57600	-	OK	-	-	OK	OK	OK	OK	OK
115200	-	OK	-	-	OK	-	-	-	OK

步驟 4： 已經完成初步的設定後，會出現如下圖所示畫面，在這裡還是有幾點要注意：

1. Flip 軟體左邊欄位為 Erase → Black Check → Program → Verity 及 Run 按鈕。
2. Flip 軟體中間欄位必須是 FLASH Buffer Information，如果不是的話（是顯示 EEPROM Buffer Information），點選 Select FLASH，切換至 FLASH Buffer Information。這個功能是要讓使用者可以選擇燒錄程式到 FLASH PROGRAM ROM（64K bytes），或是選擇燒錄資料到 EEPROM（2K bytes）。
3. Flip 軟體右邊是晶片硬體的資訊。
   - 目標硬體為 AT89C51RD2
   - Signature Bytes 為簽名位元組
   - Device Boot Ids 為設備開機識別碼
   - Hardware Byte 為硬體位元組
   - Bootloader Ver.為下載軟體版本
   - BSB/EB/SBV 為晶片相對參數設定
   - Security Level 為設定程式保全等級
   - Start Application 為啟動應用

步驟 5： 載入 HEX 檔案（Load HEX File）。載入 HEX 檔案（Load HEX File）。按下 Flip 軟體 Load HEX File 功能鍵，選擇所需載入的 hex 檔案。在此，筆者載入一個跑馬燈的程式，程式名稱為 text.hex，檔案大小為 79 bytes。

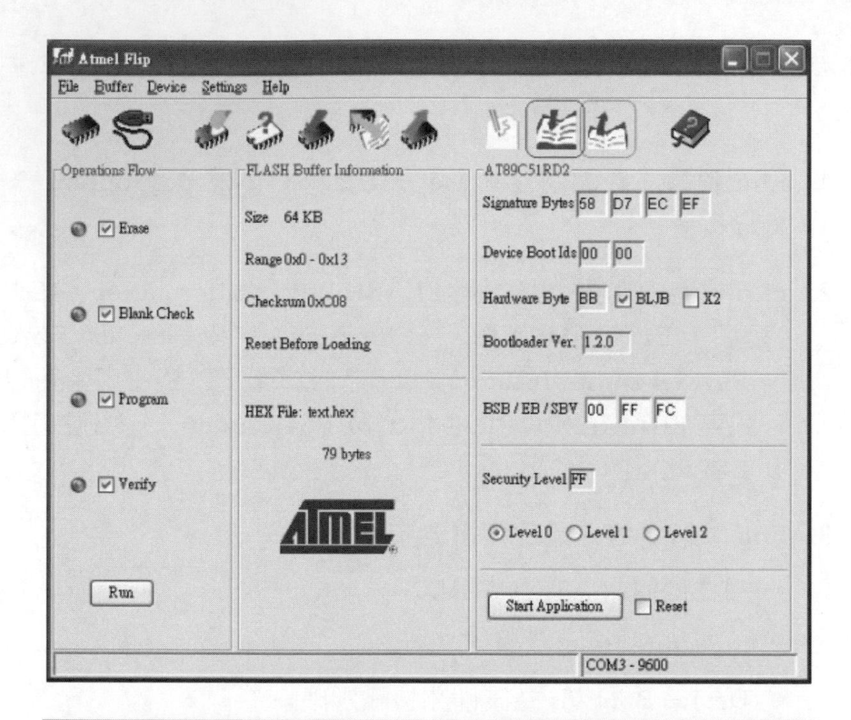
Atmel Flip
File Buffer Device Settings Help
Operations Flow
Erase
Blank Check
Program
Verify
Run
FLASH Buffer Information
Size 64 KB
Range 0x0 - 0x13
Checksum 0xC08
Reset Before Loading
HEX File: text.hex
79 bytes
AT89C51RD2
Signature Bytes 58 D7 EC EF
Device Boot Ids 00 00
Hardware Byte BB BLJB X2
Bootloader Ver. 1.2.0
BSB / EB / SBV 00 FF FC
Security Level FF
Level 0 Level 1 Level 2
Start Application
Reset
COM3 - 9600

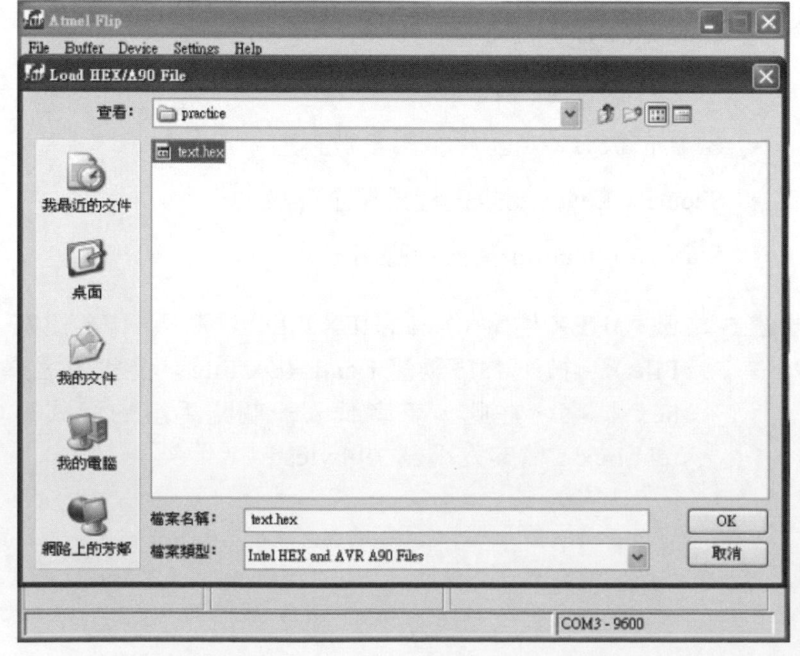
Atmel Flip
File Buffer Device Settings Help
Load HEX/A90 File
查看：
practice
text.hex
我最近的文件
桌面
我的文件
我的電腦
網路上的芳鄰
檔案名稱：
text.hex
檔案類型：
Intel HEX and AVR A90 Files
OK
取消
COM3 - 9600

步驟 6： 燒錄 HEX 檔案到 AT89C51ED2 的 FLASH ROM 中。只要按下 Flip 軟體中的 Run 功能鍵，就可以執行 Erase → Black Check → Program → Verify 程序，如下圖所示。當然也可以利用上面的功能鍵，一步一步的執行。這樣已經完成所有燒錄的功能，也就是說，我們已經將目標硬體應用程式 text.hex 燒錄到 AT89C51RD2 的內部 FLASH ROM 中。

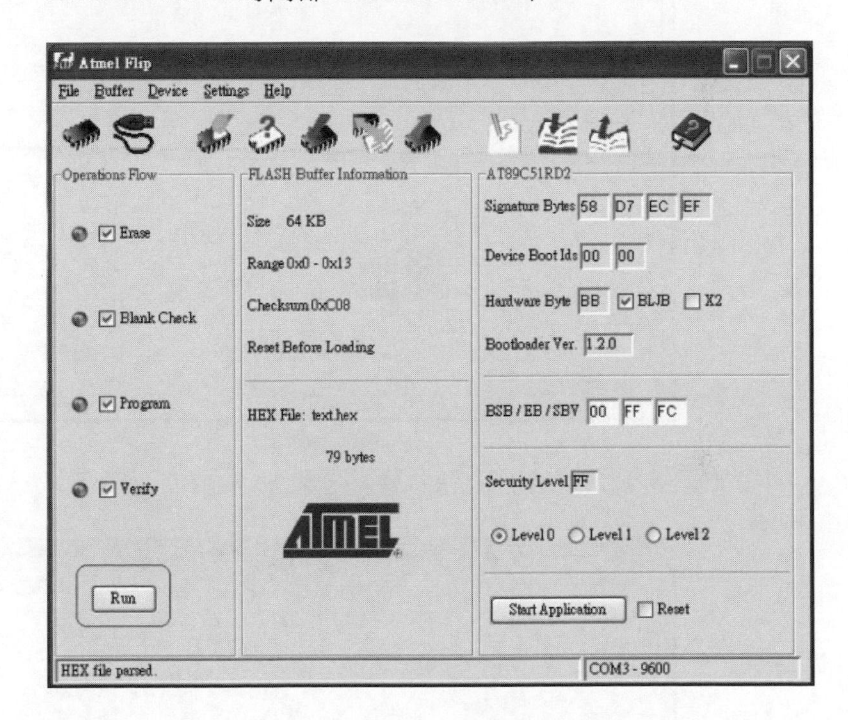

注意，燒錄完成後，若無問題會亮起綠燈，如下圖所示。

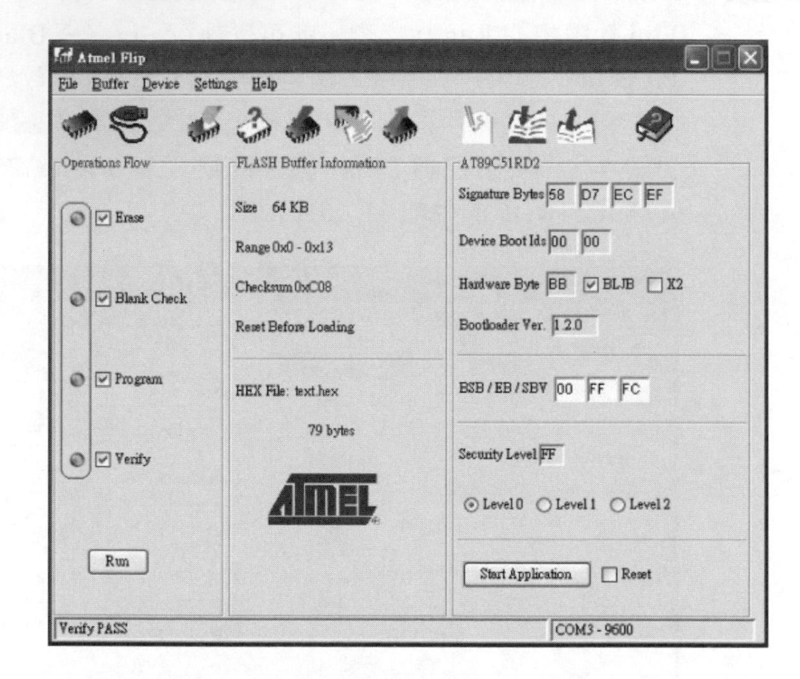

但是如果燒錄完成後有問題將會亮起紅燈，如下圖所示。

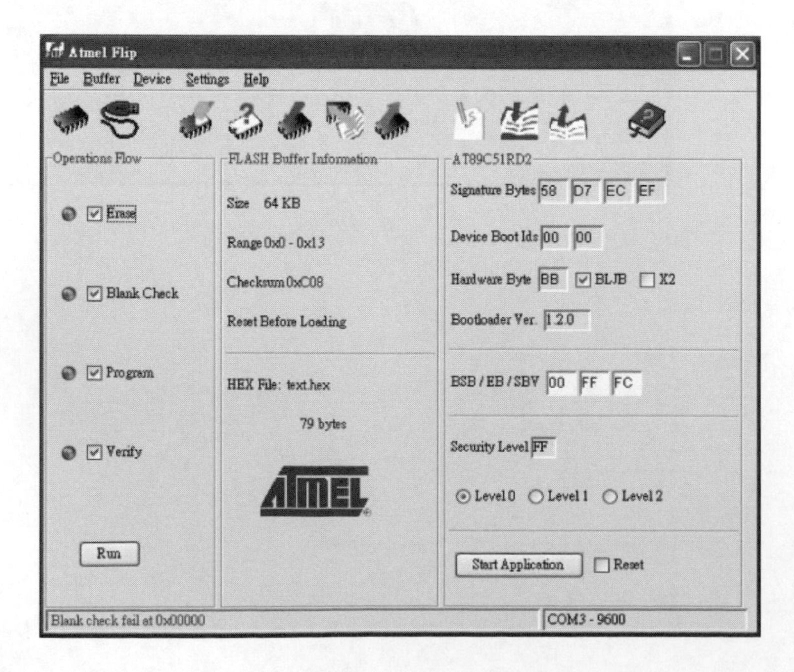

步驟 7： 在 8051 實驗電路板上執行跑馬燈程式(text.hex)。按下 8051 實驗電路板中的 Reset 鍵，程式就會開始執行，或是按下 Start Application 開始執行應用程式。若要重新的載入修改過 hex 檔案，要先跳到 RS232 連線畫面，按下 Disconnect，解除 RS232 與 8051 實驗電路板之間的連線，然後再按下 Connect。使 RS232 重新與 8051 實驗電路板取得連線，如果會出現錯誤訊息，按一下 8051 電路板上的 Reset 鍵。再重複 Disconnect 與 Connect 即可。

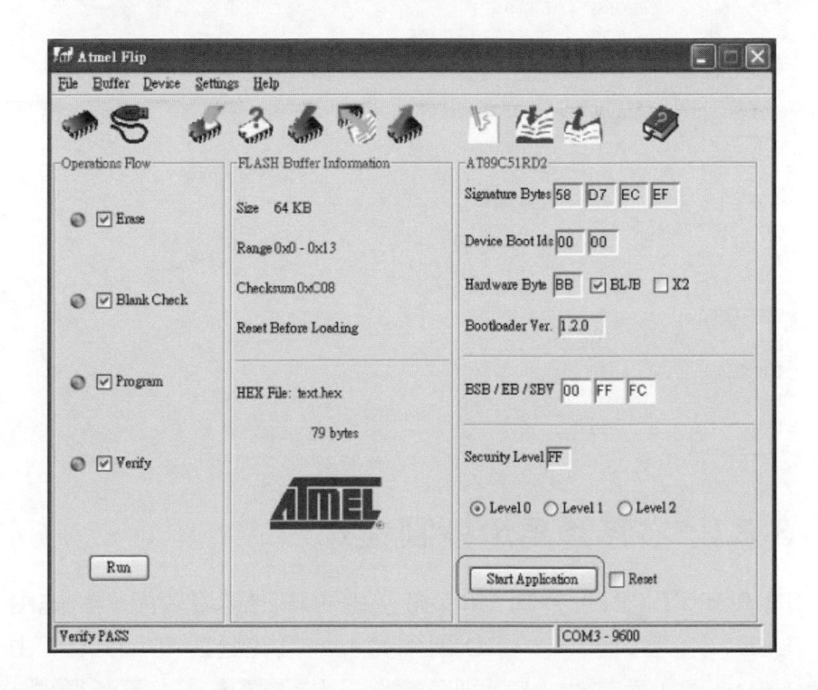

3-3 典型範例程式測試

請試著將下列範例程式，經由 Keil μvision 4 的程式設計流程，組譯為目標硬體之應用程式碼，然後再利用 Flip 3.4.3 燒錄軟體將執行碼燒錄至硬體中進行測試。請讀者一定要確認每一步驟的正確性，體會程式設計與燒錄流程，只要熟悉與熟練這個技術與程序，將會對以後程式設計與測試有極大幫助。

3-3.1 閃爍控制的 LED 燈

使用 PORT1（P1）控制 8 個 LED 燈，使左邊 4 個 LED 燈與右邊 4 個 LED 燈交替閃爍，閃爍間隔為 0.1 秒，且重複執行。

程式碼

範例 DM03_01.ASM 程式碼

```
1             ORG    0000H
2             MOV    A, #11110000B
3             MOV    P2, #11111110B
4    START:
5             MOV    P1,A
6             ACALL  DELAY
7             CPL    A
8             JMP    START
9    ; 時間延遲
10   DELAY:   MOV    R6,#250
11   DL0:     MOV    R7,#200
12   DL1:     DJNZ   R7,$
13            DJNZ   R6,DL0
14            RET
15   ;
16            END
```

3-3.2 右移跑馬燈控制程式

由 PORT1（P1）控制 LED 燈產生右移跑馬燈功能。首先由 P1.7 控制的 LED7 先亮（而其他 LED 則不亮），且在延遲 0.1 秒後，由 P1.6 控制的 LED6 亮（而其他 LED 則不亮），依此類推一直不斷循環，P1.7 向右移至 P1.0 產生輸出去控制 LED 亮滅動作。

程式碼

範例 DM03_02.ASM 程式碼

```
1             ORG    0000H
2             MOV    A,#01111111B
3             MOV    P2,#11111110B
4    START:
5             MOV    P1,A
6             ACall  DELAY
7             RR     A
```

```
8             JMP    START
9    ; 時間延遲
10   DELAY:   MOV    R6,#250
11   DL0:     MOV    R7,#200
12   DL1:     DJNZ   R7,$
13            DJNZ   R6,DL0
14            RET
15   ;
16            END
```

3-3.3 雙向跑馬燈控制程式

使用 PORT1（P1）控制 8 個 LED 燈輸出，每次點亮二個燈，產生雙向跑馬燈控制功能。由外向內由左向右移動，再由右向左移動，移動速度為 0.1 秒，且重複執行。

程式碼

範例 DM03_03.ASM 程式碼

```
1       ORG    0000H
2       MOV    R0,#0FEH
3       MOV    R1,#7FH
4       MOV    P2,#11111110B
5    START:
6       MOV    A,R0
7       ANL    A,R1
8       MOV    P1,A
9    ;
10      MOV    A,R0
11      RL     A
12      MOV    R0,A
13   ;
14      MOV    A,R1
15      RR     A
16      MOV    R1,A
17   ;
18      Call   DELAY
19      JMP    START
20   ;
21   DELAY:    MOV    R6,#250
22   DL1:      MOV    R7,#200
23   DL2:      DJNZ   R7,$
24      DJNZ   R6,DL1
25      RET
26   ;
27      END
```

Chapter 3

問題與討論

1. 請讀者進一步了解 Keil μVision 4 整合性程式開發環境，並試著測試一下其模擬的功能。注意，可至網路查詢相關的應用功能及說明，並進行測試。

2. 根據 AT89C51RD2 的 Datasheet 資料，請說明如可應用 Flip 燒錄軟體，將要被燒錄的目標硬體環境設定為保全設定。也就是說，只可以燒錄且不可以上載程式至 PC 上。

3. 請參考 AT89C51RD2 的 Datasheet 資料，說明 Hardware Byte 的功能，也就是說明 BLJB 及 X2 參數功能。

4. 請參考 AT89C51RD2 的 Datasheet 資料，請說明 Security Level 的 Level 0、Level 1 與 Level 2 設定的功能不同之處。

5. 因為實驗板的振盪器為 12MHz，且根據第 3-13 頁的表格說明，RS-232 通訊的鮑得率（Baudrate）最快可為 38400 Bits/S，請讀者測試一下這個鮑得率可以將程式燒錄至目標硬體嗎？

chapter

4

數位輸出及輸入應用

本章主要介紹單晶片的數位輸出入內部架構與應用模式，然後討論數位輸出入介面原理與電路設計，以期許讀者能具有數位輸出入控制的基礎知識與概念。再經由數個數位輸出入控制範例程式設計與問題思考模式，強化讀者在整合應用的能力。若讀者能充分掌握本章各節的內容及經典範例程式，對於了解單晶片的數位輸出入埠的介面電路設計與相關控制程式設計，將有莫大的助益。

本章學習重點

- 了解單晶片數位輸出入介面原理
- 數位輸出在 LED 控制介面電路原理
- 按鈕及指撥開關數位輸入介面電路原理
- 各式跑馬燈控制程式設計
- 時間延遲副程式設計
- 霹靂燈與廣告燈控制程式設計
- 指撥開關與 LED 指示燈之整合應用
- 問題與討論

4-1 數位輸出入埠硬體電路及應用

8051 具有 4 組 8 位元的雙向 I/O 埠，分別稱為 PORT 0（P0）、PORT 1（P1）、PORT 2（P2）與 PORT 3（P3），並有 32 條 I/O 接腳，這些 I/O 接腳都可以單獨的當輸出或是輸入使用。在 8051 的特殊功能暫存器中也有這 4 個 I/O 埠的緩衝暫存器 P0、P1、P2、P3。而與之相對應的位址分別在 80H、90H、0A0H 及 0B0H。

在軟體指令中，若以 I/O 埠做目的運算元，則此 I/O 埠即當輸出埠使用，若以 I/O 埠做為來源運算元，則此 I/O 埠即當輸入埠使用。例如搬移指令 MOV P1, A 表示將累加器 A 的內容送至 P1 上，此時 P1 接腳上的內容就是累加器 A 的值，此時 P1 就是當做輸出埠使用；如果搬移指令為 MOV A, P1，則表示將 P1 接腳上的訊號資料擷取且傳送至累加器 A，此時累加器 A 的內容就與 P1 接腳上的電位訊號相當，此時 P1 埠就是當做輸入埠使用。這種不需事先規劃，完全由軟體指令就可以決定 I/O 埠做輸入或輸出應用的方式，就是 8051 單晶片微電腦的一大特色。雖然 I/O 埠具有輸出入埠應用的彈性，可是我們仍然要了解一下 8051 個別 I/O 埠的硬體設計規格，才可搭配軟體指令發揮出應有的控制功能。

PORT 0（簡稱 P0）

P0 為 8 位元可位元定址的輸出入埠，以針腳式包裝的 8051 為例，P0.0 為 39 腳、P0.1 為 38 腳、... P0.7 為 32 腳，其內部電路架構如圖 4-1 所示，在此將 P0 的特色扼要說明如下：

⊙ P0 的 8 位元皆為開洩極式輸出（Open Drain，OD），而每支接腳可驅動大約 8 個 LS 型 TTL 負載。

⊙ P0 內部無提升電阻。執行數位輸出功能時，外部必須接提升電阻，通常採用 10k 歐姆。

⊙ 若要執行輸入功能，必須先輸出高準位（1），方能讀取該埠所連接的外部資料。

⊙ 若系統連接外部記憶體，則 P0 可做為位址匯流排（A0~A7）及資料匯流排（D0~D7）之多工接腳，此部分功能介紹已於第 1 章說明了，而應用範例將於 AD/DA 應用章節說明。

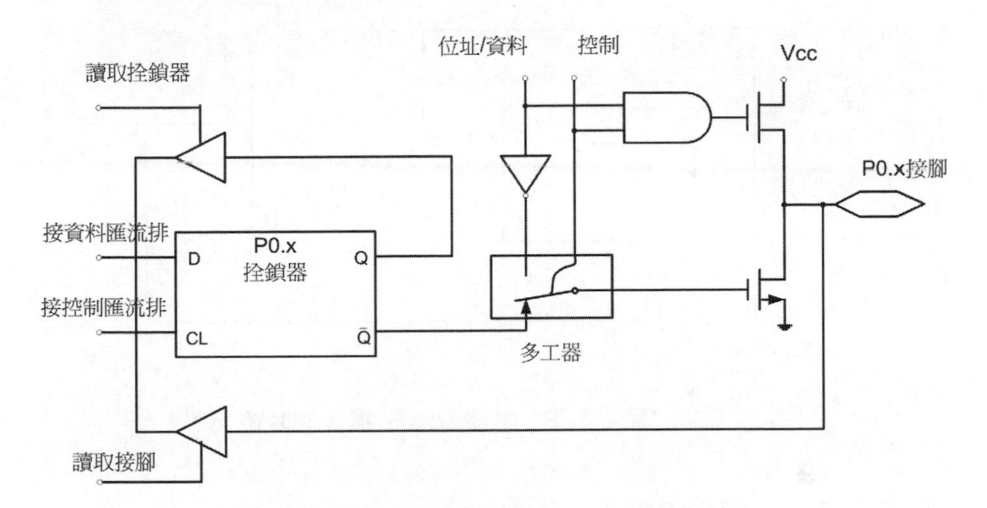

圖 4-1　P0 內部電路結構（1 個位元）

PORT 1（簡稱 P1）

P1 為 8 位元可位元定址的輸出入埠，以針腳式包裝的 8051 為例，P1.0 為 1 腳、P1.1 為 2 腳、...P1.7 為 8 腳，圖 4-2 所示為 P1 的任一位元接腳內部電路架構，在此將 P1 的特色可扼要說明如下：

⊙ P1 內部具備約 30kΩ 提升電阻，執行輸出功能時，不須連接外部提升電阻。

⊙ P1 的 8 位元類似開洩極式輸出，每支接腳約可驅動 4 個 LS 型 TTL 負載。

⊙ 若要執行輸入功能，必須先輸出高準位（1），方能讀取該埠所連接的外部資料。

⊙ 若是 8052/8032，則 P1.0 兼具有 Timer 2 的外部脈波輸入功能（即 T2）、P1.1 兼具有 Timer 2 的捕捉/重新載入之觸發輸入功能（即 T2EX）。

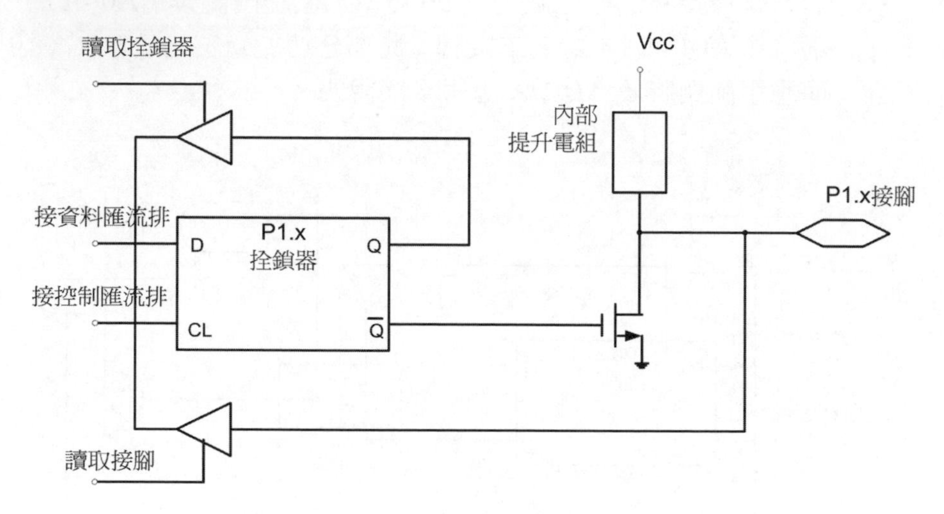

圖 4-2 P1 內部電路結構（1 個位元）

PORT 2（簡稱 P2）

P2 為 8 位元可位元定址的輸出入埠，以針腳式包裝的 8051 為例，P2.0 為 21 腳、P2.1 為 22 腳、…P2.7 為 28 腳，其內部電路架構如圖 4-3 所示，在此將 P2 的特色扼要說明如下：

⊙ P2 內部具備約 30kΩ 提升電阻，執行輸出功能時，不需連接外部提升電阻。

⊙ P2 的 8 位元類似開洩極式輸出，每支接腳約可驅動 4 個 LS 型 TTL 負載。

⊙ 若要執行輸入功能，必須先輸出高準位（1），方能讀取該埠所連接的外部資料。

⊙ 若系統連接外部記憶體，而外部記憶體的位址超過 8 條時，則 P2 可做為位址匯流排（A8~A15）接腳，此部分功能介紹已於第 1 章說明了，而應用範例將於 AD/DA 應用章節說明。

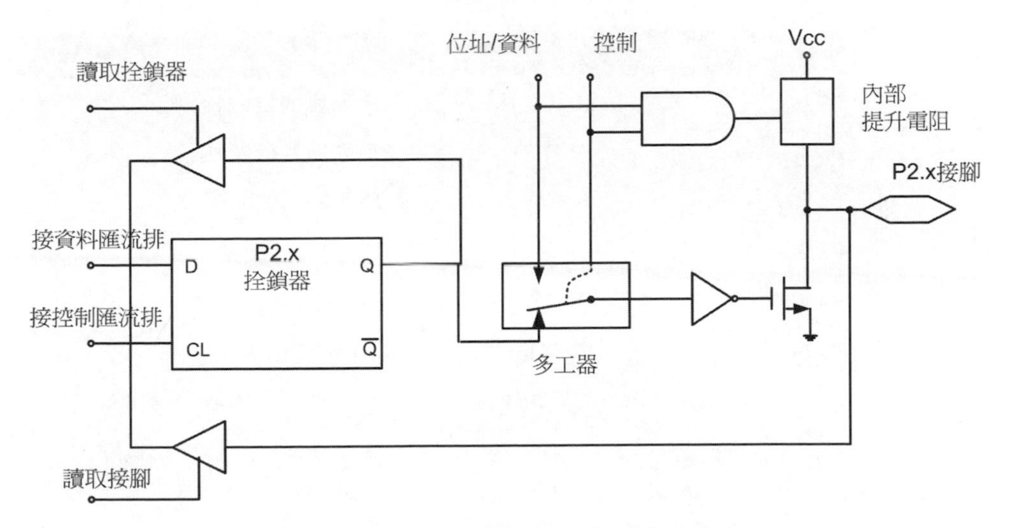

圖 4-3 P2 內部電路結構（1 個位元）

PORT 3（簡稱 P3）

P3 為 8 位元可位元定址的輸出入埠，以針腳式包裝的 8051 為例，P3.0 為 11 腳、P3.1 為 12 腳、...P3.7 為 17 腳，其內部電路架構如圖 4-4 所示，在此將 P3 的特色扼要說明如下：

⊙ P3 內部具備約 30kΩ 提升電阻，執行輸出功能時，不須連接外部提升電阻。

⊙ P3 的 8 位元類似開洩極式輸出，每支接腳約可驅動 4 個 LS 型 TTL 負載。

⊙ 若要執行輸入功能，必須先輸出高準位（1），方能讀取該埠所連接的外部資料。

⊙ P3 的 8 支接腳另可當為特殊功能腳位應用，其功能說明如下表所示，其需要相對應的指令才可以驅動，可是當為特殊功能腳位時，就不可以再當為 I/O 腳位應用，否則容易產生錯誤情況。

P3 特殊功能腳位	其它功能	說明
P3.0	RXD	串列埠的接收接腳
P3.1	TXD	串列埠的傳送接腳
P3.2	$\overline{INT0}$	INT 0 中斷輸入
P3.3	$\overline{INT1}$	INT 1 中斷輸入
P3.4	T0	Timer 0 輸入
P3.5	T1	Timer 1 輸入
P3.6	$\overline{WR}$	寫入外部記憶體控制接腳
P3.7	$\overline{RD}$	讀取外部記憶體控制接腳

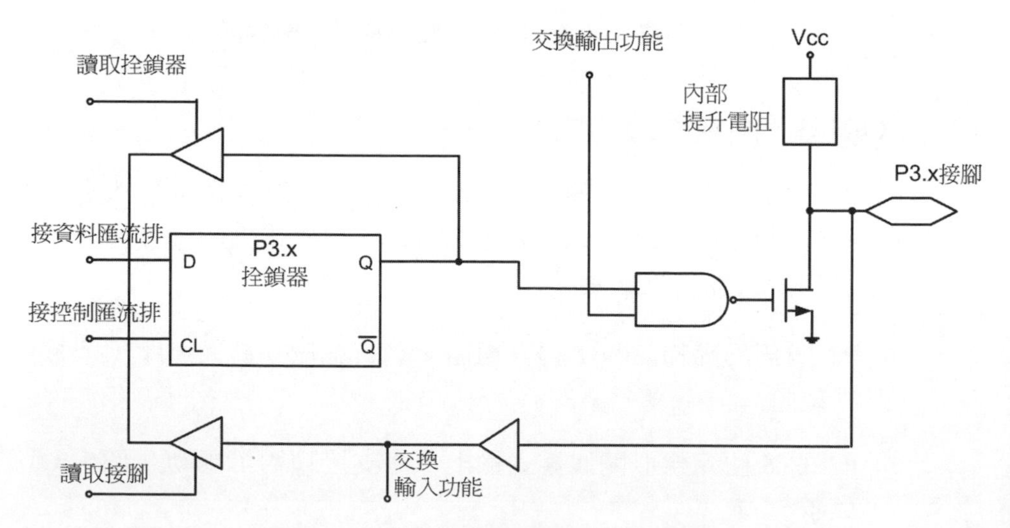

圖 4-4 P3 內部電路結構（1 個位元）

4-2 輸出電路設計

8051 的輸出埠雖可當為數位輸出電路，可是 I/O 輸出腳為類似開洩極式輸出，每支接腳約可驅動數個 LS 型 TTL 負載而已。所以 8051 單晶片在驅動外部負載時，例如驅動 LED、繼電器或喇叭等負載，需要依據內部 I/O 硬體設計，額外加入相對應的介面電路設計，方可正確驅動負載。在本節中，我們將以 LED 與繼電器驅動為例加以說明，讀者可以依此方式加以擴充應用輸出電路。

4-2.1 驅動 LED 介面電路

LED 為發光二極體（Light-Emitting Diode）的簡稱，其體積小、低耗電量，常被用在微電腦與數位電路的輸出裝置，以指示信號狀態。近來 LED 的技術大為精進，除了紅色、綠色、黃色外，還出現了藍色與白色。而高亮度的 LED 更取代傳統燈泡，成為交通號誌（紅綠燈）的發光元件；就連汽車的尾燈，也開始流行使用 LED 車燈。基本上，LED 具有二極體的特色，逆向偏壓時，LED 將不發光；順向偏壓時，LED 將發光；以紅色 LED 為例，順向偏壓時 LED 兩端約有 1.7V 的壓降（比二極體大）。隨著通過 LED 順向電流的增加，LED 將更亮，而 LED 的壽命也將縮短，而以 10mA 到 20mA 為最佳。8051 的輸出入埠都是開洩極式的輸出，其中的 P1、P2 與 P3 內建 30kΩ 提升電阻，因此想從 P1、P2 或 P3 流出 10 到 20 毫安培（mA）將有困難。如果考慮由外部將電流流入 8051 的輸出埠，那電流就可以大一點，如圖 4-5 所示。

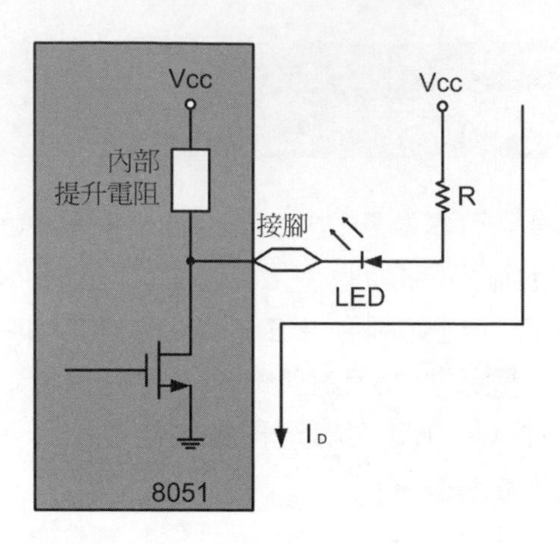

圖 4-5 8051 在 LED 控制介面電路

當 I/O 腳輸出低態時，輸出端的 FET 將導通，輸出端電壓接近 0V，若 LED 順向導通。如果希望流過 LED 的電流 I_D 限制為 10 毫安培（mA），則限流電阻 R 為：

$$R = \frac{(5-1.7)V}{10mA} = 330\Omega$$

若想要 LED 亮一點，可使 I_D 提高至 16.5 毫安培（mA），則限流電阻 R 可改為：

$$R = \frac{(5-1.7)V}{16.5mA} = 200\Omega$$

對於 TTL 準位的數位電路或微電腦電路，LED 所串接的限流電阻，大多為 200~300Ω，電阻越小，LED 越亮。若 LED 為非連續負載，例如掃描電路或是閃爍燈，則電流還可在大一點，甚至採用 50~100Ω 之限流電阻即可。

4-2.2 驅動繼電器

由於 8051 晶片的輸出介面只可以驅動 4 個 TTL 負載而已，因此 8051 的輸出埠沒有能力直接去驅動馬達、電磁閥、電燈泡、電熱器…等負載，因此必須在微電腦與負載間加入“輸出介面電路”，其接法有二種：一以低態動作（Active Low），另一以高態動作（Active Hi）。我們以 8051 控制繼電器線圈的方式為例加以說明，如圖 4-6 所示：

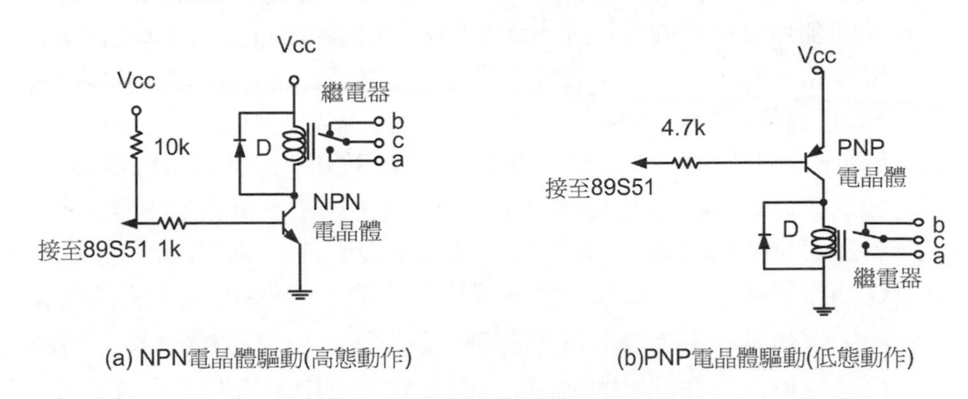

圖 4-6 使用電晶體驅動繼電器

在此介面電路中，電晶體是當成開關來用，在圖 4-6（a）NPN 驅動中，8051 輸出高態時，電晶體工作於飽和狀態，繼電器線圈作動；8051 輸出低態時，電晶體工作於截止狀態，繼電器線圈不動作。圖 4-6（b）PNP 驅動則是相反，8051 輸出低態時，電晶體工作於飽和狀態，繼電器線圈作動；8051 輸出高態時，電晶體工作於截止狀態，繼電器線圈不動作。電路中的二極體 D 是提供繼電器線圈電流的放電路徑，以保護電晶體。由於線圈屬於電感性負載，當電晶體截止時，$i_c = 0$，而原本線圈上的電流 i_L 部不可能瞬間為 0，所以二極體 D 就提供一個 i_L 的放電路徑，使線圈不會產生高的感應電勢，就不會破壞電晶體了。

4-3 輸入電路設計

在 4-1 節裡，我們繪出 8051 四個輸出入埠的結構（圖 4.1～圖 4.4），雖然四個輸出入埠有些許不同，但就輸入功能來看，這四個輸出入埠的結構幾乎完全一樣。基本上，輸入埠都是透過一個三態的緩衝器連接到 CPU 內部的資料匯流排，在此將以 P0 為例加以說明，如圖 4-7 所示為整個輸入的動作流程。在進行輸入功能時，輸出端的 Q1、Q2 兩個 FET 必須呈現開路狀態，才不會影響輸入狀態。而進行一般資料之輸入時，Q1 就是高阻抗狀態（視同開路）。若要 Q2 也呈現高阻抗狀態，其閘極必須為低態，而其閘極連接多工器，再連接到栓鎖器的 $\overline{Q}$；若要讓栓鎖器的 $\overline{Q}$ 為低態，則其輸入端 D 必須為高態。換言之，只要該位元輸出為 1，則內部資料匯流排該位元為 1，栓鎖器的輸入端 D 為 1，其輸出 Q=1、$\overline{Q}$=0，並由 Q 回授至輸入端，使該栓鎖器保持該狀態；而 $\overline{Q}$=0，Q2 將呈現高阻抗狀態。這也就是為什麼在輸入之前，必須送「1」到該輸入埠，將該輸入埠規劃成輸入功能的原因。當輸入該位元接腳所連接的外部資料時，輸入指令將內部「讀取接腳」線變為 1，外部資料才會通過緩衝器，送到內部資料匯流排。

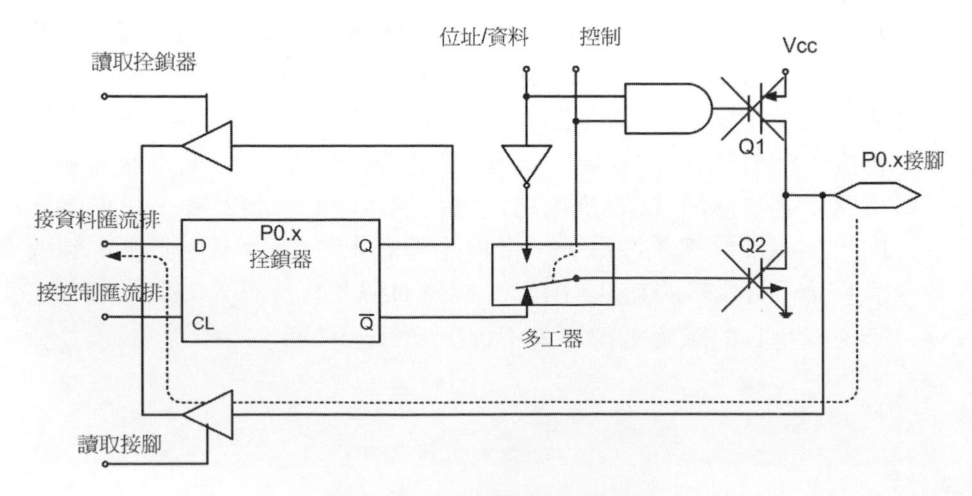

圖 4-7 P0 的輸入功能說明

微電腦系統的輸入裝置通常是按鈕、指撥開關、...等，在此我們以按鈕輸入裝置為例加以說明，如圖 4-8 所示。因為 P3 接腳內部有提升電阻，所以按鈕被按下時，相對應的腳位是低電位；反之，當按鈕沒有被按下時，相對應的腳位是高電位。可是因為按鈕開關為機械裝置，在開關動作時，通常會有不可預期彈跳現象，如圖 4-9 所示，這種忽高忽低暫態現象可說是不折不扣的雜訊。我們可以利用一個簡單的 RC 電路，以壓制彈跳電壓，如圖 4-10 所示，因為其利用 RC 的充放電功能去穩定數位輸入狀態。此外，我們也可利用軟體設計技巧，避開產生彈跳的那 10 至 20 毫秒，即可達到防彈跳的效果，詳細程式設計方式將在範例應用時加以說明。

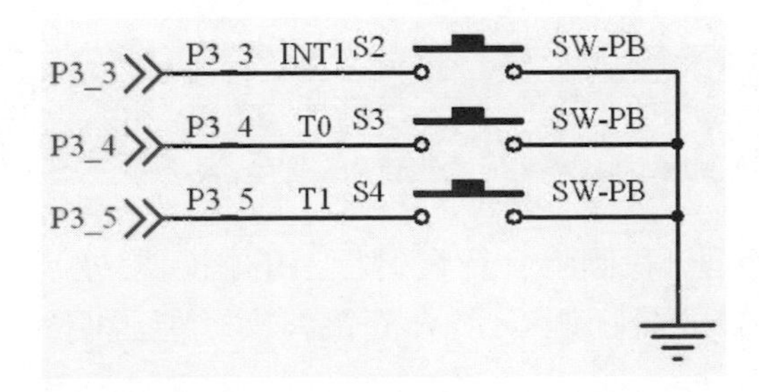

圖 4-8　按鈕開關輸入電路

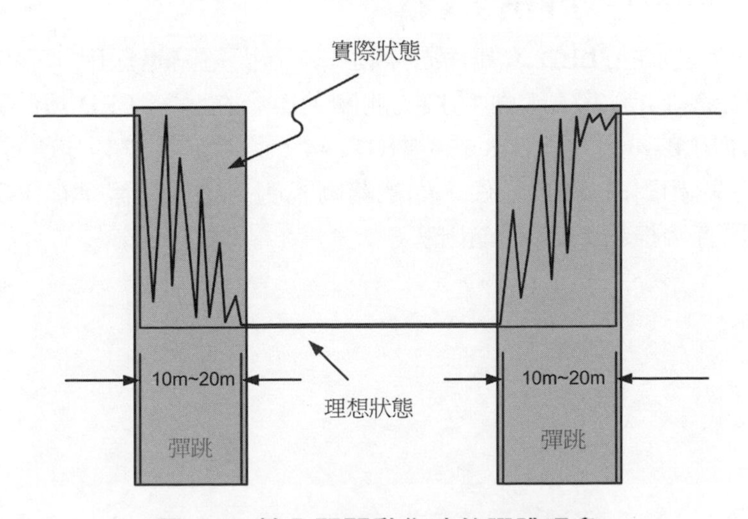

圖 4-9　輸入開關動作時的彈跳現象

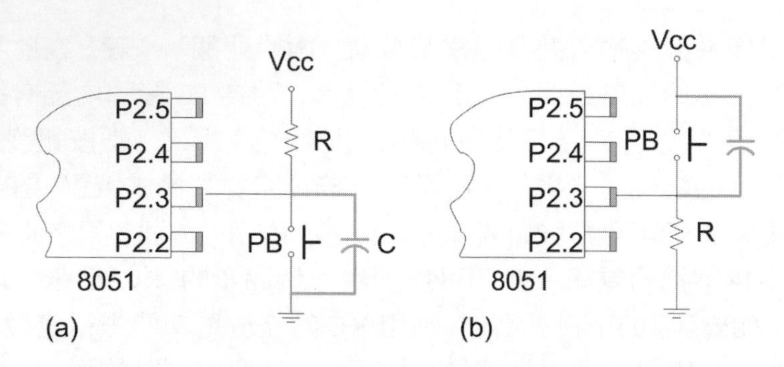

圖 4-10 防止彈跳 RC 電路

4-4 實驗板數位 I/O 電路

在這個章節裡，我們將介紹實習板上的指示燈控制、指撥開關與按鈕開關等三種輸出入控制應用，其介面電路與功能說明如下：

1. 指示燈控制電路

8 通道的獨立 LED 燈號輸出控制。本介面電路是採用 1 個 74HCT244 三態匯流排元件做為功能切換的開關動作，在應用 LED 燈號輸出前，必需先使用 P2.0=0 致能 U8 的 74HCT244，此時 PORT 1 的 I/O 訊號才會直接傳遞給相對的 LED 元件，如電路圖說明。也說是說，從 PORT 1 輸出資料可直接控制 LED 的輸出狀態。

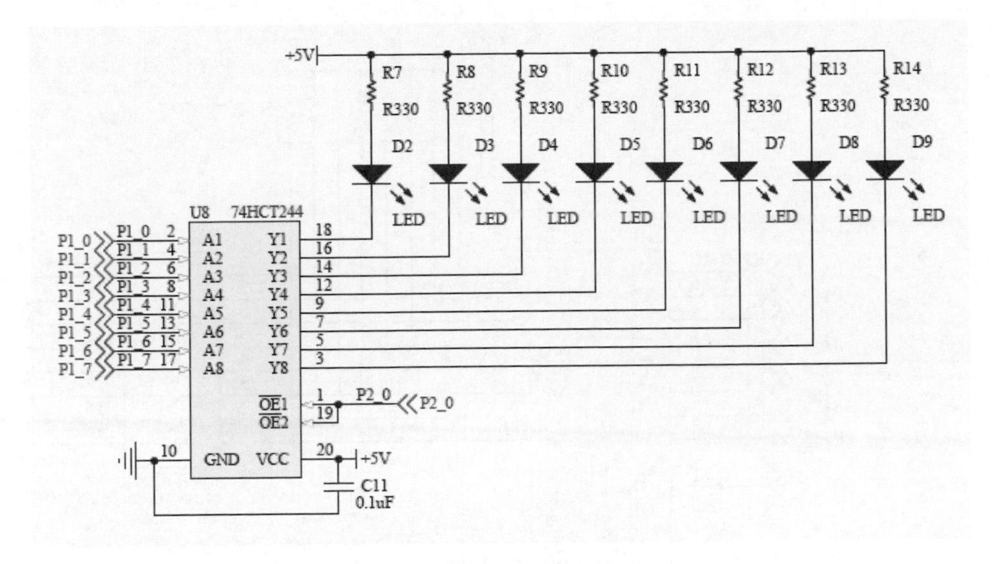

圖 4-11 LED 指示燈電路

2. 指撥開關電路

如圖 4-12 為 8 通道指撥開關的控制輸入電路，這個介面電路是採用 1 個 74HCT244 三態匯流排元件做為功能致能與否的控制開關，在應用指撥開關模組輸入前，必需先使用 P2.1=0 致能 U10 的 74HCT244 功能，此時指撥開關的輸入狀態才會直接傳遞給 PORT1 的相對應腳位，如電路圖標示說明。也說是說，從 PORT1 的位元輸入狀態即可了解相對應指撥開關的動作狀態。當指撥開關為 ON 時，相對應的 PORT1 腳位為低電位，反之為高電位。值得注意的是，8 位元指撥開關不同於按鈕模組，按鈕為觸發型態，而指撥開關則是持續性的訊號輸入，可作為狀態的切換或是位元的變化。但讀者可能會想問指撥開關前那一排的電阻在做什麼功用吧，那是用來將訊號拉升至 V_{CC} 的提升電阻裝置，所以一開始我們的指撥開關是處在 HIGH（1）的訊號準位，可是當指撥開關被切換至導通狀態時，因為訊號接地的關係，此時 LOW 準位訊號將被傳送入單晶片的 I/O 腳位上。也就是說，指撥開關為 OFF 時，訊號準位為 HIGH，而指撥開關為 ON 時，訊號準位為 LOW。

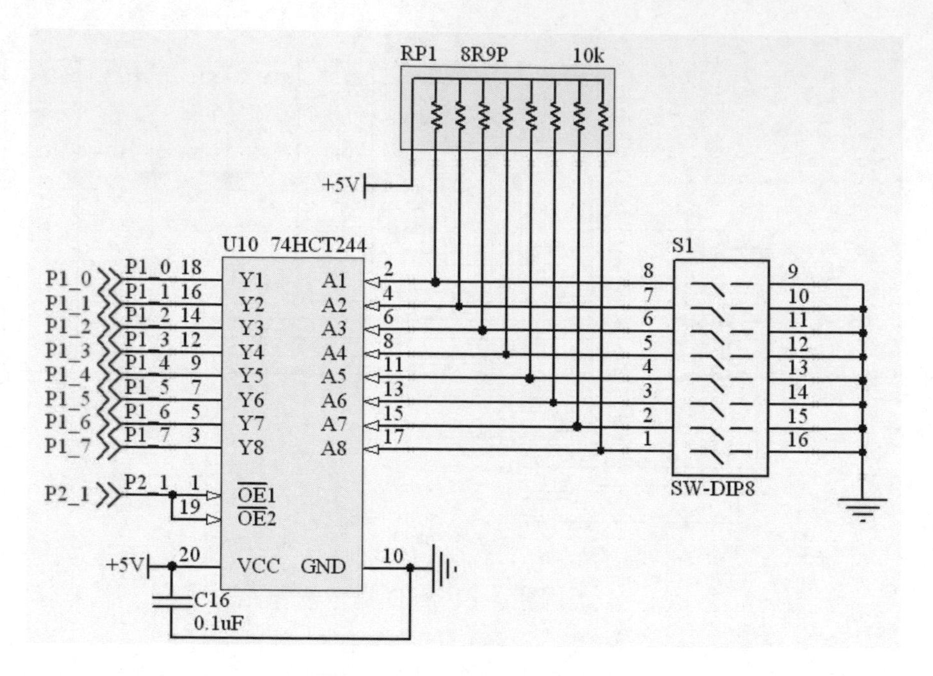

圖 4-12 指撥開關電路

3. 按鈕開關電路

實習板上提供三個按鈕，分別直接連至單晶片的 P3.3（PB0）, P3.4（PB1）及 P3.5（PB2），如圖 4-13 說明。因為 PORT 3 的腳位有內部提升電阻，所以電路設計時不須額外設計外接提升電阻。當按鈕被按下時，相對應的腳位是低電位；反之，當按鈕沒有被按下時，相對應的腳位是高電位。此外，因為 3 個按鈕是分別連接至 PORT 3 的 $\overline{\text{INT1}}$、T0 及 T1 腳位，可執行 S2 外部中斷 1、S3 計時/計數-0 中斷、S4 計時/計數-1 中斷等特殊功能，可讓使用者加強中斷功能應用程式設計訓練。

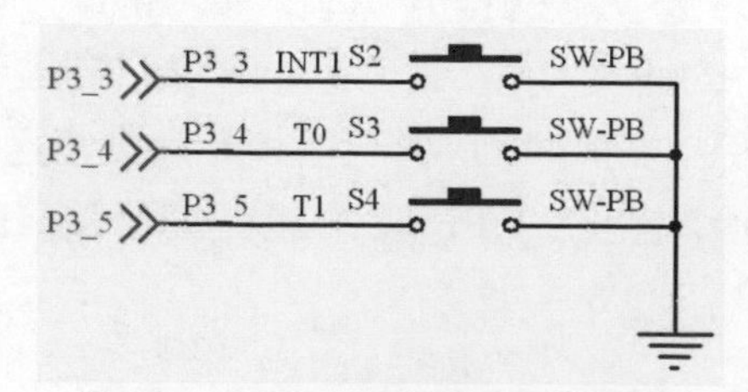

圖 4-13 按鈕開關輸入電路

4-5 範例程式與討論

範例 1：閃爍控制的 LED 燈

使用 PORT1 控制 8 個 LED 燈，使左邊 4 個 LED 燈與右邊 4 個 LED 燈交替閃爍，閃爍間隔為 0.1 秒，且重複執行，詳如下圖說明。

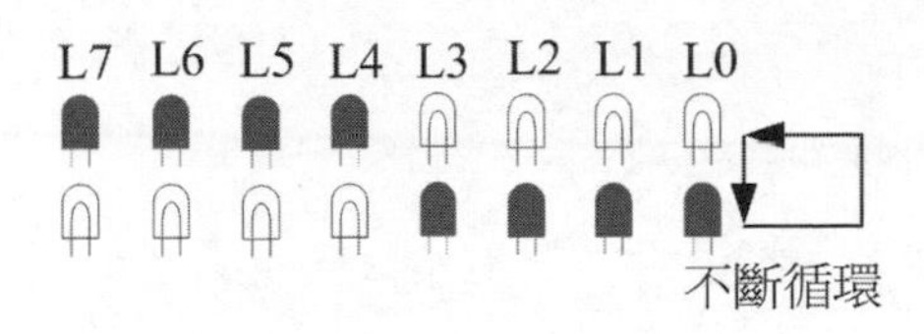

流程圖

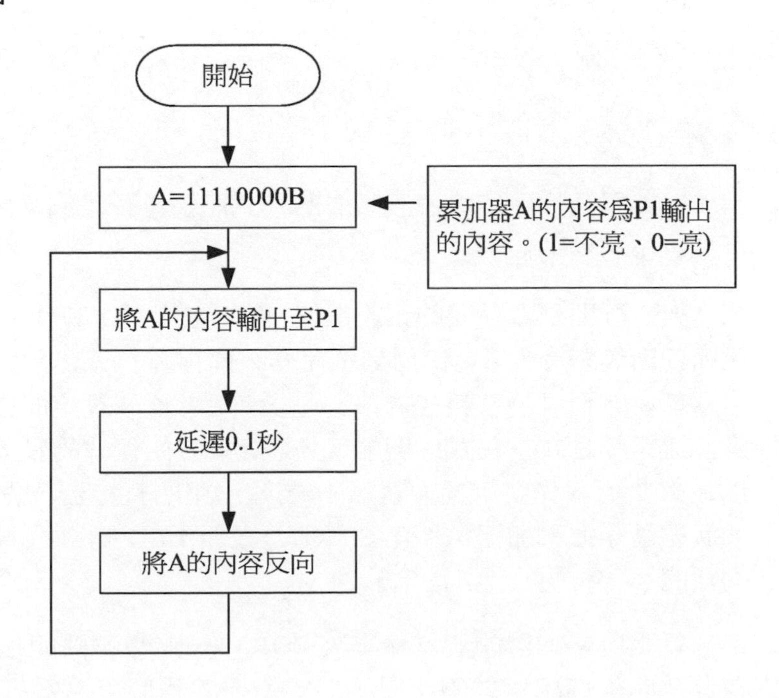

程式碼

範例 DM04_01.ASM 程式碼

```
1              ORG    0000H
2              MOV    A, #11110000B
3              MOV    P2, #11111110B
4    START:
5              MOV    P1,A
6              ACALL  DELAY
7              CPL    A
8              JMP    START
9    ; 時間延遲
10   DELAY:    MOV    R6,#250
11   DL0:      MOV    R7,#200
12   DL1:      DJNZ   R7,$
13             DJNZ   R6,DL0
14             RET
15   ;
16             END
```

程式說明

1. 第 1 行為單晶片致能後預設讀取的程式記憶體位址，也是撰寫單晶片程式每次必備的條件。

2. 第 2 與 3 行則是暫存器的預設數值，例如主程式中有使用到計算或是邏輯判斷等指令，都會使用到暫存器來儲存資料或是狀態，而這些暫存器都會有預設的資料在內部，或是使用者預先設定的數值，而這些數值通常都會在主程式的開端就先設定，方便程式的設計與撰寫。所以在第 2 行就先使用累加器 A 作為輸出用的暫存器，先將預設輸出的狀態儲存進累加器 A。第 3 行則是致能 LED 模組並關閉其他模組的功能。

3. 第 4 行是將累加器的資料輸出至 PORT1，之後再呼叫延遲副程式，在此呼叫延遲副程式的作用，主要是要讓我們可以看見單晶片驅動 LED 模組的狀態，因為單晶片執行一個指令只需幾個 μ s 時間，對我們來說幾乎感覺不到，所以為了讓單晶片執行的速度減慢到我們可見的範圍，所以在程式中加入了一段無意義的迴圈副程式，並稱為延遲副程式，在需要的時候讓單晶片可以停頓一段時間或是幾毫秒，讓我們可以看見目前單晶片輸出的狀態。

4. 因為程式中設計讓 LED 高低各四位元輪替閃爍，基本上可以在使用第 2 行的方式去改變暫存器內的數值，達到 LED 交替閃爍的方式，但是在此介紹 CPL 指令，此指令是將暫存器內的數值反向，原本為 1 則變為 0，而 0 則變為 1，所以原本累加器 A 的數值為 #11110000B，經過 CPL 指令後則變# 00001111B，如下圖所示。然後累加器內的狀態已達到我們所預定的目標，再使用 JMP 跳躍指令返回標籤 START，再將累加器的資料輸出，即可達到 LED 高低四位交替閃爍的目標，然後在重複執行第 4 至 8 行程式碼。

累積器 A
#11110000B
指令-CPL
#00001111B

圖 4-14　指令 CPL 執行結果

5. 第 9 行至第 14 行為時間延遲副程式，也是前面所敘述的。為了可以看到單晶片輸出的狀態，所編寫的副程式。而如何去設計出我們要的延遲副程式，首先我們必須知道組合語言的執行方式是由上而下開始執行，從下圖可以得知程式執行的過程與每一個過程所執行的次數，而將第一次執行的過程稱為路徑#1，而執行的路徑與次數如下圖所示。

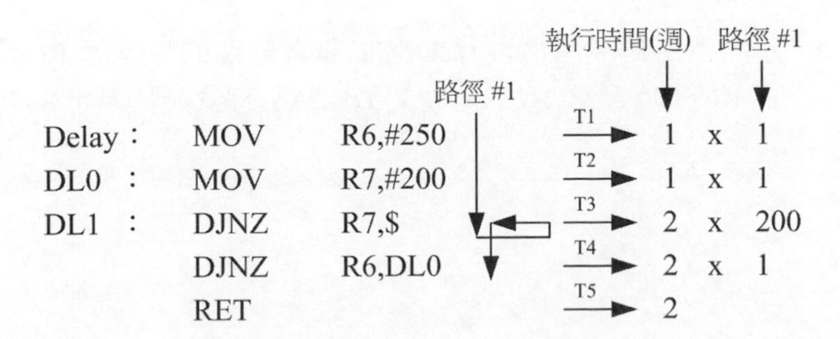

路徑#1 完成後，在執行到第二個指令 DJNZ 後將在進入迴圈，而此迴圈稱為路徑#2，如下圖所示。

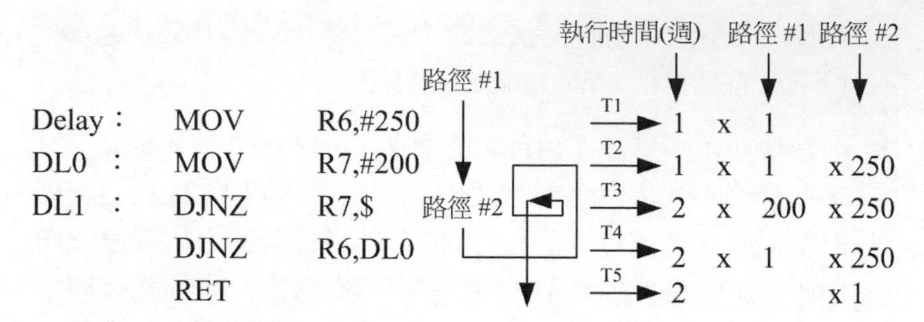

經由路徑分析完後，將每一行指令執行的次數相加，乘上機械週期就可以知道此延遲副程式執行一次所需的時間。以下為計算的方式：

總週期 T = T1+T2+T3+T4+T5
= (1 x 1) + (1 x 1 x 250) + (2 x 200 x 250) + (2 x 1 x 250) + 2
= 1 + 250 + 100000 + 500 + 2
= 100753

機械週期 = 震盪器頻率/ (狀態週期 x 震盪週期)
= 12Mhz / (6 x 2)
= 1μs

延遲時間 = 機械週期 x 總週期
= 100753 x 1μs
= 0.100753s
≈ 0.1s

從以上計算過程即可知道副程式每呼叫一次延遲約 0.1 秒。

思考問題

a. 請將上列範例程式的 LED 控制延遲時間的暫存器 R6 及 R7 分別修改為 R6=100 及 R7=250，請問 DELAY 程式延遲時間為多少？

範例 2：右移跑馬燈控制程式

由 P1 控制 LED 燈產生右移跑馬燈功能。首先由 P1.7 控制的 LED7 先亮（而其他 LED 則不亮），且在延遲 0.1 秒後，由 P1.6 控制的 LED6 亮（而其他 LED 則不亮），依此類推且一直不斷循環。注意，P1.7 向右移至 P1.0 產生輸出去控制 LED 亮滅動作，詳如下圖說明。

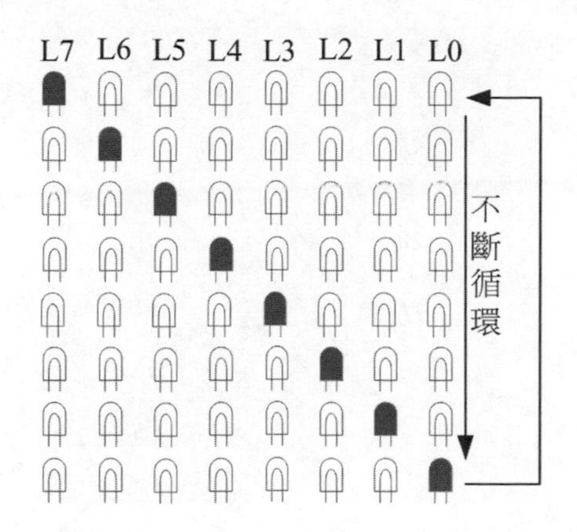

流程圖

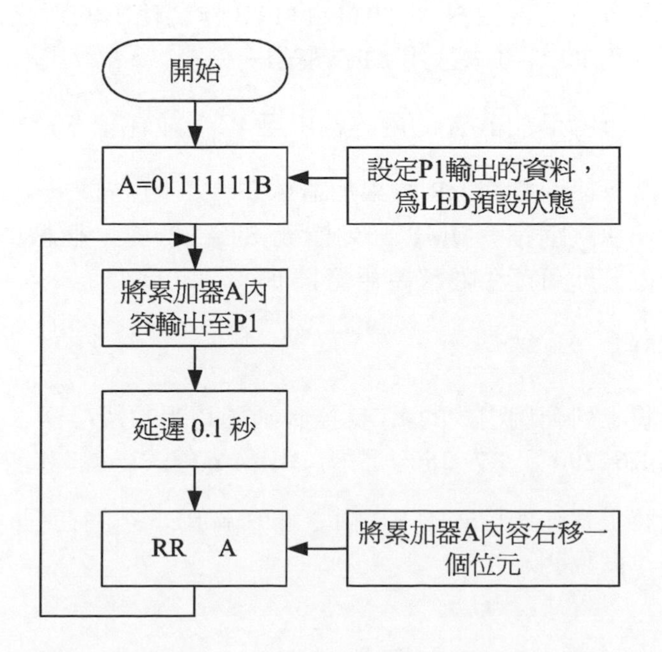

程式碼

範例 DM04_02.ASM 程式碼

```
1              ORG    0000H
2              MOV    A,#01111111B
3              MOV    P2,#11111110B
4     START:
5              MOV    P1,A
6              ACALL  DELAY
7              RR     A
8              JMP    START
9     ; 時間延遲
10    DELAY:   MOV    R6,#250
11    DL0:     MOV    R7,#200
12    DL1:     DJNZ   R7,$
13             DJNZ   R6,DL0
14             RET
15    ;
16             END
```

程式說明

1. 第 2 行設定累加器 A=#01111111B 作為輸出的暫存器及初如值；第 3 行應用 P2.0=0 去啟用 LED 模組。
2. 第 5 行將累加器 A 的內容輸出至 P1，並在第 6 行呼叫延遲副程式。
3. 第 7 行使用指令 RR 將累加器 A 的內容直右移一個位元，然後在第 8 行使用跳躍指令 JMP 回到標籤 START 處，繼續重複將資料輸出及移位，即可產生右移跑馬燈控制。

思考問題

a. 請將上列範例程式的 LED 控制延遲時間的暫存器 R6 及 R7 分別修改為 R6=200 及 R7=250，請問 DELAY 程式延遲時間為多少？

b. 請將上列範例程式的 RR 指令修改為 RL，請問在程式執行後有什麼差別，試說明之？

範例 3：雙向跑馬燈控制程式

使用 PORT1 控制 8 個 LED 燈輸出，每次點亮二個燈，如下圖所示之控制方式，產生雙向跑馬燈控制功能。由外向內移動，再由內向外移動，移動速度為 0.1 秒，且重複執行，詳如右圖說明。

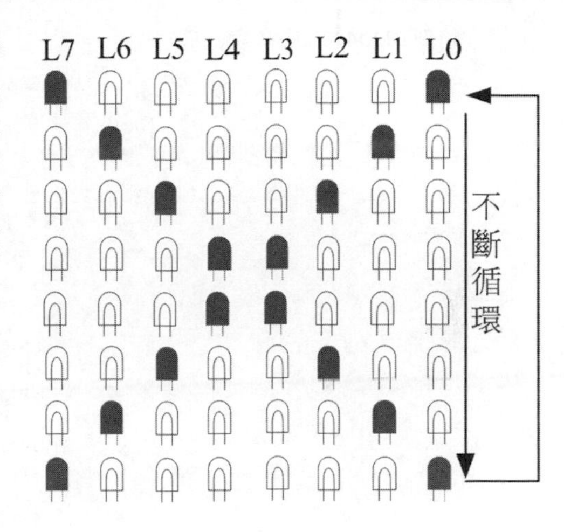

流程圖

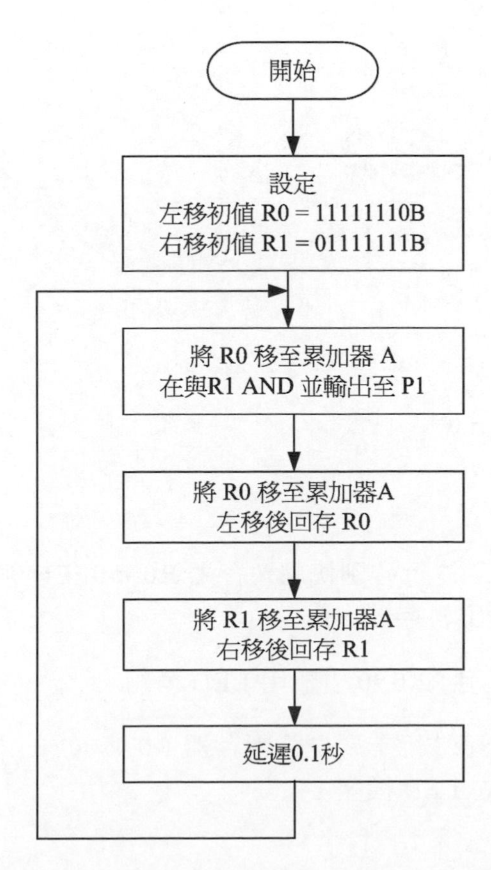

程式碼

範例 DM04_03.ASM 程式碼

```
1            ORG    0000H
2            MOV    R0,#0FEH
3            MOV    R1,#7FH
4            MOV    P2,#11111110B
5    START:
6            MOV    A,R0
7            ANL    A,R1
8            MOV    P1,A
9    ;
10           MOV    A,R0
11           RL     A
12           MOV    R0,A
13   ;
14           MOV    A,R1
15           RR     A
16           MOV    R1,A
17   ;
18           Call   DELAY
19           JMP    START
20   ;
21   DELAY:  MOV    R6,#250
22   DL1:    MOV    R7,#200
23   DL2:    DJNZ   R7,$
24           DJNZ   R6,DL1
25           RET
26   ;
27           END
```

程式說明

1. 第 2 行與第 3 行分別使用暫存器 R0=#0FEH 與 R1=#7FH 做為雙向跑馬燈的輸出暫存器。

2. 第 4 行應用 P2.0=0 去啟用 LED 模組。

3. 第 6 行至第 8 行主要是將暫存器 R0 與 R1 的內容做邏輯 AND，並輸出至 P1 的 LED 模組。

4. 第 10 行至第 12 行與第 14 行至第 16 行主要是將暫存器 R0 與 R1 的資料作左移與右移，並回存暫存器。之後再呼叫延遲副程式，並回到標籤 START 處，重複執行上述流程，而暫存器每次變化後的數值經過指令 ANL 後的結果說明如下：

- 第一次

	D7	D6	D5	D4	D3	D2	D1	D0	
	1	1	1	1	1	1	1	0	R0
ANL	0	1	1	1	1	1	1	1	R1
	0	1	1	1	1	1	1	0	

- 第二次

	D7	D6	D5	D4	D3	D2	D1	D0	
	1	1	1	1	1	1	0	1	R0
ANL	1	0	1	1	1	1	1	1	R1
	1	0	1	1	1	1	0	1	

- 第 3 次

	D7	D6	D5	D4	D3	D2	D1	D0	
	1	1	1	1	1	0	1	1	R0
ANL	1	1	0	1	1	1	1	1	R1
	1	1	0	1	1	0	1	1	

- 第 4 次

	D7	D6	D5	D4	D3	D2	D1	D0	
	1	1	1	1	0	1	1	1	R0
ANL	1	1	1	0	1	1	1	1	R1
	1	1	1	0	0	1	1	1	

• 第 5 次

	D7	D6	D5	D4	D3	D2	D1	D0	
	1	1	1	1	0	1	1	1	R0
ANL	1	1	1	0	1	1	1	1	R1
	1	1	1	0	0	1	1	1	

思考問題

a. 請將上列範例程式修改成如下圖所顯示的方式，產生雙向跑馬燈控制功能。同時向右的移動速度為 0.5 秒，且重複執行。

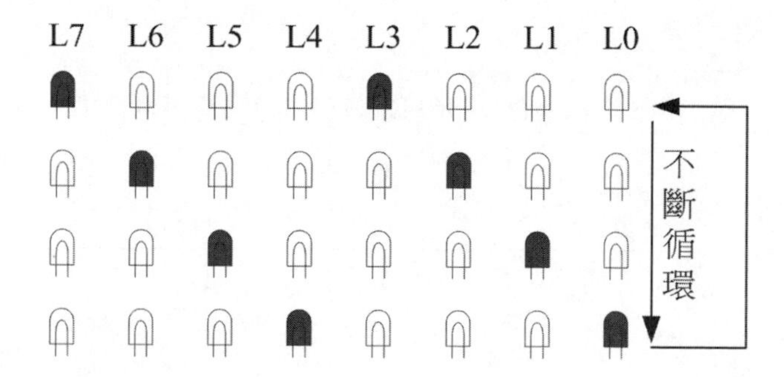

範例 4：霹靂燈控制程式

使用 PORT1 控制 8 個 LED 燈，每次點亮一個 LED 燈，控制方式先由 L1 向左移動，再控制由 L7 向右移動，移動速度為 0.1 秒，且重複執行，詳如下圖說明。

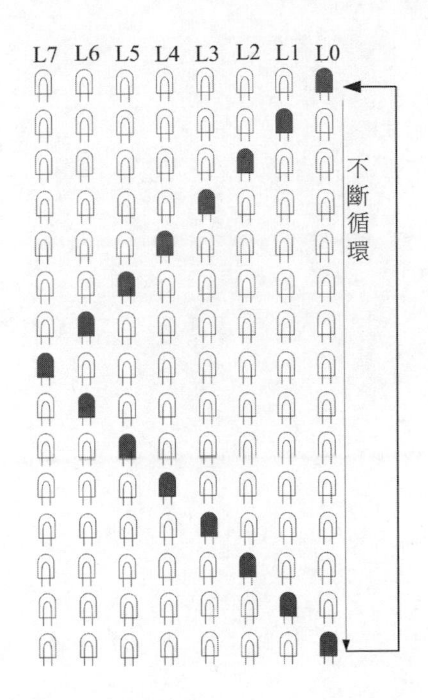
L7 L6 L5 L4 L3 L2 L1 L0
不斷循環

流程圖

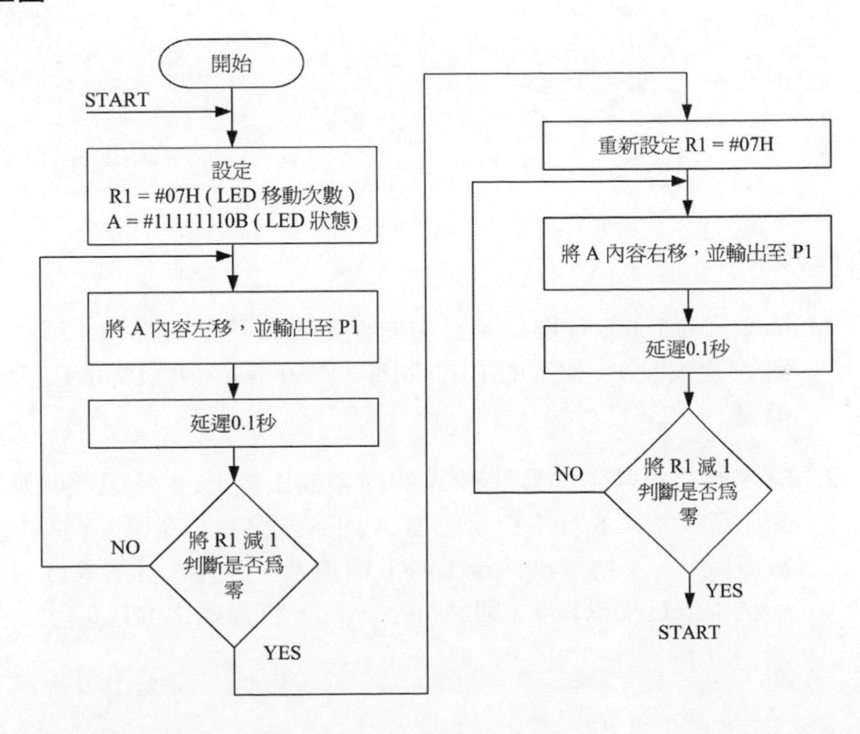
開始
START
設定
R1 = #07H (LED 移動次數)
A = #11111110B (LED 狀態)
將 A 內容左移，並輸出至 P1
延遲0.1秒
將 R1 減 1
判斷是否爲
零
NO
YES
重新設定 R1 = #07H
將 A 內容右移，並輸出至 P1
延遲0.1秒
將 R1 減 1
判斷是否爲
零
NO
YES
START

程式碼

範例 DM04_04.ASM 程式碼

```
1           ORG    0000H
2   START:  MOV    R1,#07H
3           MOV    A,#11111110B
4           MOV    P2,#11111110B
5   ;
6   LEFT:   MOV    P1,A
7           ACALL  DELAY
8           RL     A
9           DJNZ   R1,LEFT
10  ;
11          MOV    R1,#07H
12  RIGHT:  MOV    P1,A
13          ACALL  DELAY
14          RR     A
15          DJNZ   R1,RIGHT
16          JMP    START
17  ;
18  DELAY:  MOV    R6,#250
19  DL1:    MOV    R7,#200
20  DL2:    DJNZ   R7,$
21          DJNZ   R6,DL1
22          RET
23  ;
24          END
```

程式說明

1. 第 2 行的 R1 暫存器是預設左右移跑馬燈移動的次數；第 3 行的累加器 A 是預設 P1 輸出的 LED 狀態，然後第 4 行的 P2.0=0 是致能 LED 模組。

2. 第 6 行程式開始將累積器 A 的內容輸出至 P1，然後呼叫延遲 0.1 秒的副程式；第 8 行再把累加器 A 內容左移，並在第 9 行將暫存 R1 的數值減一，不為零則跳至 LEFT 標籤處，再次執行第 6 行至 9 行程式一次；但是如 R1=0，則執行下一行，將初始化 R1=07。

3. 第 12 行至 15 行程式運作如同前一敘述，但此程式區段唯獨不同處是將累加器 A 的內容右移。

4. 第 16 行強制程式跳至 START 標籤處，重複執行程式。

思考問題

a. 將 LED 移動的方向改變為 L7 向右移動控制，再由 L0 向左移動控制，移動速度為 0.1 秒，且重複執行，詳如下圖說明。

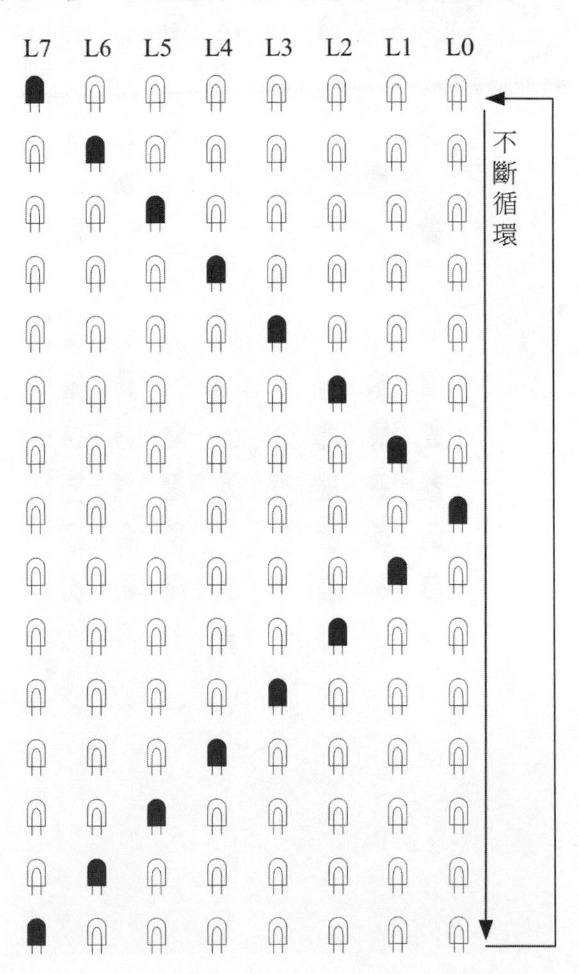

範例 5：廣告燈控制程式：

我們藉由建表的方式來編排 LED 所顯示的內容，如此做法可以編排出多樣性的廣告燈效果，本範例將設計如下圖所示之輸出結果。

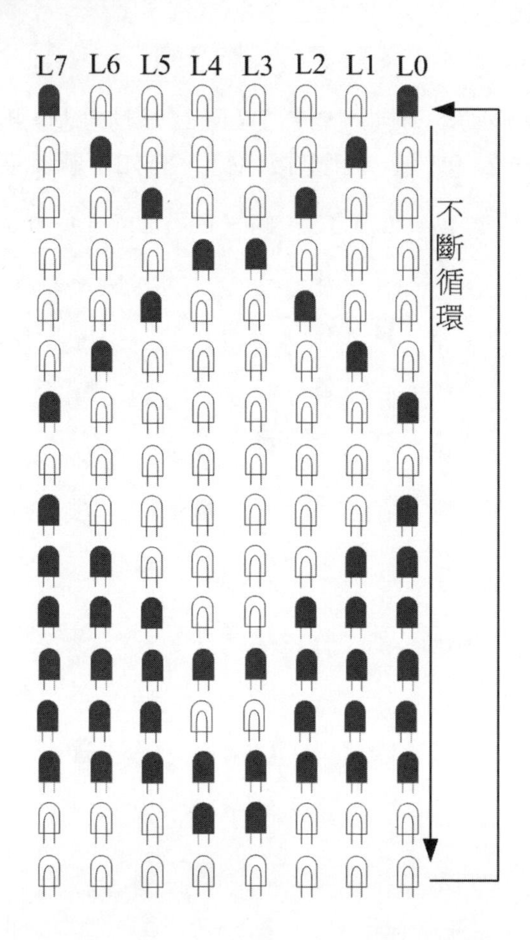

流程圖

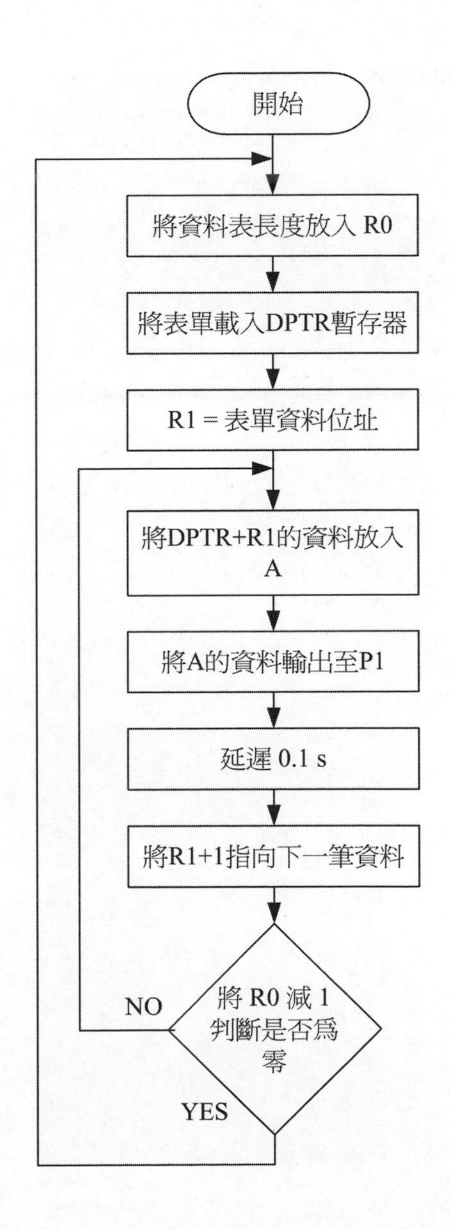
開始
將資料表長度放入 R0
將表單載入DPTR暫存器
R1 = 表單資料位址
將DPTR+R1的資料放入A
將A的資料輸出至P1
延遲 0.1 s
將R1+1指向下一筆資料
將 R0 減 1 判斷是否為零
NO
YES

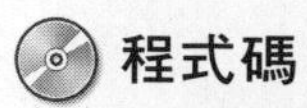

程式碼

範例 DM04_05.ASM 程式碼

```
1               ORG    0000H
2               CLR    P2.0
3     START:    MOV    R0,#OVER-TABLE+1
4               MOV    DPTR,#TABLE
5               MOV    R1,#00H
6     LOOP:     MOV    A,R1
7               MOVC   A,@A+DPTR
8               MOV    P1,A
9               CALL   DELAY
10              INC    R1
11              DJNZ   R0,LOOP
12              AJMP   START
13
14    ;
15    DELAY:    MOV    R6,#250
16    DL1:      MOV    R7,#200
17    DL2:      DJNZ   R7,DL2
18              DJNZ   R6,DL1
19              RET
20    ;
21    TABLE:    DB     01111110B
22              DB     10111101B
23              DB     11011011B
24              DB     11100111B
25              DB     11011011B
26              DB     10111101B
27              DB     01111110B
28              DB     11111111B
29              DB     01111110B
30              DB     00111101B
31              DB     00011000B
32              DB     00000000B
33              DB     00011000B
34              DB     00000000B
35              DB     11100111B
36    OVER:     DB     11111111B
37    ;
38              END
```

程式說明

1. 第 2 行設定 P2.0=0 啟動 LED 模組控制介面。
2. 第 3 行首先計算表單的長度，將表單末端的位址減去開頭位址在加一即可得到表單的長度數值，並將長度資料存入 R0 暫存器。第 4 行將表單位址載入 DPTR 資料指標暫存器。第 5 行初始化表單讀取暫存器 R1=0。
3. 第 6 行開始載入 DPTR+R1 所指位址之資料至累加器 A 中，並在第 8 行將累加器內容輸出至 P1，然後呼叫 0.1 秒延遲副程式，讓 LED 的點亮狀態可觀查出。在第 10 行將 R1 的內容值加一，指向下一筆資料。
4. 第 11 行是把 R0 的內容減一且判斷其是否等於 0，如果 R0≠0 則跳越至 LOOP 標籤處再次執行第 6 至 11 行程式，可是如果 R0=0 表示表單已讀取完畢，執行下一行強制程式跳至 START 標籤處，再次重複執行第 3 至 12 行程式。

思考問題

a. 請將上列範例程式的 TABLE 內容修改為如右圖所示的顯示方式。

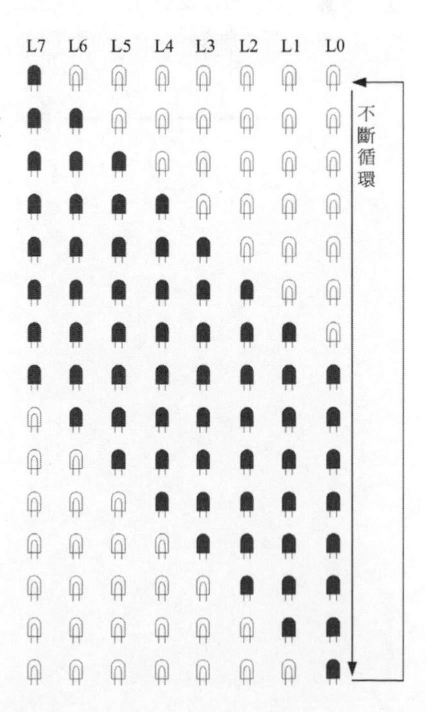

範例 6：指撥開關與 LED 指示燈控制程式

由 P1 所接個 8 個 LED 燈，將其顯示內容由指撥開關來控制。控制方式是由 1~8 的指撥鍵分別對應 1~8 的 LED 燈，藉此控制 1~8 顆 LED 燈的點亮與否。

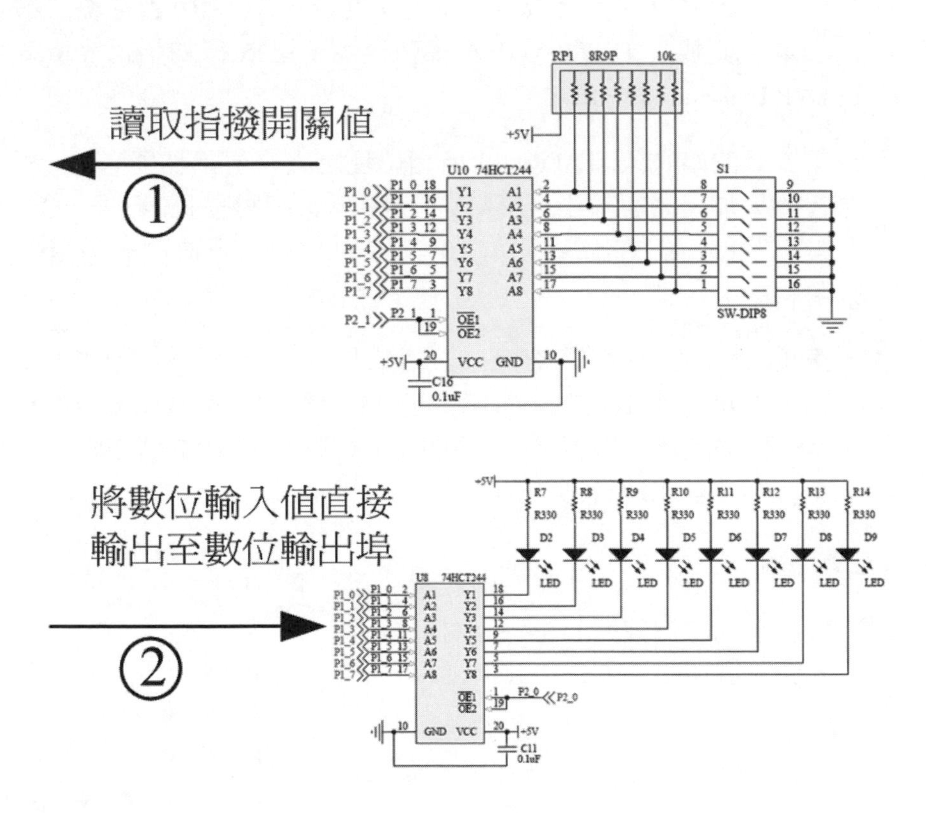

流程圖

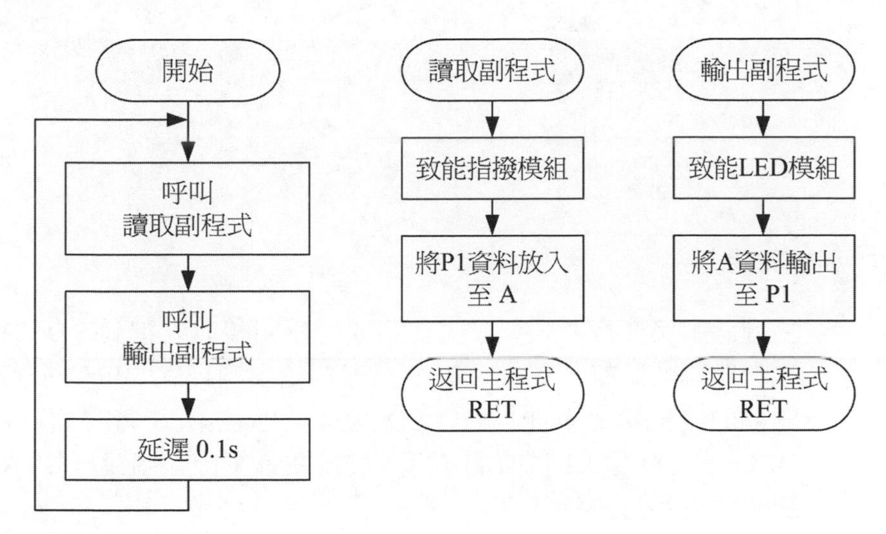

程式碼

範例 DM04_06.ASM 程式碼

```
1            ORG    0000H
2    ;
3    START:
4            CALL   RD_SW
5            CALL   WR_LED
6            CALL   DELAY
7            JMP    START
8    ;=====
9    WR_LED:
10           SETB   P2.1
11           CLR    P2.0
12           MOV    P1,A
13           RET
     ;=====
14   RD_SW:
15           SETB   P2.0
16           CLR    P2.1
17           MOV    P1,#0FFH
18           MOV    A,P1
19           RET
20
```

```
21  ; ===  Delay function =0.2s =======
22  DELAY:   MOV   R6,#250
23  DL1:     MOV   R7,#200
24  DL2:     DJNZ  R7,DL2
25           DJNZ  R6,DL1
26           RET
27  ;
28           END
```

程式說明

1. 主程式由第 3 行開始，首先在第 4 行呼叫讀取副程式 RD_SW，讀取指撥開關的狀態，然後在第 5 行呼叫輸出副程式 WR_LED，將指撥開關的資料輸出至 P1 的 LED 模組，並在第 6 行呼叫延遲副程式 DELAY，產生 0.1 秒時間延遲，最後在第 7 行強制跳至 START 標籤處，重複執行主程式。

2. 第 9 行至第 13 行為輸出副程式 WR_LED 程式碼。在第 10 及 11 行設定 P2.0=0 先致能 LED 模組的控制介面及 P2.1=1 除能指撥開關的控制介面，並在第 12 行將累加器 A 的內容輸出至 P1，控制 LED 模組的點亮狀態，最後在第 13 行執行 RET 結束副程式且返回主程式。

3. 第 14 行至 19 行為指撥開關讀取副程式 RD_SW 程式碼。在第 15 及 16 行設定 P2.0=1 除能 LED 模組的控制介面及 P2.1=0 致能指撥開關的控制介面，在第 17 行 P1=#FFH 設定 P1 為數位輸入介面。然後在第 18 行將指撥開關的狀態讀取且存入累加器 A 內，最後在第 19 行執行 RET 結束副程式且返回主程式。

4. 注意，整個程式是應用累加器 A 當作數位輸入及數位輸出的控制暫存器。

思考問題

a. 請將上列範例程式，將主程式修改為每 0.1 秒呼叫副程式檢查指撥開關的狀態，檢查完畢後再將指撥開關資料輸出。

b. 參考上列範例程式，請再加入考慮指撥開關的彈跳防護程式。

範例 7：指撥開關與 LED 整合控制程式：

LED 燈的點亮方式由指撥開關來控制，但這次我們所使用的方式與前一範例不同，本範將設計由 1~3 的指撥鍵來控制 3 種不同的點亮方式，如下圖說明。

1. 當 SW0 閉合時，則點亮方式為。

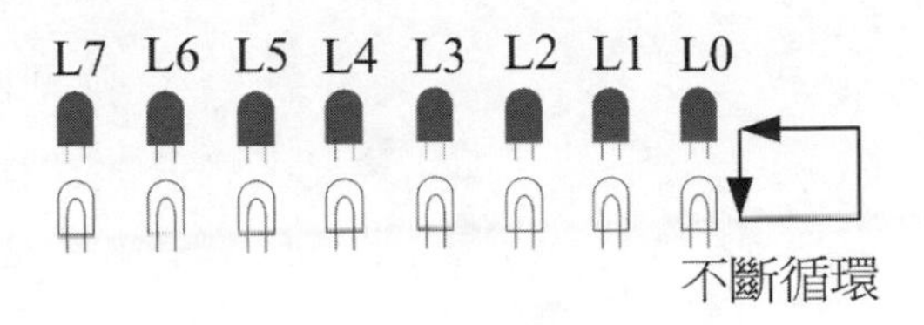

2. 當 SW1 閉合時，則點亮方式為。

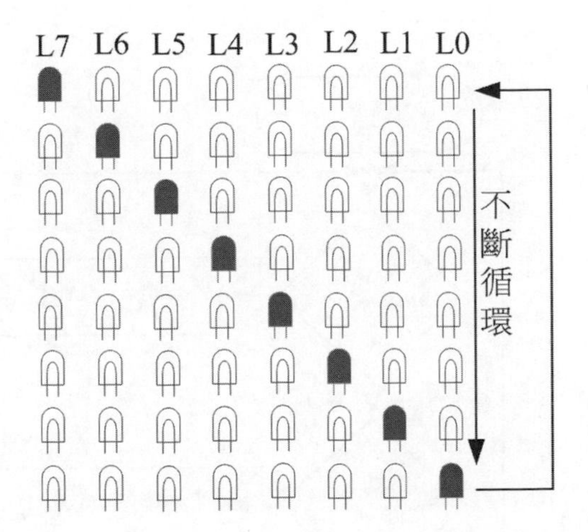

3. 當 SW2 閉合時，則點亮方式為。

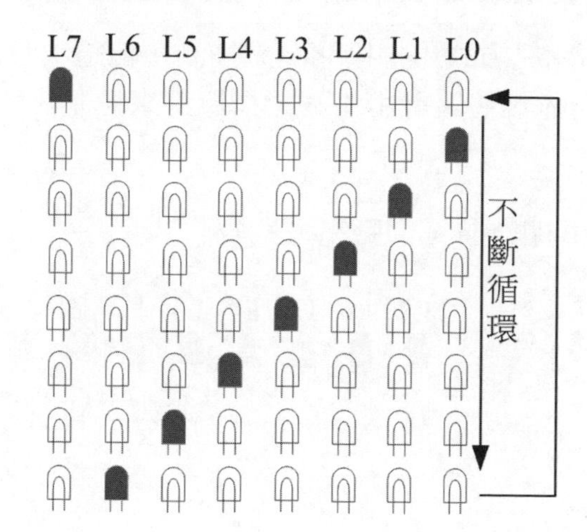

流程圖

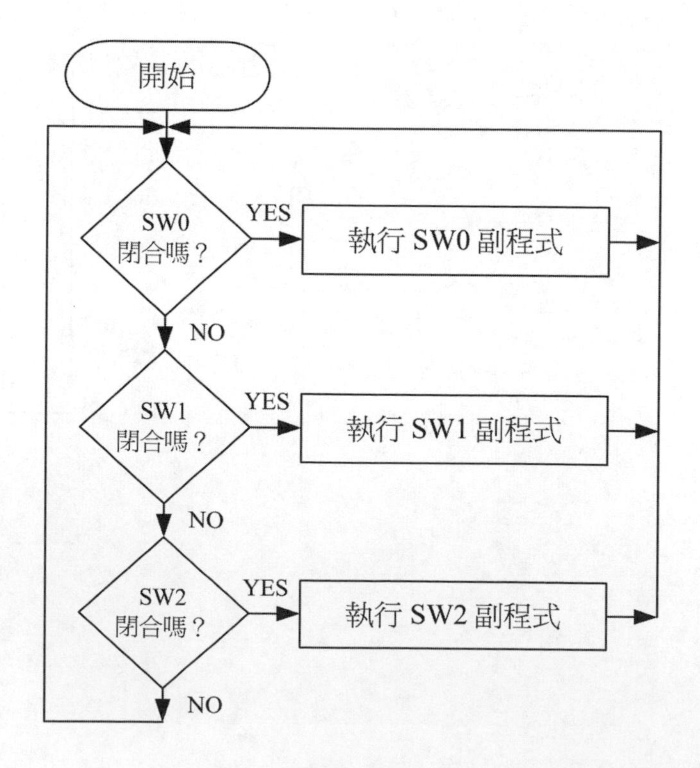

 程式碼

範例 DM04_07.ASM 程式碼

```
1            ORG    0000H
2            MOV    R0,#7FH
3   START:
4            MOV    P2,#11111101B
5            JNB    P1.0,TWINKLE_LED
6            JNB    P1.1,RIGHT_HORSE
7            JNB    P1.2,LEFT_HORSE
8            JMP    START
9   ;
10  TWINKLE_LED:
11           MOV    P2,#11111110B
12           MOV    A,#00H
13           MOV    P1,A
14           CALL   DELAY
15           CPL    A
16           MOV    P1,A
17           CALL   DELAY
18           JMP    START
19  ;
20  RIGHT_HORSE:
21           MOV    P2,#11111110B
22           MOV    A,R0
23           MOV    P1,A
24           CALL   DELAY
25           RR     A
26           MOV    R0,A
27           JMP    START
28  ;
29  LEFT_HORSE:
30           MOV    P2,#11111110B
31           MOV    A,R0
32           MOV    P1,A
33           CALL   DELAY
34           RL     A
35           MOV    R0,A
36           JMP    START
37  ; Delay-副程式 (0.1s)
38  DELAY:   MOV    R6,#250
39  DL1:     MOV    R7,#200
40  DL2:     DJNZ   R7,DL2
```

```
41          DJNZ   R6,DL1
42          RET
43  ;
44          END
```

程式說明

1. 第 2 行設定 R0=#7FH，其為跑馬燈控制的輸出控制暫存器。

2. 第 3 行至第 8 行為主程式。在第 4 行除能 LED 模組的控制介面及致能指撥開關的控制介面。第 5 行至 7 行執行指指撥開關 0~2 的狀態判斷，當 P1.0=0 則跳至 TWINKLE_LED 標籤，否則當 P1.1=0 跳至 RIGHT_HORSE 標籤，否則當 P1.2=0 跳至 LEFT_HORSE 標籤。注意，P1.0（SW0）擁有最高的優先權，也就是 3 個指撥開關同時動作，程式會執行 TWINKLE_LED 副程式。最後在第 8 行強制跳至 START 標籤，重複執行主程式。

3. 第 19 行至 18 行為 LED 閃爍控制程式碼設計。注意，一定先將 P1 控制介紹切換為 LED 模組致能及指撥開關介面除能。然後在第 12 至 17 行執行 LED 閃爍控制。最後在第 18 行強制程式跳至 START 標籤，重複執行主程式。

4. 第 20 至 27 行為右移跑馬燈控制程式碼設計。同樣的，程式先將 P1 控制介紹切換為 LED 模組致能及指撥開關介面除能。第 22 至 26 行執行 LED 狀態右移一個位置控制，最後在第 27 行強制程式跳至 START 標籤，重複執行主程式。

5. 第 29 至 36 行為左移跑馬燈控制程式碼設計。同樣的，程式先將 P1 控制介紹切換為 LED 模組致能及指撥開關介面除能。第 31 至 35 行執行 LED 狀態左移一個位置控制，最後在第 36 行強制程式跳至 START 標籤，重複執行主程式。

思考問題

a. 請將上列範例程式改為利用副程式呼叫方式去執行指定的閃爍、右移跑馬燈與左移跑馬燈控制。

範例 8：按鈕開關及防止彈跳現象

由 P1 控制 8 個 LED 燈號輸出，而其顯示方式由按鈕開關來控制。本範設計由按鈕（PB0）開關被按下次數來決定執行那一個副程式，控制方式詳細如下說明：

1. PB0 被按下計數 0 次時，不執行任何動作。
2. PB0 被按下計數 1 次，則執行控制輸出 1，如下說明。

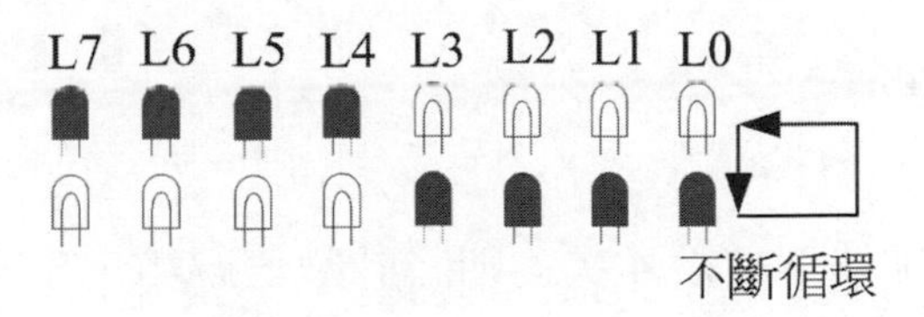

3. PB0 被按下計數 2 次，則執行控制輸出 2，如下說明。

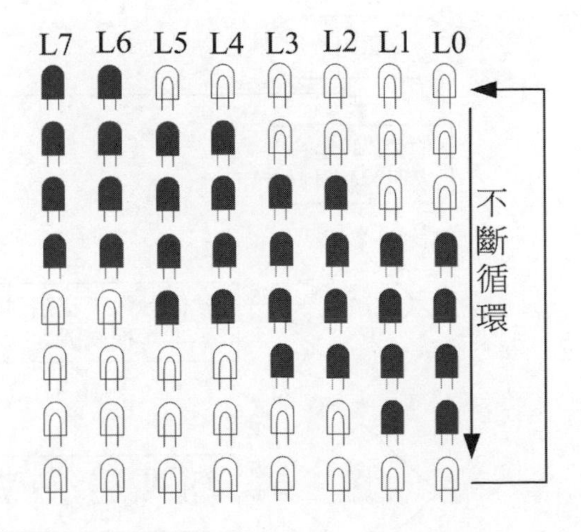

4. PB0 被按下計數 3 次，則執行控制輸出 3，如下說明。

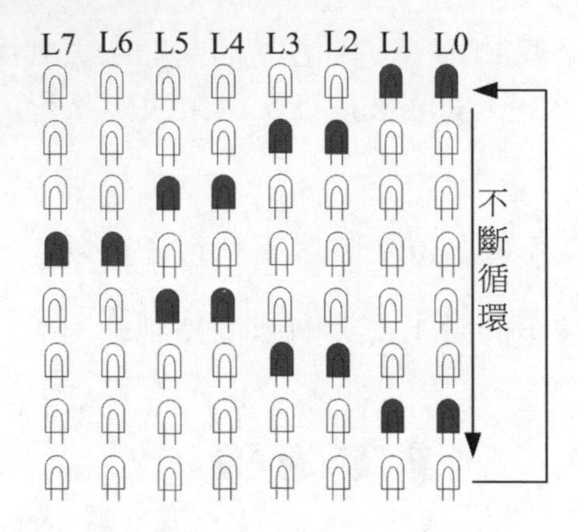

5. PB0 被按下計數 4 次，則將計數值歸零。

流程圖

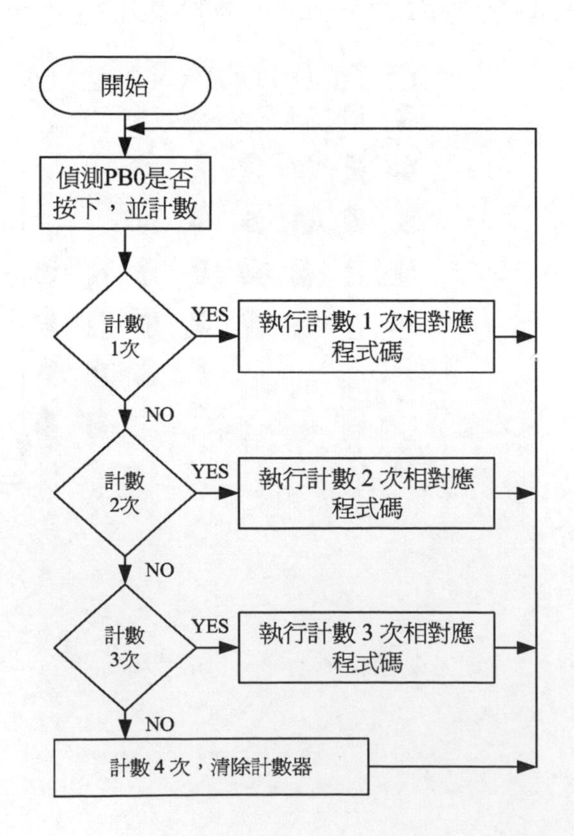

程式碼

範例 DM04_08.ASM 程式碼

```
1              ORG     0000H
2              MOV     P2,#11111110B
3    START:    MOV     R0,#0
4    MAIN:     JB      P3.3,CASE1
5              CALL    DELAY
6              JNB     P3.3,$
7              INC     R0
8    CASE1:    CJNE    R0,#1,CASE2
9              MOV     R1,#OVER1-TABLE1+1
10             MOV     DPTR,#TABLE1
11             AJMP    SHOW
12   CASE2:    CJNE    R0,#2,CASE3
13             MOV     R1,#OVER2-TABLE2+1
14             MOV     DPTR,#TABLE2
15             AJMP    SHOW
16   CASE3:    CJNE    R0,#3,CASE4
17             MOV     R1,#OVER3-TABLE3+1
18             MOV     DPTR,#TABLE3
19             AJMP    SHOW
20   CASE4:    CJNE    R0,#4,MAIN
21             MOV     R0,#0
22             MOV     P1,#0FFH
23             AJMP    MAIN
24   SHOW:     MOV     R2,#0
25   SHOW_1:MOV        A,R2
26             MOVC    A,@A+DPTR
27             MOV     P1,A
28             CALL    DELAY
29             INC     R2
30             DJNZ    R1,SHOW_1
31             AJMP    MAIN
32   ;
33   TABLE1:   DB      00001111B
34   OVER1:    DB      11110000B
35   ;
36   TABLE2:   DB      00111111B
37             DB      00001111B
38             DB      00000011B
39             DB      00000000B
40             DB      11000000B
```

```
41              DB      11110000B
42              DB      11111100B
43   OVER2:     DB      11111111B
44   ;
45   TABLE3:    DB      11111100B
46              DB      11110011B
47              DB      11001111B
48              DB      00111111B
49              DB      11001111B
50              DB      11110011B
51              DB      11111100B
52   OVER3:     DB      11111111B
53   ;
54   DELAY:     MOV     R6,#250
55   DL1:       MOV     R7,#200
56   DL2:       DJNZ    R7,$
57              DJNZ    R6,DL1
58              RET
59   ;
60              END
```

程式說明

1. 第 2 行致能指撥開關的控制介面且除能 LED 模組的控制介面。第 3 行設定按鈕計數暫存器 R0=0。

2. 第 4 至 23 行為主程式，首先再開始偵測 PB0 按鈕，偵測完後比較計數暫存器內容值，並執行與內容值相對應的控制程式碼。第 4 行為偵測 PB0（P3.3=0）是否被按下：（1）若偵測到被按下，則程式往下執行，先延遲 0.1 秒，避免按鈕彈跳效應，再次偵測按鈕是否放開，若未被放開則繼續偵測並停留，直至被放開後，在將按鈕計數暫存器 R0 的內容加 1，然後執行第 8 至 23 行開始比較按鈕計數暫存器，並執行相對應程式；（2）如果沒被按下（P3.3=1）則跳至 CASE1 標籤，開發判斷計數暫存器內容值與預設定是否相對，然後再執行與內容值相對應的控制程式碼。

3. 第 8 至 11 行為 CASE1 的控制應用程式。第 8 行判斷 R0≠1 否，如果 R0≠1 則跳至 CASE2 的控制判斷第 12 行，假如 R0=1 則執行下一行，將 TABL1 表格長度存入 R1 中，並將 DPTR 指向 TABLE1 位址，然後強制跳至 SHOW 標籤處，執行表格預設定內容的 LED 樣式輸出控制。

4. 同理，第 12 至 15 行為 CASE2 的控制應用程式。第 12 行判斷 R0≠2 否，如果 R0≠2 則跳至 CASE3 的控制判斷第 16 行，假如 R0=2 則執行下一行，將 TABL2 表格長度存入 R1 中，並將 DPTR 指向 TABLE2 位址，然後強制跳至 SHOW 標籤處，執行表格預設定內容的 LED 樣式輸出控制。

5. 同理，第 16 至 19 行為 CASE3 的控制應用程式。第 16 行判斷 R0≠3 否，如果 R0≠3 則跳至 CASE4 的控制判斷第 20 行，假如 R0=3 則執行下一行，將 TABL3 表格長度存入 R1 中，並將 DPTR 指向 TABLE3 位址，然後強制跳至 SHOW 標籤處，執行表格預設定內容的 LED 樣式輸出控制。

6. 第 20 至 23 行為 CASE4 的控制應用程式。第 20 行判斷 R0≠4 否，如果 R0≠4 則跳至 MAIN 標籤去重複執行主程式，假如 R0=4 則執行下一行設定 R0=0，在第 22 行輸出 P1=FFH，將 LED 燈全部關閉（熄滅），最後強制跳至 MAIN 標籤去重複執行主程式。

7. 第 24 至 31 行為 LED 燈輸出控制應程式碼 SHOW。第 24 行設定 R2=0，第 25 行令 A=R2，然後應用索引定指法，將指定表格位址內容取出且存入累加器中，並在第 27 行將累加器內容輸出至 P1 埠，控制 LED 燈的輸出狀態，第 28 行呼叫延遲副程式，第 29 行則是加一至 R2 的內容，且在第 30 行執行 R1 內容減一且判斷 R1 是否為 0，如果 R1≠0 則跳至 SHOW_1 標籤處，再次執行第 25 至 30 行程式，但是如果 R1=0，表示已經控制輸出至表格的結尾，則執行下一次強制跳至 MAIN 標籤處，再次重複執行整個主程式。

思考問題

a. 請在上列範例程式中加入 PB0 被按下計數 4 次，則執行控制輸出 4，如下圖說明，當 PB0 被按下計數 5 次，則計數值歸零。

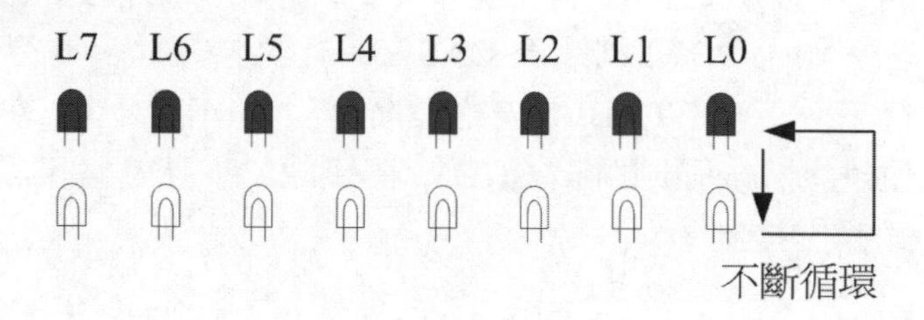

b. 參考上列範例程式，將控制輸出程式方式改為呼叫副程式方式。

Chapter 4

問題與討論

1. 使用 PB0（P3.3）與（PB1）（P3.4）按鈕為輸入訊號，而 PORT1 則是控制 8 個 LED 燈的點亮功能。當 PB0 被按下一次，則 LED 燈左移一次，而當 PB1 被按下一次，LED 燈右移一次，且重複執行，注意需考慮按鈕開關的彈跳問題。

2. 使用 P1 埠搭配使用 74LS244 去讀取指撥開關與控制 8 個 LED，從 P1.0 所對應的指撥開關算起，依序為 SW0→SW7。當 SW0 為 ON，其它為 OFF，則 LED 燈由左向右移動，重複至開關狀態改變。當 SW1 為 ON，其它為 OFF，則 LED 燈由右向左移動，重複至開關狀態改變。當 SW2 為 ON，其它為 OFF，則 8 個 LED 亮暗閃爍，重複至開關狀態改變。

3. 使用 P1 埠搭配使用 74LS244 去控制 8 個 LED 燈，變化情況如下圖所示，變化速度為 2 秒，且重複執行。

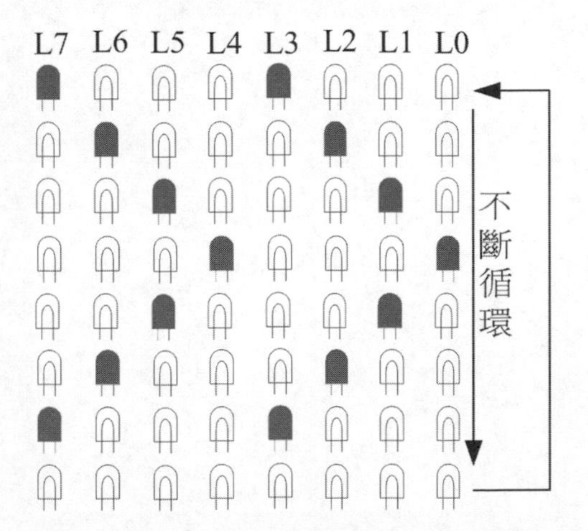

4. 使用 P1 埠搭配使用 74LS244 去控制 8 個 LED 燈，變化情況如下圖所示，變化速度為 1 秒，且重複執行。

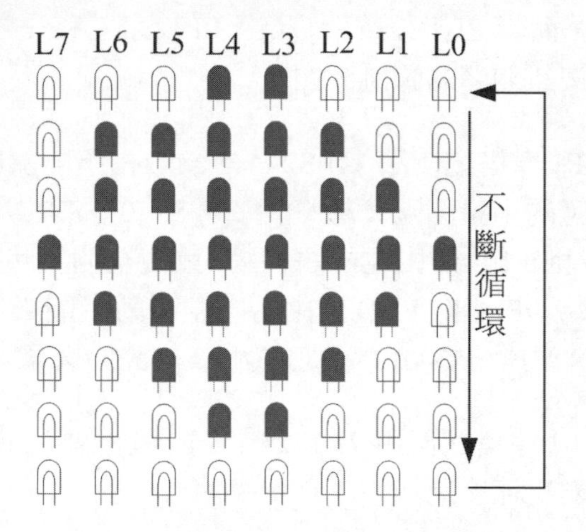

chapter 5

副程式與中斷副程式之應用

本章主要介紹單晶片的中斷服務程式（Interrupt Service Request, ISR）與應用方式，然後透過外部中斷訊號觸發電路設計，以期許讀者能具有中斷服務程式控制的基礎知識與概念。再經由數個外部中斷服務範例程式設計與問題思考模式，強化讀者在整合應用的能力。若讀者能充分掌握本章各節的內容及經典範例程式，對於了解中斷服務程式的介面電路設計與相關控制程式設計，將有莫大的助益。

本章學習重點

- 何謂中斷
- 副程式與中斷副程式
- 推疊（SP）器的觀念及應用
- 中斷暫存器的設定介紹
- 中斷應用於改變輸出狀態
- 中斷應用於數值變化
- 問題與討論

5-1 MCS-51 的中斷結構

微電腦單晶片一般都是工作於軟體程式的順序執行，如果要判斷外部接腳狀態改變時，程式設計者要利用一段輪詢程式碼，去隨時檢測其訊號改變狀態。因此單晶片需要耗費所有資源去執行輪詢任務。當控制系統越複雜時，此控制架構將越沒有效率。相反的，應用中斷服務程式設計方式，當單晶片接收到中斷訊號時，這時微處理機才把目前的工作暫停執行，而跳至預先放置的中斷副程式去執行，直到中斷服務副程式執行到返回指令（RETI）後，再跳回到原先被中斷的地方繼續執行程式，這個程序稱為中斷服務程序（Interrupt Service Request），如此一來平常單晶片就不需要放置全部資源在輪詢周邊是否需要服務上，可提升單晶片的執行效率。MCS-51 共有 6 個中斷來源，其中包含兩個外部中斷，三個計時/計數器中斷以及 1 個串列通訊中斷（UART），圖 5-1 是 MCS-51 的中斷源內部結構，而其中位向量位址如表 5-1 所示，詳細功能說明如下：

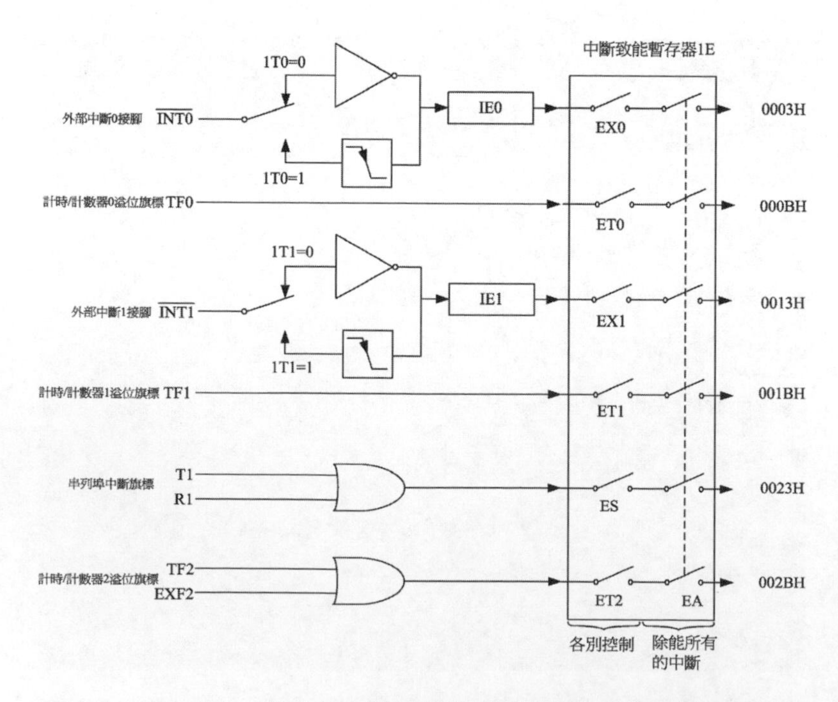

圖 5-1 MCS-51 系列之中斷來源及相對應之中斷副程式位址

表 5-1　中斷向量位址

位址	名稱	記憶體
0000H	Reset	系統重置（RESET）後，程式的進入點
0003H	$\overline{INT0}$	外部中斷 0（$\overline{INT0}$）服務程式的進入點
000BH	TF0	計時/計數器 0 產生溢位時，中斷服務程式的進入點
0013H	$\overline{INT1}$	外部中斷 1（$\overline{INT1}$）服務程式進入點
001BH	TF1	計時/計數器 1 產生溢位時，中斷服務程式的進入點
0023H	TI, RI	串列埠（Serial Port）中斷服務程式的進入點
002BH	TF2	計時/計數器 2 產生溢位時，中斷服務式的進入點

1. 位址 0000H

系統重置（RESET）後的程式進入點為位址 0000H。當 8051/8052 接腳 9 的 RESET 有一個高電位信號觸發時，單晶片的程式計數器（PC）將被重新設定為 0000H，也說是說，單晶片的控制單元將會自動到位址 0000H 去提取指令及開始執行。因此，我們設計在單晶片的應用程式，一定從 0000H 位址開始燒錄起。

2. 外部中斷

外部中斷源分別為 $\overline{INT0}$（P3.2）及 $\overline{INT1}$（P3.3）兩輸入腳。外部中斷 0 服務程式的進入點是位址 0003H，而外部中斷 1 服務程式的進入點是位址 0013H。他們可以由 TCON 控制暫存器中的 IT0、IT1 來設定工作型態，當 ITX=0 時可規劃成"準位觸發"，ITX=1 時規劃成 "負源觸發"，其中 X 表示 0 或 1。當須使用此中斷功能時，必須先將此兩中斷源的中斷致能旗號（EX0，EX1）設定為 1，這時中斷源提出中斷要求時，CPU 才能服務中斷要求，若中斷旗號被禁能（EX0 及 EX1=0）則 CPU 不會理會相對應的中斷源。也就是說，當 8051/8052 接腳 $\overline{INT0}$（$\overline{INT1}$）接受到低電位或負緣觸發信號時，表示外部中斷 0 或 1 產生，則 CPU 會自動跳到相對應中斷向量位址 0003H（0013H）去執行預設中斷服務程式。

3. 計時/計數器中斷

計時器 0（Timer0）及計時器 1（Timer1）的中斷是由 TCON 暫存器的 TF0（TCON.5）和 TF1（TCON.7）旗號所觸發。當這兩個計時/計數器產生溢位時，CPU 接受中斷請求，進入執行中斷副程式時，硬體會自動將中斷旗號（TF0 或 TF1）清除為 0。也就是說，當 8051/8052 內部的計時/計數器 0（1）產生溢位時（計數由 FFFFH 加 1 變成 0000H），產生中斷請求，CPU 會自動跳至相對應中斷向量位址 000BH（001BH）去執行預設中斷服務程式。

另外 Timer2 的中斷是由 TF2（TCON.7）和 EXF2（TCON.6）旗號經過 OR 閘產生控制，只要兩者其中之一被設定就會致能中斷請求。當計時/計數器 2（只存在於 8052）的計數值產生溢位時，會產生中斷請求，則 8052 的 CPU 會自動至相對應中斷向量位址 002BH 去執行中斷服務程式。注意當 CPU 接受中斷而執行中斷副程式時，硬體並不會清除 TF2 或 EXF2，因此在完成中斷前使用者必須用軟體方式將其旗號內容加以清除。而且此兩中斷向量為共用中斷向量，故在中斷副程式內要分別用軟體來判斷到底是由哪一中斷源所產生中斷。

4. 串列通訊中斷

串列埠中斷服務程式的進入點位址為 0023H，當串列埠接收資料或傳送資料完畢時，會產生中斷請求，此時 8051/8052 會自動跳至相對應中斷向量位址 0023H 去執行中斷服務程式。串列通訊中斷是由 RI（SCON.0）與 TI（SCON.1）旗號經過 OR 閘而產生，同樣兩者之一被設定就會產生中斷請求。當 CPU 接受中斷要求而執行中斷副程式時，硬體亦不會對 RI 及 TI 旗號清除，使用者仍需由軟體方式將旗號內容加以清除。至於兩者到底誰產生的中斷，使用者於中斷副程式中再利用軟體程式設計方式來判斷 RI 及 TI 旗號即可知道。

5-2 中斷致能暫存器（IE）

所有的中斷源都必須透過中斷致能暫存器對應的位元設定為 1，才有可能產生中斷。反之，如果設定為 0 則禁止中斷功能，如圖 5-2 所示。另外要允許這六個中斷源可以中斷，還必須設定 EA=1（IE.7=1），才能允許這六個中斷源產生中斷，如 EA=0，縱使中斷旗號致能位元都設定，亦不會執行中斷服務副程式。

中斷致能暫存器IE，可位元定址

IE：							
EA	——	ET2	ES	ET1	EX1	ET0	EX0

符號	位址	說　　明
EA	IE.7	當EA = 0時，所有的中斷都被除能。CPU不接受任何中斷請求。 當EA = 1時，每個中斷由各別的致能位元所控制，各致能位元設定爲1時是致能，清除爲0是除能。
——	IE.6	此位元保留未用。
ET2	IE.5	ET2 = 1時，計時/計數器2的中斷致能。 ET2 = 0時，計時/計數器2的中斷除能。
ES	IE.4	ES = 1時，串列埠中斷致能。 ES = 0時，串列埠中斷除能。
ET1	IE.3	ET1 = 1時，計時/計數器1的中斷致能。 ET1 = 0時，計時/計數器1的中斷除能。
EX1	IE.2	EX1 = 1時，外部中斷1(接腳$\overline{INT1}$)致能。 EX1 = 0時，外部中斷1(接腳$\overline{INT1}$)除能。
ET0	IE.1	ET0 = 1時，計時/計數器0的中斷致能。 ET0 = 0時，計時/計數器0的中斷除能。
EX0	IE.0	EX1 = 1時，外部中斷0(接腳$\overline{INT0}$)致能。 EX1 = 0時，外部中斷0(接腳$\overline{INT0}$)除能。

圖 5-2 中斷致能暫存器 IE

5-3 中斷優先暫存器（IP）

8051 的中斷主要是由 IE 和 IP 兩暫存器來控制，其中 IE 控制允許哪一個中斷，IP 決定哪個中斷優先。中斷優先權暫存器（IP）是用來規劃各中斷源的優先層次，當相對位元設定為 1 時，則具有高層次優先權；相對位元設定為 0 時，則為低層次優先權，如圖 5-3 所示。注意，如果 IP 暫存器沒有設定時，單晶片的預定優先權設定如圖 5-4 所示。另外，中斷優先權工作說明如下：（1）高優先權的中斷請求可以中斷正在執行的低優先權的中斷副程式。而低優先權的中斷請求無法中斷具有高優先權的中斷副程式；（2）若有兩個不同優先權的中斷請求同時產生，則 CPU 會先去執行高優先權的中斷副程式。

中斷優先暫存器IP，可位元定址

IP：		—	PT2	PS	PT1	PX1	PT0	PX0

符號	位址	說　　明
—	IP.7	保留未用。
—	IP.6	保留未用。
PT2	IP.5	定義記時/計數器2之中斷優先權。 PT2 = 1時，具有高優先權。 PT2 = 0時，具有低優先權。
PS	IP.4	定義串列埠之中斷優先權。 PS = 1時，具有高優先權。 PS = 0時，具有低優先權。
PT1	IP.3	定義記時/計數器1之中斷優先權。 PT1 = 1時，具有高優先權。 PT1 = 0時，具有低優先權。
PX1	IP.2	定義外部中斷1之中斷優先權。 PX1 = 1時，具有高優先權。 PX1 = 0時，具有低優先權。
PT0	IP.1	定義記時/計數器0之中斷優先權。 PT0 = 1時，具有高優先權。 PT0 = 0時，具有低優先權。
PX0	IP.0	定義外部中斷0之中斷優先權。 PX1 = 1時，具有高優先權。 PX1 = 0時，具有低優先權。

圖 5-3 中斷優先暫存器 IP

中斷來源	優先順序
$\overline{INT0}$	1(最高優先)
PT2	2
$\overline{INT1}$	3
TF1	4
R1或T1	5
TF2或EXF2	6(最低優先)

圖 5-4　中斷優先順序

5-4 堆疊（Stack）

堆疊是一種特殊的串列形式的資料結構，它的特殊之處在於只能允許在鏈結串列或陣列的一端，稱為堆疊頂端指標（top）進行資料推入（Push）和資料取出（Pop）的運算。由於堆疊資料結構只允許在一端進行操作，因而按照後進先出（Last In First Out, LIFO）的原理運作。堆疊資料結構使用兩種基本操作：推入和取出。推入（Push）將數據放入堆疊的頂端（陣列形式或串列形式），堆疊指標位址加 1；而取出（pop）將頂端數據資料輸出（回傳），堆疊指標位址減 1。譬如我們將 A、B、C、D 這四個元素一次堆入（PUSH）堆疊區，如圖 5-6 所示；而取出的流程如圖 5-7 所示。8051 重置後的堆疊指標位址指向 07H，堆疊指標暫存器的英文簡稱為 SP（Stack Point Register），指引資料進入的位址指標，永遠指向最上面的一筆資料。由於 07H 位址恰與 BANK0 的 R7 位址相同，使用時避免衝突，一般會設在 30H 以後。

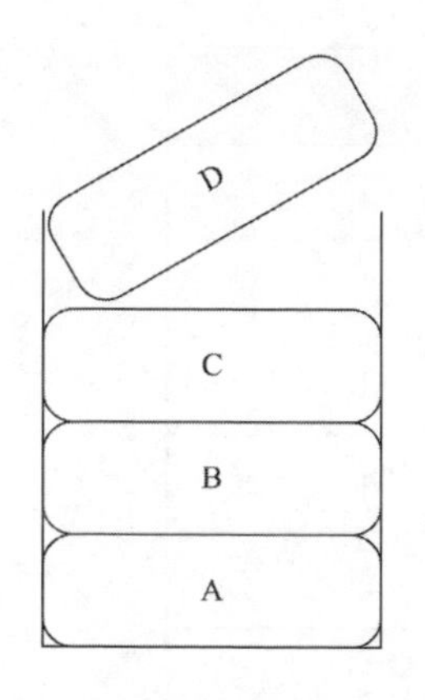

圖 5-5 堆疊器的 PUSH 動作

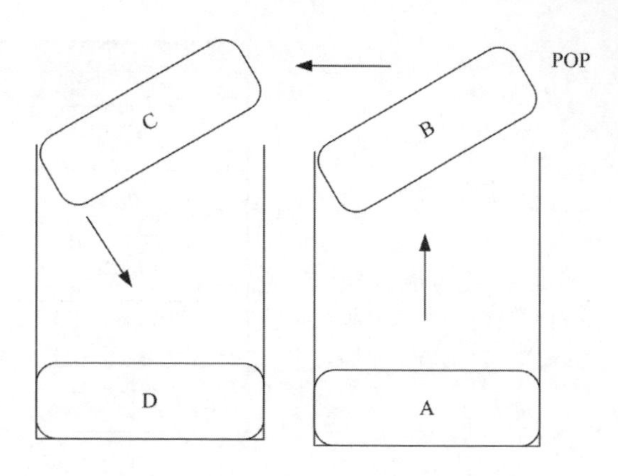

圖 5-6 堆疊器的 POP 動作

5-5 副程式與中斷副程式

當中斷發生時，CPU 將暫停當時所執行的程式，立刻按照中斷的種類，將目前程式計數器（PC）值堆入堆疊區存放，然後將有關之中斷向量值存入程式計數器中，跳躍至中斷向量位址，例如 $\overline{INT0}$ 觸發中斷時，程式將跳到 03H 位址（ $\overline{INT0}$ 的中斷向量），TF0 的中斷向量為 0BH，...依此類推。由於每兩個中斷向量之間只有幾個位址的程式記憶體空間，我們很難在幾個位址空間內寫出漂亮的中斷副程式。因此，我們通常只有在中斷位址放置「JMP XXX」的指令，強制 CPU 跳至 XXX 中斷副程式去執行，由於 JMP 的程式跳躍，並沒有附帶執行程式位址推疊功能，所以在中斷副程式的最後一道指令「RETI」，即會取回中斷觸發時所存入堆疊的程式位址，也就是執行這道指令，即可返回主程式，繼續執行剛才中斷的下一個指令，如圖 5-7 所示。

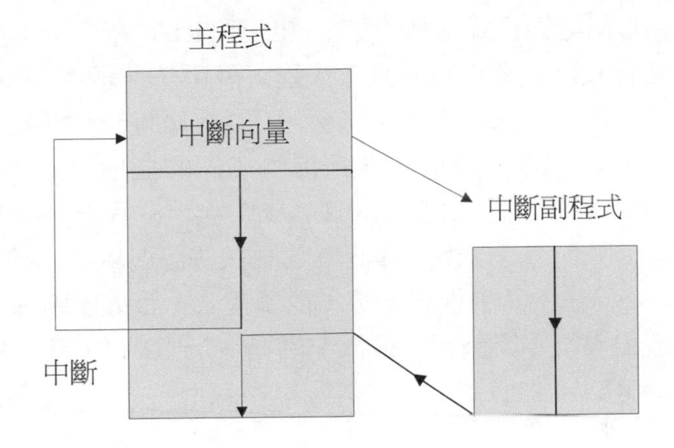

圖 5-7　中斷副程式流程

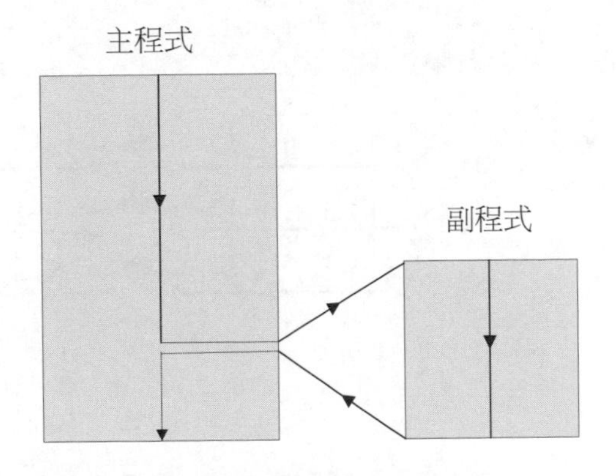

圖 5-8　副程式流程

副程式呼叫指令共兩條，一條為長程呼叫副程式（LCALL addr16）指令，另一條為絕對呼叫副程式（ACALL addr11）指令，其執行方式如圖 5-8 所示。遠程副程式呼叫指令 LCALL addr16 是一條三位元組的兩週期指令，該指令完成下列操作：先將 PC 內容加 3，再將 PC 值存入堆疊器內，最後將指令中的 16 位元位址 addr16 送入 PC 中，長程呼叫副程式的應用範圍是 64KB。同理，絕對副程式呼叫指令 ACALL addr 11 為一無條件呼叫副程式執行之命令，本指令執行完後，程式計數值自動加 2，當跳往副程式（addr 11）處執行前，CPU 會先把目前之程式計數器值推入堆疊區存放（PC 低位元組先存放，高位元組後存放），存放完後，堆疊指標自動加 2。當跳至副程式處執行後，如遇到"RET"指令，則會從堆疊區將原先推入之程式計數器值取回且存入程式計數暫存器中，回返原副程式呼叫指令之下一指令處繼續執行。注意，因為有應用到堆疊觀念，所以一定要在第一次呼叫前設定 8051 堆疊指標 SP 的擺放位置，例如 MOV SP, #4FH，這代表資料記憶體的 50H~ 7FH 共 48 個 Bytes 是供系統堆疊使用，所以使用者不可以再將其他變數擺在這個區域中，不然會有當機或意外發生。注意，中斷副程式就是一種副程式，而這種副程式與一般副程式之最大的差異是中斷副程式最後一個指令為 RETI，而一般副程式最後一道指令為 RET，並且副程式是依照程序執行，並無呼叫中斷的部份。

5-6 實驗板與中斷有關電路

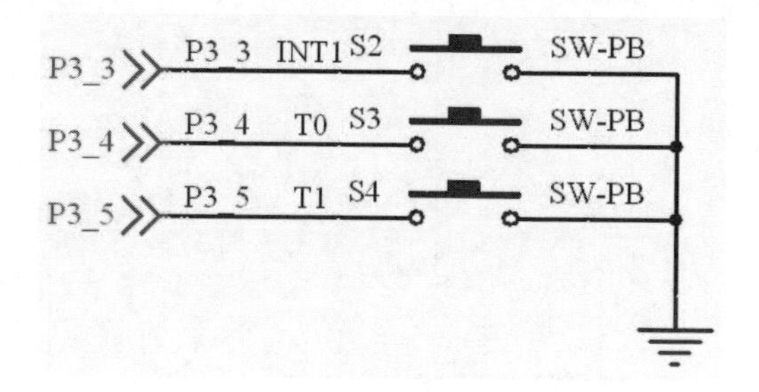

圖 5-9 中斷電路

實習板上提供三個按鈕，分別直接連至單晶片的 P3.3（PB0）, P3.4（PB1）及 P3.5（PB2），如圖 5-9 電路圖說明，因為 PORT3 的腳位具有內部提升電阻，所以電路設計不須額外加入外接提升電阻。當按鈕被按下時，相對應的腳位是低電位；反之，當按鈕沒有被按下時，相對應的腳位是高電位。此外，因為 3 個按鈕是分別連接至 PORT3 的 $\overline{\text{INT1}}$、T0 及 T1 腳位，可執行外部中斷 1、計時/計數-0 中斷、計時/計數-1 中斷等特殊功能，可讓使用者加強中斷功能應用程式設計訓練。

5-7 範例程式與討論

範例 1：中斷應用（一）

請設計一個程式可分別執行主程式與中斷副程式去執行 LED0~7（P1.0~P1.7）燈號控制輸出。其功能要求如下：(1) 當 PB1（P3.3, $\overline{INT1}$）按鈕沒有被按下，其輸入端是屬於正常的高電位狀態下，執行主程式預定的右移跑馬燈功能，其移動速度為 0.2 秒，如下圖所示；(2) 當 PB1（P3.3, INT1）按鈕被按下後，即觸發中斷訊號去執行中斷副程式，中斷副程式的功能是執行 8 個 LED 燈的閃爍控制，而燈號的閃爍時間間隔為 0.4 秒，且在執行完 3 次之後，即回到主程式上。

主程式要求示意圖

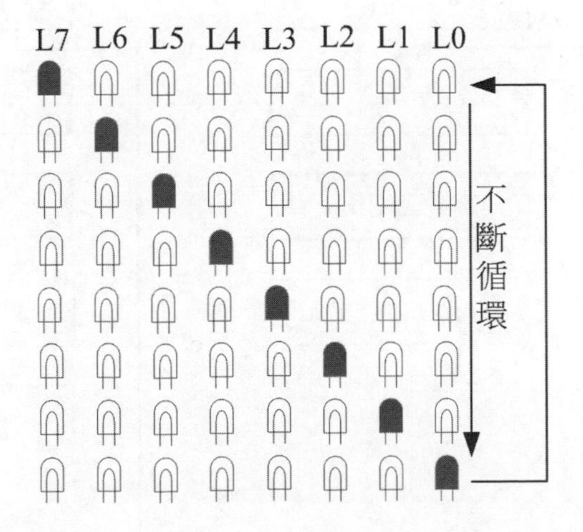

中斷副程式要求示意圖

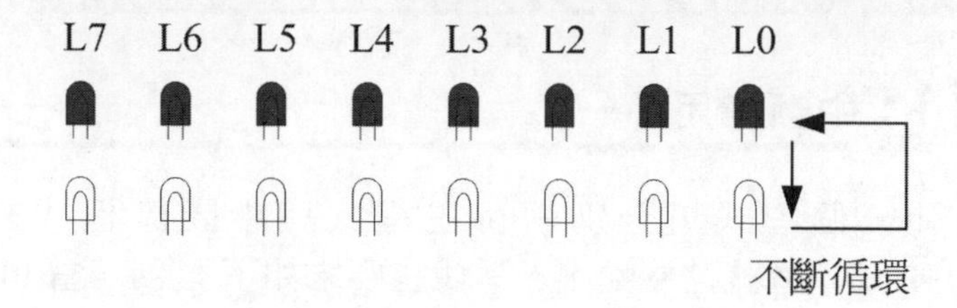

流程圖

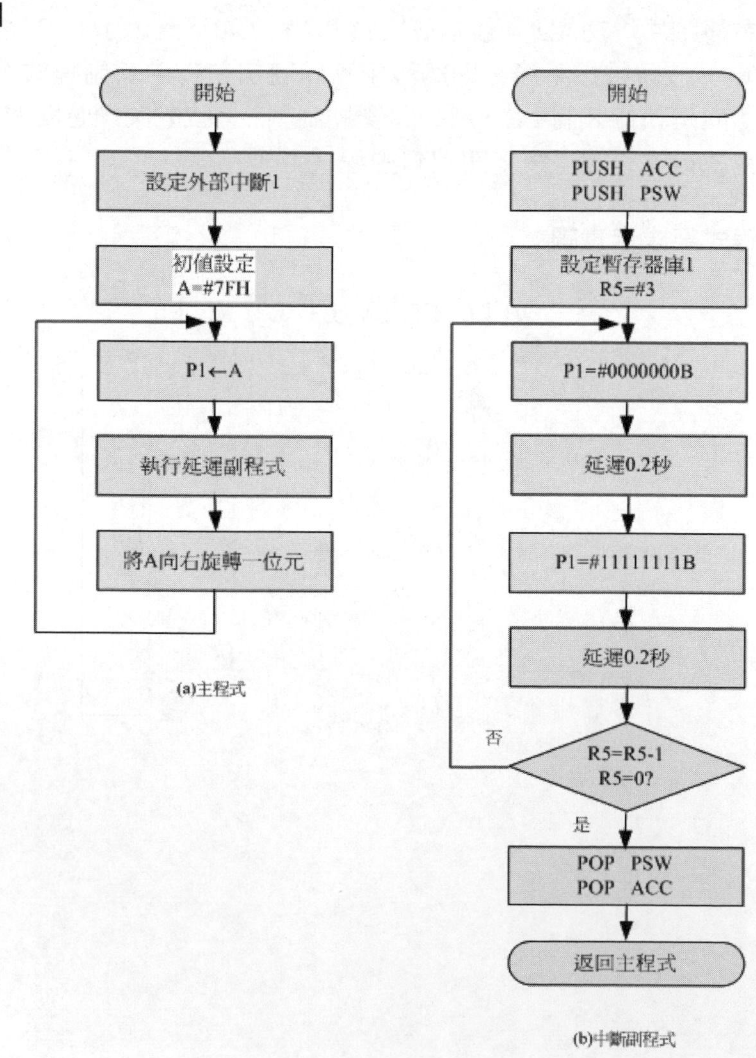

 程式碼

範例 DM05_01.ASM 程式碼

```
1            ORG    0000H          ;主程式起始位址
2            JMP    Main
3            ORG    0013H          ;外部中斷 1 副程式起始位址
4            JMP    INT_01
5    ; ===== main program  =======================
6    Main:   CLR    P2.0
7            CLR    RS0            ;設定暫存器庫-0
8            CLR    RS1
9            SETB   P3.3
10           SETB   EA
11           SETB   EX1
12           MOV    SP,#60H        ;堆疊區域由內部 RAM 位址 60H 開始
13           MOV    A,#01111111B
14   LOOP:   MOV    P1,A
15           CALL   DELAY
16           RR     A              ;將 A 的內容右移
17           JMP    LOOP
18   ;=======interrupt 1 =======================
19   INT_01: PUSH   ACC            ;將累加器(A)推入堆疊中
20           PUSH   PSW            ;將程式狀態字組推入堆疊中
21           SETB   RS0            ;設定暫存器庫-1
22           CLR    RS1
23           MOV    R5,#3          ;全部 LED 燈閃爍 3 次
24   LOOP1:  MOV    P1,#00000000B
25           ACALL  DELAY
26           ACALL  delay
27           MOV    P1,#11111111B
28           ACALL  DELAY
29           ACALL  delay
30           DJNZ   R5,LOOP1
31           CLR    R0
32           POP    PSW            ;自堆疊中取出資料放入程式狀態字組
33           POP    ACC            ;自堆疊中取出資料放入累加器(A)
34           RETI
35   ;===============delay function ====================
36   DELAY:  MOV    R0,#2  ;延遲 0.2 秒副程式
37   DL1:    MOV    R1,#250
38   DL2:    MOV    R2,#200
39   DL3:    DJNZ   R2,$
40           DJNZ   R1,DL2
```

```
41          DJNZ  R0,DL1
42          RET
43  ;
44          END
```

程式說明

1. 第 1 至 2 行設定主程式由記憶體位址 0000H 開始編譯並跳至 Main 標籤處開始執行。

2. 第 3 至 4 行當 $\overline{INT1}$ 中斷發生時，程式跳至 INT_01 標籤位置去執行中斷副程式。而 $\overline{INT1}$ 之中斷向量位址為 13H，因此用 ORG 0013H 假指令設定 JMP INT_1 寫在位址 0013H 處。

3. 第 6 至 13 行為初始值設定，第 6 行致能 LED 燈模組，第 7 及 8 行 CLR RS0 及 RS1 為設定主程式使用暫存器庫 0，第 9 行設定 P3.3 為中斷輸入訊號源，第 10 行致能中斷系統。第 11 行設定 $\overline{INT1}$ 為中斷致能狀態。第 12 行堆疊區域由內部 RAM 位址 60H 開始。第 13 行設定 A=3FH。

4. 第 14 至 17 行為主程式，其功能為使 8 顆 LED 燈，由左至右做 0.2 秒的跑馬燈動作。

5. 第 19 至 33 行為中斷副程式。第 19 至 20 行將累加器 ACC 跟程式狀態字組 PSW 存入堆疊區，以免資料遭到破壞。第 21 及 22 行設定 $\overline{INT1}$ 之中斷副程式使用暫存器庫 1，以免與主程式中之暫存器庫 0 相衝突。第 23 至 30 行中斷副程式主要控制動作，設定 8 顆 LED 燈閃爍 3 次。第 31 行設定使用暫存器庫。第 32 至 33 行將累加器 A 及程式狀態字組 PSW 由堆疊中取出，第 34 行 $\overline{INT1}$ 中斷副程式執行完畢，返回主程式。

6. 第 36 至 42 行為延遲 0.2 秒副程式，請參考第四章說明。

思考問題

a. 若想將上列範例程式的 LED 控制延遲時間修改為 2 秒，則暫存器數值須如何設定？

b. 請將上列範例程式的 RL 指令修改為 RR，請問在程式執行後有什麼差別，試說明之？

範例 2：中斷應用（二）

請設計一個程式具有主程式與中斷副程式功能。主程式只具有參數的初始化設定及控制 LED0（P1.0）燈號為亮的狀態，而中斷副程式則是具有執行 LED 燈號左移控制的功能。當 PB0（P3.3）按鈕被按下後，即觸發中斷訊號去執行中斷副程式，中斷副程式的功能為每次執行時，只將目前的 LED 燈號輸出狀態左移一次，如下圖所示，即回到主程式去等待下一次之中斷觸發。

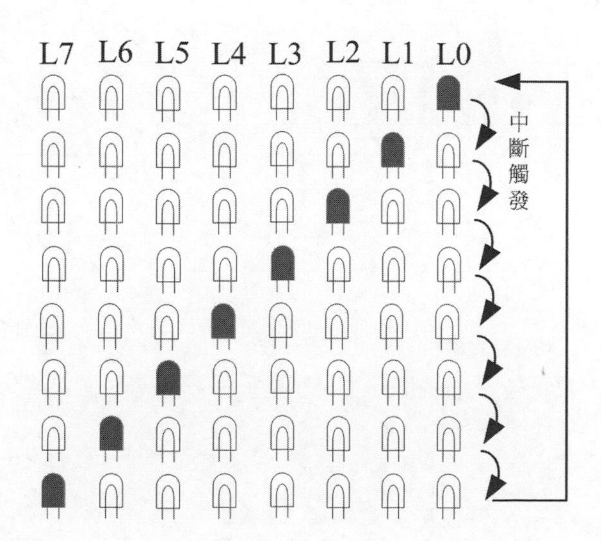

流程圖

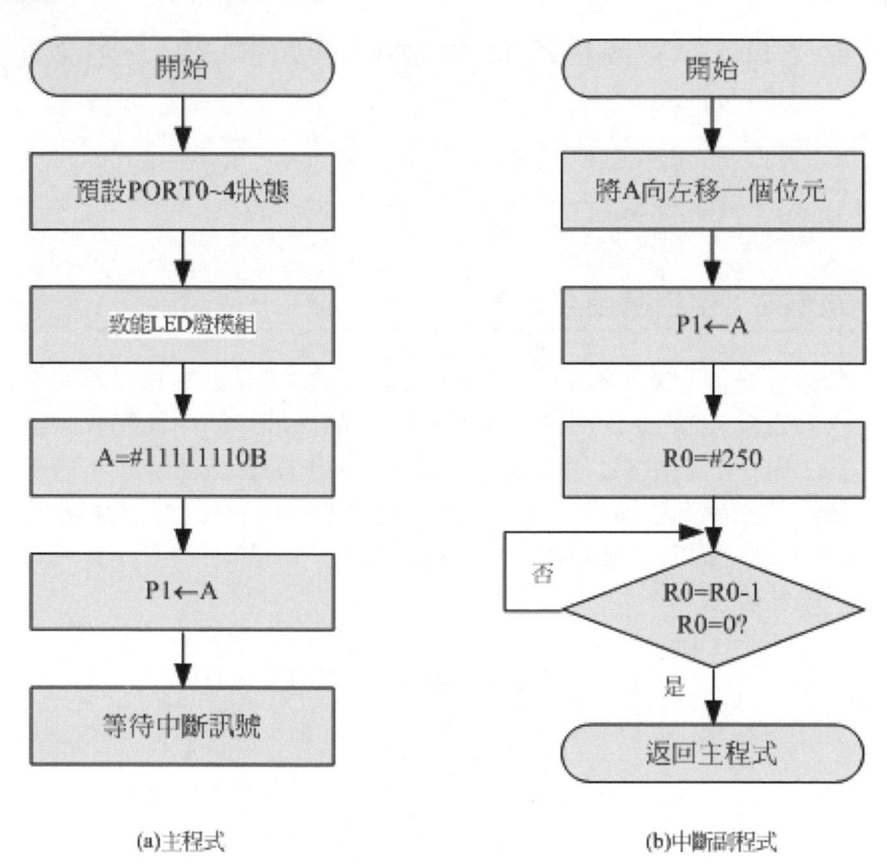

(a)主程式　　(b)中斷副程式

程式碼

範例 DM05_02.ASM 程式碼

```
1            ORG    0000H                ;主程式起始位址
2            JMP    Main
3            ORG    0013H                ;外部中斷 1 副程式起始位址
4            JMP    INT_1
5    ;======= Main program =====================
6    Main:   ORL    P0,#11111111B        ;預設 PORT0-狀態
7            ORL    P1,#11111111B        ;預設 PORT1-狀態
8            ORL    P2,#11111111B        ;預設 PORT2-狀態
9            ORL    P3,#11111111B        ;預設 PORT3-狀態
10           CLR    P2.0
11           MOV    IE,#10000100B        ;致能中斷暫存器
```

```
12          MOV    A,#11111110B        ;設定 LED 燈初始狀態
13          MOV    P1,A
14  LOOP:   JMP    LOOP                ;無限迴圈，等待中斷訊號
15  ;========Interrupt 1  ========================
16  INT_1:  RL     A
17          MOV    P1,A
18          MOV    R0,#250             ;延遲中斷偵測
19          DJNZ   R0,$
20          JNB    P3.3,$
21          RETI                       ;至中斷副程式回到主程式
22  ;
23          END
```

程式碼

1. 第 1 及 2 行為設定主程式由程式位址 0000H 開始編譯，並跳至主程式 Main 標籤處去執行程式。
2. 第 3 至 4 行為設定中斷副程式程式位址 0013H 開始編譯中斷副程式且強制跳至中斷副程式程式（INT_01）。
3. 第 10 至 11 行為致能 LED 模組與中斷暫存器。
4. 第 12 及 13 行為設定 LED 初始值並輸出至 P1 上，然後第 14 行為無限迴圈，等待外部中斷訊號。
5. 第 16 至 21 行為中斷副程式 INT_1。主要動作為使累加器 A 左移一位元，並將其值輸出至 P1 埠上，然後在第 19 至 20 行利用程式碼執行方式的產生一個時間延遲控制，可讓 LED 的輸出狀態明顯表示出來。

思考問題

a. 請修改上列範例程式為右移跑馬燈控制，如下圖所示。

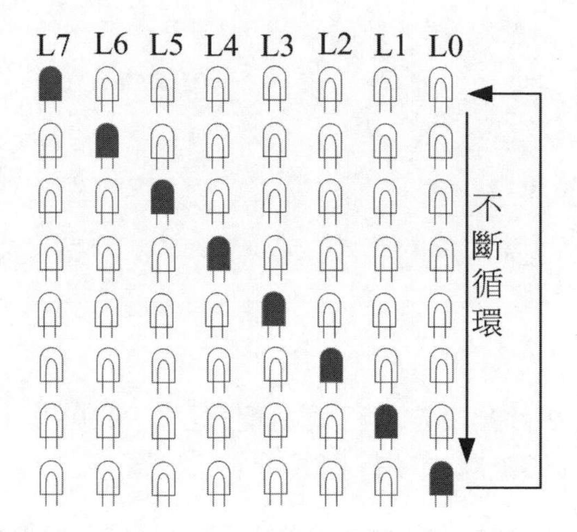

b. 若希望將程式改為兩顆 LED 燈交互左右旋，如下圖所示，則程式該如何設計？

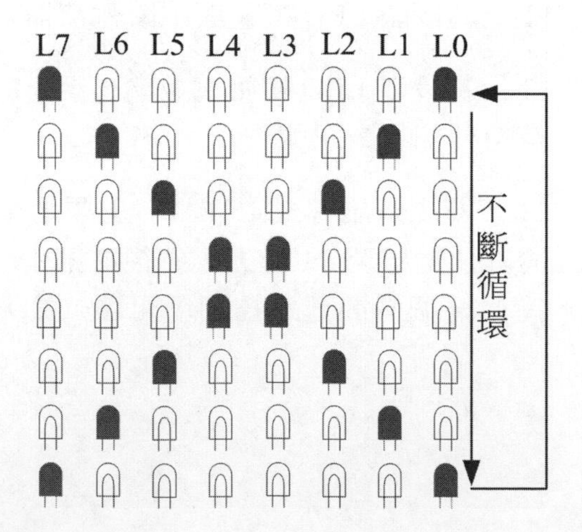

c. PB0（P3.3）按鈕被按下時，應該會有彈跳問題，請修改上列範例程式，且加入軟體方式的防止按鈕彈跳問題。

範例 3：中斷應用（三）

請設計一個程式具有主程式與中斷副程式方式，主程式只具有參數的初始化設定累加器 A=#0FFH 與暫存器 R1=#00，最後重複執行將累加器 A 的值輸出至埠 1（P1），去改變 LED0~7 的輸出狀態，而中斷副程式則是執行累加器 A 狀態改變的功能控制。當 PB1（P3.3, INT1）按鈕被按下後，即觸發中斷訊號去執行中斷副程式，中斷副程式在每次執行時，將 R1 暫存器值加 1 且搬移至累加器 A，然後再將累加器 A 的內容反相，最後才回到主程式上，等待下一次之中斷觸發。注意，本範例要考慮應用軟體方式防止按鈕彈跳問題。

流程圖

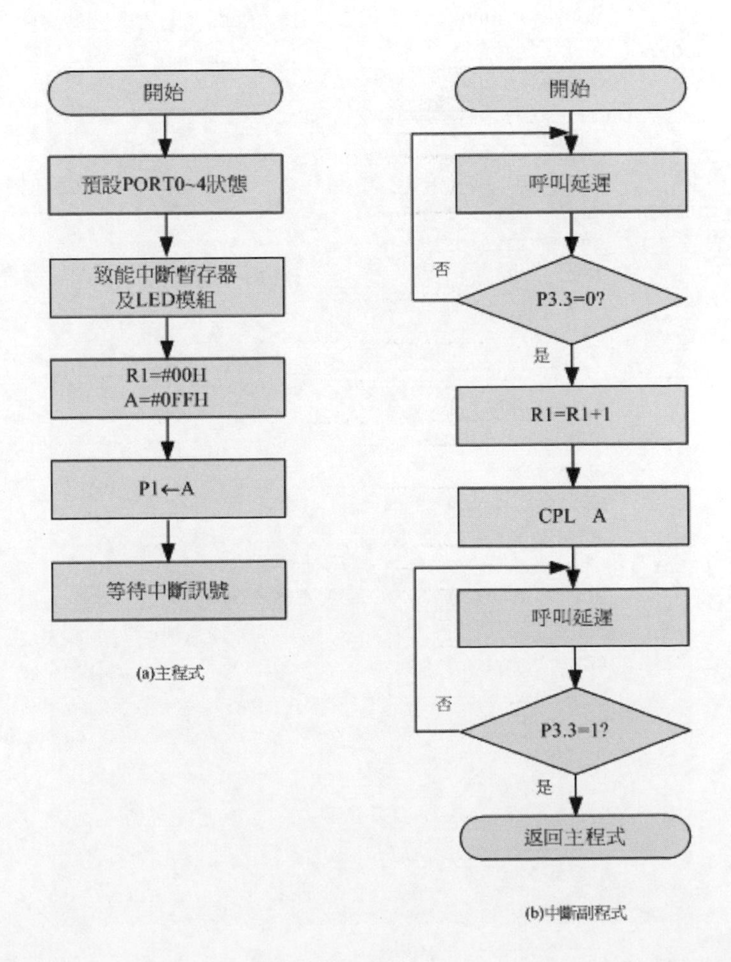

程式碼

範例 DM05_03.ASM 程式碼

```
1           ORG    0000H              ;主程式起始位址
2           JMP    Main
3           ORG    0013H              ;外部中斷 1 起始位址
4           JMP    INT_01
5   Main:   ORL    P0,#11111111B      ;預設 PORT0-狀態
6           ORL    P1,#11111111B      ;預設 PORT1-狀態
7           ORL    P2,#11111111B      ;預設 PORT2-狀態
8           ORL    P3,#11111111B      ;預設 PORT3-狀態
9           MOV    IE,#10000100B      ;致能中斷暫存器
10          MOV    P2,#11111110B      ;致能 LED 燈模組
11          MOV    R1,#00H            ;設定暫存器初始值
12          MOV    A,#0FFH            ;設定 LED 燈初始為全滅
13  LOOP:   MOV    P1,A
14          JMP    LOOP
15  ;==== interrupt 1 ===========
16  INT_01:
17          CLR    EA
18  DL1:    CALL   DELAY_1
19          JB     P3.3,DL1
20          INC    R1                 ;將 R1 的值加一
21          MOV    A, R1
22          CPL    A
23  DL2:
24          CALL   DELAY_1
25          JNB    P3.3,DL2
26          SETB   EA
27          RETI
28  ;
29  DELAY_1:
30          MOV    R0,#250            ;延遲中斷偵測
31          DJNZ   R0,$
32          RET
33  ;
34          END
```

程式說明

1. 第 1 至 2 行為設定主程式由程式位址 0000H 開始編譯，並跳至主程式 Main 標籤處執行。
2. 第 3 及 4 行為設定由程式位址 0013H 開始編譯中斷副程式程式且強制跳至中斷副程式程式（INT_01）。
3. 第 5 至 8 行是預設 P0~P3 狀態的初始值設定，第 9 及 10 行為致能 LED 模組與中斷暫存器 IE，而第 11 及 12 行設定累加器 A=FFH 及 R1=0 初始值。
4. 第 13 至 14 行為無限迴圈，執行將累加器 A 的內容輸出至 P1 埠，控制 LED 燈號，且等待外部中斷訊號與執行中斷副程式。
5. 第 16 至 27 行為中斷副程式 INT_01。第 17 行除能中斷觸發功能，而第 26 行返回主程式前再致能中斷 EA。為避免彈跳效應，第 18 行先呼叫延遲副程式，第 19 至 21 行判斷 PB3 是否按下，如果被按下，則將 R1 的值加 1 並存到累加器 A 中，第 22 行將累加器 A 資料做反相動作，而第 24 至 27 行再判斷 PB3 是否按下，如果 PB3 有被按下，則繼續呼叫 DELAY_1 延遲副程式，如 PB3 沒有被按下，則再致能中斷旗號 EA 及返回主程式。
6. 第 29 至 32 行為延遲副程式，請參考第四章說明。

思考問題

a. 若希望將此程式修改為初始值由 10 開始遞增，則程式該如何修改？

b. 若希望將此程式修改為遞減方式，則程式該如何修改？

c. 若希望將此程式修改為每次中斷觸發時暫存器自動加 10，則程式該如何修改？

範例 4：中斷應用（四）

請設計一個程式具有主程式與中斷副程式方式，主程式只具有參數的初始化設定與重複執行 LED0~7 燈號的閃避控制，如下圖所示。而中斷副程式是執行 LED0~3 與 LED4~7 燈號的交互閃爍控制。當 PB1（P3.3, INT1）按鈕被按下後，即觸發中斷訊號去執行中斷副程式，中斷副程式在執行 10 次的輸出#11110000B 與#000011111B 至埠 1 的閃爍控制，閃爍控制的時間間隔為 2 秒，在完成控制動作後即回到主程式上。注意，累加器 A 資料之保存及按鈕開關的彈跳防護機制。

流程圖

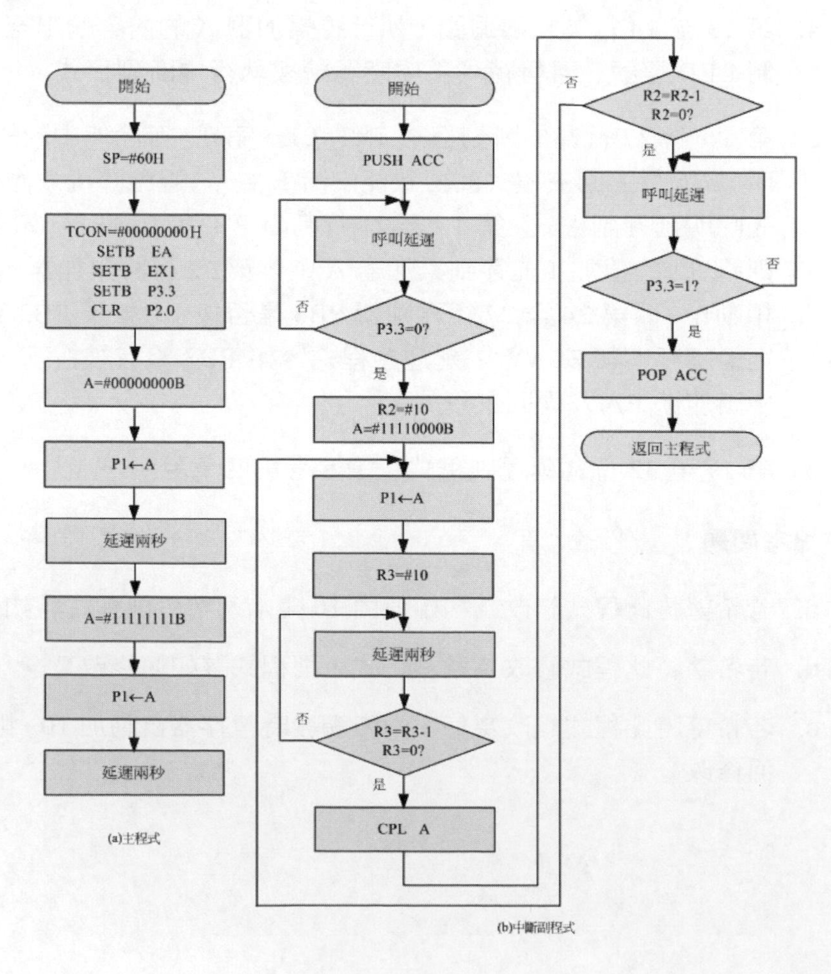

程式碼

範例 DM05_04.ASM 程式碼

```
1           ORG     0000H               ;主程式起始位址
2           JMP     Main
3           ORG     0013H               ;外部中斷 1 起始位址
4           JMP     INT_01
5   Main:
6           MOV     SP,#60H             ;將堆疊指標移到高位元
7           MOV     TCON,#00000000B     ;設定 INT1 為低準位觸發
8           SETB    EA                  ;致能中斷系統
9           SETB    EX1                 ;致能外部中斷 1
10          SETB    P3.3                ;設定 INT1 接腳為輸入腳
11          CLR     P2.0   ;
12  LOOP:
13          MOV     A,#00000000B ;設定 LED 燈全亮
14          MOV     P1,A
15          CALL    DELAY               ;呼叫延遲副程式
16          CALL    DELAY
17          MOV     A,#11111111B        ;設定 LED 燈全滅
18          MOV     P1,A
19          CALL    DELAY               ;呼叫延遲副程式
20          CALL    DELAY
21          JMP     LOOP
22  ;========Interrupt 1 ============================
23  INT_01:
24          PUSH    ACC
25          CLR     EA
26  PB_DOWN:
27          CALL    DELAY_1
28          JB      P3.3,PB_DOWN
29          MOV     R2,#10
30          MOV     A,#11110000B ;設定中斷顯示燈號
31
32  LOOP1:
33          MOV     P1,A
34          MOV     R3,#10
35  WAIT:   CALL    DELAY
36          DJNZ    R3,WAIT
37          CPL     A
38          DJNZ    R2,LOOP1
39  ;
40  PB_UP:
```

```
41            CALL   DELAY_1
42            JNB    P3.3,PB_UP
43            SETB   EA
44            POP    ACC
45            RETI
46  ;======Delay function ===========
47  DELAY:
48            MOV    R0,#250
49  DL1:      MOV    R1,#200
50  DL2:      DJNZ   R1,DL2
51            DJNZ   R0,DL1
52            RET
53  ;
54  DELAY_1:
55            MOV    R0,#250         ;延遲中斷偵測
56            DJNZ   R0,$
57            RET
58  ;
59            END
```

程式說明

1. 第 1 至 2 行為設定主程式由程式位址 0000H 開始編譯，並跳至主程式 Main 標籤處去執行。
2. 第 3 及 4 行設定由程式位址 0013H 開始編譯中斷副程式程式且強制跳至中斷副程式程式（INT_01）。
3. 第 5 至 11 行是初始值設定，第 6 行程式將堆疊區域由內部 RAM 位址 60H 開始。第 7 行 TCON 暫存器是設定 $\overline{INT1}$ 為低準位觸發。第 8 至 11 行為致能外部中斷系統 EA 及 $\overline{INT1}$ 外部中斷 EX1，P2.0=0 致能 LED 燈模組介面。
4. 第 12 至 21 行為主程式的 LOOP 無限迴圈程式的控制動作程式。執行將累加器 A=0 的內容輸出至 P1 埠，點亮全部 LED 燈號且呼叫 DELAY 副程式 2 次，產生一段指令延遲時間，然後再將累加器 A=FFH 的內容輸出至 P1 埠，關閉全部 LED 燈號且呼叫 DELAY 副程式 2 次，產生一段指令延遲時間。如此可以產生 LED0~7 的閃爍控制情況。

5. 第 23 至 45 行為中斷副程式 INT_01。第 24 行是將累加器 A 的內容存入堆疊器中，第 25 行令 EA=0 停止中斷功能，此時微控制器不接受任何中斷請求。第 27 行呼叫 DELAY_1 延遲副程式，等待按鈕彈跳時間經過。第 28 行重複偵測按鈕是否被按下，若按下按鈕則往下執行程式，第 29 及 30 行是中斷參數初始設定 R2=#10 及 A=#F0H。第 32 至 38 行在執行 10 次的輸出#11110000B 與#000011111B 至埠 1 的閃爍控制，第 33 行輸出 P1=#11110000B，第 35 至 36 行產生 10×0.1 秒=1 秒時間延遲，第 37 行將累加器 A 的內容反相為#000011111B，第 38 行執行 R2=R2-1 與判斷 R2=0 否，R2≠0 則跳為 LOOP1 再輸出一次變化狀態，而 R2=0 時則繼續往下執行。第 41 行延遲一段時間，等待按鈕彈跳時間經過，第 42 行重複偵測按鈕是否放開，若放開則程式就往下執行。第 43 及 44 行再次致能中斷功能及從堆疊器取出累加器 A，最後離開中斷副程式。

6. 第 47 至 52 行為 DELAY 延遲副程式，約為 0.1 秒，請參考第四章說明。

7. 第 54 至 57 行為 DELAY_1 延遲副程式，請參考第四章說明。

思考問題

a. 若想將中斷副程式修改為先輸出#11111110B 至埠 1，再執行 8 次的左移位跑馬燈控制，注意燈號移動速度為 0.4 秒，然後再回主程式的閃爍控制？

b. 若想將中斷副程式修改為最左邊 4 顆 LED 燈的閃爍三次，則程式需如何修改？

c. 若想將主程式與中斷副程式的控制動作相互交換，則程式需如何修改？

問題與討論

1. 參考範例 2，請設計一個程式具有主程式與中斷副程式，主程式只具有參數的初始化設定及控制 LED0（P1.0）燈號為亮的狀態，而中斷副程式是執行 LED 燈號控制動作要求。當 PB1（P3.3, $\overline{INT1}$）按鈕被按下 3 次後，即觸發中斷訊號去執行中斷副程式，中斷副程式的功能為每次執行時只將目前的 LED 燈號輸出狀態左移一次，即回到主程式上，等待下一次之中斷觸發。

2. 延續上一習題，假如在中斷副程式沒有加入按鈕開關的彈跳防護程式時，其實驗結果與習題 1 有何不同。

3. 使用 P1 控制 8 個 LED 燈，P3.3 當按鈕輸入端（$\overline{INT1}$）。正常狀況下執行主程式，當按鈕按下後，觸發中斷且執行中斷副程式，中斷副程式執行完畢後，回到主程式繼續執行。主程式與中斷副程式動作要求如下，(1)主程式為跑馬燈控制，每次點亮一個 LED 燈，並由左向右移動，移動速度為 1 秒，且重複執行，(2)中斷副程式為執行五次的 8 個 LED 燈閃爍控制，間隔為 0.5 秒，執行後返回主程式繼續執行跑馬燈。

chapter

6

計時器與計數器之應用

本章主要介紹單晶片的計時器（Timer）與計數器（Counter）功能與應用模式，然後透過外部觸發訊號電路設計，以期許讀者能具有計時器與計數器程式設計的基礎知識與概念。再經由數個計時器與計數器範例程式設計與問題思考模式，強化讀者在整合應用的能力。若讀者能充分掌握本章各節的內容及經典範例程式，對於了解計時器與計數器程式的介面電路設計與相關控制程式設計，將有莫大的助益。

本章學習重點

- 計時器與計數器功能
- 計時器與計數器模式 0
- 計時器與計數器模式 1
- 計時器與計數器模式 2
- 計時器與計數器模式 3
- 中斷暫存器的設定介紹
- 計時器程式設計與應用
- 計數器程式設計與應用
- 問題與討論

學過邏輯電路的人一定知道計數器（Counter），計數器的種類有很多，但無論是哪一種計數器都具有這樣的功能，它接受一個外界輸入的驅動信號，而能產生一個訊號以供讀取外界輸入的驅動信號發生了幾次。如果驅動信號的次數代表一個系統所發生的事件的次數，則計數器即是作事件計數的工作；如果驅動信號是一個固定頻率的信號，則計數器可視為在做計算時間的工作。因此計數器與計時器實為一體的兩面，完全要看如何解釋驅動信號的性質而定。

8051 內部有 2 個 16 位元的計時/計數器，分別為 Timer0 及 Timer1，而 8052 則增加一個計時/計數器 2（Timer2），這三個計時/計數器都可以被規劃成計時器或計數器。當計時/計數模式控制暫存器（TMOD）及計時器 2 控制暫存器（T2CON）中的 $C/\bar{T}=0$，則它是被規劃成計時器；若位元 $C/\bar{T}=1$，則它是被規劃成計數器（Counter）使用。當它被規劃成計時器時，計時脈波是由內部震振器頻率除以 12 的脈波信號為計時標的，例如若振盪器的頻率為 12MHZ，則計時的脈波頻率就等於 12M÷12=1MHZ，即一個計數值單位為 1μs。可是當它被規劃成計數器時，計數脈波是由外部輸入腳 T0（Timer0）或 T1（Timer1）提供，當輸入信號產生“負緣”時，會使計數器的計數值增加 1，因此 CPU 為了要偵測負緣信號時，就須利用 2 個機械週期來取樣；當第一個機械週期為 High 且第 2 個機械週期為 Low 時，表示有一負緣信號產生；所以計數脈波頻率為內部振盪頻率 1/24，例如內部振盪頻率為 12MHZ，則輸入的計數脈波可接受的最大頻率為 12MHZ/24=500KHZ。

6-1 計時/計數器 0 或 1

在 8051/8052 內部特殊功能暫存器（SFR）裡，位址 89H 為 TMOD 控制暫存器，負責 Timer 的工作模式規劃、計時/計數規劃及設定 Timer 啟動的控制方法。而位址 88H 為 TCON 控制暫存器，負責規劃 Timer 啟動/停止計數及中斷控制處理，此兩個暫存器內各位元也可以做位元定址，詳細暫存器的各位元功能如圖 6-1 及 6-2 所示。8051 的 Timer0 及 Timer1 共有四種工作模式，可以利用 TMOD 控制暫存器規劃，當工作於前三種工作模式時，Timer0 與 Timer1 的工作方式完全一樣，而第四種模式就不同，如圖 6-1 所示。模式（Mode）0 表示被規劃成 13 位元的計時/計數器；模式 1 表示被規劃成 16 位元的計時/計數器；模式 2 表示被規劃成有自動重新載入的 8 位元的計時/計數器；當 Timer0 被規劃於此模式 3 時，Timer0 將被分成兩個獨立的 8 位元的計時/計數器 TH0 與 TL0，此時 Timer1 將被暫停使用。

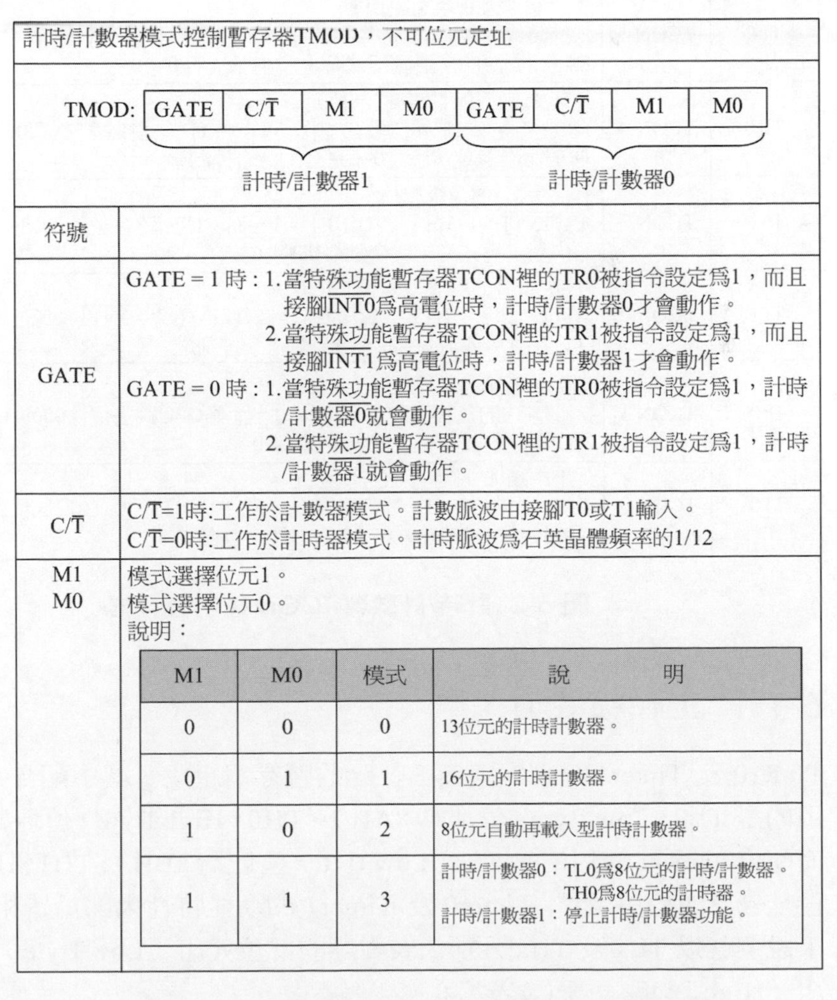

計時/計數器模式控制暫存器TMOD，不可位元定址

TMOD:	GATE	C/$\overline{T}$	M1	M0	GATE	C/$\overline{T}$	M1	M0
	計時/計數器1				計時/計數器0			

符號	
GATE	GATE = 1 時 : 1.當特殊功能暫存器TCON裡的TR0被指令設定為1，而且接腳$\overline{INT0}$為高電位時，計時/計數器0才會動作。 2.當特殊功能暫存器TCON裡的TR1被指令設定為1，而且接腳$\overline{INT1}$為高電位時，計時/計數器1才會動作。 GATE = 0 時 : 1.當特殊功能暫存器TCON裡的TR0被指令設定為1，計時/計數器0就會動作。 2.當特殊功能暫存器TCON裡的TR1被指令設定為1，計時/計數器1就會動作。
C/$\overline{T}$	C/$\overline{T}$=1時:工作於計數器模式。計數脈波由接腳T0或T1輸入。 C/$\overline{T}$=0時:工作於計時器模式。計時脈波為石英晶體頻率的1/12
M1 M0	模式選擇位元1。 模式選擇位元0。 說明：

M1	M0	模式	說　　明
0	0	0	13位元的計時計數器。
0	1	1	16位元的計時計數器。
1	0	2	8位元自動再載入型計時計數器。
1	1	3	計時/計數器0：TL0為8位元的計時/計數器。 TH0為8位元的計時器。 計時/計數器1：停止計時/計數器功能。

圖 6-1　計時/計數器的 TMOD 控制暫存器規劃

計時/計數器控制暫存器TCON，可位元定址

TCON:	TF1	TR1	TF0	TR0	IE1	IT1	IE0	IT0

符號	位址	說　明
TF1	TCON.7	計時/計數器1的溢位旗標。 當計時或計數完成時，CPU會自動令TF1 = 1。而當CPU跳去位址001BH執行相對應的中斷副程式時，會自動令TF1 = 0。
TR1	TCON.6	計時/計數器1的起動控制位元。 TR1 = 1時，計時/計數器1工作。TR1 = 0時，計時/計數器1停止工作。 TR1設定爲1或清除爲0，完全由指令控制之。
TF0	TCON.5	計時/計數器0的溢位旗標。 當計時或計數完成時，CPU會自動令TF0 = 1。而當CPU跳去位址000BH執行相對應的中斷副程式時，會自動令TF0 = 0。
TR0	TCON.4	計時/計數器0的起動控制位元。 TR0 = 1時，計時/計數器0工作。TR0 = 0時，計時/計數器0停止工作。 TR0設定爲1或清除爲0，完全由指令控制之。
IE1	TCON.3	外部中斷1的負緣旗標。 接腳$\overline{INT1}$的負緣信號會令IE1 = 1。而當CPU跳去位址0013H執行相對應的中斷副程式時，會自動令IE1 = 0。
IT1	TCON.2	外部中斷1的觸發型式控制位元。 當IT1 = 1時，$\overline{INT1}$ 爲負緣觸發。當IT1 = 0時，$\overline{INT1}$爲低位準觸發。 IT1設定爲1或清除爲0，完全由指令控制之。
IE0	TCON.1	外部中斷1的負緣旗標。 接腳$\overline{INT0}$的負緣信號會令IE0 = 1。而當CPU跳去位址0003H執行相對應的中斷副程式時，會自動令IE0 = 0。
IT0	TCON.0	外部中斷0的觸發型式控制位元。 當IT0 = 1時，$\overline{INT0}$ 爲負緣觸發。當IT0 = 0時，$\overline{INT0}$爲低位準觸發。 IT0設定爲1或清除爲0，完全由指令控制之。

圖 6-2 計時/計數器 TCON 控制暫存器

6-1.1 工作模式 0

Timer0 及 Timer1 分別由兩個 8 位元的暫存器組成，其中配合 Timer0 使用的是 TL0（Low Byte，位址為 8AH），TH0（High Byte，位址為 8CH），而配合 Timer1 使用的是 TL1（Low Byte，位址為 8BH），TH1（High Byte，位址為 8DH）。因為 Timer0 及 Timer1 的功能特性大部份皆相同，故以下說明就以 TLx 及 THx 分別代表對應的低位元組（Low Byte）及高位元組（High Byte），而 x 表示 0 或 1。

當計時/計數控制暫存器（TMOD）設定為模式 0 時，計時/計數器是工作在一個 13 位元的計時/計數器，如圖 6-3 及 6-4 所示。其中 TLx 僅使用較低的 5 位元（較高的 3 位元不用），且與 THx 的 8 位元組成 13 位元的計時/計數器，因此最大的計數值為 2^{13}=8192 個脈波數。在設定 Timer 的初設值時，可以用下面的指令來達成，例如我們希望計數 2000 個脈波數，我可以利用以下指令來設定：

```
MOV   TL0, #(8192-2000) MOD 32
MOV   TH0, #(8192-2000)/32
```

若 TMOD 暫存器中的 $C/\overline{T}=0$ 時，此時計時/計數器稱為計時器（Timer），計時脈波是由內部振盪器提供。假設石英振盪頻率 f_{osc} 為 12MHZ，則輸入計時脈波頻率為 $f_{osc}/12$，所以週期值為 $T=12/f_{osc}$，以模式 0 的工作來計算，其最長的計時時間為 $8192\times T=8192\times 12/f_{osc}=8192\times 12\div(12\times 10^6)=8192us$。如果 $C/\overline{T}$ 位元設定為 1 時，輸入脈波源為外界輸入信號 Tx 腳位，此時計時/計數器稱為計數器（Counter）。

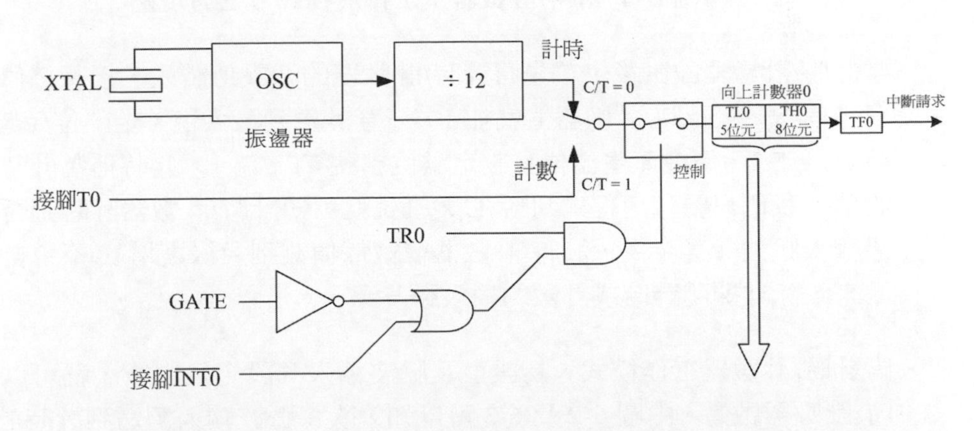

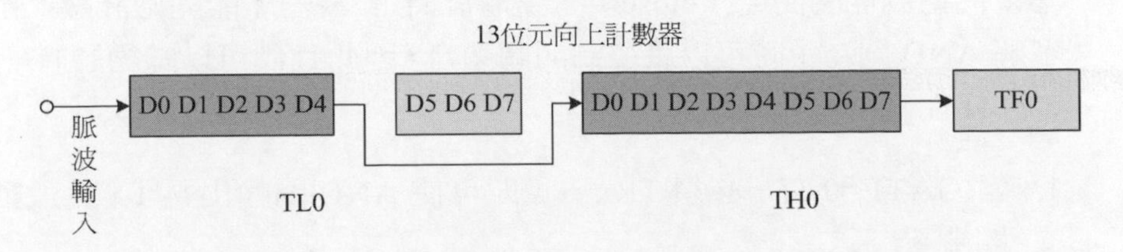

圖 6-3 計時/計數器 0 工作於模式 0 之方塊圖

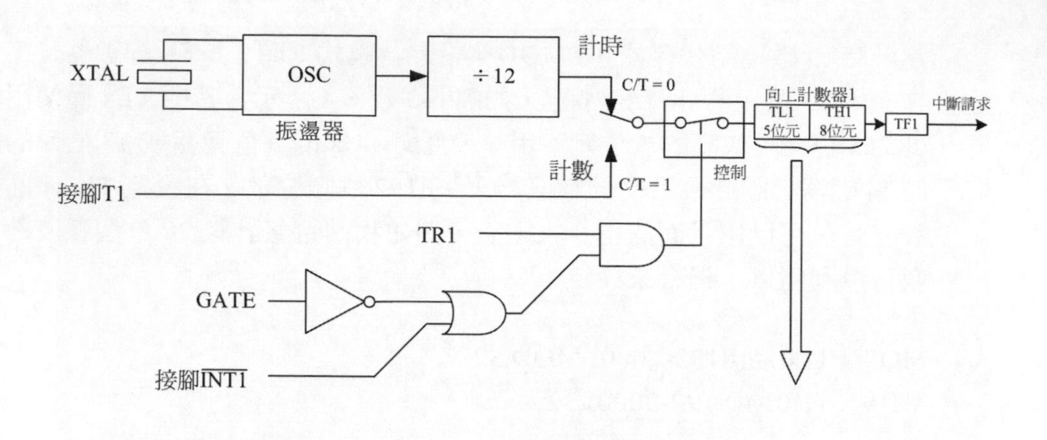

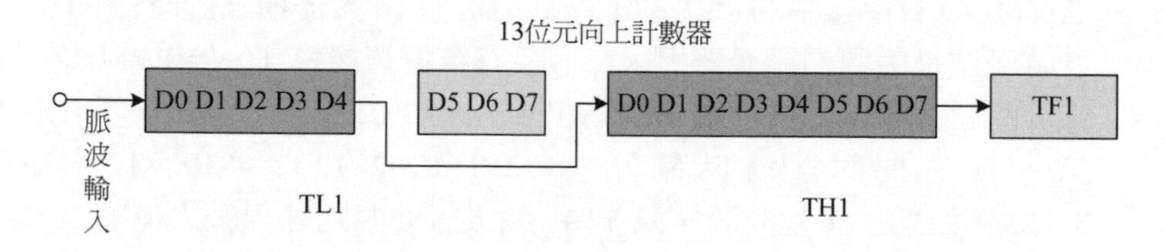

圖 6-4 計時/計數器 1 工作於模式 0 之方塊圖

當計時/計數器啟動後，首先將計時/計數器的初設值載入，接著每偵測到負緣信號時，計時/計數器值就加 1，一直計數到最大值（全部位元皆為 1 時）再加 1，便會產生溢位且設定溢位旗號 TFx 為 1，此時稱為計時到預設值。我們只要利用程式判斷 TFx 旗號就可知計時/計數器計時到否。如果輸入脈波一直產生，計時/計數器繼續每偵測到負緣則增 1 不會自動停下來，除非關閉計時或計數的輸入脈波源。

當計時/計數器工作模式、初設值及脈波輸入源設定好之後，就可以將計時/計數器啟動。由圖 6-2 及 6-3 可以知，欲將脈波輸入源送到計時計數，必須使控制開關閉合（close），這時計時/計數器才能開始計數。由圖中了解 AND 閘為 1 時可以將控制開關閉合，因此我們可以歸納計時/計數器啟動條件有二：

1. 當 GATE=0 時，必須 TRx=1，即可使 AND 閘輸出為 1，而啟動控制開關。

2. 當 GATE=1 時，必須 $\overline{INTx}$=1 及 TRx=1，方能使 AND 閘輸出為 1 而啟動控制開關。

上述兩種條件中，GATE 和 TRx 可以利用軟體來設定，而 $\overline{INTx}$ 為外界輸入信號。當 $\overline{INTx}$=1 時計時器啟動，而 $\overline{INTx}$=0 時計時器停止，因此我們可以利用計時器計算 $\overline{INTx}$ 信號為 1 的時間。

6-1.2 工作模式 1

設定 TMOD 控制暫存器的（M1, M0）為（0, 1）時，計時/計數器就工作於模式 1，模式 1 和模式 0 唯一不同地方為 16 位元的計時/計數器，所以其最大計數值為 2^{16}=65536，因此在設定 Timer 的初設值時，可以用下面的指令來達成，例如我們希望計數 20000 個脈波數，我可以利用以下指令來設定：

```
MOV   TL0, #(65536-20000) MOD 256
MOV   TH0, #(65536-20000)/256
```

或以另一組譯器提供的<及>運算亦可以完成設定工作：

```
MOV   TL0, #<(65536-20000)          ;取 16bit 的較低 8bit 值
MOV   TH0, #>(65536-20000)          ;取 16bit 的較高 8bit 值
```

有關於 Timer0 及 Timer1 的工作模式方塊圖如 6-5 及 6-6 所示，不管啟動或者是溢位旗號的工作皆和模式 0 一樣，請參考前面說明。

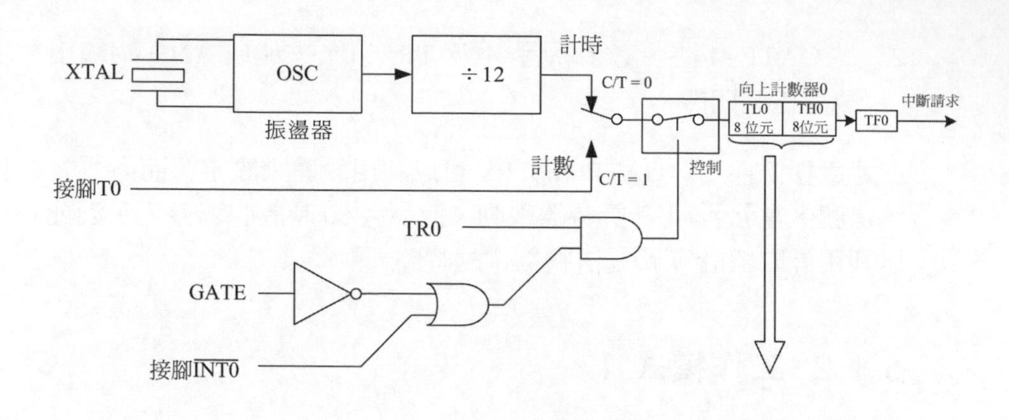

圖 6-5　計時/計數器 0 工作於模式 1 之方塊圖

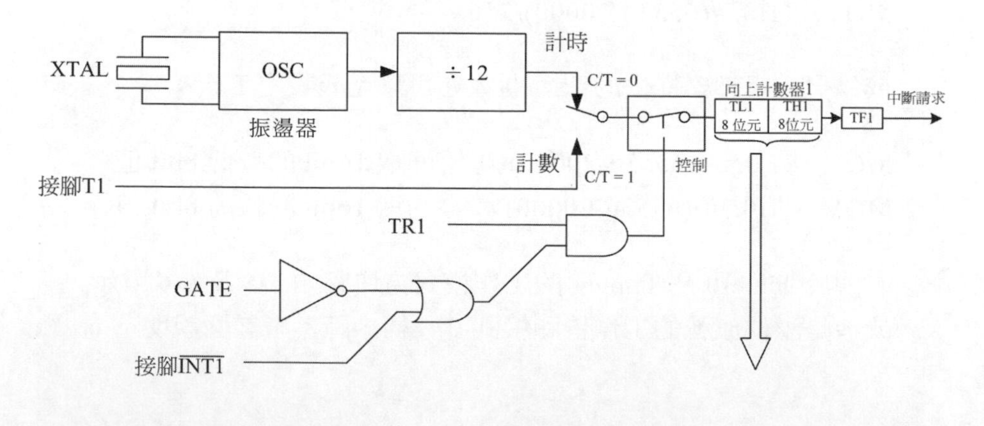

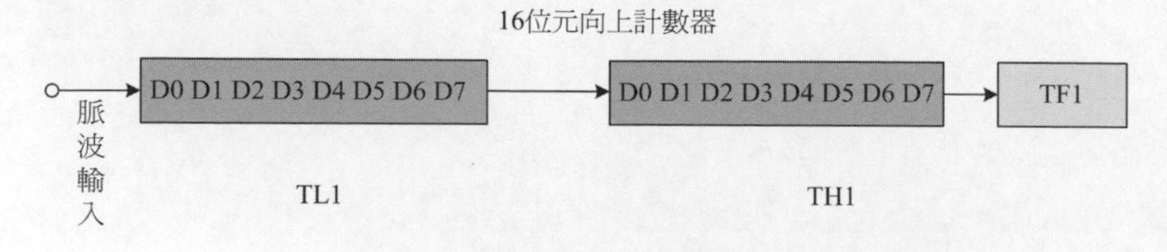

圖 6-6　計時/計數器 1 工作於模式 1 之方塊圖

6-1.3 工作模式 2

設定 TMOD 模式暫存器的（M1, M0）為（1, 0）時，計時/計數器就工作於模式 2。如圖 6-7 及 6-8 所示，此模式設定將原來的 16 位元計數分成 2 個 8 位元的暫存器，分別為 TLx 及 THx，並執行自動載入（Auto Reload）的功能，其中 TLx 為真正的計數脈波的計數器，而 THx 則為重新載入的緩衝器。也就是說，當 TLx 由初設值往上計數到溢位之後會自動將放在 THx 的初設值載入到 TLx 內，因此 TLx 可再度重新的載入值再往上數，這種計時方式由硬體本身適時的觸發載入，不像前兩個模式，必須到由軟體判斷及再度設定起始值，故可使計時器擁有比較準確的計時工作。所以欲使計時器計數的相當精準，可以考慮規劃計時器工作於模式 2。

在工作模式 2 時，計數暫存器 TLx 只有 8bit，所以最多只可計數 256 個脈衝。值得注意的是，設定初設值時，第一次初設值必須載入 TLx 暫存器，然後其餘自動載入的部分才由 THx 暫存器載入 TLx 暫存器中。當第一次與以後的計數初值是一樣時，必須同時將計數初值載入 TLx 及 THx 內。例如欲使 Timer1 工作於 MODE2 且其計數值為 100 脈衝數時，其初始程式設定為：

```
MOV   TH1,#(256-100)          ;兩者都必須利用指令設定
MOV   TL1,#(256-100)          ;不可因計數都相同，而只設定 TH1
```

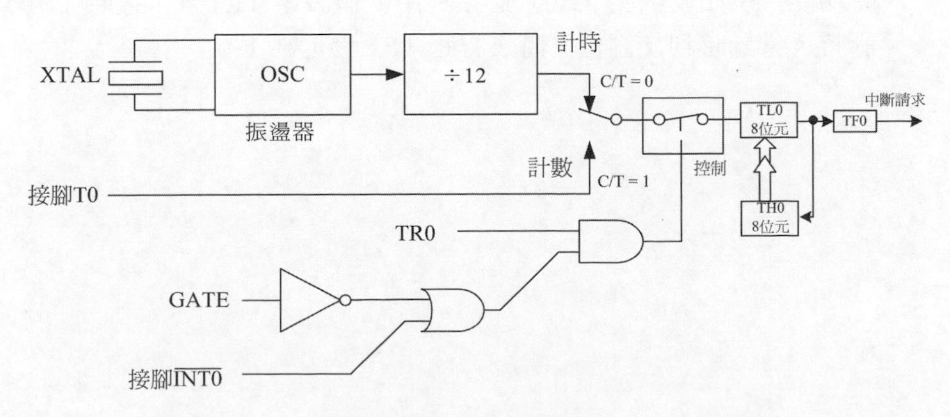

圖 6-7 計時/計數器 0 工作於模式 2 之方塊圖

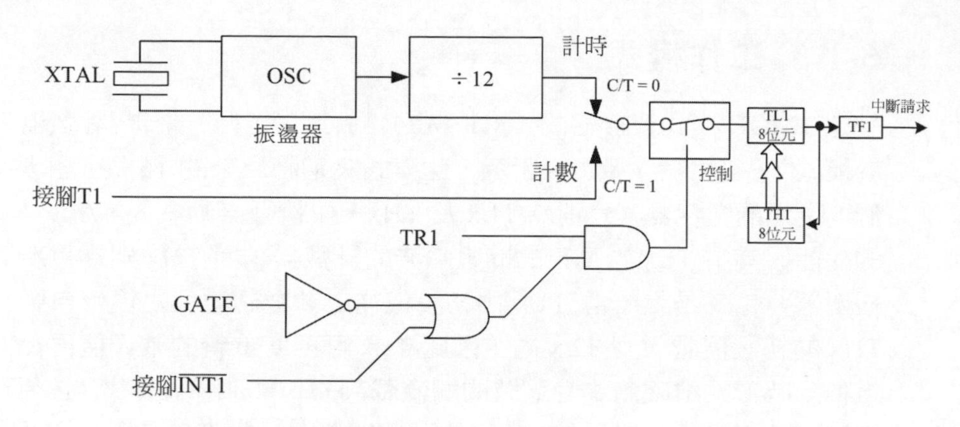

圖 6-8 計時/計數器 1 工作於模式 2 之方塊圖

6-1.4 工作模式 3

當 TMOD 控制暫存器中的（M1, M0）設定為（1, 1）時，計時/計數器將工作於模式 3，此時計時器 1 將停止計數，而計時器 0 的 16 位元暫存器 TL0 及 TH0 各為 8bit 的暫存器。如圖 6-9 所示，TL0 的 8 位元計時器，它仍享有原來 Timer0 的一些控邏輯，即 C/T、GATE、TR0、$\overline{INT0}$與 TF0 等控制訊號，其工作方式就如一般計時器且沒有自動載入之功能；另一個 TH0 的 8 位元計時器，則固定以內部振盪頻率除以 12 當做計數器輸入信號源，此時是利用原先 Timer1 的控制位元 TR1、TF1 來啟動或停止其計時功能。例如要啟動 TH0，必須利用軟體設定 TR1=1，這時 TH0 就開始計時，當計時到（溢位）時，會將 TF1 設定為 1。

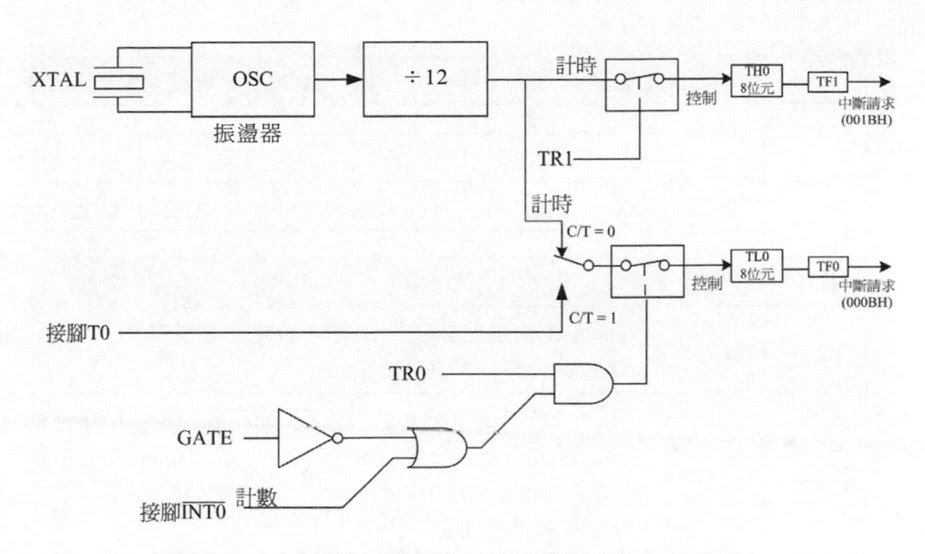

圖 6-9　計時/計數器 0 工作於模式 3 之方塊圖

6-2　計時/計數器 2

8052 除了包含 8051 的計時/計數器 0 與 1 外，還增加一個 16 位元的計時/計數器 2，它共有三種工作模式：捕捉模式（Capture Mode）、16 位元自動重新載入模式（Auto Reload Mode）與鮑率產生器（Baud Rate Generator）。此三種工作模式是由 T2CON 控制暫存器所規劃，它是位於特殊暫存器的 C8H 位址，可利用位元定址指令完成規劃，如表 6-1 及圖 6-10 所示。

表 6-1　計時/計數器 2 操作模式之設定

RCLK	TCLK	CP/$\overline{RL2}$	TR2	模式
0	0	0	1	16 位元自動再載入
0	0	1	1	16 位元捕取
1	×	×	1	鮑率產生器
×	1			
×	×	×	0	不動作

計時/計數器 2 的 2 控制暫存器（0xC8），可位元定址								
T2CON	7	6	5	4	3	2	1	0
	TF2	EXF2	RCLK	TCLK	EXEN2	TR2	C/T2	CR/RL2

符號	位址	說明
TF2	T2CON.7	Timer 2 之溢位旗號，由硬體設定，軟體清除，當 RCLK=1 且 TCLK=1 時 TF2 不會被設定。
EXF2	T2CON.6	Timer 2 的外部旗號。在 T2EX 受負緣觸發或 XEN2=1 而發生補入或重新載入時，此位元會被設定。當 Timer 2 之中斷致能時，EXF2=1 會使 CPU 執行 Timer 2 之中斷服務程式，若 RCLK=0 時串列埠能使用 Timer 1。
RCLK	T2CON.5	接收脈波旗號。此位元被軟體設為 1 時，串列埠就使用 Timer 2 溢位脈波當作其接收脈波（串列埠在模式 1，3 時）。若 RCLK=0 時串列埠能使用 Timer 1。
TCLK	T2CON.4	傳送脈波旗號。
EXEN2	T2CON.3	Timer 2 之外部致能旗號。此位元為 1 時，允許 T2EX 接腳上有負緣觸發信號（1→0）時有插入或重新載入功能，但必須 Timer 2 沒有作串列埠的鮑率產生器時。當 EXEN2=0 時，會使 Timer 2 忽略 T2EX 之信號。
TR2	T2CON.2	Timer 2 之啟動/停止開關，TR2=1 時啟動計時器。
C/$\overline{T2}$	T2CON.1	Timer 或計數器之選擇開關。C/$\overline{T2}$=0 為內部計時器，C/$\overline{T2}$=1 為外部事件計數器（負緣觸發）。
CP/$\overline{RL2}$	T2CON.0	補入/重新載入旗號。若此位元為 1 且 EXEN2=1 時當 T2EX 有負緣信號時會有補入動作。若此位元為 0，當計時器 2 溢位或 EXEN2=1 且 T2EX 上有負緣觸發信號時會有重新載入之動作。當 RCLK=1 或 TCLK=1 時，此位元會被忽略，且計時器會被強迫成自動重新載入。

圖 6-10 計時/計數器 2 的 2 控制暫存器

6-2.1 計時/計數器 2 的捕捉模式（Capture Mode）

當計時/計數器 2 的 T2CON 控制暫存器 $CP/\overline{RL2}$=1 時，計時/計數器 2 將工作於捕捉模式。當 $EXEN2$=1，且 T2EX（P1.1）產生負緣信號時，就會執行捕捉動作，此時會將 TH2 及 TL2 目前的計數值分別載入 RCAP2H 及 RCAP2L 捕捉暫存器中，同時亦設定 EXF2=1。EXF2 和 TF2 經由 OR 運算後產生中斷要求（2 選 1），此時 CPU 就可以從捕捉暫存器讀到捕捉那一瞬間的計時值，又不會影響計時器繼續計時的功能，詳如圖 6-11 的方能方塊圖說明。

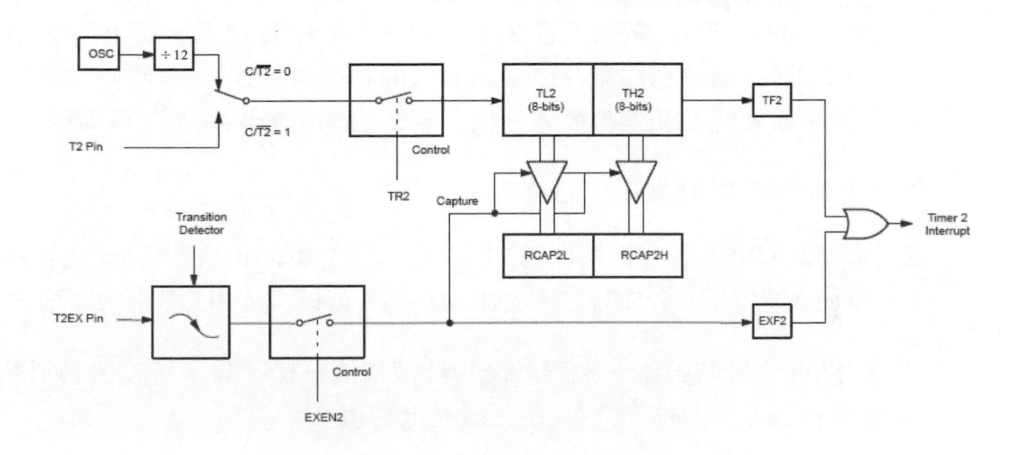

圖 6-11　計時/計數器 2 的捕捉模式

計時/計數器 2 亦有兩個脈波源，可以透 T2CON 中的 $C/\overline{T2}$ 位元來控制。當 $C/\overline{T2}$=0 時，選擇以振盪頻率÷12 的信號源，若 $C/\overline{T2}$=1 時選擇由 T2（P1.0）接腳為輸入的脈波，至於要啟動計時/計數器 2 開始計時，可以利用軟體將 TR2 設定為 1 即可，而計時/計數器 2 計數初設值的方法為：

```
MOV   TL2, #(65536-初設值) MOD 256
MOV   TH2, #(65536-初設值)/256
```

上一段提及 EXF2=1 時可以產生中斷外，當計時/計數器 2 計數值溢位時，TF2 會被設定為 1，亦可以產生中斷要求，也就是說，EXF2 及 TF2 使用相同中斷向量。此外，因為 CPU 接受中斷時不會自動清除這兩個旗號，因此必須用軟體方式來清除，至於欲了解到底是哪一個產生中斷，則必須亦利用軟體來判斷 TF2 或 EXF2 來知道是哪一個來源產生中斷。

6-2.2 計時/計數器 2 的自動重新載入模式（Auto Reload Mode）

當計時/計數器 2 的 T2CON 控制暫存器中的 $CP/\overline{RL2}$=0 時，計時/計數器 2 就工作於自動重新載入模式，其動作原理和計時/計數器 0 與 1 的模式 2 相似，只是計時/計數器 0 與 1 是 8 位元的計時/計數器，而計時/計數器 2 為 16 位元的計時/計數器，且 TH2、TL2 為計數暫存器，而 RCAP2H 及 RCAP2L 暫存器分別用來存放自動載入的初設值。另外其計時的信號源、控制及中斷動能都和捕捉模式一樣。至於自動重新載入有二個時機：

1. 當 Timer2 計時到產生溢位時。
2. 當 T2CON 控制暫存器的 EXEN2=1，且 T2EX(P1.1)接腳輸入負緣觸發訊號時，此時亦會設定 EXF2 旗號，可以向 CPU 提出中斷要求。

若要 Timer2 計時器第一次與以後的計數初值一樣，除了初設值必須載入捕捉暫存器外，TH2 及 TL2 亦必須設定初值。

6-2.3 鮑率產生器（Baud Rate Generator）

8052 的串列通訊傳輸率除了和 8051 一樣，可由 Timer1 控制之外，也可以由 Timer2 來控制。若將 T2CON 控制暫存器中的 RCLK 及 TCLK 任一位元設定為 1，則 Timer2 就可以工作為鮑率產生器。當 RCLK=1 時，則串列通訊接收速率就由 Timer2 來控制，同時若 TCLK=1 時，則串列通訊傳送速率也由 Timer2 來控制。換句話說，串列通訊的傳送與接收可以規劃成不同速率，譬如接收速率由 Timer1 來控制，傳送速率由 Timer2 來控制，當 Timer2 工作於鮑率產生器時，計時器溢位就不會被設定，因此 Timer2 不會向 CPU 產生中斷。但此時若 EXEN2=1，則 T2EX 可以利用其負緣訊號將 EXF2 旗號設定，而且可以向 CPU 提出中斷要求。所以當 Timer2 作為鮑率產生器時，T2EX 可以當作另一外部中斷源來使用。

當 $C/\overline{T2}$ =0 且 TR2=1 時，則：

1. RCLK=1 時，

   $$\text{RX CLOCK}=\frac{f_{OSC}/12}{16\times[65536-(RCAP2H,RCAP2L)]}$$

2. TCLK=1 時，

   $$\text{TX CLOCK}=\frac{f_{OSC}/12}{16\times[65536-(RCAP2H,RCAP2L)]}$$

   即串列埠的模式 1 及模式 3 將會以計時器 2 的溢位率作為接收與傳送的時脈基準，當溢位發生時，RCAP2L 及 RCAP2H 的值將重載到 TL2 及 TH2 內，以持續計時/計數的工作。

3. RCLK=0 或 TCLK=0 時，鮑率產生器則由計時器 1 的溢位率來決定。當 $C/\overline{T2}$ =1 時，且 TR2=1 則鮑率產生器時脈 $f_{OSC}/12$ 將改由 T2 接腳輸入的脈波所決定。

6-3 實驗板與中斷有關電路

實習板上提供三個按鈕，如圖 6-12 所示，分別直接連至單晶片的 P3.3（PB0）、P3.4（PB1）及 P3.5（PB2），如上圖說明，因為 P3 的腳位有內部提升電阻，所以電路設計不須額外設計外接提升電阻。當按鈕被按下時，相對應的腳位是低電位；反之，當按鈕沒有被按下時，相對應的腳位是高電位。此外，因為 3 個按鈕是分別連接至 PORT3 的 $\overline{\text{INT1}}$ 、T0 及 T1 腳位，可執行 S2 外部中斷 1、S3 計時/計數-0 中斷、S4 計時/計數-1 中斷等特殊功能，可讓使用者加強中斷功能應用程式設計訓練。

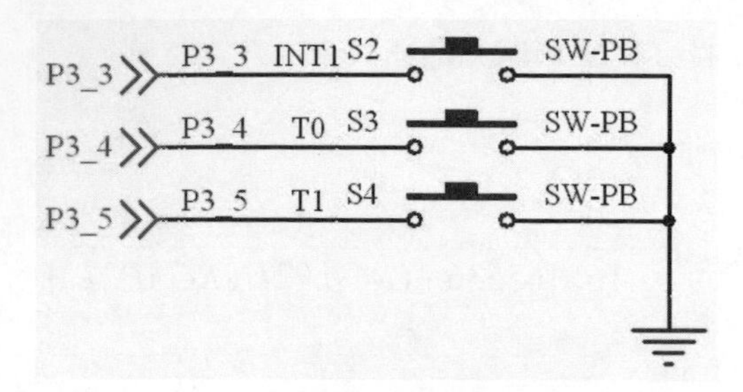

圖 6-12 外部觸發訊號電路

6-4 Timer 的輪詢與中斷方式之應用

1. Timer 的輪詢方式應用

程式碼設計方式及說明：

```
        MOV   TMOD,#00000000B
DELAY:  MOV   R0, #80
DL1:    MOV   TL0,#(8192-5000) MOD 32
        MOV   TH0,#(8192-5000)/32
        SETB  TR0
DL2:    JB    TF0, EXIT
        AJMP  DL2
EXIT:   CLR   TF0
        DJNZ  R0, DL1
        RET
```

因 Timer 為上數型計數器，當把初設值送給 Timer 後，再利用軟體設定啟動位元，這時 Timer 就根據這個初設值往上加，當計時器溢位時會將 Timer 控制旗號 TF 的狀態設定為 1。因此在計時階段，只要檢查控制旗號 TF 的狀態就可以知道計時器是否已計時完成，然後使用者必須自己將控制旗號 TF 清除為 0。

2. Timer 的中斷方式應用

程式碼設計方式及說明：

```
   ORG    0000H
   AJMP   MAIN
   ORG    000BH
   AJMP   TIMER0_INT
MAIN:     MOV    TMOD,#00000001B  ;計時器-0 (模式 1-16 位元)
   MOV    TL0,#(65535-50000) MOD 256
   MOV    TH0,#(65535-50000)/256
   SETB   ET0
   SETB   EA
   SETB   TR0
LOOP:     JMP    LOOP
```

中斷副程式：

```
;======= DELAY FUNCTION BY INTERRUPT METHOD =====
TIMER0_INT:
   MOV    TL0,#(65535-50000) MOD 256
   MOV    TH0,#(65535-50000)/256
   DJNZ   R0, EXIT
   MOV    R0, #9
   RR     A
   MOV    P1, A
EXIT:
   RETI
```

我們亦可以利用 Timer 的中斷功能來通知 CPU，Timer 已計時已到的動作，只要先設定 Timer 的中斷致能旗號後，當 Timer 計時到時，便會自動跳至 Timer 的中斷副程式，這時我們就可以知 Timer 已完成預設的計時工作，Timer 的中斷方式為上數至溢位時才會產生中斷，且會自動會清除 TF 旗標。

6-5 範例程式與討論

範例 1：計時器模式 0 的應用

本範例採用計時器 0 模式 0 的方式，控制如下圖所示的閃爍燈號輸出，而其時間間隔為 0.4 秒。

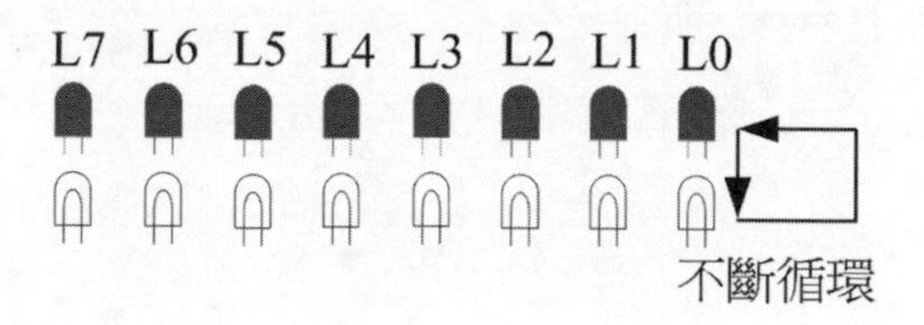

流程圖

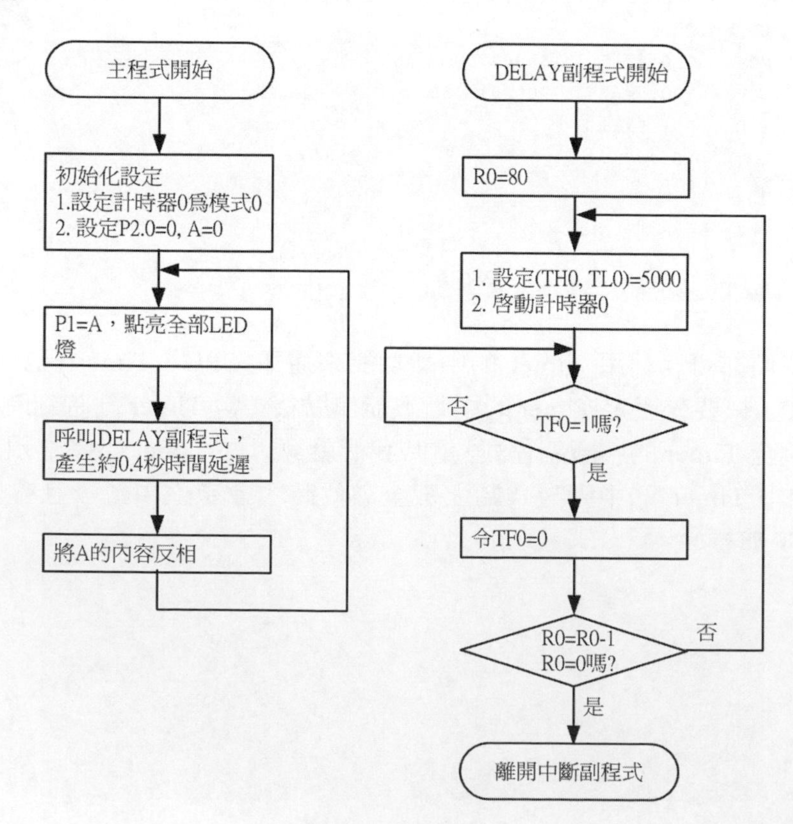

程式碼

範例 DM06_01.ASM 程式碼

```
1              ORG    0000H
2    Main:     MOV    TMOD,#00000000B   ;計時器-0 (模式 0-13 位元)
3              CLR    P2.0
4              MOV    A, #00H
5    LOOP:
6              MOV    P1, A
7              ACALL  DELAY
8              CPL    A
9              AJMP   LOOP
10
11   ;======= DELAY FUNCTION BY POLLING METHOD =====
12   DELAY:    MOV    R0, #80
13   DL1:      MOV    TL0,#(8192-5000) MOD 32
14             MOV    TH0,#(8192-5000)/32
15             SETB   TR0
16   DL2:      JB     TF0, EXIT
17             AJMP   DL2
18   EXIT:     CLR    TF0
19             DJNZ   R0, DL1
20             RET
21   ;
22             END
```

程式說明

1. 第 1 行是假指令，設定程式的啟始位置為第 0000 行。
2. 第 2 至 4 進行初始化設定，設定計時器 0 為模式 0，P2.0=0 是致能 LED 燈模組，請參考第四章實驗板介面電路，然後設定 A=0，讓微控制器可以第一次就點亮全部 LED 燈。
3. 第 5 至 9 行是主程式的 LOOP 迴圈程式。第 6 行執行將累加器內容輸出至 P1，可以控制 LED 的亮熄情況，第一次迴圈應會點亮全部 LED 燈。第 7 行是呼叫 DELAY 副程式產生約 0.4 秒之時間延遲。第 8 行是將累加器內容反相，可以在下一次迴圈執行時可熄滅全部 LED 燈。第 9 行是強制跳至 LOOP 標籤程式位置，再次執行迴圈程式碼。

由以上說明可知，第一次迴圈執行將點亮全部 LED 燈，而第二次迴圈執行將熄滅全部 LED 燈，依此循環產生 LED 閃爍控制。

4. 第 12 至 20 行為 DELAY 副程式，本副程式是採用計時器 0 的輪詢方式，參考本章內容說明。第 12 行令 R0=80，第 13 及 14 行設定（TH0,TL0）=5000，第 15 行啟動計時器 0，第 16 及 17 行檢查計時器 0 的 TF0 旗標，如果 TF0=0 則等待，如果 TF0=1 則跳至 EXIT 標籤處，將 TF0 旗標清除，第 19 行是先執行 R0=R0-1，然後再判斷 R0 是否為 0，如果 R0≠0 則跳至 DL1 標籤處，再次執行第 13 至 19 行之程式碼，但是 R0=0，則執行下一行程式且離開副程式。由於每次計時器 0 的 TF0=1 是 5ms，DELAY 副程式要執行 80 次才會離開副程式，因此可以 80×5ms=0.4 秒之時間延遲。

思考問題

a. 請將上列範例程式改用計時器 1 模式 0，狀態改變的時間間隔修改為 0.3 秒。

範例 2：計時器模式 1 的應用

延伸範例 1 之閃爍控制動作，本範例修改為應用計時器 0 之模式 1 方式，且狀態改變的時間間隔為 1 秒。

流程圖

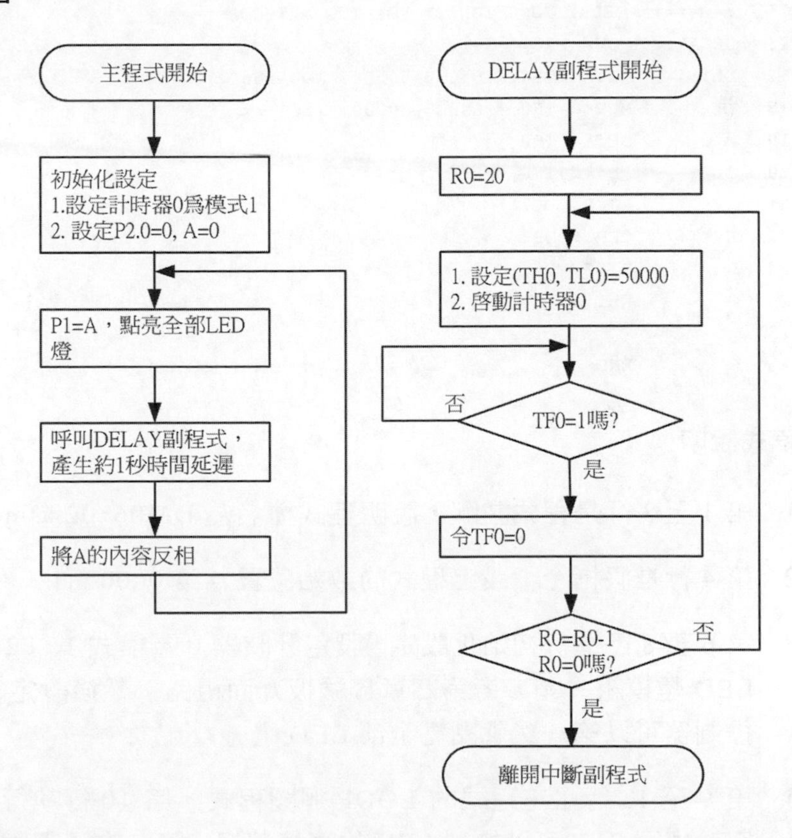

程式碼

範例 DM06_02.ASM 程式碼

```
1    ;=========================================
2    ;==== file name: DM06_02.asm         =====
3    ;=========================================
4               ORG    0000H
5    Main:
6               MOV    TMOD,#00000001B   ;計時器-0 (模式 0-13 位元)
7               CLR    P2.0
```

```
8               MOV    A, #00H
9   LOOP:
10              MOV    P1, A
11              ACALL  DELAY
12              CPL    A
13              AJMP   LOOP
14
15  ;======= DELAY FUNCTION BY POLLING METHOD =====
16  DELAY:      MOV    R0, #20
17  DL1:        MOV    TL0,#(65535-50000) MOD 256
18              MOV    TH0,#(65535-50000)/256
19              SETB   TR0
20  DL2:        JB     TF0, EXIT
21              AJMP   DL2
22  EXIT:       CLR    TF0
23              DJNZ   R0, DL1
24              RET
25  ;
25              END
```

程式說明

1. 第 1 至 3 行是程式註解，說明程式檔名為 DM06_02.asm。

2. 第 4 行是假指令，設定程式的啟始位置為第 0000 行。

3. 第 6 至 8 行進行初始化設定，設定計時器 0 為模式 1，P2.0=0 是致能 LED 燈模組，請參考第四章實驗板介面電路，然後設定 A=0，讓微控制器可以第一次就點亮全部 LED 燈。

4. 第 9 至 13 行是主程式的 LOOP 迴圈程式。第 10 行執行將累加器內容輸出至 P1，可以控制 LED 的亮熄情況，第一次迴圈應會點亮全部 LED 燈。第 11 行是呼叫 DELAY 副程式產生約 1 秒之時間延遲。第 12 行是將累加器內容反相，可以在下一次迴圈執行時可熄滅全部 LED 燈。第 13 行是強制跳至 LOOP 標籤程式位置，再次執行迴圈程式碼。由以上說明可知，第一次迴圈執行將點亮全部 LED 燈，而第二次迴圈執行將熄滅全部 LED 燈，依此循環產生 LED 閃爍控制。

5. 第 16 至 24 行為 DELAY 副程式，本副程式是採用計時器 0 模式 1 的輪詢方式，參考本章內容說明。第 16 行令 R0=20，第 17 及 18 行設定（TH0,TL0）=50000，第 19 行啟動計時器 0，第 20 及 21 行檢查計時器 0 的 TF0 旗標，如果 TF0=0 則等待，如果 TF0=1 則跳至 EXIT 標籤處，將清除 TF0 旗標，執行 R0=R0-1，然後再判斷 R0 是否為 0，如果 R0≠0 則跳至 DL1 標籤處，再次執行第 13 至 19 行之程式碼，但是 R0=0，則執行下一行程式且離開副程式。由於每次計時器 0 的 TF0=1 是 50ms，DELAY 副程式要執行 20 次才會離開副程式，因此可以 20×50ms=1 秒之時間延遲。

思考問題

a. 請將上列範例程式改用計時器 1 模式 1，狀態改變的時間間隔改為 0.5 秒。

範例 3：計時器模式 2 的應用

延伸範例 1 之閃爍電路，本範例改用 Timer0 之模式 2 方式，且狀態間的時間間隔為 0.45 秒。

流程圖

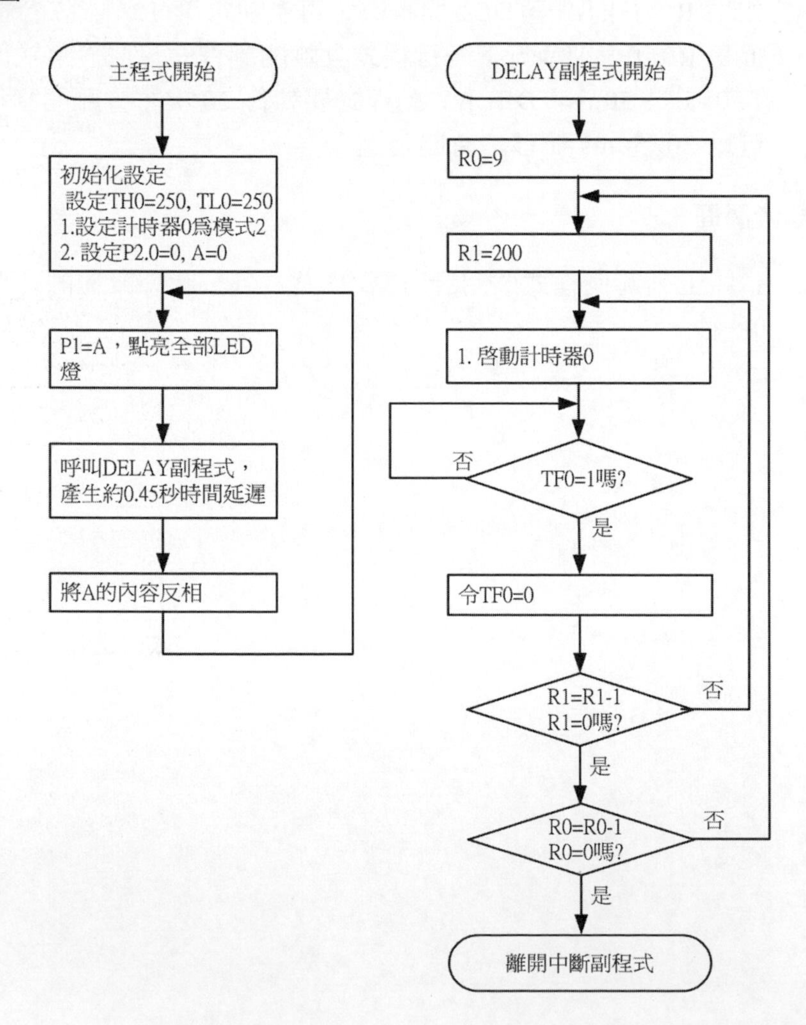

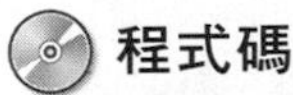

程式碼

範例 DM06_03.ASM 程式碼

```
1   ;========================================
2   ;==== file name: DM06_03.asm        =====
3   ;========================================
4            ORG    0000H
5   Main:
6            MOV    TH0,#(256-250)
7            MOV    TL0,#(256-250)
8            MOV    TMOD,#00000010B  ;計時器-0 (模式 2-8 位元)
9            CLR    P2.0
10           MOV    A, #00H
11  LOOP:
12           MOV    P1, A
13           ACALL  DELAY
14           CPL    A
15           AJMP   LOOP
16
17  ;======= DELAY FUNCTION BY POLLING METHOD =====
18  DELAY:   MOV    R0, #9
19  DL1:     MOV    R1, #200
20  DL2:     SETB   TR0
21  DL3:     JB     TF0, EXIT
22           AJMP   DL3
23  EXIT:    CLR    TF0
24           DJNZ   R1, DL2
25           DJNZ   R0, DL1
26           RET
27  ;
28           END
```

程式說明

1. 第 1 至 3 行是程式註解，說明程式檔名為 DM06_03.asm。
2. 第 4 行是假指令，設定程式的啟始位置為第 0000 行。
3. 第 6 至 10 行進行初始化設定，設定計時器 0 為模式 2 且 TH0=250 及 TL0=250，P2.0=0 是致能 LED 燈模組（請參考第四章實驗板介面電路），然後設定 A=0，讓微控制器可以第一次就點亮全部 LED 燈。

4. 第 11 至 15 行是主程式的 LOOP 迴圈程式。第 12 行執行將累加器內容輸出至 P1，可以控制 LED 的亮熄情況，第一次迴圈應會點亮全部 LED 燈。第 13 行是呼叫 DELAY 副程式產生約 0.45 秒之時間延遲。第 14 行是將累加器內容反相，可以在下一次迴圈執行時可熄滅全部 LED 燈。第 15 行是強制跳至 LOOP 標籤程式位置，再次執行迴圈程式碼。由以上說明可知，第一次迴圈執行將點亮全部 LED 燈，而第二次迴圈執行將熄滅全部 LED 燈，依此循環產生 LED 閃爍控制。

5. 第 18 至 26 行為 DELAY 副程式，本副程式是採用計時器 0 模式 2 的輪詢方式，參考本章內容說明。第 18 行令 R0=9，第 19 行為 DL1 標籤且令 R1=200，第 20 行為 DL2 標籤且啟動計時器 0，第 21 及 22 行檢查計時器 0 的 TF0 旗標，如果 TF0=0 則等待，如果 TF0=1 則跳至 EXIT 標籤處，將清除 TF0 旗標，再執行 R1=R1-1，然後再判斷 R1 是否為 0，如果 R1≠0 則跳至 DL2 標籤處，再次執行第 20 至 24 行之程式碼，但是 R1=0，則執行下一行程式，執行 R0=R0-1，然後再判斷 R0 是否為 0，如果 R0≠0 則跳至 DL1 標籤處，再次執行第 19 至 25 行之程式碼，但是 R0=0 且離開副程式。由於每次計時器 0 的 TF0=1 為 0.25ms，DELAY 副程式要執行 9×200 次才會離開副程式，因此產生 9×200×0.25ms=0.45 秒的時間延遲。

思考問題

a. 請將上列範例程式修改為應用計時器 1 模式 2，狀態改變的時間間隔則為 0.7 秒。

範例 4：計時器模式 3 的應用

延伸範例 1 之閃爍電路，本範例改用 Timer0 之模式 3 方式，且全亮狀態時間為 0.5 秒而全熄滅狀態時間為 1 秒。

流程圖

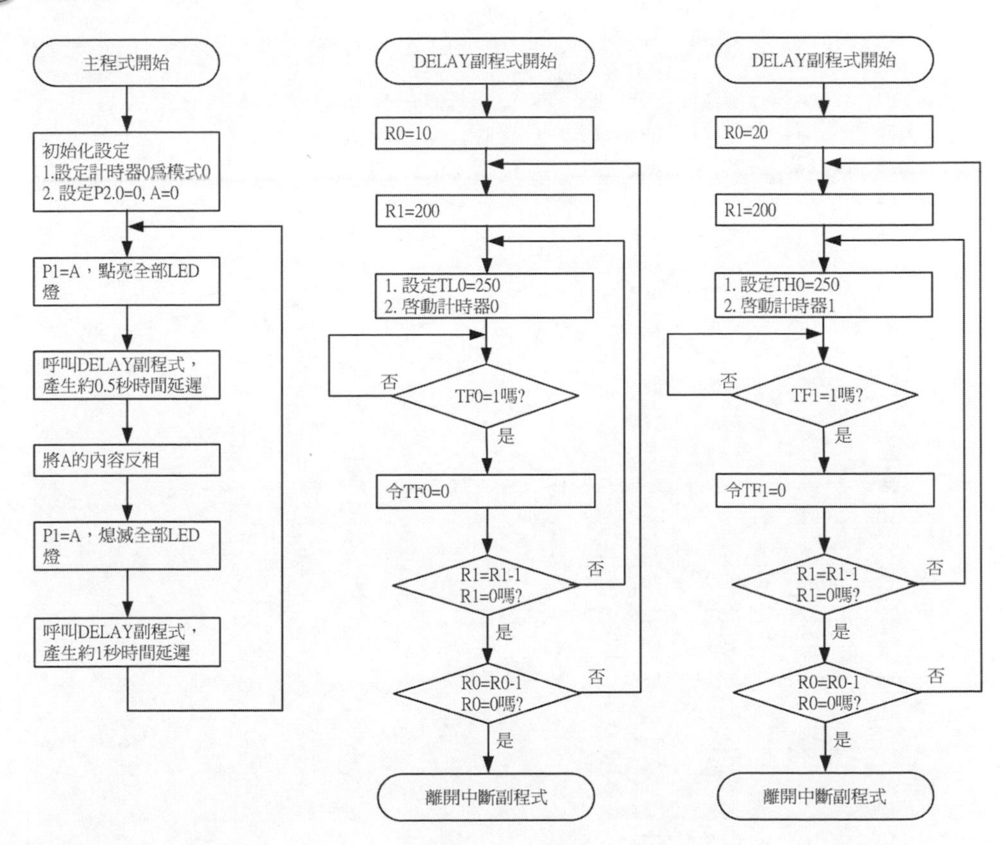

程式碼

範例 DM06_04.ASM 程式碼

```
1    ;==========================================
2    ;==== file name: DM06_04.asm         =====
3    ;==========================================
4              ORG    0000H
5    Main:
6              MOV    TMOD,#00000011B   ;計時器-0 (模式 3-8 位元)
```

```
7              CLR    P2.0
8              MOV    A, #00H
9    LOOP:
10             MOV    P1, A
11             ACALL  DELAY
12             CPL    A
13             MOV    P1, A
14             ACALL  DELAY_1
15             AJMP   LOOP
16
17   ;======= Delay function by timer 0 mode 3 (TF0) =====
18   DELAY:    MOV    R0, #10
19   DL1:      MOV    R1, #200
20   DL2:      MOV    TL0,#(256-250)
21             SETB   TR0
22   DL3:      JB     TF0, EXIT
23             AJMP   DL3
24   EXIT:     CLR    TF0
25             DJNZ   R1, DL2
26             DJNZ   R0, DL1
27             CLR    TR0
28             RET
29   ;====== Delay function by timer 0 mode 3 (TF1) ======
30   DELAY_1:
31             MOV    R3, #20
32   DDL1:     MOV    R4, #200
33   DDL2:     MOV    TH0,#(256-250)
34             SETB   TR1
34   DDL3:     JB     TF1, EXIT1
36             AJMP   DDL3
37   EXIT1:    CLR    TF1
38             DJNZ   R4, DDL2
39             DJNZ   R3, DDL1
40             CLR    TR1
41             RET
42   ;
43             END
```

程式說明

1. 第 1 至 3 行是程式註解，說明程式檔名為 DM06_04.asm。
2. 第 4 行是假指令，設定程式的啟始位置為第 0000 行。

3. 第 6 至 8 行進行初始化設定，設定計時器 0 為模式 3，P2.0=0 是致能 LED 燈模組（請參考第四章實驗板介面電路），然後設定 A=0，讓微控制器可以第一次就點亮全部 LED 燈。

4. 第 9 至 15 行是主程式的 LOOP 迴圈程式。第 10 行執行將累加器內容輸出至 P1，可點亮全部 LED 燈，第 11 行是呼叫 DELAY 副程式產生約 0.5 秒之時間延遲。第 12 行是將累加器內容反相，第 13 行再次執行將累積器內容輸出至 P1，可熄滅全部 LED 燈，第 14 行呼叫 DELAY_1 副程式產生約 1 秒之時間延遲。然後在第 15 行強制跳至 LOOP 標籤程式位置，再次執行迴圈程式碼。

5. 第 18 至 28 行為 DELAY 副程式，本副程式是採用計時器 0 模式 3 的輪詢方式，參考本章內容說明。第 18 行令 R0=10，第 19 行為 DL1 標籤且令 R1=200，第 20 行為 DL2 標籤且令 TL0=250，第 21 行是啟動計時器 0，第 22 及 23 行檢查計時器 0 的 TF0 旗標，如果 TF0=0 則等待，如果 TF0=1 則跳至 EXIT 標籤處，將清除 TF0 旗標，再執行 R1=R1-1，然後再判斷 R1 是否為 0，如果 R1≠0 則跳至 DL2 標籤處，再次執行第 20 至 25 行之程式碼，但是 R1=0，則執行下一行程式，執行 R0=R0-1 且再判斷 R0 是否為 0，如果 R0≠0 則跳至 DL1 標籤處，再次執行第 19 至 26 行之程式碼，但是 R0=0 且離開副程式。由於每次計時器 0 的 TF0=1 為 0.25ms，DELAY 副程式要執行 10×200 次才會離開副程式，因此產生 10×200×0.25ms=0.5 秒的時間延遲。

6. 第 30 至 41 行為 DELAY_1 副程式，本副程式是採用計時器 0 模式 3 的輪詢方式，參考本章內容說明。第 31 行令 R3=20，第 32 行為 DDL1 標籤且令 R4=200，第 33 行為 DDL2 標籤且令 TH0=250，第 34 行是啟動計時器 1，第 35 及 36 行檢查計時器 0 的 TF1 旗標，如果 TF1=0 則等待，如果 TF1=1 則跳至 EXIT1 標籤處，將清除 TF1 旗標，再執行 R4=R4-1，然後再判斷 R4 是否為 0，如果 R4≠0 則跳至 DDL2 標籤處，再次執行第 33 至 38 行之程式碼，但是 R1=0，則執行下一行程式，執行 R3=R3-1 且再判斷 R3 是否為 0，如果 R3≠0 則跳至 DDL1 標籤處，再次執行第 32 至 39 行之程式碼，但是 R3=0 且離開副程式。由於每次計時器 0 的 TF1=1 為 0.25ms，DELAY_1 副程式要執行

20×200 次才會離開副程式，因此產生 20×200×0.25ms=1 秒的時間延遲。

思考問題

a. 請將上列範例程式修改為應用計時器 0 模式 3，燈號控制要求如下：

- TL0--->T0===>狀態改變的時間間隔為 0.3 秒==>控制 L0, L1 的閃爍。
- TH0--->T1===>狀態改變的時間間隔為 0.5 秒==>控制 L2, L3 的閃爍。

範例 5：計時器模式 1 的應用（中斷）

利用計時器 0 的模式 1 方式，採用中斷方式設計如下圖所示之跑馬燈控制程式，而每個狀態改變的時間間隔是 0.45 秒。

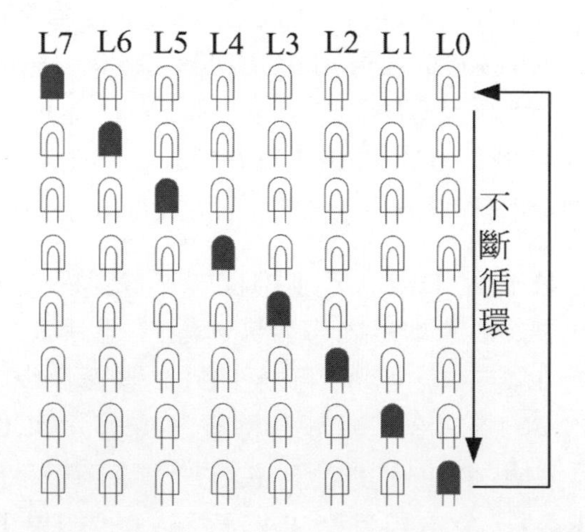

流程圖

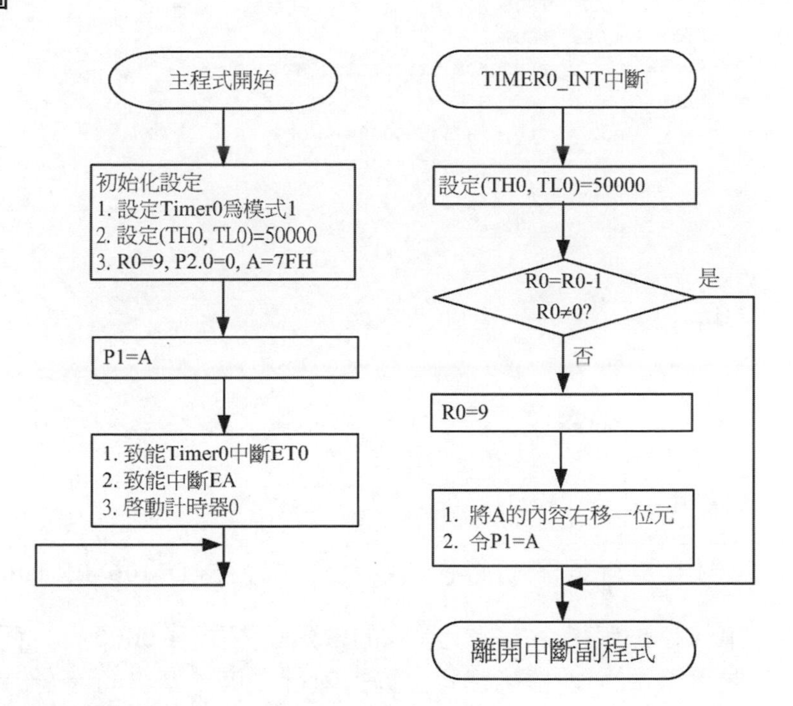

程式碼

範例 DM06_05.ASM 程式碼

```
1    ;==========================================
2    ;==== file name: DM06_05.asm         =====
3    ;==========================================
4            ORG    0000H
5            AJMP   MAIN
6            ORG    000BH
7            AJMP   TIMER0_INT
8    MAIN:
9            MOV    TMOD,#00000001B   ;計時器-0 (模式 0-16 位元)
10           MOV    TL0,#(65535-50000) MOD 256
11           MOV    TH0,#(65535-50000)/256
12           MOV    R0, #9
13           CLR    P2.0
14           MOV    A, #01111111B
15           MOV    P1, A
16           SETB   ET0
```

```
17          SETB  EA
18          SETB  TR0
19  LOOP:   AJMP  LOOP
20  ;======= DELAY FUNCTION BY POLLING METHOD =====
21  TIMER0_INT:
22          MOV   TL0,#(65535-50000) MOD 256
23          MOV   TH0,#(65535-50000)/256
24          DJNZ  R0, EXIT
25          MOV   R0, #9
26          RR    A
27          MOV   P1, A
28  EXIT:
29          RETI
30  ;
31          END
```

程式說明

1. 第 1 至 3 行是程式註解，說明程式檔名為 DM06_05.asm。
2. 第 4 行是假指令，設定程式的啟始位置為第 0000 行，而第 5 行是強制跳至 MAIN 標籤程式位置去執行。第 6 及 7 行是計時器 0 的中斷程式標準應用。
3. 第 9 至 11 行設定計時器 0 為模式 1 且令（TH0,TL0）=50000。
4. 第 12 行令 R0=9，而第 13 行設定 P2.0=0，這是致能 LED 燈控制介面電路（請參考第四章實驗板介面電路）。
5. 第 14 及 15 行先設定 A=#01111111B 且傳送給 P1，這表示點亮最高位元的 LED 燈，也就是最後邊。
6. 第 16 至 18 行是致能計時器 0 的中斷 ET0、致能微控制器的中斷總開關 EA 與最後啟動計時器 0。
7. 第 19 行是無窮迴圈程式，主要是讓微控制器停在這裡，等待計時器 0 的中斷觸發。
8. 第 21 至 29 行為 TIMER0_INT 中斷副程式。第 22 及 23 行重新設定（TH0,TL0）=50000，第 24 行執行 R0=R0-1，然後再判斷 R0 是否為

0，如果 R0≠0 則離開中斷副程式，但是 R0=0，則令 R0=9，將累積器 A 的內容右移一位，再傳送給 P1，控制 LED 的亮熄情況。根據在第 14 行累積器 A 的初始值設定，本中斷副程式將產生一右移的跑馬燈控制情況。狀態改變的時間間隔為 $9 \times 50ms = 0.45$ 秒。

思考問題

a. 請將上列範例程式的狀態改變的時間間隔修改為 0.8 秒。

範例 6：計時器 1 模式 1 的應用（中斷且應用 TABLE 方式）

利用計時器 1 的模式 1 方式，採用中斷方式設計一個如下圖所示之跑馬燈控制程式，而輸出狀態資料的取得是採用索引定址的方式。每個狀態改變的時間間隔是 0.8 秒。

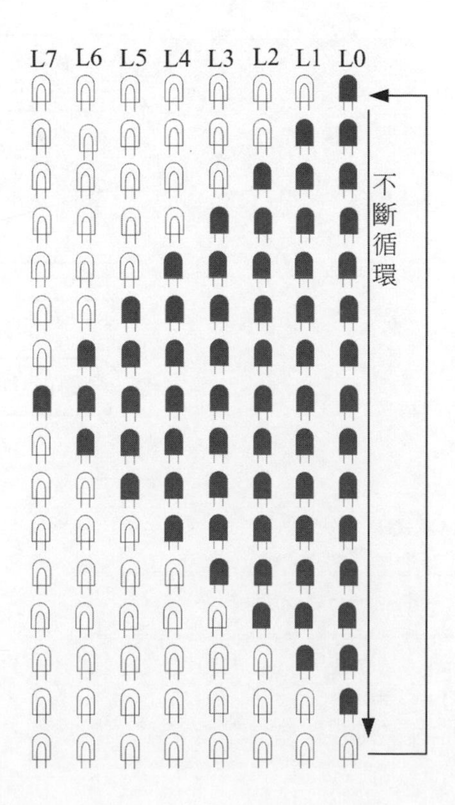

流程圖

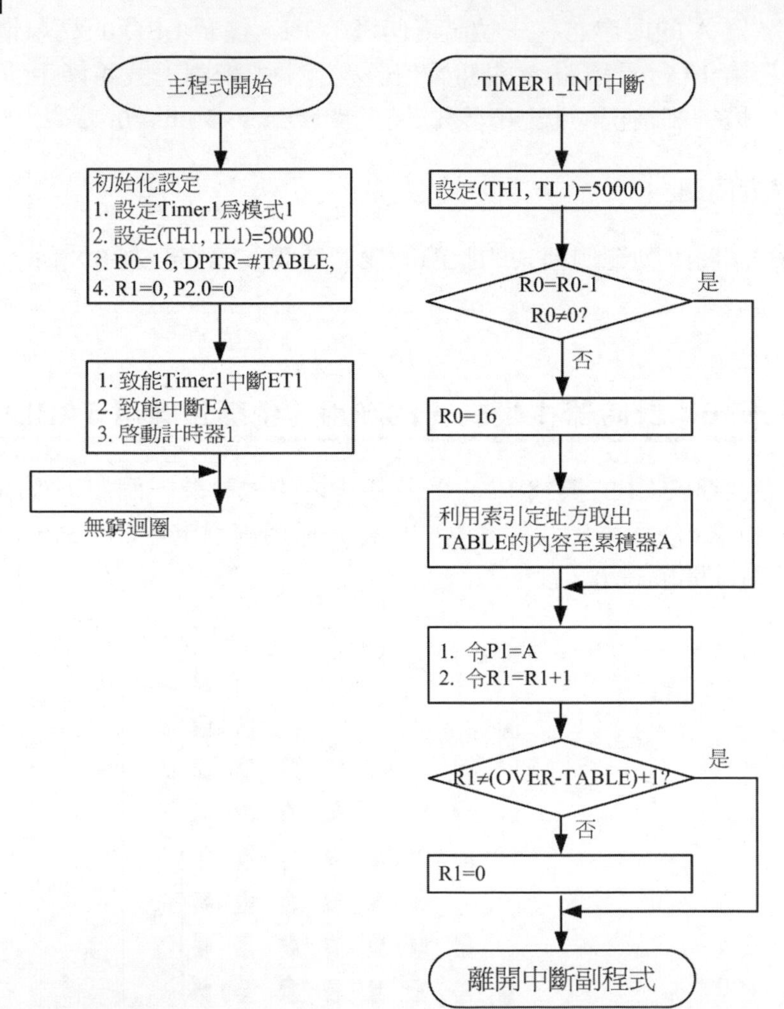

程式碼

範例 DM06_06.ASM 程式碼

```
1    ;=========================================
2    ;==== file name: DM06_06.asm        =====
3    ;=========================================
4            ORG    0000H
5            AJMP   MAIN
6            ORG    001BH
```

```
7           AJMP   TIMER1_INT
8           ORG    0020H
9    MAIN:
10          MOV    TMOD,#00010000B   ;計時器-1 (模式 1-16 位元)
11          MOV    TL1,#(65535-50000) MOD 256
12          MOV    TH1,#(65535-50000)/256
13          MOV    R0, #16
14          MOV    DPTR,#TABLE
15          MOV    R1,#00
16          CLR    P2.0
17          SETB   ET1
18          SETB   EA
19          SETB   TR1
20   LOOP:  AJMP   LOOP
21
22   ;======= DELAY FUNCTION BY INTERRUPT METHOD =====
23   TIMER1_INT:
24          MOV    TL1,#(65535-50000) MOD 256
25          MOV    TH1,#(65535-50000)/256
26          DJNZ   R0, EXIT
27          MOV    R0, #16
28          MOV    A, R1
29          MOVC   A, @A+DPTR
30          MOV    P1, A
31          INC    R1
32          CJNE   R1,#(OVER-TABLE)+1,EXIT
33          MOV    R1,#00
34   EXIT:
35     RETI
36   ;
37   ;====   TABLE LIST          ===================
38   TABLE:  DB    11111110B
39           DB    11111100B
40           DB    11111000B
41           DB    11110000B
42           DB    11100000B
43           DB    11000000B
44           DB    10000000B
45           DB    00000000B
46           DB    10000000B
47           DB    11000000B
48           DB    11100000B
49           DB    11110000B
```

```
50              DB      11111000B
51              DB      11111100B
52              DB      11111110B
53  OVER:       DB      11111111B
54  ;
55              END
```

程式說明

1. 第 1 至 3 行是程式註解，說明程式檔名為 DM06_06.asm。
2. 第 4 行是假指令，設定程式的啟始位置為第 0000 行，而第 5 行是強制跳至 MAIN 標籤程式位置去執行。第 6 及 7 行是計時器 1 的中斷程式標準應用。
3. 第 10 至 12 行設定計時器 1 為模式 1 且令（TH1,TL1）=50000。
4. 第 13 至 16 行是初如程式設定。令 R0=16、R1=0、令 DPTR 指向 TABLE 的程式位置與設定 P2.0=0 致能 LED 燈控制介面電路（請參考第四章實驗板介面電路）。
5. 第 17 至 19 行是致能計時器 1 的中斷 ET1、致能微控制器的中斷總開關 EA 與最後啟動計時器 1。
6. 第 20 行是無窮迴圈程式，主要是讓微控制器停在這裡，等待計時器 1 的中斷觸發。
7. 第 23 至 35 行為 TIMER1_INT 中斷副程式。第 24 及 25 行重新設定（TH1,TL1）= 50000，第 26 行執行 R0=R0-1，然後再判斷 R0 是否為 0，如果 R0≠0 則離開中斷副程式，但是 R0=0，執行下一行且令 R0=16。第 28 及 29 行是應用索引定址方式，將 TABLE 內容取出且存入累加器 A 且將其值再傳送給 P1，控制 LED 的亮熄情況。第 31 行令 R1=R1+1 指向下一個 TABLE 位置。第 32 行判斷索引定址的偏移量 R1 是否為最後一個，如果不是則離開中斷副程式，如果是最後一個位置則令 R1=0 且離開中斷副程式。因為 TABLE 的設計是將 LED 燈的 16 個控制狀態依序填入 TABLE 內，因此本中斷副程式將產生如要求的燈號控制情況。狀態改變的時間間隔為 16(R0)×50ms=0.8 秒。

8. 第 38 至 53 行是依序將本範例的燈號輸出要求填入 TABLE 內。注意位元組的內容要反向哦。

思考問題

a. 請將上列範例程式的燈號控制修改為如下圖方式。

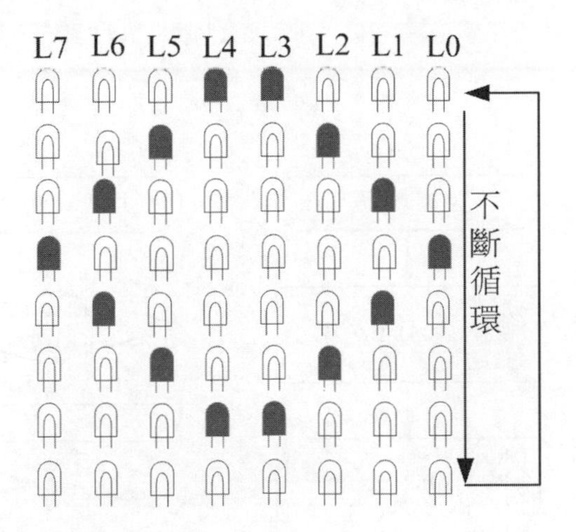

範例 7：計時器 1 模式 2 的應用（中斷，TABLE 方式）

請利用計時器 1 的模式 2 方式，採用中斷方式設計一個如下圖所示之跑馬燈控制程式，而輸出狀態資料的取得是採用索引定址的方式。每個狀態改變的時間間隔是 0.55 秒。

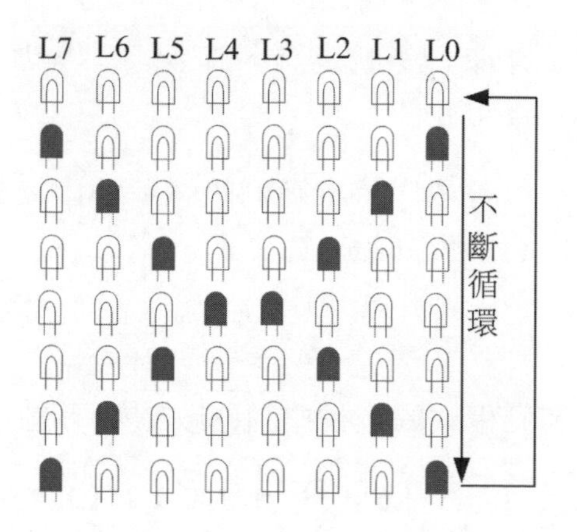
L7
L6
L5
L4
L3
L2
L1
L0
不斷循環

流程圖

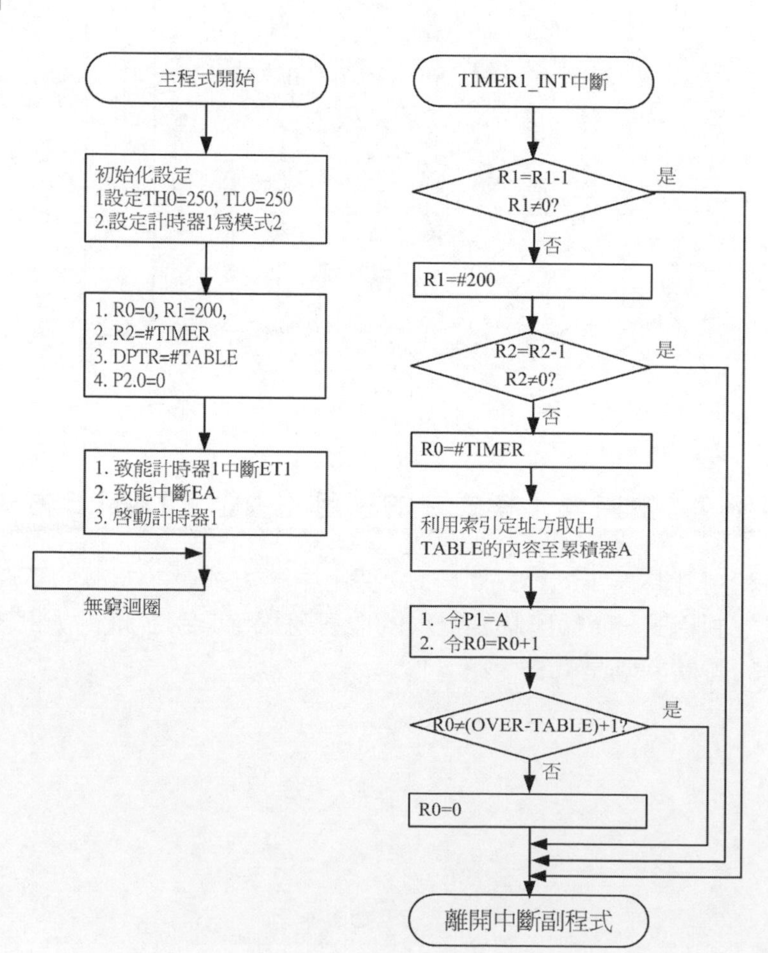
主程式開始
初始化設定
1設定TH0=250, TL0=250
2.設定計時器1爲模式2
1. R0=0, R1=200,
2. R2=#TIMER
3. DPTR=#TABLE
4. P2.0=0
1. 致能計時器1中斷ET1
2. 致能中斷EA
3. 啓動計時器1
無窮迴圈
TIMER1_INT中斷
R1=R1-1
R1≠0?
是
否
R1=#200
R2=R2-1
R2≠0?
是
否
R0=#TIMER
利用索引定址方取出
TABLE的內容至累積器A
1. 令P1=A
2. 令R0=R0+1
R0≠(OVER-TABLE)+1?
是
否
R0=0
離開中斷副程式

程式碼

範例 DM06_07.ASM 程式碼

```
1    ;========================================
2    ;==== file name: DM06_07.asm       =====
3    ;========================================
4    TIMER    EQU   11
5    ;
6             ORG   0000H
7             AJMP  MAIN
8             ORG   001BH
9             AJMP  TIMER1_INT
10            ORG   0020H
11   MAIN:
12            MOV   TH0,#(256-250)
13            MOV   TL0,#(256-250)
14            MOV   TMOD,#00100000B  ;計時器-1 (模式 2-8 位元)
15            MOV   R0,#0
16            MOV   R1,#200
17            MOV   R2,#TIMER
18            MOV   DPTR,#TABLE
19            CLR   P2.0
20            SETB  ET1
21            SETB  EA
22            SETB  TR1
23   LOOP:    AJMP  LOOP
24   ;
25   ;======= DELAY FUNCTION BY INTERRUPT METHOD =====
26   TIMER1_INT:
27            DJNZ  R1, EXIT
28            MOV   R1, #200
29            DJNZ  R2, EXIT
30            MOV   R2, #TIMER
31   ;
32            MOV   A, R0
33            MOVC  A, @A+DPTR
34            MOV   P1,A
35            INC   R0
36            CJNE  R0,#(TABLE-OVER)+1,EXIT
37            MOV   R0,#0
38   EXIT:
39            RETI
40   ;
```

```
41    ;===== TABLE LIST =========
42    TABLE:    DB     11111111B
43              DB     01111110B
44              DB     10111101B
45              DB     11011011B
46              DB     11100111B
47              DB     11011011B
48              DB     10111101B
      OVER:     DB     01111110B
      ;
                END
```

程式說明

1. 第 1 至 3 行是程式註解，說明程式檔名為 DM06_07.asm。
2. 第 4 行是假指令，定義 TIMER 常數為 11。第 6 行是假指令，設定程式的啟始位置為第 0000 行，而第 7 行是強制跳至 MAIN 標籤程式位置去執行。第 8 及 9 行是計時器 1 的中斷程式標準應用。
3. 第 12 至 14 行設定計時器 1 為模式 2 且令 TH1=（256-250）、TL1=（256-250）。
4. 第 15 至 19 行是程式的初值設定。令 R0=16、R1=200、令 DPTR 指向 TABLE 的程式位置與設定 P2.0=0 致能 LED 燈控制介面電路（請參考第四章實驗板介面電路）。
5. 第 20 至 22 行是致能計時器 1 的中斷 ET1、致能微控制器的中斷總開關 EA 與最後啟動計時器 1。
6. 第 23 行是無窮迴圈程式，主要是讓微控制器停在這裡，等待計時器 1 的中斷觸發。
7. 第 26 至 39 行為 TIMER1_INT 中斷副程式。第 24 至 30 行設計一個 2 個迴圈程式，產生 11×200×0.25ms=0.55 秒後，才會執行第 32 至 37 行的索引定址取出 TABLE 資料的程式一次。首先第 32 及 33 行應用索引定址取出 TABLE 資料且輸出至 P1 上，第 33 行執行 R0=R0+1 且判斷 R0 是否等到#（TABLE-OVER）+1，如果不是則表示未到達

TABLE 表格末端且離開中斷，否則將 R0 重置為 0 及離開中斷程式。因為 TABLE 的設計是將 LED 燈的 16 個控制狀態依序填入 TABLE 內，因此本中斷副程式將產生如要求的燈號控制情況。狀態改變的時間間隔為 11× 200×50ms=0.55 秒。

8. 第 42 至 49 行是依序將本範例的燈號輸出要求填入 TABLE 內。注意位元組的內容要反向哦。

思考問題

a. 請將上列範例程式改用計時器 0 模式 1 方式。

範例 8：計時器 0 之外部觸發（Polling 方式）

本範例是採用計時器 0 之外部觸發方式，也是就是應用計數器 0 的方式，在此應用模式 2 的方式，程式設計是採用輪詢方式，詳細動作如下圖要求：（注意！考慮接點的彈跳現象。）

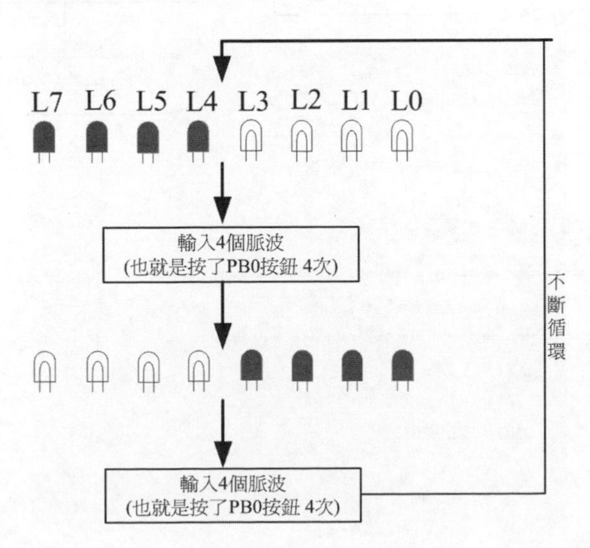

流程圖

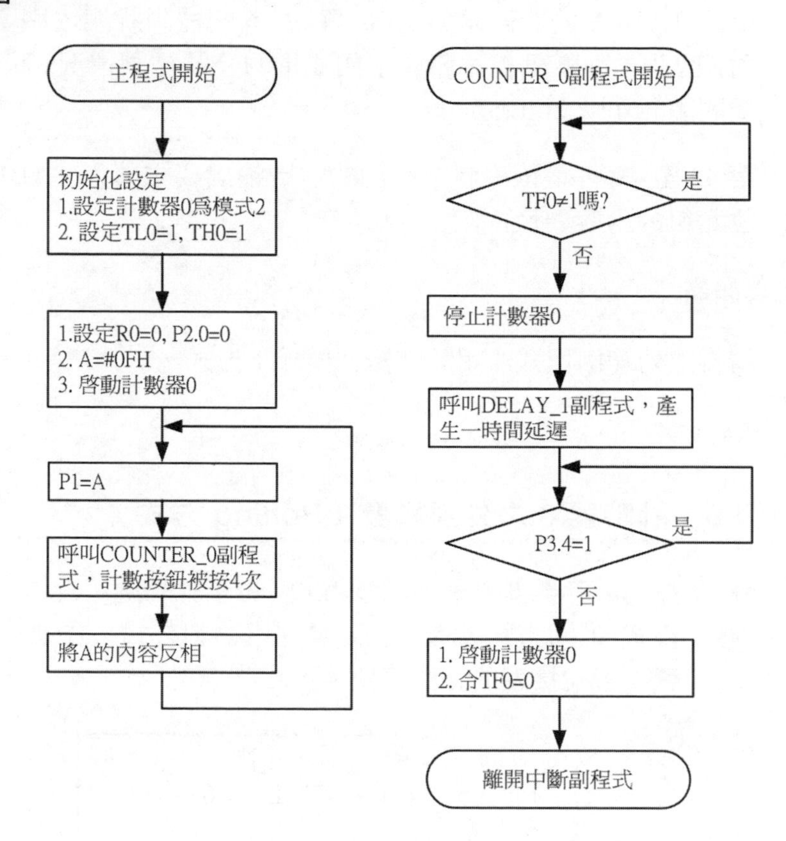

程式碼

範例 DM06_08.ASM 程式碼

```
1    ;=========================================
2    ;==== file name: DM06_08.asm        =====
3    ;=========================================
4    COUNT    EQU    04H
5    ;
6             ORG    0000H
7    Main:
8             MOV    TMOD,#00000110B
9             MOV    TL0,#(256-1)
10            MOV    TH0,#(256-1)
11            MOV    R0,#00
12            CLR    P2.0
```

```
13          MOV   A, #0FH
14          SETB  TR0
15  LOOP:
16          MOV   P1, A
17          ACALL COUNTER_0
18          CPL   A
19          AJMP  LOOP
20  ;======= DELAY FUNCTION BY POLLING METHOD =====
21  COUNTER_0:
22          JNB   TF0, COUNTER_0
23          CLR   TR0
24  DL1:    CALL  DELAY_1
25          JB    P3.4,DL1
26          SETB  TR0
27          CLR   TF0
28          INC   R0
29          CJNE  R0,#COUNT,COUNTER_0
30          MOV   R0,#00
31          RET
32  ;
33  DELAY_1:
34          MOV   R1,#250              ;延遲中斷偵測
35          DJNZ  R1,$
36          RET
37
38          END
```

程式說明

1. 第 1 至 3 行是程式註解，說明程式檔名為 DM06_08.asm。
2. 第 4 行是假指令，定義 TIMER 常數為 04H。第 6 行是假指令，設定程式的啟始位置為第 0000 行。
3. 第 8 至 10 行設定計時器 0 為模式 3，設定 TIMER0 及 1 工作於計數器 0 及 1 模式，然後令 TH0=（256-1）、TL0= （256-1）。
4. 第 11 至 14 行是程式初值設定。令 R0=0、設定 P2.0=0 致能 LED 燈控制介面電路（請參考第四章實驗板介面電路）、令累積器 A=0FH 與啟動計數器 0。

5. 第 15 至 19 行是 LOOP 主迴圈控制程式。第 16 行將累積器 A 的值輸出至 P1，控制 LED 燈號，第 17 行是呼叫 COUNTER_0 副程式判斷按鈕的 4 次操作後，在將累積器 A 的值反相，然後再強制跳回 LOOP 標籤，重復執行 LOOP 主迴圈控制程式，產生範例的控制要求。

6. 第 21 至 31 行是 COUNTER_0 副程式。第 21 及 22 行是判斷是否計數器 0 溢位，如果計數器 0 溢位則在第 23 行停止計數器 0，第 24 至 25 行產生一個時間延遲，然後執行 R0=R0+1，再重新啟動計數器 0 及清除 TF0，而第 29 行是判斷 R0 是否等於 4，如果不是則強制跳至 COUNTER_0 標籤再次執行按鈕計數，但是 R0=4 則將 R0 重置為 0 且離開副程式。由副程式說明可知，當按鈕被按下 4 次後，才會離開副程式去執行下一個程式動作。

7. 第 33 至 36 行為 DELAY_1 副程式，產生一個短暫時間延遲現象。

思考問題

a. 請將上列範例程式改用計時器 1 之外部觸發方式。

範例 9：計時器 0 之外部觸發（中斷方式）

本範例是採用計時器 0 之外部觸發方式，也是就是應用計數器 0 的方式，在此應用模式 2，而程式設計是採用中斷模式，詳細動作如下圖要求：（注意！考慮接點的彈跳現象。）

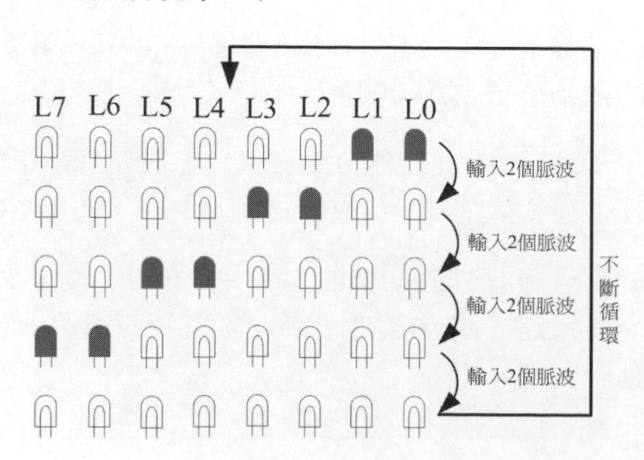

流程圖

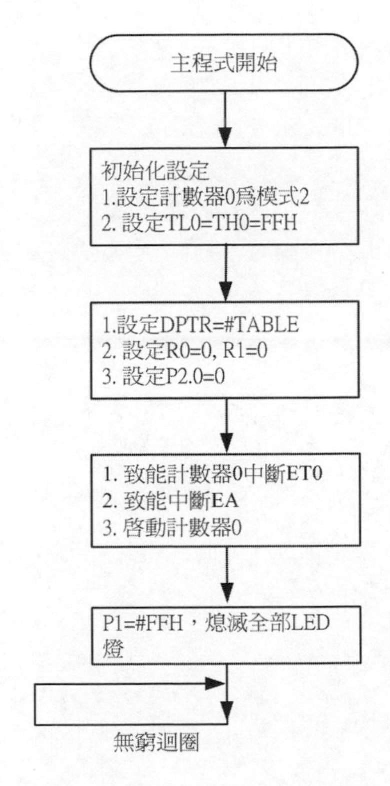
主程式開始
初始化設定
1.設定計數器0爲模式2
2. 設定TL0=TH0=FFH
1.設定DPTR=#TABLE
2. 設定R0=0, R1=0
3. 設定P2.0=0
1. 致能計數器0中斷ET0
2. 致能中斷EA
3. 啓動計數器0
P1=#FFH，熄滅全部LED燈
無窮迴圈

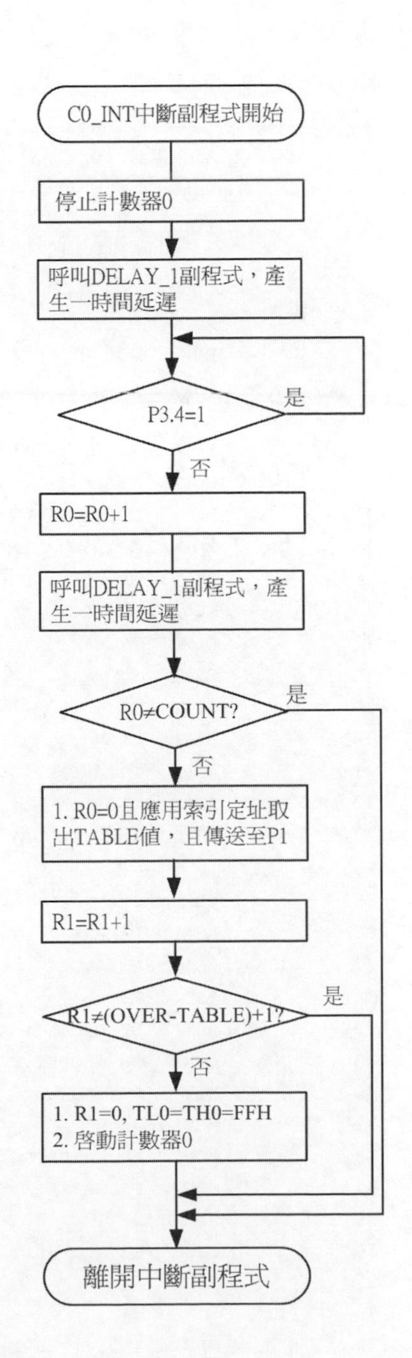
C0_INT中斷副程式開始
停止計數器0
呼叫DELAY_1副程式，產生一時間延遲
P3.4=1
是
否
R0=R0+1
呼叫DELAY_1副程式，產生一時間延遲
R0≠COUNT?
是
否
1. R0=0且應用索引定址取出TABLE值，且傳送至P1
R1=R1+1
R1≠(OVER-TABLE)+1?
是
否
1. R1=0, TL0=TH0=FFH
2. 啓動計數器0
離開中斷副程式

程式碼

範例 DM06_09.ASM 程式碼

```
1    ;=========================================
2    ;==== file name: DM06_09.asm        =====
3    ;=========================================
4    COUNT    EQU    02H
5    ;
6             ORG    0000H
7             AJMP   MAIN
8             ORG    000BH
9             AJMP   C0_INT
10   Main:
11            MOV    TMOD,#00000110B  ;計時器-0, MODE-1, T0 PIN
12            MOV    TL0,#(256-1)
13            MOV    TH0,#(256-1)
14            MOV    DPTR,#TABLE
15            MOV    R0,#00
16            MOV    R1,#00
17            CLR    P2.0
18            SETB   ET0
19            SETB   EA
20            SETB   TR0
21            MOV    P1,#0FFH
22   LOOP:    AJMP   LOOP
23   ;======= DELAY FUNCTION BY POLLING METHOD =====
24   C0_INT:
25            CLR    TR0
26   DL1:     ACALL  DELAY_1
27            JB     P3.4,DL1
28            INC    R0
29            ACALL  DELAY_1
30            CJNE   R0,#COUNT,EXIT
31            MOV    R0,#00
32            MOV    A, R1
33            MOVC   A, @A+DPTR
34            MOV    P1, A
35            INC    R1
36            CJNE   R1,#(OVER-TABLE)+1,EXIT
37            MOV    R1,#00
38   EXIT:
39            MOV    TL0,#(256-1)
40            MOV    TH0,#0FFH
```

```
41          SETB  TR0
42          RETI
43   ;=== SMALL DELAY FUNCTION
44   DELAY_1:
45          MOV   R2,#20         ;延遲中斷偵測
46   DL3:   MOV   R3,#250
47          DJNZ  R3,$
48          DJNZ  R2,DL3
49          RET
50   ;===== TABLE LIST
51   TABLE: DB    11111100B
52          DB    11110011B
53          DB    11001111B
54          DB    00111111B
55   OVER:  DB    11111111B
56   ;
57          END
```

程式說明

1. 第 1 至 3 行是程式註解，說明程式檔名為 DM06_09.asm。
2. 第 4 行是假指令，定義 TIMER 常數為 02H。第 6 行是假指令，設定程式的啟始位置為第 0000 行，而第 7 行是強制跳至 MAIN 標籤程式位置去執行。第 8 及 9 行是計數器 0（C0_INT）的中斷程式標準應用。
3. 第 11 至 13 行設定計時器 0 為模式 3，設定 TIMER0 及 1 工作於計數器 0 及 1 模式，然後令 TH0=（256-1）、TL0=（256-1）。
4. 第 11 至 14 行是程式初值設定。令 R0=0、R1=0、令 DPTR 指向 TABLE 的程式位置與設定 P2.0=0 致能 LED 燈控制介面電路（請參考第四章實驗板介面電路）。
5. 第 18 至 20 行是致能計數器 0 的中斷 ET0、致能微控制器的中斷總開關 EA 與最後啟動計時器 0。
6. 第 21 行是設定 P1=0FFH，關閉所有 LED 燈輸出。

7. 第 22 行是無窮迴圈程式，主要是讓微控制器停在這裡，等待計數器 0 的中斷觸發。

8. 第 24 至 42 行是 C0_INT 中斷副程式。第 25 行為當中斷產生後先停止計時器 0 功能，第 26 至 28 行產生一個時間延遲（同前一範例）。第 29 行執行 R0=R0+1，在第 30 行是判斷 R0 是否等於 2，如果不是則跳至 EXIT 標籤處，重新設定 TL0、TH0 與啟動計數器 0，但是 R0 是等於 2 則執行第 31 至 37 行。第 31 行是將 R0 重置為 0，第 32 至 34 行是應用索引定址方式，將指定 TABLE 內容取出且輸出至 PORT1 上，控制 LED 燈號，第 35 行執行 R0=R0+1，判斷 R1 是否為 TABLE 的末端（OVER-TABLE）+1，如果是則將 R1 重置為 0，否則跳至 EXIT 標籤處，執行中斷副程式的離開程序。

9. 第 44 至 49 行為 DELAY_1 副程式，產生一個短暫時間延遲現象。

10. 第 51 至 55 行是依序將本範例的燈號輸出要求填入 TABLE 內。注意位元組的內容要反向哦。

 **思考問題**

a. 請將上列範例程式修改為應用輪詢方式。

b. 請將上列範例程式修改為應用計時器 1 之外部觸發方式。

問題與討論

1. 使用 PORT1 搭配 74LS244 來控制 8 個 LED 燈，每次點亮一個，由左向右移動，並使用計時器的計時器 1 模式 2 來設計延遲副程式，作為 LED 燈移動的延遲時間，其延遲時間為 1 秒，且重複執行。

2. 使用 PORT1 搭配 74LS244 來控制 8 個 LED 燈，並使用計時器的計時模式 3 來分別控制跑馬燈。TL0 控制 LED4~8 燈，由左向右移動，移動速度為 0.2 秒；TH0 控制 LED0~3 燈，每次點亮一個，由右向左移動，移動速度為 0.4 秒。2 個走馬燈控制都是重複執行。

3. 使用 PORT1 搭配 74LS244 來控制 8 個 LED 燈，亮滅閃爍，並使用計時器的計時模式 0 來設計延遲副程式，作為 LED 燈閃爍的延遲時間，其延遲時間為 2 秒，且重複執行。

4. 使用 PORT1 搭配 74LS244 來控制 8 個 LED 燈，每次點亮一個，由左向右移動，並使用計時器的計時模式 0 來設計延遲副程式，作為 LED 燈移動的延遲時間，其延遲時間為 1 秒，且重複執行。

5. 使用指撥開關 SW 來整合應用範例程式，其設定動作要求如下：
(1) 當 SW0 (P1.0) 為低電位，執行範例 1 的要求動作；(2) 當 SW1 (P1.1) 為低電位，執行範例 2 的要求動作；(3) 當 SW2 (P1.2) 為低電位低電位，執行範例 3 的要求動作；(4) 當 SW3 (P1.3) 為低電位低電位，執行範例 4 的要求動作；(5) 當 SW4 (P1.4) 為低電位低電位，執行範例 5 的要求動作；(6) 當 SW5 (P1.5) 為低電位低電位，執行範例 6 的要求動作；(7) 當 SW6 (P1.6) 為低電位低電位，執行範例 7 的要求動作；(8) 當 SW7 (P1.7) 為低電位低電位，執行範例 8 的要求動作。

問題與討論

6. 使用按鈕開開 PB0（P1.0）來整合應用範例程式，其設定動作要求如下：（1）當 SW0（P1.0）被按下 1 次，執行範例 1 的要求動作；（2）當 SW0（P1.0）被按下 2 次，執行範例 2 的要求動作；（3）當 SW0（P1.0）被按下 3 次，執行範例 3 的要求動作；（4）當 SW0（P1.0）被按下 4 次，執行範例 4 的要求動作；（5）當當 SW0（P1.0）被按下 5 次，執行範例 5 的要求動作；（6）當 SW0（P1.0）被按下 6 次，執行範例 6 的要求動作；（7）當當 SW0（P1.0）被按下 7 次，執行範例 7 的要求動作；（8）當當 SW0（P1.0）被按下 8 次，執行範例 8 的要求動作。注意，按鈕開關的彈跳問題。

chapter 7

七段顯示器之應用

本章主要介紹 MCS-51 單晶片與七段顯示器之整合應用。首先介紹七段顯示器的內部結構與驅動數位 IC 的顯示介面電路原理與設計，以期讀者能具有簡單顯示輸出控制的基礎知識與概念。再經由實驗板的多個七段顯示器掃描電路與程式設計，強化讀者的整合應用的能力。若讀者能充分掌握本章各節的內容及範例程式，對於瞭解單晶片的指示輸出應用將有莫大的助益。

本章學習重點

- 七段顯示器介面電路
- 程式執行序的控制方式
- 主程式與副程式的設計方式
- 再探討單晶片算術指令的應用
- 七段顯示器自動上數程式設計
- 指撥開關與七段顯示器整合應用程式設計
- 計時器與七段顯示器整合應用程式設計
- 問題與討論

7-1 七段顯示器原理

七段顯示器（Seven-segment display）為常用顯示數字的電子元件。如圖 7-1 所示，內部結構是由七個筆畫與一個小數點，依順時針方向為 a、b、c、d、e、f、g 與 dp 等八組發光二極體之排列組合而成。因為藉由七個發光二極體以不同組合來顯示數字，所以稱為七段顯示器，而七段顯示段旁的點為它的「第八劃」，用於顯示小數點的部份。一般而言，七段顯示器擁有八個發光二極體來顯示十進位0 至 9 的數字，同時具有顯示英文字母 A 至 F（b,d 為小寫，其他為大寫）的十六進位表示方式。在應用上，七段顯示器通常是採用斜體顯示方式。例如要產生數字「0」，須只點亮 a、b、c、d、e、f 等節段的發光二極體；要產生數字「5」，則須點亮 a、c、d、f、g 等節段發光二極體，以此類推，參見表 7-1 的七段顯示器顯示編碼。

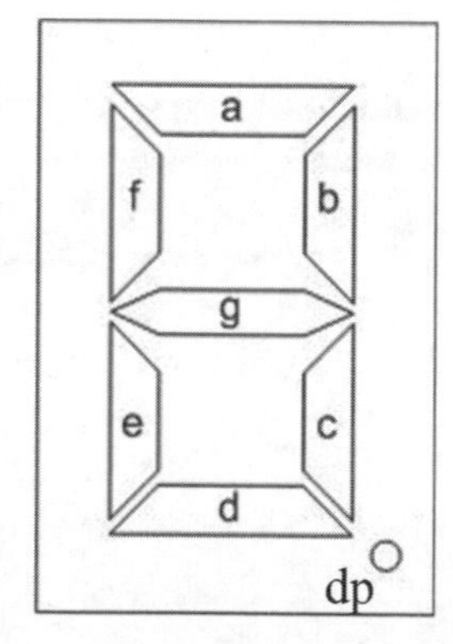

圖 7-1 七段顯示器元件

表 7-1 七段顯示器顯示之數字編碼

數值	發亮線段	數值	發亮線段
0	a,b,c,d,e,f	8	a,b,c,d,e,f,g
1	b,c	9	a,b,c,f,g
2	a,b,e,d,g	A	a,b,c,e,f
3	a,b,c,d, g	b	c,d,e,f,g

數值	發亮線段	數值	發亮線段
4	b,c,f,g	C	a,d,e,f
5	a,f, c,d,g	d	b,c,d,e,g
6	c,d,e,f,g	E	a,d,e,f,g
7	a,b,c	F	a,e,f,g

七段顯示器的顯示方式可分成共陽極與共陰極兩種，共陽極就是把所有的線段 LED 的陽極連接到共同的 com 點，而每個線段 LED 的陰極則分別連接至 a、b、c、d、e、f、g 及 dp（小數點），如圖 7-2 所示。反之，共陰極就是把所有的線段 LED 的陰極連接到共同的 com 點，而每個線段 LED 的陽極則分別連線至 a、b、c、d、e、f、g 及 dp（小數點），如圖 7-3 所示。七段顯示器在顯示控制上就像一般的 LED 控制方式，當我們使用共陽極七段顯示器時，只要先將其 com 點接至 V_{CC}，然後每支陰極接腳分別再接一個限流電阻，限流電阻約用 200 到 330 歐姆，電阻越大，亮度越弱，反之電阻越小，亮度越強。由控制接腳 a、b、c、d、e、f、g 及 dp 的接地與否，則可控制相對應線段 LED 的點亮與否。至於共陰極七段顯示器，則是將其共陰極的 com 腳接地，然後將每一線段的 LED 陽極腳分別接一個限流電阻，再由控制接腳 a、b、c、d、e、f、g 及 dp 的連接至 V_{CC} 與否，控制相對應線段 LED 的點亮與否。也就是說，對於共陽極規格的七段顯示器來說，必須使用"沉流（Sink Current）"控制方式，亦即是共同接腳 com 為 V_{CC}，並由數位電路或是微控制器的輸出接腳成為低電位，進而使外部電源流經七段顯示器，再流入微控制器的一種控制方式。而共陰極規格的七段顯示器則是使用"源流（Source Current）"方式，亦即將共同接腳 com 接至 GND，並由數位電路或是微控制器的輸出高電位的腳位，提供七段顯示器電流使其發光。

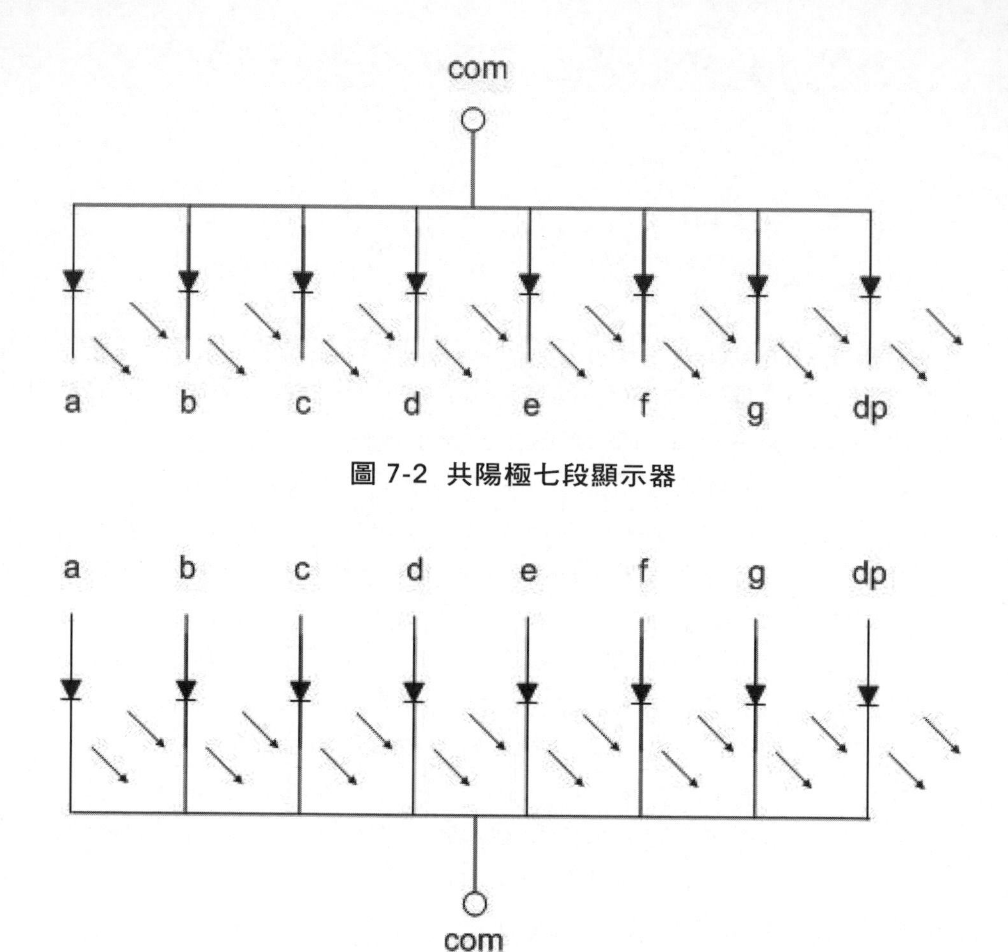

圖 7-2 共陽極七段顯示器

圖 7-3 共陰極七段顯示器

7-2 多個七段顯示器之掃瞄顯示應用

所謂七段顯示器的掃瞄顯示控制，又稱為分時控制七段顯示器的 LED 線段之亮滅。為了節省多個七段顯示器的控制電路，一般上都將多個七段顯示器的相對 LED 筆畫都連接在一起，保持共陽極或共陰極的分別控制型式，而同一時間只能點亮一個七段顯示器的 LED 線段。但是，由於人類的眼睛在看過東西之後，約有 40 毫秒的影像殘存，也就是所謂的「視覺暫留」。因此，只要影像消失不超過 40 毫秒，則眼睛就無法察覺，所以會感覺看到一個持續存在的影像。所以，如果採用個別七段顯示器 LED 線段的快速輪流點亮方式，則人的眼睛將無法察覺七段顯示器 LED 線段的熄滅情況，而誤以為是所有的七段顯示器的 LED 線段是一起點亮的。如圖 7-4 所示，如果要顯示 1234，則可讓微處理器快速地輪流重複點亮 1、2、3、4，只要同一個數字前後兩次之顯示時間間隔不超過 40 毫秒，則人的眼睛將會看到四個七段顯示器的同時點亮情況，也就是產生四個數字 1234 之點亮控制。注意，每個七段顯示器之控制電路如同共陰與共陽方式。

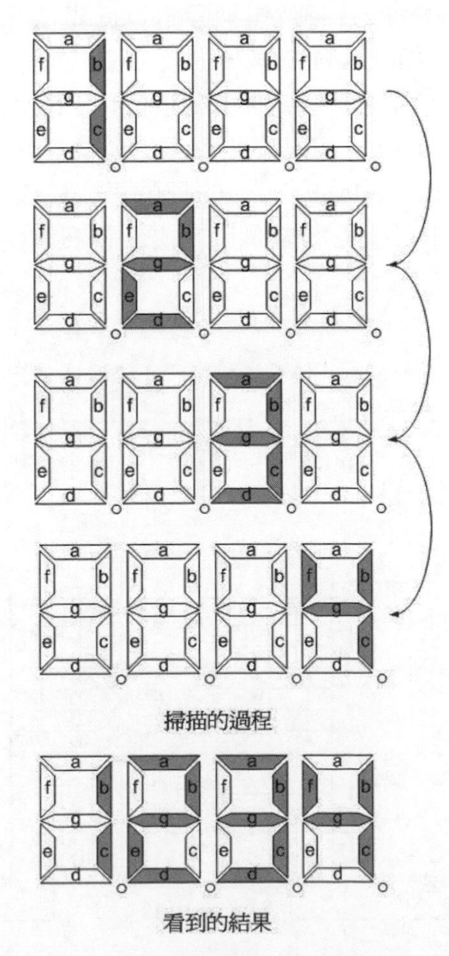

圖 7-4　七段顯示器的掃瞄顯示控制

7-3 實驗板與七段顯示器有關電路

圖 7-5 是實驗板的 6 個七段顯示器之共陽掃描控制電路。由電路圖可知，P2.2 接腳要送出低電位，此時微控制器的 P1 的訊號才可經過 U2_74HCT244 傳送至 U1_74HCT47，所以 P1.0~P1.5 的腳位訊號可經 74HCT47 的轉換，將所需的指定編碼送至七段顯示器的 a, b, …與 g 接腳上，而 P1.6 則是控制七段顯示器的 dp 訊號。至於七段顯示器的點亮與否，則是由 Q1 至 Q6 的電晶體加以控制共陽七段顯示器。同理，要控制 Q1 至 Q6，微控制器 P2.3 腳位需被設定為低電位，如此微控制器的 P0 腳位訊號可經 U3_74HCT244 送至 Q1 至 Q6 的基極，加以控制電晶體開關的導通與否。注意由於實驗板的控制是採用 PNP 電晶體，因此，P0.0~P0.5 的腳位要為低電位，才可點亮相對應的七段顯示器。由於本電路是採用掃描電路的控制方式，P0.0~P0.5 的腳位訊號只能在同一時間只有一個可為低電位，如此才可產生掃描顯示方式。詳細電路原理說明如下：

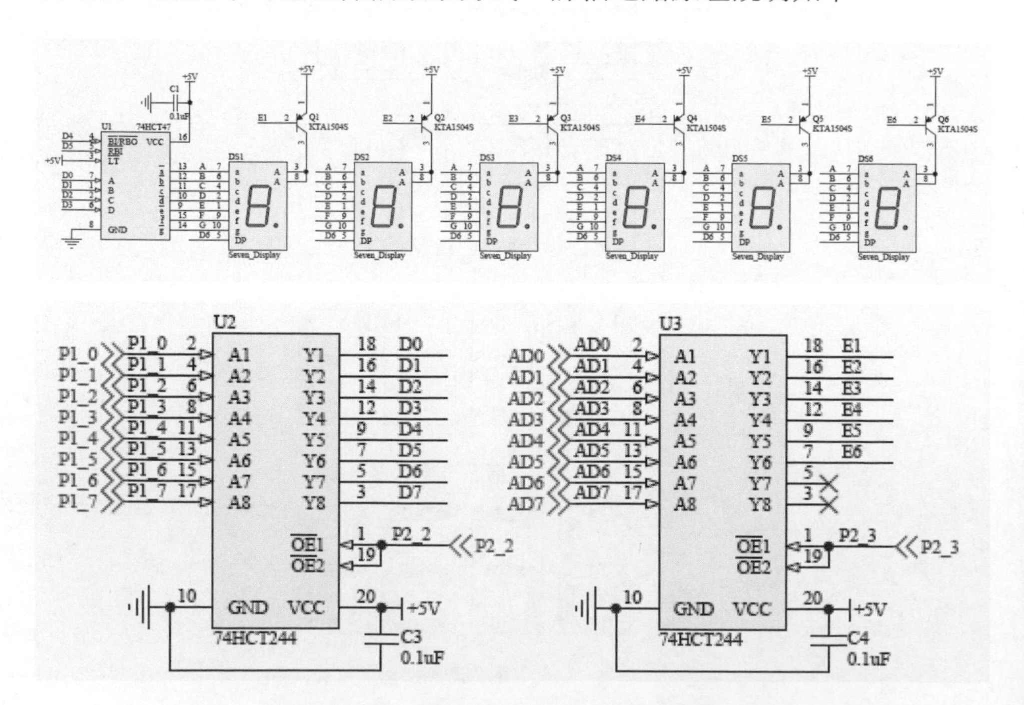

圖 7-5 實驗板的 6 個七段顯示器之共陽掃描控制電路

7-3.1 7447 解碼驅動 IC 動作原理

由於七段顯示器分為共陰型及共陽型，所以 BCD 至七段顯示解碼（轉碼）的數位積體電路也分為兩類，TTL 的 7448、7449 及 CMOS 的 4511 必須配合共陰型七段顯示器使用，而 TTL 的 7446 及 7447 就必須配合共陽型七段顯示器使用。這些 IC 的輸出端為了要驅動 LED 均有提高耐壓及輸出電流的設計，因此資料手冊中常以 BCD 至七段顯示解碼器／驅動器（BCD to 7 Segment Decoder/Driver）稱之。在使用上需特別注意共陰型及共陽型七段顯示器電源的接法，而且與解碼器之間也務必要加上限流電阻，如圖 7-6 所示。TTL 的 7447 是一只與共陽七段顯示器搭配使用的七段顯示解碼器，所以驅動 LED 的輸出端均以 0 動作，在 IC 接腳圖中常會畫上一個小圓圈表示低態動作的意思，輸出端最大耐壓為 15V，低態輸出時可以提供的電流大於 40mA，這個輸出特性對於一般規格的七段顯示器已經足夠。7447 為十六隻腳數位 IC 如圖 7-7 所示，其真值表如表 7-2 所示，而其個別輸出所對應的顯示值如圖 7-8 所示。7447 接腳說明如下：

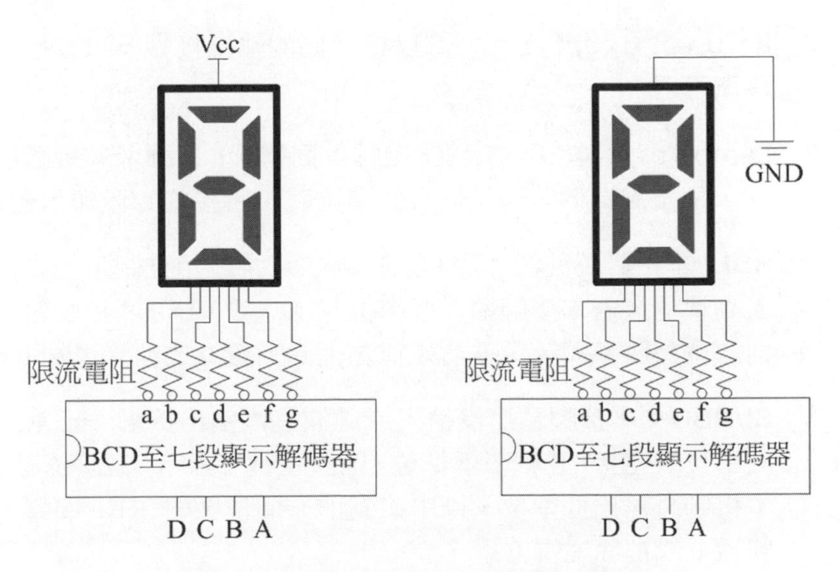

圖 7-6 共陰與共陽七段顯示器的接法

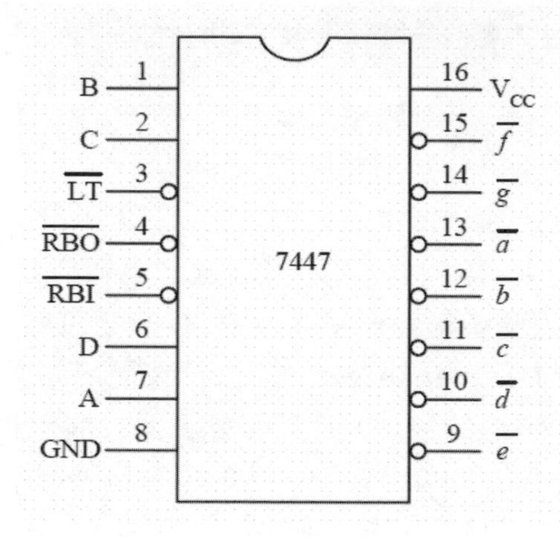

圖 7-7　74HCT47 接腳圖

接腳說明

1. **D、C、B、A：**十進位 BCD 碼的輸入接腳。
2. **a、b、c, d, e, f 及 g：** 七段顯示碼的輸出接腳，可直接連至共陽七段顯示器。
3. **Lamp Test：**本接腳為測試接腳，簡稱 LT 接腳。本接腳在正常狀況下，是輸入高準位。但輸入低準位時，所接的七段顯示器會全亮。
4. **RBI：**本接腳為漣波遮沒輸入接腳。正常顯示控制下，本接腳應該輸入高準位。若本接腳輸入低準位且 D、C、B、A 接腳輸入皆為 0，則該位數將不顯示，這功能稱為消除前置 0 或消除尾端 0。
5. **BI/RBO：**本接腳為遮沒輸入或漣波遮沒輸出接腳。正常狀況是輸入高準位或空接。若輸入低準位，則該位數不顯示。當該位數不顯示時，本接腳將輸出低準位，以串接到前一個位數的 RBI 接腳，作為消除前置 0 或消除尾端 0 用。

表 7-2　7447 真值表

Decimal or Function	Inputs						BI/RBO (Note 1)	Outputs						
	LT	RBI	D	C	B	A		a	b	c	d	e	f	g
0	H	H	L	L	L	L	H	L	L	L	L	L	L	H
1	H	X	L	L	L	H	H	H	L	L	H	H	H	H
2	H	X	L	L	H	L	H	L	L	H	L	L	H	L
3	H	X	L	L	H	H	H	L	L	L	L	H	H	L
4	H	X	L	H	L	L	H	H	L	L	H	H	L	L
5	H	X	L	H	L	H	H	L	H	L	L	H	L	L
6	H	X	L	H	H	L	H	H	H	L	L	L	L	L
7	H	X	L	H	H	H	H	L	L	L	H	H	H	H
8	H	X	H	L	L	L	H	L	L	L	L	L	L	L
9	H	X	H	L	L	H	H	L	L	L	H	H	L	L
10	H	X	H	L	H	L	H	H	H	H	L	L	H	L
11	H	X	H	L	H	H	H	H	H	L	L	H	H	L
12	H	X	H	H	L	L	H	H	L	H	H	H	L	L
13	H	X	H	H	L	H	H	L	H	H	L	H	L	L
14	H	X	H	H	H	L	H	H	H	H	L	L	L	L
15	H	X	H	H	H	H	H	H	H	H	H	H	H	H
BI	X	X	X	X	X	X	L	H	H	H	H	H	H	H
RBI	H	L	L	L	L	L	L	H	H	H	H	H	H	H
LT	L	X	X	X	X	X	H	L	L	L	L	L	L	L

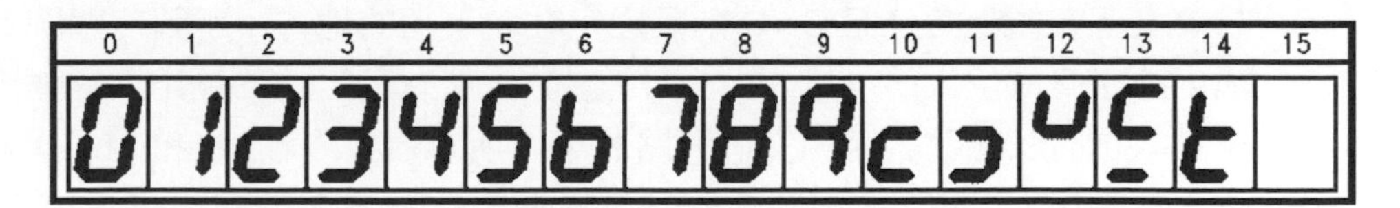

圖 7-8　表 7-2 個別輸出所對應的顯示值

圖 7-9 為典型應用電路，例如 U3 的 BCD 碼輸入為 0000，U2 的 BCD 碼輸入為 0000，U1 的 BCD 碼輸入為 0110，則七段顯示器的顯示說明如下：U3 的 BCD 碼輸入為 0000，RBI=0（接地），因此 RBO 轉為 0，所以解碼後的「0」字將被遮沒，因此七段顯示器全暗；U2 的 BCD 碼輸入為 0000，U3 的 RBO =0 導致 RBI=0，所以解碼後的「0」字也被遮沒，因此七段顯示器全暗；U1 的 BCD 碼輸入為 0110，但 RBI=1（H），所以七段顯示器顯示「6」。

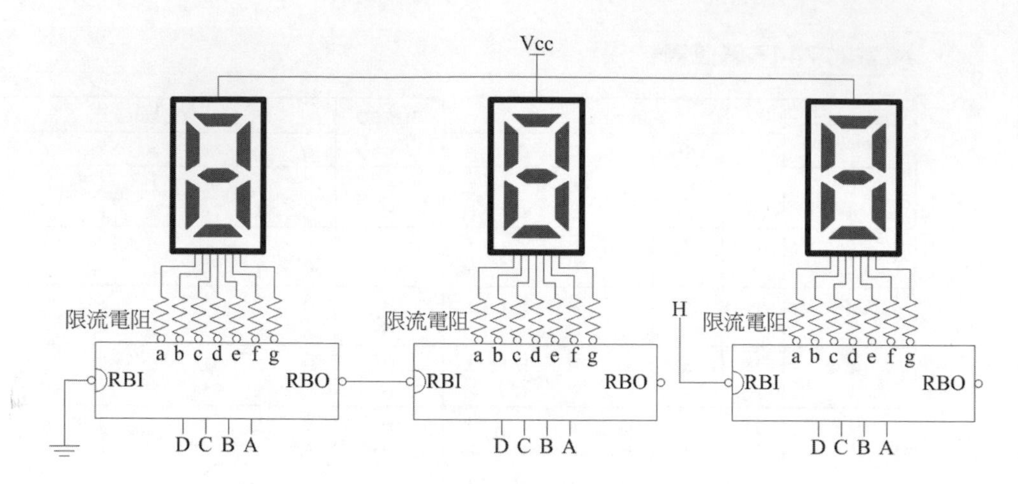

圖 7-9 自動遮沒數字前為 0 時的 7447 電路接法

7-3.2 74HCT244 數位 IC 說明

74LS244/74HCT244 內部包含有兩組的三態閘（Tri-State Gate），每組又包括四個三態閘，內部構造與接腳如圖 7-10 所示，第一隻腳固定在缺口的正下方，並依照逆時針的方向進行編號，且幾乎所有 74 系列 TTL IC 的 V_{CC} 都在左上角，而 GND 則是固定在左下角的地方。所謂三態閘是指輸出除了高電位（1）與低電位（0）之外，還有高阻抗的輸出。當輸出呈現高阻抗的狀態時，即相當於開路狀態，所以連接到輸出端的 LED 就無法正常動作（熄滅）。從圖 7-10 上可以觀察到，腳 1 與腳 19 分別為控制兩組三態閘的輸出，也就是所謂的致能(Enable)控制接腳，當 $\overline{1OE}=\overline{2OE}=0$ 時，則三態閘輸出相當於緩衝器（Buffer），即輸出等於輸入訊號，可是當 $\overline{1OE}=\overline{2OE}=1$ 時，則三態閘呈現高阻抗輸出狀態，即所謂的開路，所以連接的輸出端的 LED 就無法正常動作，即所有連接的 LED 都會熄滅。當 I/O 接腳有許多裝置共用時，為避免兩個裝置同時使用 I/O 接腳造成衝突，74LS244/74HCT244 可做為訊號緩衝用。當三態閘未致能時，其輸出將變成高阻抗，意思就是將輸出關閉，不論 74LS244/74HCT244 的輸入為 High 或 Low，他的輸出都為高阻抗，這樣就不會影響其他裝置使用相同的 I/O 接腳。74LS244/74HCT244 三態閘的狀態表如表 7-3 所示。

表 7-3　74LS244/74HCT244 三態閘狀態表

	輸入端	輸出端
$\overline{1OE}$ 與 $\overline{2OE}$	A	Y
L	L	L
L	H	H
H	X（Don't care）	高阻抗

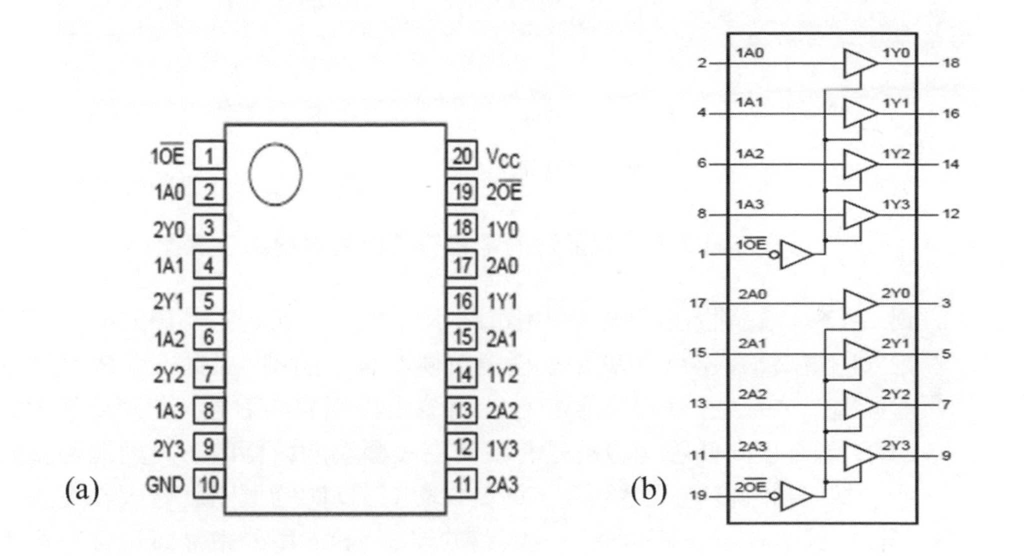

圖 7-10　74 HCT244 數位 IC（a）腳位圖（b）內部構造

7-3.3 雙載子連接電晶體（Bipolar Junction Transistor）

雙載子連接電晶體（BJT）的工作模式可分為截止模式（cutoff）、主動模式（active）、飽和模式（saturation）與反相主動模式（reverse active），因此可扮演放大器與開關的功能。在數位邏輯電路中，電晶體被應用在開關模式下，通常只讓電晶體於截止模式與飽和模式間運作，當電晶體進入截止區時，電晶體的射極與集極間形成斷路，進而導致連接電晶體的迴路也形成斷路。當電晶體進入飽和區時，射極與集極間可允許電流流過，此時連接電晶體的外部迴路就會導通。電晶體的電路符號與基本構造如圖 7-11 所示。

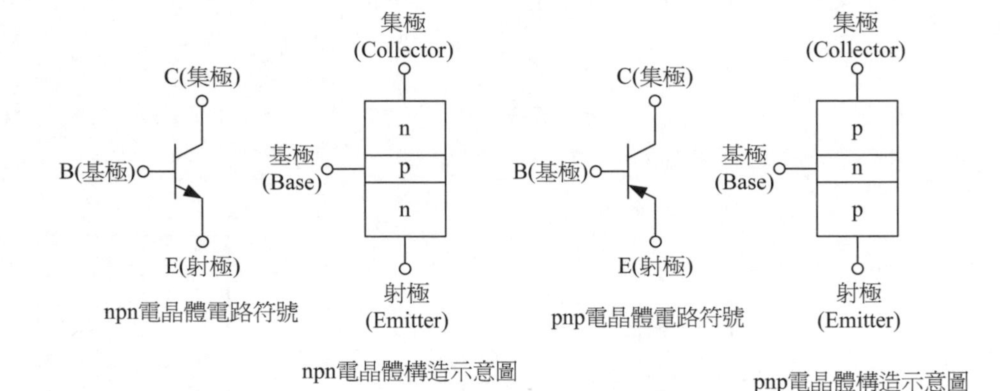

圖 7-11　電晶體的電路符號與基本構造示意圖

圖 7-12 為電晶體在開關的應用電路示意圖，當 npn 電晶體的控制端有足夠大的電壓輸入時（也就是基極與射極間有一偏壓，且此一偏壓足夠驅動射極電子往基極移動），便會造成電流由集極流向射極，此時若於 DO 與 GND 若有正向偏壓（也就是有電流由集極流向射極時），則迴路就能導通。當控制端沒有電壓輸入，則 DO 與 GND 間的迴路就會因為電晶體的工作模式落在截止區內而造成斷路的現象。pnp 型的電晶體也會有類似的情形，當基-射極接面電壓為順向偏壓，便會造成電流由射極流向集極，此時若於 5V 與 DO 若有正向偏壓，則迴路就能導通。當控制端輸出高電位，則 5V 與 DO 間的迴路就會因為電晶體的工作模式落在截止區內而造成斷路的現象。如此一來，控制端的電壓輸出與否就可決定 DO 與 GND 間或是 5V 與 DO 間的迴路是否導通。而這兩種電晶體之開放集極（Open collector, O.C.）數位輸出的線路動作示意圖如圖 7-13 所示。

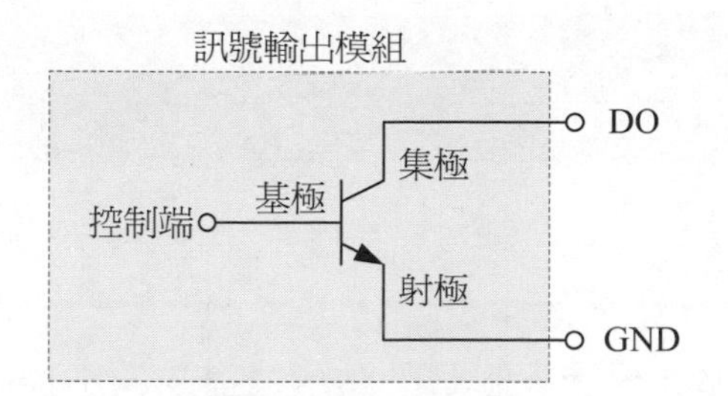

npn型O.C. 數位輸出基本構造　　pnp型O.C. 數位輸出基本構造

圖 7-12 電晶體在開關的應用電路示意圖

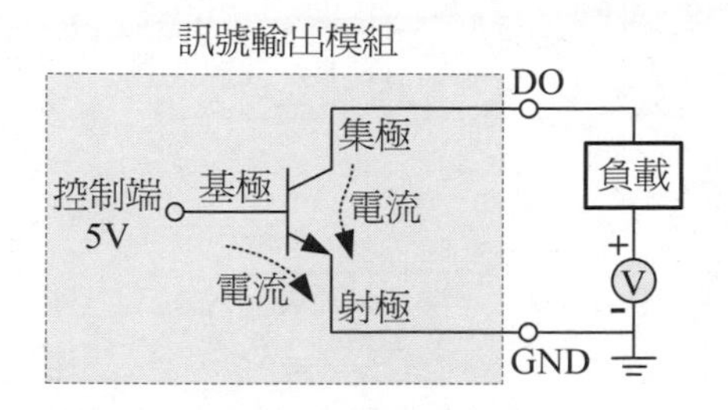

npn型共射極之數位輸出Enable

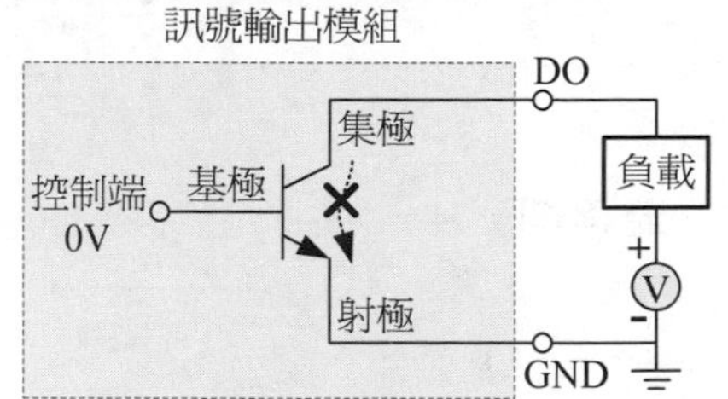

npn型共射極之數位輸出Disable

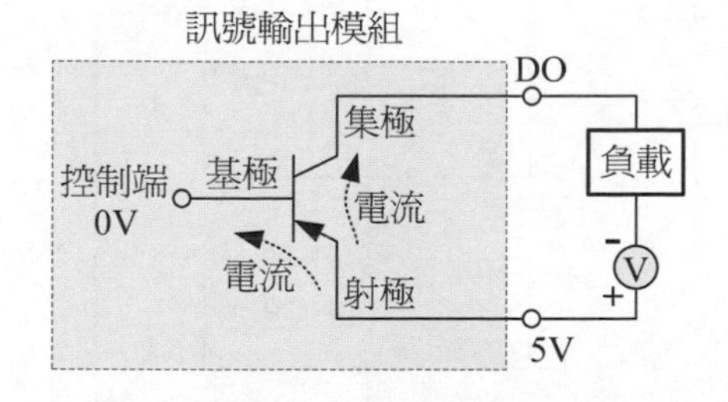

pnp型共射極之數位輸出Enable

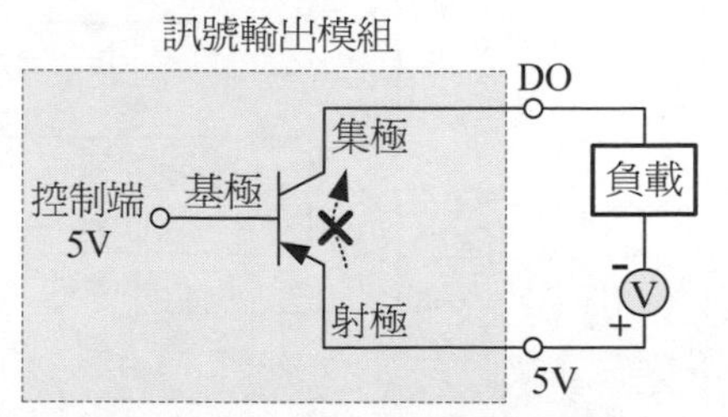

pnp型共射極之數位輸出Disable

圖 7-13 電晶體數位開關輸出 Enable 與 Disable 示意圖

7-4 範例程式與討論

範例 1：七段顯示器之基本應用

依據實驗板的 6 個七段顯示器電路，設計一個七段顯示器掃瞄輸出控制程式，在實驗板上顯示『8951□□』之文字，其中□表示全部熄滅的意思，詳如下圖說明：

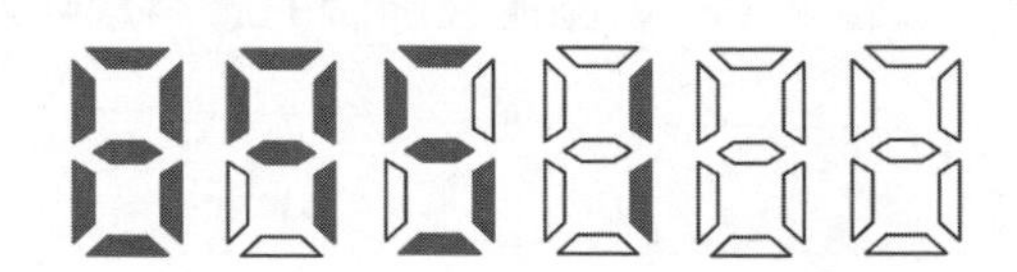

流程圖

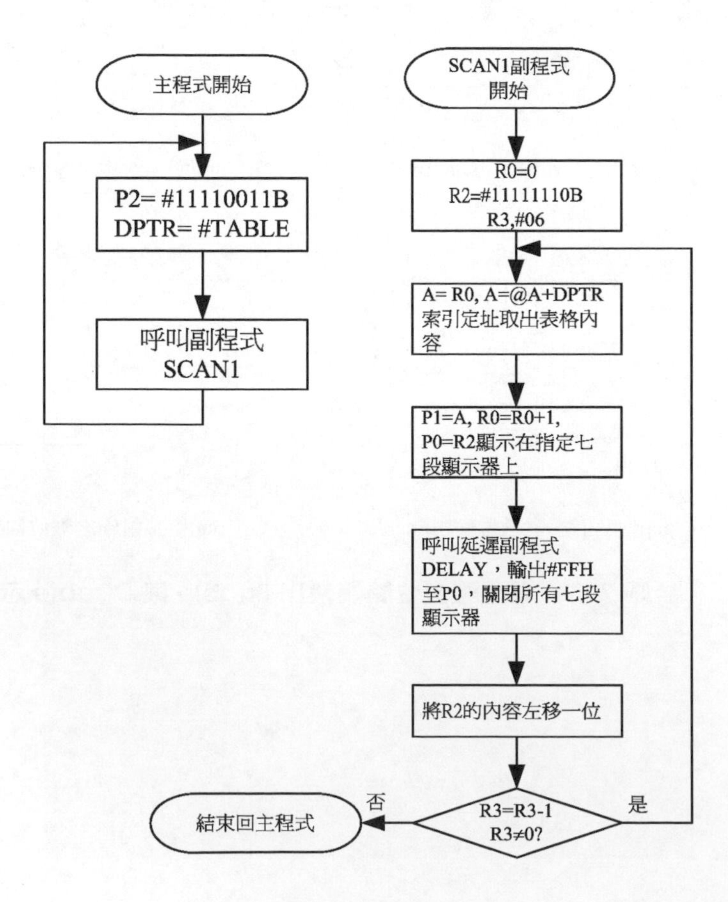

程式碼

範例 DM07_01.ASM 程式碼

```
1           ORG    0000H
2   MAIN:
3           MOV    P2, #11110011B
4           MOV    DPTR, #TABLE
5           ACALL  SCAN1
6           AJMP   MAIN
7   ;
8   ;==== control the output of 6-set Seven-segment LED   ======
9   SCAN1:  MOV    R0,#00
10          MOV    R2,#11111110B
11          MOV    R3,#06
12  ; 分別點亮 6 個 LED
13  LOOP:   MOV    A, R0
14          MOVC   A,@A+DPTR
15  ;
16          MOV    P1,A
17          INC    R0
18          MOV    P0,R2
19          ACALL  DELAY
20          ORL    P0,#11111111B
21          MOV    A,R2
22          RL     A
23          MOV    R2,A
24          DJNZ   R3, LOOP
25          RET
26  ;==== DELAY FUNCTION =====
27  DELAY:  MOV    R6,#5
28  DL1:    MOV    R7,#200
29  DL2:    DJNZ   R7,DL2
30          DJNZ   R6,DL1
31          RET
32  ;===== output 8051  ======
33  TABLE:
34          DB     0F8H   ;8
35          DB     0F9H   ;9
36          DB     0F5H  ;5
37          DB     0F1H  ;1
38          DB     0FFH  ;off
39          DB     0FFH  ;off
40  ;
41    END
```

程式說明

1. 第 1 行是假指令，設定程式的啟始位置為第 0000 行。

2. 注意，第 2 至 6 行為主程式。參考本章的七段顯示器實習介面電路，第 3 行將 P2.2 及 P2.3 設定為 Low，因此可由 P1 輸出 BCD 訊號至 7447 與解碼後送至七段顯示器的 a, b, ...,g 與 dp，而 P0 的輸出可控制電晶體 Q1~Q6 的導通與否。第 4 行設定資料指標暫存器（DPTR）為#TABLE。第 5 行呼叫 SCAN1 副程式，然後在第 6 行強制跳至第 2 行再執行 2~6 行程式。

3. 第 9 行為 SCAN1 副程式位址，且初始化設定 R0=0，R2=#11111110B, R3=6。第 13 行為 LOOP 標籤位址，且在第 13 至 16 行利用索引定址法，將表格內容取出及輸出至 P1，這是輸出七段顯示器的 BCD 碼。第 17 行是令 R0=R0+1。第 18 行令 P0=R2，這是控制七段顯示器的點亮開關。第 19 行呼叫副程式 DELAY，讓指定七段顯示器可以點亮一段時間，然後在第 20 行 P0=#FFH 可關閉點亮功能。第 21 至 23 行是將 R2 的內容左移一位，然後再回存至 R2 暫存器。第 24 行是先執行 R3=R3-1，然後再判斷 R3 是否為 0。如果 R3≠0 則跳至 LOOP 標籤處，再次執行第 13 至 24 行之程式碼。如果 R3=0，則結束副程式回到主程式。

思考問題

a. 請將上列範例程式的 Delay 函數，改用計時器 0 模式 1 的方式，實現出七段顯示器掃輸出程式。

範例 2：七段顯示器之基本應用（二）：閃爍輸出控制

依據實驗板的 6 個七段顯示器電路，設計一個七段顯示器掃瞄輸出控制程式，在實驗板上顯示『8951□□』與『□□□□□□』之交替顯示數字，其中□表示全部熄滅的意思，詳如下圖說明：

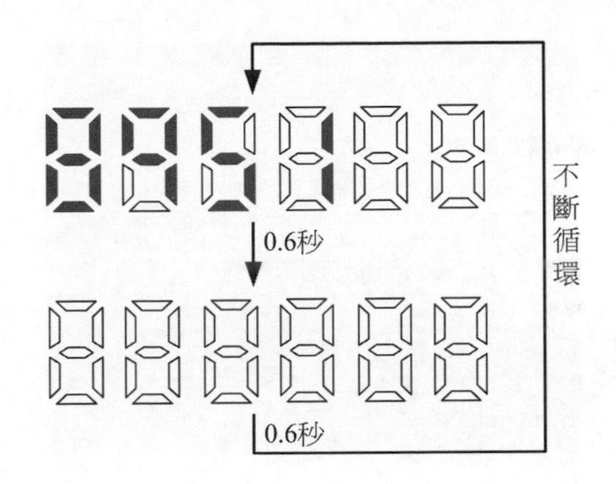
0.6秒
0.6秒
不斷循環

流程圖

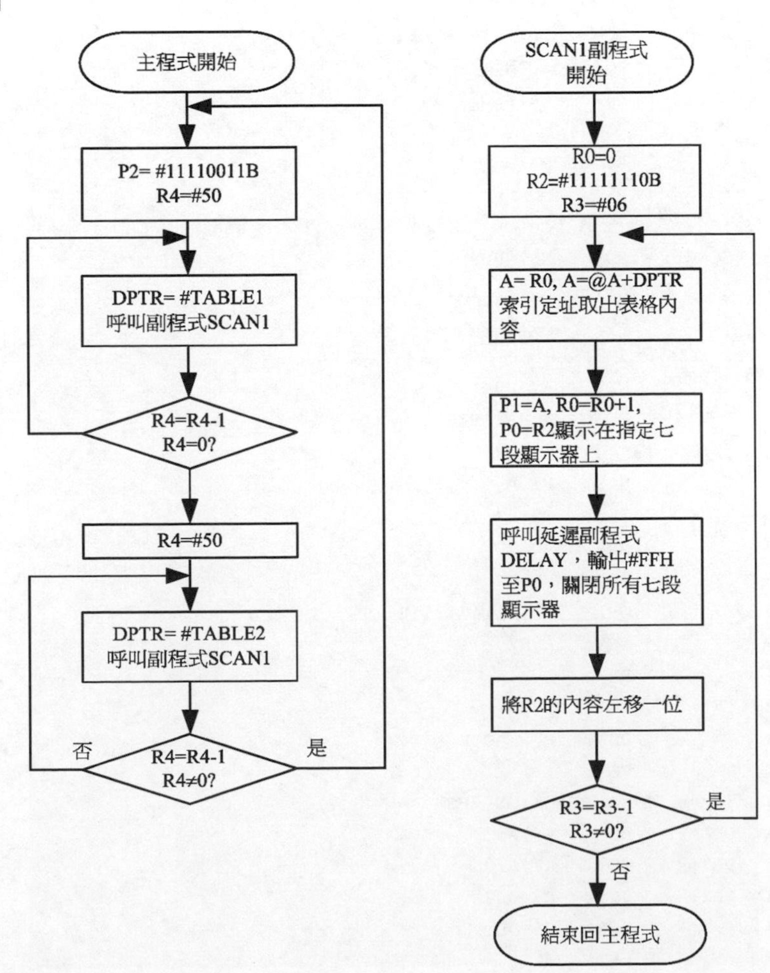
主程式開始
P2= #11110011B
R4=#50
DPTR= #TABLE1
呼叫副程式SCAN1
R4=R4-1
R4≠0?
R4=#50
DPTR= #TABLE2
呼叫副程式SCAN1
否
R4=R4-1
R4≠0?
是
SCAN1副程式開始
R0=0
R2=#11111110B
R3=#06
A= R0, A=@A+DPTR
索引定址取出表格內容
P1=A, R0=R0+1,
P0=R2顯示在指定七段顯示器上
呼叫延遲副程式DELAY，輸出#FFH至P0，關閉所有七段顯示器
將R2的內容左移一位
R3=R3-1
R3≠0?
是
否
結束回主程式

程式碼

範例 DM07_02.ASM 程式碼

```
1            ORG    0000H
2    MAIN:
3            MOV    P2, #11110011B
4            MOV    R4, #50
5    ;
6    LOOP1:  MOV    DPTR, #TABLE1
7            ACALL  SCAN1
8            DJNZ   R4,LOOP1
9    ;
10           MOV    R4, #50
11   LOOP2:  MOV    DPTR, #TABLE2
12           ACALL  SCAN1
13           DJNZ   R4,LOOP2
14   ;
15           AJMP   MAIN
16   ;
17   ;==== control the output of 6-set Seven-segment LED   ======
18   SCAN1:  MOV    R0,#00
19           MOV    R2,#11111110B
20           MOV    R3,#06
21   ; 分別點亮 6 個 LED
22   LOOP:   MOV    A, R0
23           MOVC   A,@A+DPTR
24   ;
25           MOV    P1,A
26           INC    R0
27           MOV    P0,R2
28           ACALL  DELAY
29           ORL    P0,#11111111B
30           MOV    A,R2
31           RL     A
32           MOV    R2,A
33           DJNZ   R3, LOOP
34           RET
35   ;==== DELAY FUNCTION 2MS =====
36   DELAY:  MOV    R6,#5
37   DL1:    MOV    R7,#200
38   DL2:    DJNZ   R7,DL2
39           DJNZ   R6,DL1
40           RET
```

```
41  ;===== output 8051  ======
42  TABLE1:
43          DB    0F8H   ;8
44          DB    0F9H   ;9
45          DB    0F5H  ;5
46          DB    0F1H  ;1
47          DB    0FFH  ;off
48          DB    0FFH  ;off
49  ;
50  TABLE2:
51          DB    0FFH   ;OFF
52          DB    0FFH   ;OFF
53          DB    0FFH  ;OFF
54          DB    0FFH  ;OFF
55          DB    0FFH  ;off
56          DB    0FFH  ;off
57  ;
58          END
```

程式說明

1. 第 1 行是假指令，設定程式的啟始位置為第 0000 行。
2. 第 2 至 15 行為主程式。參考本章的七段顯示器實習介面電路，第 3 行將 P2.2 及 P2.3 設定為 Low，因此可由 P1 輸出 BCD 訊號至 7447 與解碼後送至七段顯示器的 a, b, ...,g 與 dp，而 P0 的輸出可控制電晶體 Q1~Q6 的導通與否。第 4 行設定 R4 初始值為 50。
3. 第 6 行為 LOOP1 標籤位置，且設定資料指標暫存器（DPTR）為 #TABLE1。第 7 行呼叫 SCAN1 副程式。第 8 行是先執行 R4=R4-1，然後再判斷 R4 是否為 0。如果 R4≠0 則跳至 LOOP1 標籤處，再次執行第 6 至 8 行之程式碼。如果 R3=0，則執行下一行程式。
4. 第 10 行設定 R4 值為 50。第 11 行為 LOOP2 標籤位置，且設定資料指標暫存器（DPTR）為#TABLE2。第 12 行呼叫 SCAN1 副程式。第 13 行是先執行 R4=R4-1，然後再判斷 R4 是否為 0。如果 R4≠0 則跳至 LOOP2 標籤處，再次執行第 11 至 13 行之程式碼。如果 R3=0，則執行下一行程式，強制跳至 MAIN 標籤處，再次執行主程式一次。

5. 第 18 行為 SCAN1 副程式位址，且初始化設定 R0=0，R2=#11111110B，R3=6。第 22 行為 LOOP 標籤位址，且在第 22 至 25 行利用索引定址法，將表格內容取出及輸出至 PORT1，這是輸出七段顯示器的 BCD 碼。第 26 行是令 R0=R0+1。第 27 行令 P0=R2，這是控制七段顯示器的點亮開關。第 28 行呼叫副程式 DELAY，讓指定七段顯示器可以點亮一段時間，然後在第 29 行令 P0=#11111111B 可關閉點亮功能。第 30 至 32 行是將 R2 的內容左移一位，然後再回存至 R2 暫存器。第 33 行是先執行 R3=R3-1，然後再判斷 R3 是否為 0。如果 R3≠0 則跳至 LOOP 標籤處，再次執行第 22 至 33 行之程式碼。如果 R3=0，則結束副程式且回至主程式。

思考問題

a. 請將上列範例程式 Delay 函數的延遲時間改為 0.4ms，觀察七段顯示器掃輸出的閃爍情況。

b. 請將上列範例程式改為只有 5 在閃爍的狀況，如下圖說明。

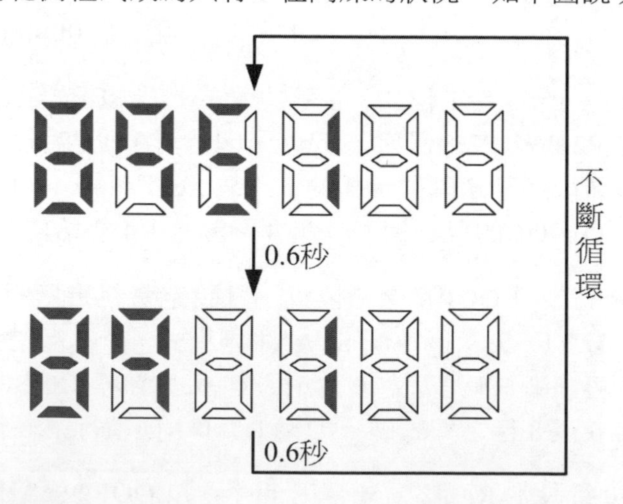

c. 請將上列範例程式的 Delay 函數改用計時器 0 模式 1 的方式，實現出七段顯示器的閃爍輸出控制程式。

範例 3：七段顯示器的移動輸出控制

依據實驗板的 6 個七段顯示器電路，設計一個七段顯示器程式，在實驗板上顯示『89C51d』之文字且產生左移輸出控制方式，詳如下圖說明。注意，每一個狀態的改變時間間隔為 0.6 秒，且參考圖 7-8 確認 C 及 d 在 7 段顯示器的輸出樣式。

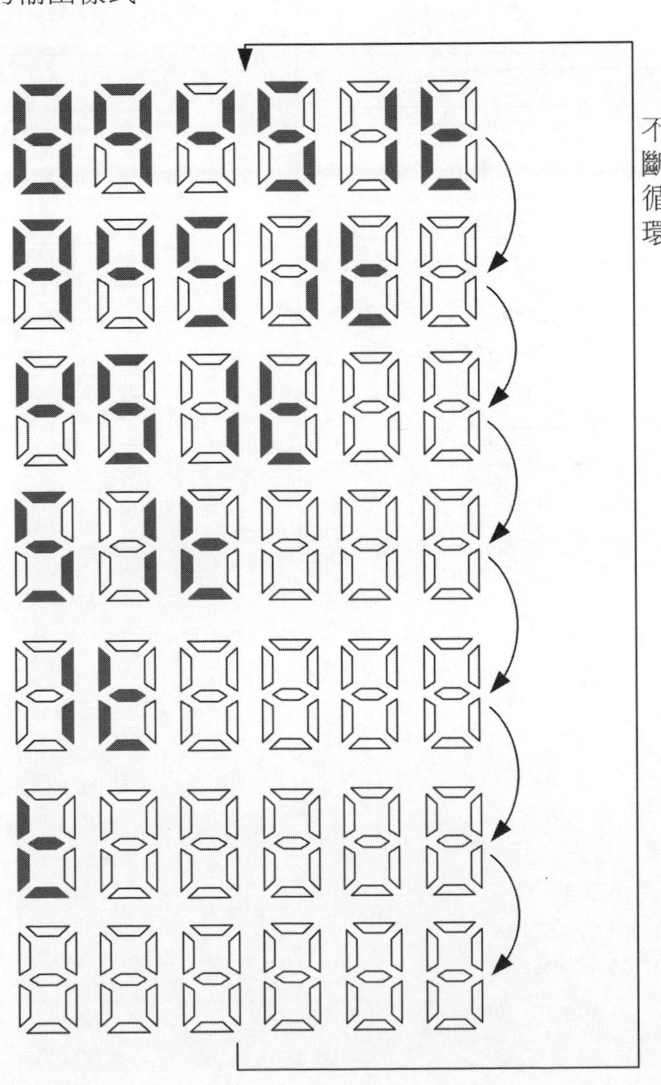

流程圖

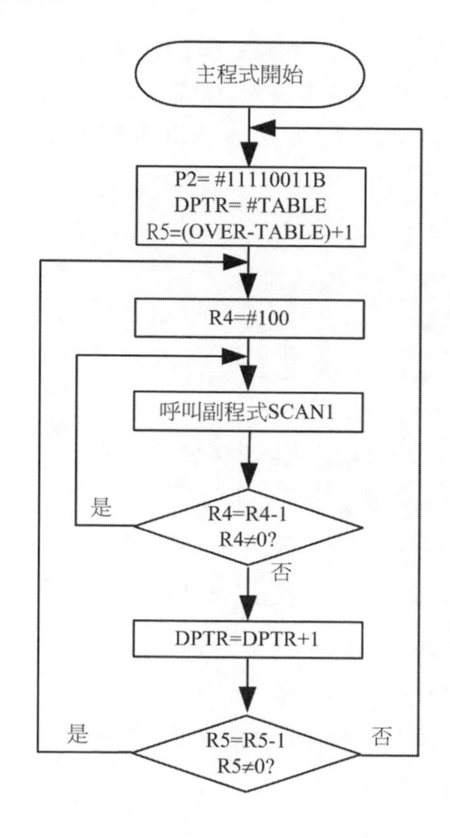

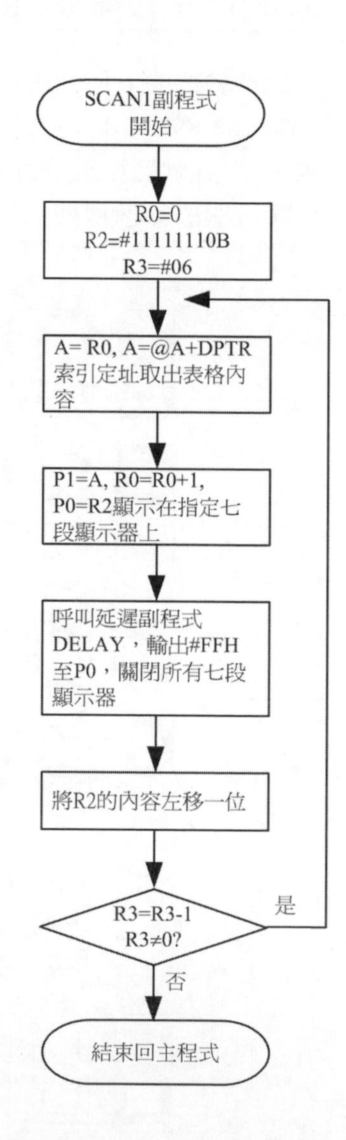

程式碼

範例 DM07_03.ASM 程式碼

```
1            ORG    0000H
2   MAIN:
3            MOV    P2, #11110011B
4            MOV    DPTR, #TABLE
5            MOV    R5,#(OVER-TABLE)+1
```

```
6   ;
7   LOOP1:   MOV   R4, #100
8   LOOP2:   ACALL SCAN1
9            DJNZ  R4,LOOP2
10  ;
11           INC   DPTR
12  ;
13           DJNZ  R5,LOOP1
14  ;
15           AJMP  MAIN
16  ;
17  ;==== control the output of 6-set Seven-segment LED   ======
18  SCAN1:   MOV   R0,#00
19           MOV   R2,#11111110B
20           MOV   R3,#06
21  ; 分別點亮 6 個 LED
22  LOOP:    MOV   A, R0
23           MOVC  A,@A+DPTR
24  ;
25           MOV   P1,A
26           INC   R0
27           MOV   P0,R2
28           ACALL DELAY
29           ORL   P0,#11111111B
30           MOV   A,R2
31           RL    A
32           MOV   R2,A
33           DJNZ  R3, LOOP
34           RET
35  ;==== DELAY FUNCTION 2MS =====
36  DELAY:   MOV   R6,#5
37  DL1:     MOV   R7,#200
38  DL2:     DJNZ  R7,DL2
39           DJNZ  R6,DL1
40           RET
41  ;===== output 8051  ======
42  TABLE:
43           DB    0F8H   ;8
44           DB    0F9H   ;9
45           DB    0FCH   ;C
46           DB    0F5H  ;5
47           DB    0F1H  ;1
48           DB    0FDH   ;D
```

```
49  OVER:    DB     0FFH    ;OFF
50           DB     0FFH    ;OFF
51           DB     0FFH    ;OFF
52           DB     0FFH    ;OFF
53           DB     0FFH    ;OFF
54           DB     0FFH    ;OFF
55  ;
56           END
```

程式說明

1. 第 1 行是假指令，設定程式的啟始位置為第 0000 行。第 3 行設定 P2.2 及 P2.3 為 Low，這是七段顯示器實習介面電路要求。注意，第 2 至 15 行為主程式。
2. 第 4 行設定資料指標暫存器（DPTR）為#TABLE。第 5 行將表格資料長度取出且存入 R5 暫存器中。
3. 第 7 行為 LOOP1 標籤位置且設定 R4=100。
4. 第 8 行為 LOOP2 標籤位置且呼叫 SCAN1 副程式，執行七段顯示器的輸出控制。
5. 第 9 行是先執行 R4=R4-1，然後再判斷 R4 是否為 0。如果 R4≠0 則跳至 LOOP2 標籤處，再次執行第 8 行之程式碼。如果 R4=0，則結束執行下一行程式。第 11 行是增加 DPTR 的位址一次。
6. 第 13 行是先執行 R5=R5-1，然後再判斷 R5 是否為 0。如果 R5≠0 則跳至 LOOP1 標籤處，再次執行第 7 至 13 行之程式碼。如果 R5=0，則結束執行下一行程式，強制跳至 MAIN 標籤處，再次執行主程式一次。
7. 第 18 至 34 行為 SCAN1 副程式應用，功能說明如同範例 2。

思考問題

a. 請將上列範例程式修改為如下圖的輸出方式，觀察七段顯示器輸出的移動狀況。

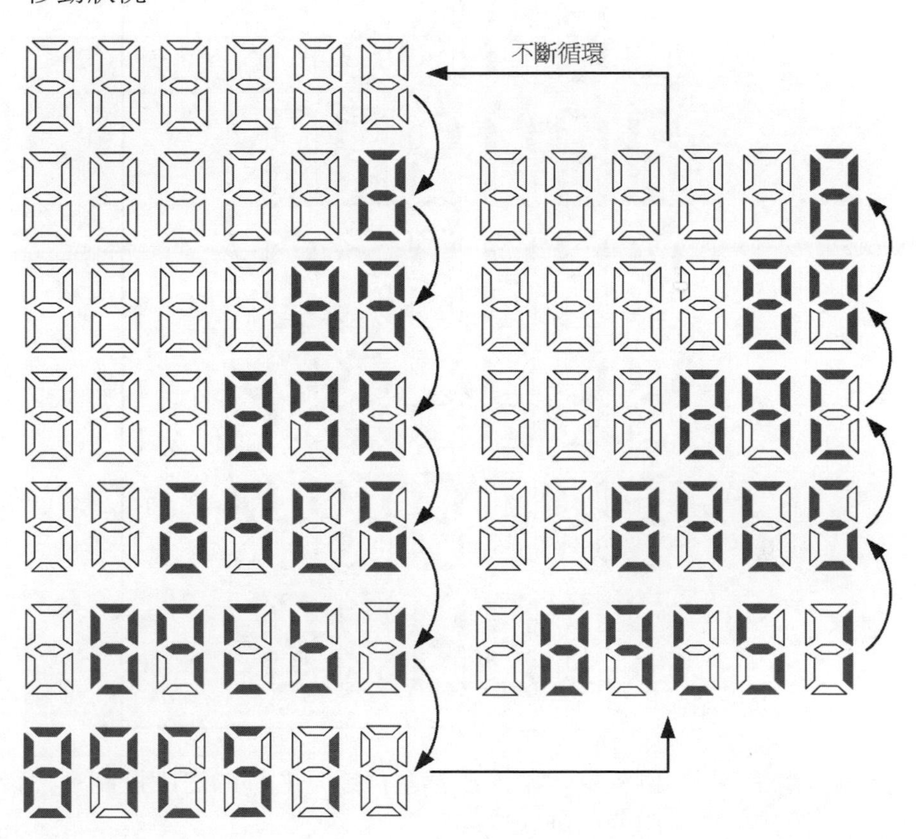

b. 請將上列範例程式修改為如下圖的輸出方式，觀察七段顯示器輸出的移動狀況。

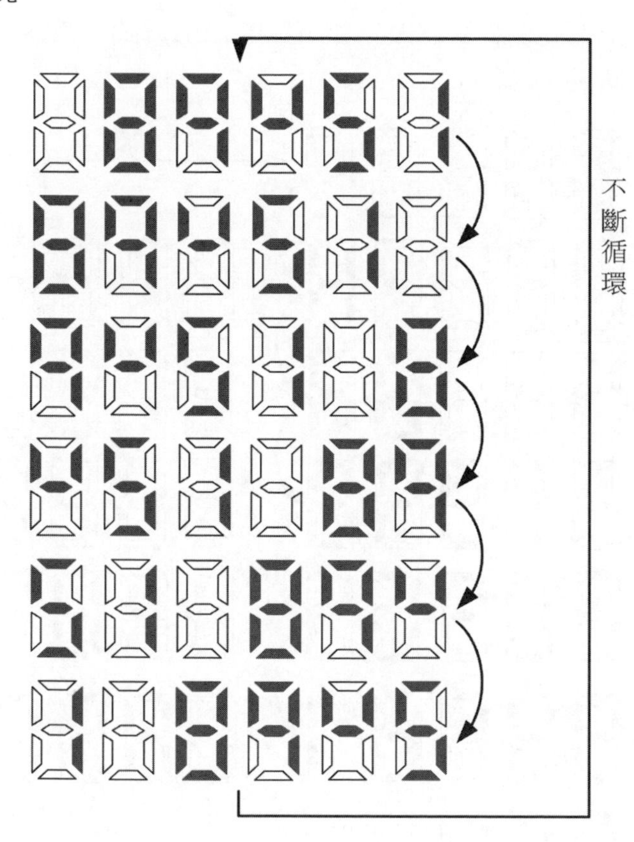

c. 請將上列範例程式，請修改為左移或是右移的速度控制，然後觀察七段顯示器輸出的移動狀況。

範例 4：七段顯示器在 2 位數上數器的應用

請利用計時器 0 模式 1 去設計每 0.1 秒產行一個上數觸發訊號的 2 位數計數器，再將計數值轉換為 10 進位格式與顯示在指定七段顯示器上，如下圖所示。

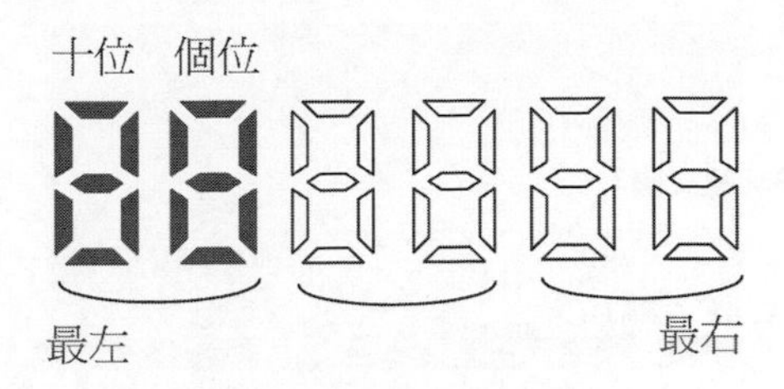

十位　個位
最左
最右

流程圖

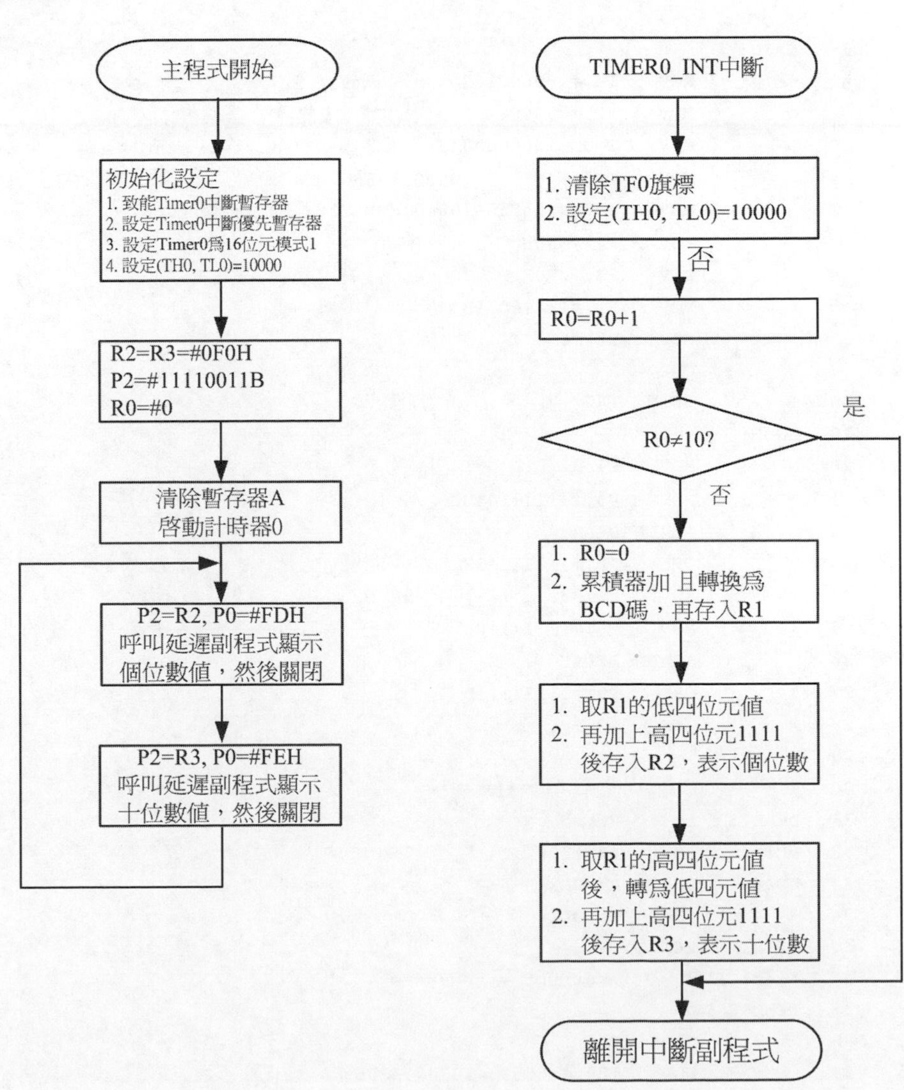

主程式開始
初始化設定
1. 致能Timer0中斷暫存器
2. 設定Timer0中斷優先暫存器
3. 設定Timer0為16位元模式1
4. 設定(TH0, TL0)=10000
R2=R3=#0F0H
P2=#11110011B
R0=#0
清除暫存器A
啓動計時器0
P2=R2, P0=#FDH
呼叫延遲副程式顯示
個位數值，然後關閉
P2=R3, P0=#FEH
呼叫延遲副程式顯示
十位數值，然後關閉
TIMER0_INT中斷
1. 清除TF0旗標
2. 設定(TH0, TL0)=10000
否
R0=R0+1
是
R0≠10?
否
1. R0=0
2. 累積器加 且轉換為
BCD碼，再存入R1
1. 取R1的低四位元值
2. 再加上高四位元1111
後存入R2，表示個位數
1. 取R1的高四位元值
後，轉為低四元值
2. 再加上高四位元1111
後存入R3，表示十位數
離開中斷副程式

程式碼

範例 DM07_04.ASM 程式碼

```
1            ORG    0000H              ; MCS-51 程式起始點
2            AJMP   MAIN              ;
3   ;
4            ORG    000BH
5            AJMP   TIMER0_INT
6   ; 主程式
7   MAIN:
8            MOV    IE,#10000010B     ;中斷致能_暫存器
9            MOV    IP,#00000010B     ;中斷優先權_暫存器
10           MOV    TMOD,#00000001B  ;計時器-0 (模式 1-16 位元)
11           MOV    TH0,#(65535-10000)/256
12           MOV    TL0,#(65535-10000)MOD 256       ;乘上(1ms)
13           MOV    R2,#0F0H
14           MOV    R3,#0F0H
15           MOV    P2,#11110011B
16           MOV    R0,#0
17           CLR    A
18           SETB   TR0           ;啟動計時器
19  LOOP:
20           MOV    P1,R2        ; 個位數
21           MOV    P0,#11111101B
22           ACALL  DELAY
23           ORL    P0,#11111111B
24           MOV    P1,R3        ; 拾位數
25           MOV    P0,#11111110B
26           ACALL  DELAY
27           ORL    P0,#11111111B
28           JMP    LOOP
29
30  ; =====Delay-副程式 2ms==========
31  DELAY:   MOV    R6,#5
32  DL1:     MOV    R7,#200
33  DL2:     DJNZ   R7,DL2
34           DJNZ   R6,DL1
35           RET
36  ;==== Timer 0 interrupt ==========
37  TIMER0_INT:
38           CLR    TF0
39           MOV    TH0,#(65535-10000)/256
40           MOV    TL0,#(65535-10000)MOD 256         ;(1Ms)
```

```
41  ;
42          INC   R0
43          CJNE  R0,#10,EXIT
44          MOV   R0,#0
45
46          ADD   A,#01              ;累積器加 1
47          DA    A                  ;作十進制調整(BCD 碼)
48          MOV   R1,A
49          ANL   A,#00001111B
50          ORL   A,#11110000B
51          MOV   R2,A
52  ;
53          MOV   A,R1
54          SWAP  A
55          ANL   A,#00001111B
56          ORL   A,#11110000B
57          MOV   R3,A
58          MOV   A,R1
59  ;
60  EXIT:   RETI
61  ;
62          END
```

程式說明

1. 第 1 行是假指令，設定程式的啟始位置為第 0000 行。第 2 行強制跳至 MAIN 標籤的第 7 行程式。第 4 及 5 行為呼叫 TIMER0_INT 中斷副程式標準設定。
2. 第 8 及 9 行是設定計時器 0 的中斷致能（IE）與優先權（IP）暫存器。
3. 第 10 及 11 行分別是設定計時器 0 為模式 1 與初始化（TH0,TL0）=10000。
4. 第 12 及 13 行是設定 R2=R3=#0F0H。
5. 第 14 行設定 P2.2 及 P2.3 為 Low，這是七段顯示器實習介面電路要求。

6. 第 15 行設定 R0=0，而第 16 行清除累積器 A，然後在第 17 行啟動計時器 0。

7. 第 20 至 23 行是輸出個位數值至指定七段顯示器位置，點亮一段時間後關閉。

8. 第 24 至 27 行是輸出十位數值至指定七段顯示器位置，點亮一段時間後關閉。

9. 第 28 行是強制跳至 LOOP 標籤的第 19 行程式，重複執行顯示工作。

10. 第 31 至 35 行是延遲到程式，請參考第四章說明。

11. 第 37 至 60 行為 TIMER0_INT 中斷副程式。第 37 行是 TIMER0_INT 中斷副程式標籤位置。第 38 行是清除 TF0 中斷旗標，而第 39 及 40 行是重新設定（TH0,TL0）=10000。第 42 行是自動加 1 至 R0 內容，如果 R0≠10 則離開中斷副程式，否則執行下一行程式。第 44 行將 R0 重置為 0。第 46 及 47 行將 A 內容加 1 且轉換為 BCD 碼存入 R1。第 49 至 51 行是取出 R1 的內容低四位元值，然後加上高四位元 1111 之後，回存入 R2，表示個位數值。第 53 至 57 行是取出 R1 的內容高四位元值及轉換為低四位元值，然後加上高四位元 1111 之後，回存入 R3，表示十位數值。最後在第 58 行將 R1 內容再回存至累積器 A，等待下次中斷程式的應用，而第 60 行是離開中斷副程式。

思考問題

a. 參考上列範例程式，請將上數觸發時間改為 1 秒且顯示在如下圖所示之指定位置。

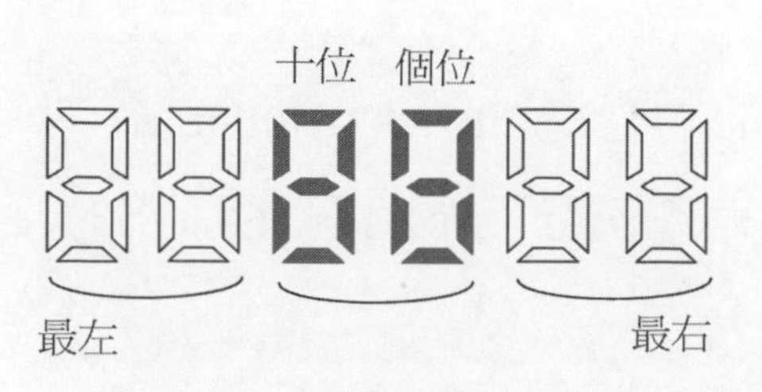

b. 參考上列範例程式，請將上數觸發時間改為 1.5 秒且顯示在如下圖所示之指定位置。

c. 參考上列範例程式，加入 PB0 按鈕是啟動上數功能，而 PB1 按鈕是停止上數功能，PB2 按鈕是重置上數值功能。實驗板按鈕位置在實驗板的右下角，如下圖所示。

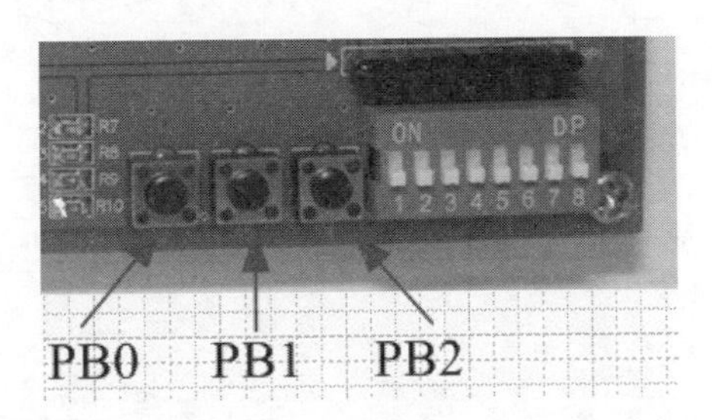

範例 5：七段顯示器在計時器的應用

利用計時器 0 設計模式 0，每 50 毫秒產行一個上數觸發訊號的 6 位數計數器，將計數值轉換為 10 進位格式與顯示在七段顯示器上，如下圖所示。

10進位的方式

10萬位　萬位　千位　百位　十位　個位

流程圖

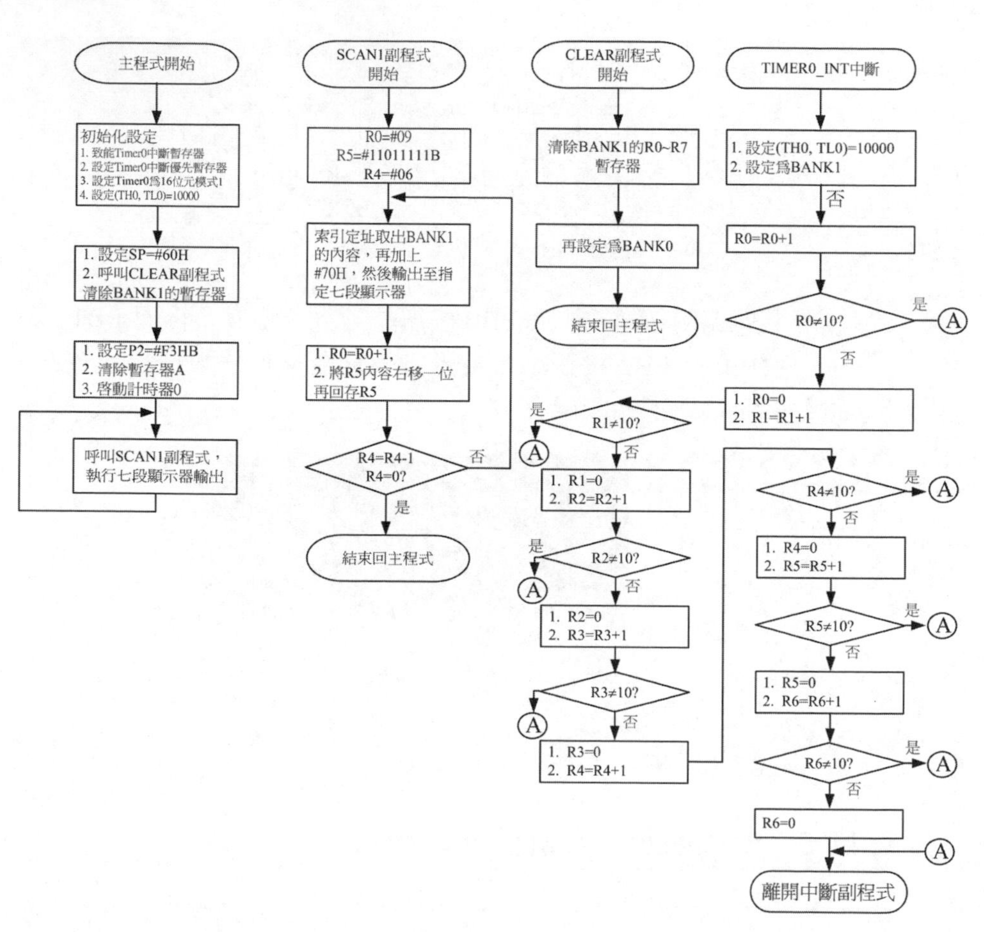

程式碼

範例 DM07_05.ASM 程式碼

```
1              ORG    0000H                ; MCS-51 程式起始點
2              AJMP   MAIN                 ;
3    ;
4              ORG    000BH
5              AJMP   TIMER0_INT
6    MAIN:
7              MOV    IE,#10000010B        ;中斷致能_暫存器
8              MOV    IP,#00000010B        ;中斷優先權_暫存器
9              MOV    TMOD,#00000001B      ;計時器-0 (模式 1-16 位元)
```

```
10          MOV    TL0,#(65535-10000) MOD 256
11          MOV    TH0,#(65535-10000)/256          ;1ms
12          MOV    SP, #60H
13          ACALL  CLEAR
14          MOV    P2,#11110011B
15          CLR    A
16          SETB   TR0                             ;啟動計時器
17   LOOP1:
18          ACALL  SCAN1
19          AJMP   LOOP1
20
21   ;=== SCAN FUNCTION FOR SEVEN SEGMENT LED ===========
22   SCAN1: MOV    R0,#09H                         ; POINT TO R1 OF BANK1
23          MOV    R5,#11011111B
24          MOV    R4,#06
25   ; 分別點亮 6 個 LED
26   LOOP:  MOV    A,@R0
27          ORL    A,#01110000B
28          MOV    P1,A
29          MOV    P0,R5
30          ACALL  DELAY
31          ORL    P0,#11111111B
32          INC    R0
33          MOV    A,R5
34          RR     A
35          MOV    R5,A
36          DJNZ   R4,LOOP
37          RET
38
39   ;=== CLEAR REGISTER 08H~15h ==========
40   CLEAR:
41          SETB   RS0
42          CLR    RS1
43          MOV    R0,#00H
44          MOV    R1,#00H
45          MOV    R2,#00H
46          MOV    R3,#00H
47          MOV    R4,#00H
48          MOV    R5,#00H
49          MOV    R6,#00H
50          MOV    R7,#00H
51          CLR    RS0
52          CLR    RS1
```

```
53              RET
54   ; Delay-副程式 (2ms)
55   DELAY:     MOV    R6,#5
56   DL1:       MOV    R7,#200
57   DL2:       DJNZ   R7,DL2
58              DJNZ   R6,DL1
59              RET
60   ;
61   ;==== TIMER0 INTERRUPT FUNCTION =====
62   TIMER0_INT:
63              MOV    TL0,#(65535-10000) MOD 256
64              MOV    TH0,#(65535-10000)/256          ;1ms
65   ;
66              SETB   RS0                              ;BANK 1
67              CLR    RS1
68              INC    R0                               ; FOR 0.01S
69              CJNE   R0,#10,EXIT
70              MOV    R0,#00H
71   ;0.1S
72
73              INC    R1
74              CJNE   R1,#10,EXIT
75              MOV    R1,#0
76   ;1S
77              INC    R2
78              CJNE   R2,#10,EXIT
79              MOV    R2,#0
80   ;10S
81              INC    R3
82              CJNE   R3,#10,EXIT
83              MOV    R3,#0
84   ;1M
85              INC    R4
86              CJNE   R4,#6,EXIT
87              MOV    R4,#0
88   ;10M
89              INC    R5
90              CJNE   R5,#10,EXIT
91              MOV    R5,#0
92   ;1H
93              INC    R6
94              CJNE   R6,#6,EXIT
95              MOV    R6,#0
```

```
96
97  EXIT:
98          CLR   RS0
99          CLR   RS1
100         RETI
101 ;
            END
```

程式說明

1. 第 1 行是假指令，設定程式的啟始位置為第 0000 行。第 2 行強制跳至 MAIN 標籤的第 6 行程式。第 4 及 5 行為呼叫 TIMER0_INT 中斷副程式標準設定。
2. 第 7 及 8 行是設定計時器 0 的中斷致能（IE）與優先權（IP）暫存器。
3. 第 9 至 11 行分別是設定計時器 0 為模式 1 與初始化（TH0,TL0）=（65535-10000）。
4. 第 12 行設定堆疊暫存器 SP=#60H，而第 13 行是呼叫 CLEAR 副程式將 BANK1 的 R0~R7 暫存器清為 0。
5. 第 14 行設定 P2.2 及 P2.3 為 Low，這是七段顯示器實習介面電路要求。
6. 第 16 行清除累積器 A，然後在第 17 行啟動計時器 0。
7. 第 17 至 19 行為主程式迴圈程式，主要是呼叫 SCAN1 副程式將計數值顯示在七段顯示器上。
8. 第 22 至 37 行為 SCAN1 副程式，R0=9 是設定 BANK1 的 R1 位址，而 R5=#11011111B 是指向最右邊的七段顯示器位置。R4=6 是表示 6 個七段顯示器。第 26 至 31 行是利用索引定址方式取出 BANK1 的 R1 值並顯示在七段顯示器一個時間間隔。第 32 行是利用 R1 指向下一個暫存器，然後在第 33 至 35 行將 R5 內容右移一個位元，表示下次要顯示下一個七段顯示器。而第 36 行執行 R4=R4-1，且判斷 R4 是否等於 0，如果 R4≠0 則跳至 LOOP 標籤再執行下一個七段顯示器顯示控制動作，但是 R4=0 則結束副程式且回到主程式迴圈程式 LOOP1。

9. 第 40 至 53 行是 CLEAR 副程式，主要將 BANK1 的 R0 至 R7 的暫存器清為 0。

10. 第 55 至 59 行是延遲到程式，請參考第四章說明。

11. 第 62 至 100 行為 TIMER0_INT 中斷副程式。第 62 行是 TIMER0_INT 中斷副程式標籤位置。第 63 及 64 行是重近設定（TH0,TL0）=（65535-10000）。第 66 及 67 行是切換至 BANK1。第 68 至 70 行執行 0.00~0.09 秒計時值（R0），第 73 至 75 執行 0.0~0.9 秒計時值，第 77 至 79 執行 0~9 秒計時值，第 81 至 83 執行 10 分~99 秒計時值，第 85 至 87 執行 0 分~9 分計時值，第 89 至 91 執行 10 分~99 分計時值，第 93 至 95 執行 10 分~99 分計時值，而第 98 及 99 行是切換為 BANK0，然後離開中斷程式。程式控制動作請參考流程圖。

思考問題

a. 參考上列範例程式，加入 PB0 按鈕是啟動上數功能，而 PB1 按鈕是停止上數功能，PB2 按鈕是重置上數值功能。

範例 6：七段顯示器的馬錶功能

利用計時器 0 模式 1 設計一個具有馬錶功能的七段顯示器，其顯示要求如下圖說明。

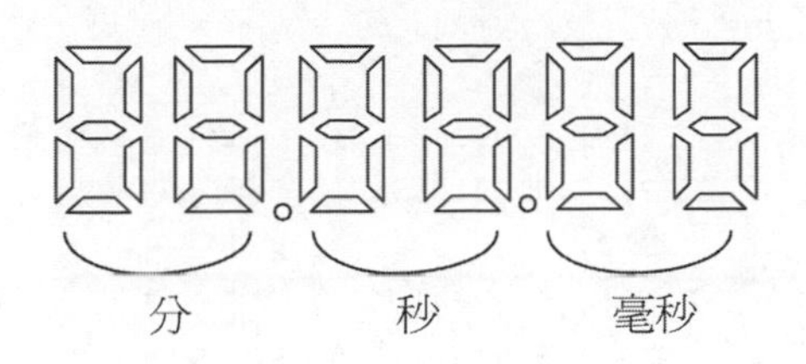

流程圖

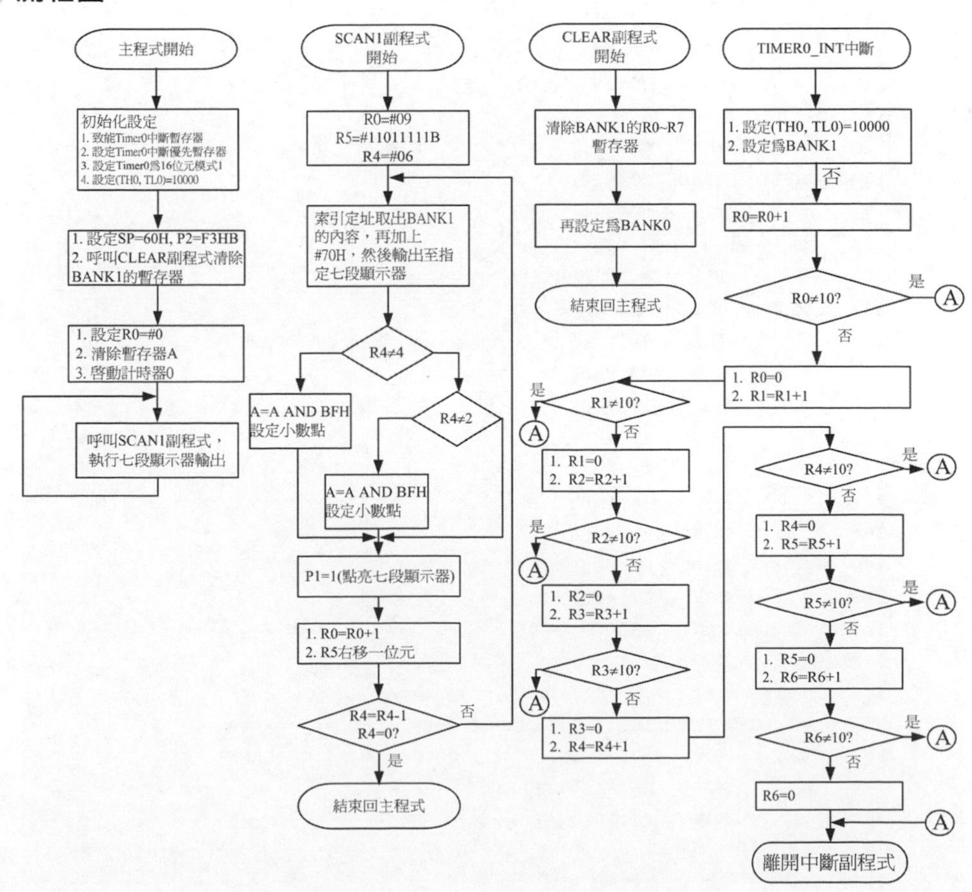

程式碼

範例 DM07_06.ASM 程式碼

```
1           ORG    0000H                ; MCS-51 程式起始點
2           AJMP   START                ;
3   ;
4           ORG    000BH
5           AJMP   TIMER0_INT
6   START:
7           MOV    IE,#10000010B        ;中斷致能_暫存器
8           MOV    IP,#00000010B        ;中斷優先權_暫存器
9           MOV    TMOD,#00000001B      ;計時器-0 (模式 1-16 位元)
10          MOV    TH0,#(65536-10000)/256           ;10ms
11          MOV    TL0,#(65536-10000) MOD 256
12          MOV    SP,#60H
13          MOV    P2,#11110011B
14          ACALL  CLEAR
15          MOV    R0,#0
16          CLR    A
17          SETB   TR0                  ;啟動計時器
18  LOOP1:  ACALL  SCAN1
19          AJMP   LOOP1
20
21  ;=== CLEAR REGISTER 08H~15h ==========
22  CLEAR:  SETB   RS0
23          CLR    RS1
24          MOV    R0,#00H
25          MOV    R1,#00H
26          MOV    R2,#00H
27          MOV    R3,#00H
28          MOV    R4,#00H
29          MOV    R5,#00H
30          MOV    R6,#00H
31          MOV    R7,#00H
32          CLR    RS0
33          CLR    RS1
34          RET
35  ;=== SCAN FUNCTION FOR SEVEN SEGMENT LED ===========
36  SCAN1:  MOV    R0,#09H          ; POINT TO R1 OF BANK1
37          MOV    R5,#11011111B
38          MOV    R4,#06
39  ; 分別點亮 6 個 LED
40  LOOP:   MOV    A,@R0
```

```
41              ORL    A,#01110000B
42              CJNE   R4,#04,TEMP          ;左 4 點亮 dp
43              ANL    A,#10111111B
44    TEMP:     CJNE   R4,#02,TEMP1
45              ANL    A,#10111111B         ;左 2 點亮 dp
46    TEMP1:    MOV    P1,A
47              MOV    P0,R5
48              ACALL  DELAY
49              ORL    P0,#11111111B
50              INC    R0
51              MOV    A,R5
52              RR     A
53              MOV    R5,A
54              DJNZ   R4,LOOP
55              RET
56
57    ; ===Delay-副程式 (2ms)=======
58    DELAY:    MOV    R1,#2
59    DL1:      MOV    R2,#100
60    DL2:      DJNZ   R2,DL2
61              DJNZ   R1,DL1
62              RET
63    ;
64    ;==== TIMER0 INTERRUPT FUNCTION =====
65    TIMER0_INT:
66              MOV    TL0,#(65535-10000) MOD 256        ;10MS
67              MOV    TH0,#(65535-10000)/256    ;
68              SETB   RS0                  ;BANK 1
69              CLR    RS1
70    ;         INC    R0                   ; FOR 0.01S
71    ;         CJNE   R0,#10,EXIT
72    ;         MOV    R0,#00H
73    ;10MS
74              INC    R1
75              CJNE   R1,#10,EXIT
76              MOV    R1,#0
77    ;100MS
78              INC    R2
79              CJNE   R2,#10,EXIT
80              MOV    R2,#0
81    ;S
82              INC    R3
83              CJNE   R3,#10,EXIT
```

```
84              MOV    R3,#0
85   ;10S
86              INC    R4
87              CJNE   R4,#6,EXIT
88              MOV    R4,#0
89   ;M
90              INC    R5
91              CJNE   R5,#10,EXIT
92              MOV    R5,#0
93   ;10M
94              INC    R6
95              CJNE   R6,#6,EXIT
96              MOV    R6,#0
97
98   EXIT:
99              CLR    RS0
100             CLR    RS1
101             RETI
102  ;
103             END
```

程式說明

1. 第 1 行是假指令，設定程式的啟始位置為第 0000 行。第 2 行強制跳至 MAIN 標籤的第 6 行程式。第 4 及 5 行為呼叫 TIMER0_INT 中斷副程式標準設定。

2. 第 7 及 8 行是設定計時器 0 的中斷致能（IE）與優先權（IP）暫存器。第 9 至 11 行分別是設定計時器 0 為模式 1 與初始化（TH0,TL0）=（65535-10000）。第 12 行設定堆疊暫存器 SP=#60H，而第 13 行設定 P2.2 及 P2.3 為 Low，這是七段顯示器實習介面電路要求。第 14 行是呼叫 CLEAR 副程式將 BANK1 的 R0~R7 暫存器清為 0，第 15 行設定 R0=0。第 16 行清除累積器 A，然後在第 17 行啟動計時器 0。

3. 第 17 至 19 行為主程式迴圈程式，主要是呼叫 SCAN1 副程式將計數值顯示在七段顯示器上。

4. 第 22 至 34 行是 CLEAR 副程式，主要將 BANK1 的 R0 至 R7 的暫存器清為 0。

5. 第 36 至 55 行為 SCAN1 副程式，R0=9 是設定 BANK1 的 R1 位址，而 R5=#11011111B 是指向最右邊的七段顯示器位置。R4=6 是表示 6 個七段顯示器。第 40 至 49 行是利用索引定址方式取出 BANK1 的 R1 值並顯示在七段顯示器一個時間間隔。注意，當 R4=4 或 2 時，則點亮小數點（參考第 43 及 45 行）。第 50 行是利用 R1 指向下一個暫存器，然後在第 51 至 53 行將 R5 內容右移一個位元，表示下次要顯示下一個七段顯示器。而第 54 行執行 R4=R4-1，且判斷 R4 是否等於 0，如果 R4≠0 則跳至 LOOP 標籤再執行下一個七段顯示器顯示控制動作，但是 R4=0 則結束副程式且回到主程式迴圈 LOOP1。
6. 第 58 至 62 行是延遲副程式，請參考第四章說明。
7. 第 66 至 101 行為 TIMER0_INT 中斷副程式，同上一範例程式說明。

思考問題

a. 參考上列範例程式，加入 PB0 按鈕是啟動上數功能，而 PB1 按鈕是停止上數功能，PB2 按鈕是重置上數值功能。

範例 7：七段顯示器在倒數計數器的應用

利用計時器 1 模式 1 設計 100 毫秒產生一個觸發訊號的下數計數器，並將計數值結果顯示在七段顯示器上，如下圖所示。

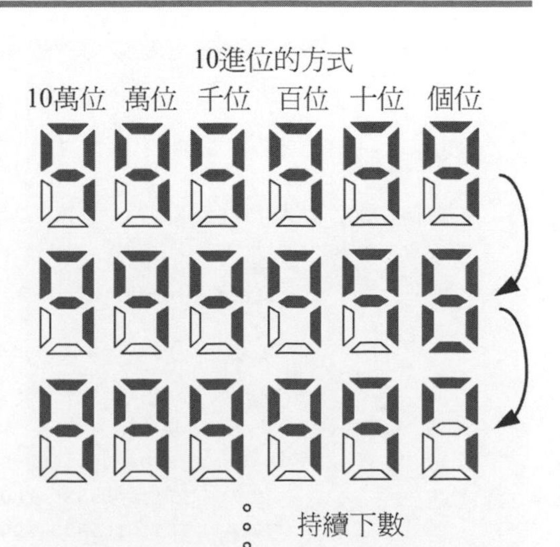

流程圖

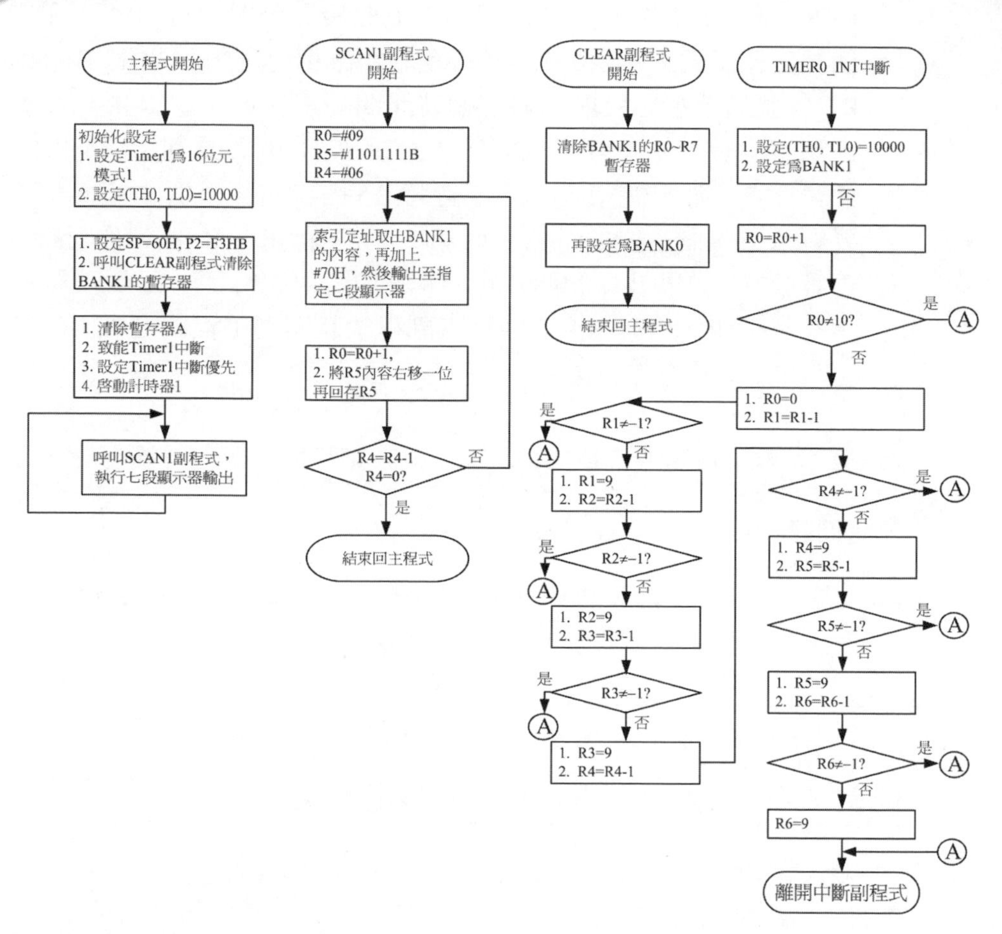

程式碼

範例 DM07_07.ASM 程式碼

```
1              ORG    0000H                          ; MCS-51 程式起始點
2              AJMP   MAIN                           ;
3    ;
4              ORG    001BH
5              AJMP   TIMER1_INT
6    MAIN:
7              MOV    TMOD,#00010000B                ;計時器-0 (模式 1-16 位元)
8              MOV    TL1,#(65535-10000) MOD 256
9              MOV    TH1,#(65535-10000)/256         ;1ms
```

```
10          MOV    SP, #60H
11          ACALL  CLEAR
12          MOV    P2,#11110011B
13          CLR    A
14          SETB   ET1
15          SETB   EA
16          SETB   TR1                    ;啟動計時器
17  LOOP1:
18          ACALL  SCAN1
19          AJMP   LOOP1
20
21  ;=== SCAN FUNCTION FOR SEVEN SEGMENT LED ===========
22  SCAN1:  MOV    R0,#09H                ; POINT TO R1 OF BANK1
23          MOV    R5,#11011111B
24          MOV    R4,#06
25  ; 分別點亮 6 個 LED
26  LOOP:   MOV    A,@R0
27          ORL    A,#01110000B
28          MOV    P1,A
29          MOV    P0,R5
30          ACALL  DELAY
31          ORL    P0,#11111111B
32          INC    R0
33          MOV    A,R5
34          RR     A
35          MOV    R5,A
36          DJNZ   R4,LOOP
37          RET
38
39  ;=== CLEAR REGISTER 08H~15h ==========
40  CLEAR:
41          SETB   RS0
42          CLR    RS1
43          MOV    R0,#00H
44          MOV    R1,#09H
45          MOV    R2,#09H
46          MOV    R3,#09H
47          MOV    R4,#09H
48          MOV    R5,#09H
49          MOV    R6,#09H
50          MOV    R7,#09H
51          CLR    RS0
52          CLR    RS1
```

```
53              RET
54  ; Delay-副程式 (2ms)
55  DELAY:      MOV   R6,#5
56  DL1:        MOV   R7,#200
57  DL2:        DJNZ  R7,DL2
58              DJNZ  R6,DL1
59              RET
60  ;
61  ;==== TIMER0 INTERRUPT FUNCTION =====
62  TIMER1_INT:
63              MOV   TL1,#(65535-10000) MOD 256
64              MOV   TH1,#(65535-10000)/256    ;1ms
65  ;
66              SETB  RS0                       ;BANK 1
67              CLR   RS1
68              INC   R0
69              CJNE  R0,#10,EXIT               ; FOR 0.1S
70              MOV   R0,#00H
71  ;個
72              DEC   R1
73              CJNE  R1,#-1,EXIT
74              MOV   R1,#09
75  ;拾
76              DEC   R2
77              CJNE  R2,#-1,EXIT
78              MOV   R2,#09
79  ;百
80              DEC   R3
81              CJNE  R3,#-1,EXIT
82              MOV   R3,#09
83  ;千
84              DEC   R4
85              CJNE  R4,#-1,EXIT
86              MOV   R4,#09
87  ;萬
88              DEC   R5
89              CJNE  R5,#-1,EXIT
90              MOV   R5,#09
91  ;10 萬
92              DEC   R6
93              CJNE  R6,#-1,EXIT
94              MOV   R6,#09
95
```

```
96  EXIT:
97          CLR   RS0
98          CLR   RS1
99          RETI
100 ;
101         END
```

程式說明

1. 第 1 行是假指令，設定程式的啟始位置為第 0000 行。第 2 行強制跳至 MAIN 標籤的第 6 行程式。第 4 及 5 行為呼叫 TIMER1_INT 中斷副程式標準設定。

2. 第 7 至 9 行分別是設定計時器 1 為模式 1 與初始化（TH1,TL1）=（65535-10000）。第 10 行設定堆疊暫存器 SP=#60H，而第 11 行是呼叫 CLEAR 副程式將 BANK1 的 R0~R7 暫存器清為 0。第 12 行設定 P2.2 及 P2.3 為 Low，這是七段顯示器實習介面電路要求。第 13 行清除累積器 A。第 14 及 15 行是設定計時器 1 的中斷致能（IE）與優先權（IP）暫存器。然後在第 16 行啟動計時器 1。

3. 第 17 至 19 行為主程式迴圈程式，主要是呼叫 SCAN1 副程式將計數值顯示在七段顯示器上。

4. 第 22 至 37 行為 SCAN1 副程式，R0=9 是設定 BANK1 的 R1 位址，而 R5=#11011111B 是指向最右邊的七段顯示器位置。R4=6 是表示 6 個七段顯示器。第 26 至 31 行是利用索引定址方式取出 BANK1 的 R1 值並顯示在七段顯示器一個時間間隔。第 32 行是利用 R1 指向下一個暫存器，然後在第 33 至 35 行將 R5 內容右移一個位元，表示下次要顯示下一個七段顯示器。而第 36 行執行 R4=R4-1，且判斷 R4 是否等於 0，如果 R4≠0 則跳至 LOOP 標籤再執行下一個七段顯示器顯示控制動作，但是 R4=0 則結束副程式且回到主程式迴圈 LOOP1。

5. 第 40 至 53 行是 CLEAR 副程式，主要將 BANK1 的 R0 至 R7 的暫存器清為 0。

6. 第 55 至 59 行是延遲到程式，請參考第四章說明。

7. 第 62 至 99 行為 TIMER1_INT 中斷副程式。第 62 行是 TIMER1_INT 中斷副程式標籤位置。第 63 及 64 行是重近設定（TH1,TL1）=（65535-10000）。第 66 及 67 行是切換至 BANK1。第 68 至 70 行執行 10ms 計時功能，當 R0≠10 則離開中斷程式，如果 R0=10 則重要 R0=0，

（1）第 72 至 74 遞減 R1，當 R1=-1 時令 R1=9 且執行下一程式。

（2）第 76 至 78 行遞減 R2，當 R2=-1 時令 R2=9 且執行下一程式。

（3）第 80 至 82 行遞減 R3，當 R3=-1 時令 R3=9 且執行下一程式。

（4）第 84 至 86 行遞減 R4，當 R4=-1 時令 R4=9 且執行下一程式。

（5）第 88 至 90 行遞減 R5，當 R5=-1 時令 R5=9 且執行下一程式。

（6）第 92 至 94 行遞減 R6，當 R6=-1 時令 R6=9 且執行下一程式。

最後離開中斷程式。詳細動作參考流程圖。

思考問題

a. 參考上列範例程式，加入 PB0 按鈕是啟動下數功能，而 PB1 按鈕是停止下數功能，PB2 按鈕是重置下數值功能。

範例 8：七段顯示器的馬錶倒數功能

利用計時器 1 模式 1 設計一個具有馬錶倒數功能，其七段顯示器的顯示要求如下圖說明。

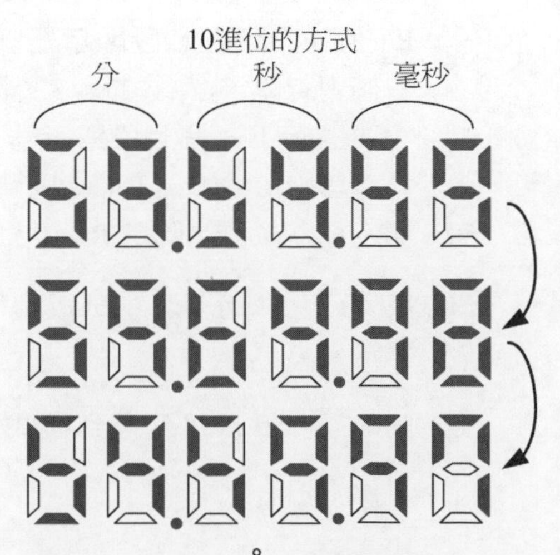

流程圖

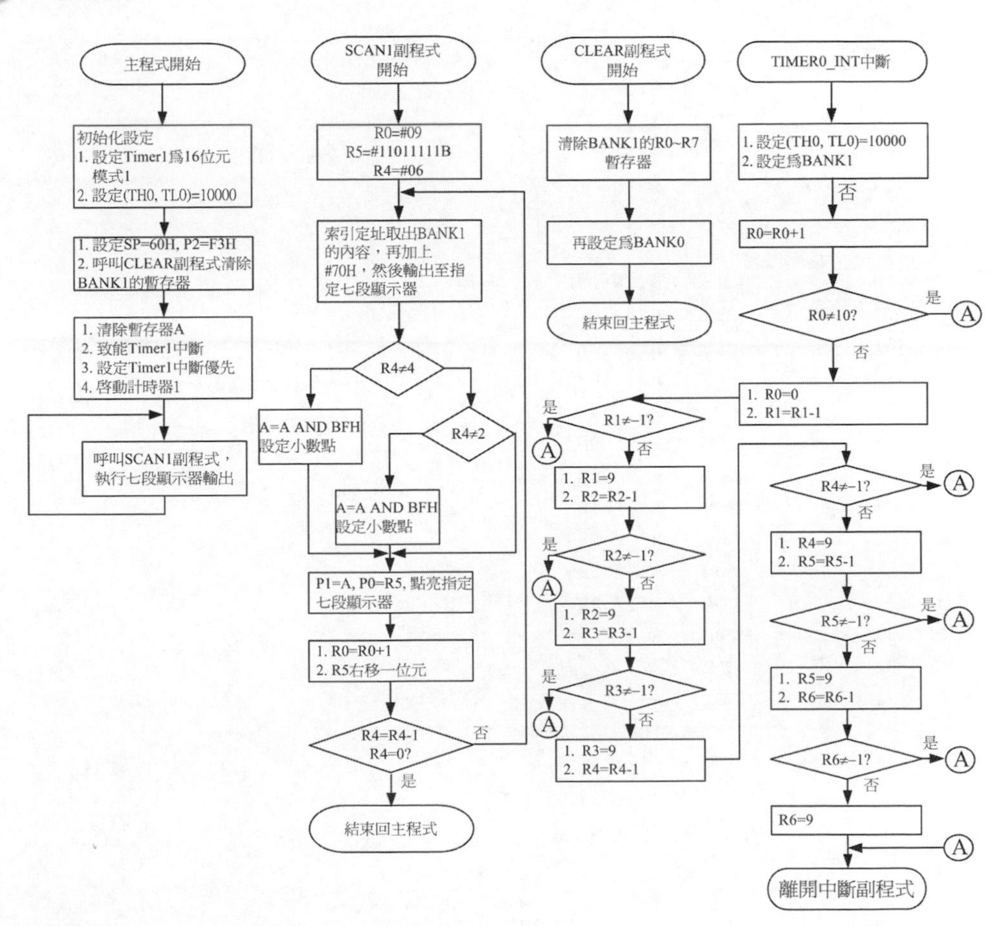

程式碼

範例 DM07_08.ASM 程式碼

```
1            ORG    0000H                        ; MCS-51 程式起始點
2            AJMP   MAIN                         ;
3     ;
4            ORG    001BH
5            AJMP   TIMER1_INT
6     MAIN:
7            MOV    TMOD,#00010000B              ;計時器-1 (模式 1-16 位元)
8            MOV    TL1,#(65535-10000) MOD 256
9            MOV    TH1,#(65535-10000)/256       ;1ms
```

```
10            MOV   SP, #60H
11            ACALL CLEAR
12            MOV   P2,#11110011B
13            CLR   A
14            SETB  ET1
15            SETB  EA
16            SETB  TR1                          ;啟動計時器
17  LOOP1:    ACALL SCAN1
18            AJMP  LOOP1
19
20  ;=== CLEAR REGISTER 08H~15h ==========
21  CLEAR:    SETB  RS0
22            CLR   RS1
23            MOV   R0,#00H
24            MOV   R1,#09H
25            MOV   R2,#09H
26            MOV   R3,#09H
27            MOV   R4,#05H
28            MOV   R5,#09H
29            MOV   R6,#05H
30            MOV   R7,#00H
31            CLR   RS0
32            CLR   RS1
33            RET
34  ;=== SCAN FUNCTION FOR SEVEN SEGMENT LED ===========
35  SCAN1:    MOV   R0,#09H                      ; POINT TO R1 OF BANK1
36            MOV   R5,#11011111B
37            MOV   R4,#06
38  ; 分別點亮 6 個 LED
39  LOOP:     MOV   A,@R0
40            ORL   A,#01110000B
41            CJNE  R4,#04,TEMP                  ;左 4 點亮 dp
42            ANL   A,#10111111B
43  TEMP:     CJNE  R4,#02,TEMP1
44            ANL   A,#10111111B                 ;左 2 點亮 dp
45  TEMP1:    MOV   P1,A
46            MOV   P0,R5
47            ACALL DELAY
48            ORL   P0,#11111111B
49            INC   R0
50            MOV   A,R5
51            RR    A
52            MOV   R5,A
```

```
53          DJNZ  R4,LOOP
54          RET
55
56  ; ===Delay-副程式 (2ms)=======
57  DELAY:  MOV   R1,#2
58  DL1:    MOV   R2,#100
59  DL2:    DJNZ  R2,DL2
60          DJNZ  R1,DL1
61          RET
62  ;
63  ;==== TIMER1 INTERRUPT FUNCTION =====
64  TIMER1_INT:
65          MOV   TL1,#(65535-10000) MOD 256
66          MOV   TH1,#(65535-10000)/256          ;1ms
67  ;
68          SETB  RS0                             ;BANK 1
69          CLR   RS1
70
71  ;10ms
72          DEC   R1
73          CJNE  R1,#-1,EXIT
74          MOV   R1,#09
75  ;100ms
76          DEC   R2
77          CJNE  R2,#-1,EXIT
78          MOV   R2,#09
79  ;S
80          DEC   R3
81          CJNE  R3,#-1,EXIT
82          MOV   R3,#09
83  ;10S
84          DEC   R4
85          CJNE  R4,#-1,EXIT
86          MOV   R4,#05
87  ;M
88          DEC   R5
89          CJNE  R5,#-1,EXIT
90          MOV   R5,#09
91  ;10M
92          DEC   R6
93          CJNE  R6,#-1,EXIT
94          MOV   R6,#05
95
```

```
96   EXIT:
97              CLR    RS0
98              CLR    RS1
99              RETI
100             END
```

程式說明

1. 第 1 行是假指令，設定程式的啟始位置為第 0000 行。第 2 行強制跳至 MAIN 標籤的第 6 行程式。第 4 及 5 行為呼叫 TIMER1_INT 中斷副程式標準設定。
2. 第 7 至 9 行分別是設定計時器 1 為模式 1 與初始化（TH1,TL1）=（65535-10000）。第 10 行設定堆疊暫存器 SP=#60H，而第 11 行是呼叫 CLEAR 副程式將 BANK1 的 R0~R7 暫存器清為 0。第 12 行設定 P2.2 及 P2.3 為 Low，這是七段顯示器實習介面電路要求。第 13 行清除累積器 A。第 14 及 15 行是設定計時器 1 的中斷致能（IE）與優先權（IP）暫存器。然後在第 16 行啟動計時器 1。
3. 第 17 至 19 行為主程式迴圈程式，主要是呼叫 SCAN1 副程式將計數值顯示在七段顯示器上。
4. 第 21 至 33 行是 CLEAR 副程式，主要將 BANK1 的 R0 至 R7 的暫存器清為 0。
5. 第 35 至 54 行為 SCAN1 副程式，請參考範例 DM07_06 程式說明。
6. 第 57 至 61 行是延遲到程式，請參考第四章說明。
7. 第 64 至 99 行為 TIMER1_INT 中斷副程式，請參考範例 DM07_07 程式說明。

思考問題

a. 參考上列範例程式，加入 PB0 按鈕是啟動下數功能，而 PB1 按鈕是停止下數功能，PB2 按鈕是重置下數值功能。

範例 9：七段顯示器在外部觸發計數器的應用

利用 $\overline{INT1}$ 外部中斷觸發方式控制上數計數器的啟動與否，2 位數上數計數器是由計時器 0 模式 1 的中斷方式控制，上數的觸發單位為 0.05 秒，而上數計數器的顯示是由計時器 1 模式 1 來控制，計時時間為 10 毫秒。此外，七段顯示器的顯示要求如右圖說明。

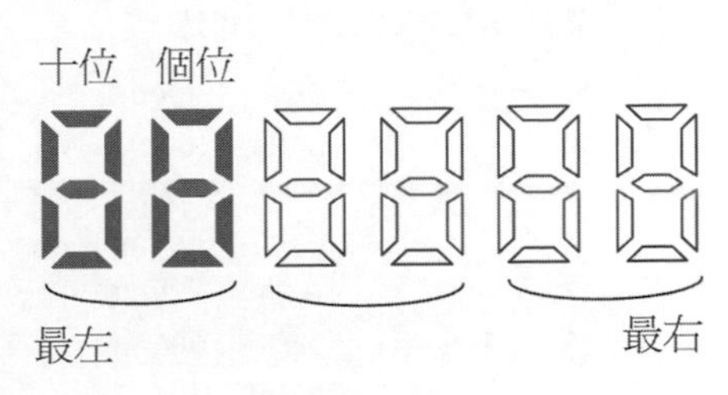

流程圖

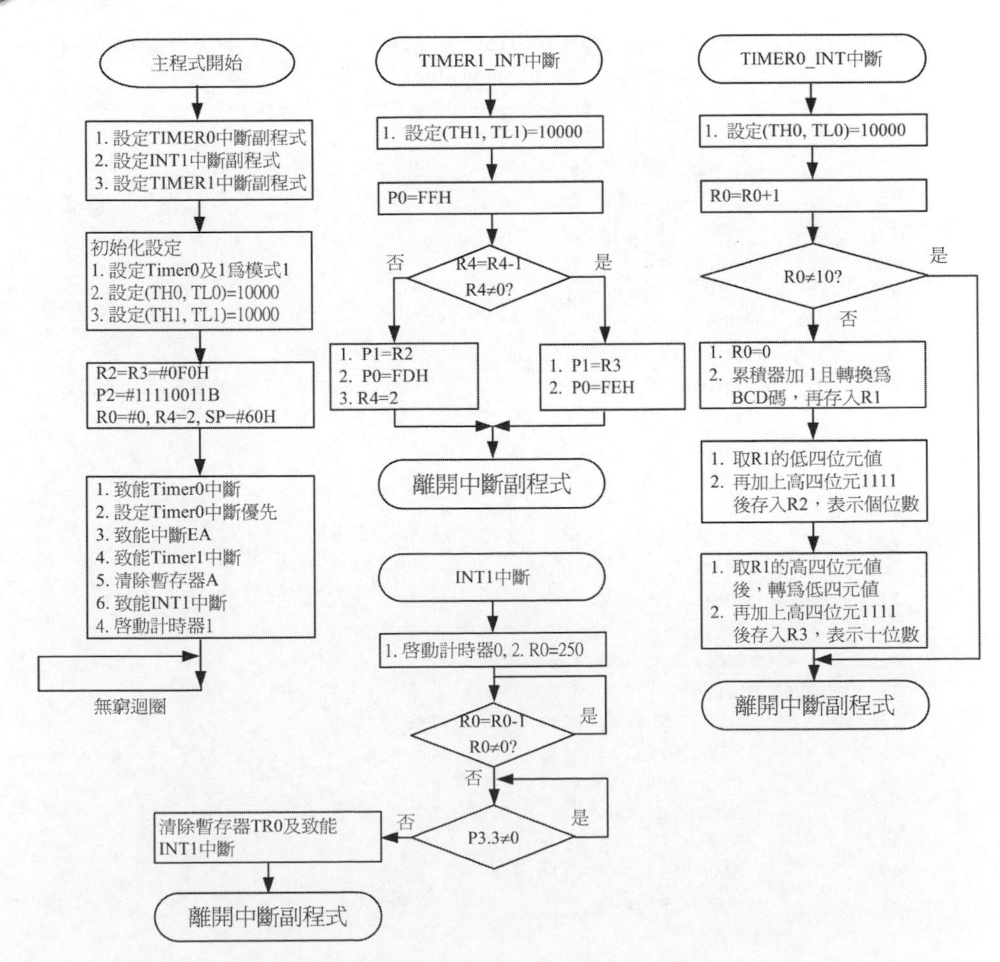

程式碼

範例 DM07_09.ASM 程式碼

```
1           ORG    0000H                          ; MCS-51 程式起始點
2           AJMP   MAIN              ;
3    ;
4           ORG    000BH
5           AJMP   TIMER0_INT
6           ORG    0013H
7           AJMP   INT_1
8           ORG    001BH
9           AJMP   TIMER1_INT
10
11   ; 主程式
12   MAIN:
13          MOV    TMOD,#00010001B                ;計時器-0 (模式 1-16 位元)
14          MOV    TH0,#(65535-10000)/256
15          MOV    TL0,#(65535-10000) MOD 256     ;1ms
16          MOV    TH1,#(65535-10000)/256
17          MOV    TL1,#(65535-10000) MOD 256     ;1ms
18          MOV    R2,#0F0H
19          MOV    R3,#0F0H
20          MOV    P2,#11110011B
21          MOV    R0,#0
22          MOV    R4,#02
23          MOV    SP,#60H
24          SETB   ET0
25          SETB   PT0
26          SETB   EA
27          SETB   ET1
28          CLR    A
29          SETB   EX1
30          SETB   TR1
31   LOOP:  JMP    LOOP
32
33   ; =====TIMER1 INTERRUPT ==========
34   TIMER1_INT:
35          MOV    TH1,#(65535-10000)/256
36          MOV    TL1,#(65535-10000)MOD 256     ;(10ms)
37          ORL    P0,#11111111B
38          DJNZ   R4,CASE2
39          MOV    P1,R2        ; 個位數
40          MOV    P0,#11111101B
41          MOV    R4,#02
```

```
42           JMP    OUT
43   CASE2:
44           MOV    P1,R3                          ; 百位數
45           MOV    P0,#11111110B
46   ;
47   OUT:    RETI
48   ;==== Timer 0 interrupt ==========
49   TIMER0_INT:
50           MOV    TH0,#(65535-10000)/256
51           MOV    TL0,#(65535-10000)MOD 256      ;(10ms)
52   ;
53           INC    R0
54           CJNE   R0,#5,EXIT
55           MOV    R0,#0
56
57           ADD    A,#01                          ;累積器加 1
58           DA     A                              ;作十進制調整(BCD 碼)
59           MOV    R1,A
60           ANL    A,#00001111B
61           ORL    A,#11110000B
62           MOV    R2,A
63   ;
64           MOV    A,R1
65           SWAP   A
66           ANL    A,#00001111B
67           ORL    A,#11110000B
68           MOV    R3,A
69           MOV    A,R1
70   ;
71   EXIT:   RETI
72   ;
73   ;==== External interrupt 1 ==========
74   INT_1:
75           SETB   TR0
76           CLR    EX1
77           MOV    R0,#250                        ;延遲中斷偵測
78           DJNZ   R0,$
79           JNB    P3.3,$
80
81           CLR    TR0
82           SETB   EX1
83           RETI
84   ;
85           END
```

程式說明

1. 第 1 行是假指令，設定程式的啟始位置為第 0000 行。第 2 行強制跳至 MAIN 標籤的第 12 行程式。第 4 至 9 行設定 TIMER0_INT、$\overline{\text{INT1}}$ 與 TIMER1_INT 中斷副程式。第 13 至 17 行是設定計時器 0 與 1 為模式 1，且初始化（TH0,TL0）=（65535-10000）與（TH1,TL1）=（65535-10000）。第 18 及 19 行是設定 R2=R3=#0F0H。第 20 行設定 P2.2 及 P2.3 為 Low，這是七段顯示器實習介面電路要求。第 20 至 23 行設定 R0=0, R4=2 與 SP=#60H。第 24 至 30 行致能 TIMER0、TIMER1、$\overline{\text{INT1}}$與中斷總開關 EA，且設定 TIMER0 的中斷優先權，清除累積器 A，最後啟動計時器 1。

2. 第 31 行是產生無窮迴圈功能，等待中斷觸發訊號。

3. 第 34 至 47 行為 TIMER1_INT 中斷副程式。第 35 及 36 行是重新設定（TH1,TL1）=（65535-10000），第 37 行是關閉所有七段顯示器的顯示功能。第 38 行是先執行 R4=R4-1，然後再判斷 R4 是否為 0。如果 R4≠0 則跳至 CASE2 標籤處，執行第 44 及 47 行的十位數值顯示及離開中斷程式，但是 R4=0 則執行第 39 至 42 行程式顯示個位數值與離開中斷程式。

4. 第 49 至 71 行為 TIMER0_INT 中斷副程式，第 50 及 51 行是重新設定（TH0,TL0）=（65535-10000），第 52 行是自動加 1 至 R0 內容，如果 R0≠5 則離開中斷副程式，否則執行第 57 至 69 行，將 A 內容加 1 且轉換為 BCD 碼存入 R1，第第 60 至 62 行是取出 R1 的內容低四位元值，然後加上高四位元 1111 之後，回存入 R2，表示個位數值。第 64 至 68 行是取出 R1 的內容高四位元值及轉換為低四位元值，然後加上高四位元 1111 之後，回存入 R3，表示十位數值。最後在第 69 行將 R1 內容再回存至累積器 A，等待下次中斷程式的應用，而第 71 行是離開中斷副程式。

5. 第 74 至 83 行為$\overline{\text{INT1}}$中斷副程式，第 75 行致能 TIMER0 中斷，而第 76 行禁能$\overline{\text{INT1}}$中斷，第 77 至 78 行產生一段時間延遲，第 79 行是判

斷 P3.3=0，如果 P3.3=1 則在這一行等待，但是 P3.3=0 則執行第 81 至 83 行，禁能 TIMER0 中斷且致能 $\overline{\text{INT1}}$ 中斷，然後離開中斷副程式。

思考問題

a. 參考上列範例程式，請將 $\overline{\text{INT1}}$ 中斷程式的防止按鈕開關彈跳現象移除，觀看其變化情況。

b. 請將上列範例程式的計時器 1 的七段顯示器的顯示功能改由指令時間延遲的方式。

c. 參考上列範例程式，請修改為如下圖所示之指定位置。

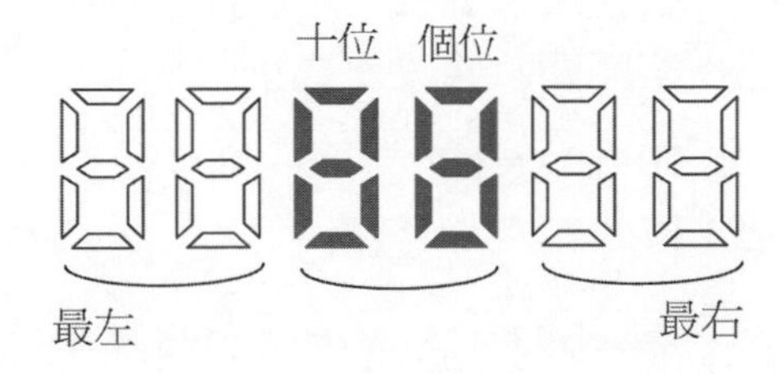

d. 參考上列範例程式，請修改為如下圖所示之指定位置。

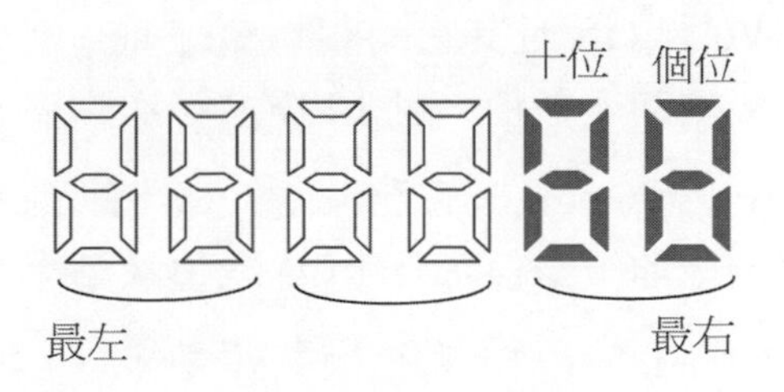

問題與討論

1. 使用 P1 搭配 74LS244 來讀取指撥開關狀態，從 P1.0~P1.7 所對應的指撥開關依序為 SW0~SW7。然後 P0 搭配 74LS244 來控制七段顯示器。

   （1）當 SW0 為 ON 且其它開關為 OFF 時，則令七段顯示器數值上數，數值接續前一數值。

   （2）當 SW1 為 ON 且其它開關為 OFF 時，則令七段顯示器數值下數，數值接續前一數值。數值從 00 開始計數，當指撥開關動作時，數值開始計數，而指撥開關切換時，

   數值接續前一數值繼續計數，而當指撥開關皆為 OFF 時，則數值計數停止，直至指撥開關狀態改變為止。

   注意，上數為 00→99，下數為 99→00；計數遞增式遞減速度為 0.1 秒，請用計時器 1 模式 1。

2. 使用 P1 搭配 74LS244 來讀取指撥開關狀態，從 P1.0~P1.7 所對應的指撥開關依序為 SW0~SW7。然後 P0 搭配 74LS244 來控制七段顯示器。

   （1）當 SW0 為 ON 且其它開關為 OFF 時，則令七段顯示器數值上數，數值接續前一數值，且 LED 燈每次點亮一個並向右移動。

   （2）當 SW1 為 ON 且其它開關為 OFF 時，則令七段顯示器數值下數，數值接續前一數值，且 LED 燈每次點亮一個並向左移動。

   數值一開始從 00 計數，當指撥開關動作時，數值開始計數，而指撥開關切換時，數值接續前一數值繼續計數，而當指撥開關階為 OFF 時，則數值計數停止，直至指撥開關狀態改變為止。

   注意，上數為 00→99，下數為 99→00；計數遞增式遞減速度為 0.1 秒，請用計時器 1 模式 1。

3. 將指撥開關的二進位的數值變換成十進位值，顯示在七段顯示器上（0~255）。

   注意，只有指撥開關的狀態改變時才將其值顯示在七段顯示器上。

4. 請利用計時器 0 模式 1，設計一個上數的計數器，計數遞增速度為 0.1 秒，並將數值值顯示在 6 個七段顯器上，如下圖所示。

5. 參考範例程式 DM07_05，請利用其他程式設計技巧達成相同功能的控制要求，例如利用間接定址方式（30H~40H）。

6. 參考範例程式 DM07_06，請利用其他程式設計技巧達成相同功能的控制要求，例如利用間接定址方式（30H~40H）。

7. 參考範例程式 DM07_07，請利用其他程式設計技巧達成相同功能的控制要求，例如利用間接定址方式（30H~40H）。

8. 參考範例程式 DM07_08，請利用其他程式設計技巧達成相同功能的控制要求，例如利用間接定址方式（30H~40H）。

chapter

8

聲音與音樂之應用

本章主要介紹揚聲器發出聲音的方法，了解歌曲的音頻、音階與音節原理。接著利用微控制器的數位輸出技術，輸出不同頻率的電壓，再送至揚聲器的線圈，致使揚聲器上的紙膜上產生一鬆一緊，而發出相對頻率的音頻，接著將探討製作警報聲、鈴聲、蜂鳴器與音樂曲的程式設計技術。若讀者能充分掌握本章各節的內容，對於微控制器在揚聲器的應用方式，將有莫大的助益。

本章學習重點

- 揚聲器原理介紹
- 音頻、音階與音節介紹
- 警報聲製作程式設計
- 鈴聲製作程式設計
- 音樂製作程式設計
- 問題與討論

8-1 揚聲器原理

揚聲器應用了電磁鐵來把電流轉化為聲音，如圖 8-1 所示。原來，電流與磁力有很密切的關係。試試把銅線繞在長鐵釘上，然後再接上小電池，你會發現鐵釘可以把迴紋針吸起。當電流通過線圈時會產生磁場，磁場的方向就由佛來明右手法則（Fleming's right hand rule）來決定。如圖 8-2 所示，揚聲器同時運用了電磁鐵和永久磁鐵。假設現在要播放 C 調（頻率為 256 Hz，即每秒振動 256 次），唱機就會輸出 256 Hz 的交流電，換句話說，在一秒鐘內電流的方向會改變 256 次。每一次電流改變方向時，電磁鐵上的線圈所產生的磁場方向也會隨著改變。我們都知道，磁力是「同極相斥，異極相吸」的，線圈的磁極不停地改變，與永久磁鐵一時相吸，一時相斥，產生了每秒鐘 256 次的振動。線圈與一個薄膜相連，當薄膜與線圈一起振動時，便會推動了周圍的空氣。振動的空氣，不就是聲音嗎？這就是揚聲器的運作原理了。

圖 8-1 揚聲器

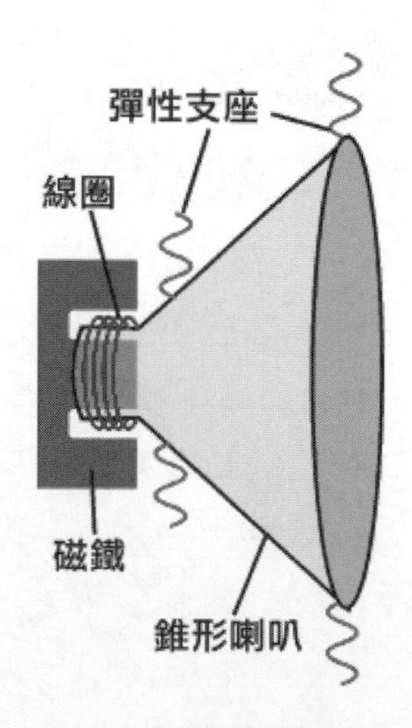

圖 8-2 揚聲器的結構

8-2 音階與節拍

8-2.1 音調

若以頻率來表示聲音，則有點抽象，又有點無趣！唱歌的時候，總不能跟樂隊說「給我一個 1k 的 Key」吧！通常是以 Do、Re、Mi、Fa、So、La、Si、Do$^{\#}$分別代表某一個頻率的聲音，我們稱之為「音調」，即是 Tone。如表 8-1 所示 C 調音階表，包括三個音階（低音、中音與高音），每個音階為八音度，其中細分為 12 個半音（即 Do、Do$^{\#}$、Re、Re$^{\#}$、Mi、Fa、Fa$^{\#}$、So、So$^{\#}$、La、La$^{\#}$、Si），而每個音階之間的頻率相差一倍，例如高音 Do 的頻率（1046Hz）剛好是中音 Do 的頻率（523Hz）之一倍、中音 Do 的頻率（523Hz）剛好是低音 Do 的頻率（266Hz）之一倍；同樣的，高音 Re 的頻率（1109Hz）剛好是中音 Re 的頻率（554Hz）之一倍、中音 Re 的頻率（554Hz）剛好是低音 Re 的的頻率（277Hz）之一倍，以此類推。因此，兩個半音之間的頻率比為 $2^{(1/12)}$，大約是 1.059，以中音為例，Do 的頻率為 523Hz，所以 Do$^{\#}$的頻率為 523×1.059，約為 554Hz、Re 的頻率為 554×1.059，約為 587Hz...，以此類推。

表 8.1　C 調音階表

音階	n	1	2	3	4	5	6	7	8	9	10	11	12
		Do	Do$^{\#}$	Re	Re$^{\#}$	Mi	Fa	Fa$^{\#}$	So	So$^{\#}$	La	La$^{\#}$	Si
低音	頻率	262	277	294	311	330	349	370	392	415	440	464	494
	簡譜	$\underset{\cdot}{1}$		$\underset{\cdot}{2}$		$\underset{\cdot}{3}$	$\underset{\cdot}{4}$		$\underset{\cdot}{5}$		$\underset{\cdot}{6}$		$\underset{\cdot}{7}$
中音	頻率	523	554	587	622	659	698	740	784	831	880	932	988
	簡譜	1		2		3	4		5		6		7
高音	頻率	1046	1109	1175	1245	1318	1397	1480	1568	1661	1760	1865	1976
	簡譜	$\dot{1}$		$\dot{2}$		$\dot{3}$	$\dot{4}$		$\dot{5}$		$\dot{6}$		$\dot{7}$

8-2.2 節拍

若要構成音樂，光音調是不夠的！還需要節拍，讓音樂具有旋律（固定的律動），更可以調節各個音的快慢速度。「節拍」即 Beat，簡單講就是打拍子，例如聽到音樂不自主地隨之拍動手或腳頓地。我們常聽說「這個音要 1/4 拍」、「那個音要 1/2 拍」，若 1 拍是 0.5 秒鐘，則 1/4 拍為 0.125 秒、1/2 拍為 0.25 秒。至於 1 拍多少秒，並沒有嚴格規定，就像是人的心跳一樣，大部分的人都是每分鐘 72 下，有些人比較快、有些人比較慢，只要聽順耳就好。

除了「拍子」以外，還有「音節」，在樂譜左上方都會訂每個音節有多少拍，如圖 8-3 所示：

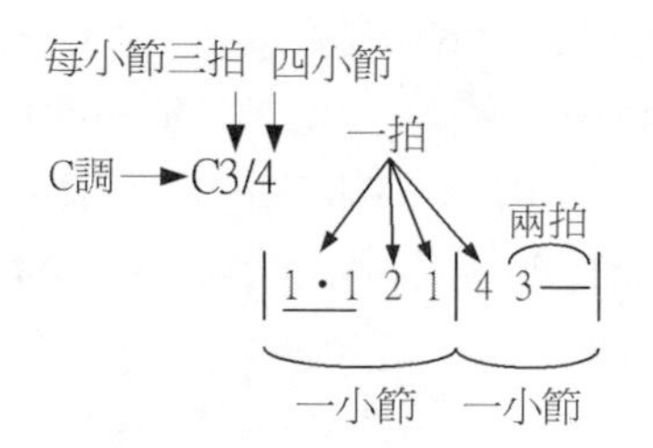

圖 8-3 音節

以「生日快樂歌」的簡譜為例，C3/4 代表 C 調、四小節、每小節三拍；兩條直線之間為一小節，其中有底線的兩個 1，代表一拍，之後的 2 及 1 各為一拍，總共三拍。在第二小節裡，3 後面的一條線代表 3 為兩拍。若以「慢半拍」的習慣，唱一節的時間約 2 秒鐘，所以，每拍約 3/2 秒。若以每小節 1.5 秒的速度，可能會比較正常，也就是每拍 0.5 秒、3/4 拍 0.375 秒、1/2 拍 0.25 秒、1/4 拍 0.125 秒…，以此類推。若以程式來發出上述兩小節的音，則是：

Do/0.25 秒、Do/0.25 秒、Re/0.5 秒、Do/05 秒

Fa/0.5 秒、Mi/1 秒

即

523Hz/250ms、523Hz/250ms、587Hz/500ms、523Hz/500ms

698Hz/500ms、659Hz/1000ms

8-3 音調的產生

若要產生表 8-1 的音頻，可使用延遲副程式或 Timer 計時器中斷方式，如下說明：

8-3.1 延遲副程式

首先撰寫一個基本的延遲副程式（10us），T_DELAY 副程式，如下：

```
T_DELAY:    NOP                        ;1us
            MOV      R7, #3            ;1us
            DJNZ     R7, $             ;2xR7us
            DJNZ     R6, T_DELAY       ;2us
            RET                        ;2us
```

如上之程式，期時間延遲為：

$t=R6\times(1+1+2\times R7+2)+2=t=R6\times(1+1+2\times3+2)+2=(10\times R6+2)\text{us}$

若 R6=1，則延遲 12 微秒（us）；若 R6=80，則延遲 802 微秒；其中的 2 微秒是固定的誤差，經常會被忽略。如表 8-1 所示，其中最高的音是高音的 Si，即

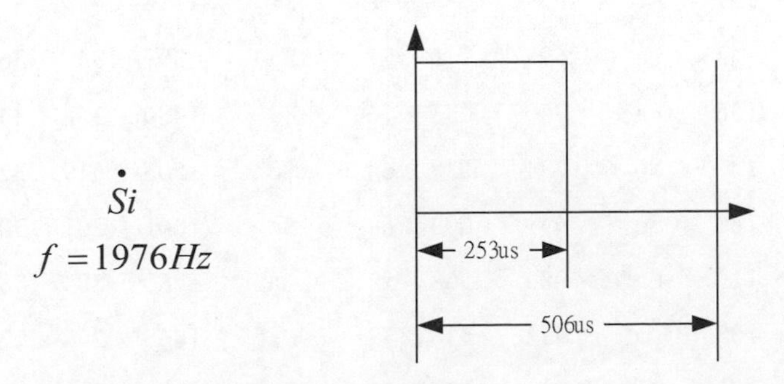

f=1976Hz，則週期 T=506us、半週期T_1=253us。只要再呼叫 T_DELAY 副程式之前，先將 R6 設定為 25，則 t=10×25＋2=252us 與預期的半週期 T_1=253us 相差不多。再以最低音（低音的 Do）為例：

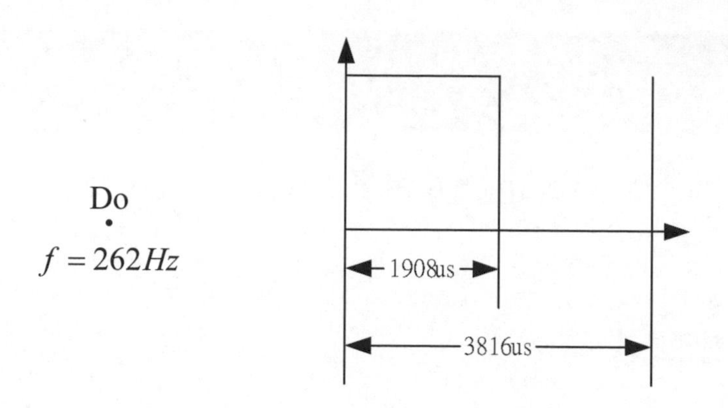

f=262Hz ，則週期 T=3816*us*、半週期T_1=1908*us*。只要再呼叫 T_DELAY 副程式之前，先將 R6 設定為 190，則 t=10×190＋2=1902 *us* 與預期的半週期半週期T_1=1908*us* 相差不多。根據上述方式推演，即可寫出適用於 T_DELAY 副程式的 ACC 參數，如表 8-2 所示：

表 8-2 音階-頻率-半週期（T_1）-參數對照表

低音	頻率	T_1	參數	中音	頻率	T_1	參數	高音	頻率	T_1	參數
Do	262	1908	191	Do	523	956	95	Do	1046	478	48
Do#	277	1805	180	Do#	554	903	90	Do#	1109	451	45
Re	294	1701	170	Re	587	852	85	Re	1175	426	42
Re#	311	1608	161	Re#	622	804	80	Re#	1245	402	40
Mi	330	1515	151	Mi	659	759	76	Mi	1318	379	3
Fa	349	1433	143	Fa	698	716	71	Fa	1397	358	36
Fa#	380	1351	135	Fa#	740	676	76	Fa#	1480	338	34
So	392	1276	127	So	784	638	64	So	1568	319	32
So#	415	1205	120	So#	931	602	60	So#	1661	301	30
La	440	1136	113	La	880	568	57	La	1760	284	28
La#	464	1078	108	La#	932	536	53	La#	1865	268	27
Si	494	1012	101	Si	988	506	50	Si	1976	253	25

8-3.2 計時器中斷方式

以計時器中斷產生頻率的分式，我們在第六章已介紹過，而聲音指是某一範圍的頻率，也就是所謂的音頻。在此將分別介紹，如何以模式 1 及模式 2 的工作方式來產生聲音。在模式 1 模式下，計時量最多可達 65536，也就是 65536us，足以產生低音 Do 所需的半週期（1908）。所以，若要產生低音 Do 的音頻，則只需執行 1908 計時量的 Timer 中斷即可，每中斷一次，就改變連接喇叭的輸出入埠之狀態，就能發出低音 Do 的聲音。若要產生其它音階，只需按表 8-2 的T_1欄位，設定計時量即可。下列程式範例是以模式 1 來產生低音的 Do：

```
TONE        EQU     1908                        ;設定音調半週期
SPEAKER     REG     P1.7                        ;設定輸出埠
            ORG     0000H                       ;從 0 位址開始
            CLR     P2.2                        ;啟動喇叭模組
            JMP     START                       ;跳至 START
            ORG     0BH                         ;TIMER0 中斷向量
            JMP     TONE_INT                    ;跳至 TONE_INT
SYART:      MOV     TMOD,#1                     ;使用 TIMER0 , MODE1
            SETB    EA                          ;啟用中斷總開關
            SETB    ET0                         ;啟用 TIMER0 中斷開關
            MOV     SP,#30H                     ;移開堆疊位址
            MOV     TH0,#(65536-TONE) / 256     ;指定時間
            MOV     TL0, #(65536-TONE) Mod 256  ;指定時間
            SETB    TR0                         ;啟動 TIMER0
            JMP     $                           ;停在這裡，或另寫程式
;
TONE_INT:   CPL     SPEAKER                     ;驅動喇叭
            MOV     TH0,#(65536-TONE) / 256     ;指定時間
            MOV     TL0,# (65536-TONE) MOD 256  ;指定時間
            SETB    TR0                         ;啟動 TIMER0
            RETI                                ;返回
            END
```

8-4 節拍的產生

音階的頻率是固定的，而節拍有快有慢，拍子越短，節奏越快、拍子越長，節奏越慢。以生日快樂歌的前兩個音節為例，第一個音是 Do，發生這個音的時間是 250ms；然後再發出第二個音（Do），也是 250ms；接下來改發出 Re 的音，時間長達 500ms；接下來改發出 Do 的音，時間長達 500ms；接下來改發出 Fa 的音，時間長達 500ms；接下來再發出 Mi 的音，時間長達 1000ms…，如下圖所示：

C3/4

| 1・1 2 1 | 4 3— |

250ms	250ms	500ms	500ms	500ms	1000ms
Do	Do	Re	Do	Fa	Mi

圖 8-4 節拍

發音控制同樣也有延遲副程式或 Timer 中斷兩種方式，如下說明：

8-4.1 延遲副程式

若音階產生的方式是採用 Timer 中斷的方式，則節拍產生的方式就可採用延遲副程式的方式。首先整理出整首樂曲中之拍子種類，找出其中最短的拍子，例如整首樂曲之中，包含 1/4 拍、1/2 拍、3/4 拍、1 拍及 2 拍，則以 1/4 拍為基準。然後寫一段 1/4 拍長度的 DELAY 副程式，若要產生 1/4 拍的長度，則執行 1 次該副程式；若要產生 1/2 拍的長度，則執行 2 次該副程式；若要產生 3/4 拍的長度，則執行 3 次該副程式；若要產生 1 拍的長度，則執行 4 次該副程式；若要產生 2 拍的長度，則執行 8 次該副程式…，以此類推。若 1/4 拍的長度為 0.125 秒，則 B_DELAY 副程式，如下：

```
B_DELAY:      MOV      R7,#244      ;1us
B_1:          MOV      R6,#255      ;1×R7us
              DJNZ     R6,$         ;2×R6×R7us
              DJNZ     R7,B_1       ;2×R7us
              DJNZ     A,B_DELAY    ;2us
              RET                   ;2us
```

如上之程式，其時間延遲為：

```
t=A×（1+R7+2×R6×R7+2×R7+2）+2us
 =A×（3+3×R7+2×R6×R7）+2us
 =A×（3+3×255+2×244×255）+2us
 =（125208×A+2）us
```

約為(125×A) ms。例如 A=1 時，則時間長度為 0.125 秒。

8-4.2 計時中斷

不管音階產生是採用 Timer 中斷方式，還是採用延遲副程式的方式，其節拍都可利用計時中斷產生。同樣是找出整首樂曲中，最短的拍子，例如整首樂曲之中，最短是 1/4 拍，若 1/4 拍的時間為 0.125 秒，則以 1/4 拍為基準，然後設定每 0.125 秒產生一次中斷，其計時量為 125000，超過任何一個計時模式的計時量。若採用模式 2，計時量太小，並不是很好用！若採用模式 1，而計時量設為 62500，則只要執行 2 次中斷，即可產生 1/4 拍的時間長度。同樣地，若要產生 1/2 拍的長度，則執行 4 次中斷、若要產生 3/4 拍的長度，則執行 6 次中斷…，以此類推。如表 8-3 所示：

表 8-3　節拍-中斷次數對照表

拍數	中斷次數	拍數	中斷次數	拍數	中斷次數
1/8	1	1/2	4	1 又 1/4	10
1/4	2	3/4	6	1 又 1/2	12
3/8	3	1	8	2	16

以下是利用延遲副程式產生音階，而以計時器中斷的方式（模式 1）產生節拍，其動作是發出 Do 的音階 1/4 拍，然後靜音 1/4 拍。在此以 BASE 為 1/8 拍的計時量，而 TIMES 則為中斷次數，也就是 1/8 拍的倍數；Do 則為產生 Do 音階的延遲參數，另外將節拍旗標 BEAT_FLAG 設置在 20H.0 位置，若時 BEAT_FLAG=1 表示拍子結束。整個範例程式設計如下：

```
1   BASE          EQU   62500                   ;設定 1/8 拍
2   TIMES         EQU   2                       ;設定 1/4 拍
3   DO            EQU   95                      ;設定 Do 音階參數
4   BEAT_FLAG     EQU   20H.0                   ;節拍旗標
5   SPEAKER       EQU   P1.7                    ;設定輸出埠
6   ;===========================================================
7          ORG    0000H                         ;從 0 位址開始
8          CLR    P2.2                          ;啟動喇叭模組
9          JMP    START                         ;跳至 START
10         ORG    1BH                           ;TIMER1 中斷向量
11         JMP    T1_INT                        ;跳至 T1_INT
12  START: CLR    BEAT_FLAG                     ;清除節拍旗標
13         MOV    TMOD,#1H                      ;使用 TIMER1,MODE1
14         SETB   EA                            ;啟用中斷總開關
15         SETB   ET1                           ;啟用 TIMER1 中斷開關
16         MOV    SP,#30H                       ;移開堆疊位址
17         MOV    TH1,#(65535-BASE)/256              ;指定時間
18         MOV    TL1,#(65535-BASE) MOD 256          ;指定時間
19         MOV    R3,#TIMES                     ;設定中斷重複次數
20         SETB   TR1                           ;啟動 TIMER1
21  ;========Do 音 (1/4 拍) ==========================================
22  LOOP:  JB     BEAT_FLAG,MUTE                ;若拍子結束則跳至 MUTE
23         CPL    SPEAKER                       ;驅動喇叭
24         MOV    R6,#DO                        ;發出 Do 音階
25         CALL   T_DELAY                       ;呼叫 T_DELAY 延遲副程式
26         JMP    LOOP                          ;跳至 LOOP 形成迴路
27  ;========靜音 (1/4 拍) ==========================================
28  MUTE:  CLR    BEAT_FLAG                     ;清除節拍旗標
29         CLR    TR1                           ;設定停用計時器
30         MOV    TH1,#(65535-BASE)/256              ;指定時間
31         MOV    TL1,#(65535-BASE) MOD 256          ;指定時間
32         MOV    R3,#TIMES                     ;設定中斷重複次數
33         SETB   TR1                           ;啟動 TIMER1
34  MUTE_1: JNB   BEAT_FLAG,LOOP                ;若拍子結束則跳至 LOOP
35         JMP    MUTE_1                        ;跳至 MUTE_1 形成迴圈
```

```
36  ;==============================================================
37  T_DELAY: NOP                              ;1us
38           MOV        R7,#3                 ;1us
39           DJNZ       R7,$                  ;2xR7us
40           DJNZ       R6,T_DELAY            ;2us
41           RET                              ;2us
42  ;==============================================================
43  T1_INT:  DJNZ       R3,EXIT               ;若 R3 不為 0，則繼續
44           MOV        R3,#TIMES             ;設定中斷重複次數
45           CPL        BEAT_FLAG             ;設定節拍旗標
46  EXIT:    MOV        TH1,#0BH              ;指定時間
47           MOV        TL1,#0DBH             ;指定時間
48           SETB       TR1                   ;啟動 TIMER1
49           RETI                             ;返回
50  ;==============================================================
51  END
```

緊接著是利用 TIMER0 模式 1 的輪詢模式產生音階，而以計時器 1 模式 1 的中斷的方式產生節拍。同樣是發出 Do 的音階 1/4 拍，然後靜音 1/4 拍。在此仍以 BASE 為 1/8 拍的計時量、TIMES 則為中斷次數，也就是 1/8 拍的倍數、TONE 則為產生 Do 音階的參數，另外將節拍旗標 BEAT_FLAG 設置在 20.0H 位置，若 BEAT_FLAG=1，表示要發音，TONE_FLAG=0，則是靜音。程式如下所示：

```
1   BASE        EQU     62500          ;設定 1/8 拍
2   TIMES       EQU     2              ;設定 1/4 拍
3   BEAT_FLAG   EQU     20H.0          ;節拍旗標
4   TONE_FLAG   EQU     20H.1          ;音階旗標
5   TONE        EQU     956            ;設定 Do 音階半週期
6   SPEAKER     EQU     P1.7           ;設定輸出埠
7   ;==============================================================
8               ORG     0000H          ;從 0 位址開始
9               CLR     P2.2           ;啟動喇叭模組
10              JMP     START          ;跳至 START
11              ORG     0000BH         ;TIMER1 中斷向量
12              JMP     TONE_INT       ;跳至 TONE_INT
13              ORG     1BH            ;TIMER1 中斷向量
14              JMP     BEAT_INT       ;跳至 BAET_INT
15  START:      MOV     TMOD,#11       ;使用 TIMER0、1,MODE1
16              SETB    EA             ;啟用中斷總開關
17              SETB    ET0            ;啟用 TIMER0 中斷開關
```

```
18              SETB      ET1                       ;啟用 TIMER1 中斷開關
19              MOV       SP,#70H                   ;移開堆疊位址
20              MOV       TH0,#(65535-TONE)/256     ;指定音階時間
21              MOV       TL0,#(65535-TONE) MOD 256 ;指定音階時間
22              SETB      TR0                       ;啟動 TIMER0
23              CLR       BEAT_FLAG                 ;清除節拍旗標
24              MOV       TH1,#(65535-BASE)/256     ;指定節拍時間
25              MOV       TL1,#(65535-BASE) MOD 256 ;指定節拍時間
26              MOV       R3,#TIMES                 ;設定中斷重複次數
27              SETB      TR1                       ;啟動 TIMER1
28  ;========Do 音（1/4 拍）=========================================
29  LOOP:       JB        BEAT_FLAG,MUTE            ;若拍子結束則跳至 MUTE
30              SETB      TONE_FLAG                 ;設定音階旗標
31              JMP       LOOP                      ;跳至 LOOP 形成迴路
32  ;========靜音（1/4 拍）==========================================
33  MUTE:       CLR       BEAT_FLAG                 ;清除節拍旗標
34              CLR       TONE_FLAG                 ;清除音階旗標
35              CLR       TR1                       ;設定停用計時器
36              MOV       TH1,#(65535-BASE)/256     ;指定節拍時間
37              MOV       TL1,#(65535-BASE) MOD 256 ;指定節拍時間
38              MOV       R3,#TIMES                 ;設定中斷重複次數
39              SETB      TR1                       ;啟動 TIMER1
40  MUTE_1:     JNB       BEAT_FLAG,LOOP            ;若拍子結束則跳至 LOOP
41              JMP       MUTE                      ;跳至 MUTE_1 形成迴圈
42  ;===============================================================
43  TONE_INT:   JNB       TONE_FLAG,NO_TONE     ;若音階旗標為 0 則跳至 NO_TONE
44              CPL       SPEAKER                   ;驅動喇叭
45  NO_TONE:    MOV       TH0,#(65535-TONE)/256     ;指定音階時間
46              MOV       TL0,#(65535-TONE) MOD 256 ;指定音階時間
47              SETB      TR0                       ;啟動 TIMER0
48              RETI                                ;返回
49  ;===============================================================
50  BEAT_INT:   DJNZ      R3,EXIT                   ;若 R3 不為 0，則繼續
51              MOV       R3,#TIMES                 ;設定中斷重複次數
52              SETB      BEAT_FLAG                 ;設定節拍旗標
53  EXIT:       MOV       TH1,#(65535-BASE)/256     ;指定節拍時間
54              MOV       TL1,#(65535-BASE) MOD 256 ;指定節拍時間
55              SETB      TR1                       ;啟動 TIMER1
56              RETI                                ;返回
57  ;===============================================================
58              END
```

8-5 實驗板與揚聲器相關電路

實驗板的揚聲器硬體外觀，如圖 8-5 所示。

圖 8-5 實驗板的揚聲器硬體外觀

發聲模組電路是與七段顯示控制電路的數值輸出致能開關 74HCT244(U2) 結合在一起，當 P2.2=0 時可致能 U2 的 74HCT244 的輸出腳位，圖 8-6 的訊號 D7 是控制 Q8 的 2SA684 電晶體開關，其主要目的是在於如何使用單晶片控制喇叭發出聲音，藉由控制 D7 訊號在不週期的輸出變化來產生不同頻率的聲頻，透過揚聲器發出聲音的方法，了解歌曲的音頻、音指與音節原理。接著利用微控制器的數位輸出技術，輸出不同頻率的電壓，再送至揚聲器的線圈，致使揚聲器上的紙膜上產生一鬆一緊，而發出相對頻率的音頻，可探討製作警報聲、鈴聲、蜂鳴器與音樂曲程式設計技術。

此外，實習板上提供三個按鈕，如圖 8-7 所示，分別直接連至單晶片的 P3.3, P3.4 及 P3.5。因為 P3 的腳位有內部提升電阻，所以電路設計不須額外設計外接提升電阻。當按鈕被按下時，相對應的腳位是低電位；反之，當按鈕沒有被按下時，相對應的腳位是高電位。

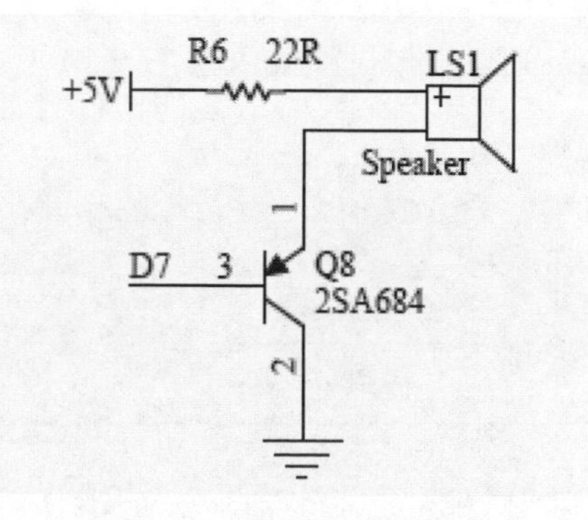

圖 8-6 揚聲器控制電路

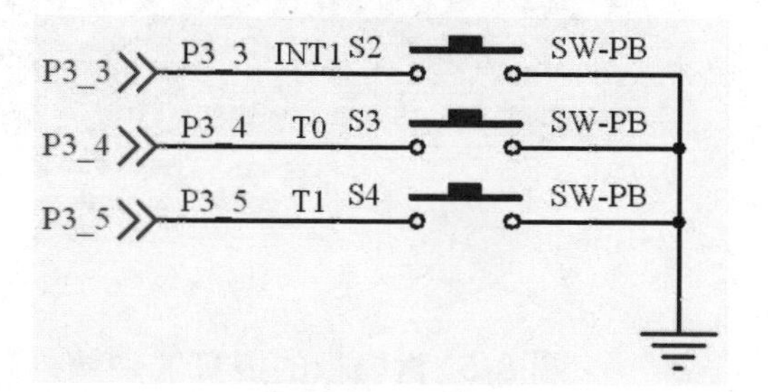

圖 8-7 單晶片的按鈕開關輸入電路

8-6 範例程式與討論

範例 1：製作警報聲音

以揚聲器重複產生中音 DO(262Hz)及中音 Fa(349Hz)的叫聲各 0.6 秒，由微控制器模擬輸出警告聲音。

流程圖

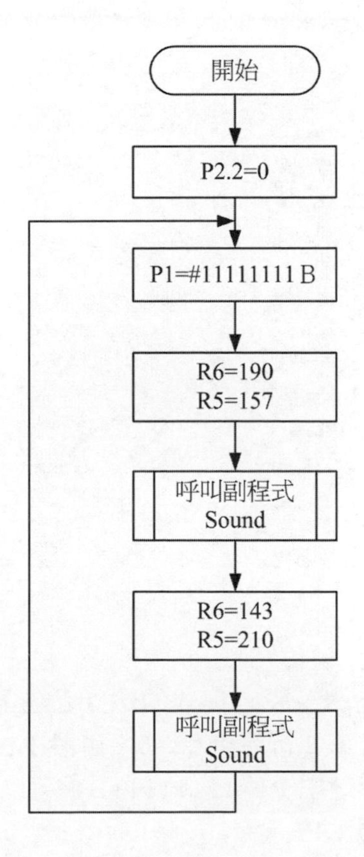

程式碼

範例 DM08_01.ASM 程式碼

```
1            ORG   0000H
2            CLR   P2.2
3   MAIN:    MOV   P1,#11111111B       ;TURN OFF SPEAKER AND SEVEN-SEGMENT
4   LOOP:    MOV   R6,#190             ;middle Do
5            MOV   R5,#157             ; time for tone=157x(1/265)=0.6s
6            ACALL SOUND
7            MOV   R6,#143             ; tone
8            MOV   R5,#210             ; time for tone=210/350=0.6s
9            ACALL SOUND
10           AJMP  LOOP
11  ;====== R5*2*period time ======
12  SOUND:   CLR   P1.7
13           ACALL DELAY
14           SETB  P1.7
15           ACALL DELAY
16           DJNZ  R5,SOUND
17           RET
18  ; ==== Delay half period time===
19  ; t=(10A+2)us
20  DELAY:   NOP                       ;1us
21           MOV   R7,#03              ;1us
22           DJNZ  R7,$                ;2*R7us
23           DJNZ  R6,DELAY            ;2us
24           RET                       ;2us
25  ;
26           END
```

程式說明

1. 第 1 行是假指令，設定程式的啟始位置為第 0000 行。參考本章的實習介面電路，第 2 行令 P2.2=0，可設 P1 為控制聲音與七段顯示器的介面。第 3 行送出 P1=11111111B，可以關閉七段顯示器的顯示與聲音控制開關為 OFF。

2. 第 4 行至 6 行為發出中音 DO(262Hz)的聲音且其時間長度為 0.6 秒。本例中音 DO 音頻為 262Hz，週期為 T=1/262Hz=3816us，而其半週期為 T1=1908。根據 t=(10×R6+2)公式，R6=(1908-2)/10=190.6≅190，

因此令 R6=190，實驗發聲半週期 t=(10×190+2)=1902 us，所以音頻為(10^6/3804)=262.88 Hz。第 5 行為聲時間長度次設定值。本例中音 DO 的頻率為 262Hz，也就是週期為 1/262 秒。因此發聲時間可由第 12 至 17 行 Sound 的執行次數計算出，如果令 R5=157，則其時間長度為 157×(1/265)=0.6 秒。第 6 行為為呼叫 Sound 副程式，其程式碼在第 12 至 17 行。其是產生 P1.7 的半週期的 ON 與 OFF 控制，並有 R5 執行發聲次數之控制。

3. 第 7 至 9 行為發出中音 Fa(349Hz)的聲音且其長度也是為 0.6 秒。程式說明如同前一項說明。中音 Fa 的聲音 349Hz，T=1/349Hz=2865us, 半週期 T_1=1432us，t=(1432-2)/10≅143，因此令 R6=143。第 10 行為強制跳回第 3 行的 main 標籤，重新執行本範例的發聲控制要求。

4. 第 12~17 行為 Sound 副程式。其是產生 P1.7 的的半週期的 ON 與 OFF 控制，並有 R5 執行發聲次數之控制。

5. 第 20 至 24 行為音頻半週期時間控制副程式。詳細說明請參考本章說明。

思考問題

a. 請將上列範例程式的音頻改為 120Hz 及 600Hz，且其發聲時間各維持 0.73 秒，試討論聲音輸出狀況。

b. 請將上列範例程式的音頻程式改為應用計時器 0 模式 1 的方式。

範例 2：製作鈴聲

用微控制器設計一個應用程式，可控制揚聲器發出各具有 0.3 秒的 320Hz 及 480Hz 音頻組合聲音，模擬輸出電話鈴聲的聲音輸出。注意，音頻的控制是採用計時器 0 模式 1 之中斷方式，而聲音的時間長度是由計時器 1 模式 0 的輪詢模式控制，其最小單位 5ms。

流程圖

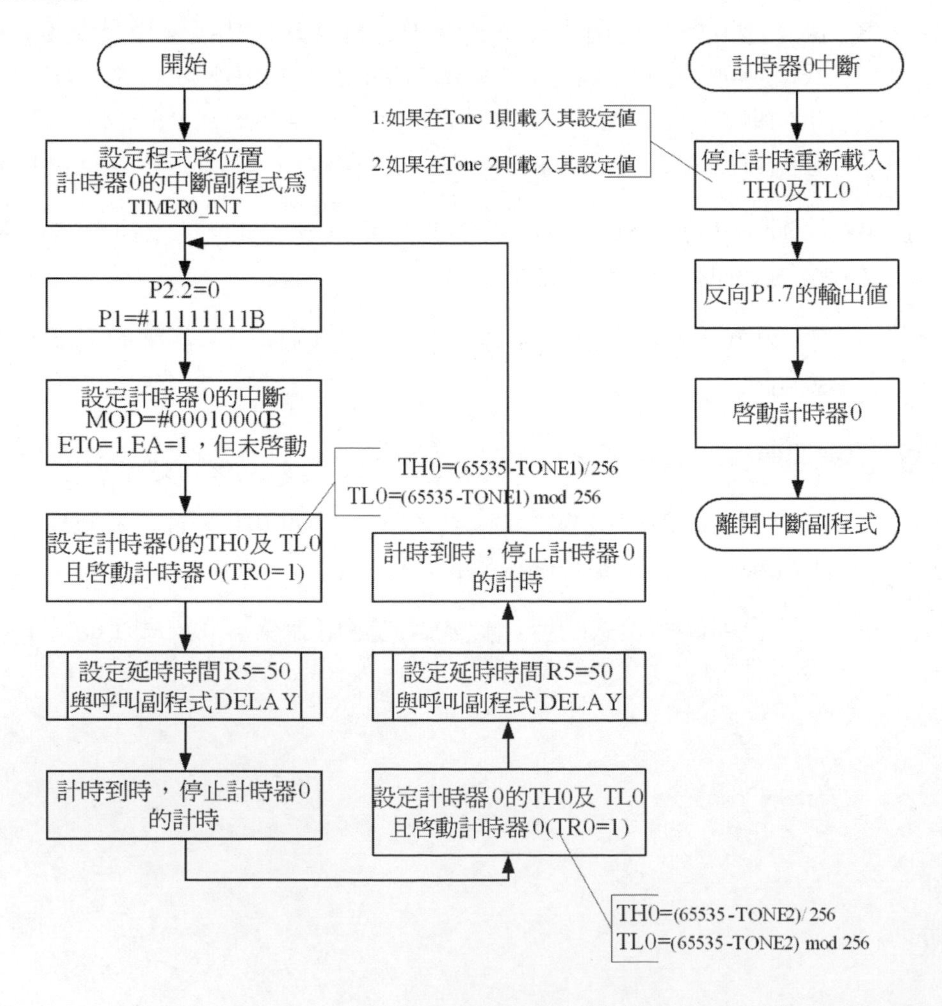

程式碼

範例 DM08_02.ASM 程式碼

```
1    TONE1    EQU   1562              ;320HZ
2    TONE2    EQU   1041              ;480HZ
3             ORG   0000H
4             AJMP  MAIN
5             ORG   000BH
6             AJMP  TIMER0_INT
7             ORG   0020H
8    MAIN:    CLR   P2.2
9             MOV   P1,#11111111B     ;TURN OFF SPEAKER AND SEVEN-SEGMENT
10            MOV   TMOD,#00010000B
11            SETB  ET0
12            SETB  EA
13   LOOP:    MOV   R1,#(65535-TONE1)/256    ;
14            MOV   R0,#(65535-TONE1) MOD 256
15            MOV   TL0,R0
16            MOV   TH0,R1
17            SETB  TR0
18            MOV   R5,#60            ;5MS*60=300MS
19            ACALL DELAY             ;
20            CLR   TR0
21            MOV   R1,#(65535-TONE2)/256    ;
22            MOV   R0,#(65535-TONE2) MOD 256
23            MOV   TL0,R0
24            MOV   TH0,R1
25            SETB  TR0
26            MOV   R5,#60            ;5MS*60=300MS
27            ACALL DELAY
28            CLR   TR0
29            AJMP  LOOP
30   ;
31   ; ==== TONE CONTROL ===
32   TIMER0_INT:
33            CLR   TR0
34            MOV   TL0,R0
35            MOV   TH0,R1
36            CPL   P1.7
37            SETB  TR0
38            RETI
39   ;
40   ;======= DELAY FUNCTION BY POLLING METHOD (time=5MSXR5) =====
```

```
41  DELAY:
42          MOV    TL1,#(8192-5000) MOD 32
43          MOV    TH1,#(8192-5000)/32
44          SETB   TR1
45  DL2:    JBC    TF1, EXIT
46          AJMP   DL2
47  EXIT:   DJNZ   R5, DELAY
48          RET
49
50
51  ;
52          END
```

程式說明

1. 第 1 及 2 行是假指令，分別指定 TONE1 及 TONE2 的值為 1562 及 1041，其是設定 TONE1 及 TONE2 為 320HZ 及 480Hz 之音頻參數。

2. 第 3 行是假指令 ORG，其設定第 4 行的程式位址為 0000H，因此程式會在硬體初始化後，馬上強制跳至第 8 行去執行。所以，主程式的程式碼要從這裡開始設計。第 5 及 6 行是設定計時器 0 的中斷副程式為 TIMER0_INT 的標籤。

3. 第 7 行是假指令 ORG，設定第 8 行 MAIN 的標籤程式在程式位址 0020H。另外，參考本章的實習介面電路，第 8 行令 P2.2=0，可設 P1 為控制聲音與七段顯示器的介面。而第 9 行送出 P1=11111111B，關閉七段顯示器的顯示與聲音控制開關為 OFF。

4. 第 10 行是設定計時器 0 為模式 1（16 位元計數功能）與計時器 1 為模式 0（10 位元計數功能）。而第 11 及 12 行啟動計時器 0 的中斷功能，但是還沒有啟動計時器 0 的計時功能。

5. 第 13 至 29 行是主迴圈程式，在此範圍之程式碼將被順序的無窮次執行。第 13 至 16 行是設定 TONE1 的音頻參數至 TH0 及 TL0。第 17 行是啟動計時器 0 的計數功能（TR0=1）。第 18 行是設定延遲副程式（DELAY）的時間延遲參數 R5=50，因為 DELAY 函數的基本單位為 50ms，因此 R5=50 的設定將產生 250ms 的時間延遲。而第 19

行是執行呼叫 DELAY 副程式，利用計時器 1 的模式 0，產生指定的時間延遲功能，詳細請參考 DELAY 副程式說明。當設計的時間延遲功能完成，第 20 行是停止計時器 0 的計時功能。第 21 至 28 行是執行 TONE2 的音頻發聲與控制執行時間為 250ms。程式功能說明如同第 13 至 20 行。而第 29 行是強制程式跳至第 13 行，重複執行主迴圈程式的控制動作。

6. 第 32 至 38 行是計時器 0 的中斷副程式（TIMER0_INT）。當中斷產生，第 33 行先停止計時器 0 的計時工作。然後第 34 及 35 行再重新載入 TONE1 或 TONE2 的音頻參數設定至 TL0 及 TH0。第 35 行是將目前 P1.7 先反向再輸出。最後第 37 行再啟動計時器 0 的計時功能。

7. 第 41 至 48 行是 DELAY 副程式，第 42 至 46 行是產生 5ms 的時間延遲控制。而第 47 行是利用 R5 參數值去控制執行第 42 至 46 行的 5ms 時間延遲次數。本例為 R5=50，因此可以產生 250ms 的時間延遲控制。

思考問題

a. 請將上列範例程式的音頻程式改為應用範例 1 的 Delay($t=10\times R6+2$)函數方式。

b. 請將上列範例程式的音頻微調一下，例如改為 1kHz 及 600Hz，且時間分別為 0.3 秒及 0.6 秒，試討論聲音輸出狀況。

c. 請將上列範例程式，再加入一靜音的時間，例如是靜音 0.5 秒，試討論聲音輸出狀況。

範例 3：基本音符聲音

參考範例 2 程式，設計一個微控制器應用程式，可控制揚聲器發出如下圖所示之基本音符聲音。如同範例 2，音頻的控制是採用計時器 0 模式 1 之中斷方式，而聲音的時間長度是由計時器 1 模式 0 的輪詢模式控制，其最小單位 5ms。注意，每一聲音長度為 0.5 秒，在最後一個音頻發聲之後，加入一秒的靜音時間，然後再重新發出基本音符聲音。

音階	Do	Re	Mi	Fa	So	La	Si	Do
頻率（Hz）	523	587	659	698	785	880	998	1047
半週期（微秒）	956	852	759	716	637	568	501	478

流程圖

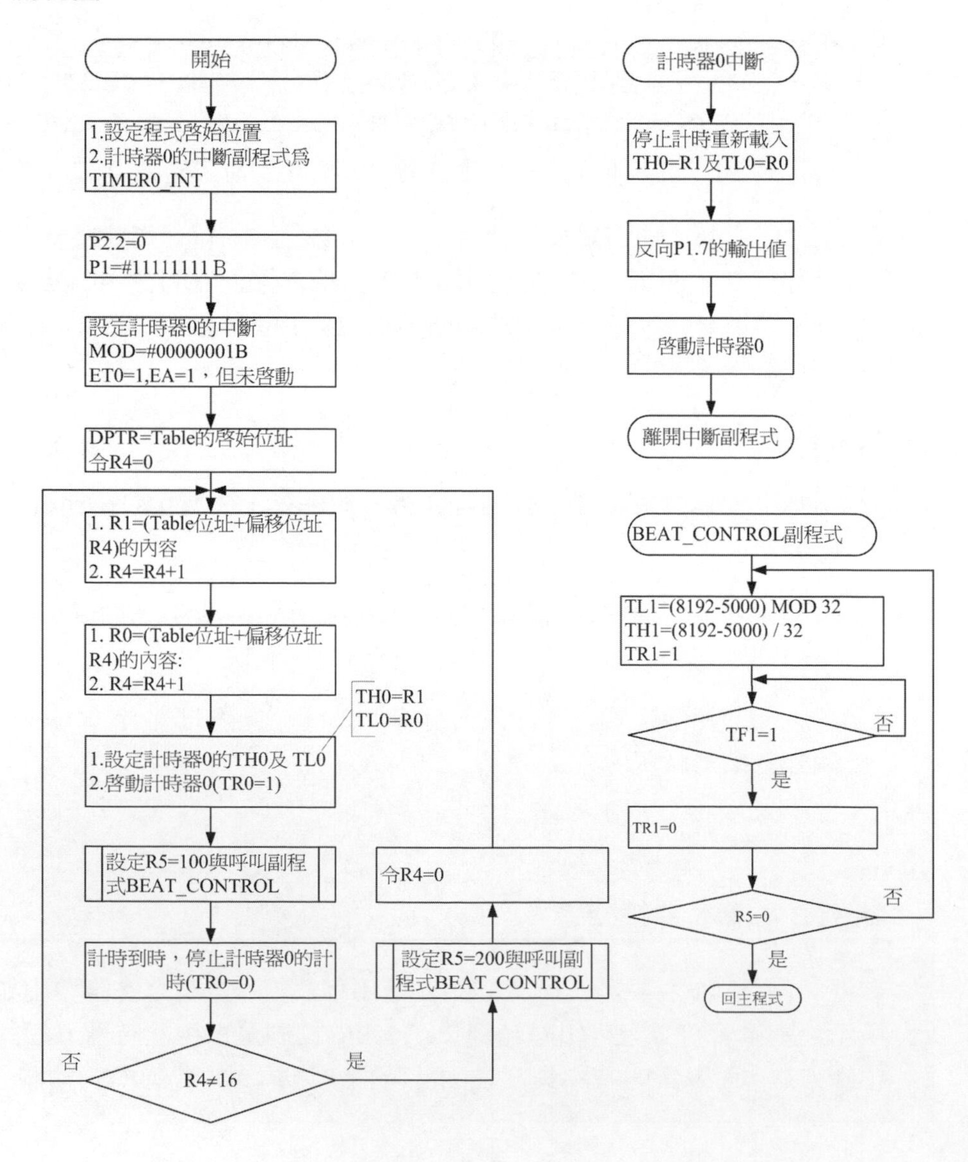

程式碼

範例 DM08_03.ASM 程式碼

```
1   DO      EQU   956
2   RE      EQU   852
3   MI      EQU   759
4   FA      EQU   716
5   SO      EQU   637
6   LA      EQU   568
7   SI      EQU   506
8   DO1     EQU   478
9   ;
10          ORG   0000H
11          AJMP  MAIN
12          ORG   000BH
13          AJMP  TIMER0_INT
14          ORG   0020H
15  MAIN:   CLR   P2.2
16          MOV   P1,#11111111B      ;TURN OFF SPEAKER AND SEVEN-SEGMENT
17          MOV   TMOD,#00000001B
18          SETB  ET0
19          SETB  EA
20          MOV   DPTR,#TABLE
21          MOV   R4,#0
22  LOOP:   MOV   A,R4
23          MOVC  A,@A+DPTR    ;
24          MOV   R1,A
25          INC   R4
26          MOV   A,R4
27          MOVC  A,@A+DPTR    ;
28          MOV   R0,A
29          INC   R4
30          MOV   TL0,R0
31          MOV   TH0,R1
32          SETB  TR0
33          MOV   R5,#100            ;5MS*100=500MS
34          ACALL BEAT_CONTROL       ;
35          CLR   TR0
36          CJNE  R4,#16,LOOP
37          MOV   R5,#200
38          ACALL BEAT_CONTROL
39          MOV   R4,#00
40          AJMP  LOOP
```

```
41  ;
42  ; ==== TONE CONTROL =================
43  TIMER0_INT:
44           CLR   TR0
45           MOV   TL0,R0
46           MOV   TH0,R1
47           CPL   P1.7
48           SETB  TR0
49           RETI
50  ;
51  ;======= DELAY FUNCTION BY POLLING METHOD (time=5MSXR5) =====
52  BEAT_CONTROL:
53           MOV   TL1,#(8192-5000) MOD 32
54           MOV   TH1,#(8192-5000)/32
55           SETB  TR1
56  DL2:     JBC   TF1, EXIT
57           AJMP  DL2
58  EXIT:    DJNZ  R5, BEAT_CONTROL
59           RET
60  ;
61  ;===== TONE LIST TABLE =================
62  TABLE:   DB     (65535-DO) /256
63           DB     (65535-DO) MOD 256
64           DB     (65535-RE) /256
65           DB     (65535-RE) MOD 256
66           DB     (65535-MI) /256
67           DB     (65535-MI) MOD 256
68           DB     (65535-FA) /256
69           DB     (65535-FA) MOD 256
70           DB     (65535-SO) /256
71           DB     (65535-SO) MOD 256
72           DB     (65535-LA) /256
73           DB     (65535-LA) MOD 256
74           DB     (65535-SI) /256
75           DB     (65535-SI) MOD 256
76           DB     (65535-DO1) /256
77           DB     (65535-DO1) MOD 256
78  ;
79           END
```

程式說明

1. 第 1 及 8 行是假指令 EQU，分別指定 DO、RE...及 DO1 之參數值分別為 956、852 及 478，也就是設定 DO、RE...及 DO1 的為 523Hz、587 Hz 及 1047Hz 之音頻參數。

2. 第 10 行是假指令 ORG，其設定第 11 行的程式位址為 0000H，因此程式會在硬體初始化後，馬上強制跳至第 15 行去執行。所以，主程式的程式碼要從這裡開始設計。第 12 及 13 行是設定計時器 0 的中斷副程式為 TIMER0_INT 的標籤。

3. 第 14 行是假指令 ORG，設定第 15 行 MAIN 標籤在程式位址 0020H。此外，參考本章的實習介面電路，第 15 行令 P2.2=0，可設定埠 1 可以控制聲音與七段顯示器。而第 16 行送出 P1=11111111B，關閉七段顯示器的顯示與聲音控制開關為 OFF。

4. 第 17 行是設定計時器 0 為模式 1（16 位元計數功能）與計時器 1 為模式 0（10 位元計數功能）。而第 18 及 19 行啟動計時器 0 的中斷功能，但是還沒有啟動計時器 0 的計時功能。

5. 第 20 行將 Table 表的程式位址指定給 DPTR，第 21 行則設定 R4=0。

6. 第 22 至 40 行是主迴圈控制程式，扮演主程式角色。程式功能設計如下說明。第 22 行是主迴圈的 LOOP 標籤，而第 22 至 24 行是應用索引定址方式取得 Table 表的第 0 偏移量位址內容至 R1。第 25 行是將 R4 內容加 1；同理，第 26 至 28 行應用索引定址方式，將 Table 表的第 1 偏移量位址內容指定給 R0，然後第 29 行再將 R4 內容加 1，將 Table 的偏移量位址指向下一個音符參數。第 30 及 31 行則是將本步驟取得的音符計時器 0 的參數 R1 及 R0 指定給 TH0 及 TL0。然後第 32 行是啟動計時器 0 的計時工作。第 33 行是設定延遲副程式（BEAT_CONTROL）的時間延遲參數 R5=100，因為 BEAT_CONTROL 副程式 TIMER1 的基本單位為 5ms，因此 R5=100 的設定將產生 500ms 的時間延遲。而第 34 行是執行呼叫 BEAT_CONTROL 副程式，利用計時器 1 的模式 0，產生指定的時間延遲功能，詳細請參考 BEAT_CONTROL 副程式說明。當設計的時間延遲功能完成，第 35 行是停止計時器 0 的計時功能。第 36 行是判斷 R4≠16，如果 R4 內容不等於 16，則強制程式跳至第 22 行的 LOOP 標籤，應用相同的程式架構，發出第 2 個音符。但是如果 R4=16，則在第 33 行設定延遲副程式（BEAT_CONTROL）的時間延遲參數 R5=200，且在第 38 行呼叫 BEAT_CONTROL 副程式產生指定 1 秒之時間延遲動作，然後，在第 39 行令 R4=0，且在第 40 行強制跳至第 22 行的 LOOP 標籤，重新再由第一個音符依序發出聲音。

7. 第 43 至 49 行是計時器 0 的中斷副程式（TIMER0_INT）。當中斷產生，第 44 行先停止計時器 0 的計時工作。然後第 45 及 46 行再重新載入音符的音頻參數設定至 TL0 及 TH0。第 47 行是將目前 P1.7 先反向再輸出，因為揚聲器的控制是採用半週期的方式，所以計時器 0 的產生 2 次中斷即可以完成一個週期的音頻輸出。

8. 第 52 至 59 行是 BEAT_CONTROL 副程式，第 53 至 57 行是產生 5ms 的時間延遲控制。而第 58 行是利用 R5 參數值去控制執行第 53 至 57 行的 5ms 時間延遲次數。例如 R5=100，因此可以產生 500ms 的時間延遲控制。

思考問題

a. 請將上列範例程式，將節拍控制改為應用範例 1 的 Delay 函數方式。注意可能要設計 3 個迴圈去增加節拍時間控制問題。

b. 參考前面原理說明，請將低、中與高音的音符分別發聲出。

範例 4：製作『祝你生日快樂』歌

參考下圖『祝你生日快樂』樂譜，利微控制器設計一個可撥放出『祝你生日快樂』歌曲的應用程式。注意，音頻的控制是採用計時器 0 模式 1 之中斷方式，節拍控制是應用計時器 1 模式 0 的輪詢模式方式。

祝你生日快樂

C 3/4

| 1·1 2 1 | 4 3 — | 1·1 2 1 | 5 4 — |

祝你生日　快樂　　祝你生日　快樂

| 1·1 i 6 | 4 3 2 | 7·7 6 4 | 5 4 — |

我們高聲　歌唱　　祝你生日　快樂

流程圖

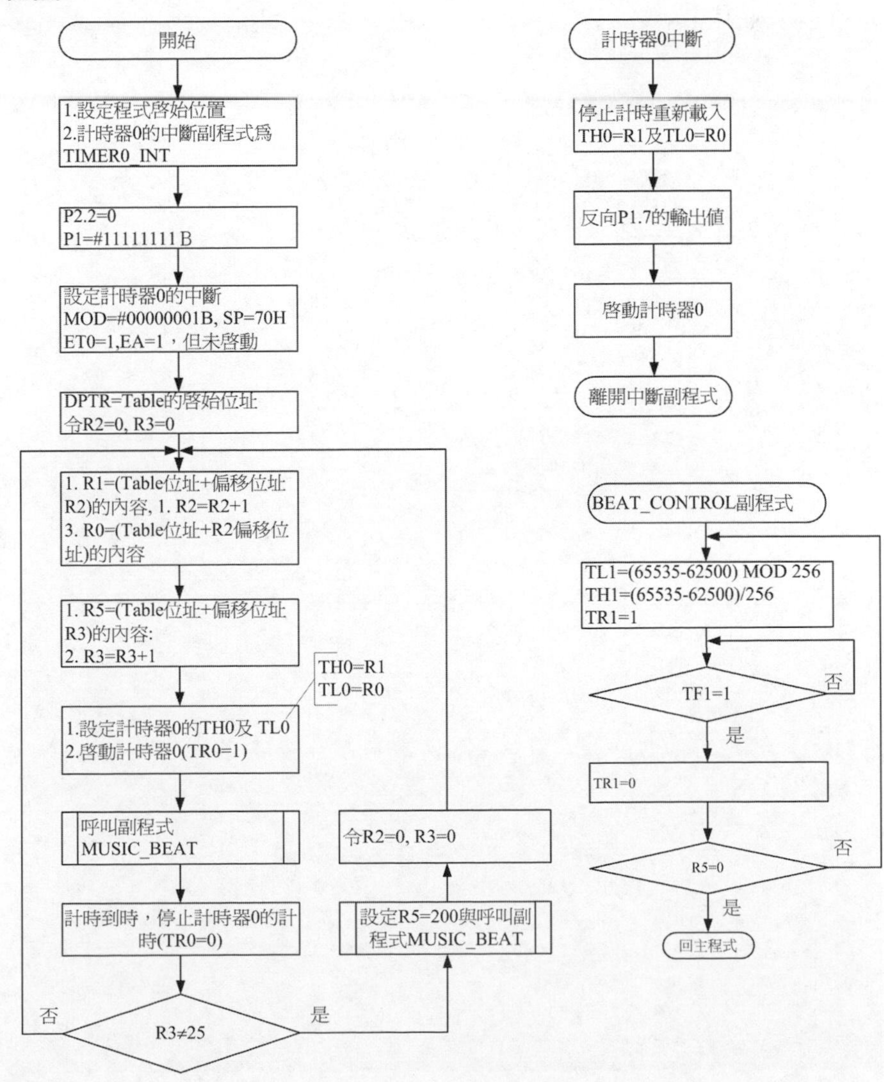

程式碼

範例 DM08_04.ASM 程式碼

```
1              ORG    0000H
2              AJMP   MAIN
3              ORG    000BH
4              AJMP   TIMER0_INT
5              ORG    0020H
6     MAIN:    CLR    P2.2
7              MOV    P1,#11111111B       ;TURN OFF SPEAKER AND SEVEN-SEGMENT
8              MOV    TMOD,#00010001B
9              MOV    SP,#70H
10             SETB   ET0
11             SETB   EA
12             MOV    R2,#00
13             MOV    R3,#00
14    ;
15    LOOP:    MOV    DPTR,#TONE_TABLE
16             MOV    A,R2
17             MOVC   A,@A+DPTR    ;
18             MOV    R1,A
19             INC    R2
20             MOV    A,R2
21             MOVC   A,@A+DPTR;
22             MOV    R0,A
23             MOV    TH0,R1
24             MOV    TL0,R0
25             SETB   TR0                 ;START TIMER0
26             MOV    DPTR,#BEAT_TABLE
27             MOV    A,R3
28             MOVC   A,@A+DPTR    ;
29             MOV    R5,A
30             ACALL  BEAT_CONTROL
31             CLR    TR0
32             INC    R2
33             INC    R3
34             CJNE   R3,#25,LOOP
35             MOV    R5,#50
36             ACALL  BEAT_CONTROL
37             MOV    R2,#00
38             MOV    R3,#00
39             AJMP   LOOP
40
```

```
41  ; ==== TONE CONTROL ===
42  TIMER0_INT:
43          CLR   TR0
44          MOV   TL0,R0
45          MOV   TH0,R1
46          CPL   P1.7
47          SETB  TR0
48  ;
49          RETI
50  ;
51  ;======= DELAY FUNCTION BY POLLING METHOD (time=5MSXR5) =====
52  BEAT_CONTROL:
53          MOV   TL1,#(65535-62500) MOD 256
54          MOV   TH1,#(65535-62500)/256
55          SETB  TR1
56  DL2:    JBC   TF1, EXIT
57          AJMP  DL2
58  EXIT:   CLR   TR1
59          DJNZ  R5, BEAT_CONTROL
60          RET
61
62  ;
53  TONE_TABLE:
64          DB    252,68,252,68      ;DO, DO
65          DB    252,173,252,68     ;RE,DO
66          DB    253,52,253,10      ;FA, MI
67          DB    252,68,252,68      ;DO,DO
68          DB    252,173,252,68     ;RE, DO
69          DB    253,131,253,52     ;SO, FA
70          DB    252,68,252,68      ;DO, DO
71          DB    254,34,253,200     ;DO^, LA
72          DB    253,52,253,10      ;FA, MI
73          DB    254,87             ;RE^
74          DB    254,6,254,6        ;SI, SI
75          DB    253,200,253,52     ;LA, FA
76          DB    253,131,253,52     ;SO, FA
77  ;
78  BEAT_TABLE:
79          DB    4,4,8,8
80          DB    8,16
81          DB    4,4,8,8
82          DB    8,16
83          DB    4,4,8,8
```

```
84          DB    8,8,8
85          DB    4,4,8,8
86          DB    8,16
87  ;
88          END
```

程式說明

1. 本範程式主要是應用範例 3 的程式設計方式，微小修改一下以符合音樂播放程式設計。在主迴圈（第 15 至 39 行）設計同樣的具有 2 個功能，第一是先載入音頻設定，其是放在 TONE_TABLE 表單資料區；第二是載入每一音符的節拍設定，這是放在 BEAT_TABLE 表單資料區。然後啟動計時器 0 與呼叫 BEAT_CONTROL 副程式，發出指定節拍長度的音符。在完成一個音譜後，在第 31 行停止計時器 0，再增加 R2 及 R3 的內容。而在第 34 行判斷 R3≠25（即判斷是否完成音樂播放），如果 R3 不等於 25，則回至標籤 LOOP 再次播放下一個音譜；如果 R3 等於 25，則設定 R5=50，產生一個指定的靜音時間（50×62.5MS=3.125 秒）。

2. 第 42 至 49 行是計時器 0 的中斷副程式（TIMER0_INT）。程式說明請參考範例 3，控制音頻的輸出。

3. 第 52 至 60 行是 BEAT_CONTROL 副程式，程式設計方式同範例 3，但是在此改採用計時器 1 模式 1 控制方式。因為 1/4 拍的時間為 0.125 秒，如果再模式 0 則基本單位太小，如果改用模式 1 的 62500，則執行 2 次即可以完成 1/4 拍的時間長度控制。所以根據本範例的歌譜，在 BEAT_TABLE 的設定應如下：

   |1/2, 1/2, 1, 1|1, 2,　|1/2, 1/2, 1, 1|1, 2　|
   |1/2, 1/2, 1, 1|1,1,1　|1/2, 1/2, 1, 1|1, 2　|

音符的節拍	計時器 1 模式 1 的執行次數
1/2 拍	4
1	8
2	16

4. 第 53 至 76 行是 TONE_TABLE 表，其是存放歌曲每一個音頻的計時器 0 參數資料。參數是採用 T1 半週期計算，例如 DO 為 T1=956，相對的 TH0=(65535-956) /256=252，TL0=(65535-956) MOD 256=68，因此根據如此方式，我們可以得到如下表的參數。

音符	T1 半週期	TH0	TL0
1(DO)	956	252	68
2 (RE)	851	252	173
3 (MI)	758	253	10
4 (FA)	716	253	52
5 (SO)	637	253	131
6 (LA)	568	253	200
7 (SI)	506	254	6
i (DO 高音)	478	254	34
2̇ (RE 高音)	426	254	87

思考問題

a. 參考上列範例程式，請將節拍控制改為應用範例 1 的 Delay 函數方式。注意可能要設計 3 個迴圈去增加節拍時間控制問題。

範例 5：製作聲音撥放器

用微控制器設計一個可整合範例 1~3 之應用程式，按下 PB0 時可撥放下一首聲音，按下 PB2 時可撥放上一首聲音，按下 PB1 時可扮演暫停及撥放聲音的功能。另外，被撥放聲明的編號可以顯示在七段顯示器。注意，音頻的控制是採用計時器 0 模式 1 之中斷方式，節拍控制是應用計時器 1 模式 0 的輪詢模式方式。

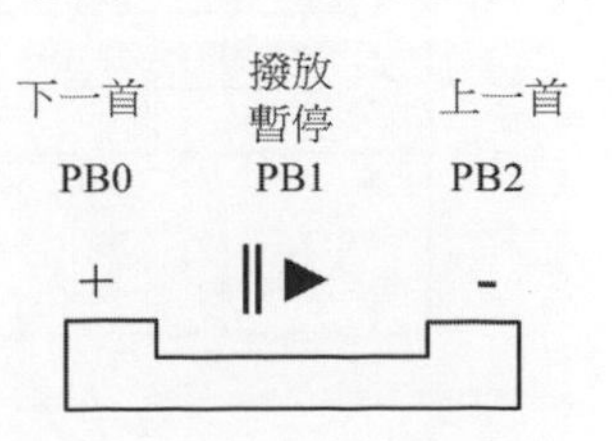

流程圖

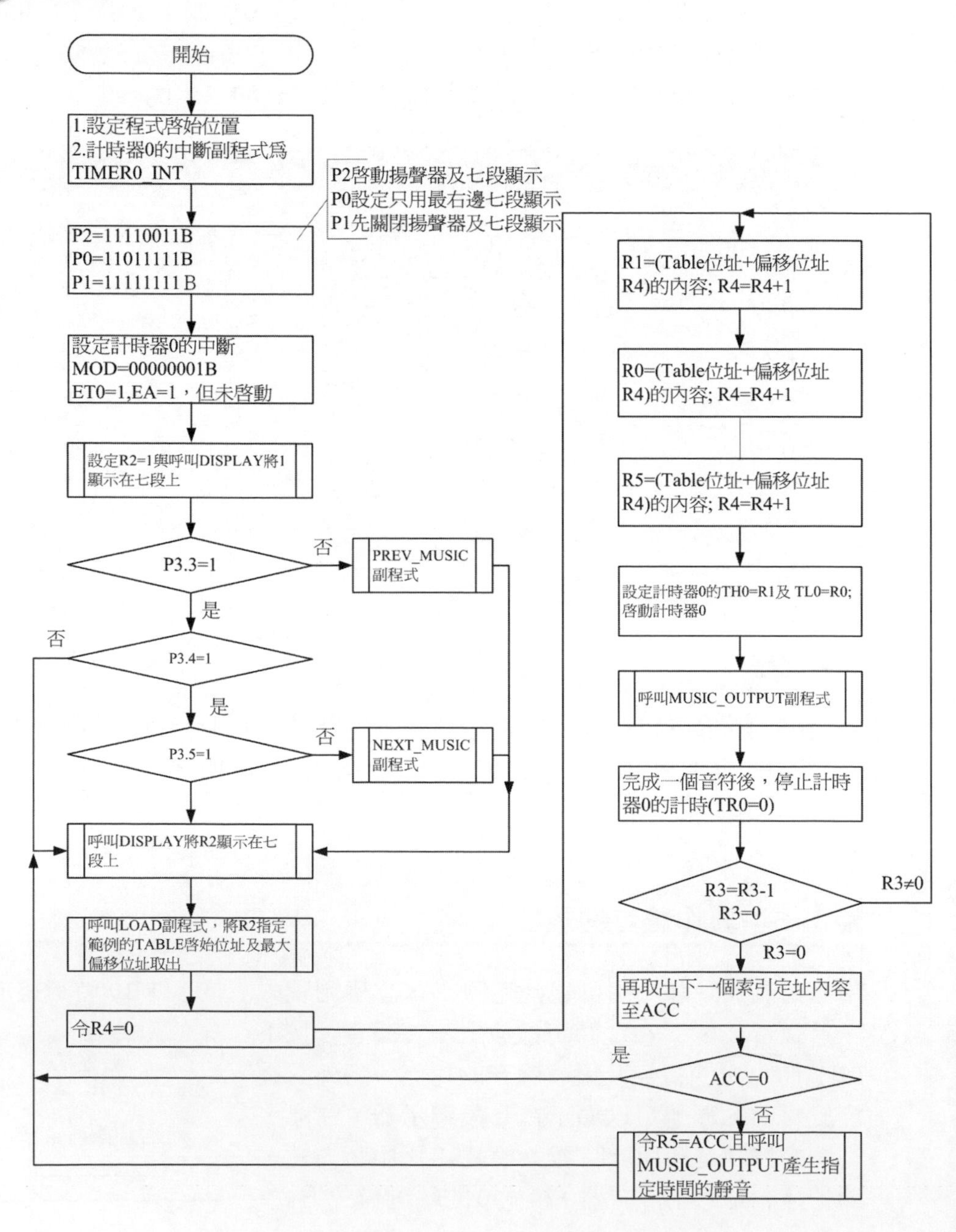

開始
1.設定程式啓始位置
2.計時器0的中斷副程式爲
TIMER0_INT
P2啓動揚聲器及七段顯示
P0設定只用最右邊七段顯示
P1先關閉揚聲器及七段顯示
P2=11110011B
P0=11011111B
P1=11111111B
設定計時器0的中斷
MOD=00000001B
ET0=1,EA=1，但未啓動
設定R2=1與呼叫DISPLAY將1
顯示在七段上
P3.3=1
否
PREV_MUSIC
副程式
是
否
P3.4=1
是
P3.5=1
否
NEXT_MUSIC
副程式
呼叫DISPLAY將R2顯示在七
段上
呼叫LOAD副程式，將R2指定
範例的TABLE啓始位址及最大
偏移位址取出
令R4=0
R1=(Table位址+偏移位址
R4)的內容; R4=R4+1
R0=(Table位址+偏移位址
R4)的內容; R4=R4+1
R5=(Table位址+偏移位址
R4)的內容; R4=R4+1
設定計時器0的TH0=R1及 TL0=R0;
啓動計時器0
呼叫MUSIC_OUTPUT副程式
完成一個音符後，停止計時
器0的計時(TR0=0)
R3=R3-1
R3=0
R3≠0
R3=0
再取出下一個索引定址內容
至ACC
是
ACC=0
否
令R5=ACC且呼叫
MUSIC_OUTPUT產生指
定時間的靜音

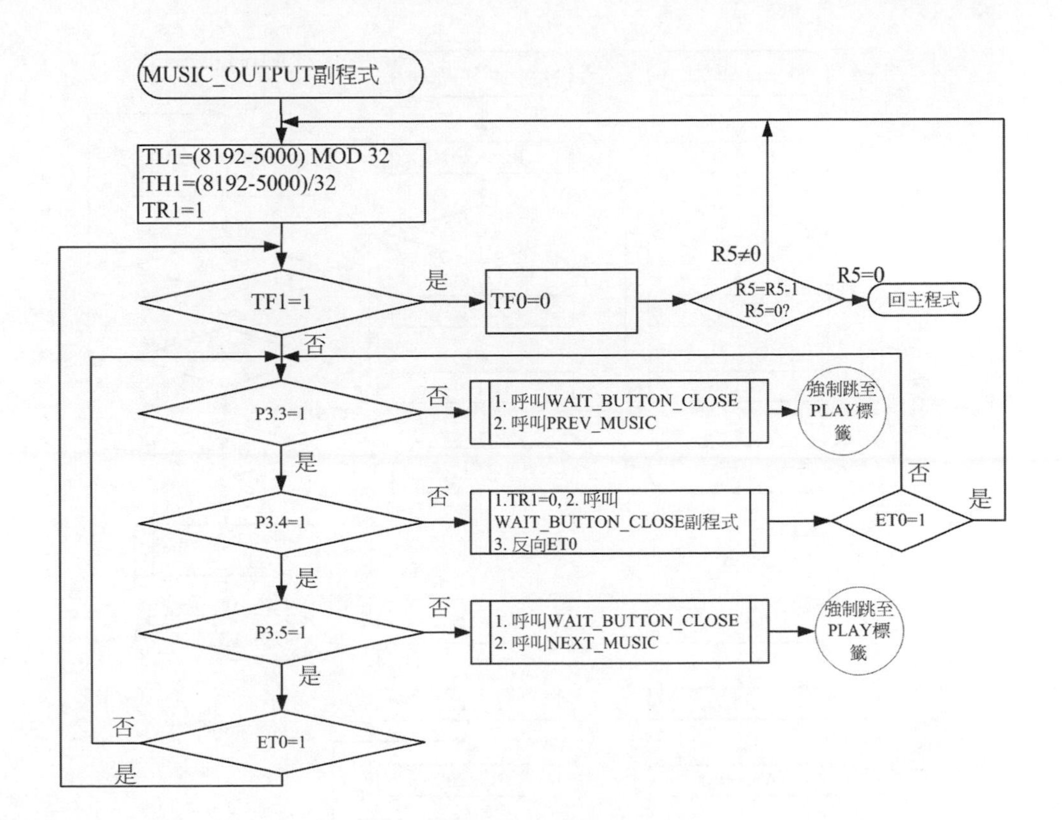

MUSIC_OUTPUT副程式
TL1=(8192-5000) MOD 32
TH1=(8192-5000)/32
TR1=1
TF1=1
是
否
TF0=0
R5≠0
R5=R5-1
R5=0?
R5=0
回主程式
P3.3=1
否
是
1. 呼叫WAIT_BUTTON_CLOSE
2. 呼叫PREV_MUSIC
強制跳至PLAY標籤
P3.4=1
否
是
1.TR1=0, 2. 呼叫
WAIT_BUTTON_CLOSE副程式
3. 反向ET0
ET0=1
否
是
P3.5=1
否
是
1. 呼叫WAIT_BUTTON_CLOSE
2. 呼叫NEXT_MUSIC
強制跳至PLAY標籤
ET0=1
否
是

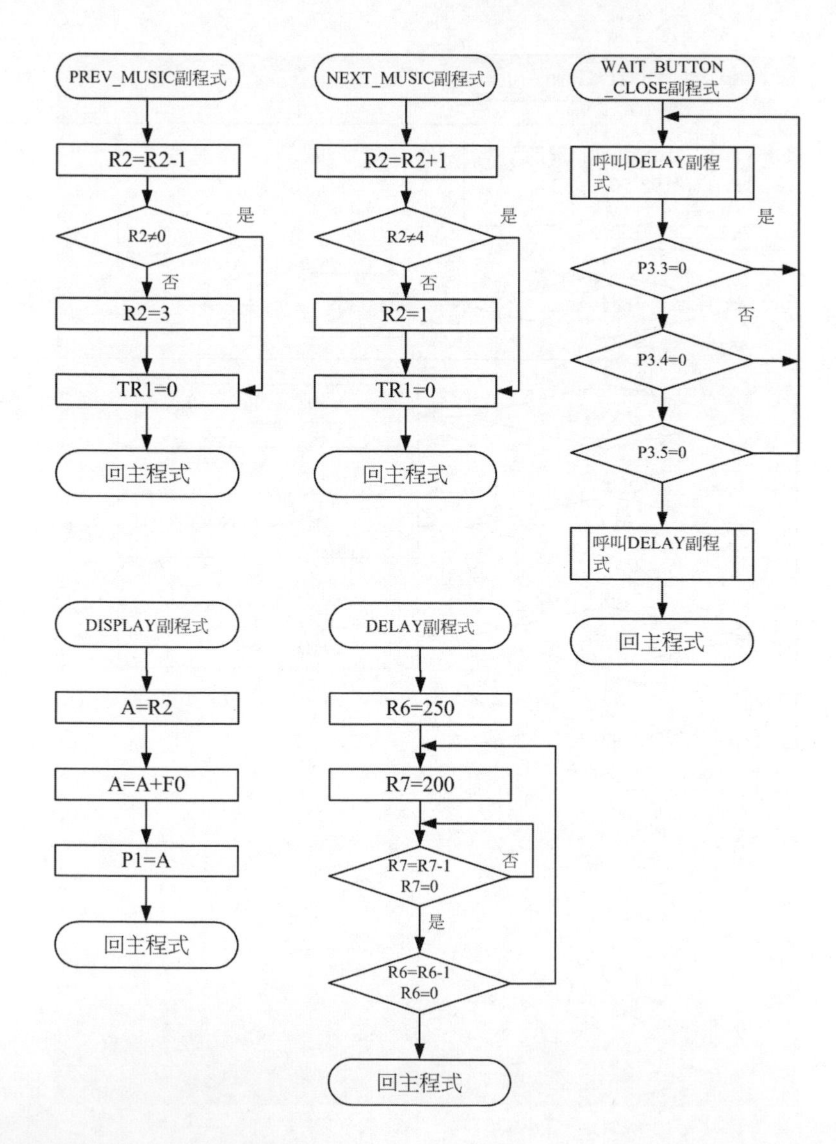

程式碼

範例 DM08_05.ASM 程式碼

```
1    DO        EQU    956
2    RE        EQU    852
3    MI        EQU    759
4    FA        EQU    716
5    SO        EQU    638
6    LA EQU    568
```

```
7    SI        EQU   506
8    DO1       EQU   478
9    TONE1     EQU   1562
10   TONE2     EQU   1041
11
12             ORG   0000H
13             AJMP  MAIN
14             ORG   000BH
15             AJMP  TIMER0_INT
16             ORG   0020H
17   MAIN:     MOV   P2,#11110011B ;P2.2=0 and P2.3=0 for 7-segment and speaker
18             MOV   P0,#11011111B      ;Only enable the first 7-segment display
19             MOV   P1,#11111111B      ;turn off 7-segment and speaker
20             MOV   TMOD,#00000001B
21             MOV   R2,#01             ;FIRST MUSIC
22             ACALL DISPLAY
23   ;
24   STANDBY:
25             JB    P3.3,CHACK_PB1
26             ACALL PREV_MUSIC         ;DEC R2 -> PLAY
27             AJMP  PLAY
28   CHACK_PB1:
29             JB    P3.4,CHACK_PB2
30             ACALL WAIT_BUTTON_CLOSE
31             AJMP  PLAY
32   CHACK_PB2:
33             JB    P3.5,STANDBY
34             ACALL NEXT_MUSIC         ;INC R2 -> PLAY
35   ;
36   ;======= play music sub-function ==============================
37   PLAY:     ACALL DISPLAY
38             ACALL LOAD               ;
39             MOV   R4,#00
40   LOOP:     MOV   A,R4
41             MOVC  A,@A+DPTR
42             MOV   R1,A
43             INC   R4
44             MOV   A,R4
45             MOVC  A,@A+DPTR
46             MOV   R0,A
47             INC   R4
48             MOV   A,R4
49             MOVC  A,@A+DPTR
```

```
50          MOV   R5,A
51          INC   R4
52          MOV   TL0,R0
53          MOV   TH0,R1
54          SETB  ET0
55          SETB  EA
56          SETB  TR0
57          ACALL MUSIC_OUTPUT
58          CLR   TR0
59          DJNZ  R3,LOOP              ;CHECK LAST SOUND
60          MOV   A,R4
61          MOVC  A,@A+DPTR
62          JZ    PLAY                 ; EX 1 AND 2 --> NO MUTE
53          MOV   R5,A                 ; EX3--> CREATE THE MUTE TIME
64          ACALL MUSIC_OUTPUT
65          AJMP  PLAY
66   ;
67   ;============== load music 音符 ================
68   LOAD:  CJNE  R2,#01,CHECK_MUSIC2
69          MOV   DPTR,#TABLE0
70          MOV   R3,#(OVER0-TABLE0)/3
71          JMP   EXIT
72   CHECK_MUSIC2:
73          CJNE  R2,#02,CHECK_MUSIC3
74          MOV   DPTR,#TABLE1
75          MOV   R3,#(OVER1-TABLE1)/3
76          AJMP  EXIT
77   CHECK_MUSIC3:
78          MOV   DPTR,#TABLE2
79          MOV   R3,#(OVER2-TABLE2)/3
80   EXIT:  RET
81   ;
82   ; ==== TONE CONTROL ==================
83   TIMER0_INT:
84          CLR   TR0
85          MOV   TL0,R0
86          MOV   TH0,R1
87          CPL   P1.7
88          SETB  TR0
89          RETI
90   ;
91   ; ================= MUSIC_OUTPUT sub-function ===============
92   MUSIC_OUTPUT:
```

```
93            MOV    TL1,#(8192-5000) MOD 32
94            MOV    TH1,#(8192-5000)/32
95            SETB   TR1
96   DL2:     JB     TF1,OK
97   ;
98   PAUSE:   JB     P3.3,CHECK_BT2
99            ACALL  WAIT_BUTTON_CLOSE
100           ACALL  PREV_MUSIC                ;DEC R2 -> PLAY
101           AJMP   PLAY
102  CHECK_BT2:
103           JB     P3.4,CHECK_BT3
104           CLR    TR1
105           ACALL  WAIT_BUTTON_CLOSE
106           CPL    ET0
107           JB     ET0, MUSIC_OUTPUT
108           AJMP   PAUSE
109  CHECK_BT3:
110           JB     P3.5, OTHER
111           ACALL  WAIT_BUTTON_CLOSE
112           ACALL  NEXT_MUSIC                ;INC R2 -> PLAY
113           AJMP   PLAY
114  OTHER:
115  ;        JB     ET0,DL2                   ;Check TF1
116  ;  J     MP     PAUSE
117  ;
118  OK:      CLR    TF1
119           DJNZ   R5,MUSIC_OUTPUT
120  ;
121  EIXT:    RET
122  ;
123  ; ========== PREV_MUSIC SUB-FUNCTION =====================
124  PREV_MUSIC:
125           DEC    R2
126           CJNE   R2,#00,EXIT1
127           MOV    R2,#03                    ;Last Music
128  EXIT1:
129           CLR    TR1
130           RET
131  ;
132  ; ========== NEXT_MUSIC SUB-FUNCTION =====================
133  NEXT_MUSIC:
134           INC    R2
135           CJNE   R2,#04,EXIT2
```

```
136          MOV    R2,#01                        ;First Music
137 EXIT2:   CLR    TR1
138          RET
139 ;
140 ; ========== WAIT_BUTTON_CLOSE SUB-FUNCTION =====================
141 WAIT_BUTTON_CLOSE:
142          ACALL  DELAY
143          JNB    P3.3,WAIT_BUTTON_CLOSE
144          JNB    P3.4,WAIT_BUTTON_CLOSE
145          JNB    P3.5,WAIT_BUTTON_CLOSE
146          ACALL  DELAY
147          RET
148 ;
149 ; ========== 7-SEGMENT DIAPLY CONTROL =====================
150 DISPLAY:
151          MOV    A,R2
152          ADD    A,#0F0H
153          MOV    P1,A
154          RET
155 ;
156 ;  DELAY SUB-FUNCTION ====================================
157 DELAY:
158          MOV    R6,#250
159 DL1:     MOV    R7,#200
160          DJNZ   R7,$
161          DJNZ   R6,DL1
162          RET
163 ;
164 ; =============TONE FOR EXAMPLE 1 ================
165 TABLE0:
166          DB     (65536-DO)/256
167          DB     (65536-DO) MOD 256
168          DB     120                          ;Beat
169          DB     (65536-FA)/256
170          DB     (65536-FA) MOD 256
171          DB     120                          ;Beat
172 OVER0:   DB     0                            ;Mute time
173 ;
174 ; =============TONE FOR EXAMPLE 2 ================
175 TABLE1:
176          DB     (65536-TONE1)/256
177          DB     (65536-TONE1) MOD 256
178          DB     60
```

```
179          DB    (65536-TONE2)/256
180          DB    (65536-TONE2) MOD 256
181          DB    60
182 OVER1:   DB    0
183 ;
184 ; =============TONE FOR EXAMPLE 3 ================
185 TABLE2:
186          DB    (65536-DO)/256
187          DB    (65536-DO) MOD 256
188          DB    100
189          DB    (65536-RE)/256
190          DB    (65536-RE) MOD 256
191          DB    100
192          DB    (65536-MI)/256
193          DB    (65536-MI) MOD 256
194          DB    100
195          DB    (65536-FA)/256
196          DB    (65536-FA) MOD 256
197          DB    100
198          DB    (65536-SO)/256
199          DB    (65536-SO) MOD 256
200          DB    100
201          DB    (65536-LA)/256
202          DB    (65536-LA) MOD 256
203          DB    100
204          DB    (65536-SI)/256
205          DB    (65536-SI) MOD 256
206          DB    100
207          DB    (65536-DO1)/256
208          DB    (65536-DO1) MOD 256
209          DB    100
210 OVER2:   DB    200
211 ;
212          END
213
214
```

程式說明

1. 本範例的程式設計方式主要引用範例 1~4 的設計技巧。程式設計觀念請參考流程圖，程式說明請參考之前範例，本範例將只針對重點說明。

2. 在第 21 及 22 行先設計 R2=1 與題示 1 在七段顯示器上。在第 24 至 34 行允許操作者事先更改播放曲目一次，然後馬上執行指定曲目播放。按 PB0 則顯示 3 及播放曲目 3；按 PB2 則顯示 2 及播放曲目 2，按 PB1 則馬上執行播放曲目 1。

3. 本程式是由主程式 PLAY（第 27 至 65 行）與副程式 LOAD、MUSIC_OUTPUT、DISPLAY、PREV_MUSIC、NEXT_MUSIC、DELAY、WAIT_BUTTON_CLOSE 及中斷副程式 TIMER0_INT 架構而成。主程式 PLAY 扮演顯示曲號(DISPLAY 副程式)與執行載入相對的曲號表格資料參數（LOAD 副程式），然後由 LOOP 標籤迴圈程式載入音頻、節拍參數與呼叫 MUSIC_OUTPUT 副程式執行播放功能。此外，在 MUSIC_OUTPUT 副程式中，設計有允許操作者可透過 PB0、PB1 與 PB2 分別控制上一首（PREV_MUSIC 副程式）、暫停（PAUSE）或是播放（PLAY）與下一首（NEXT_MUSIC 副程式）副程式的播放功能。注意 PREV_MUSIC 及 NEXT_MUSIC 副程式具有更改曲目及馬上播送的功能。

4. 第 92 至 121 行是 MUSIC_OUTPUT 副程式，主要扮演音符的節拍控制角色。在音符播送的節拍中，允許操作者行用 PB0、PB1 及 PB2 控制上一首（第 98 至 101 行）、暫停或是播放(第 102 至 108 行)及下一首的播放（第 109 至 113 行）。如果未按下任何按鈕，則執行目前曲目的完整播放工作（第 92 至 96 行、第 114 至 116 行、第 118 至 119 行）。

5. 第 124 至 130 行是 PREV_MUSIC 副程式，其執行 R2=R2-1。如果 R2=0，則強制為 R2=3。

6. 第 133 至 138 行是 NEXT_MUSIC 副程式，其執行 R2=R2+1。如果 R2=4，則強制為 R2=1。

7. 第 141 至 147 行是 WAIT_BUTTON_CLOSE 副程式，主要解決按鈕開關的彈跳問題，參考 WAIT_BUTTON_CLOSE 副程式流程圖說明。而第 157 至 162 是一個小的指令週期的延遲工作，主要應用在解決按鈕開關的彈跳問題。

8. 第 165 至 172 行是範例 1 的播放要求參數設定（TABLE0），第 1 及 2 個資料是音符設定，而第 3 個是音符播放時間長度。同理，第 2 個音符及長度依序存入。最後一個則是 0 靜音時間。

9. 同理，第 175 至 182 行是範例 2 的播放要求參數設定（TABLE1）。

10. 同理，第 185 至 210 行是範例 3 的播放要求參數設定（TABLE1）。但是，最後為 200×5MS=1 秒的靜音時間參數。

思考問題

a. 請將上列範例程式，節拍控制改為應用計時器 1 模式 0 中斷控制方式。

b. 參考上列範例程式，請將節拍控制改為應用範例 1 的 Delay 函數方式。注意可能要設計 3 個迴圈去增加節拍時間控制問題。

c. 本範例的第 101 及 113 行，在副程式中強制跳至主程式 PLAY 執行，讓 MUSIC_OUTPUT 副程式沒有正常離開，請修改這個 MUSIC_OUTPUT 副程式，讓其可以正常離開副程式。

Chapter 8

問題與討論

1. 透過三個按鈕（PB0, PB1, PB2）製作出控制發出三個不同的聲音（DO, RE, MI）。

2. 請利用單晶片設計可演奏出 1 首『兩隻老虎』音樂的程式，樂譜如下圖所示。

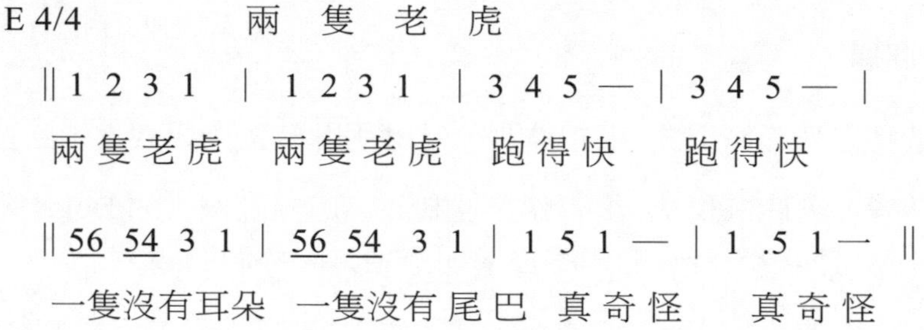

   E 4/4　　　　兩　隻　老　虎

   ‖1 2 3 1 ｜ 1 2 3 1 ｜3 4 5 — ｜3 4 5 — ｜

   兩隻老虎　兩隻老虎　跑得快　跑得快

   ‖56 54 3 1 ｜ 56 54 3 1 ｜1 5 1 — ｜1 .5 1 — ‖

   一隻沒有耳朵　一隻沒有尾巴　真奇怪　真奇怪

3. 參考下圖『小蜜蜂』樂譜，利用微控制器設計一個可撥放出『小蜜蜂』歌曲的應用程式。參考範例 4 方式。

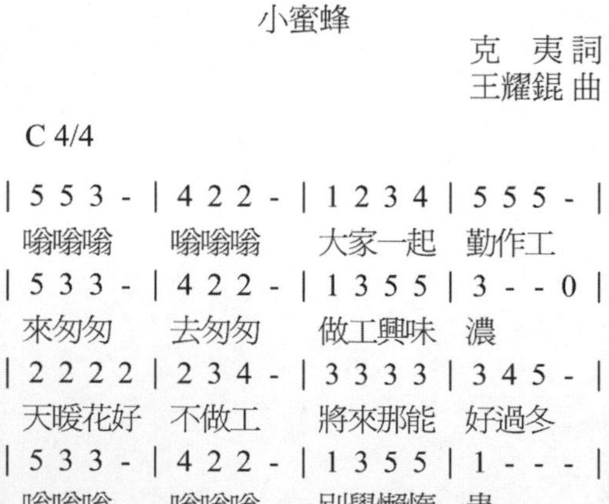

   小蜜蜂

   克　夷詞

   王耀錕曲

   C 4/4

   | 5 5 3 - | 4 2 2 - | 1 2 3 4 | 5 5 5 - |

   嗡嗡嗡　嗡嗡嗡　大家一起　勤作工

   | 5 3 3 - | 4 2 2 - | 1 3 5 5 | 3 - - 0 |

   來匆匆　去匆匆　做工興味　濃

   | 2 2 2 2 | 2 3 4 - | 3 3 3 3 | 3 4 5 - |

   天暖花好　不做工　將來那能　好過冬

   | 5 3 3 - | 4 2 2 - | 1 3 5 5 | 1 - - - |

   嗡嗡嗡　嗡嗡嗡　別學懶惰　蟲

4. 參考範例 5，請再將範例 4 整合進入應用程式中。

5. 參考範例 5，請將其功能修改為 PB1 可控制曲目的撥放與暫停。可是在暫停模式時，才可以利用 PB0 選擇下一首及 PB2 選擇上一首，並將其選定的曲目顯示在七後顯示器上（如範例 5），當按下 PB1 按鈕即執行指定曲目的播放。

6. 使用指撥開關 SW 來整合應用範例程式，其設定動作要求如下：

（1）當 SW0(P1.0)為低電位，執行範例 1 的要求動作。

（2）當 SW1(P1.1)為低電位，則執行範例 2 的要求動作。

（3）當 SW2(P1.2)為低電位，則執行範例 3 的要求動作。

（4）當 SW3(P1.3)為低電位，則執行範例 4 的要求動作。

（5）其他開關狀態的改變則沒有更改控制動作。

chapter

9

文字型 LCM 模組之應用

本章主要介紹單晶片與液晶顯示器（Liquid Crystal Display；LCD）的整合應用，首先介紹 LCD 模組的基本架構，然後設計單晶片與 LCD 模組介面電路。透過 LCD 控制副程式與範例程式設計，可讓讀者了解 LCD 模組的用法與文字顯示方式。若讀者能充分掌握本章各節的內容，即能瞭解單晶片與 LCM 模組的基本介面電路設計、LCD 模組的各式控制指令及應用方式，然後經由典型單晶片控制程式設計與教導，培養讀者整體應用基本觀念與應用知識。

本章學習重點

- 文字型 LCM 模組的指令、編碼與功能
- 文字型 LCM 模組介面電路
- LCM 文字顯示控制
- 按鈕輸入與 LCM 模組的整合應用
- 計數器與 LCM 模組之整合應用
- 問題與討論

9-1 文字型 LCM 模組原理

當需要顯示英文、數字與特殊符號時，採用 LCD 模組是一種簡便的方式。目前 LCD 模組已經被廣泛的應用在事務機器、電子儀表與電氣產品上，常見的文字 LCD 模組有 8 字×1 行、16 字×1 行、16 字×2 行、16 字×4 行、20 字×1 行、20 字×2 行、20 字×4 行、40 字×2 行等多種規格可供選擇。其應用方式如圖 9-1 所示，主要是由 LCD 顯示器、LCD 驅動器與 LCD 控制器所架構成。由於目前市售 LCD 模組控制器大都用採用與 HITACHI 公司的 HD4478 相容，所以其應用方法也都是相容產品而且是可以互換的。基本上其特性如下：

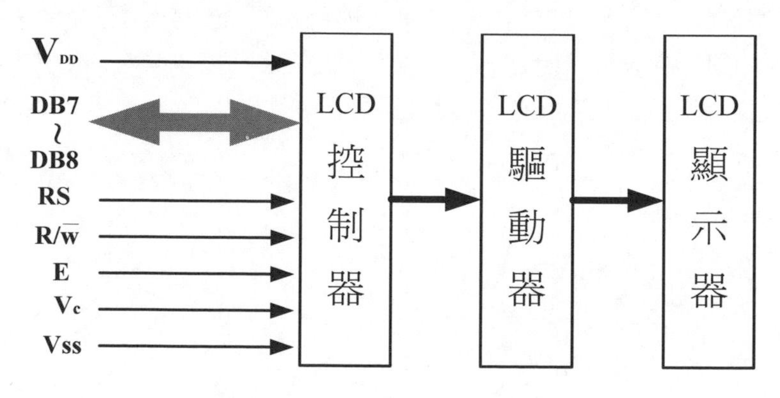

圖 9-1 LCD 模組之結構

9-1.1 LCM 基本資料

1. 內建 80bytes 資料顯示記憶體(Data Display RAM，簡稱 DD RAM)，可以顯示 8 字×1 行、16 字×1 行、16 字×2 行、16 字×4 行、20 字×1 行、20 字×2 行、20 字×4 行、40 字×2 等模式。
2. 內建字型產生器（Character Generate ROM，簡稱 CG ROM），可產生 192 個 5×7 字型，如表 9-1 所示。
3. 自建字型產生器（Character Generate RAM，簡稱 CG RAM），可由使用者自建 8 個 5×7 或 5×8 字型，如表 9-1 的第一行。

表 9-1　LCD 模組所能顯示的字元及相對應的字元碼

Lower 4 bit \ Higher 4 bit		CHARACTER PATTERN CHART (5X7DOTS + CURSOR)												
		0000	0010	0011	0100	0101	0110	0111	1010	1011	1100	1101	1110	1111
Lower 4-bit (DO-D3) of CHaracter Code (Hexadecimal)	xxxx0000	CG RAM (1)		0	@	P	`	p		ー	タ	ミ	α	p
	xxxx 0001	(2)	!	1	A	Q	a	q	。	ア	チ	ム	ä	q
	xxxx 0010	(3)	"	2	B	R	b	r	「	イ	ツ	メ	β	θ
	xxxx 0011	(4)	#	3	C	S	c	s	」	ウ	テ	モ	ε	∞
	xxxx 0100	(5)	$	4	D	T	d	t	、	エ	ト	ヤ	μ	Ω
	xxxx 0101	(6)	%	5	E	U	e	u	・	オ	ナ	ユ	σ	ü
	xxxx 0110	(7)	&	6	F	V	f	v	ヲ	カ	ニ	ヨ	ρ	Σ
	xxxx 0111	(8)	'	7	G	W	g	w	ァ	キ	ヌ	ラ	g	π
	xxxx 1000	(1)	(	8	H	X	h	x	ィ	ク	ネ	リ	√	x̄
	xxxx 1001	(2)	)	9	I	Y	i	y	ゥ	ケ	ノ	ル	⁻¹	y
	xxxx 1010	(3)	*	:	J	Z	j	z	ェ	コ	ハ	レ	j	千
	xxxx 1011	(4)	+	;	K	[	k	{	ォ	サ	ヒ	ロ	ˣ	万
	xxxx 1100	(5)	,	<	L	¥	l	|	ャ	シ	フ	ワ	¢	円
	xxxx 1101	(6)	-	=	M	]	m	}	ュ	ス	ヘ	ン	£	÷
	xxxx 1110	(7)	.	>	N	^	n	→	ョ	セ	ホ	゛	ñ	
	xxxx 1111	(8)	/	?	O	_	o	←	ッ	ソ	マ	゜	ö	█

9-1.2 LCD 模組之接腳功能

V_{DD}	電路之主電源，必須接至+5V。
V_{SS}	電路之地電位。
Vc	顯示字形的明暗對比控制。
DB7~DB4	資料匯流排的高 4 位元，DB7 也用來傳送忙碌旗標 BF 之內容。
DB3~DB0	資料匯流排的低 4 位元，當於 4 位元的為電腦連接時，LCD 模組只使用 DB7~DB4，所以 DB3~DB0 可空置不用。
E	致能（enable）。
$R/\bar{W}$	等於 1 時，表示為微電腦要從 LCD 模組讀取（read）資料。 等於 0 時，表示為微電腦要把資料或指令碼寫入（write）LCD 模組。
RS	暫存器選擇（Register Selection）信號。

LCM 模組的背光板的明暗對比之控制電路如圖 9-2 所示，只要使用者改變 V_C 的輸入電壓即可以改變背光板的明暗度。

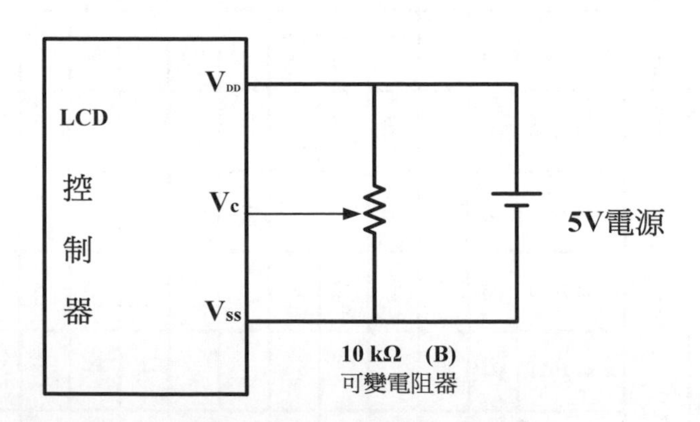

圖 9-2 明暗對比之控制

表 9-2 暫存器的選用

接腳		作用
RS	$R/\overline{W}$	
0	0	把指令碼寫入指令暫存器 IR，並執行指令。
0	1	讀取 BF 及 AC 的內容。DB7=忙碌旗標 BF 的內容。 DB6~DB0=位址計數器 AC 的內容。
1	0	把資料寫入資料暫存器（Data Register, DR）。內部會自動執行 DR→DD RAM 或 DR→GG RAM。
1	1	由資料暫存器 DR 讀取資料。內部會自動執行 DR←DD RAM 或 DR←GG RAM。

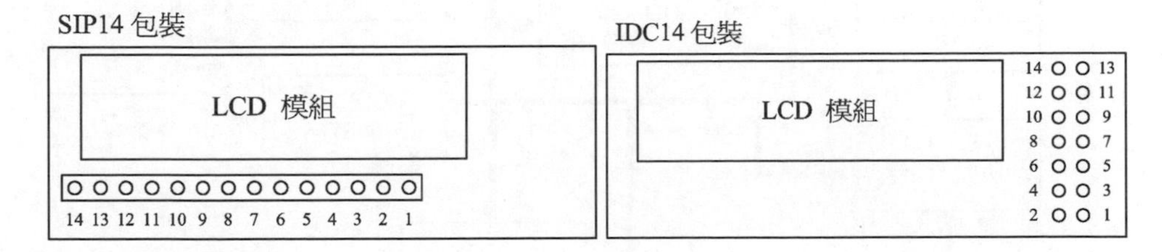

圖 9-3 LCM 之包裝

常見的 LCM 接腳包裝有兩種，如圖 9-3 所示，第一種採單排接腳包裝（SIP14），第二種採雙排接腳包裝（IDC14）。至於接腳的實際位置，不同廠牌、型號各有不同樣式，使用者在使用之前必須詳閱其資料手冊。

9-1.3 LCM 內部結構

LCM 模組的內部結構如圖 9-4 所示，功能如以下說明：

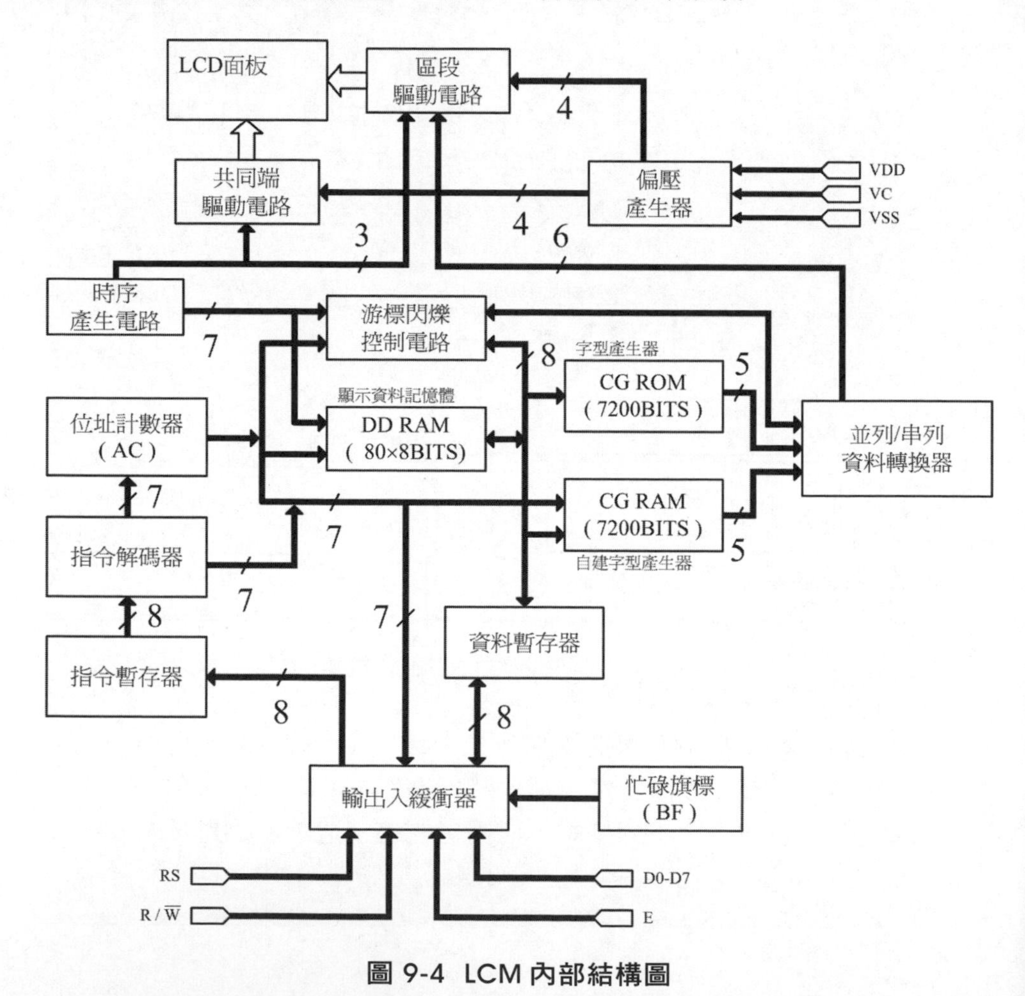

圖 9-4 LCM 內部結構圖

1. 暫存器：LCD 模組具有指令暫存器（IR）及資料暫存器（DR）。它們都是 8 位元的暫存器，由接腳 RS 來選用，如表 9-2 所示。指令暫存器 IR 用來儲存由微電腦送來的指令碼，資料暫存器 DR 則用來存放欲顯示的資料。只要事先將欲存放資料的位址寫入指令暫存器，再把欲顯示之資料寫入資料暫存器，資料暫存器就會自動把資料傳送至相對應的 DD RAM 或 CG RAM。

2. 忙碌旗標 BF：當忙碌旗標 BF=1 時，表示 LCD 模組正忙於處理內部的工作，無暇接受任何命令及資料。當接腳 RS=0 且 $R/\overline{W}$=1 時，忙碌旗標的內容會由接腳 DB7 輸出。

3. 位址計算器 AC（Address Counter）：位址計數器是用來指示欲存取資料的 DD RAM 或 CG RAM 的位址。位址設定指令可把所設定之位址由指令暫存器傳送至位址計數器內。每當存取 1 位元組的資料，位址計數器的內容就會自動加 1（也可用指令設定為每次自動減 1）。

4. 顯示資料之記憶體 DD RAM（Display Data RAM）：DD RAM 是用來儲存所顯示的字元之字元碼（各字元之字元碼請見表 9-1），它的容量為 80 位元組（byte），故可供儲存 80 個字元碼。較小型的 LCD 模組，只能用每一行的較小位址，例如 20 字×2 行的 LCD 模組，其位址如圖 9-5 所示。

第一列																			
00H	01H	02H	03H	04H	05H	06H	07H	08H	09H	0A	0BH	0CH	0DH	0EH	0FH	10H	11H	12H	13H
第二列																			
40H	41H	42H	43H	44H	45H	46H	47H	48H	49H	4A	4BH	4CH	4DH	4EH	4FH	50H	51H	52H	53H

圖 9-5　LCD 模組 20 字×2 行的位址

5. 字元產生器 CG ROM（Display Data RAM）：CG ROM 的內部存放了表 9-1 所示字元的對應圖形。當您把字元碼 20H~FFH 寫入 DD RAM，CG ROM 會自動把相對應的圖形送至 LCD 顯示器，而把該字元顯示出來。

6. 自創字元產生器 CG RAM（Character Generator ROM）：CG RAM 可供儲存 8 個您自己設計的 5×7 的圖形（註:若不需顯示游標，則可採用 5×8 點之圖形），以便顯示您所需要的特殊字元。字元碼 CG RAM 位址之對應關係，請參考表 9-3 所示。

7. LCD 顯示器：LCD 顯示器負責把字元顯示出來。由於 LCD 顯示器本身並不發光，靠外界光線的反射才能讓我們看到所顯示的字型，所以不適合在黑暗的環境中使用。因為 LCD 顯示器的表面有偏光，所以在某種角度下看得特別清楚，其他角度則看不清楚。雖然 LCD 顯示器有上述缺點，但因 LCD 顯示器幾乎不耗電，所以被廣泛的應用著。

9-1.4 LCD 模組之控制指令

LCD 模組共有 11 個指令，如表 9-4，表中的 X 表示等於 1 或 0 都可以。

1. 清除顯示幕（CLEAN DISPLAY）

RS	$R/\overline{W}$	D7	D6	D5	D4	D3	D2	D1	D0
0	0	0	0	0	0	0	0	0	1

$RS=0$ 、 $R/\overline{W}=0$ 是執行指令寫入的動作，而資料匯流排上的資料為 00000001（即 0×01），其動作為：

(1) 讓顯示幕變成空白，LCM 將會把 DD RAM 全部填入 20H(即空白)。

(2) 將游標移至左上角（HOME）。

(3) 將位址計數器（AC）歸零。

(4) 整個執行時間需要 1.6 毫秒。

2. 游標歸位

RS	$R/\overline{W}$	D7	D6	D5	D4	D3	D2	D1	D0
0	0	0	0	0	0	0	0	1	*

$RS=0$ 、 $R/\overline{W}=0$ 是執行指令寫入的動作，而資料匯流排上的資料為 0000001*(即 0×02 或 0×03)，其中的「*」代表可為 0 或 1，而其動作為：

(1) 將游標移至左上角（HOME），但 DD RAM 的內容不變。

(2) 使位址計數器（AC）歸零。

(3) 整個執行時間需要 72 微秒。

表 9-3 自創字元需先把該字元之 5X7 點圖形存入 CG RAM 內

字元碼 （DD RAM 之資料）	CG RAM 之位址		字元的圖形 （CG RAM 之資料）		
76543210	543	210	765	43210	
← 高階位元 低階位元 →	← 高階位元 低階位元 →		← 高階位元 低階位元 →		
0000X000	000	000	xxx	11110	第一個字元圖形 R
		001	xxx	10001	
		010	xxx	10001	
		011	xxx	11110	
		100	xxx	10100	
		101	xxx	10010	
		110	xxx	10001	
		111	xxx	00000	
0000X001	000	000	xxx	10001	第二個字元圖形¥
		001	xxx	01010	
		010	xxx	11111	
		011	xxx	00100	
		100	xxx	11111	
		101	xxx	00100	
		110	xxx	00100	
		111	xxx	00000	
		000	xxx		
		001	xxx		
0000X111	000	100	xxx		
		101	xxx		
		110	xxx		
		111	xxx		

註（1）：若不需顯示游標，則可採用 5 X 8 點之圖形。

表 9-4 LCD 模組之指令

功能	控制線		匯流排								執行時間
	RS	R/$\bar{W}$	D7	D6	D5	D4	D3	D2	D1	D0	
(1) 清除顯示幕	0	0	0	0	0	0	0	0	0	1	1.64ms
清除顯示幕，並將令游標歸位在顯示器的左上方											
(2) 游標歸位	0	0	0	0	0	0	0	0	1	X	1.64ms
令游標歸位在顯示器的左上方，但 DD RAM 的內容不變											
(3) 輸入模式設定	0	0	0	0	0	0	0	1	I/D	S	40μs
I/D=1：位址加 1、I/D=0：位址減 1、S=1:顯示幕移位、S=0:顯示幕不移位											
(4) 顯示與否之控制	0	0	0	0	0	0	1	D	C	B	40μs
D=1:顯示幕顯示、D=0:顯示幕不顯示、C=1:顯示游標、C=0:不顯示游標、B=1:游標閃爍、B=0:游標不閃爍											
(5) 令游標移位或令整個顯示移位	0	0	0	0	0	1	S/C	R/L	X	X	40μs
S/C=1 顯示幕移位、S/C=0 游標移位、R/L=1:向右移、R/L=0:向左移											
(6) 功能設定	0	0	0	0	1	DL	N	F	X	X	40μs
DL=1:資料長度為 8 位元、DL=0:資料長度為 4 位元、N=1:2 行顯示、N=0:1 行顯示、F=1:5X10 點距陣、F=0:5X7 點距陣											
(7) 設定 CG RAM 的位址	0	0	0	1	CG RAM 之位址						40μs
設定一個要存入資料的 CG RAM 之位址											
(8) 設定 DD RAM 的位址	0	1	1	DD RAM 位址							40μs
設定一個要存入資料的 DD RAM 之位址。											
(9) 讀取 BF 或 AC 之內容	0	1	BF	位址計數器內容							040μs
讀取位址計數器 AC 的內容。並查詢 LCM 是否忙碌，BF=1:LCM 忙碌中，BF=0 表示 LCM 可接受指令與資料。											
(10) 把資料寫入 DD RAM 或 CG RAM	1	0	所要寫入之資料								40μs
把字元碼寫入 DD RAM 內，以便顯示出相對應之字元。或是把自創之圖形存入 CG RAM 內。											
(11) 讀取 DD RAM 或 CG RAM 之內容	1	1	所要讀取之資料								40μs
讀取 DD RAM 或 CG RAM 之內容。											

3. 設定輸入模式

RS	$R/\overline{W}$	D7	D6	D5	D4	D3	D2	D1	D0
0	0	0	0	0	0	0	1	I/D	S

$RS=0$、$R/\overline{W}=0$是執行指令寫入的動作，而資料匯流排上的資料為 000001 I/D S，其中 I/D 與 S 位元可設定如下：

I/D	S	功能
0	0	顯示的字元不動，游標左移，AC-1
0	1	顯示的字元右移，游標不動，AC 不變
1	0	顯示的字元不動，游標右移，AC+1
1	1	顯示的字元左移，游標不動，AC 不變

4. 設定顯示幕

RS	$R/\overline{W}$	D7	D6	D5	D4	D3	D2	D1	D0
0	0	0	0	0	0	1	D	C	B

$RS=0$、$R/\overline{W}=0$是執行指令寫入的動作，而資料匯流排上的資料為 00001DC B，其中的 D、C 與 B 位元如下：

(1) D 位元為顯示幕控制開關，D=1：開啟顯示幕、D=0：關閉顯示幕。

(2) C 位元為游標控制開關，C=1：顯示游標、C=0：不顯示游標。

(3) B 位元為字元反白控制開關，B=1：游標所在之字元將反白、B=0：游標所在之字元將不反白。

5. 設定移位方式

RS	$R/\overline{W}$	D7	D6	D5	D4	D3	D2	D1	D0
0	0	0	0	0	1	S/C	R/L	×	×

$RS=0$、$R/\overline{W}=0$是執行指令寫入的動作，而資料匯流排上的資料為 0001 S/C R/L × ×，其中的「×」代表可為 0 或 1，而 S/C 與 R/L 位元如下：

S/C	R/L	功能
0	0	游標左移，AC-1
0	1	游標右移，AC+1
1	0	整個顯示幕左移
1	1	整個顯示幕右移

6. 功能設定

RS	$R/\overline{W}$	D7	D6	D5	D4	D3	D2	D1	D0
0	0	0	0	1	DL	N	F	*	*

$RS=0$、$R/\overline{W}=0$是執行指令寫入的動作，而資料匯流排上的資料為 001 DL N F × ×，其中的「×」代表可為 0 或 1，而 DL、N 與 F 位元說明如下：

(1) DL 位元為傳送的資料長度設定。DL=1 則採用 8 位元方式的資料傳送；DL=0 則採用 4 位元方式的資料傳送，先傳送高四位元資料，然後再傳送低四位元資料。

(2) N 位元設定顯示的行數，N=1：2 行顯示、N=0：1 行顯示。

(3) F 位元設定字型之規格，F=1：5×10 點矩陣、F=0：5×7 點矩陣。

7. CG RAM 定址

RS	R/$\overline{W}$	D7	D6	D5	D4	D3	D2	D1	D0
0	0	0	1	CG RAM 之位址					

$RS=0$、$R/\overline{W}=0$ 是執行指令寫入的動作，而資料匯流排上的資料 D5 D4 D3 D2 D1 D0 為所要操作的 CG RAM 位址。緊接於本指令之後，即可將所要輸入的資料，輸入到這個位址。自建字型產生器（Character Generate RAM，簡稱 CG RAM）為一個隨機存取記憶體，其功能是提供存放使用者所建立的字型樣板（pattern），最多可自建 8 個字型（在中文 LCM 為 40 個 16×16 字型）。如圖 9-6 所示，分別為自建的「日」及「月」。

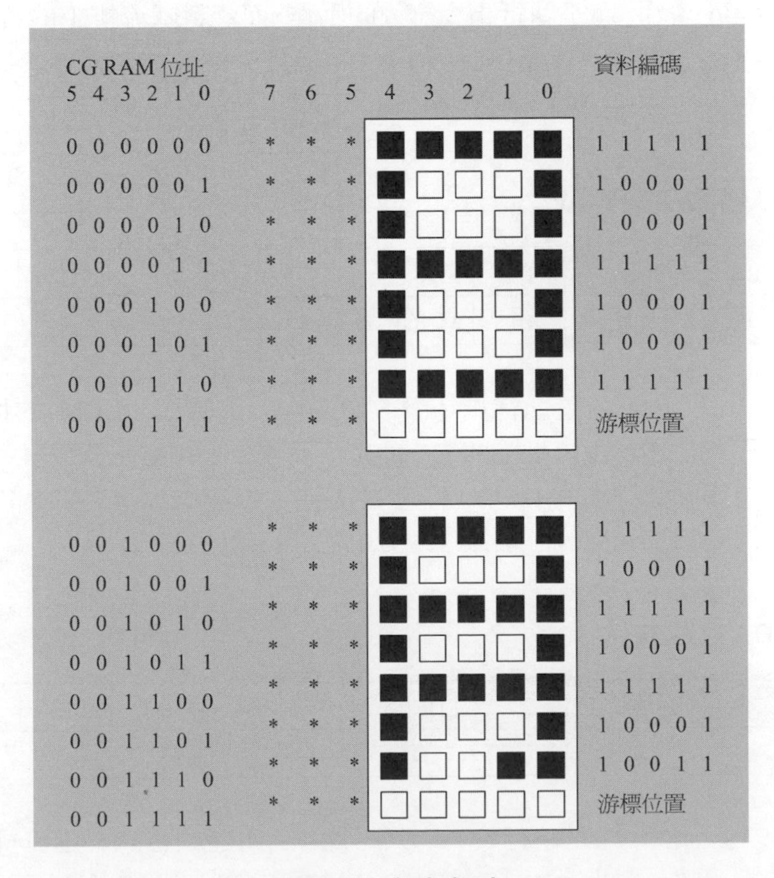

圖 9-6　自建字型

每個字型由 8 個資料編碼所組成，每個資料編碼僅用到前 5 個位元(4-0)，若要顯示則於該位置標示「1」，不要顯示則於該位置標示「0」，最後一組編碼通常是空白，留給游標使用。而這八組資料編碼在 CG RAM 提供 8 個字型的位址，總共 8×8 個位元組記憶體空間，高三位元組 000 代表第一個自建字型、001 代表第二個字建字型…，111 代表第八個字建字型。

8. DD RAM 定址

RS	$R/\overline{W}$	D7	D6	D5	D4	D3	D2	D1	D0
0	0	1	DD RAM 之位址						

$RS=0$、$R/\overline{W}=0$是執行指令寫入的動作，而資料匯流排上的資料 D6 D5 D4 D3 D2 D1 D0 為要操作的 DD RAM 位址。緊接於本指令之後，即可將所要輸入的資料，輸入到這個位址。

9. 讀取 BF 與 AC

RS	$R/\overline{W}$	D7	D6	D5	D4	D3	D2	D1	D0
0	1	BF	AC 的內容						

$RS=0$、$R/\overline{W}=1$是執行指令讀取的操作，這時候，LCM 的忙綠旗標 BF 將放置在資料匯流排上的 D7 位元，而 LCM 的位址計數器內容也將放置在資料匯流排上的 D6-D0 位元，分別為 A6 A5 A4 A3 A2 A1 A0，整個執行時間需要 0 微秒（依據 ST7920 之資料手冊）。

10. 資料寫入

RS	$R/\overline{W}$	D7	D6	D5	D4	D3	D2	D1	D0
1	0	所要寫入之資料							

$RS=1$、$R/\overline{W}=0$是執行資料寫入的操作，這時候在資料匯流排上的資料將會寫入前一個指令所指定的 DD RAM 或 CG RAM 位址裡。

11. 讀取資料

RS	$R/\overline{W}$	D7	D6	D5	D4	D3	D2	D1	D0
1	1								

$RS=1$、$R/\overline{W}=1$是執行讀取資料的操作，這時候將讀取前一個指令所指定的 DD RAM 或 CG RAM 位址中的資料，並將其放置在資料匯流排上。而讀取資料之後，位址計數器將自動加 1，指向下一個位址。

9-1.5 LCD 模組之工作時序圖

LCD 模組之工作時序圖如下說明：

寫入之時序

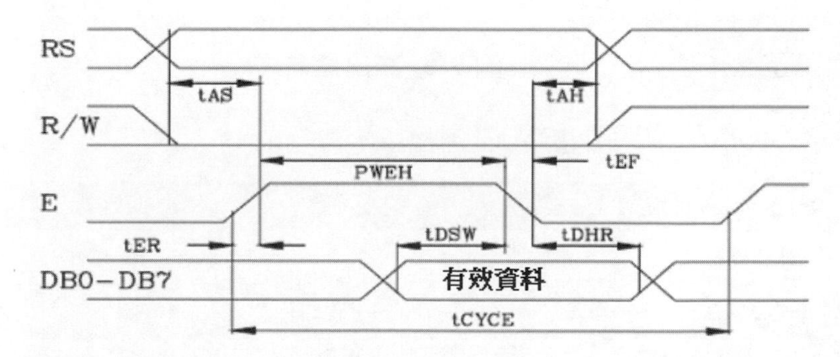

圖 9-7　寫入之時序

（VDD=5.0V±5%　，Vss=0V，周溫=0℃至 50℃）

項目		符號	最小	最大	單位
E 的週期時間		t_{cyce}	1000	—	ns
E 的脈波寬度	高態	PWEH	450	—	ns
E 的上升和下降時間		tER，tET	—	25	ns
設定時間	RS，$R/\overline{W}\rightarrow$E	tAS	140	—	ns

項目	符號	最小	最大	單位
位址保持時間	tAH	10	—	ns
資料設定時間	tDSW	195	—	ns
資料保持時間	tH	10	—	ns

讀出之時序

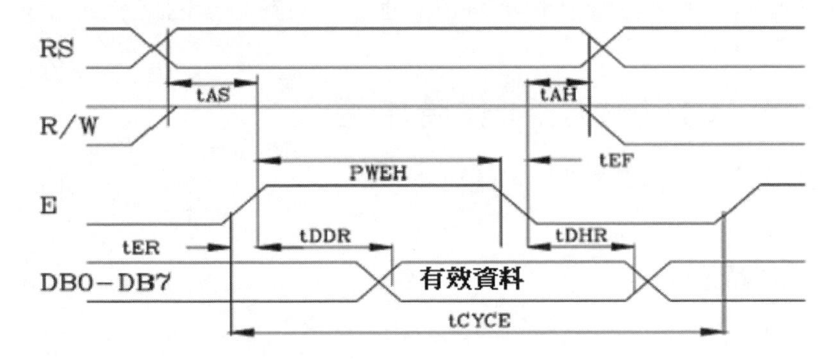

圖 9-8 讀出之時序

（VDD=5.0V±5% ，Vss=0V，周溫=0℃至 50℃）

項目		符號	最小	最大	單位
E 的週期時間		t_{cyce}	1000	—	ns
E 的脈波寬度	高態	PWEH	450	—	ns
E 的上升和下降時間		tER，tET	—	25	ns
設定時間	RS，R/$\overline{W}$→E	tAS	140	—	ns
位址保持時間		tAH	10	—	ns
資料設定時間		tDSW	—	320	ns
資料保持時間		tH	20	—	ns

9-1.6 LCM 模組的初始化設定

LCM 模組的初始化程序可區分為 8 位元及 4 位元模式，我們將分別說明如下：

8 位元模式初始化程序

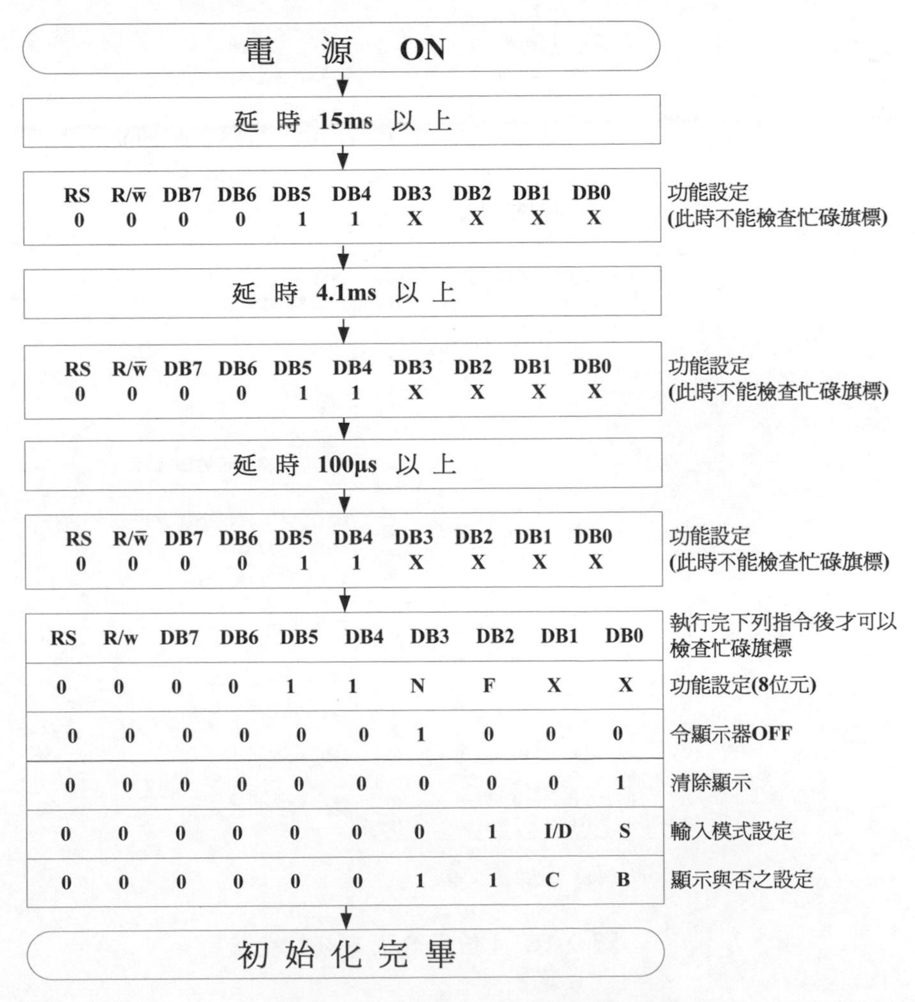

圖 9-9　8 位元介面之初始化步驟

4 位元模式初始化程序

根據初如化設定程序，若採用 4 位元資料傳輸模式，很明顯的，每 1Byte 之資料必須以兩次的寫入動作傳送到 LCD 模組。在送入電源後，我們可以用下列指令進行初始化設定。

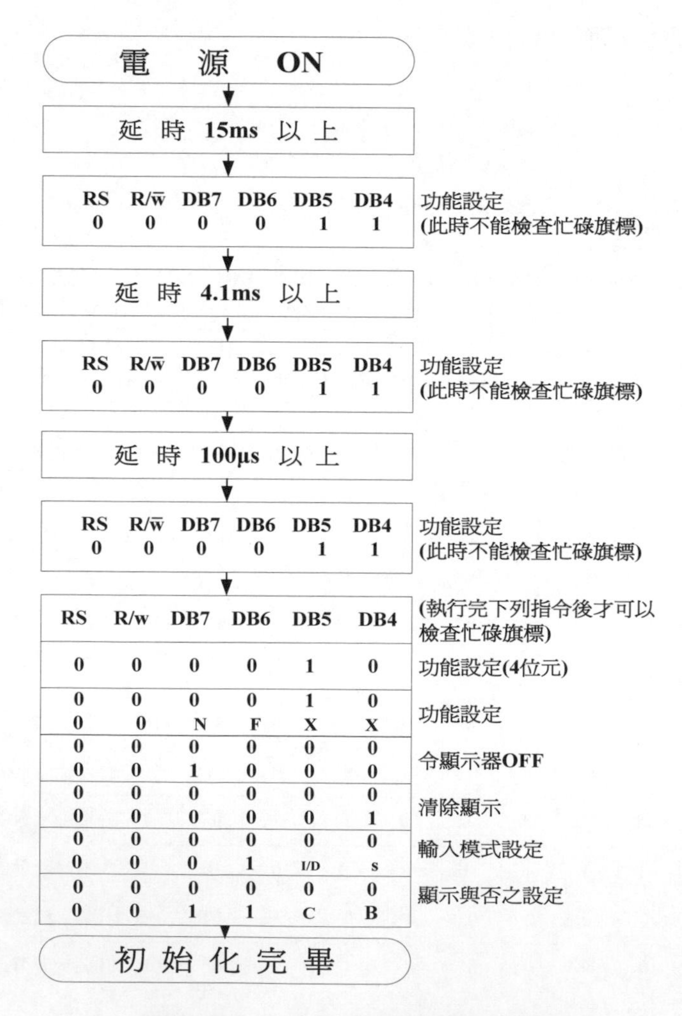

圖 9-10 4 位元介面之初始化步驟

9-2 實驗板與 LCM 模組相當電路

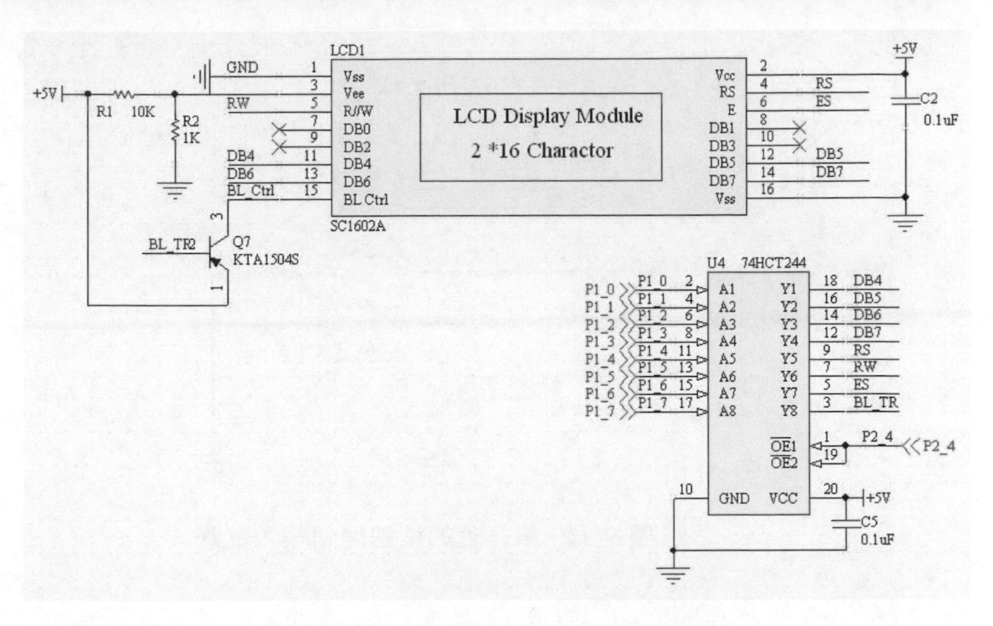

圖 9-11 LCM 模組的介面電路設計

傳統上，8051 的顯示控制經常採用發光二極體與七段顯示器作為顯示系統，由於介面電路比較複雜且只可顯示簡單的字元，狀態的表現非常模糊且比較不容易辨識，所以本實習模組採用單晶片與液晶顯示器（Liquid Crystal Display；LCD）的整合應用，如圖 9-11 所示。讓使用者可學習如何使用顯示模組顯示英文文字與數值，可直接顯示出英文文字讓系統的狀態更容易辨識，並可比較 LED 或七段顯示器與 LCM 之間的差異性。由於 SC1602A 與 8051 整合應用可採用 8 位元與 4 位元通訊模式，本電路同樣的採用 1 個 74HCT244（U4）三態匯流排元件做為功能致能與否的控制開關，在通訊電路設計上採用 4 位元模式，可以進一步降低 8051 晶片的輸出入腳位需求。當 P2.4=0 可致能液晶顯示器的輸出控制，此時（P1.0~P1.3）連至高 4 位元資料匯流排 D4~D7；P1.4=Rs 為暫存器選擇（register selection）信號；P1.5=R/W 為 8051 對液晶顯示器讀取或寫入命令訊號；P1.6=ES 為致能液晶顯示器，而 P1.7 為訊號連接至電晶體 Q7 的控制訊號，可控制液晶顯示器的背光板是否點亮。

此外，實習板上提供三個按鈕，如圖 9-12 所示，分別直接連至單晶片的 P3.3, P3.4 及 P3.5。因為 P 3 的腳位有內部提升電阻，所以電路設計不須額外設計外接提升電阻。當按鈕被按下時，相對應的腳位是低電位；反之，當按鈕沒有被按下時，相對應的腳位是高電位。

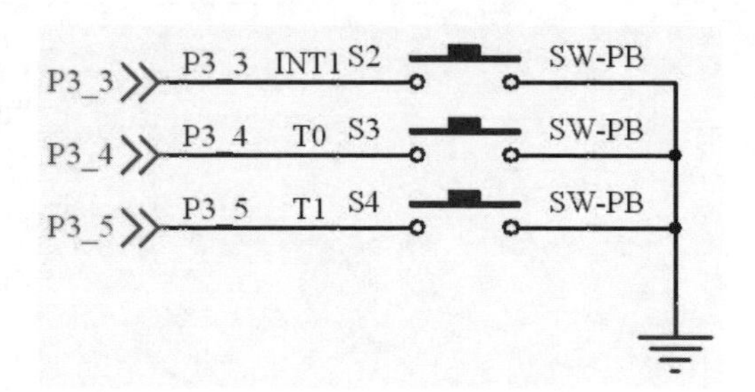

圖 9-12 單晶片的按鈕開關輸入電路

說明 LCM 模組驅動函數設計：

1. 致能 LCD 模組

```
   LCD_BUS  EQU   P1              ; LCD 輸出與控制端
   LCD_LED  EQU   P1.7            ; LCD 背光
   LCD_RW   EQU   P1.5            ; LCD 讀寫
   LCD_RS   EQU   P1.4            ; LCD 模組暫存器選擇腳
   LCD_E    EQU   P1.6            ; LCD 模組致能腳 ENABLE
1  ;※_SET LCD 致能
2  ;==================================================
3  LCD_EN:
4           CLR   LCD_RW
5           SETB  LCD_E            ; SET LCD_E = 1
6           ACALL DLY0             ; 延時
7           CLR   LCD_E            ; SET LCD_E = 0
8           ACALL DLY0             ; 延時
9           CLR   LCD_LED
10          RET
```

LCD_EN 副程式是執行 LCM 模組的致能功能，在第 4 及 5 行分別設定 LCM 模組的 $R/\overline{W}$=0 及 E=1，在第 6 行呼叫 DLY0 副程式延遲 200us，然後在第 7 行將 LCM 模組的 E 腳設定為 0，自造一個負緣訊號致能 LCM 模組。而第 9 行控制 P1.7 腳為低電位，參考 LCM 模組的控制電路，其可致能 Q7 的 PNP 電晶體，將 V_{CC} 電源輸入 LCM 模組的 BL_ctrl 腳位，點亮 LCM 模組的背光板。

2. 寫入指令暫存器函式

```
1   ;==================================================
2   ;※_Write-IR 暫存器_寫入指令暫存器函式
3   ;==================================================
4   WCOM:
5           MOV    R3,A
6           ANL    A,#00001111B
7           MOV    R2,A                    ;低四位元
8           MOV    A,R3
9           ANL    A,#11110000B
10          SWAP   A
11          MOV    R1,A                    ;高四位元
12  ;R1-輸出_將高四位元輸出到 Port-1
13          MOV    A,LCD_BUS
14          ANL    A,#11110000B
15          ORL    A,R1
16          MOV    LCD_BUS,A
17          CLR    LCD_RS                  ; SET LCD_RS = 0
18          ACALL  LCD_EN                  ; SET LCDM 致能腳 為 1 再轉為 0
19  ;R2-輸出_將低四位元輸出到 Port-1
20          MOV    A,LCD_BUS
21          ANL    A,#11110000B
22          ORL    A,R2
23          MOV    LCD_BUS,A
24          CLR    LCD_RS                  ; SET LCD_RS = 0
25          ACALL  LCD_EN                  ; SET LCDM 致能腳 為 1 再轉為 0
26  ;
27          ACALL  DLY1                    ; 延時
28          RET
```

WCOM 副程式是將累加器 ACC 的資料，採用 4 位元資料匯流排傳輸方式將資料寫入 LCM 模組的指令暫存器內。其程式動作說明如下：

(1) 第 5 行為將 ACC 資料搬至 R3 暫存器，而第 6 行是只留下 ACC 的低 4 位元資料，然後再其存入 R2 暫存器（第 7 行）

(2) 在第 8 及 9 行是將 R3 資料存回 ACC 且只取高 4 位元資料，然後在第 10 行將 ACC 的高 4 位元與低 4 位元資料互換，在第 11 行將其值存入 R1 暫存器。也就是 R1 存有指令的高 4 位元資料，而 R2 存有指令的低 4 位元資料。

(3) 第 13 及 14 行是將目前在 LCD_BUS 上的高 4 位元資料（BL_TR, ES=0, RW=1, RS）保留且不改變狀態，而低 4 位元資料（D7~D4）清除為零，但是資料放在 ACC。

(4) 在第 15 行是將 R1 執行更新至 ACC 暫存器內。

(5) 第 16 至 18 行是將 ACC 暫存器的高 4 位元資料寫入指令暫存器內。

(6) 同步驟 2，第 20 至 22 行是將 R2 的低 4 位元資料更新至 ACC 暫存器，然後寫入指令暫存器內，最後呼叫 DLY1 副程式製造一個時間延遲動作，完成一個指令暫存器的 8 位元資料寫入程序。

3. 寫命令至 LCD 模組

```
1    ;===============================================
2    ;※_LCD 模組初始化
3    ;===============================================
4    LCD_INIT:
5            CLR    LCD_E
6            MOV    LCD_BUS,#0A3H        ;(起動程序-01/)
7            ACALL  LCD_EN
8            MOV    LCD_BUS,#0A3H        ;(起動程序-02/)
9            ACALL  LCD_EN
10           MOV    LCD_BUS,#0A3H        ;(起動程序-03/)
11           ACALL  LCD_EN
12           MOV    LCD_BUS,#0A2H        ;(起動程序-04/)
13           ACALL  LCD_EN
14           MOV    A,#28H               ;(起動程序-05/)
```

```
15          ACALL WCOM
16          MOV   A,#0CH              ;(起動程序-06/)
17          ACALL WCOM
18          MOV   A,#06H              ;(起動程序-07/)
19          ACALL WCOM
20          ACALL CLR_LCD             ;(起動程序-08/) 清除目前全螢幕
21          RET
```

由於參考電路是採用 4 位元資料匯流排方式，LCD_INIT 副程式是根據圖 9-5 的 4 位元資料匯流排之初始化步驟設定控制程式。

(1) 首先在第 5 行設定 LCM 模組的致能腳位為低電位，在第 6 行將 A3H 送至 LCD_BUS（即 P1 腳位），即 BL_TR=1, ES=0, RW=1, RS=0，（D7, D6, D5,D4）=（0011），然後呼叫 LCD_EN 副程式可送出指定格式至 LCM 模組，完成步驟 1 之程序。

(2) 依相同程序，在第 8 及 9 行再次送出（RS, R/W, D7,D6, D5, D4）=（0,0,0,0,1,1）至 LCM 模組，完成步驟 2 之程序。

(3) 依相同程序，在第 10 及 11 行再次送出（RS, R/W, D7,D6, D5, D4）=（0,0,0,0,1,1）至 LCM 模組，完成步驟 3 之程序。

(4) 依相同程序，在第 12 及 13 行再次送出（RS, R/W, D7,D6, D5, D4）=（0,0,0,0,1,0）至 LCM 模組，設定模組為採用 4 位元資料匯流排方式，完成步驟 4 之程序

(5) 在第 14 行將 28H 送至 ACC 暫存器，然後在第 15 行呼叫 WCOM 副程式寫入指令暫存器，執行 LCM 模組的指令（6）的功能設定，即 DL=0: 採用 4 位元方式的資料傳送，N=1：2 行顯示, F=0：5×7 點矩陣。

(6) 同理，第 16 及 17 行將 0CH 寫入指令暫存器，執行 LCM 模組的指令（2）的設定顯示幕，D=1：開啟顯示幕、C=0：不顯示游標、B=0：游標所在之字元將不反白。

(7) 同理，第 18 及 19 行將 06H 寫入指令暫存器，執行 LCM 模組的指令（2）的設定輸入模式，I/D=1 與 S=0 設定顯示的字元不動，游標右移，AC+1。

(8) 第 20 行則呼叫 CLR_LCD 副程式，01H 的資料寫入指令暫存器，將 LCM 整個顯示幕清除及歸位。

4. 寫入資料暫存器函式

```
1    ;================================================
2    ;※_Write-DR 暫存器_寫入資料暫存器函式
3    ;================================================
4    WDATA:
5            MOV   R3,A              ;資料轉移_R1 高四位元_R2 低四位元
6            ANL   A,#00001111B
7            MOV   R2,A              ;低四位元
8            MOV   A,R3
9            ANL   A,#11110000B
10           SWAP  A
11           MOV   R1,A              ;高四位元
12   ;R1-輸出_將高四位元輸出到 Port-1
13           MOV   A,LCD_BUS
14           ANL   A,#11110000B
15           ORL   A,R1
16           MOV   LCD_BUS,A
17           SETB  LCD_RS            ; SET LCD_RS = 1
18           ACALL LCD_EN            ; SET LCDM 致能腳 為 1 再轉為 0
19   ;R2-輸出_將低四位元輸出到 Port-1
20           MOV   A,LCD_BUS
21           ANL   A,#11110000B
22           ORL   A,R2
23           MOV   LCD_BUS,A
24           SETB  LCD_RS            ; SET LCD_RS = 1
25           ACALL LCD_EN            ; SET LCDM 致能腳 為 1 再轉為 0
26   ;
27           ACALL DLY1              ; 延時
28           RET
```

WDATA 副程式是將累加器 ACC 的資料採用 4 位元資料匯流排傳輸方式將資料寫入 LCM 模組的資料暫存器內。其程式動作說明如下：

(1) 第 5 行為將 ACC 資料搬至 R3 暫存器，而第 6 行是只留下 ACC 的低 4 位元資料，然後再其存入 R2 暫存器（第 7 行）。

(2) 在第 8 及 9 是將 R3 資料存回 ACC 且只取高 4 位元資料，然後在第 10 行將 ACC 的高 4 位元與低 4 位元資料互換，再將其值存入 R1 暫存器（第 11 行）。也就是 R1 存有指令的高 4 位元資料，而 R2 存有指令的低 4 位元資料。

(3) 第 13 及 14 行是將目前在 LCD_BUS 上的高 4 位元資料（BL_TR, ES=0, RW=1, RS）保留且不改變狀態，而低 4 位元資料（D7~D4）清除為零，但是資料放在 ACC。

(4) 在第 15 行是將 R1 執行更新至 ACC 暫存器內。

(5) 第 16 至 18 行是將 ACC 暫存器的高 4 位元資料寫入資料暫存器內。

(6) 同步驟 2，第 20 至 22 行是將 R2 的低 4 位元資料更新至 ACC 暫存器，然後寫入資料暫存器內，最後呼叫 DLY1 副程式製造一個時間延遲動作，完成一個資料暫存器的 8 位元資料寫入程序。

9-3 範例程式與討論

範例 1：使用 LCM 顯示字串（DD RAM）

透過 LCM 模組顯示文字「Hello 89C51RD2」與數字「012345689ABCDEF」，要求如下：第一列是「Hello 89C51RD2」英文名字，而第二列是數字「012345689ABCDEF」。注意，請採用索引定址的模式與點亮 LCM 模組的背光。

流程圖

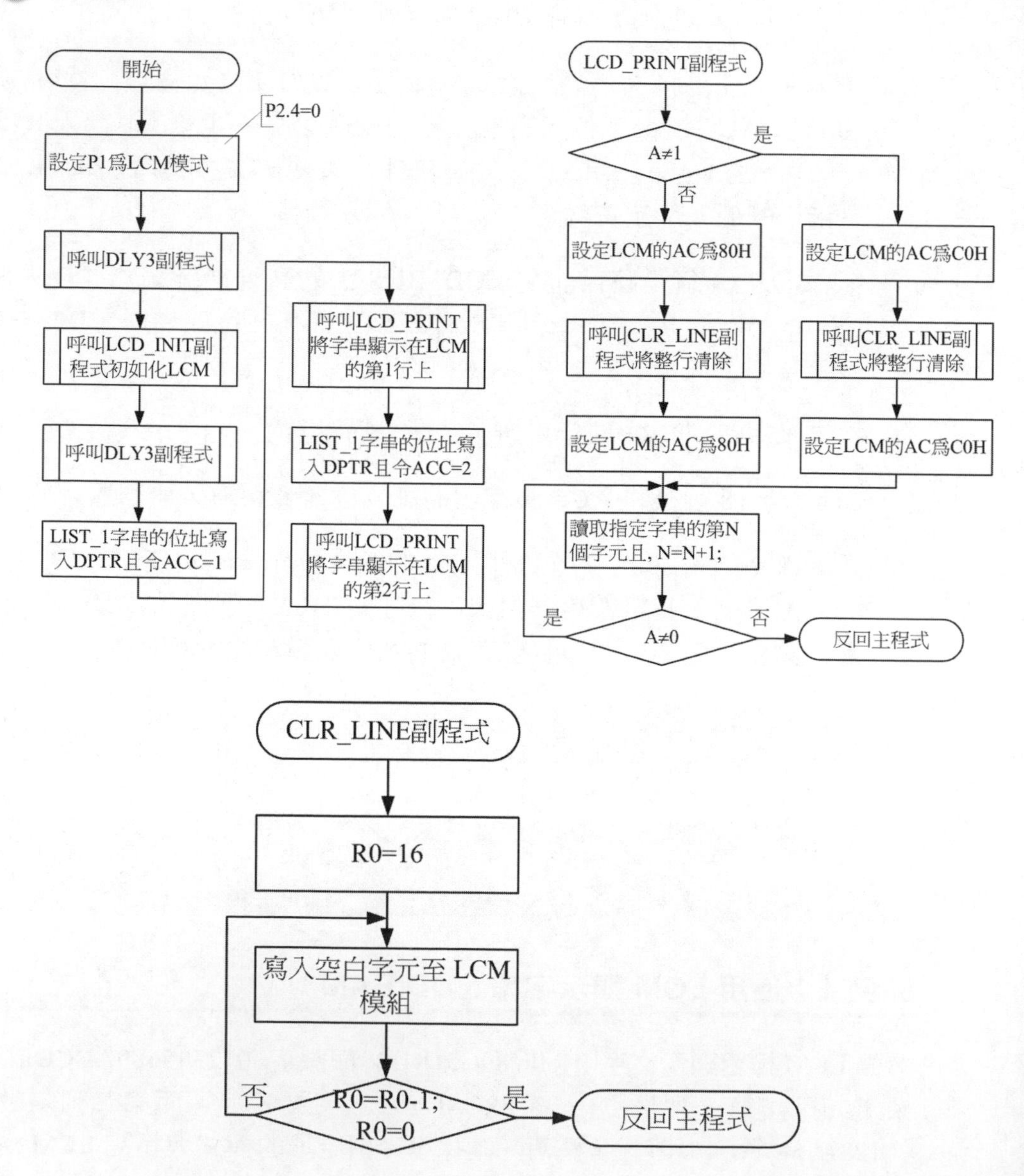
開始
P2.4=0
設定P1爲LCM模式
呼叫DLY3副程式
呼叫LCD_INIT副程式初如化LCM
呼叫DLY3副程式
LIST_1字串的位址寫入DPTR且令ACC=1
呼叫LCD_PRINT將字串顯示在LCM的第1行上
LIST_1字串的位址寫入DPTR且令ACC=2
呼叫LCD_PRINT將字串顯示在LCM的第2行上
LCD_PRINT副程式
A≠1
是
否
設定LCM的AC爲80H
設定LCM的AC爲C0H
呼叫CLR_LINE副程式將整行清除
呼叫CLR_LINE副程式將整行清除
設定LCM的AC爲80H
設定LCM的AC爲C0H
讀取指定字串的第N個字元且, N=N+1;
是
否
A≠0
反回主程式
CLR_LINE副程式
R0=16
寫入空白字元至 LCM 模組
否
是
R0=R0-1; R0=0
反回主程式

程式碼

範例 DM09_01.ASM 程式碼

```
1    ; ---------------------------------------------------
2    ;   註(一般暫存器應用紀錄):
3    ;   PORT-1        : LCM 輸出端
4    ;   ACC           : 待輸出資料
5    ;   R0            : 螢幕清除程式用
6    ;   R1            : 輸出資料暫存器(高四位元)
7    ;   R2            : 輸出資料暫存器(低四位元)
8    ;   R3            : 處理待輸出資料用暫存器
9    ;   R5、R6、R7 : 延遲副程式計數用
10   ; ===================================================
11   ;特殊定義
12   LCD_BUS  EQU   P1              ; LCD 輸出與控制端
13   LCD_LED  EQU   P1.7            ; LCD 背光
14   LCD_RW   EQU   P1.5            ; LCD 讀寫
15   LCD_RS   EQU   P1.4            ; LCD 模組暫存器選擇腳
16   LCD_E    EQU   P1.6            ; LCD 模組致能腳 ENABLE
17   ;
18            ORG   0000H           ;MCS-51 程式起始點
19   ;================================================
20   MAIN:
21            CLR   P2.4
22            ACALL DLY3
23            ACALL LCD_INIT        ; LCD 模組初始化
24            ACALL DLY3
25   ;-----------------------------------------------
26            MOV   DPTR,#LIST_1    ; 欲顯示的字串的資料放在 LIST_1
27            MOV   A,#1            ; LCDM 第一行
28            ACALL LCD_PRINT       ; 開始顯示
29            MOV   DPTR,#LIST_2    ; 欲顯示的字串的資料放在 LIST_2
30            MOV   A,#2             ; LCDM 第二行
31            ACALL LCD_PRINT       ; 開始顯示
32            ACALL DLY3            ; 延時
33   ;
34   LOOP:
35            NOP
36            JMP   LOOP
37   ;================================================
38   ;※_LCD 模組初始化
39   ;================================================
40   LCD_INIT:
```

```
41          CLR   LCD_E
42          MOV   LCD_BUS,#0A3H        ;(起動程序-01/)
43          ACALL LCD_EN
44          MOV   LCD_BUS,#0A3H        ;(起動程序-02/)
45          ACALL LCD_EN
46          MOV   LCD_BUS,#0A3H        ;(起動程序-03/)
47          ACALL LCD_EN
48          MOV   LCD_BUS,#0A2H        ;(起動程序-04/)
49          ACALL LCD_EN
50          MOV   A,#28H               ;(起動程序-05/)
51          ACALL WCOM
52          MOV   A,#0CH               ;(起動程序-06/)
53          ACALL WCOM
54          MOV   A,#06H               ;(起動程序-07/)
55          ACALL WCOM
56          ACALL CLR_LCD              ;(起動程序-08/) 清除目前全螢幕
57          RET
58    ;================================================
59    ;※_SET LCD 致能
60    ;================================================
61    LCD_EN:
62          CLR   LCD_RW
53          SETB  LCD_E              ; SET LCD_E = 1
64          ACALL DLY0               ; 延時
65          CLR   LCD_E              ; SET LCD_E = 0
66          ACALL DLY0               ; 延時
67          CLR   LCD_LED
68          RET
69    ;================================================
70    ;※_Write-IR 暫存器_寫入指令暫存器函式
71    ;================================================
72    WCOM:
73          MOV   R3,A
74          ANL   A,#00001111B
75          MOV   R2,A               ;低四位元
76          MOV   A,R3
77          ANL   A,#11110000B
78          SWAP  A
79          MOV   R1,A               ;高四位元
80    ;R1-輸出_將高四位元輸出到 Port-1
81          MOV   A,LCD_BUS
82          ANL   A,#11110000B
83          ORL   A,R1
```

```
84          MOV   LCD_BUS,A
85          CLR   LCD_RS              ; SET LCD_RS = 0
86          ACALL LCD_EN              ; SET LCDM 致能腳 為 1 再轉為 0
87  ;R2-輸出_將低四位元輸出到 Port-1
88          MOV   A,LCD_BUS
89          ANL   A,#11110000B
90          ORL   A,R2
91          MOV   LCD_BUS,A
92          CLR   LCD_RS              ; SET LCD_RS = 0
93          ACALL LCD_EN              ; SET LCDM 致能腳 為 1 再轉為 0
94  ;
95          ACALL DLY1                ; 延時
96          RET
97  ;================================================
98  ;※_Write-DR 暫存器_寫入資料暫存器函式
99  ;================================================
100 WDATA:
101         MOV   R3,A                ;資料轉移_R1 高四位元_R2 低四位元
102         ANL   A,#00001111B
103         MOV   R2,A                ;低四位元
104         MOV   A,R3
105         ANL   A,#11110000B
106         SWAP  A
107         MOV   R1,A                ;高四位元
108 ;R1-輸出_將高四位元輸出到 Port-1
109         MOV   A,LCD_BUS
110         ANL   A,#11110000B
111         ORL   A,R1
112         MOV   LCD_BUS,A
113         SETB  LCD_RS              ; SET LCD_RS = 1
114         ACALL LCD_EN              ; SET LCDM 致能腳 為 1 再轉為 0
115 ;R2-輸出_將低四位元輸出到 Port-1
116         MOV   A,LCD_BUS
117         ANL   A,#11110000B
118         ORL   A,R2
119         MOV   LCD_BUS,A
120         SETB  LCD_RS              ; SET LCD_RS = 1
121         ACALL LCD_EN              ; SET LCDM 致能腳 為 1 再轉為 0
122 ;
123         ACALL DLY1                ; 延時
124         RET
125 ;================================================
126 ;※_清除畫面
```

```
127 ;=============================================
128 CLR_LCD:
129         MOV   A,#01H              ; 從LCDM 第一行第一個位置開始消除
130         ACALL WCOM
131         RET
132 ;=============================================
133 ;※_清除一行顯示
134 ;=============================================
135 CLR_LINE:
136         MOV   R0,#16              ; 重複16次
137 CL1:    MOV   A,#' '              ; 輸入空白字元
138         ACALL WDATA               ; 寫入空白字元至 LCDM
139         DJNZ  R0,CL1              ; 是否重複 16次, R0 = 0
140         RET
141 ;======================================================
142 ;※_畫面輸出
143 ;======================================================
144 LCD_PRINT:
145         CJNE  A,#1,LINE2          ; 假如 A 不是1, 則跳到 LINE2
146 LINE1:  MOV   A,#80H              ; LCDM 第一行
147         ACALL WCOM
148         ACALL CLR_LINE            ; 清除一行顯示
149         MOV   A,#80H              ; LCDM 第一行
150         ACALL WCOM
151         JMP   DISP
152
153 LINE2:  MOV   A,#0C0H             ; LCDM 第二行
154         ACALL WCOM
155         ACALL CLR_LINE            ; 清除一行顯示
156         MOV   A,#0C0H             ; LCDM 第二行
157         ACALL WCOM
158 DISP:
159         CLR   A
160         MOVC  A,@A+DPTR           ; 將 DPTR 的字元逐一送至 LCDM 顯示
161         CJNE  A,#0,DISP_L         ; 遇到結束碼  0 才結束
162         RET
163 DISP_L:
164         ACALL WDATA
165         INC   DPTR
166         JMP   DISP
167         RET
168 ;=============================================
169 ;※_DELAY
```

```
170 ;==================================================
171 ; 200us (基準)
172 DLY0:    MOV    R7,#97
173          DJNZ   R7,$
174          RET
175 ; 5ms
176 DLY1:    MOV    R6,#25
177 DL1:     ACALL  DLY0
178          DJNZ   R6,DL1
179          RET
180 ; 40ms
181 DLY2:    MOV    R5,#8
182 DL2:     ACALL  DLY1
183          DJNZ   R5,DL2
184          RET
185 ; 0.1s
186 DLY3:    MOV    R5,#20
187 DL3:     ACALL  DLY1
188          DJNZ   R5,DL3
189          RET
190 ;===========================================================
191 ;※_WordDataBase_輸出資料庫
192 ;===========================================================
193 LIST_1:         ;0123456789ABCDEF;---------;比例尺
194          DB     "Hello 89C51RD2  ",0       ; 欲顯示字串 ,0 為結束碼
195 LIST_2:
196          DB     "0123456789ABCDEF",0       ; 欲顯示字串 ,0 為結束碼
197 ;
198          END
```

程式說明

1. 在第 18 及 21 行是設定程式的啟始位址及將 P1 設為 LCM 模組的介面控制。

2. 第 22 至 23 行是利用時間延遲副程式（DLY3）與 LCM 的初始化副程式（LCD_INIT），將 LCM 模組初始化與點亮背光，詳細情況請參閱本章內容說明。

3. 第 26 行是將欲顯示字串的資料位址 LIST_1 存入 DPTR 內，第 27 行設定累加器 A 為 1，表示顯示在 LCM 第 1 行上，第 28 行呼叫 LCD_PRINT 副程式將字串內容顯示在 LCM 模組的第 1 行上。

4. 同理，在第 29 行將字串的資料位址 LIST_2 存入 DPTR 內，第 30 行設定累加器 A 為 2，表示顯示在 LCM 第 2 行上，第 31 行呼叫 LCD_PRINT 副程式將字串內容顯示在 LCM 模組的第 2 行上。

5. 最後呼叫延遲副程式（DLY3），在第 34 至 36 行產生一個無窮迴圈，讓字串 1 及字串 2 可以顯示在第 1 行及第 2 行上。

思考問題

a. 參考上列範例程式，請加入 PB0（P3.3）去控制 LCD 模組的背光點亮與否。

b. 透過 LCM 模組顯示自已的英文名字與學號，要求如下：第一列是英文名字，而第二列是學號。注意，請採用索引定址的模式與點亮 LCM 模組的背光。

c. 請參考上列範例程式，將功能修改成如下：（1）初始化 LCM 模組後，即在第一列顯示 “Welcome 8051”，（2）按下 PB0 按鈕時顯示第一列是英文名字，（3）按下 PB2 按鈕時顯示第二列是學號，（4）而按下 PB1 按鈕時清除 LCM 模組的畫面。

d. 增加思考問題 c 的功能，加入當按下 PB1 按鈕 2 秒後，清除 LCM 模組的畫面且再次顯示 “Welcome 8051” 的初始畫面。

範例 2：使用 LCM 製作自動計數器（CG ROM）

透過計時器 0 模式 1 製作一個自動上數計數器，而每次上數觸發訊號的單位為 10ms，並在 LCM 模組上顯示出上數值，上數模式是採用十進制方式。

流程圖

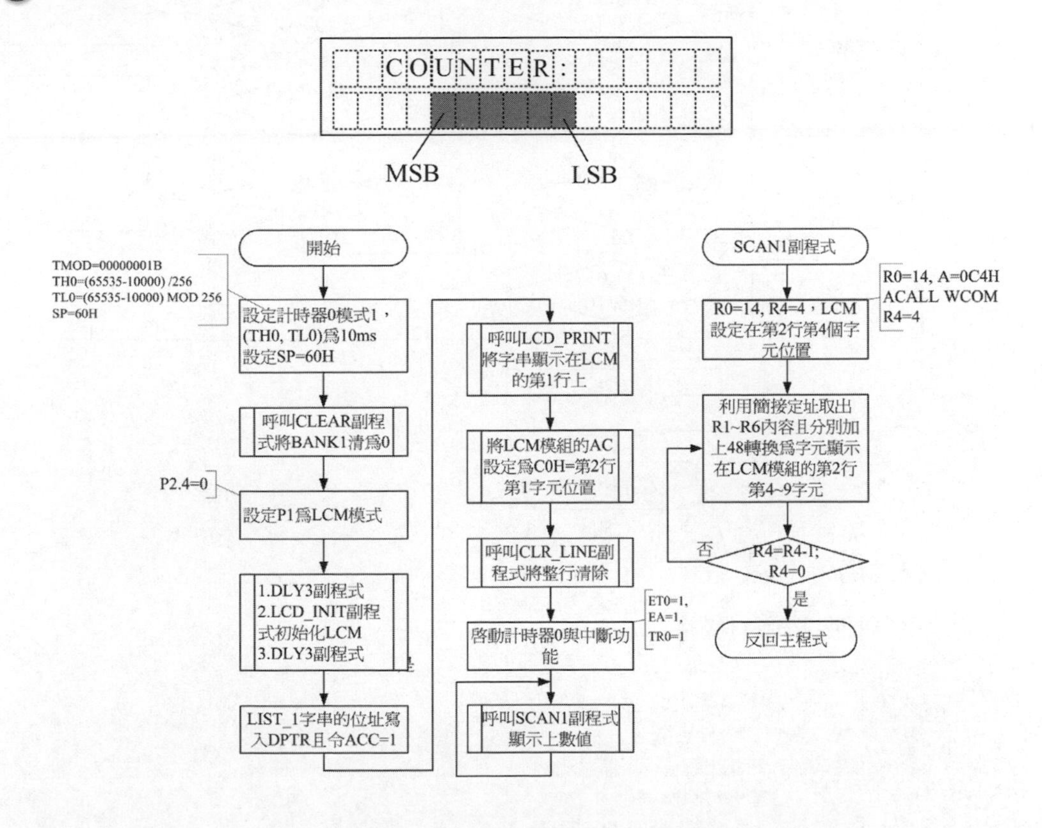

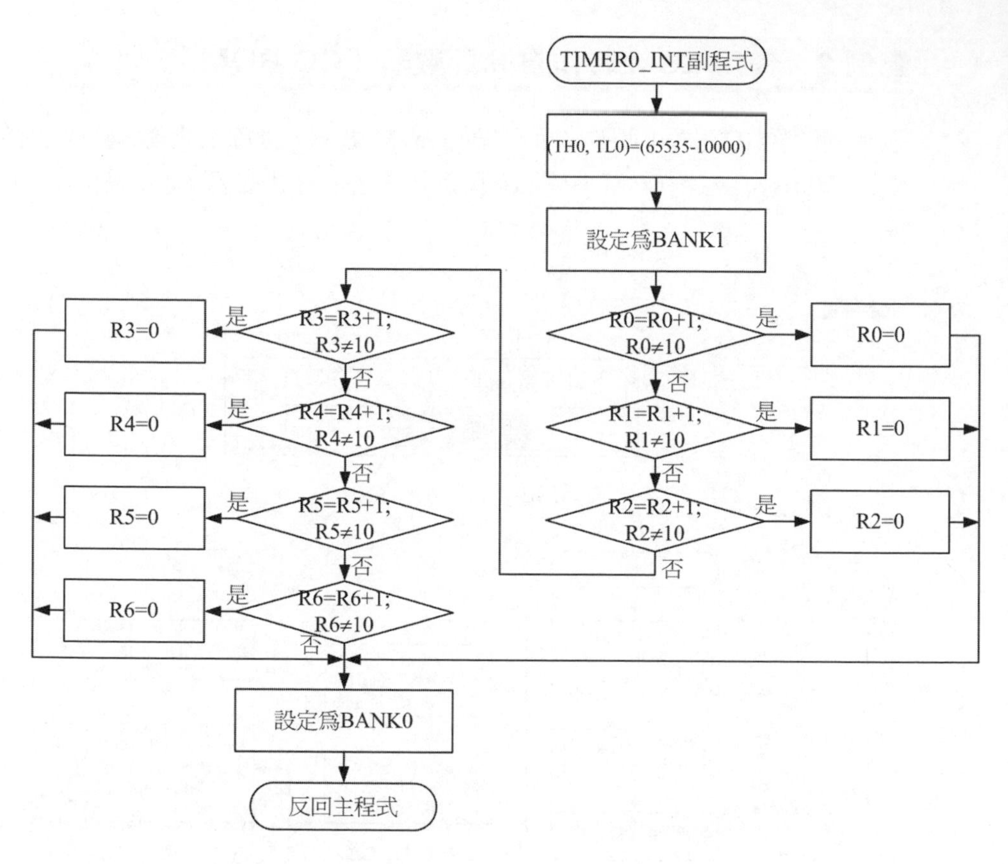

程式碼

範例 DM09_02ASM 程式碼

```
1   ; ------------------------------------------------
2   ;  註(一般暫存器應用紀錄)：
3   ; PORT-1 LCM 輸出端
4   ; ACC      待輸出資料
5   ; R0       螢幕清除程式用
6   ;R1        輸出資料暫存器(高四位元)
7   ;R2        輸出資料暫存器(低四位元)
8   ;R3        處理待輸出資料用暫存器
9   ;R5、R6、R7 延遲副程式計數用
10  ; ================================================
11  ;特殊定義
12  LCD_BUS   EQU    P1              ; LCD 輸出與控制端
13  LCD_LED   EQU    P1.7            ; LCD 背光
14  LCD_RW    EQU    1.5             ; LCD 讀寫
```

```
15  LCD_RS   EQU    P1.4                     ; LCD 模組暫存器選擇腳
16  LCD_E    EQU    P1.6                     ; LCD 模組致能腳 ENABLE
17  ;
18           ORG    0000H                    ; MCS-51 程式起始點
19           JMP    MAIN
20           ORG    000BH
21           AJMP   TIMER0_INT
22  ;================================================
23  MAIN:
24           MOV    TMOD,#00000001B          ; 計時器-0 (模式 1-16 位元)
25           MOV    TH0,#(65535-10000) /256  ; 10MS
26           MOV    TL0,#(65535-10000) MOD 256
27           MOV    SP, #60H
28           ACALL  CLEAR
29           CLR    P2.4
30           ACALL  DLY3
31           ACALL  LCD_INIT                 ; LCD 模組初始化
32           ACALL  DLY3
33  ;------------------------------------------------
34           MOV    DPTR,#LIST_1             ; 欲顯示的字串的資料放在 LIST_1
35           MOV    A,#1                     ; LCDM 第一行
36           ACALL  LCD_PRINT                ; 開始顯示
37           MOV    A,#0C0H                  ; LCDM 第二行
38           ACALL  WCOM
39           ACALL  CLR_LINE                 ; 清除第二行顯示
40           ACALL  DLY3                     ; 延時
41  ;===== STRAT TIMER 0 INTERRUPT ======
42           SETB   ET0
43           SETB   EA
44           SETB   TR0
45  ; 狀態偵測 ---------------------------------------
46  LOOP1:
47           ACALL  SCAN1
48           JMP    LOOP1              ;
49  ;
50  ;=== SCAN FUNCTION FOR LCD module ===========
51  SCAN1:   MOV    R0,#14
52           MOV    A,#0C4H                  ;至指定第二行的第 4 位置
53           ACALL  WCOM
54           MOV    R4,#6
55  ; 分別點亮 6 個 LED
56  LOOP:    MOV    A,@R0
57           ADD    A,#48
```

```
58          ACALL  WDATA
59          DEC    R0
60          DJNZ   R4,LOOP
61          RET
62  ;=== CLEAR REGISTER 08H~15h ==========
53  CLEAR:
64          SETB   RS0
65          CLR    RS1
66          MOV    R0,#00H
67          MOV    R1,#00H
68          MOV    R2,#00H
69          MOV    R3,#00H
70          MOV    R4,#00H
71          MOV    R5,#00H
72          MOV    R6,#00H
73          MOV    R7,#00H
74          CLR    RS0
75          CLR    RS1
76          RET
77  ;==== TIMER0 INTERRUPT FUNCTION =====
78  TIMER0_INT:
79          MOV    TL0,#(65535-10000) MOD 256      ;10ms
80          MOV    TH0,#(65535-10000)/256
81  ;
82          SETB   RS0                             ;BANK 1
83          CLR    RS1
84          INC    R0                              ; FOR 0.1S
85          CJNE   R0,#10,EXIT
86          MOV    R0,#00H
87  ;個
88          INC    R1
89          CJNE   R1,#10,EXIT
90          MOV    R1,#0
91  ;拾
92          INC    R2
93          CJNE   R2,#10,EXIT
94          MOV    R2,#0
95  ;百
96          INC    R3
97          CJNE   R3,#10,EXIT
98          MOV    R3,#0
99  ;千
100         INC    R4
```

```
101         CJNE  R4,#6,EXIT
102         MOV   R4,#0
103 ;萬
104         INC   R5
105         CJNE  R5,#10,EXIT
106         MOV   R5,#0
107 ;10 萬
108         INC   R6
109         CJNE  R6,#6,EXIT
110         MOV   R6,#0
111
112 EXIT:
113         CLR   RS0
114         CLR   RS1
115         RETI
116 ;==================================================
117 ;※_LCD 模組初始化
118 ;==================================================
119 LCD_INIT:
120         CLR   LCD_E
121         MOV   LCD_BUS,#0A3H       ;(起動程序-01/)
122         ACALL LCD_EN
123         MOV   LCD_BUS,#0A3H       ;(起動程序-02/)
124         ACALL LCD_EN
125         MOV   LCD_BUS,#0A3H       ;(起動程序-03/)
126         ACALL LCD_EN
127         MOV   LCD_BUS,#0A2H       ;(起動程序-04/)
128         ACALL LCD_EN
129         MOV   A,#28H              ;(起動程序-05/)
130         ACALL WCOM
131         MOV   A,#0CH              ;(起動程序-06/)
132         ACALL WCOM
133         MOV   A,#06H              ;(起動程序-07/)
134         ACALL WCOM
135         ACALL CLR_LCD             ;(起動程序-08/) 清除目前全螢幕
136         RET
137 ;==================================================
138 ;※_SET LCD 致能
139 ;==================================================
140 LCD_EN:
141         CLR   LCD_RW
142         SETB  LCD_E               ; SET LCD_E = 1
143         ACALL DLY0                ; 延時
```

```
144          CLR   LCD_E              ; SET LCD_E = 0
145          ACALL DLY0               ; 延時
146          CLR   LCD_LED
147          RET
148 ;================================================
149 ;※_Write-IR 暫存器_寫入指令暫存器函式
150 ;================================================
151 WCOM:
152          MOV   R3,A
153          ANL   A,#00001111B
154          MOV   R2,A               ;低四位元
155          MOV   A,R3
156          ANL   A,#11110000B
157          SWAP  A
158          MOV   R1,A               ;高四位元
159 ;R1-輸出_將高四位元輸出到 Port-1
160          MOV   A,LCD_BUS
161          ANL   A,#11110000B
162          ORL   A,R1
163          MOV   LCD_BUS,A
164          CLR   LCD_RS             ; SET LCD_RS = 0
165          ACALL LCD_EN             ; SET LCDM 致能腳 為 1 再轉為 0
166 ;R2-輸出_將低四位元輸出到 Port-1
167          MOV   A,LCD_BUS
168          ANL   A,#11110000B
169          ORL   A,R2
170          MOV   LCD_BUS,A
171          CLR   LCD_RS             ; SET LCD_RS = 0
172          ACALL LCD_EN             ; SET LCDM 致能腳 為 1 再轉為 0
173 ;
174          ACALL DLY1               ; 延時
175          RET
176 ;================================================
177 ;※_Write-DR 暫存器_寫入資料暫存器函式
178 ;================================================
179 WDATA:
180          MOV   R3,A               ;資料轉移_R1 高四位元_R2 低四位元
181          ANL   A,#00001111B
182          MOV   R2,A               ;低四位元
183          MOV   A,R3
184          ANL   A,#11110000B
185          SWAP  A
186          MOV   R1,A               ;高四位元
```

```
187 ;R1-輸出_將高四位元輸出到 Port-1
188          MOV    A,LCD_BUS
189          ANL    A,#11110000B
190          ORL    A,R1
191          MOV    LCD_BUS,A
192          SETB   LCD_RS               ; SET LCD_RS = 1
193          ACALL  LCD_EN               ; SET LCDM 致能腳 為 1 再轉為 0
194 ;R2-輸出_將低四位元輸出到 Port-1
195          MOV    A,LCD_BUS
196          ANL    A,#11110000B
197          ORL    A,R2
198          MOV    LCD_BUS,A
199          SETB   LCD_RS               ; SET LCD_RS = 1
201          ACALL  LCD_EN               ; SET LCDM 致能腳 為 1 再轉為 0
202 ;
203          ACALL  DLY1                 ; 延時
204          RET
205 ;====================================================
206 ;※_清除畫面
207 ;====================================================
208 CLR_LCD:
209          MOV    A,#01H               ; 從 LCDM 第一行第一個位置開始消除
210          ACALL  WCOM
211          RET
212 ;====================================================
213 ;※_清除一行顯示
214 ;====================================================
215 CLR_LINE:
216          MOV    R0,#16               ; 重複 16 次
217 CL1:     MOV    A,#' '               ; 輸入空白字元
218          ACALL  WDATA                ; 寫入空白字元至 LCDM
219          DJNZ   R0,CL1               ; 是否重複 16 次, R0 = 0
220          RET
221 ;============================================================
222 ;※_畫面輸出
223 ;============================================================
224 LCD_PRINT:
225          CJNE   A,#1,LINE2           ; 假如 A 不是 1, 則跳到 LINE2
226 LINE1:   MOV    A,#80H               ; LCDM 第一行
227          ACALL  WCOM
228          ACALL  CLR_LINE             ; 清除一行顯示
229          MOV    A,#80H               ; LCDM 第一行
230          ACALL  WCOM
```

```
231             JMP    DISP
232
233 LINE2:      MOV    A,#0C0H            ; LCDM 第二行
234             ACALL WCOM
235             ACALL CLR_LINE            ; 清除一行顯示
236             MOV    A,#0C0H            ; LCDM 第二行
237             ACALL WCOM
238 DISP:
239             CLR    A
240             MOVC   A,@A+DPTR          ; 將 DPTR 的字元逐一送至 LCDM 顯示
241             CJNE   A,#0,DISP_L        ; 遇到結束碼  0 才結束
242             RET
243 DISP_L:
244             ACALL WDATA
245             INC    DPTR
246             JMP    DISP
247             RET
248 ;==================================================
249 ;※_DELAY
250 ;==================================================
251 ; 200us (基準)
252 DLY0:       MOV    R7,#97
253             DJNZ   R7,$
254             RET
255 ; 5ms
256 DLY1:       MOV    R6,#25
257 DL1:        ACALL DLY0
258             DJNZ   R6,DL1
259             RET
260 ; 40ms
261 DLY2:       MOV    R5,#8
262 DL2:        ACALL DLY1
263             DJNZ   R5,DL2
264             RET
265 ; 0.1s
266 DLY3:       MOV    R5,#20
267 DL3:        ACALL DLY1
268             DJNZ   R5,DL3
269             RET
270 ;============================================================
271 ;※_WordDataBase_輸出資料庫
272 ;============================================================
273
```

```
274 LIST_1:  ;0123456789ABCDEF;----- ---------; 比例尺
275          DB    "  COUNTER:      ",0       ; 欲顯示字串 ,0 為結束碼
276 ;
277          END
```

程式說明

1. 在第 18 至 21 行是設定主程式為 MAIN 標籤及計時器 0 的中斷副程式為 TIMER0_INT。

2. 在第 24 行是設定計時器 0 模式 1 的 16 位元計數，在第 25 及 26 行是設定（TH0, TL0）=65535-10000，即設定上數 10000 時產生中斷，以本實驗模組的 12M 振盪器，在 10 毫秒（ms）時會產生中斷。

3. 第 27 行是設定堆疊暫存器為位址 60H，第 28 行是呼叫 CLEAR 副程式將 BANK1 的 R0~R7 的暫存器清為 0。第 29 行是設定 P1 為 LCM 的控制介面用。而第 30 至 32 行是如同範 1，執行 LCM 模組的初始化工作。

4. 第 34 至 36 行如同範 1 的設定方式，是將 LIST_1 的字串顯示在 LCM 模組的第 1 行上。

5. 第 37 及 38 行是設定 LCM 模組的 AC 位置在第 2 行第 1 位置上。然後在第 39 行呼叫 CLR_LINE 副程式（第 215 至 220 行）將 LCM 模組第 2 行全清為空白。在第 42 至 44 行設定計時器 0 中斷及啟動計時功能，最後在第 46 至 48 行產生無窮迴圈執行 SCAN1 副程式。

6. 第 51 至 61 行是 SCAN1 副程式，主要是執行將 BANK1 的 R6 至 R1 依序輸出至 LCM 模組的第 2 行第 4 至 9 位置上。詳如以下說明：第 51 行將 R0=#14，第 52 及 53 行設定 LCM 模組的 AC 為第 2 行第 4 字元位置，第 54 行設定 R4=#6，因為只是 6 個計數位數。第 56 行利用簡接定址方式，將 BANK1 的 R6 的內取出且在第 57 行加上 48 轉換為字元，在第 58 行呼聲 WDATA 副程式將其字元顯示在指定位置上。在第 59 行將 R0=R0-1，在第 60 行判斷 R4 是否為 0，如果 R4≠0 則跳至 LOOP 標籤再輸出下一個值至 LCM 模組上；但是如果 R4=0 則結束 SCAN1 副程式回主程式。

7. 本範本的第 78 至 115 行是 TIMER0_INT 中斷副程式，在第 79 至 80 行是重新載入 TH0 及 TL0 計數值。第 82 至 83 行是切換至 BANK1 暫存器。在第 84 至 86 行執行計時器中斷產生時，自動執行 R0=R0+1 一次且判斷其值是否等於 10，如果是則強制 R0=0，否則跳至第 112 行將暫存器切換為 BANK0 且離開中斷副程式。同理，第 88 至 90 行是利用 R0 的進位訊號產生 R1 個位數的自動上數。第 92 至 94 行是利用 R1 的進位訊號產生 R2 拾位數的自動上數。第 96 至 98 行是利用 R2 的進位訊號產生 R3 百位數的自動上數。第 100 至 102 行是利用 R3 的進位訊號產生 R4 千位數的自動上數。第 104 至 106 行是利用 R4 的進位訊號產生 R5 萬位數的自動上數。第 108 至 110 行是利用 R5 的進位訊號產生 R6 拾萬位數的自動上數，如同流程圖說明。

思考問題

a. 請將上數計數器改為下數計數器，並顯示在 LCM 上，數值由 999999 往下計數。

b. 參考上列範例程式，控制功能要求如下：（1）按鈕 PB0（P3.3）可控制上數計數，（2）按鈕 PB1（P3.4）控制下數計數，（3）按鈕 PB2（P3.5）可控制停止計數，（4）按下 PB2（P3.5）按鈕 2 秒後：清除計數值且歸零。

c. 參考上列範例程式，請利用 PB0（P3.3）去控制 LCM 模組的游標（cursor）的顯示與否。（提示，請參考設定顯示幕命令）

RS	R/$\overline{W}$	D7	D6	D5	D4	D3	D2	D1	D0
0	0	0	0	0	0	1	D	C	B

d. 位元為顯示幕控制開關，D=1：開啟顯示幕、D=0：關閉顯示幕；C 位元為游標控制開關，C=1：顯示游標、C=0：不顯示游標；B 位元為字元反白控制開關，B=1：游標所在之字元將反白、B=0：游標所在之字元將不反白。

範例 3：LCM 模組的內建文字顯示

設計一個應用程式，可以用 PB0 按鈕去控制 LCM 模組內部 CG ROM 的字碼顯示，當 PB0 按鈕被按下時則顯示 32 個，依此類推至全部 LCM 模組內部 CGROM 的字碼顯示完成，再由前面字碼開發顯示。

流程圖

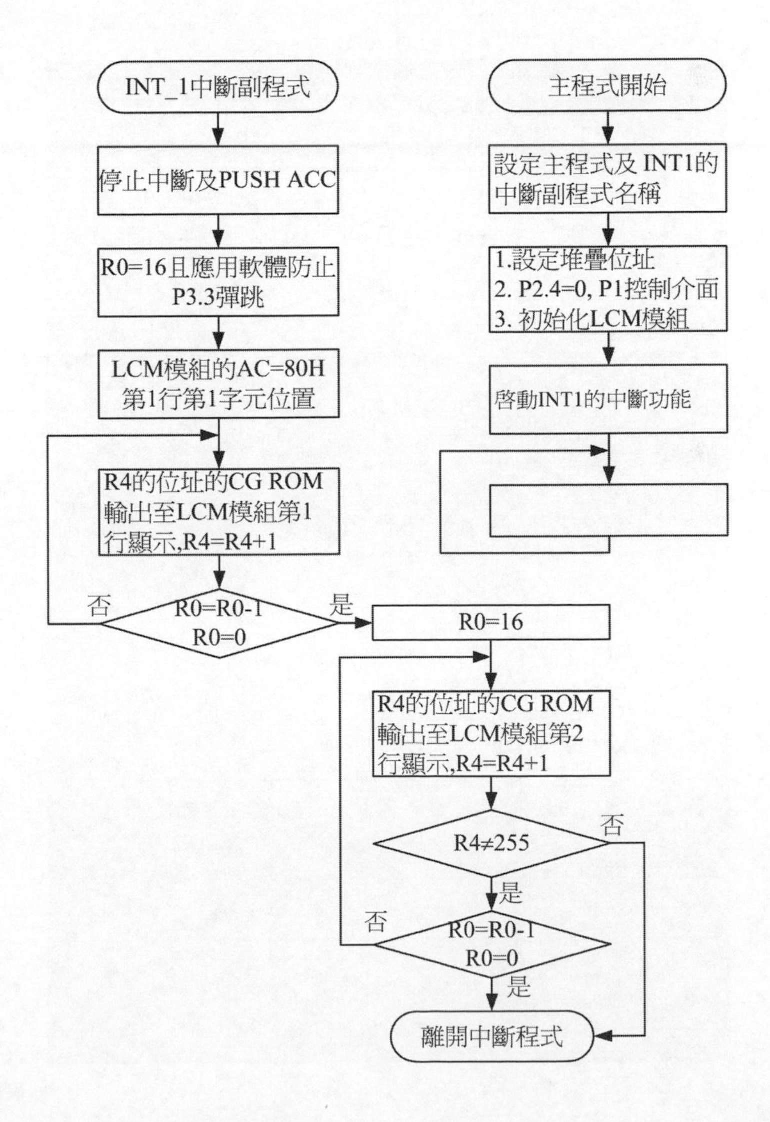

程式碼

範例 DM09_03.ASM 程式碼

```
1   ; -----------------------------------------------------
2   ;  註(一般暫存器應用紀錄)：
3   ;  PORT-1       : LCM 輸出端
4   ;  ACC          : 待輸出資料
5   ;  R0           : 螢幕清除程式用
6   ;  R1           : 輸出資料暫存器(高四位元)
7   ;  R2           : 輸出資料暫存器(低四位元)
8   ;  R3           : 處理待輸出資料用暫存器
9   ;  R5、R6、R7 : 延遲副程式計數用
10  ; =====================================================
11  ;特殊定義
12  LCD_BUS    EQU        P1                   ; LCD 輸出與控制端
13  LCD_LED    EQU        P1.7                 ; LCD 背光
14  LCD_RW     EQU        P1.5                 ; LCD 讀寫
15  LCD_RS     EQU        P1.4                 ; LCD 模組暫存器選擇腳
16  LCD_E      EQU        P1.6                 ; LCD 模組致能腳 ENABLE
17  ;
18           ORG    0000H               ; MCS-51 程式起始點
19           JMP    MAIN
20           ORG    0013H
21           AJMP   INT_1
22  ;==================================================
23  MAIN:
24           MOV    SP, #60H
25           CLR    P2.4
26           ACALL  DLY3
27           ACALL  LCD_INIT            ; LCD 模組初始化
28           ACALL  DLY3
29  ;--------------------------------------------------
30           SETB   EA                  ; 致能中斷系統
31           SETB   EX1                 ; 致能外部中斷 1
32           SETB   P3.3                ; 設定 INT1 接腳為輸入腳
33
34  ;----- WAIT HERE ---------------------------------
35  ;
36  LOOP1:   JMP    LOOP1               ;
37  ;
38  ;  INT1 INTERRUPT ============
39  INT_1:   CLR    EA
40           PUSH   ACC
```

```
41
42          MOV   R0,#16
43  WAIT:   ACALL DLY1
44          JB    P3.3,WAIT
45  ;==== SHOW LINE ONE (16 CHAR)
46          MOV   A,#080H
47          ACALL WCOM
48  LINE1:
49          MOV   A,R4
50          ACALL WDATA
51          INC   R4
52          ACALL DLY1
53          DJNZ  R0,LINE1
54  ; ==== SHOW LINE 2 (16 CHAR)
55          MOV   A,#0C0H
56          ACALL WCOM
57          MOV   R0,#16
58  LINE2:
59          MOV   A,R4
60          ACALL WDATA
61          CJNE  R4,#255,EXIT1
62          MOV   R4,#32
53          JMP   EXIT
64  EXIT1:
65          INC   R4
66          DJNZ  R0,LINE2
67  EXIT:
68          SETB  EA
69          POP   ACC
70          RETI
71  ;==================================================
72  ;※_LCD 模組初始化
73  ;==================================================
74  LCD_INIT:
75          CLR   LCD_E
76          MOV   LCD_BUS,#0A3H       ;(起動程序-01/)
77          ACALL LCD_EN
78          MOV   LCD_BUS,#0A3H       ;(起動程序-02/)
79          ACALL LCD_EN
80          MOV   LCD_BUS,#0A3H       ;(起動程序-03/)
81          ACALL LCD_EN
82          MOV   LCD_BUS,#0A2H       ;(起動程序-04/)
83          ACALL LCD_EN
```

```
84          MOV   A,#28H              ;(起動程序-05/)
85          ACALL WCOM
86          MOV   A,#0CH              ;(起動程序-06/)
87          ACALL WCOM
88          MOV   A,#06H              ;(起動程序-07/)
89          ACALL WCOM
90          ACALL CLR_LCD             ;(起動程序-08/) 清除目前全螢幕
91          RET
92   ;==================================================
93   ;※_SET LCD 致能
94   ;==================================================
95   LCD_EN:
96          CLR   LCD_RW
97          SETB  LCD_E               ; SET LCD_E = 1
98          ACALL DLY0                ; 延時
99          CLR   LCD_E               ; SET LCD_E = 0
100         ACALL DLY0                ; 延時
101         CLR   LCD_LED
102         RET
103  ;==================================================
104  ;※_Write-IR 暫存器_寫入指令暫存器函式
105  ;==================================================
106  WCOM:
107         MOV   R3,A
108         ANL   A,#00001111B
109         MOV   R2,A                ; 低四位元
110         MOV   A,R3
111         ANL   A,#11110000B
112         SWAP  A
113         MOV   R1,A                ; 高四位元
114  ;R1-輸出_將高四位元輸出到 Port-1
115         MOV   A,LCD_BUS
116         ANL   A,#11110000B
117         ORL   A,R1
118         MOV   LCD_BUS,A
119         CLR   LCD_RS              ; SET LCD_RS = 0
120         ACALL LCD_EN              ; SET LCDM 致能腳 為 1 再轉為 0
121  ;R2-輸出_將低四位元輸出到 Port-1
122         MOV   A,LCD_BUS
123         ANL   A,#11110000B
124         ORL   A,R2
125         MOV   LCD_BUS,A
126         CLR   LCD_RS              ; SET LCD_RS = 0
```

```
127         ACALL LCD_EN             ; SET LCDM 致能腳 為 1 再轉為 0
128 ;
129   ACALL DLY1                     ; 延時
130         RET
131 ;================================================
132 ;※_Write-DR 暫存器_寫入資料暫存器函式
133 ;================================================
134 WDATA:
135         MOV   R3,A               ; 資料轉移_R1 高四位元_R2 低四位元
136         ANL   A,#00001111B
137         MOV   R2,A               ; 低四位元
138         MOV   A,R3
139         ANL   A,#11110000B
140         SWAP  A
141         MOV   R1,A               ; 高四位元
142 ;R1-輸出_將高四位元輸出到 Port-1
143         MOV   A,LCD_BUS
144         ANL   A,#11110000B
145         ORL   A,R1
146         MOV   LCD_BUS,A
147         SETB  LCD_RS             ; SET LCD_RS = 1
148         ACALL LCD_EN             ; SET LCDM 致能腳 為 1 再轉為 0
149 ;R2-輸出_將低四位元輸出到 Port-1
150         MOV   A,LCD_BUS
151         ANL   A,#11110000B
152         ORL   A,R2
153         MOV   LCD_BUS,A
154         SETB  LCD_RS             ; SET LCD_RS = 1
155         ACALL LCD_EN             ; SET LCDM 致能腳 為 1 再轉為 0
156 ;
157         ACALL DLY1               ; 延時
158         RET
159 ;================================================
160 ;※_清除畫面
161 ;================================================
162 CLR_LCD:
163         MOV   A,#01H             ; 從 LCDM 第一行第一個位置開始消除
164         ACALL WCOM
165         RET
166 ;================================================
167 ;※_清除一行顯示
168 ;================================================
169 CLR_LINE:
```

```
170          MOV   R0,#16        ; 重複16次
171 CL1:     MOV   A,#' '        ; 輸入空白字元
172          ACALL WDATA         ; 寫入空白字元至 LCDM
173          DJNZ  R0,CL1        ; 是否重複 16次, R0 = 0
174          RET
175 ;==================================================
176 ;※_DELAY
177 ;==================================================
178 ; 200us (基準)
179 DLY0:    MOV   R7,#97
180          DJNZ  R7,$
181          RET
182 ; 5ms
183 DLY1:    MOV   R6,#25
184 DL1:     ACALL DLY0
185          DJNZ  R6,DL1
186          RET
187 ; 40ms
188 DLY2:    MOV   R5,#8
189 DL2:     ACALL DLY1
190          DJNZ  R5,DL2
191          RET
192 ; 0.1s
193 DLY3:    MOV   R5,#20
194 DL3:     ACALL DLY1
195          DJNZ  R5,DL3
196          RET
197 ;
198          END
```

程式說明

1. 在第 18 至 21 行是設定主程式為 MAIN 標籤及外部中斷 1 的中斷副程式為 INT_1。在第 23 至 28 行設定堆疊器 SP 的位址為 60H 與 P1 為 LCM 模組的控制介面，然後執行 LCM 模組的初始化程序。

2. 第 30 至 32 行是設定外部中斷 1 的功能且 P3.3 為輸入模式。然在在第 36 行產生一無窮迴圈等待外部中斷觸發。

3. 第 39 至 70 行是外部中斷 1 的程式主體，主要執行一次顯示 32 個 CG ROM 字元在 LCM 模組上。第 39 至 40 行是中止中斷功能及 PUSH

ACC 暫存器。在第 42 行令 R0=16 且在第 43 至 44 行應用軟體防止 P3.3 彈跳。在第 46 至 47 行設定 LCM 模組 AC 為第 1 行第 1 個位置，然後再第 49 至 53 行輸出 16 個 CG ROM 字元至 LCM 模組的第 1 行上。再來設定 LCM 模組 AC 為第 2 行第 1 個位置（第 55 至 56 行）且令 R0=16，然後再第 59 至 66 行輸出 16 個 CG ROM 字元至 LCM 模組的第 2 行上，但如果 R4=255 則重新將令 R4=#32。當輸出 32 個字元後則離開中斷副程式。

思考問題

a. 請設計一個應用程式可以顯示如下字碼在 LCM 模組上。

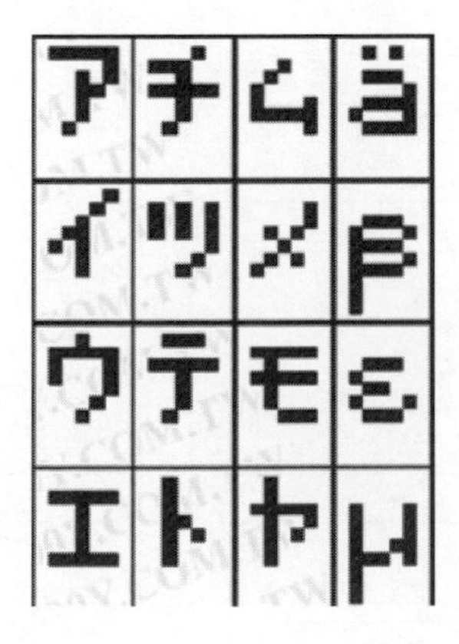

b. 參考上列範例程式，假如 PB0（P3.3）的按鈕防止彈跳有問題，請問程式如何修改？

c. 參考上列範例程式，再加入 PB1（P3.4）按鈕去控制 LCM 模組的顯示與否。

範例 4：自製圖型或文字顯示在 LCM 模組上

透過索引定址的方式在 LCM 模組上顯示出中文字「正修大學」，即採用 CGRAM 的方式。可是因為 LCM 模組只可顯示 8 個自定字元，因此一次只可以顯示一個中文字。所以本範例透過 PB0（P3.3）按鈕去控制一次只顯示一個中文字在指定位置上，如下圖所示，當四個中文字都顯示完畢後，即回到第一位置顯示第一個中文字。

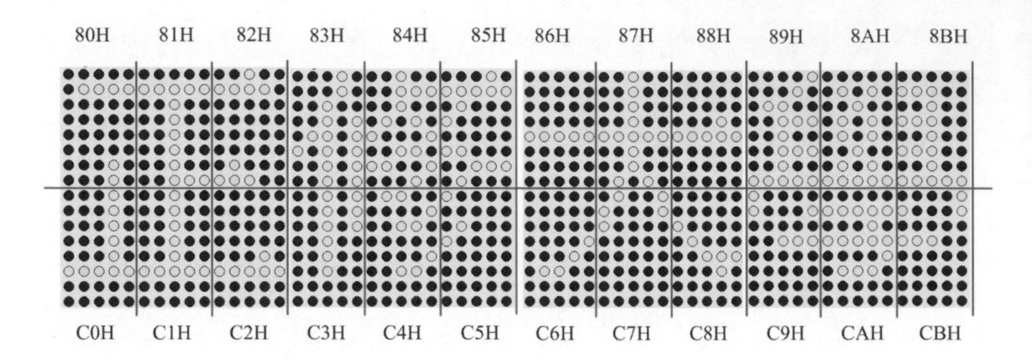
80H
81H
82H
83H
84H
85H
86H
87H
88H
89H
8AH
8BH
C0H
C1H
C2H
C3H
C4H
C5H
C6H
C7H
C8H
C9H
CAH
CBH

流程圖

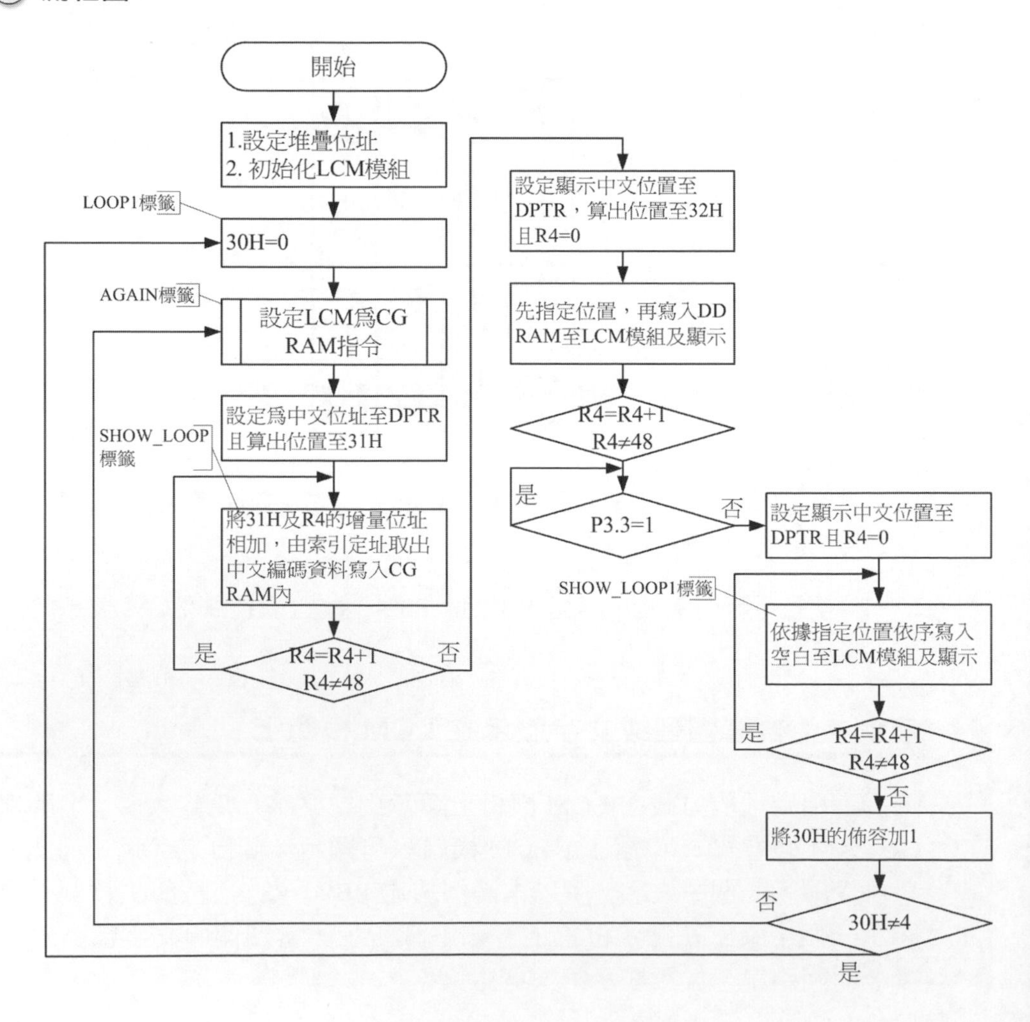
開始
1.設定堆疊位址
2. 初始化LCM模組
LOOP1標籤
30H=0
AGAIN標籤
設定LCM爲CG RAM指令
設定爲中文位址至DPTR 且算出位置至31H
SHOW_LOOP 標籤
將31H及R4的增量位址相加，由索引定址取出中文編碼資料寫入CG RAM內
是
R4=R4+1 R4≠48
否
設定顯示中文位置至DPTR，算出位置至32H 且R4=0
先指定位置，再寫入DD RAM至LCM模組及顯示
R4=R4+1 R4≠48
是
P3.3=1
否
設定顯示中文位置至DPTR且R4=0
SHOW_LOOP1標籤
依據指定位置依序寫入空白至LCM模組及顯示
是
R4=R4+1 R4≠48
否
將30H的佈容加1
否
30H≠4
是

 程式碼

範例 DM09_04.ASM 程式碼

```
1   ;特殊定義
2   LCD_BUS    EQU       P1                  ; LCD 輸出與控制端
3   LCD_LED    EQU       P1.7                ; LCD 背光
4   LCD_RW     EQU       P1.5                ; LCD 讀寫
5   LCD_RS     EQU       P1.4                ; LCD 模組暫存器選擇腳
6   LCD_E      EQU       P1.6                ; LCD 模組致能腳 ENABLE
7   ;
8           ORG    0000H                     ; MCS-51 程式起始點
9   ;================================================
10  MAIN:
11          MOV    SP, #60H
12          CLR    P2.4
13          ACALL DLY3
14          ACALL LCD_INIT                   ; LCD 模組初始化
15          ACALL DLY3
16  ;------MAIN CONTROL LOOP -------------------------
17  LOOP1:
18          MOV    30H,#00
19  ;===== WRITE DATA TO CG-RAM ===========
20  AGAIN:
21          MOV    A,#40H
22          ACALL WCOM
23          MOV    DPTR,#Chinese
24          MOV    B,30H
25          MOV    A,#48
26          MUL    AB
27          MOV    R4,#00
28          MOV    31H,A
29  LOOP:    ;WRITE TO
30          MOV    A,31H
31          ADD    A,R4
32          MOVC   A,@A+DPTR
33          ACALL WDATA
34          INC    R4
35          CJNE   R4,#48,LOOP
36  ;==== WRITE DATA TO DD-RAM FROM CG-RAM====
37          MOV    R4,#00
38          MOV    DPTR,#DD_RAM_POSITION
39          MOV    B,30H
40          MOV    A,#6
```

```
41          MUL   AB
42          MOV   32H,A
43  SHOW_LOOP:
44          MOV   A,32H
45          ADD   A,R4
46          MOVC  A,@A+DPTR
47          ACALL WCOM
48          MOV   A,R4
49          ACALL WDATA
50          INC   R4
51          CJNE  R4,#06, SHOW_LOOP
52          JB    P3.3,$
53          MOV   R4,#00
54          MOV   DPTR,#DD_RAM_POSITION
55          MOV   B,30H
56          MOV   A,#6
57          MUL   AB
58          MOV   32H,A
59  SHOW_LOOP1:
60          MOV   A,32H
61          ADD   A,R4
62          MOVC  A,@A+DPTR
53          ACALL WCOM
64          MOV   A,#32
65          ACALL WDATA
66          INC   R4
67          CJNE  R4,#06, SHOW_LOOP1
68          MOV   A,30H
69          INC   A
70          MOV   30H,A
71          CJNE  A,#4,AGAIN
72  ;
73          AJMP  LOOP1
74          RET
75  ;==================================================
76  ;※_LCD 模組初始化
77  ;==================================================
78  LCD_INIT:
79          CLR   LCD_E
80          MOV   LCD_BUS,#0A3H       ; (起動程序-01/)
81          ACALL LCD_EN
82          MOV   LCD_BUS,#0A3H       ; (起動程序-02/)
83          ACALL LCD_EN
```

```
84          MOV    LCD_BUS,#0A3H      ; (起動程序-03/)
85          ACALL  LCD_EN
86          MOV    LCD_BUS,#0A2H      ; (起動程序-04/)
87          ACALL  LCD_EN
88          MOV    A,#28H             ; (起動程序-05/)
89          ACALL  WCOM
90          MOV    A,#0CH             ; (起動程序-06/)
91          ACALL  WCOM
92          MOV    A,#06H             ; (起動程序-07/)
93          ACALL  WCOM
94          ACALL  CLR_LCD            ; (起動程序-08/) 清除目前全螢幕
95          RET
96    ;===============================================
97    ;※_SET LCD 致能
98    ;===============================================
99    LCD_EN:
100         CLR    LCD_RW
101         SETB   LCD_E              ; SET LCD_E = 1
102         ACALL  DLY0               ; 延時
103         CLR    LCD_E              ; SET LCD_E = 0
104         ACALL  DLY0               ; 延時
105         CLR    LCD_LED
106         RET
107   ;===============================================
108   ;※_Write-IR 暫存器_寫入指令暫存器函式
109   ;===============================================
110   WCOM:
111         MOV    R3,A
112         ANL    A,#00001111B
113         MOV    R2,A               ; 低四位元
114         MOV    A,R3
115         ANL    A,#11110000B
116         SWAP   A
117         MOV    R1,A               ; 高四位元
118   ;R1-輸出_將高四位元輸出到 Port-1
119         MOV    A,LCD_BUS
120         ANL    A,#11110000B
121         ORL    A,R1
122         MOV    LCD_BUS,A
123         CLR    LCD_RS             ; SET LCD_RS = 0
124         ACALL  LCD_EN             ; SET LCDM 致能腳 為 1 再轉為 0
125   ;R2-輸出_將低四位元輸出到 Port-1
126         MOV    A,LCD_BUS
```

```
127          ANL   A,#11110000B
128          ORL   A,R2
129          MOV   LCD_BUS,A
130          CLR   LCD_RS              ; SET LCD_RS = 0
131          ACALL LCD_EN              ; SET LCDM 致能腳 為 1 再轉為 0
132 ;
133          ACALL DLY1                ; 延時
134          RET
135 ;================================================
136 ;※_Write-DR 暫存器_寫入資料暫存器函式
137 ;================================================
138 WDATA:
139          MOV   R3,A                ; 資料轉移_R1 高四位元_R2 低四位元
140          ANL   A,#00001111B
141          MOV   R2,A                ; 低四位元
142          MOV   A,R3
143          ANL   A,#11110000B
144          SWAP  A
145          MOV   R1,A                ; 高四位元
146 ;R1-輸出_將高四位元輸出到 Port-1
147          MOV   A,LCD_BUS
148          ANL   A,#11110000B
149          ORL   A,R1
150          MOV   LCD_BUS,A
151          SETB  LCD_RS              ; SET LCD_RS = 1
152          ACALL LCD_EN              ; SET LCDM 致能腳 為 1 再轉為 0
153 ;R2-輸出_將低四位元輸出到 Port-1
154          MOV   A,LCD_BUS
155          ANL   A,#11110000B
156          ORL   A,R2
157          MOV   LCD_BUS,A
158          SETB  LCD_RS              ; SET LCD_RS = 1
159          ACALL LCD_EN              ; SET LCDM 致能腳 為 1 再轉為 0
160 ;
161          ACALL DLY1                ; 延時
162          RET
163 ;================================================
164 ;※_清除畫面
165 ;================================================
166 CLR_LCD:
167          MOV   A,#01H              ; 從 LCDM 第一行第一個位置開始消除
168          ACALL WCOM
169          RET
```

```
170 ;=================================================
171 ;※_DELAY
172 ;=================================================
173 ; 200us (基準)
174 DLY0:    MOV   R7,#97
175          DJNZ  R7,$
176          RET
177 ; 5ms
178 DLY1:    MOV   R6,#25
179 DL1:     ACALL DLY0
180          DJNZ  R6,DL1
181          RET
182 ; 40ms
183 DLY2:    MOV   R5,#8
184 DL2:     ACALL DLY1
185          DJNZ  R5,DL2
186          RET
187 ; 0.1s
188 DLY3:    MOV   R5,#20
189 DL3:     ACALL DLY1
190          DJNZ  R5,DL3
191          RET
192 ;
193 Chinese:
194 ;正
195          DB    00H,0FH,00H,00H,00H,00H,02H,02H
196          DB    00H,1FH,04H,04H,04H,04H,04H,07H
197          DB    04H,1CH,00H,00H,00H,00H,08H,1CH
198          DB    02H,02H,02H,02H,02H,1FH,00H,00H
199          DB    04H,04H,04H,04H,04H,1FH,00H,00H
201          DB    00H,00H,00H,00H,02H,1FH,00H,00H
202 ;修
203          DB    02H,02H,04H,05H,0DH,15H,05H,05H
204          DB    04H,07H,04H,0AH,11H,06H,19H,02H
205          DB    02H,1FH,08H,10H,00H,18H,07H,08H
206          DB    05H,05H,05H,04H,04H,04H,00H,00H
207          DB    0CH,01H,06H,00H,01H,06H,00H,00H
208          DB    10H,00H,08H,10H,00H,00H,00H,00H
209 ;大
210          DB    00H,00H,00H,00H,1FH,00H,00H,00H
211          DB    04H,04H,04H,04H,1FH,04H,04H,0AH
212          DB    00H,00H,00H,02H,1FH,00H,00H,00H
213          DB    00H,00H,00H,01H,02H,0CH,00H,00H
```

```
214          DB     09H,11H,10H,00H,00H,00H,00H,00H
215          DB     00H,00H,10H,08H,07H,02H,00H,00H
216 ;學
217          DB     01H,02H,0CH,07H,04H,07H,04H,1FH
218          DB     00H,0AH,04H,0AH,0AH,04H,0AH,1FH
219          DB     00H,1CH,04H,1CH,04H,1CH,04H,1FH
220          DB     10H,11H,00H,07H,00H,00H,00H,00H
221          DB     00H,1FH,02H,1FH,01H,0EH,00H,00H
222          DB     01H,11H,00H,1CH,00H,00H,00H,00H
223 DD_RAM_POSITION:
224          DB     080H,081H,082H,0C0H,0C1H,0C2H
225          DB     083H,084H,085H,0C3H,0C4H,0C5H
226          DB     086H,087H,088H,0C6H,0C7H,0C8H
227          DB     089H,08AH,08BH,0C9H,0CAH,0CBH
228 ;
229          END
```

程式說明

1. 在第 8 至 15 行是設定程式的啟始位置與 P1 為 LCM 模組的控制介面，然後執行 LCM 模組的初始化程序。

2. 第 21 至 22 行設定 LCM 的第（7）個指令設定 CG RAM 定址為 0，第 23 行是令 DPTR=#CHINESE（中文字的啟始位址），第 24 至 28 是應用 31H=30H×#48 的方式計算出第 N 個中文字的啟始位址，且將計算的偏移量存入 31H 的位址中。

3. 一個中文字需要 6 個字元才可以顯示出，而一個自定字元有 8 個 CG RAM 位址，所以一個中文字要有 48 個 CG RAM 的資料輸入（如下圖所示）。因此，第 30 至 35 行至將第一個中文字的資料依序輸入至 CG RAM 的位址上。而第 37 至 42 行令 DPTR=DD_RAM_POSITION 的位均，且應用 32H=30H×6 的方式計算出 LCM 模組文字輸出位置的偏移量且存入 32H 位址內。然後在第 43 至 51 行應用 DD RAM 輸出的方式，根據 DD_RAM_POSITION 索引定址方式將 CG RAM 自定字元輸出至指定的方置上，依序是 080H, 081H, 082H, 0C0H, 0C1H, 0C2H（如下圖所示）。接著停在第 52 行等使用者按下 P3.3 的按鈕。

4. 當使用者按下 P3.3 按鈕，第 53 至 67 行應用前一程序方式，先將 LCM 模組的 080H, 081H, 082H, 0C0H, 0C1H, 0C2H 位置輸出空白。然後在第 68 至 70 行執行 30H=30H+1，且在第 71 行判斷 30H 的值是否等於 4，如果不等則跳至 AGAIN 標籤再顯示下個中文字，但是 30H=#4 則跳至 LOOP1 標籤重新輸出第 1 個中文字。

A. DD RAM位址	B. CG RAM位址		C. CG RAM的編碼
Character Code (DD RAM data)	CG RAM Address		Character Pattern (CG RAM data)
Hi 76543210 Lo	543	210	Hi 765 4 3 2 1 0 Lo
		000	xxx 1 1 1 1 0
		001	xxx 1 0 0 0 1
		010	xxx 1 0 0 0 1
0000x000	000	011	xxx 1 1 1 1 0
		100	xxx 1 0 1 0 0
		101	xxx 1 0 0 1 0
		110	xxx 1 0 0 0 1
		111	xxx 0 0 0 0 0
		000	xxx 1 0 0 0 1
		001	xxx 0 1 0 1 0
		010	xxx 1 1 1 1 1
0000x001	001	011	xxx 0 0 1 0 0
		100	xxx 1 1 1 1 1
		101	xxx 0 0 1 1 0
		110	xxx 0 0 1 0 0
		111	xxx 0 0 0 0 0
--------------	--------------		--------------------------------
		000	
		001	
		010	
0000x111	111	011	
		100	
		101	
		110	
		111	

思考問題

a. 如何在 LCM 上顯示如下圖之圖形？

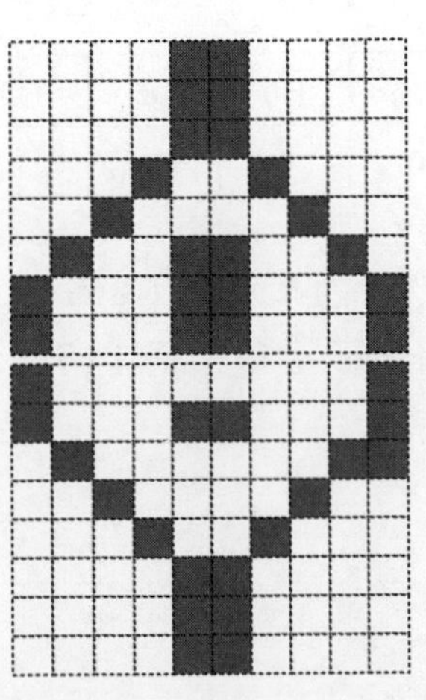

b. 如何在 LCM 上顯示城堡之圖形，如下圖所示。

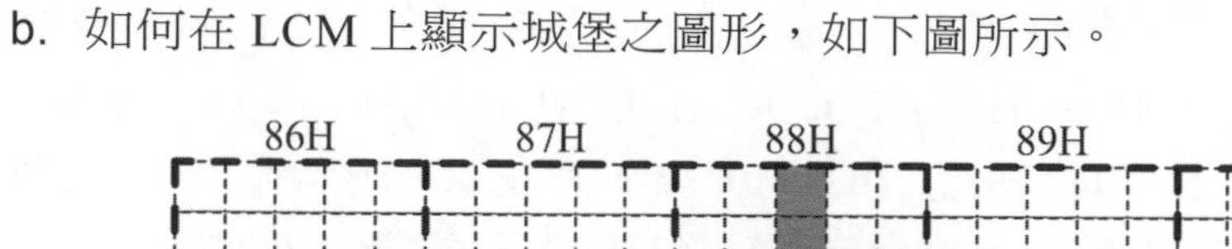

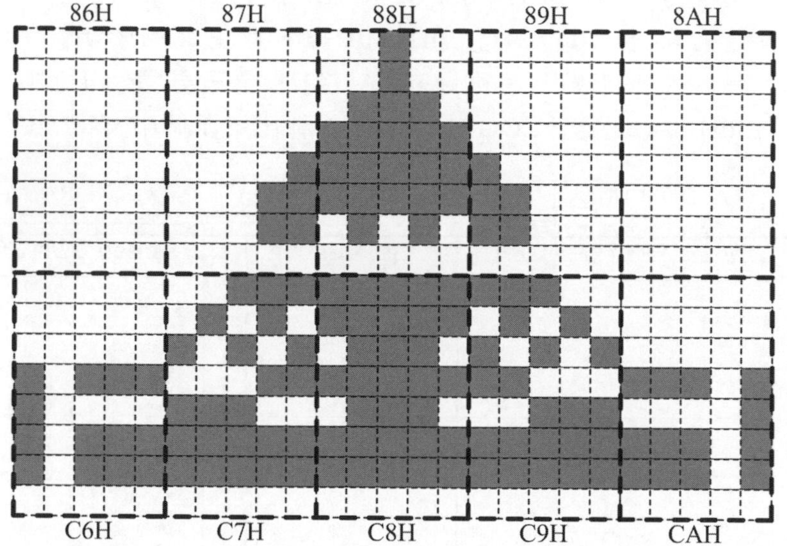

範例 5：LCM 模組上顯示文字的右移動控制

在 LCM 模組的第一排上顯示「www.csu.edu.tw」，且可以透過 PB0（P3.3）與 PB1（P3.4）按鈕去控制文字移動控制，文字移位控制動作如下：（1）當 PB0（P3.3）按鈕被按下 1 次則將字幕左移 1 位，（2）當 PB1（P3.4）按鈕被按下 1 次則將字幕右移 1 位。（提示，請參考設定移位方式命令）

RS	R/$\overline{W}$	D7	D6	D5	D4	D3	D2	D1	D0
0	0	0	0	0	1	S/C	R/L	×	×

(S/C, R/L)=(0,0)：游標左移，AC-1；(S/C, R/L)=(0,1)：游標右移，AC+1；(S/C, R/L)=(1,0)：整個顯示幕左移；(S/C, R/L)=(1,1)：整個顯示幕右移。

流程圖

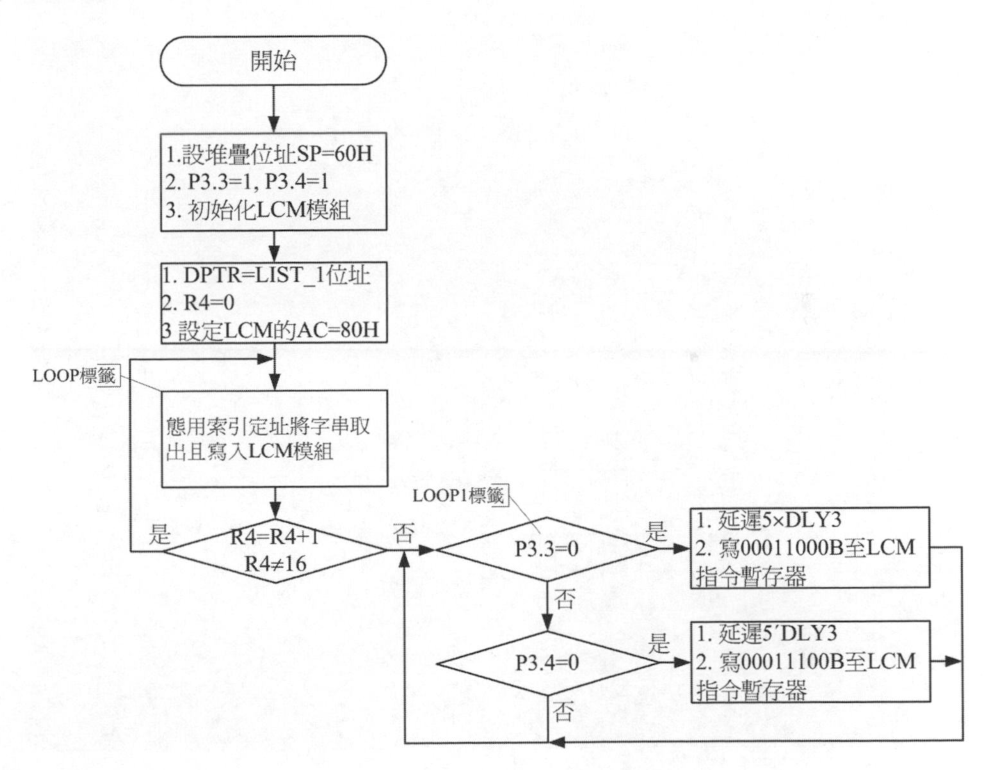

程式碼

範例 DM09_05.ASM 程式碼

```
1     ;特殊定義
2     LCD_BUS  EQU    P1                  ; LCD 輸出與控制端
3     LCD_LED  EQU    P1.7                ; LCD 背光
4     LCD_RW   EQU    P1.5                ; LCD 讀寫
5     LCD_RS   EQU    P1.4                ; LCD 模組暫存器選擇腳
6     LCD_E    EQU    P1.6                ; LCD 模組致能腳 ENABLE
7     ;
8              ORG    0000H               ; MCS-51 程式起始點
9     MAIN:
10             MOV    SP, #60H
11             SETB   P3.3
12             SETB   P3.4
13             CLR    P2.4
14             ACALL  DLY3
```

```
15          ACALL LCD_INIT          ; LCD 模組初始化
16          ACALL DLY3
17  ;-----------------------------------------------
18          MOV   R4,#0
19          MOV   DPTR,#LIST_1
20  ; === WRITE "Hello 89C51RD2" TO CG-RAM ===
21          MOV   A,#80H
22          ACALL WCOM
23  LOOP:
24          MOV   A,R4
25          MOVC  A,@A+DPTR
26          ACALL WDATA
27          INC   R4
28          CJNE  R4,#16,LOOP
29          MOV   R4,#0
30
31  ;----- LEFT AND RIGHT MOVING CONTROL ------------------
32  LOOP1:
33          JNB   P3.3,LEFT_MOVE
34          JNB   P3.4,RIGHT_MOVE
35          JMP   EXIT
36  LEFT_MOVE:
37          MOV   R4,#5
38  WAIT1:  ACALL DLY3
39          DJNZ  R4,WAIT1
40          MOV   A,#00011000B
41          ACALL WCOM
42          JMP   EXIT
43  RIGHT_MOVE:
44          MOV   R4,#5
45  WAIT2:  ACALL DLY3
46          DJNZ  R4,WAIT2
47          MOV   A,#00011100B
48          ACALL WCOM
49  EXIT:
50          JMP   LOOP1             ;
51
52  ;================================================
53  ;※_LCD 模組初始化
54  ;================================================
55  LCD_INIT:
56          CLR   LCD_E
57          MOV   LCD_BUS,#0A3H     ;(起動程序-01/)
```

```
58          ACALL LCD_EN
59          MOV   LCD_BUS,#0A3H      ;(起動程序-02/)
60          ACALL LCD_EN
61          MOV   LCD_BUS,#0A3H      ;(起動程序-03/)
62          ACALL LCD_EN
53          MOV   LCD_BUS,#0A2H      ;(起動程序-04/)
64          ACALL LCD_EN
65          MOV   A,#28H             ;(起動程序-05/)
66          ACALL WCOM
67          MOV   A,#0CH             ;(起動程序-06/)
68          ACALL WCOM
69          MOV   A,#06H             ;(起動程序-07/)
70          ACALL WCOM
71          ACALL CLR_LCD            ;(起動程序-08/) 清除目前全螢幕
72          RET
73  ;================================================
74  ;※_SET LCD 致能
75  ;================================================
76  LCD_EN:
77          CLR   LCD_RW
78          SETB  LCD_E              ; SET LCD_E = 1
79          ACALL DLY0               ; 延時
80          CLR   LCD_E              ; SET LCD_E = 0
81          ACALL DLY0               ; 延時
82          CLR   LCD_LED
83          RET
84  ;================================================
85  ;※_Write-IR 暫存器_寫入指令暫存器函式
86  ;================================================
87  WCOM:
88          MOV   R3,A
89          ANL   A,#00001111B
90          MOV   R2,A               ;低四位元
91          MOV   A,R3
92          ANL   A,#11110000B
93          SWAP  A
94          MOV   R1,A               ;高四位元
95  ;R1-輸出_將高四位元輸出到 Port-1
96          MOV   A,LCD_BUS
97          ANL   A,#11110000B
98          ORL   A,R1
99          MOV   LCD_BUS,A
100         CLR   LCD_RS             ; SET LCD_RS = 0
```

```
101          ACALL LCD_EN              ; SET LCDM 致能腳 為 1 再轉為 0
102 ;R2-輸出_將低四位元輸出到 Port-1
103          MOV   A,LCD_BUS
104          ANL   A,#11110000B
105          ORL   A,R2
106          MOV   LCD_BUS,A
107          CLR   LCD_RS              ; SET LCD_RS = 0
108          ACALL LCD_EN              ; SET LCDM 致能腳 為 1 再轉為 0
109 ;
110          ACALL DLY1                ; 延時
111          RET
112 ;================================================
113 ;※_Write-DR 暫存器_寫入資料暫存器函式
114 ;================================================
115 WDATA:
116          MOV   R3,A                ; 資料轉移_R1 高四位元_R2 低四位元
117          ANL   A,#00001111B
118          MOV   R2,A                ; 低四位元
119          MOV   A,R3
120          ANL   A,#11110000B
121          SWAP  A
122          MOV   R1,A                ; 高四位元
123 ;R1-輸出_將高四位元輸出到 Port-1
124          MOV   A,LCD_BUS
125          ANL   A,#11110000B
126          ORL   A,R1
127          MOV   LCD_BUS,A
128          SETB  LCD_RS              ; SET LCD_RS = 1
129          ACALL LCD_EN              ; SET LCDM 致能腳 為 1 再轉為 0
130 ;R2-輸出_將低四位元輸出到 Port-1
131          MOV   A,LCD_BUS
132          ANL   A,#11110000B
133          ORL   A,R2
134          MOV   LCD_BUS,A
135          SETB  LCD_RS              ; SET LCD_RS = 1
136          ACALL LCD_EN              ; SET LCDM 致能腳 為 1 再轉為 0
137 ;
138          ACALL DLY1                ; 延時
139          RET
140 ;================================================
141 ;※_清除畫面
142 ;================================================
143 CLR_LCD:
```

```
144          MOV    A,#01H              ; 從 LCDM 第一行第一個位置開始消除
145          ACALL  WCOM
146          RET
147 ;================================================
148 ;※_清除一行顯示
149 ;================================================
150 CLR_LINE:
151          MOV    R0,#16              ; 重複 16 次
152 CL1:     MOV    A,#' '              ; 輸入空白字元
153          ACALL  WDATA               ; 寫入空白字元至 LCDM
154          DJNZ   R0,CL1              ; 是否重複 16 次, R0 = 0
155          RET
156 ;================================================
157 ;※_DELAY
158 ;================================================
159 ; 200us (基準)
160 DLY0:    MOV    R7,#97
161          DJNZ   R7,$
162          RET
163 ; 5ms
164 DLY1:    MOV    R6,#25
165 DL1:     ACALL  DLY0
166          DJNZ   R6,DL1
167          RET
168 ; 40ms
169 DLY2:    MOV    R5,#8
170 DL2:     ACALL  DLY1
171          DJNZ   R5,DL2
172          RET
173 ; 0.1s
174 DLY3:    MOV    R5,#20
175 DL3:     ACALL  DLY1
176          DJNZ   R5,DL3
177          RET
178 ;
179 LIST_1:  ;0123456789ABCDEF;----- ---------; 比例尺
180          DB     "Hello 89C51RD2  ",0        ; 欲顯示字串 ,0 為結束碼
181 ;
182          END
```

程式說明

1. 在第 8 至 16 行，如同前面範例方式，設定 P3.3 及 P3.4 為輸入模式，P2.4=0 設定 P1 為 LCM 模組的控制介面，然後執行 LCM 模組的初始化程序。
2. 第 18 至 19 行令 R4=0 及 DPTR=LIST_1 的位址。第 21 至 22 行控制 LCM 模組的 AC 為第 1 行第 1 個位置。然後在第 23 至 28 行應用 LOOP 迴圈方式將 LIST_1 的字串輸出至 LCM 模組的第 1 行。再令 R4=0。
3. 在第 32 至 50 行是主程式的無窮迴圈，主要執行 P3.3 及 P3.4 的判斷去控制文字左移或是右移動作。當 P3.3 被按下則跳至第 36 行去執行，首先延遲一下再設定將 00011000B 寫至 LCM 模組的指令暫存器，設定文字是左移控制。可是當 P3.4 被按下則跳至第 43 行去執行，首先延遲一下，再設定將 00011100B 寫至 LCM 模組的指令暫存器，設定文字是右移控制。

思考問題

a. 參考上列範例程式，修改顯示文字為第一行為「Hello 89C51RD2」與第二行為「I love 8051」，請問執行時 LCM 模組的二行文字會同時移動嗎？

b. 參考上列範例程式，修改為只透過 PB0 按鈕去控制文字的左移動控制，程式執行初期計數值為 0，文字左移控制動作如下：（1）當 PB0 按鈕被按下 1 次且令計數值為 1，執行文字左移控制，（2）當 PB0 按鈕再次被按下時，令計數值歸 0 且文字移動停止。注意文字的移動速度為 1 秒移動 1 格，請利用計時器 0 模式 1 的中斷方式。

Chapter 9

問題與討論

1. 參考本章 LCM 模組的介面電路，說明 LCM 模組的背光控制方式。

2. 試說明 LCM 模組的初始化步驟。

3. 除了使用索引定指法與直接顯示的方式外，請嘗試使用記憶體間接定址方式來顯示字串或數字在 LCM 模組上。

4. 請建立八個 TABLE 表，並使用指撥開關來改變 LCM 每次顯示的畫面。動作要求如下：（1）SW0 為低電位時，顯示 TABLE_1,（2）SW1 為低電位時，顯示 TABLE_2, ... 依此類推。TABLE_1 為「Welcome ...」，其它內容自定。

5. 請利用微控制器設計 3 個 3 位數的十進制計數器，其觸發訊號分別來自 PB0~2（P3.3~P3.5）。LCM 模組的顯示要求如下圖所示。

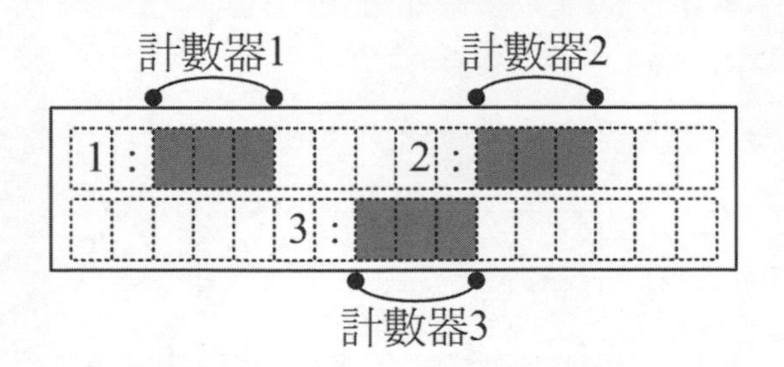

6. 參考習題 5，請將功能要求修改為下數計數器。

7. 參考上列範例 5，修改為只透過 PB0 按鈕去控制文字的左右移動，程式執行初期計數值為 0 且文字移動停止。文字左右移控制動作要求如下：（1）當 PB0 按鈕被按下 1 次且令計數值為 1，執行文字右移控制；（2）當 PB0 按鈕再次被按下，令計數值為 2 且文字左移控制；（3）當 PB0 按鈕再次被按下，令計數值歸 0 且文字移動停止。注意文字的移動速度為 1 秒移動 1 格，請利用計時器 0 模式 1 的中斷方式。

chapter

10 類比至數位轉換之應用

本章主要介紹單晶片與類比至數位轉換的整合應用。而所謂類比至數位轉換（Analog to Digital Converter，ADC）是將輸入的類比信號轉換成為數位信號，而輸入的信號可以是感測器（Sensor）或是轉換器（Transducer）所輸出的信號，而經過類比至數位轉換後的數位信號可以提供給單晶片做為後續處理應用，常見的有溫度、電壓、壓力、光度…等量測或是控制應用。

本章學習重點

- 類比至數位轉換原理
- 類比至數位轉換元件 ADC0804 介紹
- 單晶片與類比至數位轉換電路設計
- 範例程式設計與應用
- 問題與討論

10-1 類比至數位轉換原理

本章節所使用的類比轉數位元件為 ADC0804 ，而 ADC0804 是一個 8 位元 A/D 轉換器且適用於單晶片的 CMOS 邏輯組件，可與單晶片直接相接。其精度為 8 位元的類比至數位（A/D）轉換器，其輸入範圍為 0~5V，並以 8 位元的二進制輸出轉換結果，零刻度就是 0V，滿刻度就是+5V，而 8 位元意指從零刻度到滿刻度共有 255 階，所以每一階是（ +5V - 0V ）/ 255 = 19.53mV。而本章則使用 10kΩ的可變電阻當作感測器來應用，利用可變電阻的阻抗變化來改變輸入至 ADC 的電壓，來模擬 ADC 讀取感測器的狀況。以下為 ADC0804 相關資料：

1. ADC0804 的規格
   - 8 位元 COMS 連續近似的 A/D 轉換器
   - 三態鎖定輸出
   - 存取時間 135 μs
   - 解析度 8 位元
   - 轉換時間 100 μs
   - 總誤差 ± 1 LSB
2. ADC0804 的接腳說明：元件外觀如圖 10-1 所示。

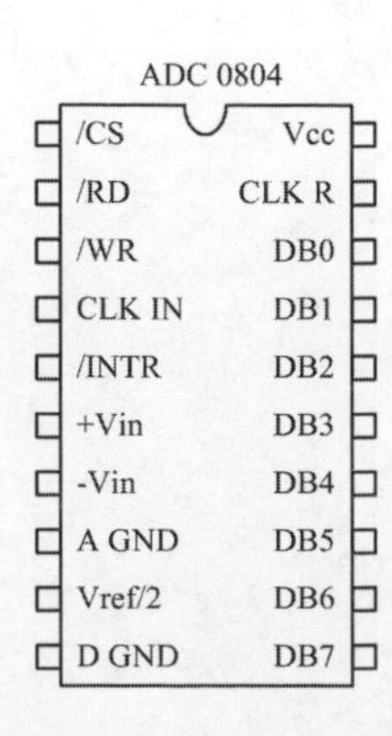

圖 10-1 ADC0804 元件外觀

接腳	說明
$\overline{CS}$	晶片致能腳。若$\overline{CS}$=0，則 ADC0804 動作；若$\overline{CS}$=0，則 ADC0804 不動作，輸出資料接腳 DB0~DB7 呈現高阻抗狀態。
$\overline{RD}$	資料讀取接腳，此為低態動作接腳。$\overline{RD}$=HI 時 DB0~DB7 處於高阻抗，$\overline{RD}$=LOW 則為數位資料輸出。
$\overline{WR}$	啟動轉換的控制腳。當 ADC 轉換開始（$\overline{CS}$=0 時），$\overline{WR}$由 HI 變 LOW 時，則轉換器被清除，當$\overline{WR}$恢復到 HI 時，轉換正式開始。
CLK IN	ADC 工作頻率輸入腳，若接振盪元件則頻率限制在 100~1460KHz，若使用 RC 電路則其振盪頻率為 f=1 /(1.1RC)。
CLKR	時鐘脈波輸出接腳。
$\overline{INTR}$	中斷請求訊號輸出，低準位動作。若$\overline{INTR}$=0，表示 ADC0804 已完成類比-數位轉換動作，而此信號常被用來通知微處理器，請求中斷而前來提取數位資料。
+Vin/-Vin	差動類比電壓輸入。輸入單向正電壓時，-Vin 接地。而差動輸入時，直接加入+Vin / -Vin。
AGND	類比訊號接地接腳。
DGND	數位信號接地接腳。
Vref/2	輔助參考電壓。
DB0~DB7	8 位元的數位輸出腳位。
VCC	電源供應及作為電路的參考電壓

3. ADC0804 之操作時序如下圖所示：

   圖 10-2 及 10-3 為 ADC0804 使用手冊的資料轉換程序。為使 ADC 動作，首先將$\overline{CS}$拉為低電位（low），接著送出一個寬度大於 100ns 之低態脈波至$\overline{WR}$，通知 ADC 進行轉換。待轉換完成，$\overline{INTR}$中斷要求訊號被拉為低電位，通知外界進行讀取，如圖 10-2 所示。當外界裝置收到$\overline{INTR}$低電位後，必須將$\overline{RD}$腳降為低電位，此時 ADC0804 會將$\overline{INTR}$自動回復為高電位，然後 ADC0804 會將類比資料轉換完成的數位資料輸出至 DB0~DB7 上以供讀取，如圖 10-3 所示。此時 ADC0804 具有將資料栓鎖在 DB0~DB7 的功能，可是當$\overline{RD}$為高電位時，DB0~DB7 即會馬上轉為高阻抗訊號。

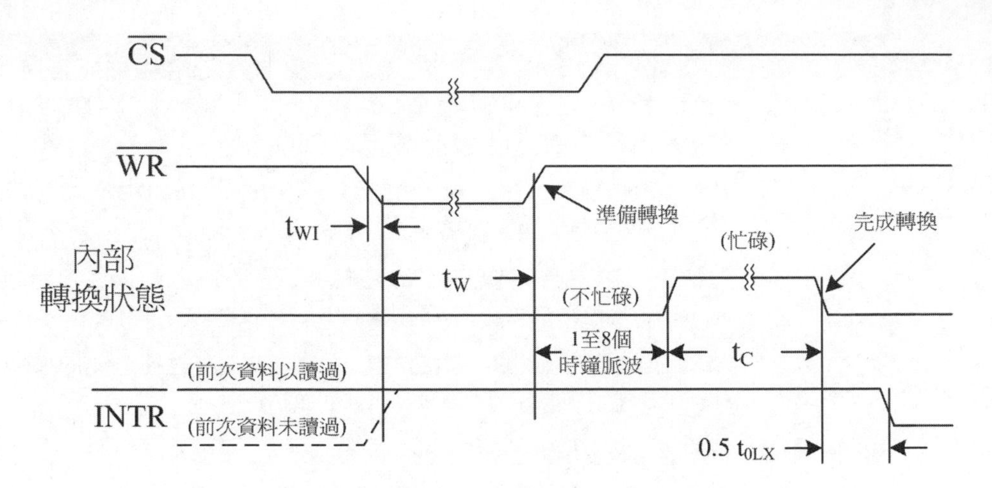

圖 10-2 ADC0804 資料轉換時序圖

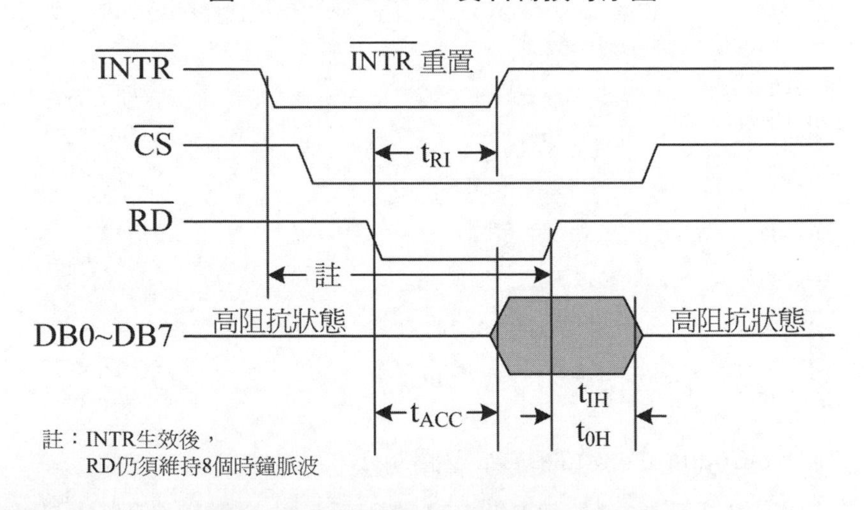

圖 10-3 ADC0804 資料讀取時序圖

4. 操作方式

根據 ADC0804 操作時序，ADC0804 之操作方式可區分為連續轉換與交握式轉換模式，功能說明如下：

- **連續轉換**：ADC0804 最簡單的操作方式，就是讓他不停地進行轉換，如圖 10-4 所示。$\overline{CS}$ 與 $\overline{RD}$ 接腳連接到接地端，再將 $\overline{INTR}$ 接腳連接到 $\overline{WR}$ 接腳，如此就可令 $\overline{INTR}$ 接腳輸出的完成轉換信號，成為

$\overline{WR}$ 接腳的開始轉換信號，迫使 ADC0804 進行連續類比至數位轉換工作。

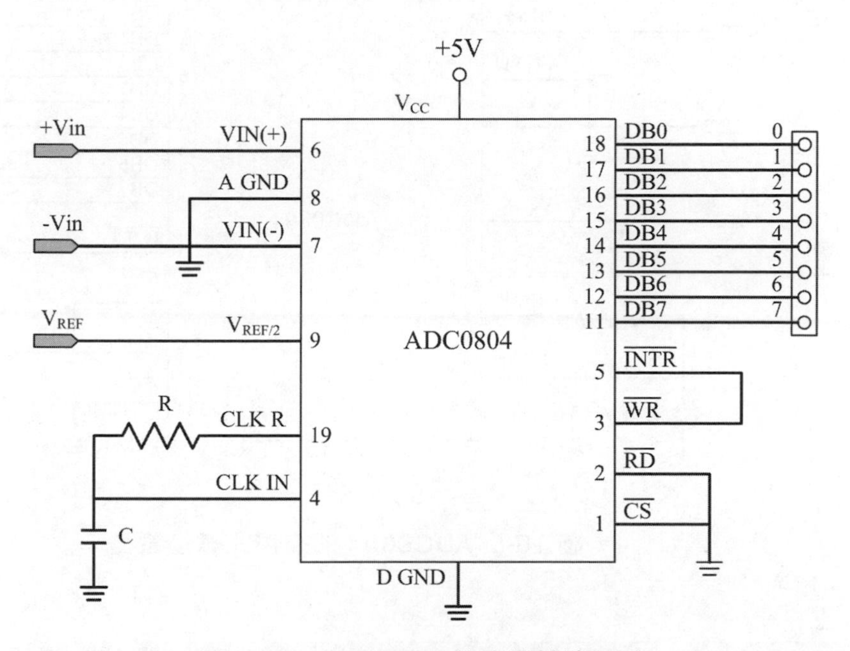

圖 10-4 ADC0804 的連續轉換電路

- **交握式轉換**：如圖 10-5 所示，將 $\overline{CS}$ 接腳接地、將 $\overline{WR}$ 與 $\overline{RD}$ 接腳連接到微處理器的輸出埠。若微處理器透過這個輸出埠輸出一個負脈波至 $\overline{WR}$，則 ADC0804 即可進行類比-數位轉換。當 ADC0804 完成轉換後，則由 $\overline{INTR}$ 接腳輸出一個低態的脈波，此信號稱為中斷請求訊號，若將這個信號連接到微處理器的輸入埠接腳，則該微處理器將可應用輪詢方式偵測得到 $\overline{INTR}$ 訊號，進行 ADC0804 數位資料的讀取；若將 $\overline{INTR}$ 信號連接到微處理器的外部中斷接腳，則該微處理器將執行中斷程式，進行 ADC0804 數位資料的讀取。

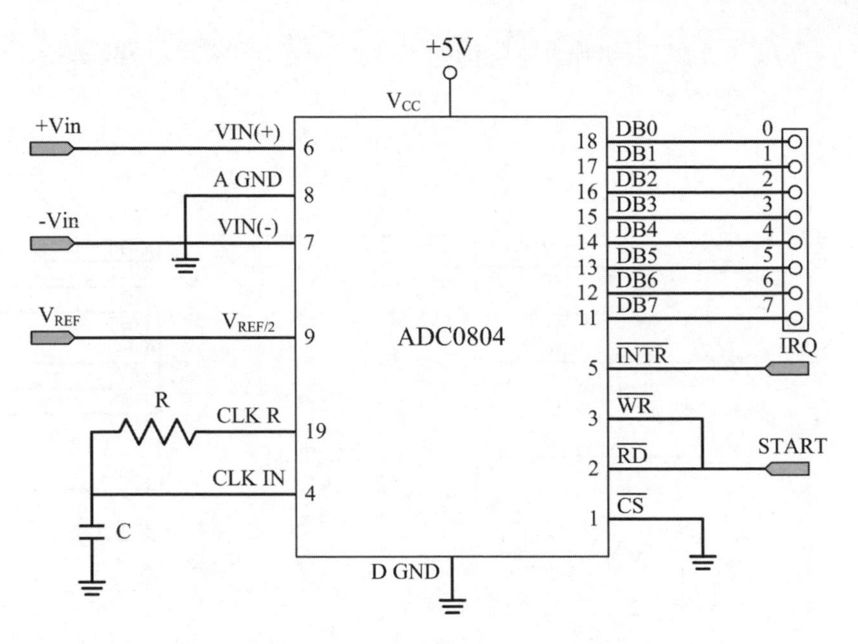

圖 10-5 ADC0804 的交握式轉換電路

10-2 實驗板與類比輸入相關電路

在本實習版上的類比轉數位電路如圖 10-6 所示，將 ADC0804 的 $\overline{WR}$ 接腳連接到 8051 的 $\overline{WR}$ 接腳（P3.6）、將 ADC0804 的 $\overline{RD}$ 接腳連接到 8051 的 $\overline{RD}$ 接腳（P3.7）、將 ADC0804 的 $\overline{INTR}$ 接腳連接到 8051 的 $\overline{INTR}$ 接腳（P3.2），而 DB0~DB7 連接到 8051 的 P0。然後採用外部資料記憶體存取方式，來進行 ADC0804 的交握式轉換控制與讀取，ADC0804 的工作頻率為 $f=1/(R_{17}C_{18})\approx 60.6\text{kHz}$，而資料的讀取是採用外部記憶體寫入與讀取應用方式。本電路 ADC0804 的 Vin(-)是 GND，Vin(+)可由 JP3 的跳線進行選擇，如果 2 及 3 短路時，類比輸入由可變電阻的變化，提供一個 0~5V 訊號；但是如果 2 及 1 短路，則類比輸入是由實驗板的 ADC0800 數位轉類比元件提供。此外，值得注意的是本電路 ADC0804 的 Vref/2 是 2.5V，因此類比輸入的範圍為 0~5V。詳細讀取程序說明如下：

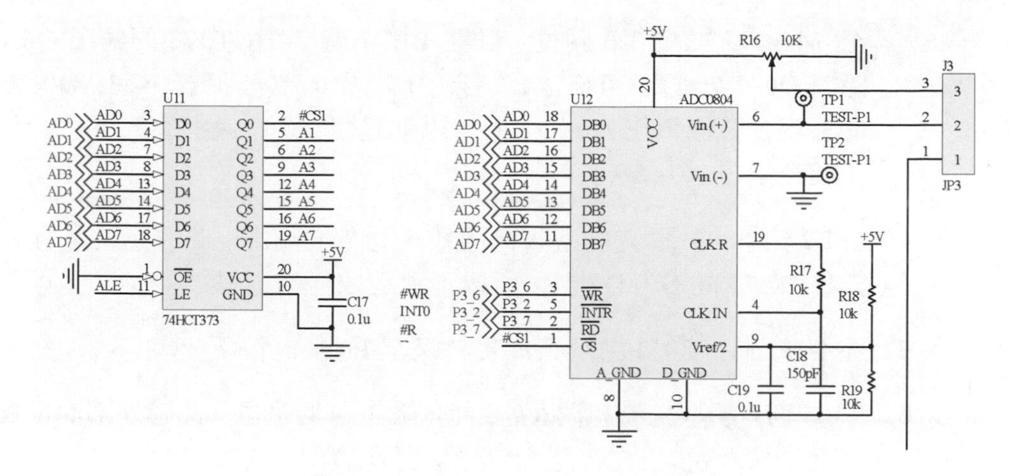

圖 10-6 實驗板的 ADC 介面電路

單晶片在讀寫外部資料記體會輸出記憶體位址與資料，再使用 ALE、$\overline{RD}$與$\overline{WR}$來完成讀寫。所使用的指令為 MOVX，而此指令又有分為 8 位元與 16 位元的定址方式。在 8 位元定址模式，輸出方式為 MOVX @Rn, A，而輸入為 MOVX A,@Rn，此兩種方式的@Rn 為外部記憶體的 8 位元位址，而 A 為輸出的 8 位元資料。但是在 16 位元定址模式，輸出方式的指令為 MOVX @DPTR, A，而輸入方式的指令為 MOVX A, @DPTR，其中 DPTR 為外部記憶體的 16 位元位址，而 A 為輸出的 8 位元資料。

在使用 MOVX 的讀與寫指令時，單晶片的 P0 與 P2 是作為位址匯流排與資料匯流排，P0 埠具有低 8 位元位址匯流排（A0~A7）與資料匯流（D0~D7）的多功模式，而 P2 是高 8 位元位址匯流排（A8~A15）的功能。如圖 10-7 所示的（MOVX @Rn, A）或是（MOVX @DPTR, A）為從晶片將資料寫至外部記憶體時序圖，步驟詳如下說明：

1. S1P2 時 ALE 升為高電位，進入寫入週期；
2. S2P1 時，CPU 將低 8 位元位址送至 P0 埠，將高 8 位元位址送至 P2 埠。
3. S2P2 時利用 ALE 訊號下降緣將 P0 埠上的低 8 位元位址栓鎖至 74HCT373 的 Q0~Q7 上，也就是電路圖的 A0~A7 上。因為 ALE 接至 74HCT373 的 LE 腳位，且在 LE=1 時 74HCT373 的輸出 Q0~Q7 隨著 D0~D7 變化，可是當 LE 腳由 1 降為 0 時(下降緣)，在 AD0~AD7 的資料會被栓鎖在 Q0~Q7 上，也就是將 P0 埠送出的低 8 位元位址訊號栓鎖在 A0~A7 上。

4. S3P2 時，P0 匯流排進入高阻抗。因為已經將 8 位元位址栓鎖在 74HCT373 的 Q0~Q7 上，所以不會造成任何影響。

5. 在 S3P2 時，8051 會寫入的資料送至 P0 匯流排上。

6. S4P1 時，讀取控制訊問 $\overline{WR}$ 致能，被拉為低電位。此時外部記憶體會將在 P0 匯流排上寫入至指定位址記憶體內。

7. 當 8051 晶片讀取週期完成時，$\overline{WR}$ 回復至高電位，此時 P0 埠又將進入高阻抗狀態。

同理，如圖 10-8 所示的（MOVX A, @Rn）或是（MOVX A,@DPTR）從外部記憶體讀取資料至晶片時序圖，步驟說明如下：

1. S1P2 時 ALE 升為高電位，進入讀取週期。

2. S2P1 時，CPU 將低 8 位元位址送至 P0 埠，將高 8 位元位址送至 P2 埠。

3. S2P2 時利用 ALE 訊號下降緣將 P0 埠上的低 8 位元位址栓鎖至 74HCT373 的 Q0~Q7 上，也就是電路圖的 A0~A7 上。因為 ALE 接至 74HCT373 的 LE 腳位，且在 LE=1 時 74HCT373 的輸出 Q0~Q7 隨著 D0~D7 變化，可是當 LE 腳由 1 降為 0 時(下降緣)，在 AD0~AD7 的資料會被栓鎖在 Q0~Q7 上，也就是將 P0 埠送出的低 8 位元位址訊號栓鎖在 A0~A7 上。

4. S3P2 時，P0 匯流排進入高阻抗。因為已經將 8 位元位址栓鎖在 74HCT373 的 Q0~Q7 上，所以不會造成任何影響。

5. S4P1 時，讀取控制訊問 $\overline{RD}$ 致能，被拉為低電位。

6. 經過一後時間後，被定址到的資料記憶體（或是裝置）會有效的將資料放在 P0 匯流排上，等待 8051 的讀取。

7. 當 8051 晶片讀取週期完成時，$\overline{RD}$ 回復至高電位，此時 P0 埠又將進入高阻抗狀態。

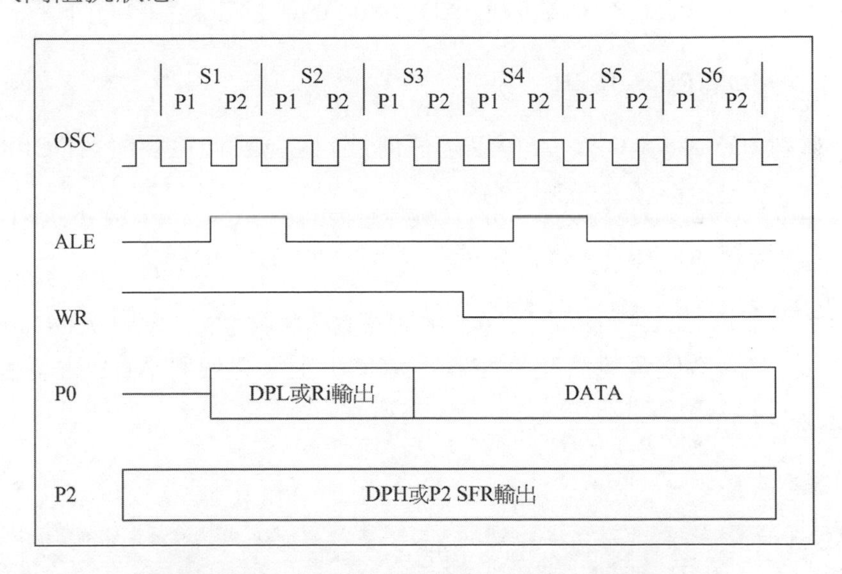

圖 10-7 外部資料記憶體之寫入時序圖

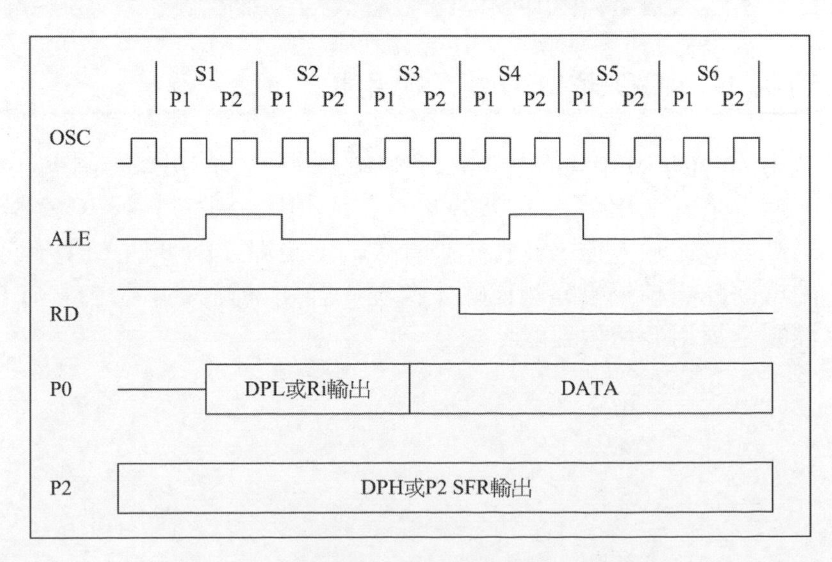

圖 10-8 外部資料記憶體之讀入時序圖

透過以上敘述的記憶體資料寫入與讀取方式，由本章的 8051 與 ADC0804 轉換介面電路設計，如圖 10-6 所示，只要 8051 位址匯流排的 A0 訊號為 Low，即可令 ADC0804 的晶片致能腳位 $\overline{CS}$ 為 Low，而致能 ADC0804 類比至數位轉換功能。在此，我們簡單設定實驗板上 ADC0804 的控制位址為#0FE。因此 8051 要讀取 ADC0804 的轉換資料程序如下：

1. MOV R0, #0FEH。
2. MOVX @R0, A。A 可以是任何值，因為我們只要將 ADC0804h 的 $\overline{CS}$ 準位拉至低電位即可。
3. 等待 ADC0804 轉換完成且送出 $\overline{INTR}$ 低電位訊號。
4. MOVX A, @R0。依據外部記憶體讀取程序，會將 ADC0804 轉換完成的數位資料放在累加器（ACC）上。只要將 ACC 搬至指定位置進行後續處理即可。

10-3 範例程式與討論

範例 1：ADC 與 LED 指示應用燈

利用 Jumper 將 JP3 的 Pin2 及 3 接腳短路，可由可變電阻 R16 控制 0~5V 的類比輸入電壓至 ADC0804 的 8 位元類比至數位轉換 IC。然後，設計程式擷取類比輸入值，並將結果直接輸出至埠 1 的 8 個 LED 指示燈上，可由燈號輸出結果觀察類比輸入情況，詳如下圖說明。注意，LED 的輸出控制是採用低電位致能。

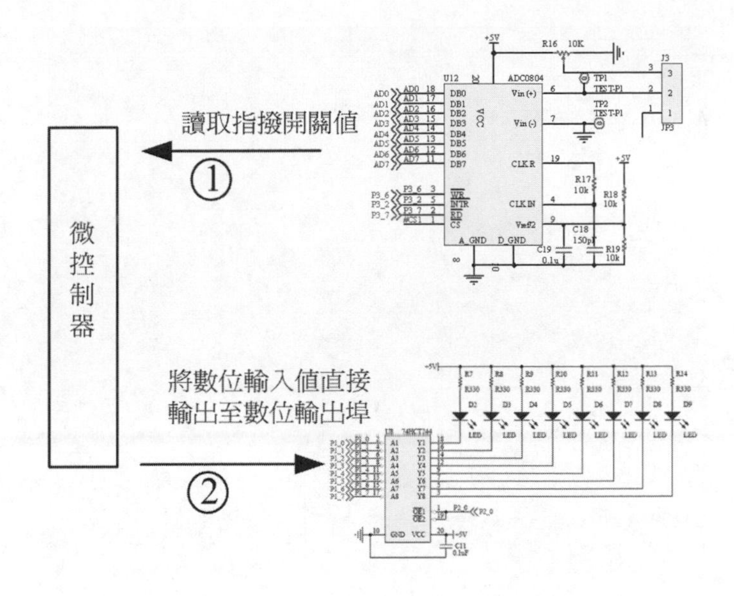
讀取指撥開關值
①
微控制器
將數位輸入值直接
輸出至數位輸出埠
②
ADC0804
74HCT244

流程圖

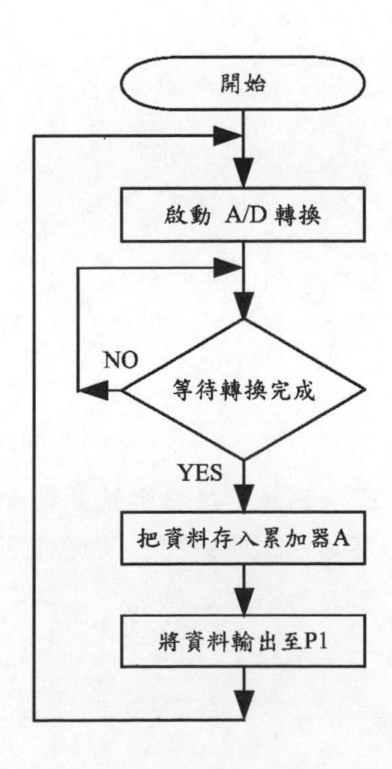
開始
啟動 A/D 轉換
NO
等待轉換完成
YES
把資料存入累加器A
將資料輸出至P1

程式碼

範例 DM10_01.ASM 程式碼

```
1   AUXR     EQU    8EH
2   ;
3            ORG    0000H
4            MOV    A,AUXR
5            ORL    A,#00000010B
6            MOV    AUXR,A
7   LOOP:    MOV    R0,#0FEH
8            MOV    A,#0FFH
9            MOVX   @R0,A
10           ACALL  DELAY
11  WAIT:    JB     P3.2,WAIT
12           MOVX   A,@R0
13  HOOP:    CLR    P2.0
14           MOV    P1,A
15           ACALL  DELAY
16           JMP    LOOP
17  ;
18  DELAY:   MOV    R1,#250
19  DEL:     MOV    R2,#200
20           DJNZ   R2,$
21           DJNZ   R1,DEL
22           RET
23  ;
24           END
```

程式說明

1. 第 1 行與第 4 行至第 6 行為設定輔助暫存器，讓單晶片可以使用外部擴充記憶體的方式來讀取與寫入記憶體資料。

AUXR - Auxiliary Register (8Eh)

7	6	5	4	3	2	1	0
DPU	-	M0	XRS2	XRS1	XRS0	EXTRAM	AO

AUXR 的位元 1 是 EXTRAM 可設定使用外部式是內部記憶體模式。XTRAM=0 是使用 AT89C51RD2 提供的外部擴充記憶體，且可以（XRS2, XRS1, XRS0）去設定記憶體大小。

XRS2	XRS1	XRS0	記憶體大小
0	0	0	256 位元
0	0	1	512 位元
0	1	0	768 位元
0	1	1	1024 位元
1	0	0	1792 位元

但是如果 EXTRAM=1，則是使用晶片外部擴充記憶體，因此本實驗系統是應用這個模式。

2. 第 7 行至第 9 行則是設定 ADC 轉換的數值，使用外擴記憶體的八位元形式 MOV @R0,A 的方式輸出，來啟動 ADC 模組開始轉換資料。注意，A 可以是任何值，本範例簡單設定 A=#0FFH。
3. 第 11 行是應用輪詢的方式，等待 P3.2($\overline{INT0}$)腳拉為低電位，表示 ADC0804 資料轉換完成訊號。在第 12 行應用 MOVX A,@R0 將 ADC0804 的備好資料讀取進入累加器 A 中。
4. 第 13 行開始則為致能 LED 控制介面（P2.0=0）為 P1 埠，並在第 14 行將累加器 A 的資料輸出至 P1 埠，就可以從 LED 模組上換算出 ADC 目前的讀值。注意，因為 LED 的控制是採用低電位致能，因此沒有點亮的 LED 控制點的合成才是類比輸入值。
5. 第 16 行跳至標籤 LOOP，重復執行類比輸入讀取及顯示工作。

思考問題

a. 擷取類比輸入資料時，除了應用 JNB 指令的流程控制外，是否還有其它方式？

b. 上列範例的類比輸入輪詢機制是採用輪詢機制，請修改為中斷模式。

範例 2：ADC 與 LED 指示應用（二）

參考範例 1，設計程式擷取類比輸入值，根據量測值去控制 LED 的輸出，滿足如下之狀態要求：（1）當結果小於 2V 時令 LED0(P1.0)點亮；（2）當量測值介於 2 及 4V 間時令 LED3(P1.3)；（3）當量測值大於 4V 間時令 LED7(P1.7)點亮。注意，LED 的輸出控制是採用低電位致能。

流程圖

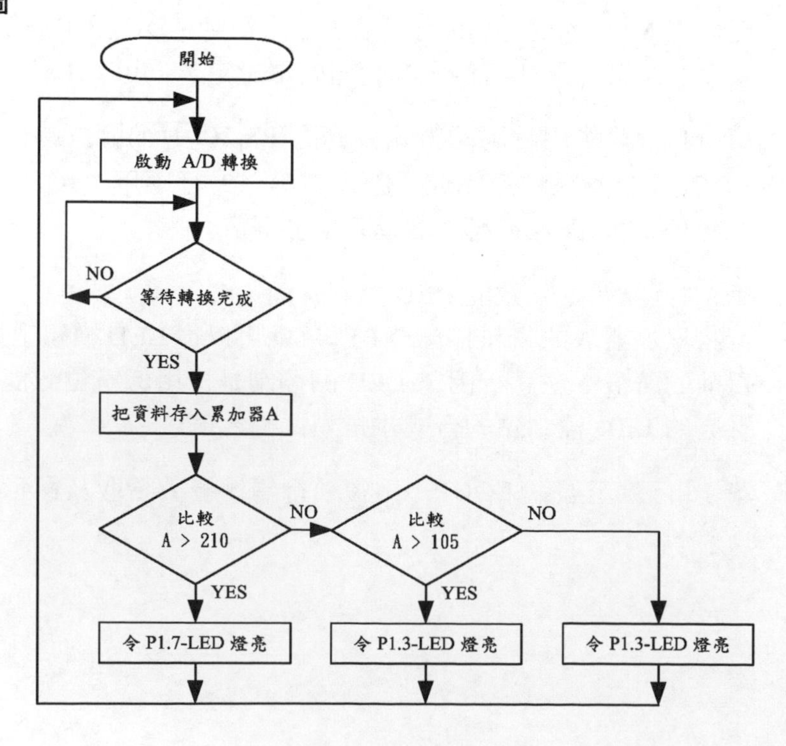

程式碼

範例 DM10_02.ASM 程式碼

```
1   AUXR     EQU    8EH
2   ;
3            ORG    0000H
4            MOV    A,AUXR
5            ORL    A,#00000010B
6            MOV    AUXR,A
7   LOOP:    MOV    R0,#0FEH
8            MOV    A,#0FFH
9            MOVX   @R0,A
10           ACALL  DELAY
11  WAIT:    JB     P3.2,WAIT
12           MOVX   A,@R0
13           MOV    B,A
14           CLR    P2.0
15           CLR    C
16           SUBB   A,#210
17           JNC    LARGE
18           MOV    A,B
19           CLR    C
20           SUBB   A,#105
21           JNC    MIDDLE
22  ;
23  SMALL:   MOV    P1,#11111110B
24           ACALL  DELAY
25           JMP    LOOP
26  ;
27  MIDDLE:  MOV    P1,#11111011B
28           ACALL  DELAY
29           JMP    LOOP
30  ;
31  LARGE:   MOV    P1,#01111111B
32           ACALL        DELAY
33           JMP    LOOP
34  ;
35  DELAY:   MOV    R1,#250
36  DEL:     MOV    R2,#200
37           DJNZ   R2,$
38           DJNZ   R1,DEL
39           RET
40  ;
41           END
```

程式說明

1. 第 1 行至第 12 行都與範例一相同，進行 AT89C51RD2 的記憶體模式設定及進行 ADC0804 的轉換與資料讀取程序。

2. 第 13 至 21 行是進行資料的判別，如果大於 210（4V）則跳至 LARGE 標籤處去執行，如果介於 210（4V）與 105（2V）間則跳至 MIDDLE 處的程式碼，否則執行指定的 SMALL 標籤的程式碼，如流程圖說明。因為 ADC0804 為一個 8 位元類比至數位轉換元件，所以被判斷數值必須轉換為八位元的二進位數值，0~5V 轉換為八位元方法如下：

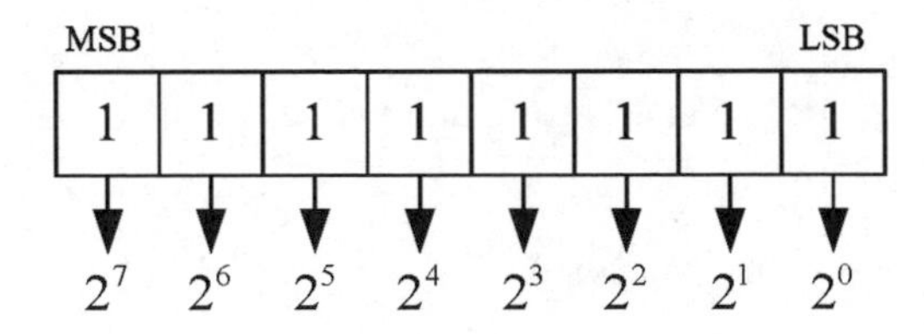

$(2^7\times1)+(2^6\times1)+(2^5\times1)+(2^4\times1)+(2^3\times1)+(2^2\times1)+(2^1\times1)+(2^0\times1)=255$ 類比至數位轉換的解析度為 $5V/255\approx0.019$。每進位一階則累增 0.019。0 代表 0V 而 255 代表 $4.845V\approx5V$。2V 換算後數位值為 $2/0.019\approx105$，而 2V 換算後數位值為 $4/0.019\approx210$。所以在程式中，就採用這兩個數值當作比較基準。

3. 第 13 行是將類比輸入值存入 B 累加器，在後段程式會應用到。而第 14 行（P2.0=0）是設定 P1 為 LED 的控制介面。

4. 第 15 行先清除進位旗標。（1）在第 16 行執行（A-210），如果進位旗標 C=0 則跳至 LARGE 標籤去點亮 LED7，再跳回 LOOP 標籤重複類比輸入判斷；（2）否則表示訊號小於 4V，在第 18 行將類比輸入值由 B 重新搬至 ACC 累加器，然後再執行（A-105）判斷是否大於 2V，如果此時 C=0 表示類比輸入介於 4V 及 2V 間，則跳至 MIDDLE 標籤去點亮 LED2，再跳回 LOOP 標籤重複類比輸入判斷；（3）否則表示類比輸入是小於 2V 的最後一種狀況，則執行 SMALL 標籤點亮 LED0，再跳回 LOOP 標籤重複類比輸入判斷。

思考問題

a. 參考上列範例程式，請將擷取類比輸入值根據如下要求去顯示結果：（1）當量測值小於 1V 時令 LED0（P1.0）點亮；（2）當量測值介於 1 及 2V 間時令 LED1（P1.1）點亮；（3）當量測值介於 2 及 3V 間時令 LED2（P1.2）點亮；（4）當量測值介於 3 及 4V 間時令 LED3（P1.3）點亮；（5）當量測值介大於 4 V 時令 LED4（P1.4）點亮。

範例 3：ADC 與七段顯示器應用（一）

參考範例 1，將類比輸入值的擷取 8 位元結果，轉換為 10 進制格式（0~255），並顯示在下圖所示指定的七段顯示器上。

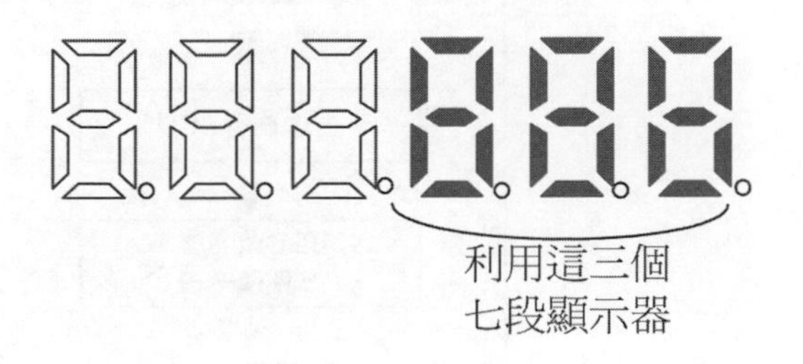

流程圖

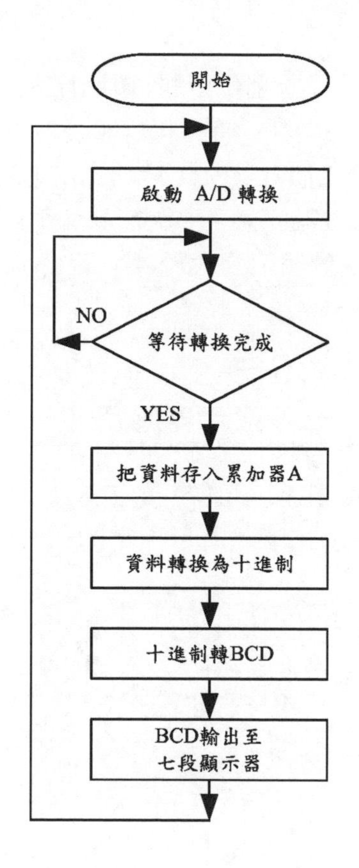

程式碼

範例 DM10_03.ASM 程式碼

```
1    AUXR     EQU   8EH
2    ;
3             ORG   0000H
4             MOV   A,AUXR
5             ORL   A,#00000010B
6             MOV   AUXR,A
7             MOV   SP,#70H
8    START:   MOV   R0,#0FEH
9             MOV   A,#0FFH
10            MOVX  @R0,A
11            ACALL DELAY
12   WAIT:    JB    P3.2,WAIT
13            MOVX  A,@R0
```

```
14          ACALL BIT_TO_DEC
15          ACALL BCD_ADJUST
16          ACALL SHOW
17          JMP   START
18  ;
19  BIT_TO_DEC:
20          CLR   C
21          MOV   R5,#00H
22          MOV   R4,#00H
23          MOV   R3,#08H
24  STEP_1: RLC   A
25          MOV   R2,A
26          MOV   A,R5
27          ADDC  A,R5
28          DA    A
29          MOV   R5,A
30          MOV   A,R4
31          ADDC  A,R4
32          MOV   R4,A
33          MOV   A,R2
34          DJNZ  R3,STEP_1
35          RET
36  ;
37  BCD_ADJUST:
38          MOV   A,R5
39          ANL   A,#0FH
40          ORL   A,#0F0H
41          MOV   R1,A
42          MOV   A,R5
43          SWAP  A
44          ANL   A,#0FH
45          ORL   A,#0F0H
46          MOV   R2,A
47          MOV   A,R4
48          ORL   A,#0F0H
49          MOV   R3,A
50          RET
51  ;
52  SHOW:   MOV   P2,#11110011B
53          MOV   P1,R1
54          MOV   P0,#11011111B
55          ACALL DELAY
56          MOV   P0,#11111111B
```

```
57            MOV   P1,R2
58            MOV   P0,#11101111B
59            ACALL DELAY
60            MOV   P0,#11111111B
61            MOV   P1,R3
62            MOV   P0,#11110111B
63            ACALL DELAY
64            MOV   P0,#11111111B
65            RET
66  ;
67  DELAY:    MOV   R6,#10
68  DEL:      MOV   R7,#200
69            DJNZ  R7,$
70            DJNZ  R6,DEL
71            RET
72  ;
73            END
```

程式說明

1. 程式開頭第 1 行至第 13 行與範例一相同，進行 AT89C51RD2 的記憶體模式設定及進行 ADC0804 的轉換與資料讀取程序，且在第 7 行設定堆疊暫存器 SP=70H。

2. 而 14 至第 16 行為呼叫副程式，第 14 行的 BIT_TO_DEC 副程式是執行將類比輸入的二進制資料轉換為十進制資料；第 15 行 BCD_ADJUST 副程式是執行將十進制的數值拆開，並且存入到指定暫存器中，以利後續顯示應用；第 16 行 SHOW 副程式是執行將前一個步驟的指定暫存器顯示在指定七段顯示格式上，而在第 17 行則是強制跳至 START 標籤，重複上述的動作。

3. 第 19 至 35 行為 BIT_TO_DEC 副程式。因為晶片讀取的類比輸入為一個八位元的二進制資料，單晶片的指令與組合語言並無提供數值轉換的功能，所以八位元的二進制轉換成十進制方式必須由使用者自行設計。本範例所使用的方法為運算累加法，使用指令 RLC 從 MSB 位元開始將位元右移至進位旗標，如下圖所示，左移八次後即可將八位元的二進制數值換算成十進制，但每次累加後都必須使用 DA 的指令做十進位的調整。原理如下步驟說明：

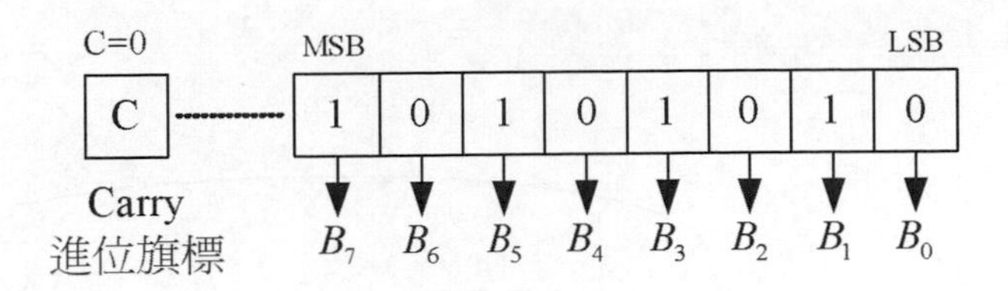

類比輸入

$= B_7 \times 2^7 + B_6 \times 2^6 + B_5 \times 2^5 + B_4 \times 2^4 + B_3 \times 2^3 + B_2 \times 2^2 + B_1 \times 2^1 + B_0 \times 2^0$

- 第 1 次左旋：

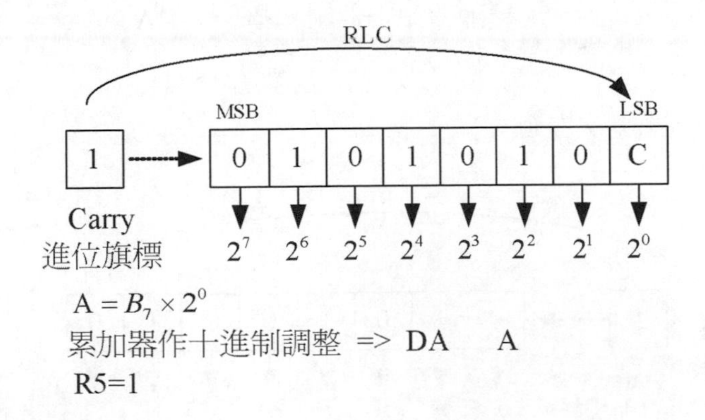

$A = B_7 \times 2^0$

累加器作十進制調整 => DA　A

R5=1

- 第 2 次左旋：

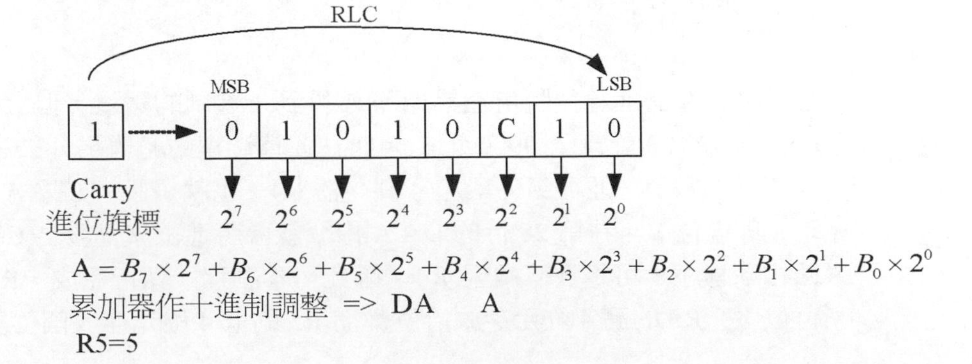

$A = B_7 \times 2^7 + B_6 \times 2^6 + B_5 \times 2^5 + B_4 \times 2^4 + B_3 \times 2^3 + B_2 \times 2^2 + B_1 \times 2^1 + B_0 \times 2^0$

累加器作十進制調整 => DA　A

R5=5

- 第 3 次左旋：

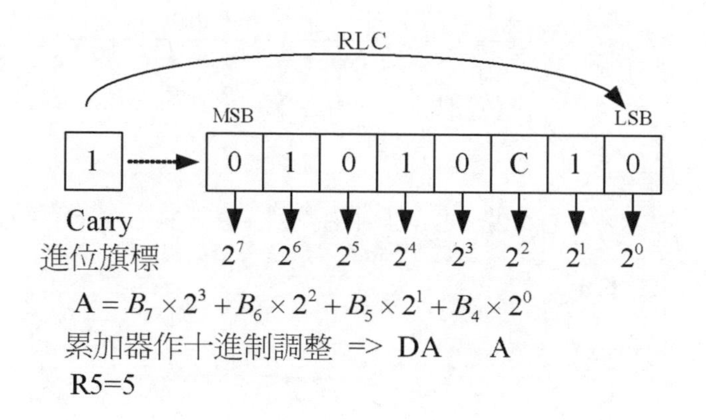

$A = B_7 \times 2^3 + B_6 \times 2^2 + B_5 \times 2^1 + B_4 \times 2^0$

累加器作十進制調整 => DA A

R5=5

- 第 8 次左旋：

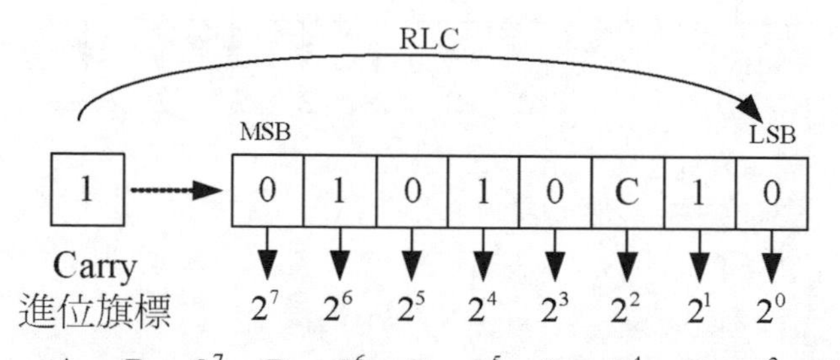

$A = B_7 \times 2^7 + B_6 \times 2^6 + B_5 \times 2^5 + B_4 \times 2^4 + B_3 \times 2^3 + B_2 \times 2^2 + B_1 \times 2^1 + B_0 \times 2^0$

累加器作十進制調整 => DA A

R5=5

經過 8 次左旋運算後將可在累加器 A 得到十進制的數值。但上述方式 R5 只能從 00 計算至 99 為止。因此在運算過程中必需另外去注意 99 進位後的數值，並再另外累加至暫存器 R4。也就是說，如果 A 為 100 時（即溢位），在第 28 行的 DA A 指令就會將進位旗標設為 C=1，依據相同程序，可將數轉換至 R4。因此，本副程式執行完成，R4 存放百位數，R5 的高 4 位元存放拾位數而 R5 的低 4 位元存放個位數。

4. 參考第七章的七段顯示器控制電路，可知我們只用到 P1.0~P1.3 送資料至 IC-7447，因此，我們必須再將上一步驟轉換後的資料再存轉存至（R2, R1, R0）=（百, 拾, 個）的格式，然後才可在下一步驟時，依序直接輸出即可。所以在第 37 至 50 行是 BCD_ADJUST 副程式，可將十進制的數值拆開，並且將個位、十位與百位數分別存入指定暫存器中。第 38 至 41 行只取 R5 的低 4 位元資料且存入 R1 暫存器。第 42 至 46 行只取 R5 的高 4 位元資料且存入 R2 暫存器。第 47 至 49 行只取 R4 的低 4 位元資料且存入 R3 暫存器。因為要透過 IC-7447 是用來控制七段顯示器的輸出，所以在數值顯示之前，需要將十進制的數值再轉換成 BCD 碼，才可以將資料送至 IC-7447 去控制七段顯示器顯示出類比輸入的十進制數值。

5. 第 52 至 62 行是將轉換後的 BCD 碼開始輸出至 IC-7447，並使用掃描的方式將十進制數值顯示在七段顯示器上。第 52 行令 P2=#11110011B 啟動 P1 埠是控制七段顯示器數值顯示，P0 埠是控制七段顯示器的致能功能，進行顯示掃描控制。第 53 行是輸出個位數至 P1 且在第 54 行致能最右邊七段顯示器，第 55 行是產生一段時間延遲的顯示，然後在第 56 行馬上關閉七段顯示器的顯示功能，避免影響後續的顯示功能。同理，57 至 60 與 61 至 64 行分別是輸出拾位與百位數的值至七段顯示器上。

思考問題

a. 上列範例採用類比輸入輪詢機制，請修改為中斷模式。

b. 參考上列範例程式，請直接將結果以 16 進制格式輸出至如下圖所示指定的七段顯示器上。

範例 4：ADC 與七段顯示器應用上（二）

參考範例 1，將類比輸入值的 8 位元轉換擷取結果，轉換對應至 0~5V 電壓的十進制格式，並將結果輸出至如下圖所示之指定七段顯示器上。注意，本範例採用索引定址的方式。

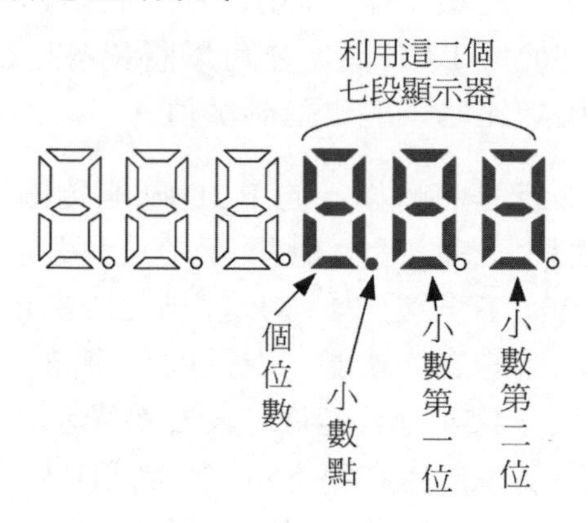

流程圖

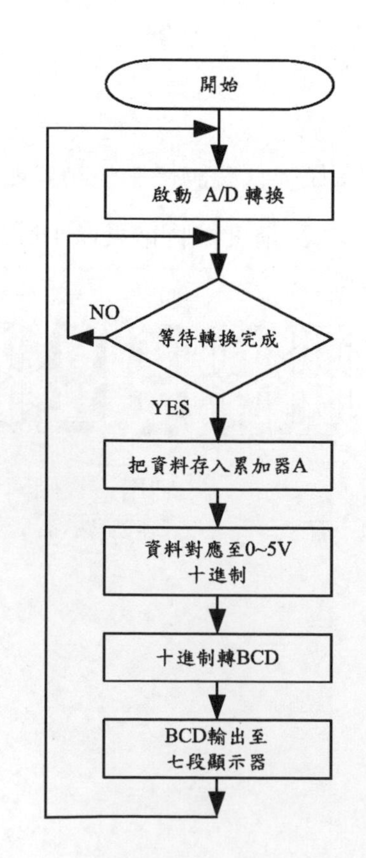

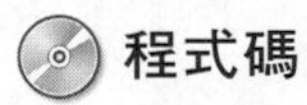

程式碼

範例 DM10_04.ASM 程式碼

```
1   AUXR     EQU    8EH
2   ;
3            ORG    0000H
4            MOV    A,AUXR
5            ORL    A,#00000010B
6            MOV    AUXR,A
7   LOOP:    MOV    R0,#0FEH
8            MOV    A,#0FFH
9            MOVX   @R0,A
10           CALL   DELAY
11  WAIT:    JB     P3.2,WAIT
12           MOVX   A,@R0
13           ACALL  Index_BIT_TO_BCD
14           ACALL  SHOW
15           JMP    LOOP
16  ;
17  Index_BIT_TO_BCD:
18           CLR    C
19           MOV    DPTR,#TABLE
20           MOV    R4,#0
21           MOV    R0,#03H
22           MOV    B,#3
23           MUL    AB
24           ADD    A,DPL
25           MOV    DPL,A
26           MOV    A,B
27           ADDC   A,DPH
28           MOV    DPH,A
29  AGAIN:
30           MOV    A,R4
31           MOVC   A,@A+DPTR
32           MOV    @R0,A
33           INC    R4
34           DJNZ   R0,AGAIN
35           RET
36  ;
37  SHOW:    MOV    P2,#11110011B
38           MOV    P1,R1
39           MOV    P0,#11011111B
40           CALL   DELAY
```

```
41              MOV    P1,R2
42              MOV    P0,#11101111B
43              CALL   DELAY
44              MOV    P1,R3
45              MOV    P0,#11110111B
46              CALL   DELAY
47              RET
48   ;
49   DELAY:     MOV    R6,#10
50   DL1:       MOV    R7,#200
51   DL2:       DJNZ   R7,DL2
52              DJNZ   R6,DL1
53              RET
54   ;
55   TABLE:     DB     0B0H,0F0H,0F0H ;0.00
56              DB     0B0H,0F0H,0F2H ;0.02
57              DB     0B0H,0F0H,0F4H ;0.04
58              DB     0B0H,0F0H,0F6H ;0.06
59              DB     0B0H,0F0H,0F8H ;0.08
60              DB     0B0H,0F1H,0F0H ;0.10


300             DB     0B4H,0F9H,0F0H ;4.90
301             DB     0B4H,0F9H,0F2H ;4.92
302             DB     0B4H,0F9H,0F4H ;4.94
303             DB     0B4H,0F9H,0F6H ;4.96
304             DB     0B4H,0F9H,0F8H ;4.98
305             DB     0B5H,0F0H,0F0H ;5.00
306             DB     0B5H,0F0H,0F0H ;5.02
307             DB     0B5H,0F0H,0F0H ;5.04
308             DB     0B5H,0F0H,0F0H ;5.06
309             DB     0B5H,0F0H,0F0H ;5.08
310             DB     0B5H,0F0H,0F0H ;5.10
311  ;
312             END
```

程式說明

1. 第 1 行至第 12 行與範例 1 相同，主要進行 AT89C51RD2 的記憶體模式設定及執行 ADC0804 的轉換與資料讀取程序。

2. 但是在 8 位元擷取資料轉換對應至 0~5V 電壓的十進制格式是採用索引定址方式。由於 0~255（8 位元類比輸入值）轉至 0~5V 的解析度為 5 V/256≈0.0195，因此本範例單簡假設數值轉換的解析度為 0.02。也就是說，當讀進數值為 1 則表示電壓值為 0.02；如果讀進數值為 2 則表示電壓值為 0.04，依此類推。因此根據如此的轉換原理，我們可以事先建立一個轉換資料表如下：

```
55  TABLE:   DB     0B0H,0F0H,0F0H ;0.00
56     DB     0B0H,0F0H,0F2H ;0.02
57     DB     0B0H,0F0H,0F4H ;0.04
58     DB     0B0H,0F0H,0F6H ;0.06
59     DB     0B0H,0F0H,0F8H ;0.08
60     DB     0B0H,0F1H,0F0H ;0.10


300    DB     0B4H,0F9H,0F0H ;4.90
301    DB     0B4H,0F9H,0F2H ;4.92
302    DB     0B4H,0F9H,0F4H ;4.94
303    DB     0B4H,0F9H,0F6H ;4.96
304    DB     0B4H,0F9H,0F8H ;4.98
305    DB     0B5H,0F0H,0F0H ;5.00
306    DB     0B5H,0F0H,0F0H ;5.02
307    DB     0B5H,0F0H,0F0H ;5.04
308    DB     0B5H,0F0H,0F0H ;5.06
309    DB     0B5H,0F0H,0F0H ;5.08
310    DB     0B5H,0F0H,0F0H ;5.10
311 ;
312    END
```

每一個電壓轉換值是由 3 個資料組合而成。例如第 56 行（0B0H,0F0H,0F2H）表示是 0.02 的電壓轉換值，第 1 個 0B0H=1011000B 的第 6 位為 0 是點亮小數點而低 4 位元是個位數值，第 2 個 0F0H 的高 4 位元是熄滅小數點而低 4 位元是小數點以下 1 位的值，第 3 個 0F2H 的高 4 位元是熄滅小數點而低 4 位元是小數點以下 2 位的值。因此，本範例設計 Index_BIT_TO_BCD 副程式，根據量測的類比值去表中查出相對應的電壓轉換值，主要是將 0~255 調整至對應的 0.00~5.00 電壓值。

3. 根據以上觀念，在第 17 至 35 行是 Index_BIT_TO_DEC 副程式。首先在第 28 及 29 行分別清除進位旗標及將資料位址存入 DPTR。由於每一個量測值是由 3 個資料組合而成，因此我們先將量測值 A 累積器乘上 3，如程式碼第 22 至 23 行，乘法結果高位元存在 B 累積器而低位元存在 A 累加器。接著，我們將這個組位資料表的偏移量加至原本資料表的位址（DPTR）中，即可以獲得相對應轉換資料的起始位址，如同程式碼第 24 至 28 行，注意先執行低位元（DPL+A->DPL）運算，再考慮進位旗標的高位元（DPH+B->DPH）運算。因為在第 37 至 47 行的 SHOW 副程式中，R3 是個位數、R2 是小數點以下 1 位的值與 R1 是小數點以下 2 位的值，所以在 Index_BIT_TO_BCD 副程式的初值設定中令 R0=3，因此在第 29 行至 34 行應用索引定址（第 31 行）與間接定址方式（第 32 行）中，我們可以將資料表中的第 0、1 及 2 偏移位址資料取出且分別存入暫存器 R3、R2 及 R1 中，也就是經由查表法直接取出相對應值且存入指定的暫存器中。

4. 在第 37 至 47 行的 SHOW 副程式應用七段顯示器的掃瞄顯示方式，可直接顯示出量測結果至指定顯示器上。

 思考問題

a. 參考上列範例程式，修改為將類比輸入結果放大 4 倍，並將結果輸出至如下圖所示之指定七段顯示器上。注意，請採用索引定址的方式。

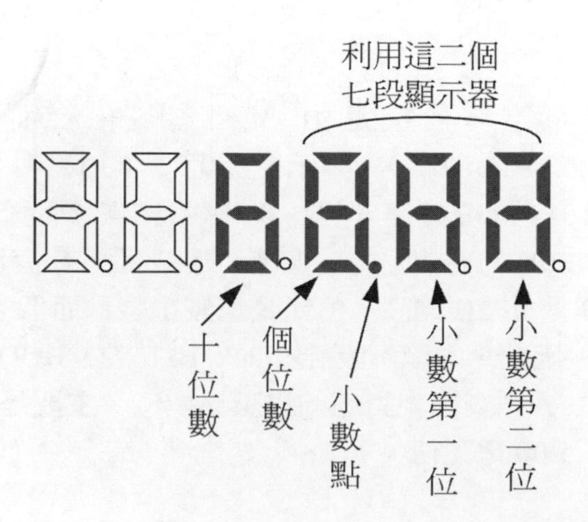

b. 上列範例的採用類比輸入輪詢機制，請修改為中斷模式。

c. 參考上列範例程式，請直接將結果以 10 進制格式輸出至如下圖所示指定的七段顯示器上。

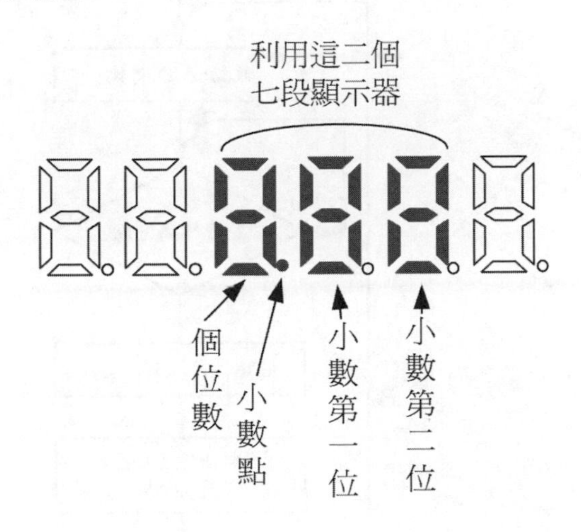

範例 5：ADC 與七段顯示器應用上（三）

參考範例 1，請將類比輸入值的 8 位元轉換擷取結果，然後資料轉換至對應的 0~5V 電壓的十進制格式，並將結果輸出至如下圖所示之指定七段顯示器上。注意，本範例使用數學運算的方式。

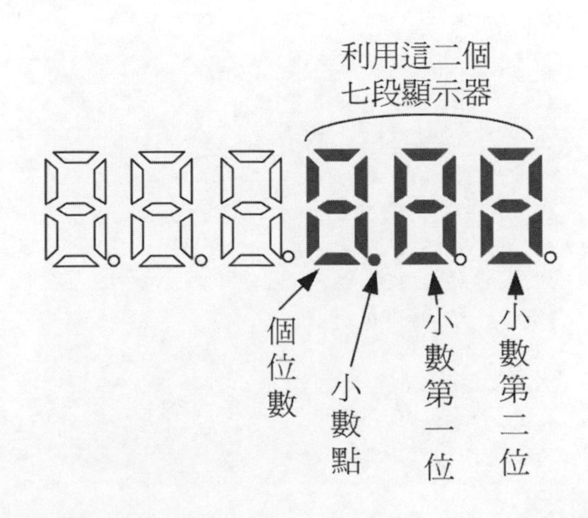

流程圖

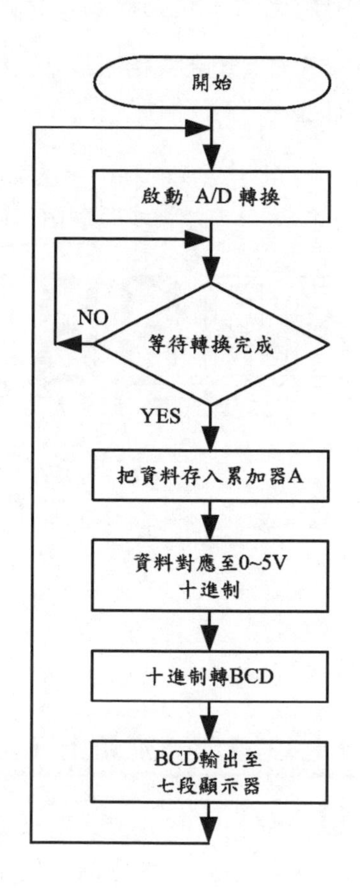

程式碼

範例 DM10_05.ASM 程式碼

```
1    AUXR     EQU    8EH
2    ;
3             ORG    0000H
4             MOV    A,AUXR
5             ORL    A,#00000010B
6             MOV    AUXR,A
7             MOV    SP,#70H
8    START:   MOV    R0,#0FEH
9             MOV    A,#0FFH
10            MOVX   @R0,A
11            CALL   DELAY
12   WAIT:    JB     P3.2,WAIT
```

```
13          MOVX   A,@R0
14          ACALL         M_BIT_TO_DEC
15          ACALL         BCD_ADJUST
16          ACALL  SHOW
17          ACALL  DELAY
18          JMP    START
19  ;
20  M_BIT_TO_DEC:
21          CLR    C
22          MOV    R7,#01H        ;加權的倍率設定(N-1)
23          MOV    R5,#00H
24          MOV    R4,#00H
25          MOV    R3,#08H
26  STEP_1: RLC    A
27          MOV    R2,A
28          MOV    A,R5
29          ADDC   A,R5
30          DA     A
31          MOV    R5,A
32          MOV    A,R4
33          ADDC   A,R4
34          MOV    R4,A
35          MOV    A,R2
36          DJNZ   R3,STEP_1
37  STEP_2: MOV    A,R5
38          ADD    A,R5
39          DA     A
40          MOV    R5,A
41          MOV    A,R4
42          ADDC   A,R4
43          DA     A
44          MOV    R4,A
45          DJNZ   R7,STEP_2
46          RET
47  ;
48  BCD_ADJUST:
49          MOV    A,R5
50          ANL    A,#0FH
51          ORL    A,#0F0H
52          MOV    R1,A
53          MOV    A,R5
54          SWAP   A
55          ANL    A,#0FH
```

```
56           ORL    A,#0F0H
57           MO     R2,A
58           MOV    A,R4
59           ORL    A,#0B0H
60           MOV    R3,A
61           RET
62  ;
63  SHOW:    MOV    P2,#11110011B
64           MOV    P1,R1
65           MOV    P0,#01011111B
66           ACALL  DELAY
67           MOV    P0,#11111111B
68           MOV    P1,R2
69           MOV    P0,#11101111B
70           ACALL  DELAY
71           MOV    P0,#11111111B
72           MOV    P1,R3
73           MOV    P0,#11110111B
74           ACALL  DELAY
75           MOV    P0,#11111111B
76           RET
77  ;
78  DELAY:   MOV    R6,#10
79  DEL:     MOV    R7,#200
80           DJNZ   R7,$
81           DJNZ   R6,DEL
82           RET
83  ;
84           END
```

程式說明

1. 本範例與範例 DM10_03 幾乎相同，唯獨不同為二進制轉十進制的程式中，多了一個加權的程式區段，主要是為了把 0~255 調整至對應 0.00~5.00。整體程式說明可參考範例三，但在本範例將只說明具有加權設定的二進制轉十進制的程式，說明如下。

2. 第 20 至 46 行為具有加權設定的二進制轉十進制 M_BIT_TO_DEC 副程式。本副程式主要可分成 2 個部份：二進制轉十進制設定（第 26 至 36 行）及加權運算設計（第 37 至 40 行）。

- 首先在第 26 至 36 行的「二進制轉十進制」程式設計如同範例 3 的 BIT_TO_DEC 副程式方式，主要應用八次的左移與 DA 指令運算後即可將八位元的二進制數值換算成十進制數值。此部份程式執行完成後，R4 存放百位數、R5 的高 4 位元存放拾位數、R5 的低 4 位元存放個位數。

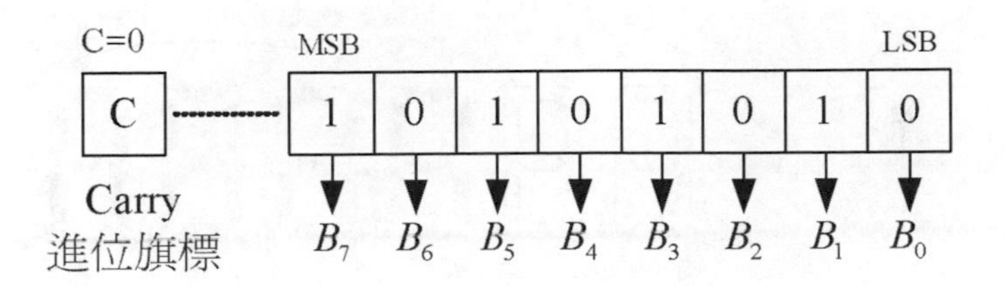

類比輸入
$=B_7\times2^7+B_6\times2^6+B_5\times2^5+B_4\times2^4+B_3\times2^3+B_2\times2^2+B_1\times2^1+B_0\times2^0$

- 在第 37 至 40 行的「加權運算設計」。由於 0~255（8 位元類比輸入值）轉至 0~5V 的解析度為 5 V/256≈0.0195。因為單晶片無小數點運算，所以我們將此解析度放大 100 倍且取整數值後為 2。因此，只要將上一步的 0~255 的十進制資料再放大 2 倍即可，所以設定 R7=1，因此在第 37 至 40 行只是執行 R5=R5+R5 及 R4=R4+R4 的運算，但是在過程中考慮進位及 DA 指令的應用。注意如果要將數值轉換至 0~10V，只要令 R7=2 即可設定為 4 倍率設定，而其它倍率設定則可依此類推設計。

3. 在第 63 至 76 行的 SHOW 副程式設計是完全如同範例 3，只是我們修改一下 R1 的顯示，令 P0=01011111B 點亮相對應七段顯示器的小數點。

思考問題

a. 參考上列範例程式，修改為將類比輸入結果放大 4 倍，並以 10 進制格式輸出至如下圖所示指定的七段顯示器上。

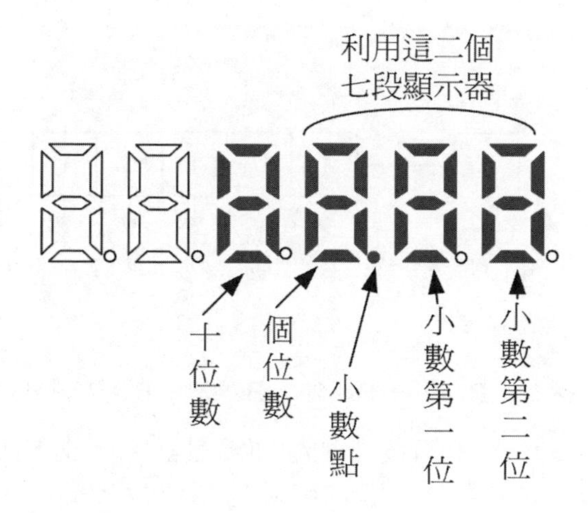

b. 參考上列範例程式，請直接將結果以 10 進制格式輸出至如下圖所示指定的七段顯示器上。

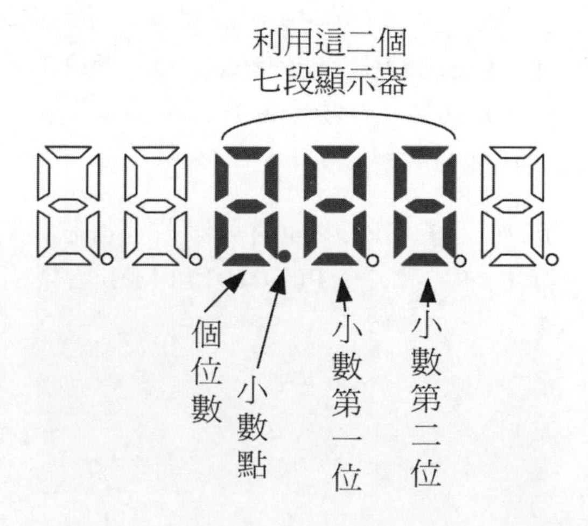

c. 上列範例的採用類比輸入輪詢機制，請修改為中斷模式。

範例 6：ADC 與 LCM 模組應用（一）

參考範例 1，將類比輸入值的擷取 8 位元結果，轉換為 10 進制格式（0~255）輸出至如下圖所示指定的 LCM 模組上。

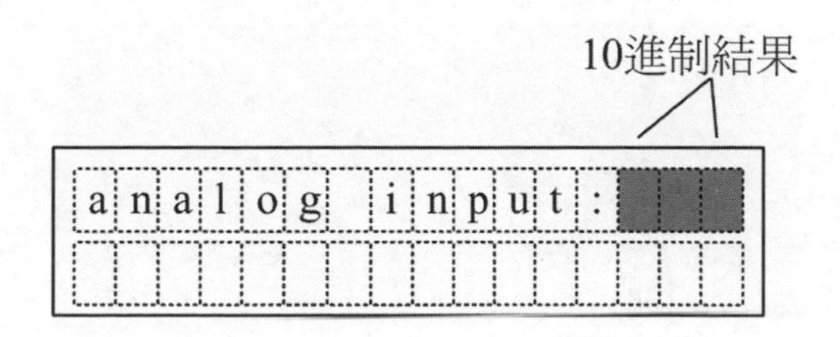

流程圖

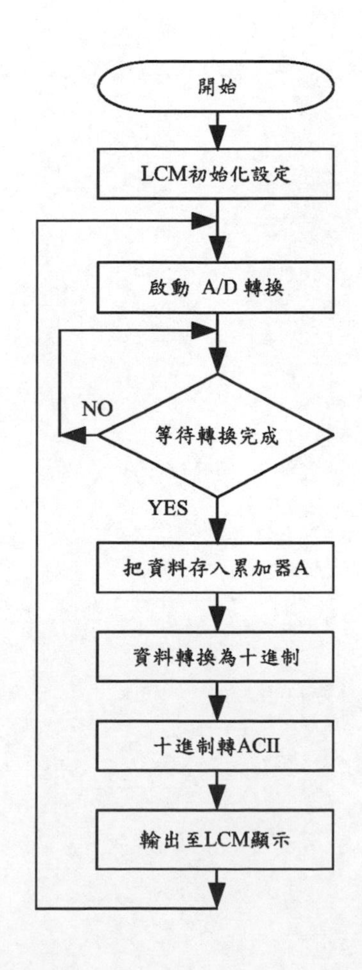

程式碼

範例 DM10_06.ASM 程式碼

```
1    AUXR     EQU    8EH
2    LCD_BUS  EQU    P1
3    LCD_LED  EQU    P1.7
4    LCD_RW   EQU    P1.5
5    LCD_RS   EQU    P1.4
6    LCD_E    EQU    P1.6
7    ;
8             ORG    0000H
9             MOV    A,AUXR
10            ORL    A,#00000010B
11            MOV    AUXR,A
12            MOV    SP,#70H
13            ACALL  DELAY_100MS
14            CLR    P2.4
15            ACALL  LCD_INIT
16            ACALL  LCD_PRINT
17   START:
18            MOV    R0,#0FEH
19            MOV    A,#0FFH
20            MOVX   @R0,A
21            ACALL  DELAY_4MS
22   WAIT:    JB     P3.2,WAIT
23            MOVX   A,@R0
24            ACALL  BIT_TO_DEC
25            ACALL  LCD_BCD_ADJUST
26            ACALL  LCD_SHOW
27            ACALL  DELAY_100MS
28            JMP    START
29   ;
30   BIT_TO_DEC:
31            CLR    C
32            MOV    R5,#00H
33            MOV    R4,#00H
34            MOV    R3,#08H
35   STEP_1:  RLC    A
36            MOV    R2,A
37            MOV    A,R5
38            ADDC   A,R5
39            DA     A
              MOV    R5,A
```

```
40          MOV    A,R4
41          ADDC   A,R4
42          MOV    R4,A
43          MOV    A,R2
44          DJNZ   R3,STEP_1
45          RET
46  ;
47  LCD_BCD_ADJUST:
48          MOV    A,R5
49          ANL    A,#0FH
50          ADD    A,#30H
51          MOV    R3,A
52          MOV    A,R5
53          SWAP   A
54          ANL    A,#0FH
55          ADD    A,#30H
56          MOV    R2,A
57          MOV    A,R4
58          ADD    A,#30H
59          MOV    R1,A
60          RET
61  ;
62  LCD_SHOW:
63          MOV    A,#08DH              ;指定位置
64          ACALL  WCOM
65          MOV    A,R1
66          ACALL  WDATA
67          MOV    A,R2
68          ACALL  WDATA
69          MOV    A,R3
70          ACALL  WDATA
71          RET
72  ;
73  LCD_INIT:      MOV    LCD_BUS,#03H
74          ACALL  LCD_EN
75          MOV    LCD_BUS,#03H
76          ACALL  LCD_EN
77          MOV    LCD_BUS,#03H
78          ACALL         LCD_EN
79          MOV    LCD_BUS,#02H
80          ACALL  LCD_EN
81          MOV    A,#28H
82          ACALL  WCOM
```

```
83          MOV   A,#0CH
84          ACALL WCOM
85          MOV   A,#01H
86          ACALL WCOM
87          MOV   A,#06H
88          ACALL WCOM
89          RET
90  ;
91  LCD_EN: CLR   LCD_RW
92          SETB  LCD_E
93          ACALL DELAY_100US
94          CLR   LCD_E
95          ACALL DELAY_100US
96          RET
97  ;
98  WCOM:   MOV   R1,A
99          SWAP  A
100         ANL   A,#00001111B
101         MOV   R2,A
102         MOV   A,LCD_BUS
103         ANL   A,#11110000B
104         ORL   A,R2
105         MOV   LCD_BUS,A
106         CLR   LCD_RS
107         ACALL LCD_EN
108         MOV   A,R1
109         ANL   A,#00001111B
110         MOV   R2,A
111         MOV   A,LCD_BUS
112         ANL   A,#11110000B
113         ORL   A,R2
114         MOV   LCD_BUS,A
            CLR   LCD_RS
115         ACALL LCD_EN
116         ACALL DELAY_100US
117         RET
118 ;
119 WDATA:  MOV   R1,A
120         SWAP  A
121         ANL   A,#00001111B
122         MOV   R2,A
123         MOV   A,LCD_BUS
124         ANL   A,#11110000B
```

```
125          ORL    A,R2
126          MOV    LCD_BUS,A
127          SETB   LCD_RS
128          ACALL  LCD_EN
129          MOV    A,R1
130          ANL    A,#00001111B
131          MOV    R2,A
132          MOV    A,LCD_BUS
133          ANL    A,#11110000B
134          ORL    A,R2
135          MOV    LCD_BUS,A
136          SETB   LCD_RS
137          ACALL  LCD_EN
138          ACALL  DELAY_100US
139          RET
140 ;
141 CLR_LINE:
142          MOV    R0,#16
143 CL1:     MOV    A,#' '
144          ACALL  WDATA
145          DJNZ   R0,CL1
146          RET
147 ;
148 LCD_PRINT:
149          MOV    A,#080H
150          ACALL  WCOM
151          ACALL  CLR_LINE
152          MOV    A,#080H
153          ACALL  WCOM
154          MOV    DPTR,#TABLE
155 DIS:     CLR    A
156          MOVC   A,@A+DPTR
157          JZ     OVER
158          ACALL  WDATA
159          INC    DPTR
160          JMP    DIS
161 OVER:    RET
162 ;
163 DELAY_100US:
164          MOV    R7,#50
165          DJNZ   R7,$
166          RET
167 ;
```

```
168 DELAY_4MS:
169         MOV   R6,#50
170 DL1:    ACALL DELAY_100US
171         DJNZ  R6,DL1
172         RET
173 ;
174 DELAY_100MS:
175         MOV   R5,#20
176 DL2:    ACALL DELAY_4MS
177         DJNZ  R5,DL2
178         RET
179 ;
180 TABLE:  DB    "analog input:   ",0
181         RET
182 ;
183         END
```

程式說明

1. 本範本程式開頭引入 LCD 控制介面的腳位定義，且在第 8 行至第 11 行進行 AT89C51RD2 的記憶體模式設定，在第 12 行設定堆疊暫存器 SP=70H，在第 13 至 16 行加入 LCD 模組的標準初始化程序碼，詳細說明請參考第 9 章說明。

2. 在第 17 至 28 行為本範例的連續執行的主程式，依序進行（1）ADC0804 類比資料的轉換與讀取（第 18 至 23 行）；（2）BIT_TO_DEC 副程式是執行將類比輸入的二進制資料轉換為十進制資料；（3）LCD_BCD_ADJUST 副程式是執行將十進制的數值轉為相對應字元，分別是(R1, R2, R3)=(百, 拾, 個)；（4）LCD_SHOW 副程式是執行將前一個步驟的指定暫存器值輸出至 LCD 模組的指定位置顯示。由於步驟（1）與（2）與範例 3 相同，在此不贅述我們將只說明步驟（3）及（4）。

3. LCD_BCD_ADJUST 副程式（第 47 至 59 行）是可將十進制的數值拆開，並且將個位、十位與百位數分別轉為字元且存入指定暫存器。第 48 至 51 行只取 R5 的低 4 位元資料且加上 30H 轉為字元且存入 R3 暫存器。第 52 至 56 行只取 R5 的高 4 位元資料且加上 30H 轉為字元且存入 R2 暫存器。第 57 至 59 行只取 R4 的低 4 位元資料且加上 30H 轉為字元且存入 R1 暫存器。因為 LCD 模組只可以顯示字元而已。

4. LCD_SHOW 副程式（第 62 至 70 行）是執行將前一個步驟的（百,拾,個）的（R1, R2, R3）暫存器字元值分別輸出至指定的 LCD 模組位置上顯示。首先在第 63 及 64 行是設定 LCD 模組 AC 位置為第一行第 13 字（08DH），然後利用呼叫 WDATA 副程式的方式將 R1 值寫入 LCD 模組。由於 LCD 模組的 AC 是設定為寫入時會自動增加 1 個位置，因此，我們只要再依序寫入 R2 及 R3 即可，其分別是拾位數及個位數，即可完成本範例的顯示要求。
5. 此外，在第 73 至 178 行是 LCD 模組的相關應用副程式，請參考第 9 章說明。

思考問題

a. 上列範例的採用類比輸入輪詢機制，請修改為中斷模式，並將顯示在 LCM 模組上。

範例 7：ADC 與 LCM 模組應用（二）

參考範例 1，將類比輸入值的 8 位元轉換擷取結果，轉換對應至 0~5V 電壓的十進制格式，並將結果輸出至如下圖所示 LCM 模組的指定位置上。注意，本範例採用數學運算的方式。

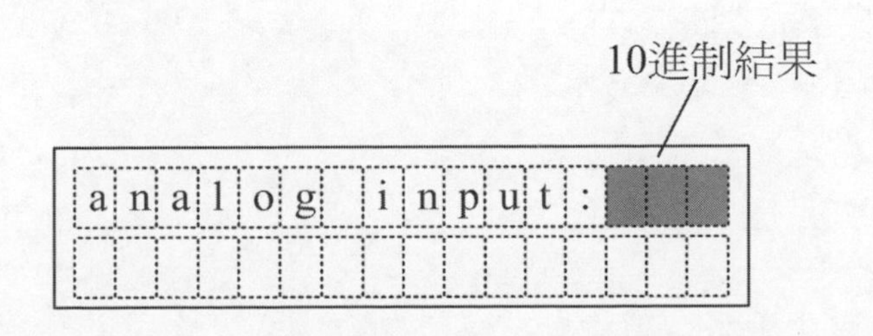

流程圖

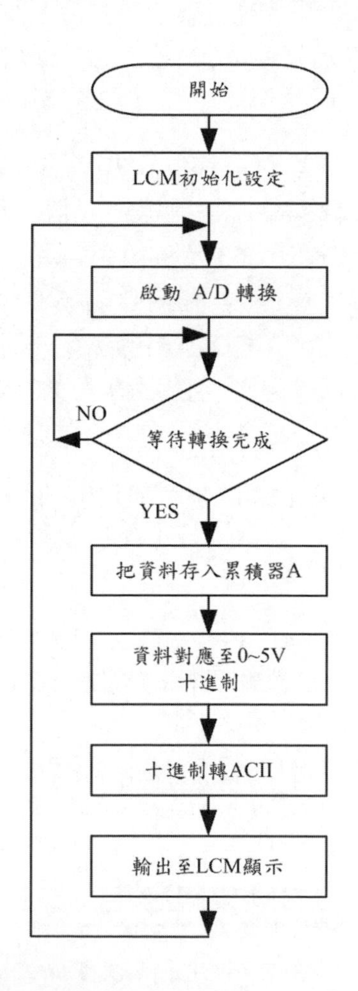

程式碼

範例 DM10_07.ASM 程式碼

```
1    AUXR      EQU   8EH
2    LCD_BUS   EQU   P1
3    LCD_LED   EQU   P1.7
4    LCD_RW    EQU   P1.5
5    LCD_RS    EQU   P1.4
6    LCD_E     EQU   P1.6
7    ;
8              ORG   0000H
9              MOV   A,AUXR
10             ORL   A,#00000010B
```

```
11          MOV    AUXR,A
12          MOV    SP,#70H
13          ACALL  DELAY_100MS
14          CLR    P2.4
15          ACALL  LCD_INIT
16          ACALL  LCD_PRINT
17  START:
18          MOV    R0,#0FEH
19          MOV    A,#0FFH
20          MOVX   @R0,A
21          CALL   DELAY_4MS
22  WAIT:   JB     P3.2,WAIT
23          MOVX   A,@R0
24          ACALL        M_BIT_TO_DEC
25          ACALL  LCD_BCD_ADJUST
26          ACALL  LCD_SHOW
27          ACALL  DELAY_100MS
28          JMP    START
29  ;
30  M_BIT_TO_DEC:
31          CLR    C
32          MOV    R7,#01H
33          MOV    R5,#00H
34          MOV    R4,#00H
35          MOV    R3,#08H
36  STEP_1: RLC    A
37          MOV    R2,A
38          MOV    A,R5
39          ADDC   A,R5
40          DA     A
41          MOV    R5,A
42          MOV    A,R4
43          ADDC   A,R4
44          MOV    R4,A
45          MOV    A,R2
46          DJNZ   R3,STEP_1
47  STEP_2: MOV    A,R5
48          ADD    A,R5
49          DA     A
50          MOV    R5,A
51          MOV    A,R4
52          ADDC   A,R4
53          DA     A
54          MOV    R4,A
55          DJNZ   R7,STEP_2
```

```
56          RET
57  ;
58  LCD_BCD_ADJUST:
59          MOV   A,R5
60          ANL   A,#0FH
61          ADD   A,#30H
62          MOV   R3,A
63          MOV   A,R5
64          SWAP  A
65          ANL   A,#0FH
66          ADD   A,#30H
67          MOV   R2,A
68          MOV   A,R4
69          ADD   A,#30H
70          MOV   R1,A
71          RET
72  ;
73  LCD_SHOW:
74          MOV   A,#08DH              ;指定位置
75          ACALL WCOM
76          MOV   A,R1
77          ACALL WDATA
78          MOV   A,R2
79          ACALL WDATA
80          MOV   A,R3
81          ACALL WDATA
82          RET
83  ;
84  LCD_INIT:       MOV   LCD_BUS,#03H
85          ACALL LCD_EN
86          MOV   LCD_BUS,#03H
87          ACALL LCD_EN
88          MOV   LCD_BUS,#03H
89          ACALL       LCD_EN
90          MOV   LCD_BUS,#02H
91          ACALL LCD_EN
92          MOV   A,#28H
93          ACALL WCOM
94          MOV   A,#0CH
95          ACALL WCOM
96          MOV   A,#01H
97          ACALL WCOM
98          MOV   A,#06H
99          ACALL WCOM
100         RET
```

```
101 ;
102 LCD_EN:  CLR   LCD_RW
103          SETB  LCD_E
104          ACALL DELAY_100US
105          CLR   LCD_E
106          ACALL DELAY_100US
107          RET
108 ;
109 WCOM:    MOV   R1,A
110          SWAP  A
111          ANL   A,#00001111B
112          MOV   R2,A
113          MOV   A,LCD_BUS
114          ANL   A,#11110000B
115          ORL   A,R2
116          MOV   LCD_BUS,A
117          CLR   LCD_RS
118          ACALL LCD_EN
119          MOV   A,R1
120          ANL   A,#00001111B
121          MOV   R2,A
122          MOV   A,LCD_BUS
123          ANL   A,#11110000B
124          ORL   A,R2
125          MOV   LCD_BUS,A
126          CLR   LCD_RS
127          ACALL LCD_EN
128          ACALL DELAY_100US
129          RET
130 ;
131 WDATA:   MOV   R1,A
132          SWAP  A
133          ANL   A,#00001111B
134          MOV   R2,A
135          MOV   A,LCD_BUS
136          ANL   A,#11110000B
137          ORL   A,R2
138          MOV   LCD_BUS,A
139          SETB  LCD_RS
140          ACALL LCD_EN
141          MOV   A,R1
142          ANL   A,#00001111B
143          MOV   R2,A
144          MOV   A,LCD_BUS
145          ANL   A,#11110000B
```

```
146          ORL   A,R2
147          MOV   LCD_BUS,A
148          SETB  LCD_RS
149          ACALL LCD_EN
150          ACALL DELAY_100US
151          RET
152 ;
153 CLR_LINE:
154          MOV   R0,#16
155 CL1:     MOV   A,#' '
156          ACALL WDATA
157          DJNZ  R0,CL1
158          RET
159 ;
160 LCD_PRINT:
161          MOV   A,#080H
162          ACALL WCOM
163          ACALL CLR_LINE
164          MOV   A,#080H
165          ACALL WCOM
166          MOV   DPTR,#TABLE
167 DIS:     CLR   A
168          MOVC  A,@A+DPTR
169          JZ    OVER
170          ACALL WDATA
171          INC   DPTR
172          JMP   DIS
173 OVER:    RET
174 ;
175 DELAY_100US:
176          MOV   R7,#50
177          DJNZ  R7,$
178          RET
179 ;
180 DELAY_4MS:
181          MOV   R6,#50
182 DL1:     ACALL DELAY_100US
183          DJNZ  R6,DL1
184          RET
185 ;
186 DELAY_100MS:
187          MOV   R5,#20
188 DL2:     ACALL DELAY_4MS
189          DJNZ  R5,DL2
190          RET
```

```
191 ;
192 TABLE:   DB    "analog input:   ",0
193          RET
194 ;
195          END
```

程式說明

1. 本範例主要是延續範例 6 的程式設計方式，同樣在連續執行的主程式中，依序進行（1）ADC0804 類比資料的轉換與讀取（第 18 至 23 行）；（2）M_BIT_TO_DEC 副程式是執行將類比輸入的二進制資料轉換為具有加權倍率的十進制資料；（3）LCD_BCD_ADJUST 副程式是執行將十進制的數值轉為相對應字元，分別是（R1, R2, R3）=（個位數, 小數第 1 位, 小數第 2 位）；（4）LCD_SHOW 副程式是執行將前一個步驟的指定暫存器值輸出至 LCD 模組的指定位置顯示。其中，步驟（1）及（2）的副程式設計如同範例 5，而步驟（3）及（4）則是參考範例 6，這個範例只是整合應用而已。

思考問題

a. 參考上列範例程式，在整數至浮點數的轉換上，請將數學運算的方式修改為索引定址的方式。

b. 參考上列範例程式，並將結果輸出至如下圖所示 LCM 模組的指定位置上。

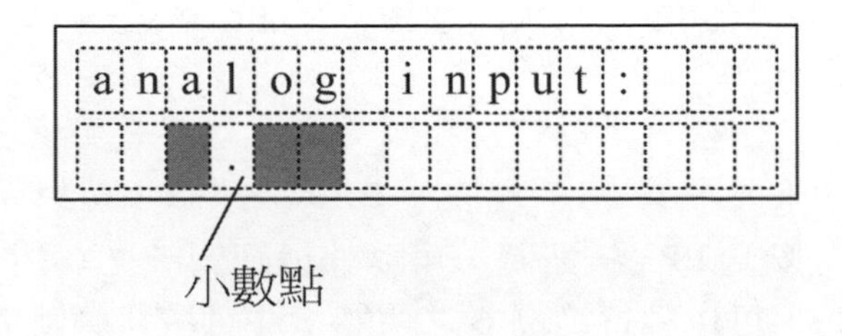

Chapter 10

問題與討論

1. 參考範例 7，請將類比輸入值的 8 位元轉換擷取結果，轉換對應至 0~5V 電壓的十進制格式，並將量測結果放大 5 倍，並結果輸出至如下圖所示 LCM 模組的指定位置上。注意，請使用數學運算的方式。

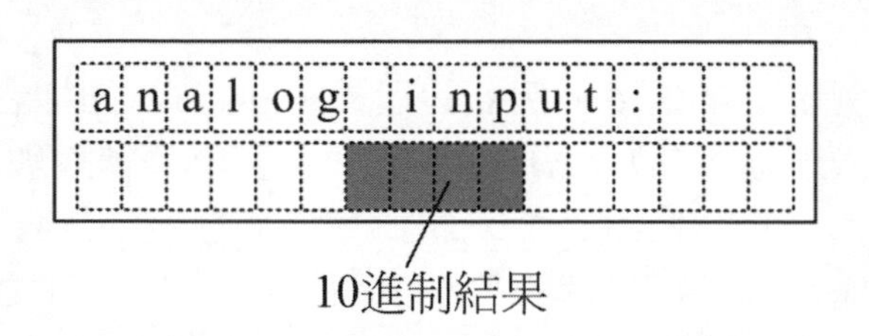

2. 參考範例 1，設計程式擷取類比輸入值，根據量測值去控制 LED 的輸出，滿足如下之狀態要求：（1）當結果小於 1V 時令 LED0（P1.0）點亮；（2）當量測值介於 2 及 4V 間時令 LED2~4（P1.2~P1.4）點亮；（3）當量測值介於 4 及 4.5V 時，令 LED6（P1.6）閃爍，閃爍週期為 1 秒；（4）當量測值大於 4.5V 時，令 LED7（P1.7）閃爍，閃爍週期為 0.2 秒。注意，LED 的輸出控制是採用低電位致能。

3. 請設計一個程式可以整合範例 1~3 之功能，可應用副程式呼叫方式，完成如下要求：（1）當按下 PB0 按鈕時，可以執行範例 1 之功能；（2）當按下 PB1 按鈕時，可以執行範例 2 之功能；（3）當按下 PB2 按鈕時，可以執行範例 3 之功能。注意按鈕彈跳問題，且按一次只有量測一次之結果。可應用副程式呼叫方式。

4. 請設計一個程式可以整合範例 4~6 之功能，可應用副程式呼叫方式，完成如下要求：（1）當按下 PB0 按鈕時，可以執行範例 4 之功能；（2）當按下 PB1 按鈕時，可以執行範例 5 之功能；（3）當按下 PB2 按鈕時，可以執行範例 6 之功能。注意按鈕彈跳問題，且按一次只有量測一次之結果。可應用副程式呼叫方式。

chapter

11

數位至類比轉換之應用

本章主要探討單晶片與數位至類比轉元件之整合應用。首先介紹DAC0800數位至類比轉換IC的原理與介面電路設計，再經由幾個典型範例的程式設計示範，讓讀者能充分掌握該晶片的各種應用程式設計技巧。最後，整合數位至類比輸出與類比至數位輸入之案例，可以幫助讀者了解如何建立一個閉迴路控制系統的應用架構。

本章學習重點

- 數位至類比轉換原理
- DAC0800 類比至數位轉換 IC 介紹
- 函數產生器應用
- 類比輸出與七段顯示器之整合應用
- 類比輸出與 LCM 模組之整合應用
- 類比輸出與類比輸入之整合應用
- 問題與討論

11-1 數位至類比轉換原理

在以單晶片為控制核心的系統中，類比信號輸出與輸入通常是基本的介面電路，例如馬達的控制、電壓的調變、加熱器的溫度控制等，有些部份都是需要以類比的量來控制元件的操作，而單晶片的輸出與控制皆為數位形式，所以需要外接一個數位轉類比（DAC）的轉換器，來達到類比量的輸出控制。數位至類比輸出的性能要求如下：

- ⊙ 解析度（Revolution）：數位輸入端的 n 位元數，表示可轉換為 2^n 數比訊號資料。n 越高，數比訊號資料越精細，解析度越高。例如 8 位元的 DAC (n=8)，可分割為 2^8=256 個分割量（解析度）。
- ⊙ 線性度（Linearity）：數位輸入訊號由小變大時，轉換的數位訊號保持直線遞增特性，以免出現偏差。目前 DAC 轉換器的線性誤差規格為±1LSB，或±1/2LSB。
- ⊙ 穩態時間（Settling Time）：DAC 轉換器需要一段轉換時間，才能得到穩定數比訊號，稱為穩態時間。一般穩態時間越短越好，表示轉換速度快且響應佳。一般穩態時間規格約在 150ns。
- ⊙ 精確度（Accuracy）：DAC 轉換器的精確度取決於理想輸出訊號與實際輸出訊號之間的誤差值。不同型號與規格的 DAC 轉換器，具有不同的精確度。精確度越高，表示誤差值就越小。以 DAC0800 為例，在工作範圍內精確度為±0.1%（滿刻度）。

目前一般性的 DAC 是 8 位元與 12 位元，12 位元 DAC 的解析度為 8 位元 DAC 的 16 倍，但是其價格比較高。因此，本章將著重在低價位 8 位元解析度數位至類比轉換元件 DAC0800 的使用方式，其主要特性如下：

DAC0800 的規格

1. 解析度 8 位元。
2. 總誤差 ± 1 LSB。
3. 非線性誤差為 ± 0.1%。
4. 轉換時間 100 μs。
5. 互補式電流輸出。
6. 電元範圍為 ± 4.5V 至 ± 18V。因此，電源可採用± 5V 雙電源，或 +5V 到+15V 單電源。

DAC0800 的接腳說明

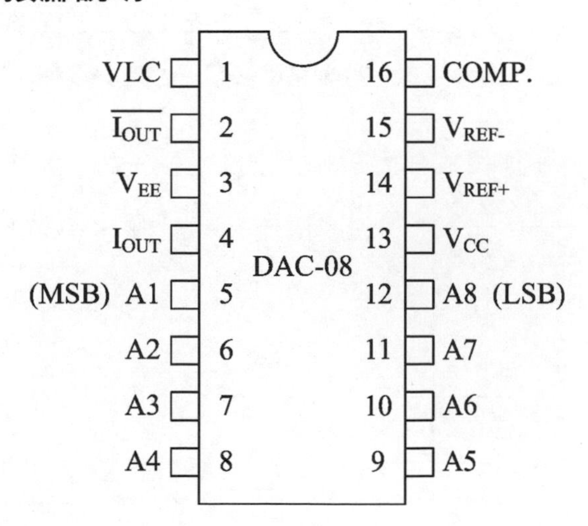

圖 11-1 ADC0800 元件外觀

表 11-1 ADC0800 腳位功能說明

接腳	說明
A0~A7(腳 5-12)	數位訊號輸入，其中 D0 為 LSB，D7 為 MSB。
V_{REF}^{+}(腳 14) / V_{REF}^{-}(腳 15)	參考電壓輸入，兩端之電位差決定串聯電阻上的參考電流，此為最少變化量電流。假如 V_{REF}^{-}接地，$V_{REF}=V_{REF}^{+}-V_{REF}^{-}=V_{REF}^{+}$。在 I_{out} 及 $\overline{I_{out}}$ 的外接電阻為 R_{REF} 下，相關電流計算如下： 參考電流：$I_{REF} = V_{REF} / R_{REF}$ (0.2mA ≦ I_{REF} ≦ 4mA) 滿刻度電流：$I_{FS} = I_{REF} \times (255/256)$
I_{out}(腳 4) / $\overline{I_{out}}$(腳 2)	類比電流輸出，I_{out} 與 $\overline{I_{out}}$ 之和為定值且為滿刻度電流，$I_{REF}=I_{out}+\overline{I_{out}}$。 V_{CC}(腳 13)：正電源輸入。 V_{EE}(腳 3)：負電源輸入。
VLC(腳 1)	數位電壓調整，若數位訊號為 TTL 時，VLC 此腳接地。
COMP(腳 16)	頻率補償，接 0.01μF 之電容，防止高頻振盪。

$\overline{I_{OUT}}$ ：互補類比電流輸出接腳，$\overline{I_{OUT}} = I_{FS} - I_{OUT}$ ，其中 I_{OUT} 為類比輸出電流，$I_{FS} = \dfrac{V_{REF}}{R_{REF}} \times \dfrac{255}{256}$ 為滿刻度電流且約設計在 0.2 毫安到 4 毫安之間。因此，類比電流輸出為

$$I_{OUT} = \frac{2^{n-1} \cdot D_{n-1} + 2^{n-2} \cdot D_{n-2} + \cdots + 2^{0} \cdot D_{0}}{2^{n}} \times I_{REF}$$

應用電路

圖 11-2 為 DAC-0800 的基本應用電路，其中正電源 V_{CC} 連接+5V 而負電源 V_{EE} 則接地。$I_{REF} = V_{REF} / R_{REF}$ ，若希望 I_{REF} 為 1mA，而 V_{REF} 連接+5V 的話，則 R_{REF} 可採用 5K 歐姆即可。因此類比電流輸出如下：

$$\begin{aligned} I_{OUT} &= \frac{2^{n-1} \cdot D_{n-1} + 2^{n-2} \cdot D_{n-2} + \cdots + 2^{0} \cdot D_{0}}{2^{n}} \times I_{REF} \\ &= \frac{2^{7} \cdot D_{7} + 2^{6} \cdot D_{6} + \cdots + 2^{0} \cdot D_{0}}{256} \times 1mA \end{aligned}$$

電壓輸出為：

$$V_O = -I_{OUT} \times R_O = -\frac{2^{n-1} \cdot D_{n-1} + 2^{n-2} \cdot D_{n-2} + \cdots + 2^0 \cdot D_0}{2^n} \times I_{REF} \times R_O$$

$$= -\frac{2^7 \cdot D_7 + 2^6 \cdot D_6 + \cdots + 2^0 \cdot D_0}{256} \times 5$$

若數位信號輸入為 11111111，則類比電壓輸出為：

$$I_{OUT} = \frac{2^7 \cdot 1 + 2^6 \cdot 1 + \cdots + 2^0 \cdot 1}{256} \times 1mA = \frac{255}{256} mA \cong 0.996mA$$

$$=> V_O = -0.996mA \times 5k\Omega \cong -4.98V$$

同理，若數位信號輸入為 00000001，則類比電壓輸出為：

$$I_{OUT} = \frac{1}{256} mA \cong 0.0039mA \text{ ，} V_O = -0.0039mA \times 5k\Omega \cong -0.02V$$

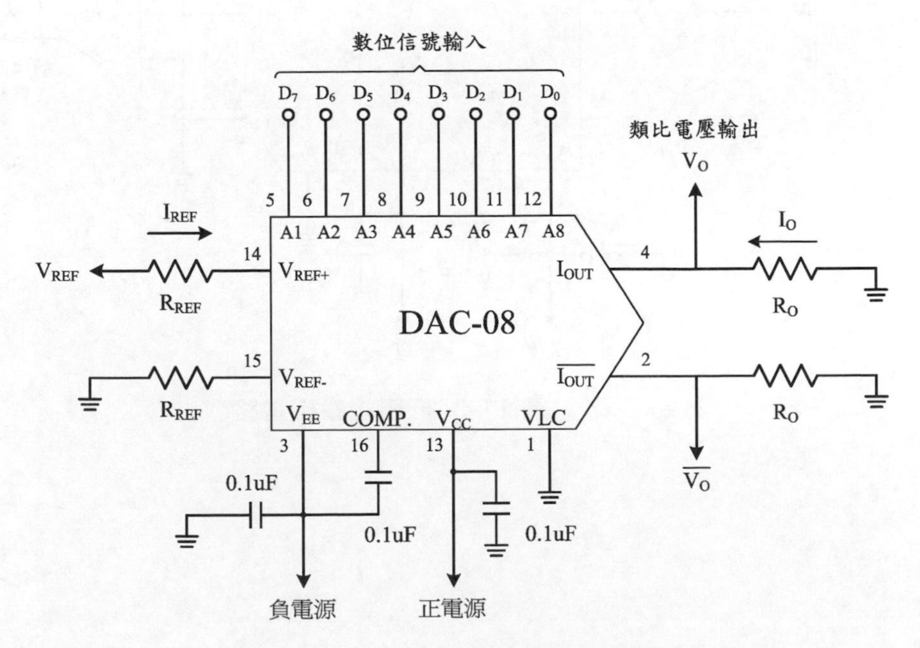

圖 11-2 ADC0800 的基本應用電路

可是若要將 DAC0800 的輸出訊號直接應用至外界電路時，將由於輸出阻抗較高，容易造成負載效應。所以在實務應用上，DAC-0800 的輸出端要加上一個運算放大器去隔離負載效應，如圖 11-3 所示。運算放大器的電源一般採用 $\pm 12V$ ，其電壓轉換的結果如下：

類比電流輸出：$I_{OUT} = \dfrac{2^{n-1} \cdot D_{n-1} + 2^{n-2} \cdot D_{n-2} + \cdots + 2^0 \cdot D_0}{2^n} \times I_{REF}$

類比電壓輸出：$V_O = I_{OUT} \times R_O = \dfrac{2^{n-1} \cdot D_{n-1} + 2^{n-2} \cdot D_{n-2} + \cdots + 2^0 \cdot D_0}{2^n} \times I_{REF} \times R_O$

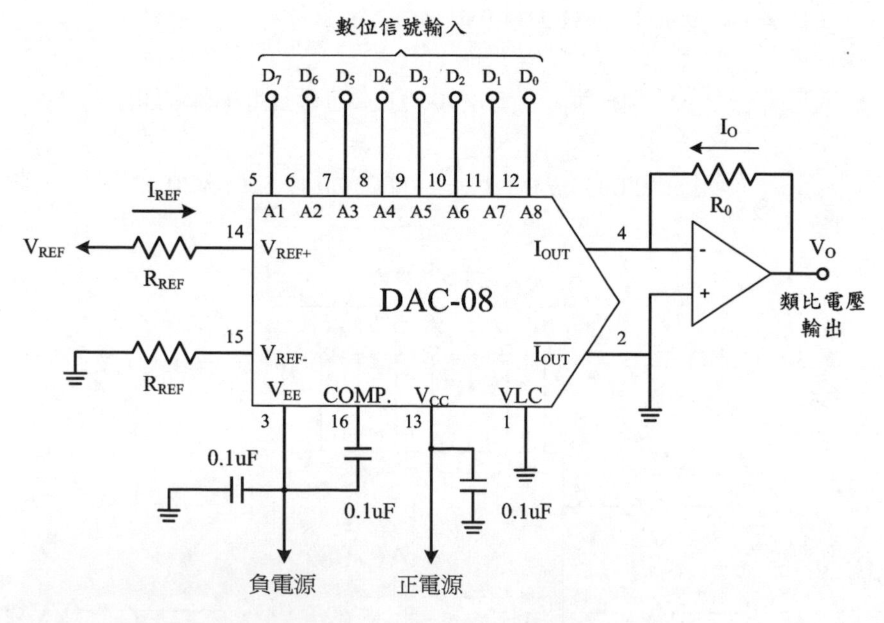

圖 11-3 低阻抗輸出電路

11-2 實驗板與類比輸出相關電路

圖 11-4 的 DAC 電路應用的方式與第 10 章 ADC 電路所使用的方式相同，只是多使用一個反或閘（NOR Gate）來作為拴鎖器的致能控制腳，其目的為避免與 ADC 同時動作。基本上，電路的應用是與 ADC 的電路相似，期望由外部記憶體讀寫方式去控制數位至類比轉換元件 DAC0800。但由於 DAC0800 沒有致能腳位，所以在本電路設計中，我們再引入一個反或閘（NOR Gate）來作為拴鎖器 74HCT373 的致能控制腳位，允許單晶片 8051 如要更新類比輸出資料時，才利用外部記憶體寫出方式將資料寫入 DAC0800 元件。本電路 DAC0800 的 V_{CC} 接 12V，V_{EE} 接-12V，可由 JP5 的跳線進行選擇輸出模式，如果 2 及 3 短路時，則輸出類比訊號至 JP3 的腳位 1；但如果 2 及 3 短路時，則輸出類比訊號至 LED（D11）上，可控制 LED 的明亮度。此外，在 DAC0800 的介面電路設計上，使用 $R_{REF} = R_{22} = R_{23} = 12K\Omega$ 及 $V_{REF} = 12V$，因此參考電流為：

$$I_{REF} = V_{REF} / R_{REF} = 12V / 12K = 1mA$$

DAC0800 的電壓輸出 V_0 為：

$$V_O = \frac{2^{n-1} \cdot D_{n-1} + 2^{n-2} \cdot D_{n-2} + \cdots + 2^0 \cdot D_0}{2^n} \times I_{REF} \times R_O$$

$$= \frac{2^{n-1} \cdot D_{n-1} + 2^{n-2} \cdot D_{n-2} + \cdots + 2^0 \cdot D_0}{2^n} \times 5V$$

因此類比輸出的範圍為 0~5V。若數位信號輸入為（$B_1B_2B_3B_4B_5B_6B_7B_8$）=（11111111），則類比電壓輸出為：

$$V_{out} = \frac{2^7 \cdot 1 + 2^6 \cdot 1 + \cdots + 2^0 \cdot 1}{256} \times 5V = \frac{255}{256} \times 5V = 4.98V$$

同理，若數位信號輸入為（$B_1B_2B_3B_4B_5B_6B_7B_8$）＝（00000001），則類比電壓輸出為：

$$V_{out}=\frac{1}{256}\times 5V=0.02V$$

至於詳細的單晶片控制數位至類比元件 ADC0800 之類比輸出程序說明如下：

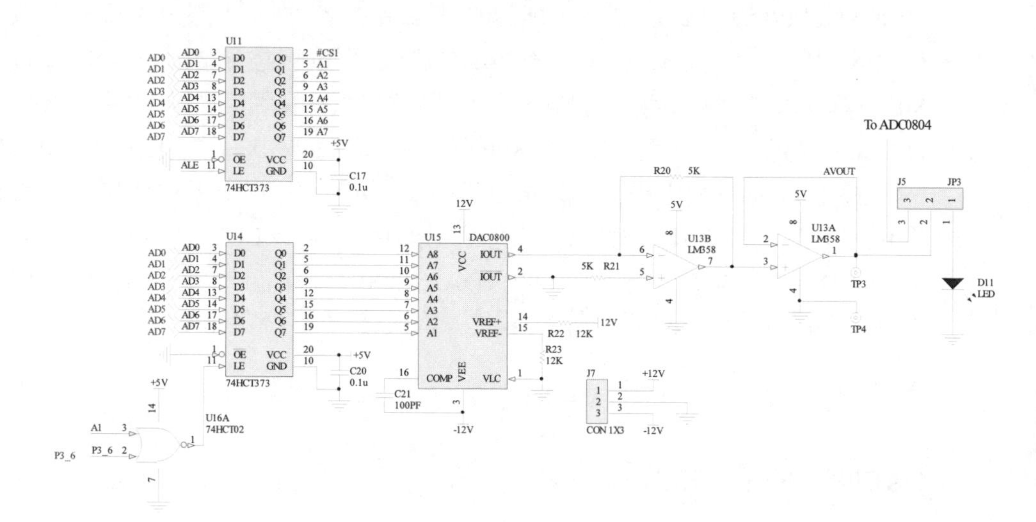

圖 11-4　實驗板上的 DAC 介面電路

當執行指令 MOVX @R0, A 時，單晶片 P0 會輸出@R0 暫存器內的資料作為位址，且 ALE 接腳會產生一脈波讓 74HCT373（U11）將位址栓鎖住在其輸出腳位上，之後單晶片將累加器 A 的資料輸出至 P0 埠，此資料將送至 DAC0800 去執行數位至類比轉換。注意，此資料將透過先輸出的位址（A1）與 $\overline{WR}$（P3.6）訊號的 NOR 閘（U1）產生一個觸發訊號將這個資料匯流上的資料經由 74HCT373（U14）拴鎖在其輸出上，讓單晶片送出的資料可以持續輸出給 DAC0800，進行數位至類比資料之轉換，也就是穩定輸出單晶片要求的類比輸出值。而輸出的動作如圖 11-5 所示，整個程序如下說明：

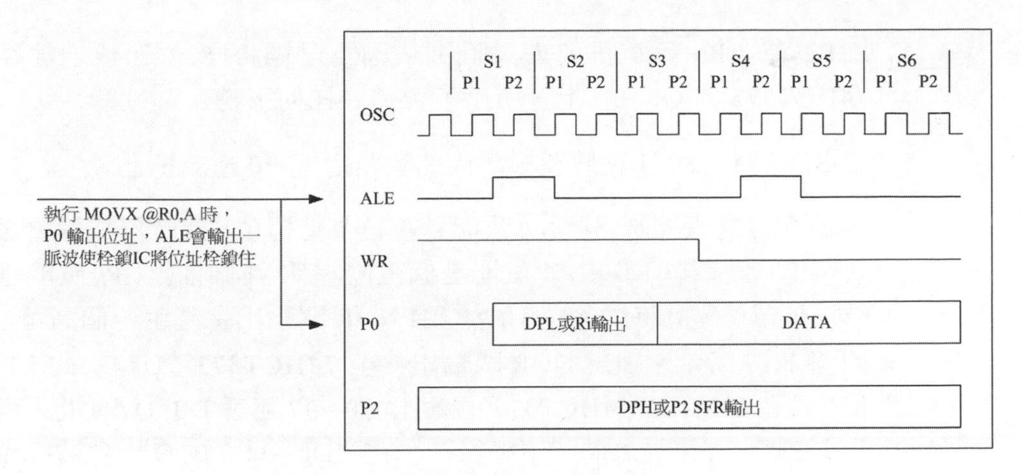

圖 11-5　外部資料記憶體之寫入時序圖

1. S1P2 時 ALE 升為高電位，進入寫入週期。
2. S2P1 時，CPU 將低 8 位元位址送至 P0 埠，將高 8 位元位址送至 P2 埠。
3. S2P2 時利用 ALE 訊號下降緣將 P0 埠上的低 8 位元位址栓鎖至 74HCT373 的 Q0~Q7 上，也就是電路圖的 A0~A7 上。因為 ALE 接至 74HCT373 的 LE 腳位，且在 LE=1 時 74HCT373 的輸出 Q0~Q7 隨著 D0~D7 變化，可是當 LE 腳由 1 降為 0 時(下降緣)，在 AD0~AD7 的資料會被栓鎖在 Q0~Q7 上，也就是將 P0 埠送出的低 8 位元位址訊號栓鎖在 A0~A7 上，如圖 11-6 所示。

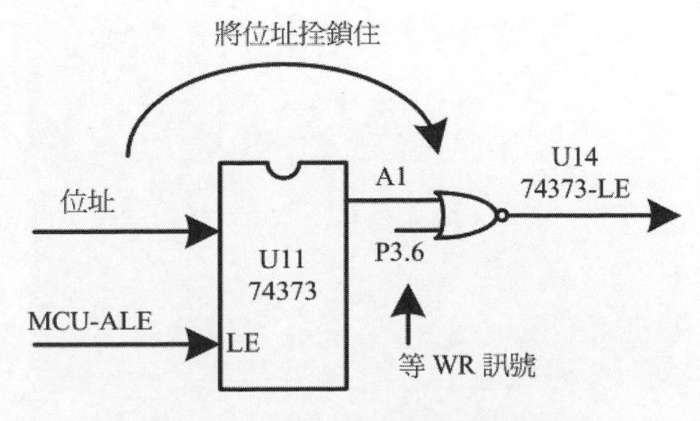

圖 11-6　位址訊號的栓鎖示意圖

4. S3P2 時，P0 匯流排進入高阻抗。因為已經將 8 位元位址栓鎖在 74HCT373 的 Q0~Q7 上，所以不會造成任何影響。

5. 在 S3P2 時，8051 會將要被寫入的資料送至 P0 匯流排上。

6. S4P1 時，寫入控制訊號 $\overline{WR}$ 致能且被拉為低電位。此時單晶片會送資料至 P0 匯流排。如果 A1 位址是低電位，因為控制訊號 $\overline{WR}$ 致能且被拉為低電位，這時候 A1 與 $\overline{WR}$ 經由 NOR 閘輸出會產生一個高電位，如圖 11-7 所示。因為 NOR 閘輸出接至 74HCT373（U14）的 LE 腳位，且在 LE=1 時 74HCT373 的輸出 Q0~Q7 隨著 D0~D7 變化，可是當 LE 腳由 1 降為 0 時（下降緣），在 AD0~AD7 的資料會被栓鎖在 Q0~Q7 上，也就是將 P0 埠送出的資料匯流排資料將被栓鎖在其輸出上，也就是將會持續送給 DAC0800 的輸入腳位 A0~A7 上，如圖 11-8 所示。如此持續輸出指定數位資料之類比輸出。

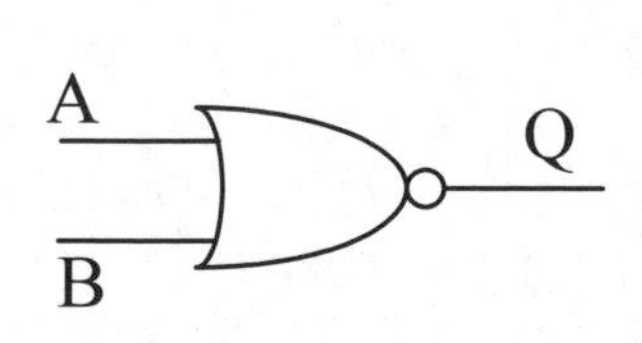

輸入		輸出
A	B	A NOR B
0	0	1
0	1	0
1	0	0
1	1	0

圖 11-7 NOR 閘真值表

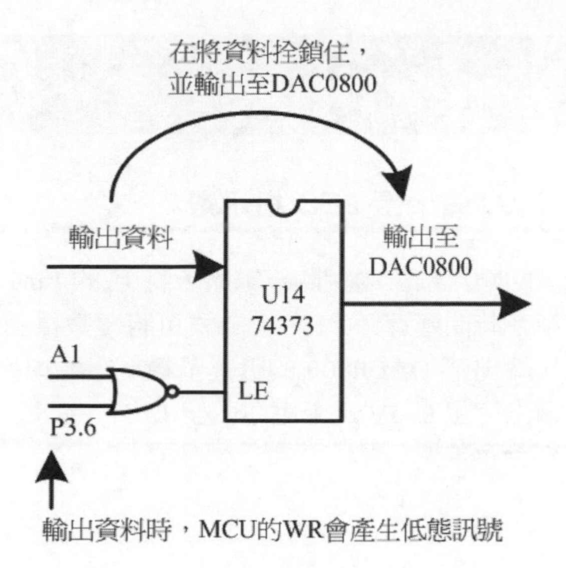

圖 11-8　位址訊號的栓鎖示意圖

7. 當 8051 晶片讀取週期完成時，$\overline{WR}$ 回復至高電位，此時 P0 埠又將進入高阻抗狀態。

值得注意的是，在本實習版中從 I_{out} 端轉換為電壓訊號，所以轉換後的電壓值均為正電壓，但是如果爾後有需要使用負電壓控制的方式，可使用 $\overline{I}_{Out}$ 訊號去轉換即可改變成負電壓方式。

透過以上述的記憶體資料的寫入至 DAC0800 方式，由本章的 8051 與 DAC0800 轉換介面電路設計，如圖 11-4 所示，ADC0800 的控制位址是 A1 為 Low 即可。在此，我們簡單設定實驗板上 DAC0800 的控制位址為 #0FD。因此 8051 要輸出資料至 DAC0800 的程序如下：

1. MOV R0, #0FDH，必須為 A0 是高電位且 A1 為低電位。

2. MOVX @R0, A。A 為輸出至 DAC0800 的數位資料。

如此完成指定數位資料之類比轉換之持續輸出值。

11-3 範例程式與討論

範例 1：DAC 輸出至 LED 指示燈

參考圖所示的類比輸出的實驗板電路，將 J5 的 Pin1 及 2 接腳短路，設計一個利用指令時間延遲（0.1 秒）方式可將變數自動累加的程式，並將該變數值直接輸出至 DAC0800 的數位至類比訊號轉換 IC 上，實驗板的介面電路將輸出一個 0~5V 之電壓訊號至 LED 指示燈上，然後觀察 LED 指示燈的明亮變化情況。

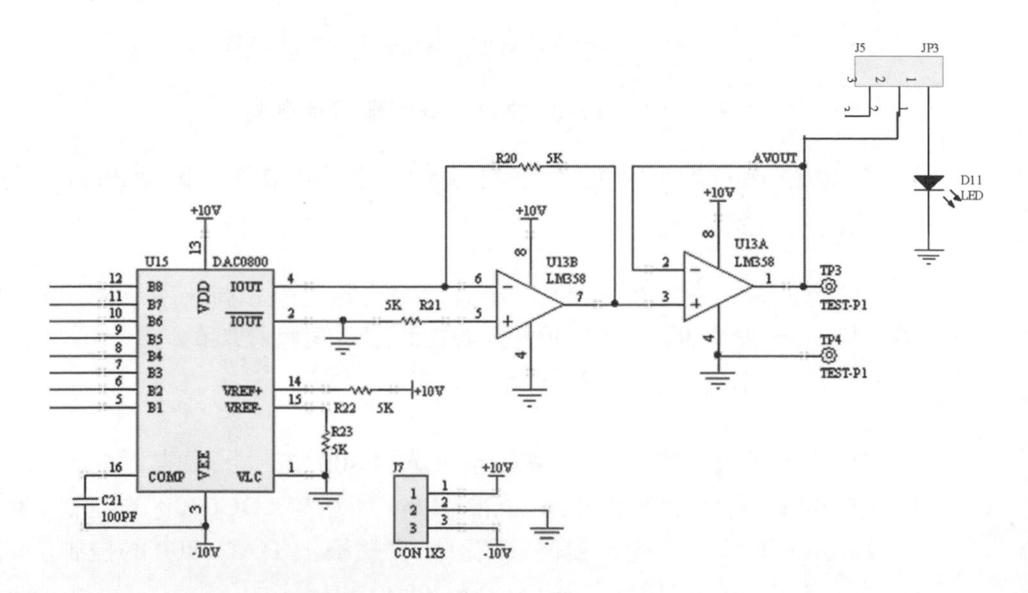

流程圖

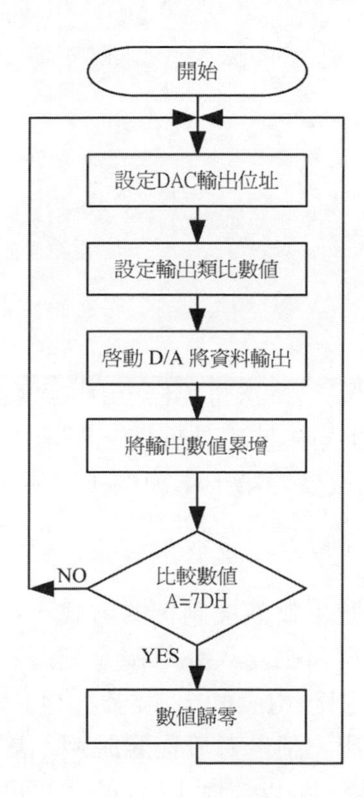

程式碼

範例 DM11_01.ASM 程式碼

```
1    AUXR      EQU    8EH
2    ;
3              ORG    0000H
4              MOV    A,AUXR
5              ORL    A,#00000010B
6              MOV    AUXR,A
7              MOV    R4,#00H
8    LOOP:     MOV    R0,#0FDH
9              MOV    A,R4
10             MOVX   @R0,A
11   ;
12             ACALL  DELAY
13             INC    R4
14             JMP    LOOP
```

```
15  ;
16  DELAY:   MOV    R6,#250
17  DL1:     MOV    R7,#200
18           DJNZ   R7,$
19           DJNZ   R6,DL1
20           RET
21  ;
22           END
23
```

程式說明

1. 第 1 至 6 行為設定特殊暫存器，用來啟動外部擴充記憶體的功能，與第 10 章範例相同，使用外部擴充記憶體的電路來執行數位至類比轉換功能，詳細請參考第十章範例 1 說明。
2. 第 7 行先將 R4 暫存器設為 0。
3. 第 8 至 14 行應用迴圈控制程式方式，在每一迴圈中自動累增 R4 暫存器內容，且再藉由寫入外部擴充記憶體方式，將 R4 內容送至 DAC 元件，產生相對應電壓輸出。注意 R4 內容值 0 至 255 相對應至 0 至 5 伏特電壓輸出，請參考流程圖說明。當控制類比訊號由 0 至 5 伏特輸出至 LED 時，可以控制 LED 的明亮度輸出，而每一個數位至類比值的輸出請參考 11-2 節說明。

思考問題

a. 請將上列範例程式修改為利用計時器 1 模式 1 的輪詢方式，且具有每秒增加 2 的功能。

b. 請將上列範例程式修改為利用計時器 0 模式 1 的中斷方式，且具有每 0.5 秒增加 4 的功能。

範例 2：DAC 與 ADC 的整合應用

如下圖所示的實驗板類比輸出與類比輸入之整合應用電路，本範例採用 J5 的 Pin2 及 3 接腳短路與 J3 的 Pin1 及 2 接腳短路的方式。因此，單晶片可由 DAC0800 輸出指定的類比輸出，然後由 ADC0804 的類比至數位轉換介面擷取為數位訊號，再輸出至七段顯示器上，建立一個完整的類比輸出入的測試環境。本範例將設計一個利用計時器 0 的中斷方式產生時間延遲 0.5 秒去將變數自動累加功能，並將該變數值直接輸出至 DAC0800 的數位至類比訊號轉換 IC 介面上，產生指定類比輸出。然後設計一個類比輸入的中斷副程式，可以將類比輸入值擷取進入指定變數中，最後再將 8 位元類比輸入值轉換為 0~5V 的格式，在指定七段顯示器位置上顯示出真正量測到的電壓值。注意，DAC0800 的類比輸出範圍為 0~5V，而 ADC0804 的類比輸入範為 0~5V。

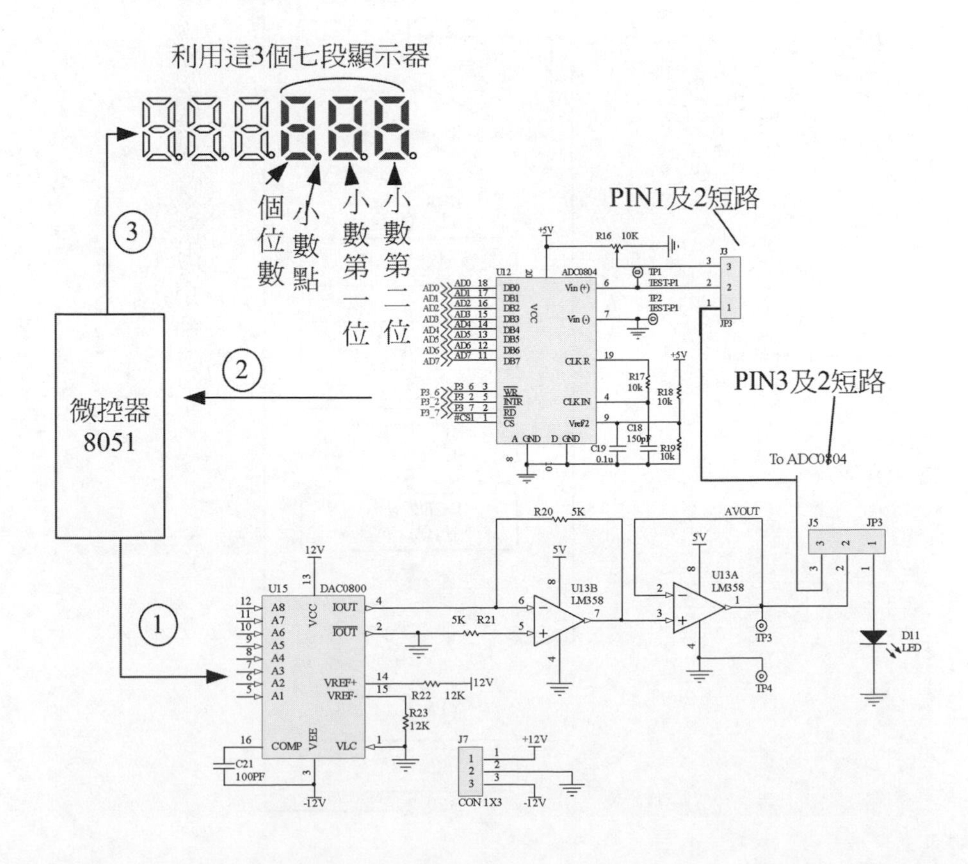

流程圖

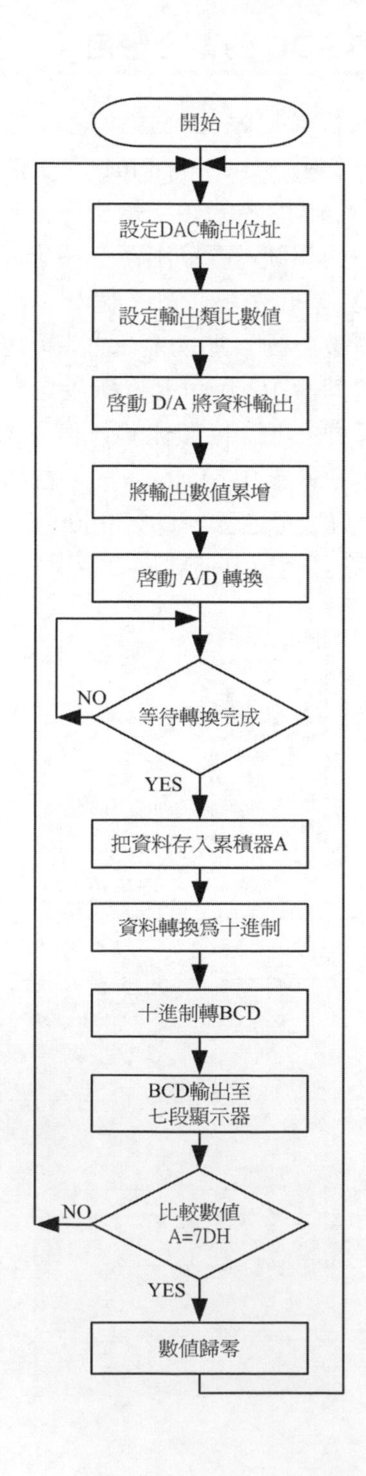
開始
設定DAC輸出位址
設定輸出類比數值
啟動 D/A 將資料輸出
將輸出數值累增
啟動 A/D 轉換
NO
等待轉換完成
YES
把資料存入累積器A
資料轉換爲十進制
十進制轉BCD
BCD輸出至
七段顯示器
NO
比較數值
A=7DH
YES
數值歸零

程式碼

範例 DM11_02.ASM 程式碼

```
1   AUXR     EQU   8EH
2   VALUE    EQU   30H
3   COUNT    EQU   31H
4   ;
5            ORG   0000H
6            JMP   MAIN
7            ORG   0003H
8            JMP   INT_0
9            ORG   000BH
10           JMP   TIMER0_INT
11  MAIN:    MOV   A,AUXR
12           ORL   A,#00000010B
13           MOV   AUXR,A
14           MOV   TMOD,#00000001B
15           MOV   TL0,#(65535-50000) MOD 256
16           MOV   TH0,#(65535-50000)/256
17           MOV   VALUE,#00H
18           MOV   COUNT, #10
19           MOV   IE,#10000011
20           SETB  TR0
21  ;
22  LOOP:
23           ACALL SHOW
24           JMP   LOOP
25  ;
26  INT_0:
27           MOV   R0,#0FEH
28           MOVX  A,@R0
29           ACALL M_BIT_TO_DEC
30           ACALL BCD_ADJUST
31           INC   VALUE
32  ;
33           RETI
34  ;
35  ;======= DELAY FUNCTION BY INTERRUPT =====
36  TIMER0_INT:
37           MOV   TL0,#(65535-50000) MOD 256
38           MOV   TH0,#(65535-50000)/256
39           DJNZ  COUNT, EXIT
40           MOV   COUNT, #10
```

```
41          MOV    R0,#0FDH
42          MOV    A,VALUE
43          MOVX   @R0,A          ; 輸出類比
44  ;
45          MOV    R0,#0FEH
46          MOV    A,#0FFH
47          MOVX   @R0,A         ;致能類比至數位轉換
48  EXIT:
49          RETI
50  ;
51  M_BIT_TO_DEC:
52          CLR    C
53          MOV    R7,#01H       ;加權的倍率設定(N-1)
54          MOV    R5,#00H
55          MOV    R4,#00H
56          MOV    R3,#08H
57  STEP_1:
58          RLC    A
59          MOV    R2,A
60          MOV    A,R5
61          ADDC   A,R5
62          DA     A
63          MOV    R5,A
64          MOV    A,R4
65          ADDC   A,R4
66          MOV    R4,A
67          MOV    A,R2
68          DJNZ   R3,STEP_1
69  STEP_2:
70          MOV    A,R5
71          ADD    A,R5
72          DA     A
73          MOV    R5,A
74          MOV    A,R4
75          ADDC   A,R4
76          DA     A
77          MOV    R4,A
78          DJNZ   R7,STEP_2
79          RET
80  ;
81  BCD_ADJUST:
82          MOV    A,R5
83          ANL    A,#0FH
```

```
84             ORL    A,#0F0H
85             MOV    R1,A
86             MOV    A,R5
87             SWAP   A
88             ANL    A,#0FH
89             ORL    A,#0F0H
90             MOV    R2,A
91             MOV    A,R4
92             ORL    A,#0B0H
93             MOV    R3,A
94             RET
95   ;
96   SHOW:     MOV    P2,#11110011B
97             MOV    P1,R1
98             MOV    P0,#01011111B
99             ACALL  DELAY
100            MOV    P0,#11111111B
101            MOV    P1,R2
102            MOV    P0,#11101111B
103            ACALL  DELAY
104            MOV    P0,#11111111B
105            MOV    P1,R3
106            MOV    P0,#11110111B
107            ACALL  DELAY
108            MOV    P0,#11111111B
109            RET
110  ;
111  DELAY:    MOV    R6,#10
112  DEL:      MOV    R7,#200
113            DJNZ   R7,$
114            DJNZ   R6,DEL
115            RET
116  ;
117            END
```

程式說明

1. 第 1 及 3 行是假指令 EQU，分別指定 AUXR, VALUE 及 COUNT 之暫存器位址分別為 8EH、30H 及 31H。

2. 第 5 行是假指令 ORG，其設定第 6 行的程式位址為 0000H，因此程式會在硬體初始化後，馬上強制跳至第 11 行去執行，所以主程式的程式碼要從這裡開始設計。第 7 及 8 行是設定外部中斷副程式為 INT_0 標籤，第 9 及 10 行是設定計時器 0 的中斷副程式為 TIMER0_INT 標籤。

3. 第 11 至 13 行為設定特殊暫存器，用來啟動外部擴充記憶體的功能，詳細請參考第十章範例 1 說明。

4. 第 14 至 16 行為設定計時器 0 為模式 1 且設定計數至 50ms 時為產生溢位及中斷。因為要 0.5 秒才需增加輸出 VALUE 值，因此設定一個 COUNT 變數為 10，只要計時器 0 中斷產生 10 次後才執行 VALUE 值增加步驟與送至 DAC 元件輸出電壓，控制 LED 的亮度，詳細請參考計時器 0 中斷程式說明。第 19 及 20 行是啟動外部中斷 0 及計時器 0 中斷功能。

5. 第 22 至 24 行是無窮迴圈程式，主要執行輸出值內容的七段顯示器指示，如第 98 至 111 行程式碼，採用七段顯示器掃瞄顯示方式，詳如第七章說明。

6. 第 26 至 33 行是外部中斷 0(INT_0)副程式，主要執行類比輸入擷取，8 位元數位值轉至 10 進位格式（M_BIT_TO_DEC）及再轉換至七段顯示器輸出格式之暫存器 R1, R2,R3（BCD_ADJUST），而 M_BIT_TO_DEC 及 BCD_ADJUST 請參考第十章之程式說明。

7. 第 36 至 50 行是計時器 0 中斷副程式，主要扮演計時中斷 10 次後，執行數位至類比輸出及類比至數位資料之轉換觸發，再等待 $\overline{\text{INT0}}$ 產生中斷訊號，觸發執行相對應的 INT_0 中斷副程式之預定工作內容。第 37 及 38 行是重新載入計時器 0 的計數值設定。第 39 及 40 行是製作中斷 10 次後，執行第 41 至 48 行一次，其中第 42 及 43 行是將 VALUE 值送至 DAC 元件輸出指定類比電壓值，而第 45 至 47 行是送出類比至數位轉換觸發訊號給 ADC0804 元件，命其執行類比至數位資料轉換，如果轉換完成時，ADC0804 將送出低電位訊號給單晶片之 $\overline{\text{INT0}}$ 腳位，觸發 INT_0 中斷副程式，執行類比資料擷取及資料格式之轉換工作。

思考問題

a. 請參考上列範例程式，請將類比輸出的方式改由指撥開關設定。

b. 請參考上列範例程式，當類比輸入值大於 4V 時，利用 LED0（P1.0）產生一個週期為 0.1 秒之閃爍燈號。

範例 3：DAC 與 ADC 的整合應用

參考範例 2 及其實驗架構。將類比輸出的方式改由 3 個按鈕開關 PB0~PB2 來設定，其設定方式要求如下：（1）當按下 PB0 按鈕時，即自動遞增變數值；（2）當按下 PB2 按鈕時，即自動遞減變數；（3）當按下 PB1 按鈕時，即可以目前的變數值送至 DAC0800 輸出指定類比訊號，然後由 ADC0804 的類比至數位轉換介面，讀入類比輸入訊號，再顯示在指定的七段顯示器上。

流程圖

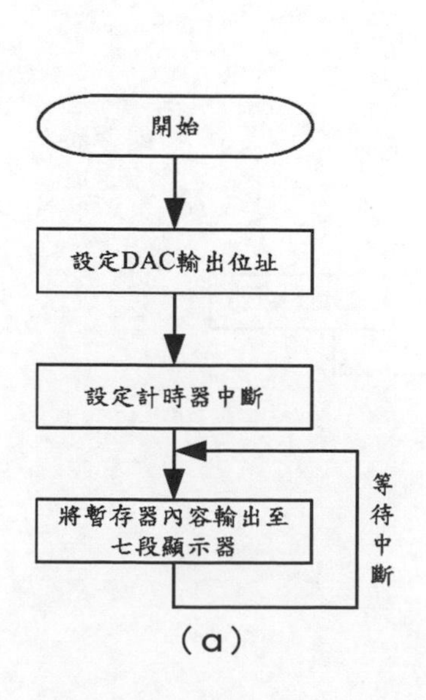

(a)

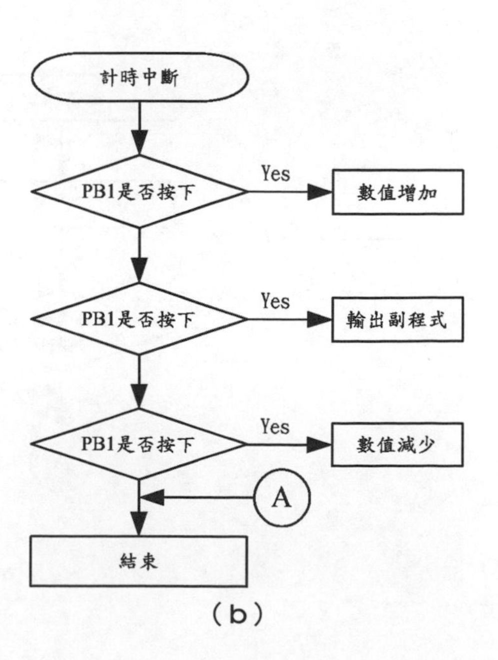

(b)

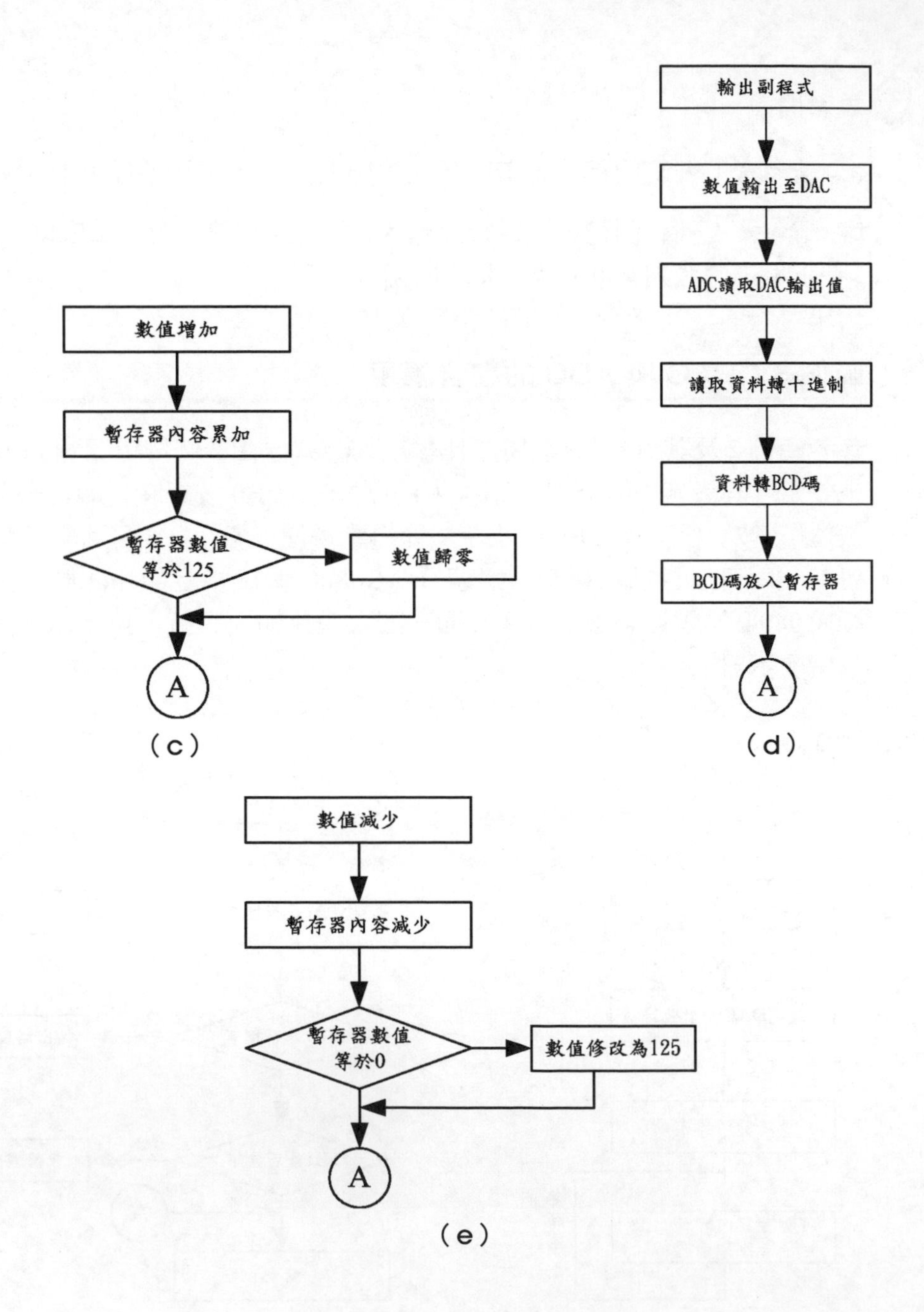
數值增加
暫存器內容累加
暫存器數值
等於125
數值歸零
A
輸出副程式
數值輸出至DAC
ADC讀取DAC輸出值
讀取資料轉十進制
資料轉BCD碼
BCD碼放入暫存器
A
數值減少
暫存器內容減少
暫存器數值
等於0
數值修改為125
A

（c）

（d）

（e）

程式碼

範例 DM11_03.ASM 程式碼

```
1   AUXR     EQU   8EH
2   VALUE    EQU   40H
3   ;
4            ORG   0000H
5            JMP   MAIN
6            ORG   0003H
7            JMP   INT_0
8   ;
9   MAIN:    MOV   A,AUXR
10           ORL   A,#00000010B
11           MOV   AUXR,A
12           MOV   IE,#10000001B
13  ;
14  LOOP:
15           JNB   P3.3,PB0
16           JNB   P3.4,PB1
17           JNB   P3.5,PB2
18           ACALL SHOW   ;SHOW DATA ON SEVEN-SEGMENT
19           JMP   EXIT
20  PB0:     INC   VALUE
21           JMP   EXIT
22  PB1:     MOV   R0,#0FDH
23           MOV   A,VALUE
24           MOVX  @R0,A          ;輸出類比值
25  ;
26           ACALL DELAY
27           MOV   R0,#0FEH
28           MOV   A,#0FFH
29           MOVX  @R0,A          ;致能類比至數位轉換
30           JMP   EXIT
31  PB2:     DEC   VALUE
32  EXIT:    JMP   LOOP
33  ;
34  ; INTERRUPT 0 FOR ADC CONVERSION
35  INT_0:
36           MOV   R0,#0FEH
37           MOVX  A,@R0
38           ACALL M_BIT_TO_DEC
39           ACALL BCD_ADJUST
40  ;
```

```
41              RETI
42    ;
43    M_BIT_TO_DEC:
44              CLR    C
45              MOV    R7,#01H         ;加權的倍率設定(N-1)
46              MOV    R5,#00H
47              MOV    R4,#00H
48              MOV    R3,#08H
49    STEP_1:
50              RLC    A
51              MOV    R2,A
52              MOV    A,R5
53              ADDC   A,R5
54              DA     A
55              MOV    R5,A
56              MOV    A,R4
57              ADDC   A,R4
58              MOV    R4,A
59              MOV    A,R2
60              DJNZ   R3,STEP_1
61    STEP_2:
62              MOV    A,R5
63              ADD    A,R5
64              DA     A
65              MOV    R5,A
66              MOV    A,R4
67              ADDC   A,R4
68              DA     A
69              MOV    R4,A
70              DJNZ   R7,STEP_2
71              RET
72    ;
73    BCD_ADJUST:
74              MOV    A,R5
75              ANL    A,#0FH
76              ORL    A,#0F0H
77              MOV    R1,A
78              MOV    A,R5
79              SWAP   A
80              ANL    A,#0FH
81              ORL    A,#0F0H
82              MOV    R2,A
83              MOV    A,R4
```

```
84              ORL   A,#0B0H
85              MOV   R3,A
86              RET
87   ;
88   ; ========SHOW DATA TO SEVEN-SEGMENT ============
89   SHOW:      MOV   P2,#11110011B
90              MOV   P1,R1
91              MOV   P0,#01011111B
92              ACALL DELAY
93              MOV   P0,#11111111B
94              MOV   P1,R2
95              MOV   P0,#11101111B
96              ACALL DELAY
97              MOV   P0,#11111111B
98              MOV   P1,R3
99              MOV   P0,#11110111B
100             ACALL DELAY
101             MOV   P0,#11111111B
102             RET
103  ;
104  DELAY:     MOV   R6,#10
105  DEL:       MOV   R7,#200
106             DJNZ  R7,$
107             DJNZ  R6,DEL
108             RET
109  ;
110             END
```

程式說明

1. 第 1 至 2 行是假指令 EQU，分別指定 AUXR 及 VALUE 之暫存器位址分別為 8EH 及 40H。

2. 第 4 行是假指令 ORG，其設定第 5 行的程式位址為 0000H，因此程式會在硬體初始化後，馬上強制跳至第 9 行的 MAIN 標籤去執行，所以主程式的程式碼要從這裡開始設計。第 6 及 7 行是設定外部中斷副程式為 INT_0 標籤。

3. 第 9 至 11 行為設定特殊暫存器，用來啟動外部擴充記憶體的功能，詳細請參考第十章範例 1 說明。而第 12 行是啟動外部中斷 0。

4. 第 14 至 32 行是主程式的無窮迴圈程式碼，主要執行按鈕的掃瞄及執行相對應的範例要求預定工作內容，如流程圖說明。首先第 15 至 17 行是判別被按下之按鈕且跳至相對應標籤去執行，也就是執行個別預定的工作內容。可是如果沒有按鈕被按下時，則只簡單執行目前輸出值在七段顯示器上之顯示工作（第 18 行）。如果 PB0 及 PB2 被按下，則分別執行 VALUE 值之增加（第 20 至 21 行）或是減少工作（第 31 至 32 行）。如果 PB1 被按下時（第 22 至 30 行），則跳至 PB1 標籤去執行，在第 22 至 24 行應用外部擴充記憶體寫入方式，將 VALUE 值送至 DAC0800 元件輸出指定電壓值，然後呼叫 DELAY 函數產生一段時間延遲，然後再送出致能訊號至類比至數位轉換器 ADC0804 上，命令 ADC0804 執行類比至數位轉換工作，如果轉換工作完成將產生一個低電位訊號給單晶片的 $\overline{\text{INT0}}$，觸發其中斷功能。

5. 第 35 至 41 行是外部中斷 0 副程式 INT_0，主要執行類比輸入擷取，8 位元數位值轉至 10 進位格式（M_BIT_TO_DEC）及再轉換至七段顯示器輸出格式之暫存器 R1、R2 及 R3（BCD_ADJUST），R1、R2 及 R3 分別表示電壓的小數第二位、小數第一位及個位數。至於 M_BIT_TO_DEC 及 BCD_ADJUST 的說明，請參考第 10 章之程式說明。

思考問題

a. 請參考上列範例程式，當類比輸入值大於 4V 時，利用 LED0（P1.0）產生一個週期為 0.1 秒之閃爍燈號。而當類比輸入值大於 4.8V 時，利用揚聲器產生一個警告訊號，請參考範例程式 DM08_01。

範例 4：函數產生器應用（一）：模擬輸出方波

利用計時器 0 模式 1 的中斷方式，透過 DAC0800 數位至類比輸出介面，輸出指定頻率的方波函數訊號。而輸出指定頻率可由如下方式設定：（1）PB0 被按下時輸出 10Hz 方波；（2）PB1 被按下時輸出 20Hz 方波；（3）PB2 被按下時，輸出 30Hz 方波。注意，方波的頻率可由 0 與 5V 的輸出訊號比率加以控制。

流程圖

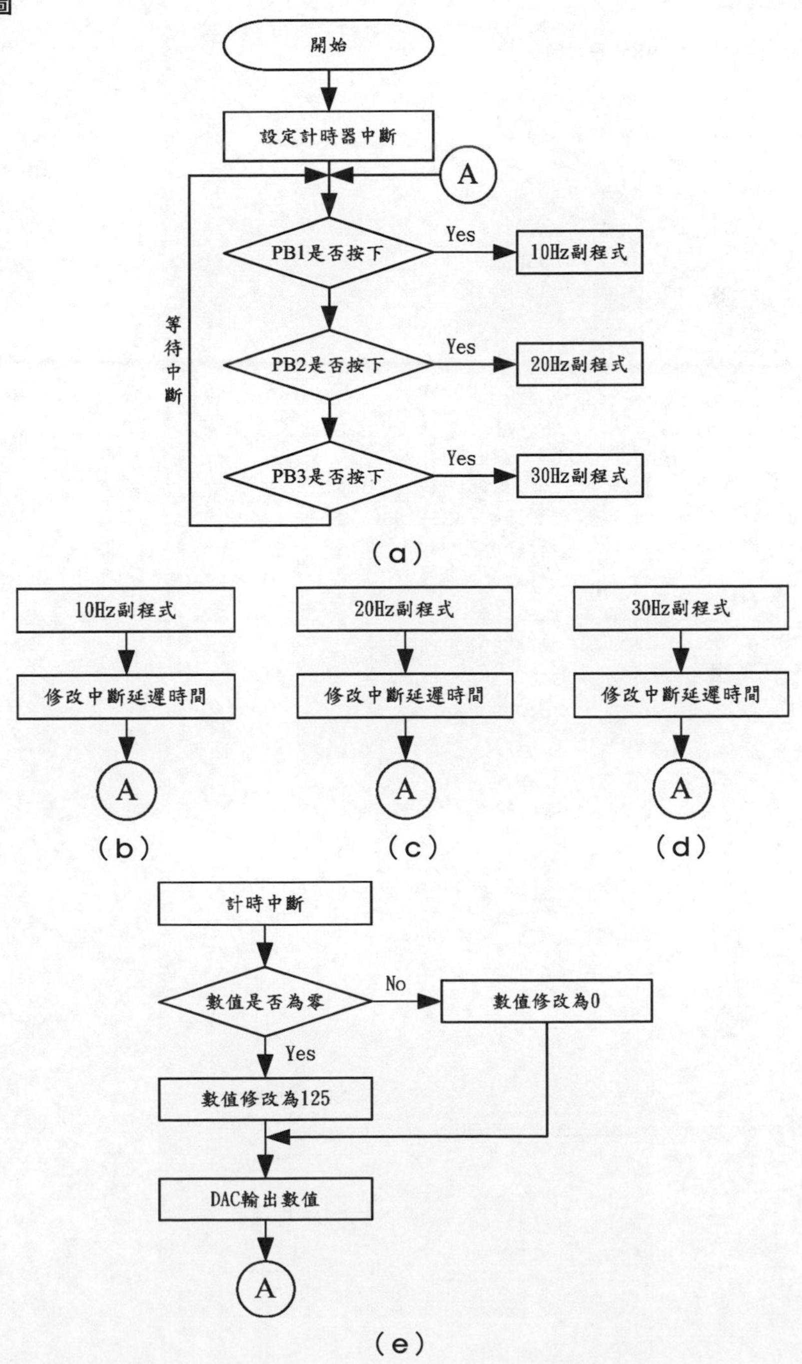
開始
設定計時器中斷
A
PB1是否按下
Yes
10Hz副程式
等待中斷
PB2是否按下
Yes
20Hz副程式
PB3是否按下
Yes
30Hz副程式
(a)
10Hz副程式
修改中斷延遲時間
A
(b)
20Hz副程式
修改中斷延遲時間
A
(c)
30Hz副程式
修改中斷延遲時間
A
(d)
計時中斷
數值是否為零
No
數值修改為0
Yes
數值修改為125
DAC輸出數值
A
(e)

程式碼

範例 DM11_04.ASM 程式碼

```
1   AUXR      EQU   8EH
2   TEMP      EQU   40H
3   ;
4             ORG   0000H
5             JMP   MAIN
6             ORG   000BH
7             JMP   INT_T0
8   ;
9   MAIN:     MOV   A,AUXR
10            ORL   A,#00000010B
11            MOV   AUXR,A
12            MOV   TMOD,#00000001B
13            MOV   TL0,#(65535-1000) MOD 256
14            MOV   TH0,#(65535-1000)/256
15            MOV   R4,#00H
16            MOV   R5,#50
17            MOV   TEMP,R5
18            MOV   IE,#10000010B
19            SETB  TR0
20  LOOP:     JNB   P3.3,T_10
21            JNB   P3.4,T_20
22            JNB   P3.5,T_30
23            JMP   LOOP
24  ;
25  T_10:     MOV   R5,#50
26            JMP   EXIT
27  T_20:     MOV   R5,#25
28            JMP   EXIT
29  T_30:     MOV   R5,#16
30  EXIT:     MOV   TEMP,R5
31            JMP   LOOP
32  ;
33  ; ======= TIMER0 INTERRUPT ==========
34  INT_T0:
35            MOV   TL0,#(65536-1000) MOD 256
36            MOV   TH0,#(65536-1000)/256
37            DJNZ  R5,EXIT1
38  ;
39            MOV   R5,TEMP
40            MOV   R0,#0FDH
```

```
41              MOV    A,R4
42              MOVX   @R0,A         ;輸出類比值
43   CASE1:     CJNE   A,#0,CASE2
44              MOV    R4,#0FFH
45              JMP    EXIT1
46   CASE2:     MOV    R4,#00H
47   EXIT1: RETI
48   ;
49              END
```

執行結果

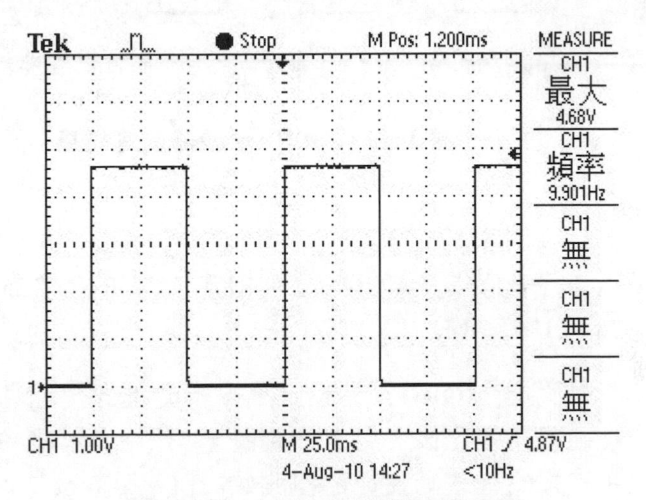

圖 11-9　10Hz 示波器量測結果

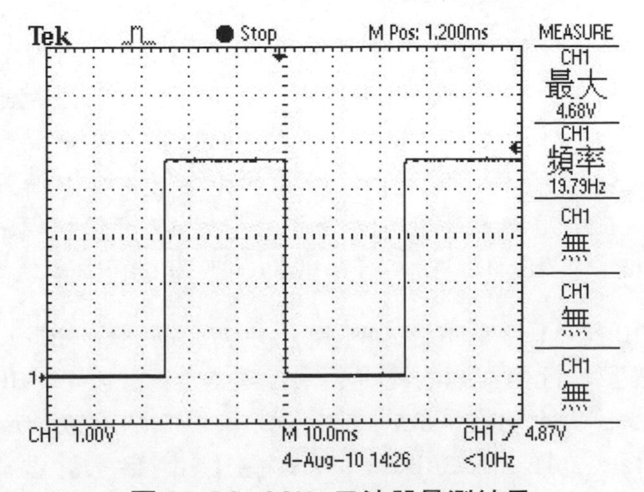

圖 11-10　20Hz 示波器量測結果

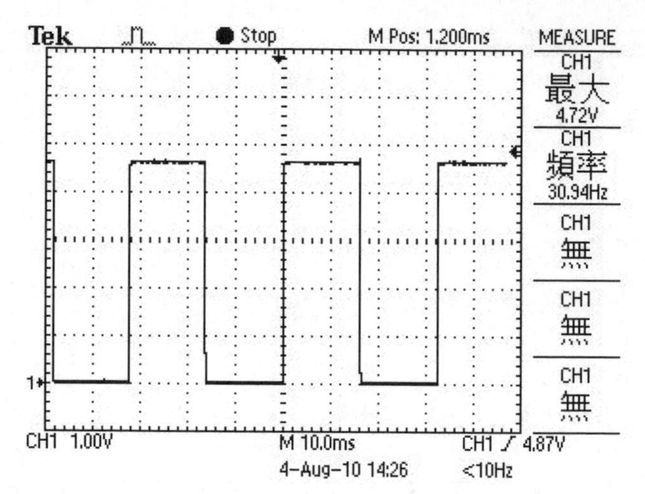

圖 11-11　30Hz 示波器量測結果

程式說明

1. 第 1 至 2 行是假指令 EQU，分別指定 AUXR 及 TEMP 之暫存器位址分別為 8EH 及 40H。

2. 第 4 行是假指令 ORG，其設定第 5 行的程式位址為 0000H，因此程式會在硬體初始化後，馬上強制跳至第 9 行的 MAIN 標籤去執行，所以主程式的程式碼要從這裡開始設計。第 6 及 7 行是設定計時器 0 中斷副程式為 INT_T0 標籤。

3. 第 9 至 11 行為設定特殊暫存器，用來啟動外部擴充記憶體的功能，詳細請參考第十章範例 1 說明。第 12 至 14 行設定計數器 0 為模式 1 且其溢位計數值為 1000，也就是 1ms 會產生計時器 0 中斷。而 R4 及 R5 分別是電壓輸出值及頻頻設定參數。預設值分別為 R4=0 表示 0V，R5=50 為頻率 10Hz 設定，在第 17 行是將頻率預定值 R5 指定給 TEMP。第 18 及 19 行是啟動計數器 0 的中斷功能。

4. 第 20 至 31 行是主程式的 LOOP 無窮迴圈程式碼，主要執行按鈕的掃瞄及執行相對應的範例要求參數設定。當按下 PB0 則設定 R5=50；當按下 PB1 則設定 R5=25；當按下 PB2 則設定 R5=15，其分別產生 10Hz、20Hz 及 30Hz 的方波輸出。請參考計數器 0 中斷副程式

INT_T0，因為計數器 0 的基本單位為 1ms 且方波是採用半週 ON 及半週 OFF 的方式。所以當要 10Hz 時，只要設定半週期 R5=50，也就是說，計數器 0 中斷 50 次才改變輸出狀態，而 2 次的狀態改變可完成一個週期的方波訊號輸出。

5. 第 34 至 49 行是計數器 0 中斷副程式 INT_T0，第 35 至 37 行是設定基本中斷時間為 1ms 且中斷 10 次後，執行程式本體，將 TEMP 再載入 R5，在第 40 至 42 行將 R4 的值送至 DAC0800 元件，輸出指定電壓訊號，而第 43 至 46 行設定 R4 暫存器值來產生半週期是 0 伏特與半週期是 5 伏特輸出，詳細請參考流程圖說明。

思考問題

a. 參考上列範例程式，請用 ADC0804 的類比輸入 0~5V，來改變 DAC0800 方波的輸出頻率 0~100Hz，並利用示波器量測實驗板的 TP2 及 TP3 測試點，顯示出微控制器的輸出波形。

b. 參考上列範例程式，請用 PB0~2 的按鈕去控制方波輸出頻率，其要求如下：（1）PB0 被按下時遞增方波頻率；（2）PB2 被按下時遞減方波頻率；（3）PB1 被按下時，即輸出指定頻率的方波訊號。

範例 5：波形應用（二）：DAC 模擬輸出三角波

請利用計時器 0 模式 1 的中斷方式，透過 DAC0800 數位至類比輸入介面，輸出指定頻率的三角波函數訊號，其波形如下圖所示之樣式。而輸出指定頻率可由如下方式設定：（1）PB0 被按下時輸出 10Hz 三角波；（2）PB1 被按下時輸出 20Hz 三角波；（3）PB2 被按下時，輸出 30Hz 三角波。

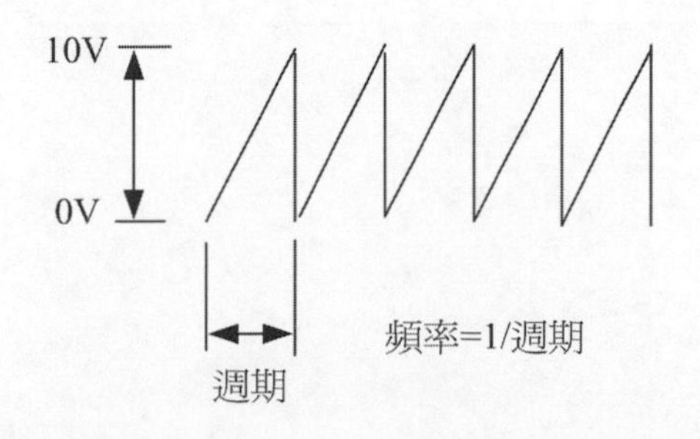

流程圖

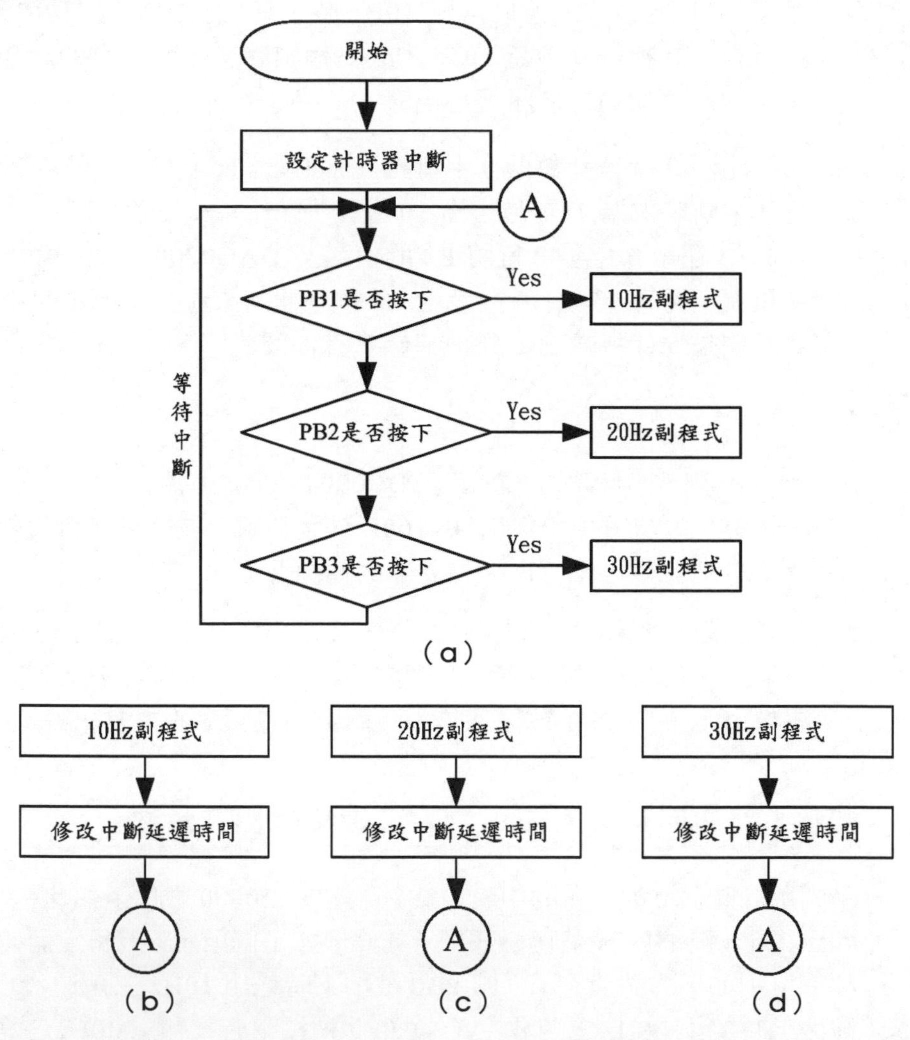
開始
設定計時器中斷
A
PB1是否按下
Yes
10Hz副程式
PB2是否按下
Yes
20Hz副程式
PB3是否按下
Yes
30Hz副程式
等待中斷
(a)
10Hz副程式
修改中斷延遲時間
A
(b)
20Hz副程式
修改中斷延遲時間
A
(c)
30Hz副程式
修改中斷延遲時間
A
(d)

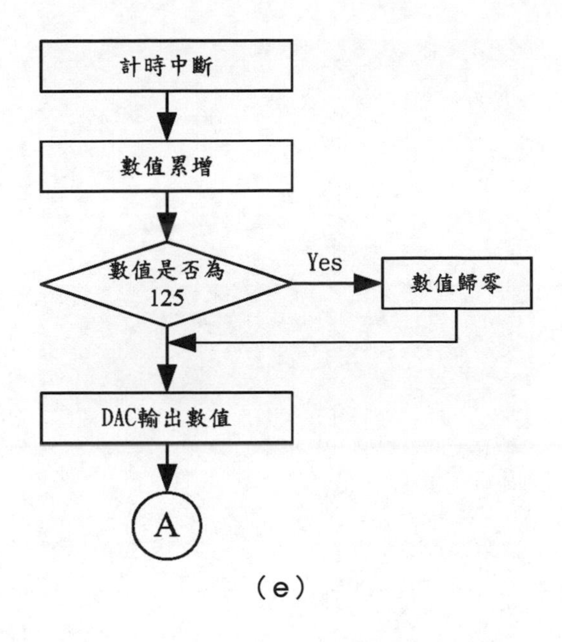

（e）

程式碼

範例 DM11_05.ASM 程式碼

```
1    AUXR     EQU   8EH
2    CASE1    EQU   390
3    CASE2    EQU   195
4    CASE3    EQU   130
5    ;
6             ORG   0000H
7             JMP   MAIN
8             ORG   000BH
9             JMP   INT_T0
10   ;
11   MAIN:    MOV   A,AUXR
12            ORL   A,#00000010B
13            MOV   AUXR,A
14            MOV   IE,#10000010B
15            MOV   TMOD,#00000001B
16            MOV   R5,#(65535-CASE1) MOD 256
17            MOV   R6,#(65535-CASE1) / 256
18            MOV   TL0,R5
19            MOV   TH0,R6
20            MOV   A,#00H
21            SETB  TR0
```

```
22  LOOP:    JNB    P3.3,T_10
23           JNB    P3.4,T_20
24           JNB    P3.5,T_30
25           JMP    EXIT
26  ;
27  T_10:    MOV    R5,#(65536-CASE1) MOD 256
28           MOV    R6,#(65536-CASE1) / 256
29           JMP    EXIT
30  T_20:    MOV    R5,#(65536-CASE2) MOD 256
31           MOV    R6,#(65536-CASE2) / 256
32           JMP    EXIT
33  T_30:    MOV    R5,#(65536-CASE3) MOD 256
34           MOV    R6,#(65536-CASE3) / 256
35  EXIT:    JMP    LOOP
36  ;
37  INT_T0:
38           MOV    TL0,R5
39           MOV    TH0,R6
40           INC    A
41           MOV    R0,#0FDH
42           MOVX   @R0,A
43  ;
44           RETI
45  ;
46           END
```

執行結果

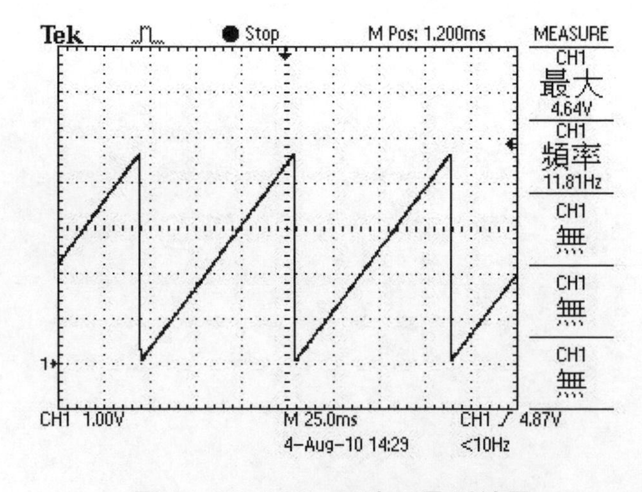

圖 11-12 10Hz 示波器量測結果

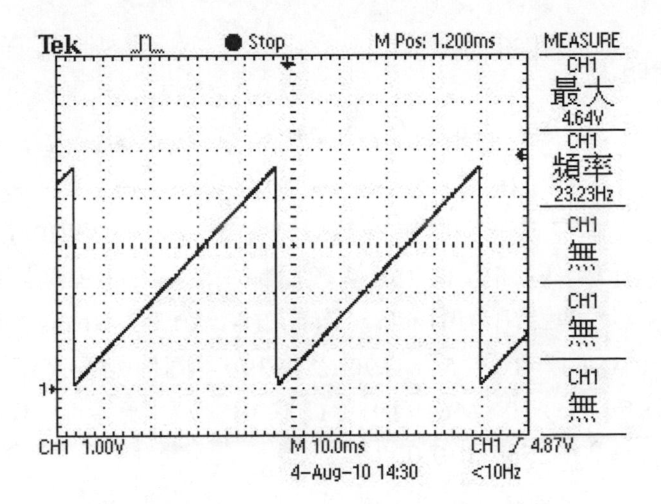

圖 11-13　20Hz 示波器量測結果

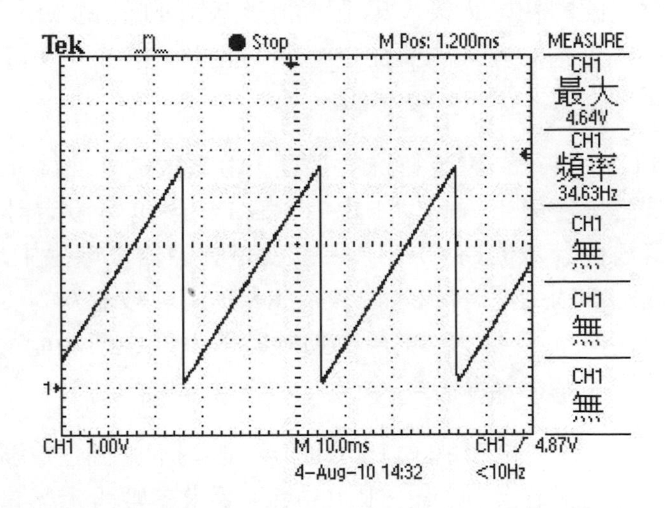

圖 11-14　30Hz 示波器量測結果

程式說明

1. 第 1 至 4 行是假指令 EQU，指定 AUXR 暫存器位址為 8EH，設定 CASE1、CASE2 及 CASE3 參數分別為 390、195 及 130。本範例採用三角波函數週期參數計算原理如下說明：DAC0800 為 8 位元數位至類比輸出，所以有 256 個類比輸出狀態，而單晶片的計時器時脈為 1μS。如要輸出 10Hz 時，週期 T=1/10 秒=10^5ms，因此只要設定參數 CASE1 =10^5/256= 390.625≈390；同理如要產生 20Hz 時，參數 CASE2 =5×10^4/256= 195.3125≈195；如要產生 30Hz 時，CASE2 =33.3×10^3/256= 130.0781≈130。

2. 第 5 行是假指令 ORG，其設定第 5 行的程式位址為 0000H，因此程式會在硬體初始化後，馬上強制跳至第 11 行的 MAIN 標籤去執行，所以主程式的程式碼要從這裡開始設計。第 8 及 9 行是設定計時器 0 中斷副程式為 INT_T0 標籤。

3. 第 11 至 13 行為設定特殊暫存器，用來啟動外部擴充記憶體的功能，詳細請參考第十章範例 1 說明。第 14 至 19 行設定計數器 0 為模式 1 且其溢位計數值為 CASE1，也就是計數器 0 產生中斷 256 次後的總時間為 1 個週期時間。而 R4 及 R5 分別計數器 0 的 TL0 及 TH0 的設定暫存器。第 14 及 21 行啟動計時器 0 及中斷功能。而第 20 行是將累積器初始化為 0。

4. 第 22 至 35 行是主程式 LOOP 無窮迴圈程式碼，如同範例 3，主要執行按鈕的掃瞄及執行相對應的範例要求參數設定，當按下 PB0 時，則將 CASE1 參數存入 R4 及 R5；當按下 PB1 時，則設定將 CASE2 參數存入 R4 及 R5；當按下 PB2 時，則設定將 CASE3 參數存入 R4 及 R5 中。R4 及 R5 參數會在計時器 0 中斷時再載入 TL0 及 TH0 中，產生新的函數週期時間。

5. 第 37 至 44 行是計時器 0 中斷副程式，主要將 R4 及 R5 參數在計時器 0 中斷時再載入 TL0 及 TH0 中，每次中斷自動增加累加器 A 的值且將其值送至 DAC0800 輸出電壓訊號。在計數器 0 產生中斷 256 次後，即可以產生一個完整的週期的斜坡訊號，也就是三角波。

思考問題

a. 參考上列範例程式，用 ADC0804 的類比輸入 0~5V，來改變 DAC0800 三角波的輸出頻率 0~100Hz，並利用示波器量測實驗板的 TP2 及 TP3 測試點，顯示出微控制器的輸出波形。

b. 參考上列範例程式，請用 PB0~2 的按鈕去控制三角波輸出頻率，其要求如下：（1）PB0 被按下時遞增三角波頻率；（2）PB2 被按下時遞減三角波頻率；（3）PB1 被按下時，即輸出指定頻率的三角波訊號。

範例 6：DAC 與 LCM 模組之整合應用

參考範例 2 及其實驗架構。請將類比輸出的方式改由 3 個按鈕開關 PB0~PB2 來設定，其設定方式要求如下：（1）當按下 PB0 按鈕時，即自動遞增變數值；（2）當按下 PB2 按鈕時，即自動遞減變數；（3）當按下 PB1 按鈕時，即可將目前的變數值送至 DAC0800 輸出指定類比訊號，然後由 ADC0804 的類比至數位轉換介面，讀入類比輸入訊號。可是本範例期望將類比輸出、類比輸入與設定的方式顯示在 LCM 模組上，詳細如下圖所示。注意，類比輸入是採用中斷模式。

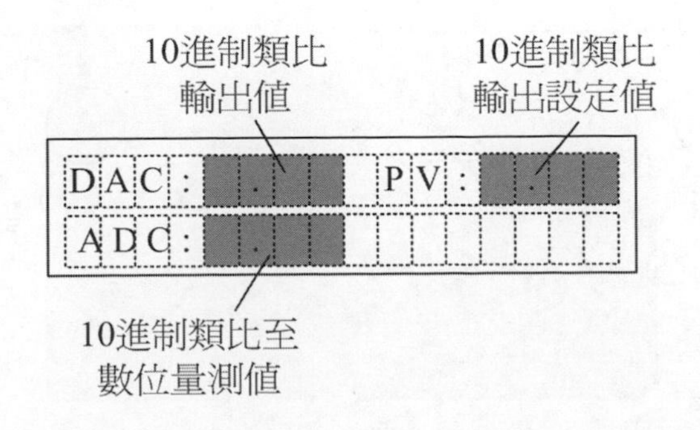

流程圖

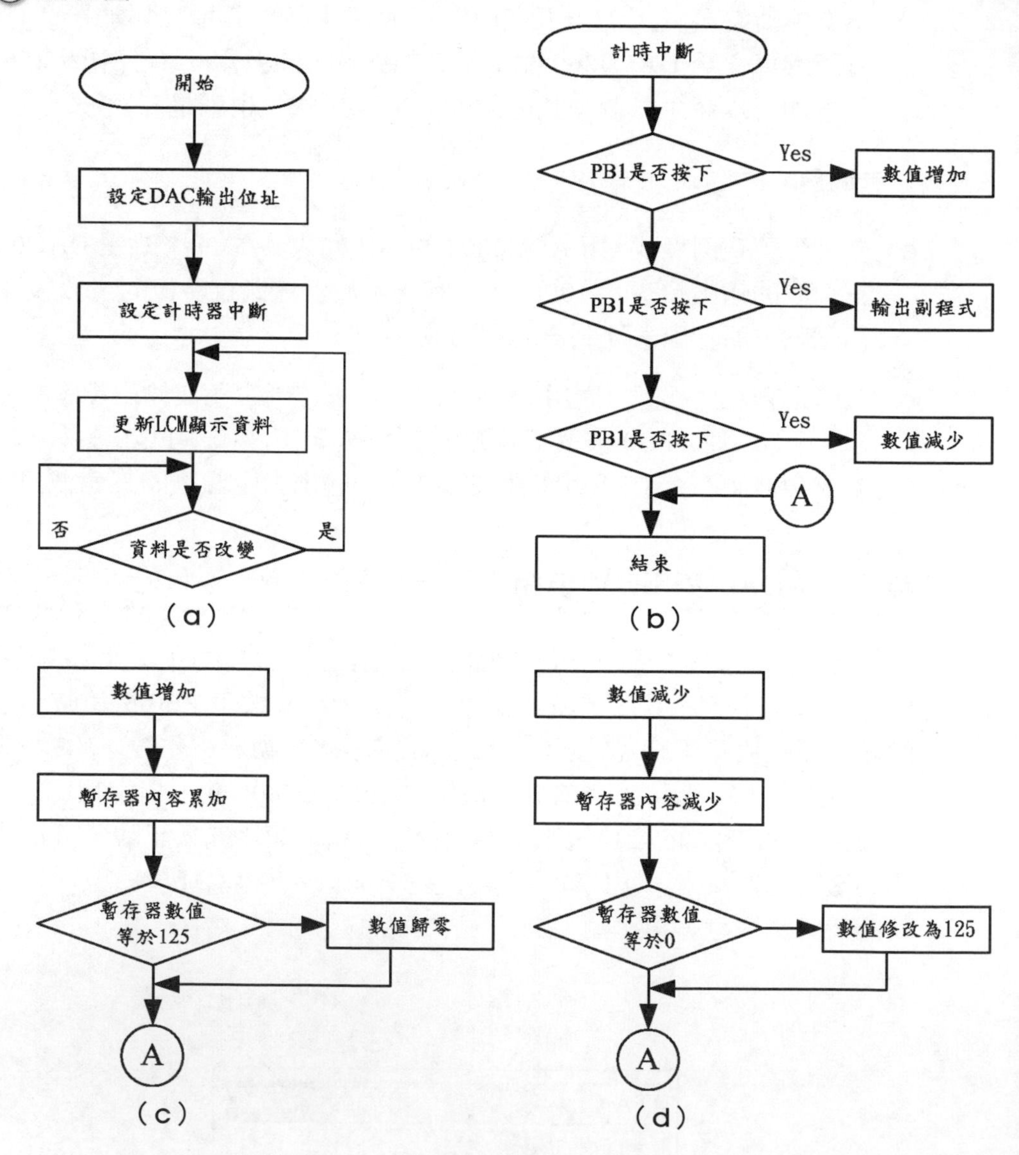
開始
設定DAC輸出位址
設定計時器中斷
更新LCM顯示資料
否
資料是否改變
是
(a)
計時中斷
PB1是否按下
Yes
數值增加
PB1是否按下
Yes
輸出副程式
PB1是否按下
Yes
數值減少
A
結束
(b)
數值增加
暫存器內容累加
暫存器數值
等於125
數值歸零
A
(c)
數值減少
暫存器內容減少
暫存器數值
等於0
數值修改為125
A
(d)

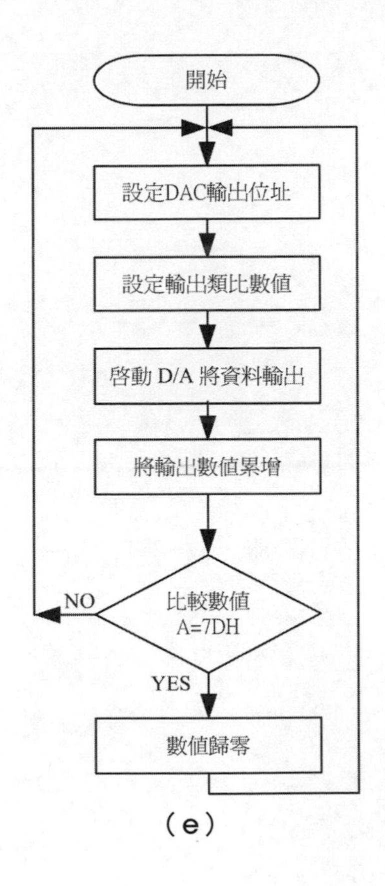

（e）

程式碼

範例 DM11_06.ASM 程式碼

```
1    AUXR       EQU     8EH
2    LCD_BUS    EQU     P1                                   ; LCD 輸出與控制端
3    LCD_LED    EQU     P1.7                                 ; LCD 背光
4    LCD_RW     EQU     P1.5                                 ; LCD 讀寫
5    LCD_RS     EQU     P1.4                                 ; LCD 模組暫存器選擇腳
6    LCD_E      EQU     P1.6                                 ; LCD 模組致能腳 ENABLE
7    ;
8    DY0                EQU             26H                  ; 延遲副程式計數用
9    DY1                EQU             27H                  ; 延遲副程式計數用
10   SET_VALUE          EQU             30H
11   SET_1      EQU     31H
12   SET_2      EQU     32H
13   SET_3      EQU     33H
14   OUT_1      EQU     34H
15   OUT_2      EQU     35H
```

```
16  OUT_3    EQU   36H
17  IN_1     EQU   37H
18  IN_2     EQU   38H
19  IN_3     EQU   39H
20  TEMP     EQU   3AH
21  ;
22           ORG   0000H
23           JMP   MAIN
24           ORG   000BH
25           JMP   INT_T0
26  ;
27  MAIN:    MOV   A,AUXR
28           ORL   A,#00000010B
29           MOV   AUXR,A
30           MOV   SP,#70H
31           MOV   IE,#10000010B
32           MOV   TMOD,#00000001B
33           MOV   TL0,#(65535-30000) MOD 256
34           MOV   TH0,#(65535-30000)/256
35  ;
36           MOV   R0,#30H
37           MOV   R1,#10
38  AGAIN:   MOV   @R0,#'0'
39           INC   R0
40           DJNZ  R1,AGAIN
41           CLR   P2.4                   ; ENABLE LCM INTERFACE
42           ACALL LCD_INIT               ; LCD 模組初始化
43           MOV   A,#080H                ;SHOW LINE 1
44           ACALL WCOM
44           MOV   DPTR,#TABLE1
45           ACALL LCD_PRINT
46           MOV   A,#0C0H                ;SHOW LINE 2
47           ACALL WCOM
48           MOV   DPTR,#TABLE2
49           ACALL LCD_PRINT
50           SETB  TR0
51  ;
52  LOOP:
53           JMP   LOOP
54  ;
55  INT_T0:
56           MOV   TL0,#(65535-30000) MOD 256
57           MOV   TH0,#(65535-30000)/256
```

```
58          JNB    P3.3,PB0
59          JNB    P3.4,PB1
60          JNB    P3.5,PB2
61          JMP    EXIT1
62  PB0:    INC    SET_VALUE
63          AJMP   CONV_SHOW
64  ;
65  PB2:    DEC    SET_VALUE
66  CONV_SHOW:
67          MOV    A,SET_VALUE
68          ACALL  M_BIT_TO_DEC
69          ACALL  BCD_ADJUST
70          MOV    SET_1,R1
71          MOV    SET_2,R2
72          MOV    SET_3,R3
73
74          MOV    R0,#33H              ;UPDATE LCM
75          MOV    R5,#6
76          ACALL  LCM_SHOW
77          AJMP   EXIT1
78  ;
79  PB1:
80          MOV    OUT_1,SET_1
81          MOV    OUT_2,SET_2
82          MOV    OUT_3,SET_3
83          MOV    R0,#0FDH
84          MOV    A,SET_VALUE
85          MOVX   @R0,A
86  ;
87          MOV    R0,#36H              ;UPDATE LCM
88          MOV    R5,#0
89          ACALL  LCM_SHOW
90  ;
91          MOV    R0,#0FEH
92          MOV    A,#0FFH
93          MOVX   @R0,A
94  WAIT:   JB     P3.2,WAIT
95          MOVX   A,@R0
96
97          ACALL  M_BIT_TO_DEC
98          ACALL  BCD_ADJUST
99          MOV    IN_1,R1
100         MOV    IN_2,R2
```

```
101            MOV    IN_3,R3
102 ;
103            MOV    R0,#39H       ;UPDATE LCM
104            MOV    R5,#3
105            ACALL LCM_SHOW
106 ;
107 EXIT1:     RETI
108 ;
109 LCM_SHOW:
110            MOV    TEMP,#03
111            MOV    DPTR,#TABLE3
112 AGAIN1:
113            MOV    A,R5
114            MOVC   A,@A+DPTR           ;
115            ACALL WCOM
116            MOV    A,@R0
117            ACALL WDATA
118            INC    R5
119            DEC    R0
120            DJNZ   TEMP,AGAIN1
121            RET
122
123
124 M_BIT_TO_DEC:
125            CLR    C
126            MOV    R7,#01H       ;加權的倍率設定(N-1)
127            MOV    R5,#00H
128            MOV    R4,#00H
129            MOV    R3,#08H
130 STEP_1:
131            RLC    A
132            MOV    R2,A
133            MOV    A,R5
134            ADDC   A,R5
135            DA     A
136            MOV    R5,A
137            MOV    A,R4
138            ADDC   A,R4
139            MOV    R4,A
140            MOV    A,R2
141            DJNZ   R3,STEP_1
142 STEP_2:
143            MOV    A,R5
```

```
144         ADD    A,R5
145         DA     A
146         MOV    R5,A
147         MOV    A,R4
148         ADDC   A,R4
149         DA     A
150         MOV    R4,A
151         DJNZ   R7,STEP_2
152         RET
153 ;
154 BCD_ADJUST:
155         MOV    A,R5
156         ANL    A,#0FH
157         ADD    A,#30H        ;===
158 ;       ORL    A,#0F0H
159         MOV    R1,A
160         MOV    A,R5
161         SWAP   A
162         ANL    A,#0FH
163         ADD    A,#30H        ;===
164         MOV    R2,A
165         MOV    A,R4
166         ADD    A,#30H        ;===
167         MOV    R3,A
168         RET
169 ;================================================
170 ;※_LCD 模組初始化
171 ;================================================
172 LCD_INIT:
173         CLR    LCD_E
174         MOV    LCD_BUS,#0A3H       ;(起動程序-01/)
175         ACALL  LCD_EN
176         MOV    LCD_BUS,#0A3H       ;(起動程序-02/)
177         ACALL  LCD_EN
178         MOV    LCD_BUS,#0A3H       ;(起動程序-03/)
179         ACALL  LCD_EN
180         MOV    LCD_BUS,#0A2H       ;(起動程序-04/)
181         ACALL  LCD_EN
182         MOV    A,#28H              ;(起動程序-05/)
183         ACALL  WCOM
184         MOV    A,#0CH              ;(起動程序-06/)
185         ACALL  WCOM
186         MOV    A,#06H              ;(起動程序-07/)
```

```
187          ACALL WCOM
188          ACALL CLR_LCD              ; (起動程序-08/) 清除目前全螢幕
189          RET
190  ;==================================================
191  ;※_SET LCD 致能
192  ;==================================================
193  LCD_EN:
194          CLR   LCD_RW
195          SETB  LCD_E                ; SET LCD_E = 1
196          ACALL DLY0                 ; 延時
197          CLR   LCD_E                ; SET LCD_E = 0
198          ACALL DLY0                 ; 延時
199          CLR   LCD_LED
200          RET
201  ;==================================================
202  ;※_Write-IR 暫存器_寫入指令暫存器函式
203  ;==================================================
204  WCOM:
205          SETB  RS0
206          CLR   RS1
207          MOV   R3,A
208          ANL   A,#00001111B
209          MOV   R2,A                 ; 低四位元
210          MOV   A,R3
211          ANL   A,#11110000B
212          SWAP  A
213          MOV   R1,A                 ; 高四位元
214  ;R1-輸出_將高四位元輸出到 Port-1
215          MOV   A,LCD_BUS
216          ANL   A,#11110000B
217          ORL   A,R1
218          MOV   LCD_BUS,A
219          CLR   LCD_RS               ; SET LCD_RS = 0
220          ACALL LCD_EN               ; SET LCDM 致能腳 為 1 再轉為 0
221  ;R2-輸出_將低四位元輸出到 Port-1
222          MOV   A,LCD_BUS
223          ANL   A,#11110000B
224          ORL   A,R2
225          MOV   LCD_BUS,A
226          CLR   LCD_RS               ; SET LCD_RS = 0
227          ACALL LCD_EN               ; SET LCDM 致能腳 為 1 再轉為 0
228  ;
229          ACALL DLY1                 ; 延時
```

```
230          CLR    RS0
231          CLR    RS1
232          RET
233 ;=================================================
234 ;※_Write-DR 暫存器_寫入資料暫存器函式
235 ;=================================================
236 WDATA:
237          SETB   RS0
238          CLR    RS1
239          MOV    R3,A                    ; 資料轉移_R1 高四位元_R2 低四位元
240          ANL    A,#00001111B
241          MOV    R2,A                    ; 低四位元
242          MOV    A,R3
243          ANL    A,#11110000B
244          SWAP   A
245          MOV    R1,A                    ; 高四位元
246 ;R1-輸出_將高四位元輸出到 Port-1
247          MOV    A,LCD_BUS
248          ANL    A,#11110000B
249          ORL    A,R1
250          MOV    LCD_BUS,A
251          SETB   LCD_RS                  ; SET LCD_RS = 1
252          ACALL  LCD_EN                  ; SET LCDM 致能腳 為 1 再轉為 0
253 ;R2-輸出_將低四位元輸出到 Port-1
254          MOV    A,LCD_BUS
255          ANL    A,#11110000B
256          ORL    A,R2
257          MOV    LCD_BUS,A
258          SETB   LCD_RS                  ; SET LCD_RS = 1
259          ACALL  LCD_EN                  ; SET LCDM 致能腳 為 1 再轉為 0
260 ;
261          ACALL  DLY1                    ; 延時
262          CLR    RS0
263          CLR    RS1
264          RET
265 ;=================================================
266 ;※_清除畫面
267 ;=================================================
268 CLR_LCD:
269          MOV    A,#01H                  ; 從 LCDM 第一行第一個位置開始消除
270          ACALL  WCOM
271          RET
272
```

```
273 ;=============Show table character by movc instruction ===
274 LCD_PRINT:
275         CLR   A
276         MOVC  A,@A+DPTR          ; 將 DPTR 的字元逐一送至 LCDM 顯示
277         CJNE  A,#0,DISP_L        ; 遇到結束碼  0 才結束
278         RET
279 DISP_L:
280         ACALL WDATA
281         INC   DPTR
282         JMP   LCD_PRINT
289         RET
290 ;=============================================
291 ;===   DELAY_以下均為延遲副程式          =====
292 ;=============================================
293 ; 200us
294 DLY0:   MOV   DY0,#97
295         DJNZ  DY0,$
296         RET
297 ; 5ms
298 DLY1:   MOV   DY1,#25
299 DL1:    ACALL DLY0
300         DJNZ  DY1,DL1
301         RET
302 ;
303                  ;0123456789ABCDEF;---------;比例尺
304 TABLE1: DB    "DAC: .   PV: .  ",0       ; 欲顯示字串 ,0 為結束碼
305 TABLE2: DB    "ADC: .          ",0       ; 欲顯示字串 ,0 為結束碼
306 TABLE3: DB    084H,086H,087H,0C4H,0C6H,0C7H,08CH,08EH,08FH
307 ;
308         END
```

程式說明

1. 第 1 至 20 行是假指令 EQU 應用，指定 AUXR 暫存器位址為 8EH，LCD 控制介面變數 LCD_BUS、LCD_LED、LCD_RW、LCD_RS、LCD_E，而 DY0 及 DY1 為時間延遲函數的變數。本範例新增的變數功能說明如下：SET_VALUE 為設定類比輸出變數；SET_1、SET_2 及 SET_3 為將類比輸出設定轉為字元格式且分別表示電壓的小數第二位、小數第一位及個位數值；OUT_1、OUT_2 及 OUT_3 為將類比輸出值轉為字元格式且分別表示電壓的小數第二位、小數第一位及

個位數值；IN_1、IN_2、IN_3 為將類比輸入值轉為字元格式且分別表示電壓的小數第二位、小數第一位及個位數值；TEMP 則是暫存變數，而變數位址是從 30H 至 3AH。

2. 第 22 行是假指令 ORG，其設定第 23 行的程式位址為 0000H，因此程式會在硬體初始化後，馬上強制跳至第 27 行的 MAIN 標籤去執行，所以主程式的程式碼要從這裡開始設計。第 24 及 25 行是設定計時器 0 中斷副程式為 INT_T0 標籤。

3. 第 27 至 29 行為設定特殊暫存器，用來啟動外部擴充記憶體的功能，詳細請參考第十章範例 1 說明。第 30 行是設定堆疊器位址為 70H。第 31 至 34 行啟動定計數器 0 中斷、設定計數器 0 為模式 1 與初始化溢位計數參數為 30ms。本範例應用 1 秒掃瞄 30 次按鈕的狀態，如果有按鈕狀態改變，則執行相對應範例要求控制動作，詳如下說明。

4. 第 36 至 40 行將本範例的變數位址內容清為零，也就是將 SET_VALUE 至 TEMP 設為零。

5. 第 41 行致能 LCM 模組的控制介面，也就是應用 P1 去控制 LCM 模組，如第 1 至 6 行。第 42 行呼叫 LCM_INIT 副程式執行 LCM 模組的初始化程序。第 43 至 45 行將 TABLE1 的文字內容顯示在 LCM 模組的第 1 行上，而第 46 至 49 行將 TABLE2 的文字內容顯示在 LCM 模組的第 2 行上。在第 50 行啟動計數器 0。從此開始，主程式進入無窮迴圈（第 52 至 53 行）程序，然後將整個控制權交給計數器 0 中斷副程式（第 55 至 107 行），掃瞄按鈕狀態及執行相對應的範例要求控制動作，詳如下說明。

6. 第 55 至 107 行為計數器 0 中斷副程式。首先在第 56 及 57 行重新載入溢位計數參數至 TL0 及 TH0。然後在第 58 至 61 行掃瞄按鈕的狀態，如果按鈕沒有被按下則直接離開中斷副程式，可是當有按鈕被按下時，則執行相對應的預定程式碼。例如，PB0 或 PB1 被按下則分別增加或減少 SET_VALUE，然後將設定值轉為 SET_1、SET_2 及 SET_3 的文字格式，在第 74 至 76 行將新的設定值顯示在 LCM 的指定位置上，如範例顯示圖示說明。

7. 可是當 PB1 被按下時，在第 80 至 83 行將 SET_1、SET_2 及 SET_3 分別指定給 OUT_1、OUT_2 及 OUT_3，在第 83 至 85 行將設定值 SET_VALUE 送至 DAC0800 輸出指定電壓，在第 79 至 89 行將 OUT_1、OUT_2 及 OUT_3 值更新在 LCM 的指定位置上。第 91 至 93 行要求 ADC0804 進行類比至數位轉換工作。然後在第 94 行等待 ADC0804 轉換成功訊號及第 95 行讀取類比值至累加器 A，然後，呼叫 M_BIT_TO_DEC 及 BCD_ADJUST 將 8 位元數位類比值轉換為 10 位制及再調整為字元格式，再將 R1、R2 及 R3 分別搬至 IN_1、IN_2、IN_3 去表示電壓的小數第二位、小數第一位及個位數值，再將轉換後的數值更新至 LCM 模組的指定位置上。

8. 第 109 至 121 行是數值更新顯示的 LCM_SHOW 副程式，只要將相對偏移量 R5 設定好，即可在 TABLE3 的表格中找出相對應的 LCM 指位位置，然後將指定變數顯示在指定位置上。

9. 第 124 至 152 行為 M_BIT_TO_DEC 副程式，功能同第十章程式應用。

10. 第 154 至 168 行為 BCD_ADJUST 副程式，功能相似第十章的應用程式說明，只是本範例將七段顯示器的調整改為 LCM 的文字顯示方式。

11. 從第 169 至 301 行為 LCM 模組的控制副程式，詳細請參考第 9 章說明。

12. 第 304 行是 LCM 模組的第 1 行固定顯示字元，第 305 行是 LCM 模組的第 2 行固定顯示字元。第 306 行是 DAC 的顯示位於 084H、086H、087H；ADC 的顯示位 0C4H、0C6H、0C7H，PV 值顯示位於 08CH、08EH、08FH。

思考問題

請參考上列範例程式，當類比輸入值大於 4V 時，利用 LED1（P1.1）產生一個週期為 0.1 秒之閃爍燈號。而當類比輸入值大於 4.5V 時，利用揚聲器產生一個警告訊號，請參考範例程式 DM08_01。

1. 參考範例 5 程式，請用 PB0~2 的按鈕去控制三角波輸出頻率，其要求如下：（1）PB0 被按下時遞增三角波頻率；（2）PB2 被按下時遞減三角波頻率；（3）PB1 被按下時，即輸出指定頻率的三角波訊號。此外，並將設定的三角波頻率值顯示在七段顯示器上。

2. 請利用計時器 0 模式 1 的中斷方式，透過 DAC0800 數位至類比輸入介面，輸出指定頻率的三角波函數訊號，其波形如下圖示之樣式。而輸出指定頻率可是如下方式設定：（1）PB0 被按下時輸出 10Hz 三角波；（2）PB1 被按下時輸出 20Hz 三角波；（3）PB2 被按下時，輸出 30Hz 三角波。

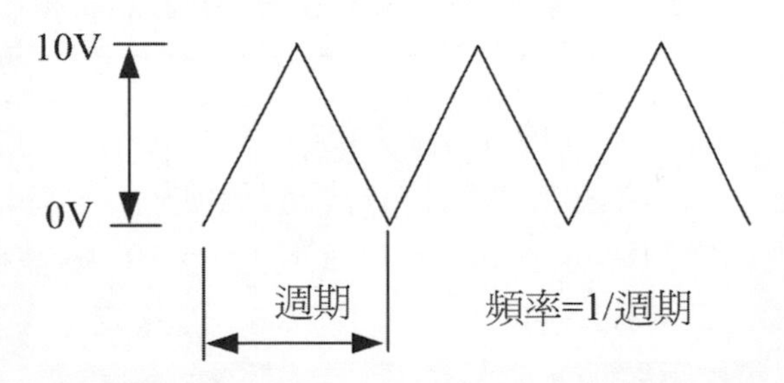

3. 延續上一習題，請將類比輸出的方式改由 3 個按鈕開關 PB0~PB2 來設定，其設定方式要求如下：（1）當按下 PB0 按鈕時，即自動遞增變數值；（2）當按下 PB2 按鈕時，即自動遞減變數；（3）當按下 PB1 按鈕時，即可將目前的頻率設定值，由微控制器經由 DAC0800 數位至類比介面電路輸出指定的三角波訊號。可是本範例期望將類比輸出、類比輸入與設定的方式顯示在 LCM 模組上，詳細如下圖所示。注意，類比輸入是採用中斷模式。

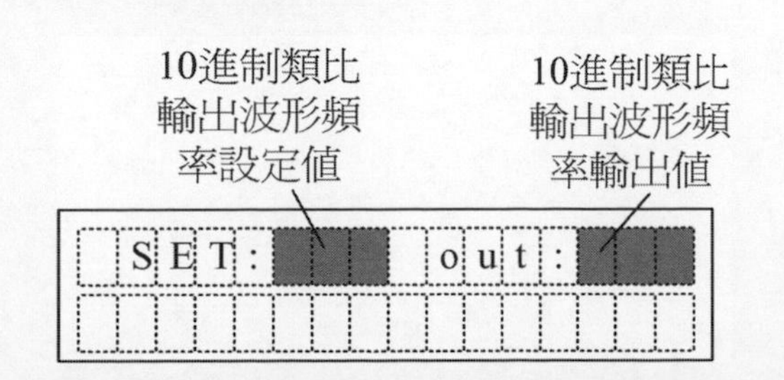

4. 再延續習題一，請將類比輸出的方式改由類比輸入的可變電阻 R16，控制類比輸入值 0~5V，並將其值映射（Mapping）為 0~100Hz，由微控制器經由 DAC0800 數位至類比介面電路輸出指定的三角波訊號。可是本範例期望將類比輸出、類比輸入與設定的方式顯示在 LCM 模組上，詳細如下圖所示。注意，類比輸入是採用中斷模式。

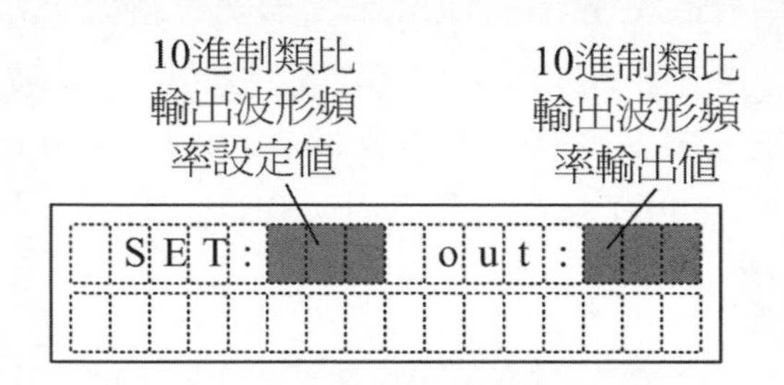

5. 請利用計時器 0 模式 1 的中斷方式，透過 DAC0800 數位至類比輸入介面，輸出指定頻率的正弦波函數訊號，其波形如下圖示之樣式。而輸出指定頻率可是如下方式設定：（1）PB0 被按下時輸出 10Hz 正弦波；（2）PB1 被按下時輸出 20Hz 正弦波；（3）PB2 被按下時，輸出 30Hz 正弦波。

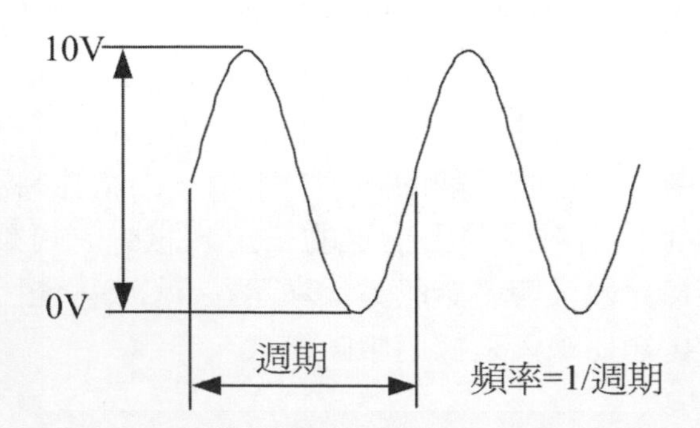

6. 延續上一習題，請將類比輸出的方式改由 3 個按鈕開關 PB0~PB2 來設定，其設定方式要求如下：（1）當按下 PB0 按鈕時，即自動遞增變數值；（2）當按下 PB2 按鈕時，即自動遞減變數；（3）當按下 PB1 按鈕時，即可將目前的頻率設定值，由微控制器經由 DAC0801 數位至類比介面電路輸出指定的正弦波訊號。可是本範例期望將類比輸出、類比輸入與設定的方式顯示在 LCM 模組上，詳細如下圖所示。注意，類比輸入是採用中斷模式。

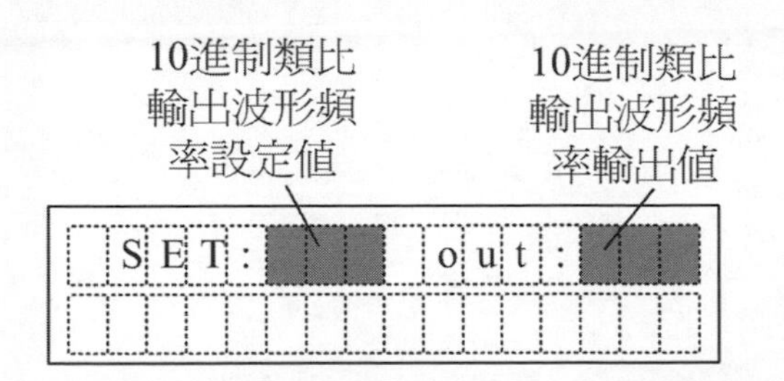

7. 再延續習題一，請將類比輸出的方式改由類比輸入的可變電阻 R16，控制類比輸入值 0~5V，並將其值映射（Mapping）為 0~100Hz，由微控制器經由 DAC0800 數位至類比介面電路輸出指定的正弦波訊號。可是本習題期望將類比輸出、類比輸入與設定的方式顯示在 LCM 模組上，詳細如下圖所示。注意，類比輸入是採用中斷模式。

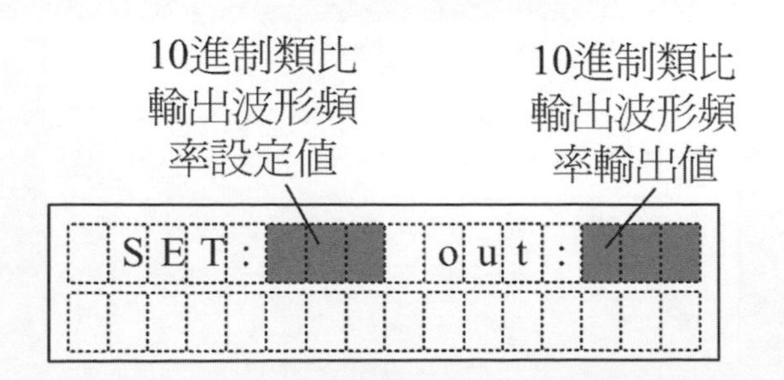

數位溫度元件之應用

本章主要探討單晶片與可規劃數位自動調溫器及溫度計（DS1821）元件之整合應用。首先介紹 DS1821 元件的基本原理與應用方式，經由介面電路設計及幾個典型範例的程式設計示範，讓讀者能充分掌握該晶片的各種應用程式設計技巧，甚至是進階溫度控制器程式設計。

本章學習重點

- 可規劃數位自動調溫器及溫度計 DS1821 的工作原理
- 控制介面電路設計
- 溫度感測器與七段顯示器之應用
- 溫度感測器與 LCM 顯示器之應用
- 問題與討論

12-1 可規劃數位自動調溫器及溫度計的工作原理

DS1821 可以扮演具有可讓使用者定義溫度警報點的自動調溫器或是具有一線式數位介面通訊控制的 8 位元溫度感測器。因為自動調溫器的溫度警報點是被儲存在非揮發性記憶體（Non-Volatile Memory；NVM），所以 DS1821 元件可以事先被規劃具有獨立應用模式。操作溫度範圍為–55°C to +125°C 且在 0°C 到+85°C 溫度範圍內具有±1°C 的量測精度。它的通訊腳是採用開洩極（open-drain） DQ 腳方式且也扮演自動調溫器的輸出腳位。基本上，DS1821 是一具有三支腳位的裝置：一支接正電源、一支接 GND 及一支是控制腳。所以在應用上，它可節省微控器的 I/O 接腳使用量，對於簡化電路來說是非常好的選擇。此外，DS1821 的輸出訊號為數位 8 位元訊號，因此可以省去 ADC 轉換的麻煩，輸出的資料可以直接給各種數位電路直接使用處理。S1821 的特色如下條列說明：

1. DS1821 可以不必需要外部控制器即可達成自動調溫控制。
2. 獨立單線介面，只需使用一支腳即可達成通訊控制。
3. 元件操作溫度為為-55°C ～+125°C。
4. 作獨立運作自動調溫器時，可運行使用者定義的溫度警報點。
5. 提供 8 位元的溫度量測解析度。
6. 在 0°C 到+85°C 的溫度範圍。
7. 具有±1°C 的量測精度。
8. 在 1 秒內即可以量測溫度轉換為數位格式。
9. 應用範圍包括：自動調溫控制、工作系統、消費產品、溫度計或是熱靈敏系統。
10. DS1821 具有 3 支腳的 PR35 包裝及具有 8 支腳的 SO 包裝，如下圖 12-1 所示。

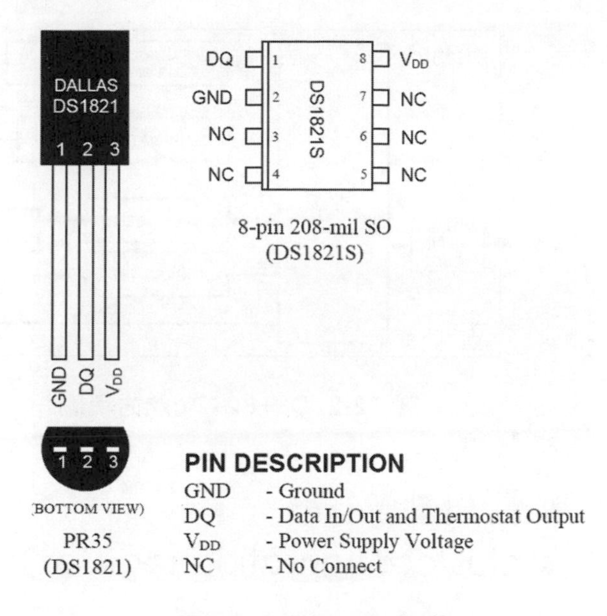

圖 12-1 DS1821 包裝

12-1.1 DS1821 的操作模式

如圖 12-2 所示，DS1821 提供一種單線匯流排的通信協定模式，其開洩極 DQ 腳位在自動調溫操作扮演自動調溫器輸出腳位，而在單線匯流排模式則扮演通訊資料腳位。單線匯流排介面提供使用者透過單線通信模式存取（Access）非揮發性記憶體（EEPROM）的自動調溫警報點暫存器（T_H and T_L）、狀態/規劃暫存器及溫度暫存器，所以使用者不用擔心設定資料會因為停電後消失問題。當規劃為自動調溫器時，則可在送電後馬上進入溫度轉換模式；在此模式下，當 DS1821 的量測溫度超過 TH 暫存器設定值時，DQ 腳位會作動且保持狀態直至量測溫度降至 TL 暫存器設定值以下。此外，在 DS1821 送電後，其操作模式是由其狀態與規劃暫存器的 $T/\overline{R}$ 位元決定之；當 $T/\overline{R}=0$，DS1821 在送電後會進入單線匯流排模式；當 $T/\overline{R}=1$，DS1821 在送電後會進入自動調溫器模式。詳細功能說明如下：

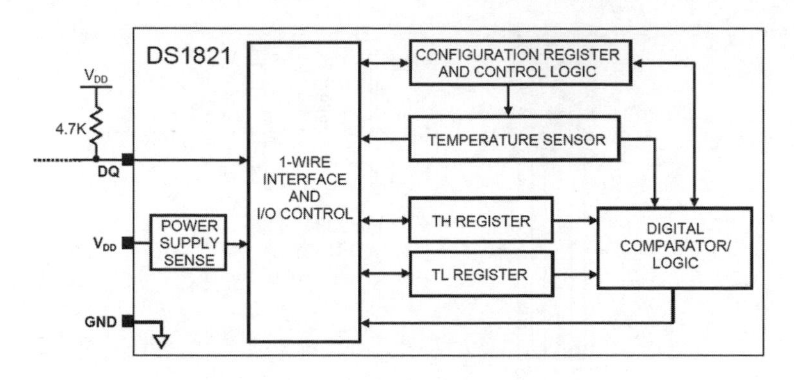

圖 12-2 DS1821 功能方塊圖

12-1.2 狀態/規劃暫存器（status/configuration register）

這個暫存器是 DS1821 非常重要的一個暫存器，它提供使用者有關溫度轉換狀態、EEPROM 的活動及自動調溫器活動。此外，它也允許使用者去規劃元件的各種功能設定；例如：送電後的操作模式、自動調溫器輸出極性與溫度轉換模式。所以在應用 DS1821 前，使用者必須先了解這個暫存器的內容及進行相對應的參數設定。狀態/結構暫存器的安排如圖 12-3 及相對應位元功能說明如表 12-1 所示。在圖 12-3 中，R 是表示可讀取而 W 是可寫入，而每個位元的設定說明如表 12-1 所示。

位元	bit7	bit6	bit5	bit4	bit3	bit2	bit1	bit0
符號	DONE	1	NVB	THF	TLF	T/R	POL	1SHOT
讀寫性	R	R	R	R/W	R/W	R/W	R/W	R/W

圖 12-3 狀態/結構暫存器

表 12-1　狀態/規劃暫存器說明

DONE：溫度轉換完成；只可讀取	DONE=0：溫度轉換在進行中。 DONE=1：溫度轉換完成。
NVB：非揮發性記憶體忙碌；只可讀取	NVB=0：EEPROM 記憶體不忙碌。 NVB=1：寫資料至 EEPROM 記憶體在進行中。
THF：高溫度旗標；可讀可寫	THF=0：量測溫度還沒有超過 TH 暫存器設定值。 THF=1：在某些量測溫度點已經超過 TH 暫存器設定值，THF=1 的狀態將保持至使用者寫入 0 至該暫存器位元。
TLF：低溫度旗標；可讀可寫	TLF=0：量測溫度還沒有低於 TL 暫存器設定值。 TLF=1：在某些量測溫度點已經低於 TL 暫存器設定值，TLF=1 的狀態將保持至使用者寫入 0 至該暫存器位元。
T/ $\bar{R}$ ：送電後的操作模式；可讀可寫	當 T/ $\bar{R}$ =0：DS1821 在送電後會進入單線模式。 當 T/ $\bar{R}$ =1：DS1821 在送電後會進入自動調溫器模式。
POL：自動調溫器輸出極性；可讀可寫	POL=0：自動調溫器輸出（DQ）是低電位作動。 POL=1：自動調溫器輸出（DQ）是高電位作動。
1SHOT：轉換模式；可讀可寫	1SHOT=0：連續轉換模式。開始轉換命令 T（EEh）啟動連續轉換模式，停止轉換命令 T [22h]可以停止連續轉換模式。 1SHOT=1：一次性轉換模式。開始轉換命令 T（EEh）一次性轉換且回復至低功耗待機狀況。

12-1.3 單線匯流排（1-wire bus）模式

單線匯流排系統允許匯流排上只有一個主控端裝置去控制僕端裝置。當裝置被規劃為單線匯流排模式時，DS1821 元件只能扮演僕端裝置，而微控制器（Microprocessor）才是主控端裝置。此外，因為 DS1821 元件沒有可定址功能，所以在單線匯流排上，它必須是惟一的裝置；也就是說，主控端只可對惟一的 DS1821 元件進行單線匯流排串列通訊傳遞。而在單線匯流排上，所有資料及指令是採用 bit0（LSB）最先傳送及 bit7（MSB）最後傳送方式。

在單線匯流排模式時，DS1821 的輸出溫度資料是被校準在±1°C 量測精度且以 2 的補數格式儲存在 EEPROM 記憶體內，如圖 12-4 所示，Bit7（S）是符號位元可表是溫度設定值的正或負；S=0 表示溫度設定值的正，S=1 表示溫度設定值的負。表 12-2 是數位輸出資料及相對應溫度讀取值的範例。另外，DS1821 可透過狀態/規劃暫存器的 1SHOT 位元去規劃為連續溫度轉換或是一次溫度量測，當 1SHOT=0 表示連續溫度轉換；1SHOT=1 表示一次溫度量測。在連續溫度轉換模式，「開始溫度轉換（EEh）」指令可啟動連續溫度轉換工作，而連續溫度轉換工作的停止可經由「停止溫度轉換（22h）」指令下達。可是在一次溫度量測模式下，只可由「開始溫度轉換（EEh）」指令去啟動溫度轉換工作，當量測完成，DS1821 即會處於低功耗的待機狀態。值得注意的是，在一次溫度量測模式中，微控制器可以偵測狀態/規劃暫存器的 DONE 位元去判斷量測是在進行中或是完成狀態，DONE=0 表示量測進行中；DONE=1 表示量測已完成，但是在連續溫度轉換模式，DONE 位元沒有作用。

bit 7	bit 6	bit 5	bit 4	bit 3	bit 2	bit 1	bit 0
S	2^6	2^5	2^4	2^3	2^2	2^1	2^0

圖 12-4 溫度暫存器格式

表 12-2 溫度與資料關係

溫度	2 進位數位輸出	16 進位數位輸出
+125°C	0111 1101	7Dh
+85°C	0101 0101	55h
+25°C	0001 1001	19h
0°C	0000 0000	00h
-1°C	1111 1111	FFh
-25°C	1110 0111	E7h
-55°C	1100 1001	C9h

根據定義，單線匯流排只有一條資料線。單線匯流排上的主控端及 DS1821 僕端裝置是透過開洩極（open drain）去連繫上資料線，這允許每一個裝置在不使用資料線時可釋放出資料線，所以另一個裝置才可使用匯流排，圖 12-5 是 DS1821 的 DQ 腳與微控制器之外部介面電路。注意，在單線匯流排上，還要有一個外加提升電阻約 5KΩ，因此單線匯流排在閒置時會處於高電位。如果有任何的異動（Transaction）程序需要被處理，此時匯流排必須離開閒置狀態去執行異動程序。

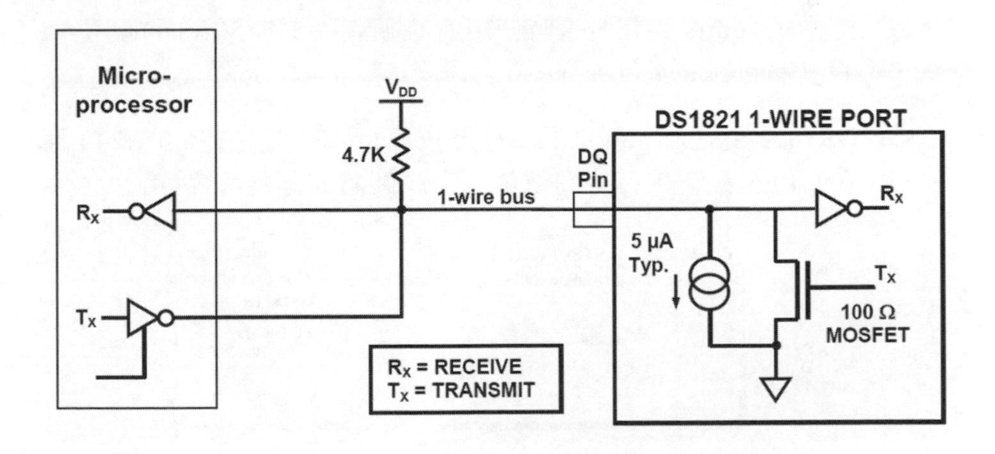

圖 12-5　硬體規劃

當要利用單線匯流排存取 DS1821 元件時，其異動傳送程序如下：（1）硬體初始化（Initialization）、（2）DS1821 功能指令（Function Command）、（3）資料的傳送或接收（Data Transmitted/Received）。詳細步驟程序說明如下：

硬體初始化（Initialization）

在單線匯流排上，所有異動（Transaction）必須由硬體初始化程序開始進行。硬體初始化程序包含有主控端送出一個重置脈波（Reset pulse）及 DS1821 裝置回應一個出席脈波（Presence pulse）。出席脈波可讓匯流排上的主控端裝置知道 DS1821 是在匯流排上且已經準備好可以工作了。如圖 12-6 所示，DS1821 硬體初始化程序如下：

1. 先將 DQ 腳拉至低電位（Low），並且要維持最少 480μs 的時間。DS1821 在剛接上電源時，他的 DQ 腳位是處於高電位（High），如果 DQ 腳沒有處於高電位，請先將 DQ 腳拉到高電位（High）。因此要重置 DS1821 時，必須先將 DQ 腳拉低到低電位至少 480μs 的時間。
2. 當 DS1821 的 DQ 腳在低電位（Low）超過 480μs 後，使用者必須先判斷 DQ 腳是否真的已經變為低電位？確定 DS1821 DQ 腳位變為低電位後，DS1821 又會自動將 DQ 腳準位重新拉高到高電位，並且維持約 15-60μs 時間。這時使用者必須判斷 DS1821 DQ 腳位，是否真的已經回到高電位。
3. DS1821 傳送出席脈波將 DQ 腳拉至低電位且維持 60～240μs 時間，在 240μs 後再恢復至高電位，完成硬體初始化程序。

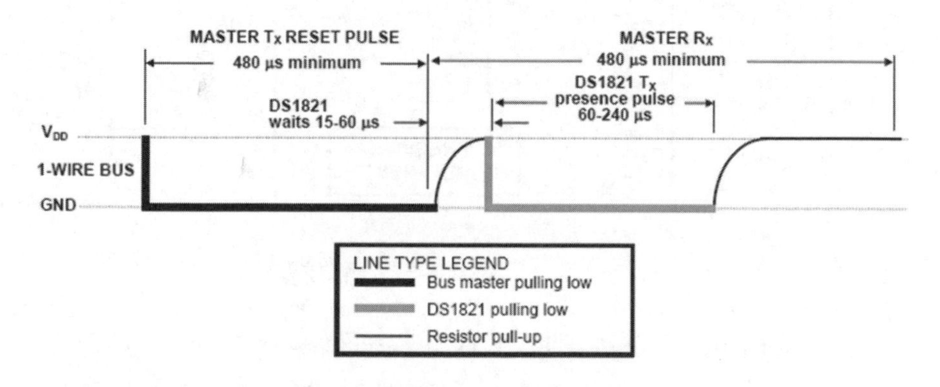

圖 12-6 硬體初始化時序圖

根據如上之步驟，本章設計一個副程式函數 RESET 去執行 DS1821 的硬體初始化程序，程式碼及說明如下所示。我們只要每次呼叫它一次，即可進行傳遞指令與後續的資料寫入或讀取。

```
1   RESET:
2             CLR   DQ
3             MOV   R4,#240        ;延遲-480us
4             DJNZ  R4,$           ;|
5   ;
6             SETB  DQ             ;設定 Hight
7             JB    DQ,$           ; 等待 ds1821 回應 low
```

```
8   ;
9         MOV    R4,#30       ;延遲-60us 等待 ds1821 初始化完成
10        DJNZ   R4,$         ;|
11        JNB    DQ,$         ;|--------判斷初始化是否完成
12  ;
13        MOV    R4,#210      ;延遲-420us
14        DJNZ   R4,$         ;|
15  ;
16        RET
```

1. 第 1 行先將 DQ 腳設定為低電位。
2. 第 2 至 3 行應用簡單的迴圈方式產生 480μs 的時間延遲。
3. 在第 6 行設定單晶片的 DQ 腳位為高準位，然後在第 7 行讀取 DQ 腳訊號與判斷其是否為高電位，如果 DQ 腳是低電位則在第 7 行等待，但是如果 DQ 腳是高電位則執行下一行。
4. 第 9 至 10 行應用簡單的迴圈方式產生 60μs 的時間延遲。
5. 第 11 行讀取 DQ 腳訊號與判斷其是否為低電位，如果 DQ 腳是高電位則在第 11 行等待；但是如果 DQ 腳是低電位則執行下行。
6. 第 13 至 14 行應用簡單的迴圈方式產生 420μs 的時間延遲。

DS1821 功能指令

在 DS1821 硬體初始化後就會進入單線匯流排模式，接下來就可以對 DS1821 下達各種指令了。DS1821 的指令共有 9 種，並且以十六進位的數字表示，如表 12-3 所示，使用者可直接將這些十六進位的數字傳輸給 DS1821，去下達相對應的控制功能。

表 12-3 DS1821 功能指令表

指令	指令說明	通信代碼	接收指令後的單線通訊作用
溫度轉換指令			
讀取溫度	從暫存器讀取最後轉換溫度值	AAh	主控端可由單線通訊接收轉換溫度值
開始溫度轉換	初始化溫度轉換	EEh	沒有動作
停止溫度轉換	停止溫度轉換	22h	沒有動作
自動調溫器/狀態及規劃暫存器指令			
寫 TH 暫存器	寫入資料到溫度上限 TH 暫存器	01h	主控端由單線通訊介面送出 8 位元 TH 暫存器設定值至 DS1821
寫 TL 暫存器	寫入資料到溫度上限 TL 暫存器	02h	主控端由單線通訊介面送出 8 位元 TL 暫存器設定值至 DS1821
讀 TH 暫存器	讀取資料到溫度上限 TH 暫存器	A1h	由單線通訊介面，主控端向 D1821 讀取 TH 暫存器設定值
讀 TL 暫存器	讀取資料到溫度上限 TL 暫存器	A2h	由單線通訊介面，主控端向 D1821 讀取 TL 暫存器設定值
寫狀態/規劃暫存器	寫入資料到狀態暫存器	0Ch	主控端由單線通訊介面送出 8 位元狀態/規劃暫存器設定值至 DS1821
讀狀態暫存器	讀取狀態暫存器的資料	ACh	由單線通訊介面，主控端向 D1821 讀取狀態/規劃暫存器設定值
高解析度指令			
讀取計數器	讀取計數器的資料	A0h	由單線通訊介面，主控端向 D1821 讀取 9 位元計數器值
載入計數器	載入斜率累加器的資料到計數器暫存器	41h	沒有動作

資料的傳送或接收

當 DS1821 硬體初始化後且進入單線匯流排模式，微控制器即可對 DS1821 進行功能指令寫入與資料的存取的單線通訊。其功能指令寫入與資料的存取通訊是由基本的「寫入時間空檔」及「讀取時間空檔」組合而成。在此，我們將先說明基本的時間空檔讀與寫程序，然後再設計一個 WRITE 及 READ 副程式去達成功能指令寫入與資料的存取通訊要求。詳細說明如下：

1. 寫入時間空檔（Write time slots）

DS1821 有 2 種寫入時間空檔：寫「1」時間空檔與寫「0」時間空檔。匯流排的主控端分別使用「寫 1 時間空檔」或「寫 0 時間空檔」去寫入邏輯 1 或邏輯 0 至 DS1821 裝置。在個別寫入時間空檔間，所有寫入時間空檔必須至少保有 60μs 持續期間與至少有 1μs 恢復時間。主控端在單線通訊介面送出低電位訊號去啟動寫入模式，如圖 12-7 所示。

要產生「寫 1 時間空檔」，在單線匯流排被拉至低電位後，匯流排上的主控端要在 15μs 時間內釋放單線匯流排。當單線匯流排被釋放後，提升電阻將拉高匯流排的電位。如要產生「寫 0 時間空檔」，在單線匯流排被拉低電位後，匯流排上的主控端必須少有持續保持匯流排在低電位 60μs 以上，圖 12-7 說明需 60μs 至 120μs 需保持在低電位。

在主控端初始化「寫入時間空檔」後，DS1821 會在後續 15μs 至 60μs 的時間視窗取樣單線匯流排。假如在取樣視窗匯流排是高電位，則 1 會被寫入 DS1821；假如在取樣視窗匯流排是低電位，則 0 會被寫入 DS1821。

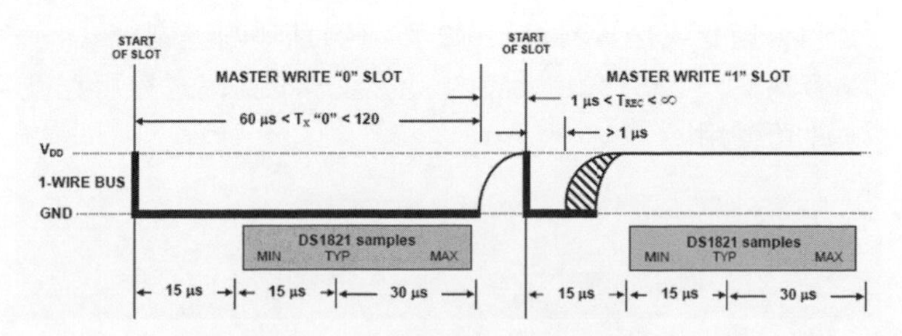

圖 12-7　寫入時間空檔時序圖

2. **讀取時間空檔（Read time slots）**

當主控端發佈讀取時間空檔，DS1821 只能傳送資料至主控端。因此，主控端在發佈讀取指令後必須馬上進入產生讀取時間空檔，例如讀取溫度指令（AAh）。在個別讀取時間空檔中，所有讀取時間空檔必須至少保有 60μs 持續期間及 1μs 恢復期間。如圖 12-8 所示，主控端使用拉單線匯流排為低電位至少 1μs 時間及釋放單線匯流排方式去啟動 1 個讀取時間空檔。在主控端初始化讀取時間空檔後，DS1821 元件將開始傳送「1」（高電位）或「0」（低電位）至匯流排上。當傳送「1」時，DS1821 在時間空檔結束時將釋放單線匯流排，因此匯流排將被提升電阻拉至高電位。在被初始化讀取時間空檔的下降緣後，DS1821 的輸出資料將在 15μs 內有效。所以主控端必須先釋放匯流排，然後在時間空檔開後的 15μs 時間內取樣匯流排。

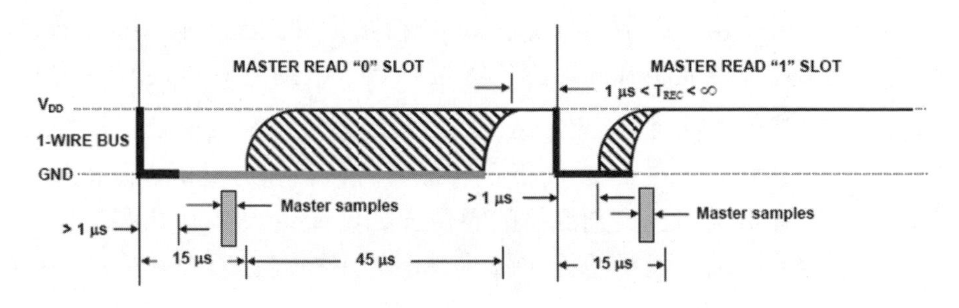

圖 12-8 讀取時間空檔時序圖

3. **寫入 DS1821 指令或是寫入資料程式設計**

根據如上說明的時間空檔程序，在此設計一個副程式函數 WRITE 去執行 DS1821 的指令或資料寫入通訊，程式碼及說明如下所示。只要我們將指令或是資料搬至 R2 暫存器且呼叫本副程式一次，即可將指令或資料寫入 DS1821 裝設內。注意，本副程式只可在硬體初始化程序後才可使用。

```
1     ;----------------- 寫入副程式--------------------
2   WRITE:
3             MOV   B,#8           ;8 筆資料
4             CLR   C
5             MOV   A,R2
```

```
6   ;       CLR   EA          ;禁止任何中斷
7   W1:                       ;資料輸出
8           RRC   A
9           JNC   W3          ;C=0 跳到 W3 , C=1 則往下
10  W2:                       ;1 的處理方式
11          CLR   DQ          ;C=0
12          NOP
13          SETB  DQ
14          JMP   W4
15  W3:                       ;0 的處理方式
16          CLR   DQ
17  W4:
18          MOV   R4,#35      ;延遲-70us
19          DJNZ  R4,$        ;|
20          SETB  DQ
21          DJNZ  B,W1
22          RET
```

- 第 3 行將數值 8 搬入 B 累加器，在第 4 行先消除進位旗標，第 5 行將寫入的 8 位元指令或是資料搬入 A 累加器，第 6 行禁止單晶片的任何中斷觸發。
- 因 DS1821 是採用將 bit0 至 bit7 依序寫入方式，所以在第 8 行應用右移指令，將 A 累加器的資料右移進入進位旗標，然後在第 9 行判斷進位旗標狀態。如果進位旗標=1 則跳至第 10 行去執行送出高電位；如果進位旗標=0 則跳至第 15 行去執行送出低電位。
- 第 10 至 14 行是將單晶片的 DQ 腳位設為低電位，在 1 個μs 後再設定 DQ 腳位為高電位。最後跳至第 17 行去執行。
- 第 15 至 16 行是將 DQ 腳位設為低電位，然後往下執行。
- 第 18 至 19 應用簡單的迴圈方式產生 70μs 的時間延遲，第 20 行將 DQ 腳位設為高準位，完成一個位元資料的送出。而第 21 行是判斷累積器是否為 0，如果不等於 0 則再跳至 W1 標籤準備再送出下一個位元資料至 DS1821；但如果累積器是否為 0，表示單晶片已經送出 8 個位元資料至 DS1821，然後在第 22 行結束副程式呼叫。

4. 讀取 DS1821 資料程式設計

根據如上說明的時間空檔程序，在此設計一個副程式函數 READ 去執行 DS1821 資料的讀取通訊。當使用者依序執行完硬體初始化與指令寫入程序後，只要呼叫本副程式一次，即可將 DS1821 的指定資料讀取且搬入 R1 暫存器中。程式碼及說明如下。

```
1   ;----------------- 讀取副程式 -------------------
2   READ:
3             MOV   B,#8          ;8 筆資料
4   ;         CLR   EA            ;禁止任何中斷
5   RD1:
6             CLR   DQ            ;C=0
7             NOP
8             SETB  DQ
9   ;
10            MOV   R4,#1         ;延遲-4us
11            DJNZ  R4,$          ;|
12  ;
13            MOV   C,DQ
14            RRC   A
15  ;
16            MOV   R4,#50        ;延遲-100us
17            DJNZ  R4,$          ;|
18  ;
19            DJNZ  B,RD1
20            MOV   R1,A
21  ;
22            RET
```

- 第 3 行將數值 8 搬入 B 累加器，第 4 行禁止單晶片的任何中斷觸發。
- 第 6 行將 DQ 腳位設定為低準位，在 1 個μs 後再將 DQ 設定高準位。
- 第 10 至 11 行應用簡單的迴圈方式產生 4μs 的時間延遲。
- 第 13 行將 DQ 狀態搬入進位旗標。因 DS1821 是採用將 bit0 至 bit7 依序送出的方式，所以在第 14 行應用右移指令將進位旗標右移至 A 累積器。
- 第 16 至 17 行應用簡單的迴圈方式產生 100μs 的時間延遲。

- 第 19 行判斷 B 累積器是否為 0，如果不為 0 則跳至 RD1 標籤繼續讀取下一位元資料，但如果 B 累積器為 0 值，則執行第 20 行將 A 累加器的值搬至 R1 暫存器，然後結束副程式呼叫。

12-1.4 自動調溫模式（Thermostat mode）

當狀態/規劃暫存器的 $T/\overline{R}=1$，DS1821 在送電後會進入獨立運作的自動調溫器且會根據被設定的安全警告值 T_H and T_L 去觸發輸出訊號。在自動調溫器模式，DS1821 在送電後會馬上進入連續溫度轉換且 DQ 腳是扮演自動調溫器輸出埠。當溫度高於使用者定義的 T_H 極限值，DQ 腳的輸出成為作用狀態且保持這個狀態直到溫度低於使用者定義的 T_L 極限值。使用者可以選擇 T_H and T_L 極限值去提供一個理想的自動調溫器輸出滯後作用。

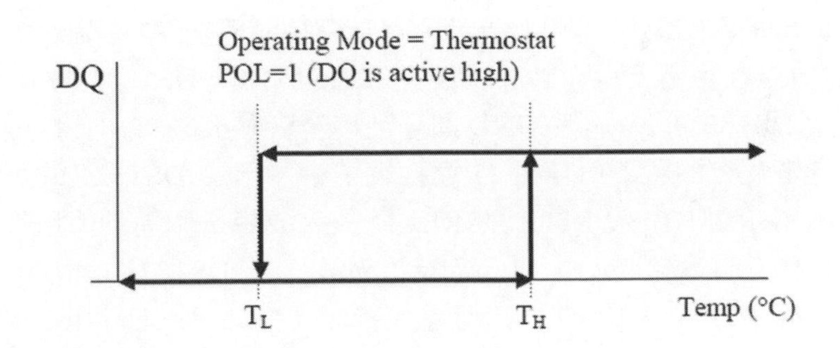

圖 12-9 在自動調溫模式的 DQ 腳位動作

bit 7	bit 6	bit 5	bit 4	bit 3	bit 2	bit 1	bit 0
S	2^6	2^5	2^4	2^3	2^2	2^1	2^0

圖 12-10 T_L 或 T_H 溫度暫存器格式

另外，DQ 腳位的作用極性可以狀態/規劃暫存器的 POL 位元加以設定，如果 POL = 1 則 DQ 腳作用時會輸出高電位，但是如果 POL = 0 則 DQ 腳作用時會輸出低電位，圖 12-9 是 POL=1 的 DQ 腳位輸出滯後示意圖。此外，如果溫度已經低於 T_L 或是高於 T_H 設定的溫度時，狀態暫存器的 TLF 或 THF 旗標也會被設定為 1，當警報狀態消失也不會歸 0，必須由使用者透過異動程序寫入 0 至狀態暫存器的 TLF 或 THF 旗標。如圖 12-10 所示，使用者定義的 8 位元警報值（T_H 及 T_L）必須採用 2 的補數格式寫入 EEPROM 記憶體內，Bit7（S）是符號位元可表是溫度設定值的正或負；S=0 表示溫度設定值的正，S=1 表示溫度設定值的負。警報值（T_H 及 T_L）設定必須在單線匯流排模式利用交易程序且應用指令方式將資料寫入，然後再設定為自動調溫器模式。DS1821 重新送電後即會進入獨立運作的自動調溫器模式。由於這個模式的 DS1821 本身就像一個單純的溫度開關，所以被稱為自動調溫模式（thermostat mode）。

12-2 實驗板與溫度量測相關電路

本實驗板電路圖如 12-11 所示，因為微控制器在 P2.5 腳位上已有提升電阻，所以在應用上，我們只簡單的將 P2.5 腳連至 DS1821 的 DQ 腳位即可，至於 DS1821 的 V_{DD} 及 GND 則分別接至實驗板的+5V 及接地，而其位置是在實驗板的右下角且在 J7 連接端子旁。至於 DS1821 的應用，我們只要應用 RESET、WRITE 及 READ 去完成每一個異動傳送程序的基本 3 個動作（1）硬體初始化（Initialization）、（2）DS1821 功能指令（Function Command）、（3）資料的傳送或接收（Data Transmitted/Received），即可控制 DS1821 裝設。例如：我們要將資料 42H 寫入狀態暫存器，也就是要設定 DS1821 為連續轉換模式且輸出極性為高電位作動，異動傳送的 3 個程序如下：（1）RESET；（2）因為「寫入資料到狀態暫存器」的指令為（0Ch），所以我們先將 0Ch 搬入 R2 暫存器，然後呼叫 WRITE 副程式將 0Ch 送至 DS1821；（3）將資料 42h 搬入 R2 暫存器，再呼叫 WRITE 副程式即可將 42h 寫入 DS1821 的狀態暫存器中。

```
ACALL RESET
MOV   R2,#0CH       ;寫入資料到狀態暫存器指令
ACALL WRITE
MOV   R2,#42H       ;連續轉換模式 AND 輸出極性為 Active High
ACALL WRITE
```

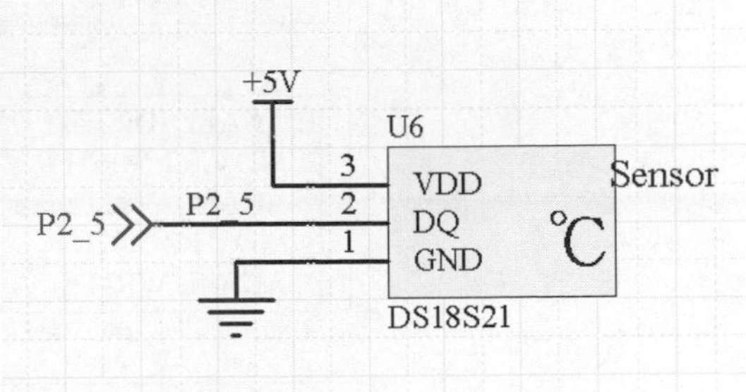

圖 12-11　DS1821 的介面電路

12-3 範例程式與討論

範例 1：數位溫度 IC 與 LED 指示應用

參考微控制與數位溫度之介面電路，設計一微控器程式採用迴圈輪詢方式，將 DS1821 數位溫度 IC 的感測溫度讀出，並將結果顯示在埠 1 的 LED（LED0~LED7）上顯示出目前的溫度。注意，LED 的控制是低電位作動，因此量測值需要被反向輸出至埠 1 上。

流程圖

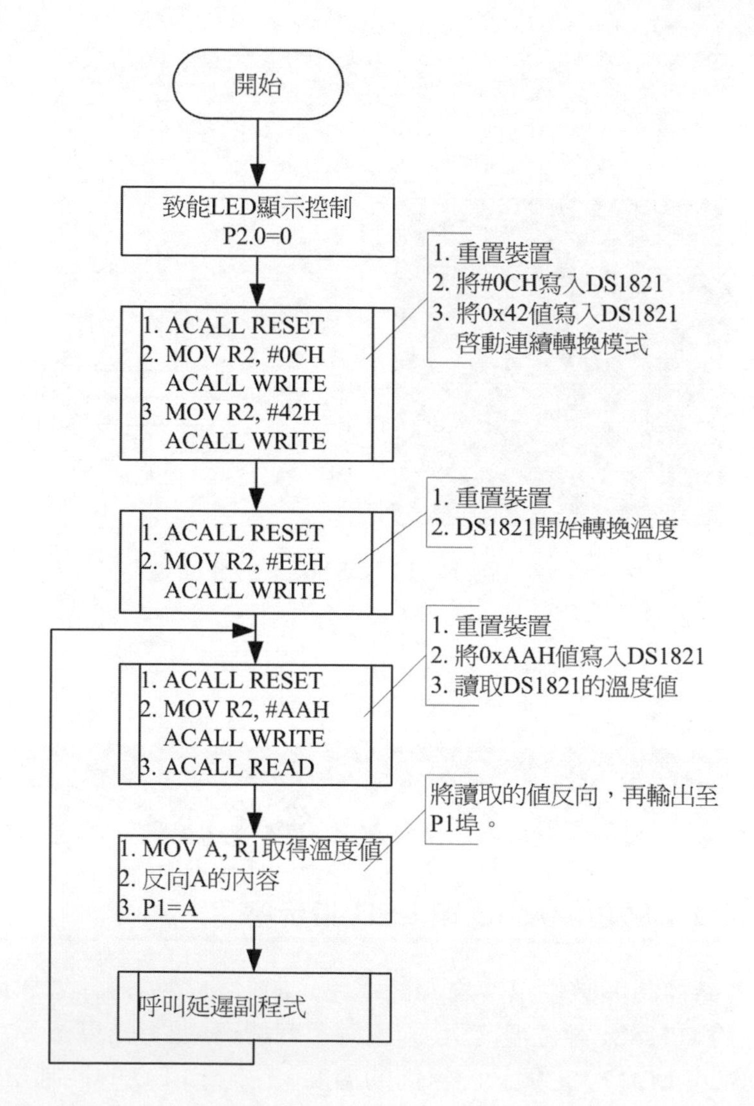
開始
致能LED顯示控制
P2.0=0
1. ACALL RESET
2. MOV R2, #0CH
ACALL WRITE
3 MOV R2, #42H
ACALL WRITE
1. 重置裝置
2. 將#0CH寫入DS1821
3. 將0x42值寫入DS1821
啓動連續轉換模式
1. ACALL RESET
2. MOV R2, #EEH
ACALL WRITE
1. 重置裝置
2. DS1821開始轉換溫度
1. ACALL RESET
2. MOV R2, #AAH
ACALL WRITE
3. ACALL READ
1. 重置裝置
2. 將0xAAH值寫入DS1821
3. 讀取DS1821的溫度值
1. MOV A, R1取得溫度值
2. 反向A的內容
3. P1=A
將讀取的值反向，再輸出至
P1埠。
呼叫延遲副程式

程式碼

範例 DM12_01.ASM 程式碼

```
1     ;===============================================
2     ; R1:讀取暫存器                                =
3     ; R2:輸出暫存器                                =
4     DQ EQU    P2.5                          ;=
5     ;===============================================
6
7     ;== 主程式 =====================================
8             ORG    0000H
9     MAIN:
10    ;; 設定 DS-1821 狀態暫存器   ==
11    ;; 單線運作模式              ==
12    ;; 輸出極性為 Active High    ==
13    ;; 連續轉換模式              ==
14            CLR    P2.0               ;LED CONTROL
15            ACALL  RESET
16            MOV    R2,#0CH            ;寫入資料到狀態暫存器指令
17            ACALL  WRITE
18            MOV    R2,#42H            ;連續轉換模式 AND 輸出極性為 Active High
19            ACALL  WRITE
20    ;; 寫入"開始轉換"(OXEE)指令給 DS-1821
21            ACALL  RESET
22            MOV    R2,#0EEH           ;開始溫度轉換指令
23            ACALL  WRITE
24    ;; 開始讀取 DS1821 轉換後的溫度資料
25    LOOP1:
26            ACALL  RESET
27            MOV    R2,#0AAH
28            ACALL  WRITE
29            ACALL  READ
30            MOV    A,R1
31            CPL    A
32            MOV    P1,A
33            CALL   DELAY
34            JMP    LOOP1
35    ;---------------- DS1821 初始化副程式-------------
36    RESET:
37            CLR    DQ
38            MOV    R4,#240            ;延遲-480us
39            DJNZ   R4,$               ;|
40    ;
```

```
41            SETB  DQ             ;設定 Hight
42            JB    DQ,$           ;等待 ds1821 回應 low
43  ;
44            MOV   R4,#30         ;延遲-60us 等待 ds1821 初始化完成
45            DJNZ  R4,$           ;|
46            JNB   DQ,$           ;|--------判斷初始化是否完成
47  ;
48            MOV   R4,#210        ;延遲-420us
49            DJNZ  R4,$           ;|
50  ;
51            RET
52  ;---------------- 寫入副程式-------------------
53  WRITE:
54            MOV   B,#8            ;8 筆資料
55            CLR   C
56            MOV   A,R2
57  W1:                            ;資料輸出
58            RRC   A
59            JNC   W3             ;C=0 跳到 W3 , C=1 則往下
60  W2:                            ;0 的處理方式
61            CLR   DQ             ;C=0
62            NOP
63            SETB  DQ
64            JMP   W4
65  W3:                            ;1 的處理方式
66            CLR   DQ
67  W4:
68            MOV   R4,#35         ;延遲-70us
69            DJNZ  R4,$           ;|
70            SETB  DQ
71            DJNZ  B,W1
72            RET
73  ;---------------- 讀取副程式 ------------------
74  READ:
75            MOV   B,#8           ;8 筆資料
76  RD1:
77            CLR   DQ             ;C=0
78            NOP
79            SETB  DQ
80  ;
81            MOV   R4,#1          ;延遲-4us
82            DJNZ  R4,$           ;|
83  ;
```

```
84          MOV    C,DQ
85          RRC    A
86   ;
87          MOV    R4,#50          ;延遲-100us
88          DJNZ   R4,$            ;|
89   ;
90          DJNZ   B,RD1
91          MOV    R1,A
92   ;
93          RET
94   ; ----------------------------
95   DELAY:
96   DL0:   MOV    R6,#250
97   DL1:   MOV    R7,#200
98   DL2:   DJNZ   R7,DL2
99          DJNZ   R6,DL1
100         RET
101  ; ===Delay-副程式 (2ms)=======
102  DELAY1:
103         MOV    R6,#2
104  DDL1:  MOV    R7,#100
105  DDL2:  DJNZ   R7,DDL2
106         DJNZ   R6,DDL1
107         RET
108  ;
109         END
```

程式說明

1. 第 4 行設定 DQ 為 P2.5 接腳，因為這個接腳連接至實驗板的 DS1821 的 DQ 接腳。

2. 第 14 行設定 P2.0=0，使實驗板上的 U8 IC（74HCT244）致能，以便於 P1 埠值輸出，可控制 8 個 LED 的亮滅。

3. 第 15 行到第 19 行將 42H 寫入 DS1821 的狀態/結構暫存器。首先，第 15 行呼叫 RESET 副程式初始化 DS1821 裝置且使其待命接收指令。第 16 及 17 行為將 0CH 寫入 DS1821 裝置，0CH 指令表示下一次要將寫入資料到狀態暫存器（參考 12-3），第 18 及 19 行再將 42H

值透過呼叫 WRITE 副程式寫入到 DS1821 的狀態/結構暫存器（如下圖）裡，每個位元說明請參考表 12-1。

bit 7	bit 6	bit 5	bit 4	bit 3	bit 2	bit 1	bit 0
DONE	1	NVB	THF*	TLF*	T/$\overline{R}$*	POL*	1SHOT*

*Stored in EEPROM

4. 第 21 行與第 23 行為啟動 DS1821 進行溫度轉換工作。第 21 行呼叫 RESET 副程式初始化 DS1821 裝置且使其待命接收指令。第 22 及 23 行將將開始轉換溫度（EEH）指令透過呼叫 WRITE 副程式寫入到 DS1821 的狀態/結構暫存器，啟動 DS1821 進行溫度轉換工作。

5. 第 26 至 34 行為主程式的無窮迴圈 LOOP1 程式，主要扮演讀取 DS1821 的溫度及將其反向輸出至 LED 模組。第 26 至 28 行為讀取 DS1821 溫度標準程序且將讀取溫度值放在 R1 暫存器中，第 30 至 32 行為將溫度值 R1 內容反向且輸出至至 LED 模組，進行讀取溫度指示，而第 33 行為呼叫 DELAY 副程式，讓 LED 溫度指示比較明顯。最後在第 34 行跳回標籤 LOOP1，再次執行主迴圈 LOOP1 程式，執行連續溫度讀取及顯示。

6. 第 53 行至第 72 行為 DS1821 初始化程序副程式。此副程式的說明已本章 12-1-3 節內詳述。

7. 第 36 行至第 51 行為 DS1821 寫入副程式。此副程式的說明已本章 12-1-3 節內詳述。

8. 第 74 行至第 93 行為 DS1821 讀取副程式。此副程式的說明已本章 12-1-3 節內詳述。

9. 第 95 行到第 100 行為一個常用的時間延遲副程式 DELAY。

10. 第 95 行到第 107 行為一個常用的時間延遲副程式 DELAY1，約產生 2 毫秒。

思考問題

a. 請將上列範例程式的溫度讀取程式，修改為利用計時器 0 模式 1 的每秒輪詢方式讀取 DS1821 感測溫度。

範例 2：數位溫度 IC 與七段顯示器應用

參考範例程式一的 DS1821 數位溫度 IC 的溫度讀取方式，改用計時器 0 模式 1 的中斷模式，且取樣周期設定為 0.5 秒。注意，要將量測溫度轉換為十進制，並顯示在七段顯示器上，其輸出格式要求如下圖所示。

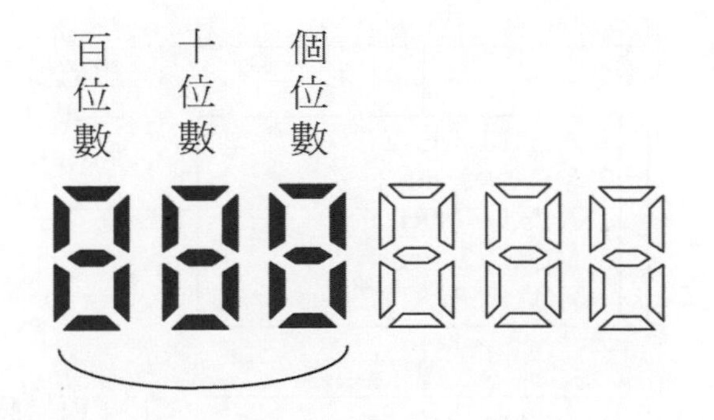

流程圖

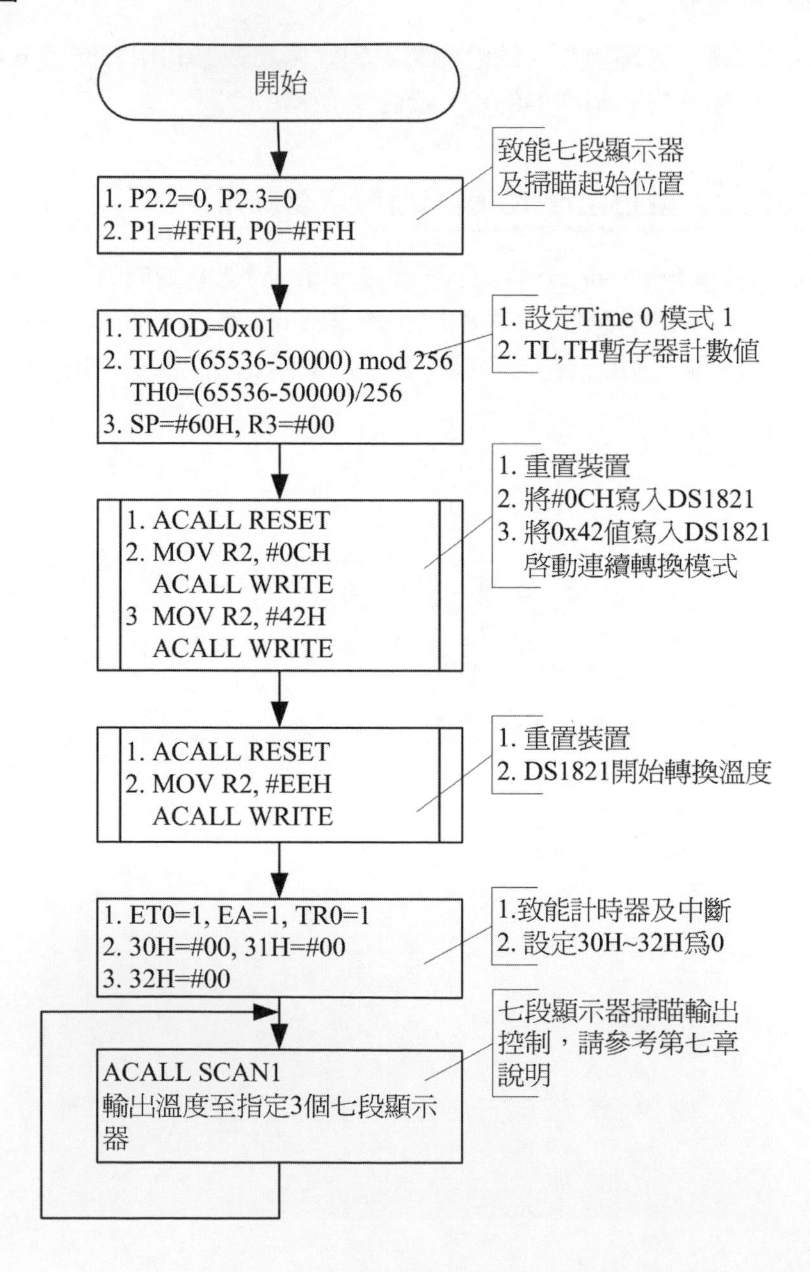

開始
1. P2.2=0, P2.3=0
2. P1=#FFH, P0=#FFH
致能七段顯示器
及掃瞄起始位置
1. TMOD=0x01
2. TL0=(65536-50000) mod 256
TH0=(65536-50000)/256
3. SP=#60H, R3=#00
1. 設定Time 0 模式 1
2. TL,TH暫存器計數值
1. ACALL RESET
2. MOV R2, #0CH
ACALL WRITE
3 MOV R2, #42H
ACALL WRITE
1. 重置裝置
2. 將#0CH寫入DS1821
3. 將0x42值寫入DS1821
啓動連續轉換模式
1. ACALL RESET
2. MOV R2, #EEH
ACALL WRITE
1. 重置裝置
2. DS1821開始轉換溫度
1. ET0=1, EA=1, TR0=1
2. 30H=#00, 31H=#00
3. 32H=#00
1.致能計時器及中斷
2. 設定30H~32H為0
ACALL SCAN1
輸出溫度至指定3個七段顯示器
七段顯示器掃瞄輸出
控制，請參考第七章
說明

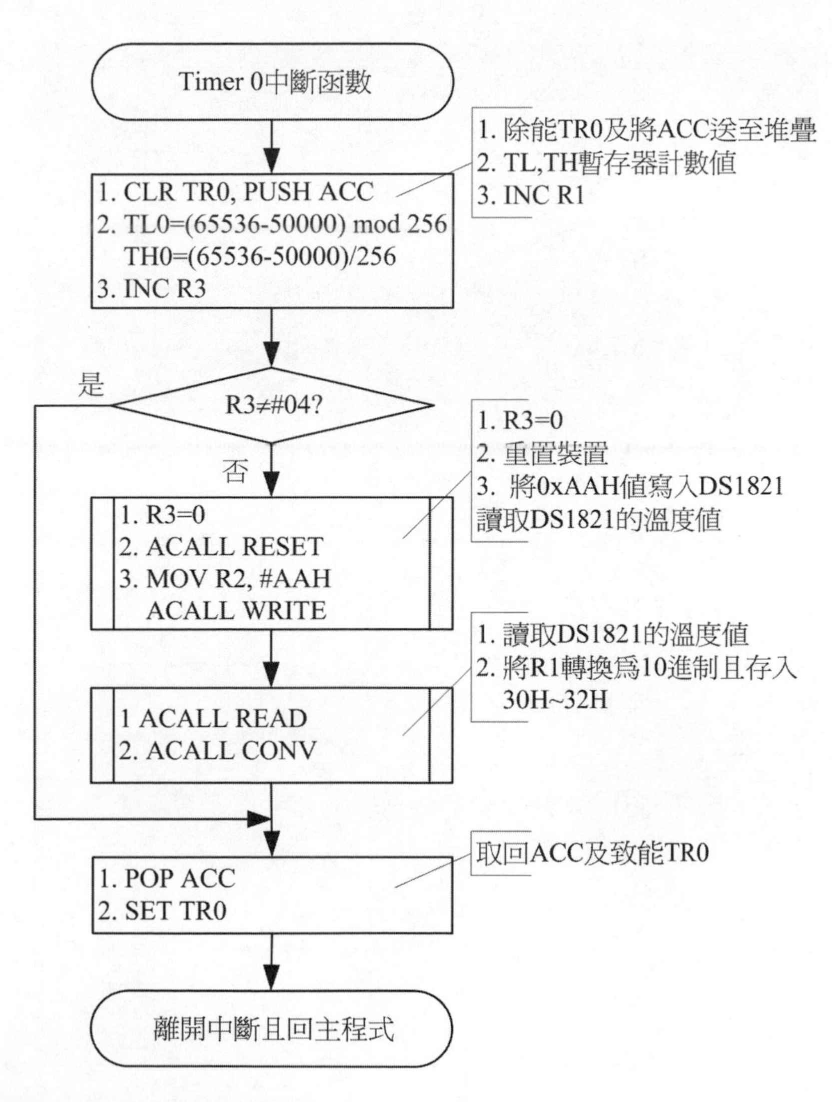

程式碼

範例 DM12_02.ASM 程式碼

```
1    ;==================================================
2    ; R1:讀取暫存器                                    =
3    ; R2:輸出暫存器                                    =
4    DQ EQU    P2.5                                   ;=
5    ;==================================================
6
7    ;== 主程式 ==========================================
```

```
8              ORG    0000H
9              JMP    MAIN
10             ORG    000BH
11             AJMP   TIMER0_INT
12   MAIN:
13             CLR    P2.2
14             CLR    P2.3
15             MOV    P1,#11111111B       ;TURN OFF SPEAKER AND SEVEN-SEGMENT
16             MOV    P0,#11111111B
17             MOV    TMOD,#00000001B     ;計時器-0 (模式 1-16 位元)
18             MOV    TL0,#(65535-50000) MOD 256
19             MOV    TH0,#(65535-50000)/256
20             MOV    SP,#60H
21             MOV    R3,#00
22   ;; 設定 DS-1821 狀態暫存器  ==
23   ;; 單線運作模式             ==
24   ;; 輸出極性為 Active High   ==
25   ;; 連續轉換模式             ==
26             ACALL  RESET
27             MOV    R2,#0CH              ;寫入資料到狀態暫存器指令
28             ACALL  WRITE
29             MOV    R2,#42H              ;設定輸出極性為 Active High, CONTINOUS MODE
30             ACALL  WRITE
31   ;; 寫入"開始轉換"(OXEE)指令給 DS-1821
32             ACALL  RESET
33             MOV    R2,#0EEH             ;開始溫度轉換指令
34             ACALL  WRITE
35             SETB   ET0
36             SETB   EA
37             SETB   TR0
38             MOV    30H,#00H
39             MOV    31H,#00H
40             MOV    32H,#00H
41   ;; 開始讀取 DS1821 轉換後的溫度資料
42   LOOP1:
43             ACALL  SCAN1
44             JMP    LOOP1
45   ;
46   ; SCAN FUNCTION
47   SCAN1:
48             MOV    R0,#30H              ;POINT TO R1 OF BANK1
49             MOV    R5,#11111110B
50             MOV    40H,#03
```

```
51  LOOP:   MOV   A,@R0
52          ANL   A,#00001111B
53          ORL   A,#11110000B
54          MOV   P1,A
55          MOV   P0,R5
56          ACALL DELAY1
57          MOV   P0,#11111111B
58          INC   R0
59          MOV   A,R5
60          RL    A
61          MOV   R5,A
62          DJNZ  40H,LOOP
53  ;
64          RET
65  ; ========TIMER0_INTERRUPT========
66  TIMER0_INT:
67          CLR   TR0
68          PUSH  ACC
69          MOV   TL0,#(65535-50000) MOD 256
70          MOV   TH0,#(65535-50000)/256
71          INC   R3
72          CJNE  R3,#4,EXIT
73          MOV   R3,#00
74  ;
75          CALL  RESET             ;
76          MOV   R2,#0AAH          ;溫度讀取指令
77          ACALL WRITE
78  ;
79          ACALL READ              ;read function and put in R1 register
80          ACALL CONV
81  ;
82  EXIT:   POP   ACC
83          SETB  TR0
84          RETI
85  ;=== TEMPERATURE CONVERTING FUNCTION=========
86  CONV:
87          MOV   A,R1
88          MOV   B,#100
89          DIV   AB
90          MOV   30H,A
91          MOV   A,B
92          MOV   B,#10
93          DIV   AB
```

```
94            MOV    31H,A
95            MOV    32H,B
96
97            RET
98   ;----------------- DS1821 初始化副程式-------------
99   RESET:
100           CLR    DQ
101           MOV    R4,#240          ;延遲-480us
102           DJNZ   R4,$             ;|
103  ;
104           SETB   DQ               ;設定 Hight
105           JB     DQ,$             ; 等待 ds1821 回應 low
106  ;
107           MOV    R4,#30           ;延遲-60us 等待 ds1821 初始化完成
108           DJNZ   R4,$             ;|
109           JNB    DQ,$             ;|--------判斷初始化是否完成
110  ;
111           MOV    R4,#210          ;延遲-420us
112           DJNZ   R4,$             ;|
113  ;
114           RET
115  ; ---------------------------------------------------
116   ;----------------- 寫入副程式--------------------
117  WRITE:
118           MOV    B,#8             ;8 筆資料
119           CLR    C
120           MOV    A,R2
121  ;        CLR    EA               ;禁止任何中斷
122  W1:                              ;資料輸出
123           RRC    A
124           JNC    W3               ;C=0  跳到 W3 , C=1 則往下
125  W2:                              ;0 的處理方式
126           CLR    DQ               ;C=0
127           NOP
128           SETB   DQ
129           JMP    W4
130  W3:                              ;1 的處理方式
131           CLR    DQ
132  W4:
133           MOV    R4,#35           ;延遲-70us
134           DJNZ   R4,$             ;|
135           SETB   DQ
136           DJNZ   B,W1
```

```
137          RET
138
139  ;---------------- 讀取副程式 ------------------
140  READ:
141          MOV    B,#8           ;8 筆資料
142  ;       CLR    EA             ;禁止任何中斷
143  RD1:
144          CLR    DQ             ;C=0
145          NOP
146          SETB   DQ
147  ;
148          MOV    R4,#1          ;延遲-4us
149          DJNZ   R4,$           ;|
150  ;
151          MOV    C,DQ
152          RRC    A
153  ;
154          MOV    R4,#50         ;延遲-100us
155          DJNZ   R4,$           ;|
156  ;
157          DJNZ   B,RD1
158          MOV    R1,A
159  ;
160          RET
161  ; ===Delay-副程式 (2ms)=======
162  DELAY1:
163          MOV    R6,#8
164  DL1:    MOV    R7,#100
165  DL2:    DJNZ   R7,DL2
166          DJNZ   R6,DL1
167          RET
168  ;
169          END
```

程式說明

1. 第 4 行設定 DQ 為 P2.5 接腳，因為這個接腳連接至實驗板的 DS1821 的 DQ 接腳。

2. 第 8 至 11 行為主程式及 TIMER0_INT 中斷副程式設定。

3. 第 13 及 14 行設定 P2.2=0 及 P2.3=0，使得 U2 與 U3 的 74HCT244 之 IC 致能，讓 P1 埠與 P0 埠之輸出可控制七段顯示器之顯示。而第 15 及 16 行為 P1 埠與 P0 埠之初始化設定，將揚聲器及七段顯示器全關閉。

4. 第 17 至 19 行設定計時器 0 為模式 1 且令(TH0,TL0)=(65535-50000)。第 20 及 21 行分別設定堆疊暫存器指向 60H 且 R3=#0。

5. 第 26 行到第 30 行為對 DS1821 的狀態/結構暫存器寫入 42H 值。首先，第 26 行呼叫 RESET 副程式初始化 DS1821 裝置且使其待命接收指令。第 27 及 28 行為將 0CH 寫入 DS1821 裝置，0CH 指令表示下一次要將寫入資料到狀態暫存器（參考 12-3），第 29 及 30 行再將 42H 值透過呼叫 WRITE 副程式寫入到 DS1821 的狀態/結構暫存器（如下圖）裡，每個位元說明請參考表 12-1。

bit 7	bit 6	bit 5	bit 4	bit 3	bit 2	bit 1	bit 0
DONE	1	NVB	THF*	TLF*	T/R̄*	POL*	1SHOT*

*Stored in EEPROM

6. 第 32 至 34 行為啟動 DS1821 進行溫度轉換工作。第 32 行呼叫 RESET 副程式初始化 DS1821 裝置且使其待命接收指令。第 33 及 34 行將將開始轉換溫度（EEH）指令透過呼叫 WRITE 副程式寫入到 DS1821 的狀態/結構暫存器，啟動 DS1821 進行溫度轉換工作。

7. 第 35 至 40 行分別是致能計時器 0 的中斷 ET0、微控制器的中斷總開關 EA、啟動計時器 0 與設定 30H~32H 記憶體位址內容為 0。

8. 第 42 至 44 行為主程式的無窮迴圈 LOOP1 程式，主要是呼叫 SCAN1 副程式將溫度顯示在七段顯示器的指定位置上。

9. 第 47 至 64 行為 SCAN1 副程式。主要是將溫度顯示在七段顯示器的指定位置上。詳細請參考第七章範例說明。

10. 第 66 至 84 行為 TIMER0_INT 中斷副程式。第 67 行除能 TIMER0，第 68 行將累加器存至堆疊區，第 69 及 70 行為重新載入設定值至(TH,

TL)暫存器。第 71 行加 1 至 R3 內容，第 72 行判斷 R3≠4，如果 R3≠4，則從堆疊區取回累加器內容、啟動計時器 0 及離開中斷；可是如果 R3=4，則在第 75 至 77 行為讀取 DS1821 溫度標準程序，第 79 行為呼叫 READ 副程式，將溫度讀取值存入 R1 暫存器，而第 80 行為呼叫 CONV 副程式，將 R1 內容轉換為七段顯示器格式且儲存在 30H~32H 記憶體位均內。其可以由 SCAN1 副程式的執行，將結果顯示在七段顯示器的指定位置上。注意，CONV 副程式請參考第十章範例程式說明。

11. 第 99 至 167 行請參考前一範例說明。

思考問題

a. 請將溫度顯示修改為如下圖所示之指定位置格式。

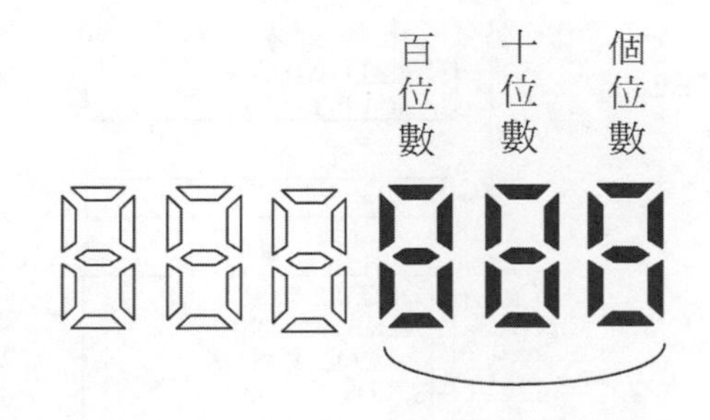

b. 參考上列範例程式，將 DS1821 數位溫度 IC 的溫度讀出，然後，再上加上 10℃，並將結果顯示在七段顯示器上。

範例 3：數位溫度 IC 與 LCM 模組之應用

請參改微控制與數位溫度之介面電路，設計一微控器程式，採用計時器 0 模式 1 之中斷方式讀取 DS1821 溫度 IC 的量測值，並以 0.5 秒之固定取樣時間將 DS1821 數位溫度讀出，並轉換為十進制顯示在 LCM 模組的指定位置上，其輸出格式要求如下圖所示。

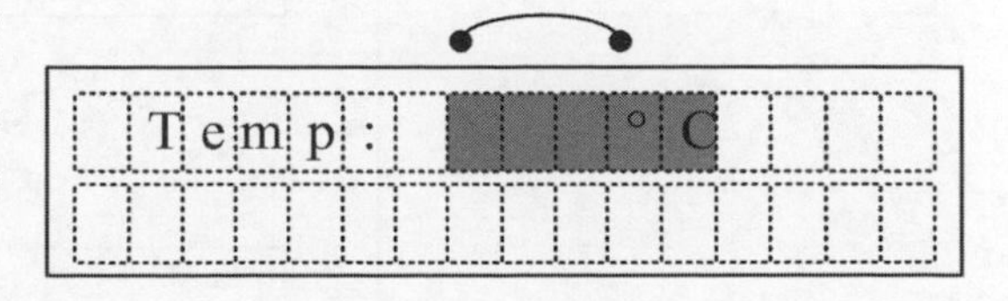

流程圖

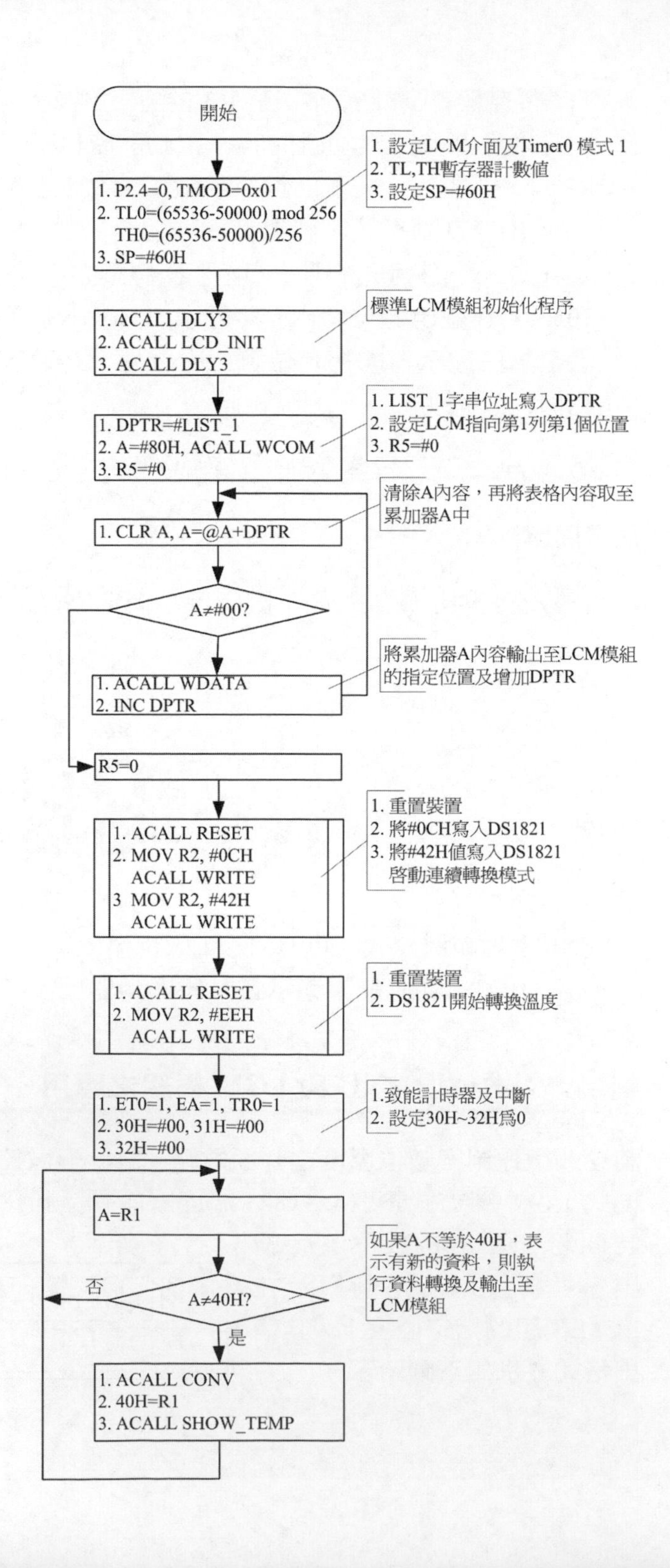
開始
1. P2.4=0, TMOD=0x01
2. TL0=(65536-50000) mod 256
TH0=(65536-50000)/256
3. SP=#60H
1. 設定LCM介面及Timer0 模式 1
2. TL,TH暫存器計數值
3. 設定SP=#60H
1. ACALL DLY3
2. ACALL LCD_INIT
3. ACALL DLY3
標準LCM模組初始化程序
1. DPTR=#LIST_1
2. A=#80H, ACALL WCOM
3. R5=#0
1. LIST_1字串位址寫入DPTR
2. 設定LCM指向第1列第1個位置
3. R5=#0
1. CLR A, A=@A+DPTR
清除A內容，再將表格內容取至累加器A中
A≠#00?
1. ACALL WDATA
2. INC DPTR
將累加器A內容輸出至LCM模組的指定位置及增加DPTR
R5=0
1. ACALL RESET
2. MOV R2, #0CH
ACALL WRITE
3 MOV R2, #42H
ACALL WRITE
1. 重置裝置
2. 將#0CH寫入DS1821
3. 將#42H值寫入DS1821
啓動連續轉換模式
1. ACALL RESET
2. MOV R2, #EEH
ACALL WRITE
1. 重置裝置
2. DS1821開始轉換溫度
1. ET0=1, EA=1, TR0=1
2. 30H=#00, 31H=#00
3. 32H=#00
1.致能計時器及中斷
2. 設定30H~32H爲0
A=R1
否
A≠40H?
是
如果A不等於40H，表示有新的資料，則執行資料轉換及輸出至LCM模組
1. ACALL CONV
2. 40H=R1
3. ACALL SHOW_TEMP

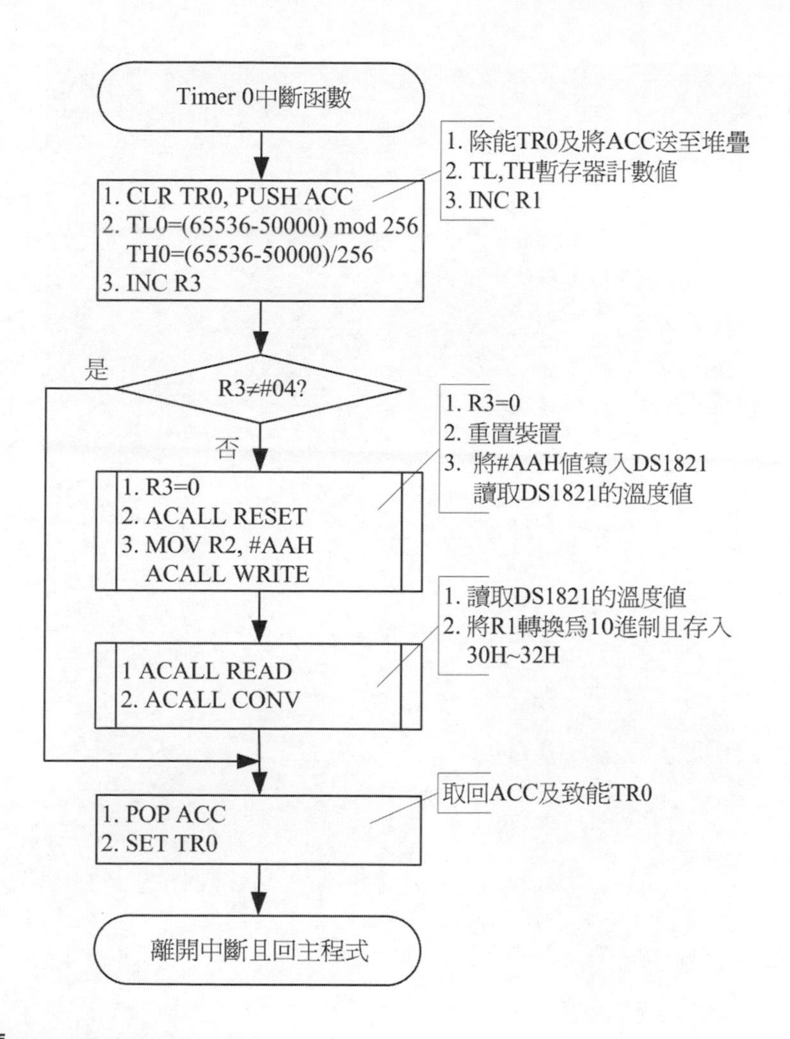

程式碼

範例 DM12_03.ASM 程式碼

```
1    ; ==== DS1821  USE BANK 0       ======
2    ; = R2:輸出暫存器                        =
3    ; = R1:讀取暫存器                        =
4    DQ EQU    P2.5     ;PIN FOR TEMP =
5    ;====================================
6
7    ; ==== LCD MODULE USE BANK 1    ==============================
8    LCD_BUS    EQU        P1                ; LCD 輸出與控制端        =
9    LCD_LED    EQU        P1.7              ; LCD 背光                =
10   LCD_RW     EQU        P1.5              ; LCD 讀寫                =
```

```
11  LCD_RS     EQU       P1.4                 ; LCD 模組暫存器選擇腳 =
12  LCD_E      EQU       P1.6                 ; LCD 模組致能腳 ENABLE=
13  ;==============================================================
14  ;
15  ; 主程式 ----------------------------------------
16          ORG    0000H
17          JMP    MAIN
18          ORG    000BH
19          AJMP   TIMER0_INT
20  MAIN:
21          CLR    P2.4
22          MOV    TMOD,#00000001B          ;計時器-0 (模式 1-16 位元)
23          MOV    TL0,#(65535-50000) MOD 256
24          MOV    TH0,#(65535-50000)/256
25          MOV    SP,#60H
26
27  ;=== initial LCD module
28          ACALL  DLY3
29          ACALL  LCD_INIT                 ; LCD 模組初始化
30          ACALL  DLY3
31          MOV    DPTR,#LIST_1
32          MOV    A,#080H
33          ACALL  WCOM
34          MOV    R5,#00
35  AGAIN:
36          CLR    A
37          MOVC   A,@A+DPTR
38          CJNE   A,#0,TEMP_LABLE
39          JMP    LABEL_EXIT
40  TEMP_LABLE:
41          ACALL  WDATA
42          INC    DPTR
43          JMP    AGAIN
44  LABEL_EXIT:
45          MOV    R5,#00
46
47  ;=== initial DS1821 ================
48  ;; 設定 DS-1821 狀態暫存器          =
49  ;; 單線運作模式                     =
50  ;; 輸出極性為 Active High           =
51  ;; 連續轉換模式                     =
52  ;==================================
53          ACALL  RESET
```

```
54          MOV    R2,#0CH       ;寫入資料到狀態暫存器指令
55          ACALL  WRITE
56          MOV    R2,#42H       ;設定輸出極性為 Active High, CONTINOUS MODE
57          ACALL  WRITE
58  ;; 寫入"開始轉換"(OXEE)指令給 DS-1821
59          ACALL  RESET
60          MOV    R2,#0EEH      ;開始溫度轉換指令
61          ACALL  WRITE
62  ; == START TIMER 0 INTERRUPT =========
53          SETB   ET0
64          SETB   EA
65          SETB   TR0
66          MOV    30H,#00H
67          MOV    31H,#00H
68          MOV    32H,#01H
69  ;; 開始讀取 DS1821 轉換後的溫度資料
70  LOOP1:
71          MOV    A,R1
72          CJNE   A,40H,OUT
73          JMP    EXIT1
74  OUT:
75          ACALL  CONV
76          MOV    40H,R1
77          ACALL  SHOW_TEMP
78  EXIT1:
79          JMP    LOOP1
80  ;
81  ; SHOW TEMPERATURE ON THELCD MODULE
82  SHOW_TEMP:
83          MOV    A,#087H       ;TEMPERATURE (DD_RAM) POSITION
84          ACALL  WCOM
85          MOV    R0,#30H
86          MOV    41H,#03
87  AGAIN1:
88          MOV    A,@R0
89          ADD    A,#30H
90          ACALL  WDATA
91          INC    R0
92          DJNZ   41H,AGAIN1
93  ;
94    RET
95  ;
96  ; ======= TIMER0_INTERRUPT 10*50MS=0.5S===============
```

```
97  TIMER0_INT:
98            CLR    TR0
99            PUSH   ACC
100           MOV    TL0,#(65535-50000) MOD 256
101           MOV    TH0,#(65535-50000)/256
102           INC    R5
103           CJNE   R5,#10,EXIT
104           MOV    R5,#00
105 ;
106           CALL   RESET         ;
107           MOV    R2,#0AAH      ;溫度讀取指令
108           ACALL  WRITE
109 ;
110     ACALL READ          ;read function and put in R1 register
111 ;
112 EXIT:     POP    ACC
113           SETB   TR0
114           RETI
115 ; == TEMPERATURE CONVERTING FUNCTION      ==============
116 CONV:
117           MOV    A,R1
118           MOV    B,#100
119           DIV    AB
120           MOV    30H,A         ;hundred
121           MOV    A,B
122           MOV    B,#10
123           DIV    AB
124           MOV    31H,A         ;ten
125           MOV    32H,B         ;one
126           RET
127 ;---------------- DS1821 初始化副程式-------------
128 RESET:
129           CLR    DQ
130           MOV    R4,#240       ;延遲-480us
131           DJNZ   R4,$          ;|
132 ;
133           SETB   DQ            ;設定 Hight
134           JB     DQ,$          ; 等待 ds1821 回應 low
135 ;
136           MOV    R4,#30        ;延遲-60us 等待 ds1821 初始化完成
137           DJNZ   R4,$          ;|
138           JNB    DQ,$          ;|--------判斷初始化是否完成
139 ;
```

```
140          MOV    R4,#210        ;延遲-420us
141          DJNZ   R4,$           ;|
142 ;
143          RET
144 ; ----------------------------------------------------
145 ;----------------- 寫入副程式---------------------
146 WRITE:
147          MOV    B,#8           ;8 筆資料
148          CLR    C
149          MOV    A,R2
150 W1:                            ;資料輸出
151          RRC    A
152          JNC    W3             ;C=0 跳到 W3 , C=1 則往下
153 W2:                            ;0 的處理方式
154          CLR    DQ             ;C=0
155          NOP
156          SETB   DQ
157          JMP    W4
158 W3:                            ;1 的處理方式
159          CLR    DQ
160 W4:
161          MOV    R4,#35          ;延遲-70us
162          DJNZ   R4,$            ;|
163          SETB   DQ
164          DJNZ   B,W1
165 ;
166    RET
167
168 ;----------------- 讀取副程式 -------------------
169 READ:
170          MOV    B,#8           ;8 筆資料
171 RD1:
172          CLR    DQ             ;C=0
173          NOP
174          SETB   DQ
175 ;
176          MOV    R4,#1          ;延遲-4us
177          DJNZ   R4,$           ;|
178 ;
179          MOV    C,DQ
180          RRC    A
181 ;
182          MOV    R4,#50         ;延遲-100us
```

```
183          DJNZ  R4,$                ;|
184 ;
185          DJNZ  B,RD1
186          MOV   R1,A
187 ;
188          RET
189 ;=================================================
190 ;※_LCD 模組初始化
191 ;=================================================
192 LCD_INIT:
193          CLR   LCD_E
194          MOV   LCD_BUS,#0A3H       ;(起動程序-01/)
195          ACALL LCD_EN
196          MOV   LCD_BUS,#0A3H       ;(起動程序-02/)
197          ACALL LCD_EN
198          MOV   LCD_BUS,#0A3H       ;(起動程序-03/)
199          ACALL LCD_EN
201          MOV   LCD_BUS,#0A2H       ;(起動程序-04/)
202          ACALL LCD_EN
203          MOV   A,#28H              ;(起動程序-05/)
204          ACALL WCOM
205          MOV   A,#0CH              ;(起動程序-06/)
206          ACALL WCOM
207          MOV   A,#06H              ;(起動程序-07/)
208          ACALL WCOM
209          ACALL CLR_LCD             ;(起動程序-08/) 清除目前全螢幕
210          RET
211 ;=================================================
212 ;※_SET LCD 致能
213 ;=================================================
214 LCD_EN:
215          CLR   LCD_RW
216          SETB  LCD_E               ; SET LCD_E = 1
217          ACALL DLY0                ; 延時
218          CLR   LCD_E               ; SET LCD_E = 0
219          ACALL DLY0                ; 延時
220          CLR   LCD_LED
221          RET
222 ;=================================================
223 ;※_Write-IR 暫存器_寫入指令暫存器函式
224 ;=================================================
225 WCOM:
226          SETB  RS0
```

```
227          CLR    RS1
228          MOV    R3,A
229          ANL    A,#00001111B
230          MOV    R2,A                   ;低四位元
231          MOV    A,R3
232          ANL    A,#11110000B
233          SWAP   A
234          MOV    R1,A                   ;高四位元
235 ;R1-輸出_將高四位元輸出到 Port-1
236          MOV    A,LCD_BUS
237          ANL    A,#11110000B
238          ORL    A,R1
239          MOV    LCD_BUS,A
240          CLR    LCD_RS                 ; SET LCD_RS = 0
241          ACALL  LCD_EN                 ; SET LCDM 致能腳 為 1 再轉為 0
242 ;R2-輸出_將低四位元輸出到 Port-1
243          MOV    A,LCD_BUS
244          ANL    A,#11110000B
245          ORL    A,R2
246          MOV    LCD_BUS,A
247          CLR    LCD_RS                 ; SET LCD_RS = 0
248          ACALL  LCD_EN                 ; SET LCDM 致能腳 為 1 再轉為 0
249 ;
250          ACALL  DLY1                   ; 延時
251          CLR    RS0
252          CLR    RS1
253          RET
254 ;================================================
255 ;※_Write-DR 暫存器_寫入資料暫存器函式
256 ;================================================
257 WDATA:
258          SETB   RS0
259          CLR    RS1
260          MOV    R3,A                   ;資料轉移_R1 高四位元_R2 低四位元
261          ANL    A,#00001111B
262          MOV    R2,A                   ;低四位元
263          MOV    A,R3
264          ANL    A,#11110000B
265          SWAP   A
266          MOV    R1,A                   ;高四位元
267 ;R1-輸出_將高四位元輸出到 Port-1
268          MOV    A,LCD_BUS
269          ANL    A,#11110000B
```

```
270          ORL    A,R1
271          MOV    LCD_BUS,A
272          SETB   LCD_RS                ; SET LCD_RS = 1
273          ACALL  LCD_EN                ; SET LCDM 致能腳 為 1 再轉為 0
274  ;R2-輸出_將低四位元輸出到 Port-1
275          MOV    A,LCD_BUS
276          ANL    A,#11110000B
277          ORL    A,R2
278          MOV    LCD_BUS,A
279          SETB   LCD_RS                ; SET LCD_RS = 1
280          ACALL  LCD_EN                ; SET LCDM 致能腳 為 1 再轉為 0
281  ;
282          ACALL  DLY1                  ; 延時
283          CLR    RS0
284          CLR    RS1
285          RET
286  ;==================================================
287  ;※_清除畫面
288  ;==================================================
289  CLR_LCD:
290          MOV    A,#01H                ; 從 LCDM 第一行第一個位置開始消除
291          ACALL  WCOM
292          RET
293  ;==================================================
294  ;※_DELAY
295  ;==================================================
296  ; 200us (基準)
297  DLY0:
298          MOV    0FH,#97
299          DJNZ   0FH,$
300          RET
301  ; 5ms
302  DLY1:   MOV    0EH,#25
303  DL1:    ACALL  DLY0
304          DJNZ   0EH,DL1
305          RET
306  ; 40ms
307  DLY2:   MOV    0DH,#8
308  DL2:    ACALL  DLY1
309          DJNZ   0DH,DL2
310          RET
311  ; 0.1s
312  DLY3:   MOV    0DH,#20
```

```
313 DL3:     ACALL  DLY1
314          DJNZ   0DH,DL3
315          RET
316 ;
317 LIST_1:  ;0123456789ABCDEF;---------;比例尺
318          DB     " Temp:     ",0DFH,43H,0
319 ;
320          END
```

程式說明

1. 第 4 行設定 DQ 為 P2.5 接腳，因為這個接腳連接至實驗板的 DS1821 的 DQ 接腳。而第 8 至 12 行為應用假指令設定 LCM 模組的控制介面符號。第 16 至 19 行為主程式及 TIMER0_INT 中斷副程式設定。

2. 第 21 行設定 P2.4=0，致能 P1 埠為 LCM 模組的控制介面。第 22 至 24 行設定計時器 0 為模式 1 且令（TH0,TL0）=（65535-50000）。第 25 行設定堆疊暫存器指向 60H。

3. 第 28 至 30 行為 LCM 模組的初始化程序，請參考第九章說明。第 31 行為將 DPTR 資料指位器指向 LIST_1 表格位址，而第 32 及 33 行為設定 LCM 模組指向第 1 列第 0 行位置，而第 34 行設定 R5=#00。

4. 第 35 至 45 行是利用索引定址方式，將 LIST_1 表格內容一個一個依序輸出至 LCM 模組第 1 列上，當表格內容為 0 時，則結束輸出至 LCM 模組程序。然後再次設定 R5=#00。

5. 第 53 行到第 57 行為對 DS1821 的狀態/結構暫存器寫入 42H 值。首先，第 53 行呼叫 RESET 副程式初始化 DS1821 裝置且使其待命接收指令。第 54 及 55 行為將 0CH 寫入 DS1821 裝置，0CH 指令表示下一次要將寫入資料到狀態暫存器（參考 12-3），第 56 及 57 行再將 42H 值透過呼叫 WRITE 副程式寫入到 DS1821 的狀態/結構暫存器（如下圖）裡，每個位元說明請參考表 12-1。

bit 7	bit 6	bit 5	bit 4	bit 3	bit 2	bit 1	bit 0
DONE	1	NVB	THF*	TLF*	T/$\overline{R}$*	POL*	1SHOT*

*Stored in EEPROM

6. 第59至61行為啟動DS1821進行溫度轉換工作。第59行呼叫RESET副程式初始化DS1821裝置且使其待命接收指令。第60及61行將開始轉換溫度（EEH）指令透過呼叫WRITE副程式寫入到DS1821的狀態/結構暫存器，啟動DS1821進行溫度轉換工作。

7. 第63至68行分別是致能計時器0的中斷ET0、微控制器的中斷總開關EA、啟動計時器0與設定30H~32H記憶體位址內容為0。

8. 第70至79行為主程式的無窮迴圈LOOP1程式，主要是判斷溫度R1是否有更新，如果有新的溫度變化值，則執行溫度轉換為LCM輸出格式（CONV），然後再呼叫SHOW-TEMP副程式，將溫度輸出至LCM模組的指定位置上。

9. 第82至94行為SHOW_TEMP副程式，將溫度顯示在LCM模組的指定位置上。第83及84行設定LCM模組的AC為第1列第7個位置，第85行設定R0=#30H，因為30H~32H位址的內容為轉換為LCM模組輸出格式後的溫度。第86行設定41H=#03表示要輸出3個位元。然後，第87至92行為依序輸出溫度字元內容至LCM模組上。注意，輸出溫度字元依序為百、拾及個位數值。

10. 第97至114行為TIMER0_INT中斷副程式。第97行除能TIMER0，第98行將累加器存至堆疊區，第100及101行為重新載入設定值至（TH, TL）暫存器。第102行加1至R5內容，第103行判斷R5≠10，如果R3≠10，則從堆疊區取回累加器內容、啟動計時器0及離開中斷；可是如果R3=10，則設定R5=#00且在第106至108行啟動讀取DS1821溫度標準程序，再呼叫READ副程式將溫度讀取值存入R1暫存器中，最後則從堆疊區取回累加器內容、啟動計時器0及離開中斷。注意，中斷觸發10次，才會執行讀取DS1821溫度值，也就是說，每0.2秒才會讀取溫度1次。

11. 第116至126行為CONV副程式，請參考第十章範例程式說明。

12. 第128至188行為DS1821裝置的相關副程式，請參考前面範例程式說明。

13. 第 192 至 315 行為 LCM 模組的相關副程式，請參考第九章範例程式說明。

思考問題

a. 請將上述程式改用計時器 0 模式 1 的輪詢模式。

範例 4：溫度控制器

透過三個按鈕來設定溫度上限，並使用埠 1 的 LED0（P1.0）做為警示燈。溫度上限設定程序要求如下：（1）按鈕 PB0（P3.3）：溫度上限數值增加扭；（2）按鈕 PB1（P3.4）：溫度上限數值減少；（3）按鈕 PB02（P3.5）：切換上限調整模式與工作模式。注意，要將所有資料顯示在 LCM 模組上。

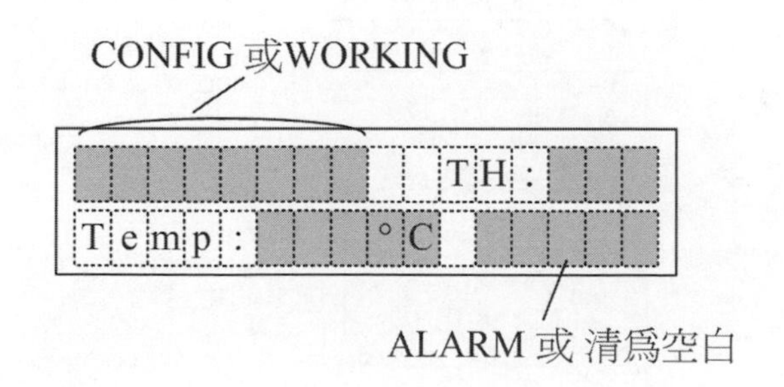

流程圖

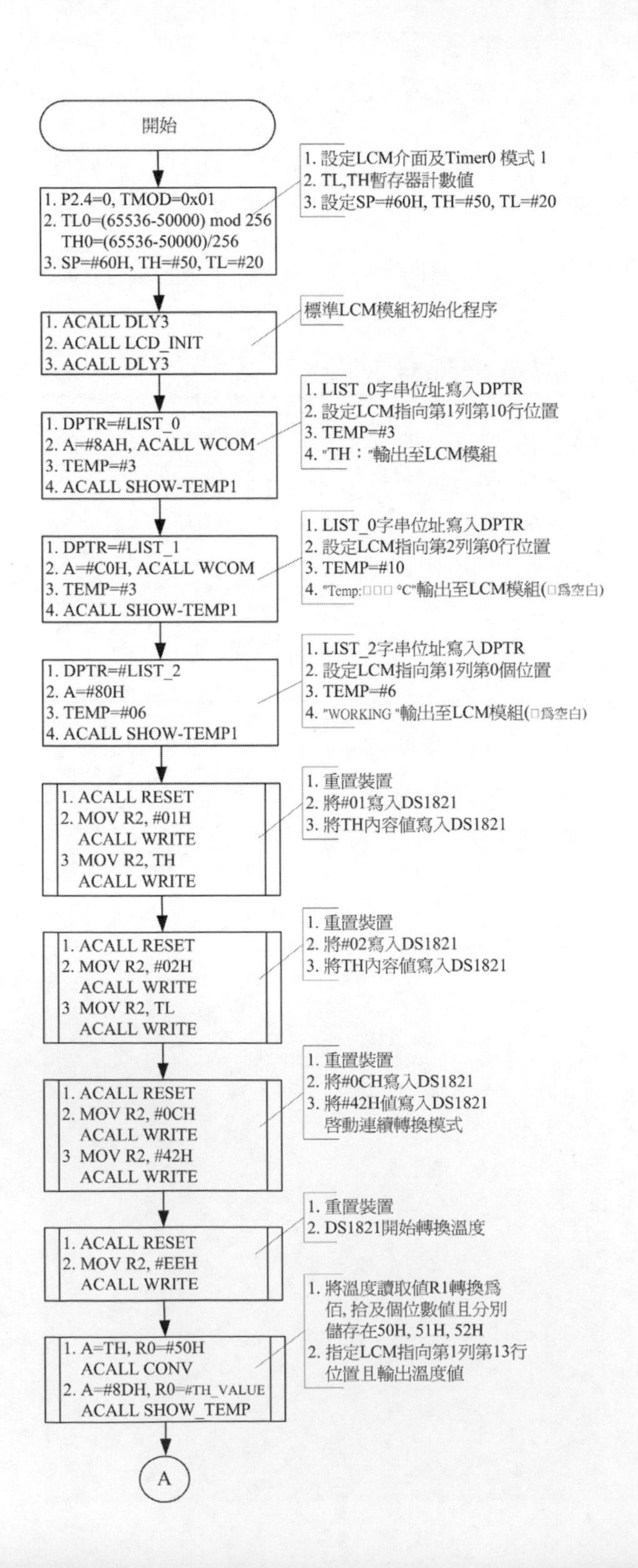

開始
1. P2.4=0, TMOD=0x01
2. TL0=(65536-50000) mod 256
TH0=(65536-50000)/256
3. SP=#60H, TH=#50, TL=#20
1. 設定LCM介面及Timer0 模式 1
2. TL,TH暫存器計數值
3. 設定SP=#60H, TH=#50, TL=#20
1. ACALL DLY3
2. ACALL LCD_INIT
3. ACALL DLY3
標準LCM模組初始化程序
1. DPTR=#LIST_0
2. A=#8AH, ACALL WCOM
3. TEMP=#3
4. ACALL SHOW-TEMP1
1. LIST_0字串位址寫入DPTR
2. 設定LCM指向第1列第10行位置
3. TEMP=#3
4. "TH："輸出至LCM模組
1. DPTR=#LIST_1
2. A=#C0H, ACALL WCOM
3. TEMP=#3
4. ACALL SHOW-TEMP1
1. LIST_0字串位址寫入DPTR
2. 設定LCM指向第2列第0行位置
3. TEMP=#10
4. "Temp:□□□ °C"輸出至LCM模組(□爲空白)
1. DPTR=#LIST_2
2. A=#80H
3. TEMP=#06
4. ACALL SHOW-TEMP1
1. LIST_2字串位址寫入DPTR
2. 設定LCM指向第1列第0個位置
3. TEMP=#6
4. "WORKING "輸出至LCM模組(□爲空白)
1. ACALL RESET
2. MOV R2, #01H
ACALL WRITE
3 MOV R2, TH
ACALL WRITE
1. 重置裝置
2. 將#01寫入DS1821
3. 將TH內容值寫入DS1821
1. ACALL RESET
2. MOV R2, #02H
ACALL WRITE
3 MOV R2, TL
ACALL WRITE
1. 重置裝置
2. 將#02寫入DS1821
3. 將TH內容值寫入DS1821
1. ACALL RESET
2. MOV R2, #0CH
ACALL WRITE
3 MOV R2, #42H
ACALL WRITE
1. 重置裝置
2. 將#0CH寫入DS1821
3. 將#42H值寫入DS1821
啓動連續轉換模式
1. ACALL RESET
2. MOV R2, #EEH
ACALL WRITE
1. 重置裝置
2. DS1821開始轉換溫度
1. A=TH, R0=#50H
ACALL CONV
2. A=#8DH, R0=#TH_VALUE
ACALL SHOW_TEMP
1. 將溫度讀取值R1轉換爲
佰, 拾及個位數值且分別
儲存在50H, 51H, 52H
2. 指定LCM指向第1列第13行
位置且輸出溫度值
A

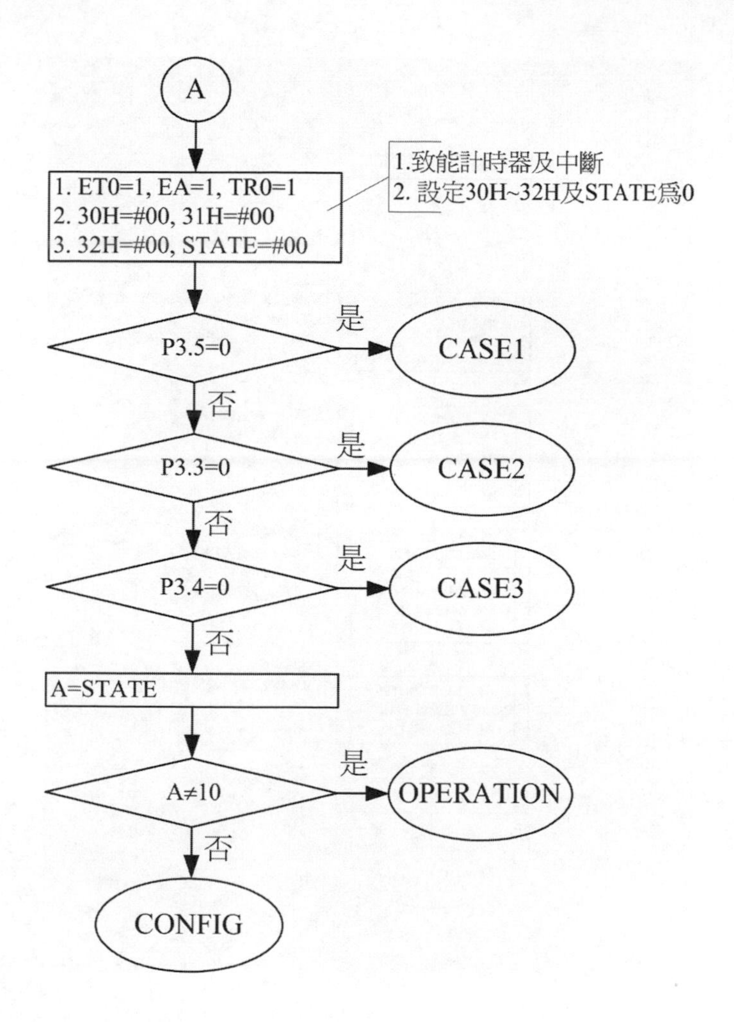
A
1. ET0=1, EA=1, TR0=1
2. 30H=#00, 31H=#00
3. 32H=#00, STATE=#00
1.致能計時器及中斷
2. 設定30H~32H及STATE爲0
P3.5=0
是
CASE1
否
P3.3=0
是
CASE2
否
P3.4=0
是
CASE3
否
A=STATE
A≠10
是
OPERATION
否
CONFIG

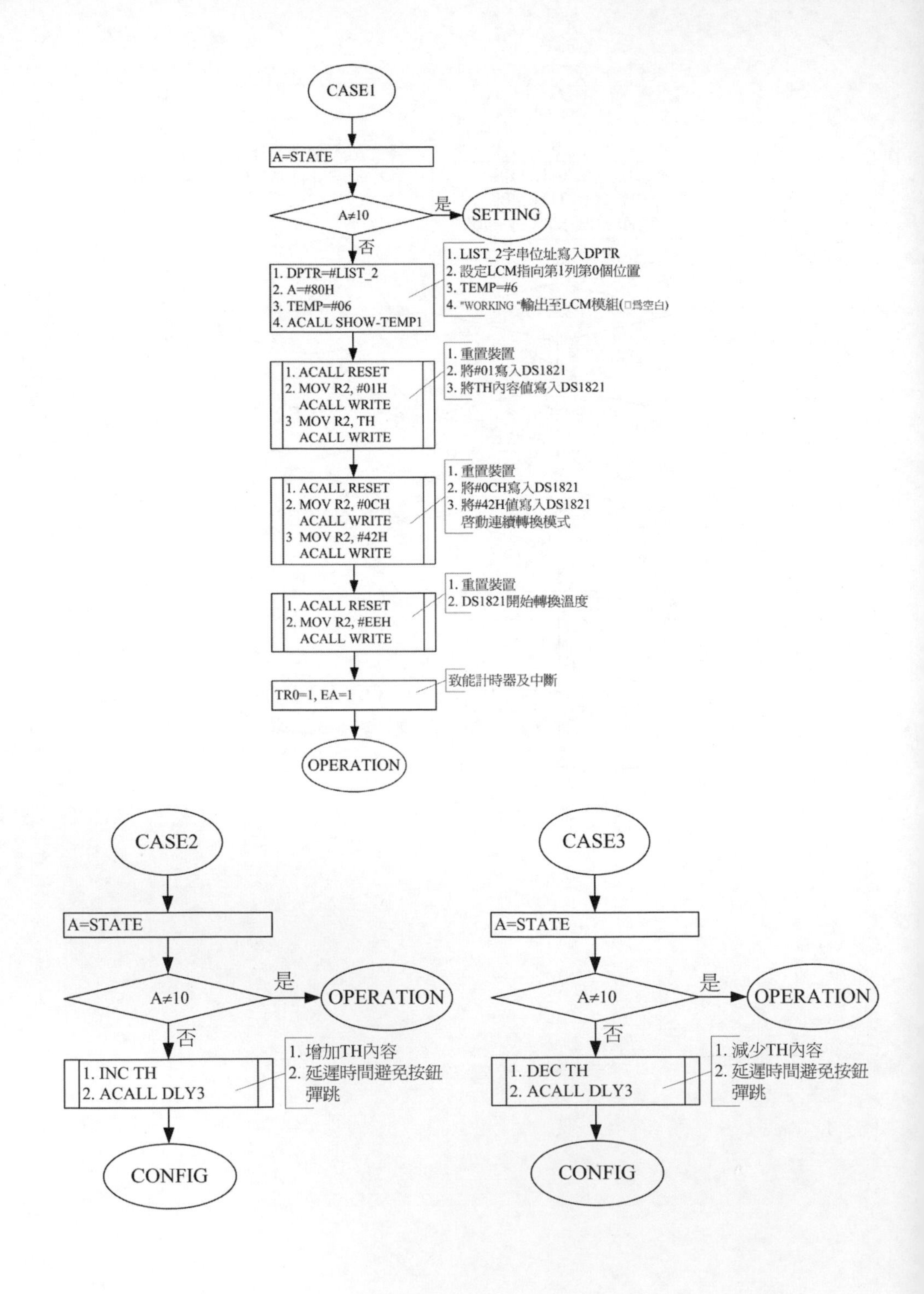

CASE1
A=STATE
A≠10
是
SETTING
否
1. DPTR=#LIST_2
2. A=#80H
3. TEMP=#06
4. ACALL SHOW-TEMP1
1. LIST_2字串位址寫入DPTR
2. 設定LCM指向第1列第0個位置
3. TEMP=#6
4. "WORKING "輸出至LCM模組(□爲空白)
1. ACALL RESET
2. MOV R2, #01H
ACALL WRITE
3 MOV R2, TH
ACALL WRITE
1. 重置裝置
2. 將#01寫入DS1821
3. 將TH內容值寫入DS1821
1. ACALL RESET
2. MOV R2, #0CH
ACALL WRITE
3 MOV R2, #42H
ACALL WRITE
1. 重置裝置
2. 將#0CH寫入DS1821
3. 將#42H值寫入DS1821
啓動連續轉換模式
1. ACALL RESET
2. MOV R2, #EEH
ACALL WRITE
1. 重置裝置
2. DS1821開始轉換溫度
TR0=1, EA=1
致能計時器及中斷
OPERATION
CASE2
A=STATE
A≠10
是
OPERATION
否
1. INC TH
2. ACALL DLY3
1. 增加TH內容
2. 延遲時間避免按鈕彈跳
CONFIG
CASE3
A=STATE
A≠10
是
OPERATION
否
1. DEC TH
2. ACALL DLY3
1. 減少TH內容
2. 延遲時間避免按鈕彈跳
CONFIG

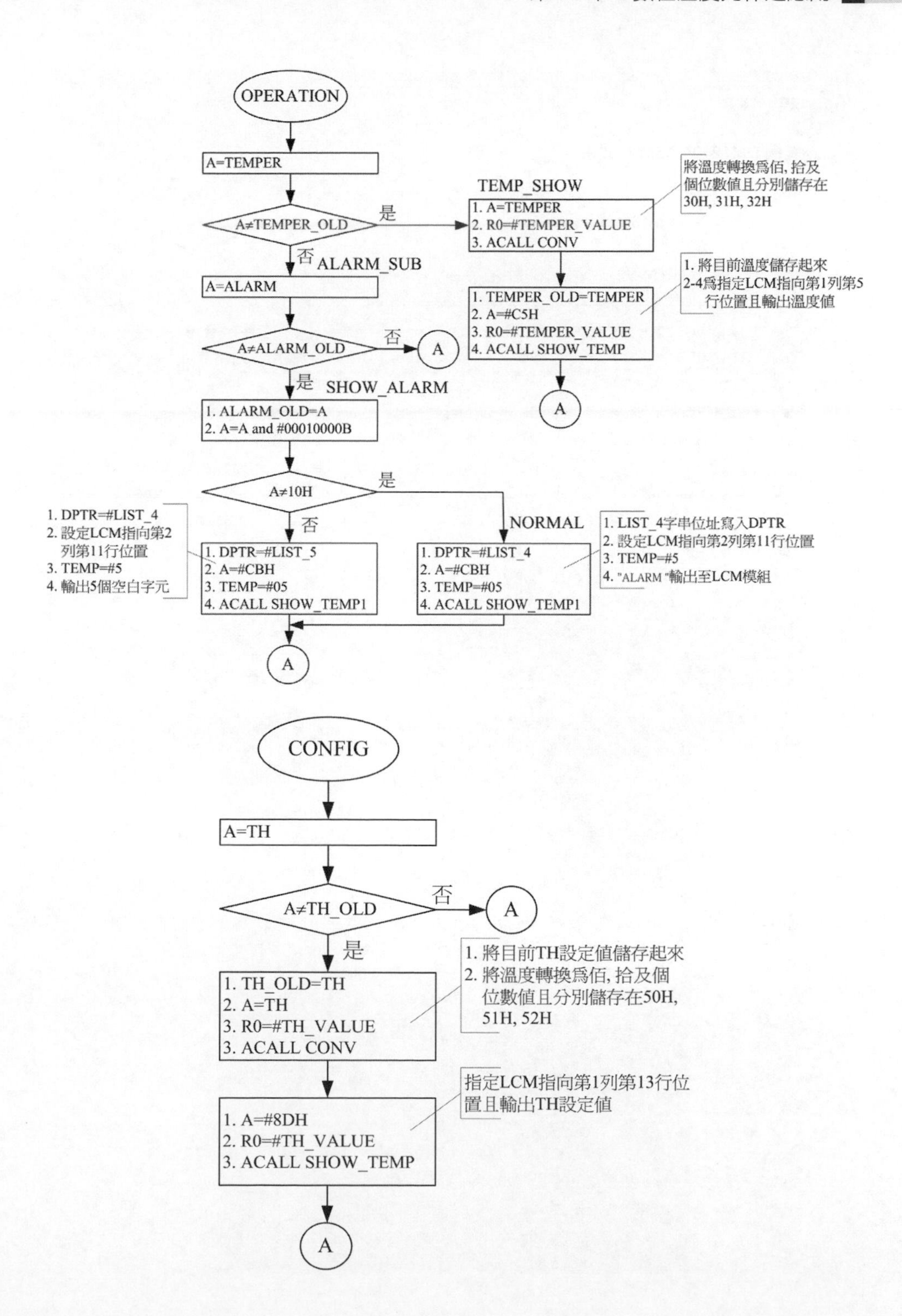

OPERATION
A=TEMPER
A≠TEMPER_OLD
是
否
TEMP_SHOW
1. A=TEMPER
2. R0=#TEMPER_VALUE
3. ACALL CONV
將溫度轉換爲佰, 拾及個位數值且分別儲存在30H, 31H, 32H
1. TEMPER_OLD=TEMPER
2. A=#C5H
3. R0=#TEMPER_VALUE
4. ACALL SHOW_TEMP
1. 將目前溫度儲存起來
2-4爲指定LCM指向第1列第5行位置且輸出溫度值
A
ALARM_SUB
A=ALARM
A≠ALARM_OLD
否
A
是
SHOW_ALARM
1. ALARM_OLD=A
2. A=A and #00010000B
A≠10H
是
否
NORMAL
1. DPTR=#LIST_5
2. A=#CBH
3. TEMP=#05
4. ACALL SHOW_TEMP1
1. DPTR=#LIST_4
2. 設定LCM指向第2列第11行位置
3. TEMP=#5
4. 輸出5個空白字元
1. DPTR=#LIST_4
2. A=#CBH
3. TEMP=#05
4. ACALL SHOW_TEMP1
1. LIST_4字串位址寫入DPTR
2. 設定LCM指向第2列第11行位置
3. TEMP=#5
4. "ALARM "輸出至LCM模組
A
CONFIG
A=TH
A≠TH_OLD
否
A
是
1. TH_OLD=TH
2. A=TH
3. R0=#TH_VALUE
3. ACALL CONV
1. 將目前TH設定值儲存起來
2. 將溫度轉換爲佰, 拾及個位數值且分別儲存在50H, 51H, 52H
1. A=#8DH
2. R0=#TH_VALUE
3. ACALL SHOW_TEMP
指定LCM指向第1列第13行位置且輸出TH設定值
A

程式碼

範例 DM12_04.ASM 程式碼

```
1   ; ==== DS1821  USE BANK 0       ======
2   ; = R2:輸出暫存器                  =
3   ; = R1:讀取暫存器                  =
4   DQ EQU    P2.5    ;PIN FOR TEMP =
5   ;=====================================
6   ; ==== LCD MODULE USE BANK 1    ==============================
7   LCD_BUS   EQU       P1              ; LCD 輸出與控制端       =
8   LCD_LED   EQU       P1.7            ; LCD 背光              =
9   LCD_RW    EQU       P1.5            ; LCD 讀寫              =
10  LCD_RS    EQU       P1.4            ; LCD 模組暫存器選擇腳  =
11  LCD_E     EQU       P1.6            ; LCD 模組致能腳 ENABLE=
12  ;============================================================
13  ;============================================================
14  TEMPER          EQU   33H
15  TEMPER_OLD      EQU   40H
16  TH        EQU   36H
17  TH_OLD          EQU   37H
18  TL        EQU   38H
19  TL_OLD          EQU   39H
20  STATE           EQU   34H
21  STATE_OLD       EQU   35H
22  TEMP            EQU   41H
23  ALARM           EQU   44H
24  ALARM_OLD       EQU   45H
25  TH_VALUE EQU    50H
26  TEMPER_VALUE    EQU   30H
27
28  ; 主程式 ----------------------------------------
29          ORG   0000H
30          JMP   MAIN
31          ORG   000BH
32          AJMP  TIMER0_INT
33  MAIN:
34          CLR   P2.4
35          MOV   TMOD,#00000001B  ;計時器-0 (模式 1-16 位元)
36          MOV   TL0,#(65535-50000) MOD 256
37          MOV   TH0,#(65535-50000)/256
38          MOV   SP,#60H
39          MOV   TH,#50
40          MOV   TL,#20
```

```
41  ;=== initial LCD module
42          ACALL  DLY3
43          ACALL  LCD_INIT          ; LCD 模組初始化
44          ACALL  DLY3
45  ;SHOW TH: ON THE POSITION
46          MOV    DPTR,#LIST_0
47          MOV    A,#08AH
48          MOV    TEMP,#3
49          ACALL  SHOW_TEMP1
50  ;SHOW TEMP: ON THE POSITION
51          MOV    DPTR,#LIST_1
52          MOV    A,#0C0H
53          MOV    TEMP,#10
54          ACALL  SHOW_TEMP1
55  ;SHOW WORKING ON THE POSITION
56          MOV    DPTR,#LIST_2
57          MOV    A,#080H
58          MOV    TEMP,#06
59          ACALL  SHOW_TEMP1
60
61  ;=== initial DS1821 ================
62  ;; 設定 DS-1821 狀態暫存器            =
53  ;; 單線運作模式                       =
64  ;; 輸出極性為 Active High             =
65  ;; 連續轉換模式                       =
66  ;==================================
67          ACALL  RESET
68          MOV    R2,#01H
69          ACALL  WRITE
70          MOV    R2,TH ;WRITE TH VALUE
71          ACALL  WRITE
72  ;
73          ACALL  RESET
74          MOV    R2,#02H
75          ACALL  WRITE
76          MOV    R2,TL ;WRITE TL VALUE
77          ACALL  WRITE
78  ;
79          ACALL  RESET
80          MOV    R2,#0CH       ;寫入資料到狀態暫存器指令
81          ACALL  WRITE
82          MOV    R2,#42H       ;設定輸出極性為 Active High, CONTINOUS MODE
83          ACALL  WRITE
```

```
84  ;; 寫入"開始轉換"(OXEE)指令給 DS-1821
85          ACALL RESET
86          MOV   R2,#0EEH     ;開始溫度轉換指令
87          ACALL WRITE
88
89  ;SHOW TH VALUE ===========
90          MOV   A,TH
91          MOV   R0,#50H
92          ACALL CONV
93          MOV   A,#08DH
94          MOV   R0,#TH_VALUE
95          ACALL SHOW_TEMP
96  ; == START TIMER 0 INTERRUPT =========
97          SETB  ET0
98          SETB  EA
99          SETB  TR0
100         MOV   30H,#00H
101         MOV   31H,#00H
102         MOV   32H,#01H
103         MOV   STATE,#00
104 ;; 開始讀取 DS1821 轉換後的溫度資料
105 LOOP1:
106         JNB   P3.5,CASE1
107         JNB   P3.3,CASE2
108         JNB   P3.4,CASE3
109         MOV   A,STATE
110         CJNE  A,#10,OPERATION
111         JMP   CONFIG
112 CASE1:  MOV   A,STATE
113         CJNE  A,#10,SETTING
114         MOV   STATE,#0
115         MOV   DPTR,#LIST_2;WORKING
116         MOV   A,#080H
117         MOV   TEMP,#06
118         ACALL SHOW_TEMP1
119 ;=== WRITE TH VALUE ========
120         ACALL RESET
121         MOV   R2,#01H
122         ACALL WRITE
123         MOV   R2,TH ;
124         ACALL WRITE
125 ;
126         ACALL RESET
```

```
127          MOV    R2,#0CH ;寫入資料到狀態暫存器指令
128          ACALL  WRITE
129          MOV    R2,#42H ;設定輸出極性為 Active High, CONTINOUS MODE
130          ACALL  WRITE
131  ;
132          ACALL  RESET
133          MOV    R2,#0EEH ;START CONVERT
134          ACALL  WRITE
135          SETB   TR0
136          SETB   EA
137          JMP    OPERATION
138  SETTING:
139          MOV    STATE,#10
140          MOV    DPTR,#LIST_3;CONFIG
141          MOV    A,#080H
142          MOV    TEMP,#06
143          ACALL  SHOW_TEMP1
144  ;
145          ACALL  RESET
146          MOV    R2,#22H ;STOP CONVERT
147          ACALL  WRITE
148          CLR    TR0
149          CLR    EA
150          JMP    CONFIG
151  CASE2:
152          MOV    A,STATE
153          CJNE   A,#10,OPERATION
154          INC    TH
155          ACALL  DLY3
156          JMP    CONFIG
157  CASE3:
158          MOV    A,STATE
159          CJNE   A,#10,OPERATION
160          DEC    TH
161          ACALL  DLY3
162  CONFIG:
163          MOV    A,TH
164          CJNE   A,TH_OLD,WRITE_TH
165          JMP    CASE_EXIT
166  WRITE_TH:
167          MOV    TH_OLD,TH
168          MOV    A,TH
169          MOV    R0,#TH_VALUE
```

```
170         ACALL CONV
171         MOV   A,#08DH
172         MOV   R0,#TH_VALUE
173         ACALL SHOW_TEMP
174         JMP   CASE_EXIT
175 OPERATION:
176         MOV   A,TEMPER
177         CJNE  A,TEMPER_OLD,TEMP_SHOW
178         JMP   ALARM_SUB
179 TEMP_SHOW:
180         MOV   A,TEMPER
181         MOV   R0,#TEMPER_VALUE
182         ACALL CONV
183         MOV   TEMPER_OLD,TEMPER
184         MOV   A,#0C5H
185         MOV   R0,#TEMPER_VALUE
186         ACALL SHOW_TEMP
187         AJMP  CASE_EXIT
188 ALARM_SUB:
189         MOV   A,ALARM
190         CJNE  A,ALARM_OLD,SHOW_ALARM
191         JMP   CASE_EXIT
192 SHOW_ALARM:
193         MOV   ALARM_OLD,A
194         ANL   A,#00010000B
195         CJNE  A,#10H,NORMAL
196         MOV   DPTR,#LIST_4
197         MOV   A,#0CBH
198         MOV   TEMP,#05
199         ACALL SHOW_TEMP1
201         JMP   CASE_EXIT
202 NORMAL:
203         MOV   DPTR,#LIST_5
204         MOV   A,#0CBH
205         MOV   TEMP,#05
206         ACALL SHOW_TEMP1
207 ;
208 CASE_EXIT:
209         AJMP  LOOP1
210 ;
211 ; SHOW TEMPERATURE ON THELCD MODULE
212 SHOW_TEMP:
213 ;       MOV   A,#087H      ;TEMPERATURE (DD_RAM) POSITION
```

```
214          ACALL WCOM
215 ;        MOV   R0,#30H
216          MOV   TEMP,#03
217 AGAIN1:
218          MOV   A,@R0
219          ADD   A,#30H
220          ACALL WDATA
221          INC   R0
222          DJNZ  TEMP,AGAIN1
223 ;
224          RET
225
226 SHOW_TEMP1:
227          ACALL WCOM
228 AGAIN2:
229          MOV   A,#00
230          MOVC  A,@A+DPTR
231          ACALL WDATA
232          INC   DPTR
233          DJNZ  TEMP,AGAIN2
234 ;
235          RET
236 ; ======= TIMER0_INTERRUPT 10*50MS=0.5S===============
237 TIMER0_INT:
238          CLR   TR0
239          PUSH  ACC
240          MOV   TL0,#(65535-50000) MOD 256
241          MOV   TH0,#(65535-50000)/256
242          INC   R5
243          CJNE  R5,#10,EXIT
244          MOV   R5,#00
245 ;
246          ACALL RESET         ;
247          MOV   R2,#0AAH      ;溫度讀取指令
248          ACALL WRITE
249 ;
250          ACALL READ          ;read function and put in R1 register
251          MOV   TEMPER,R1
252 ;
253          ACALL RESET         ;
254          MOV   R2,#0ACH      ;讀取 STATUS
255          ACALL WRITE
256 ;
```

```
257         ACALL READ         ;read function and put in R1 register
258         MOV   ALARM,R1
259 ;
260 EXIT:   POP   ACC
261         SETB  TR0
262         RETI
263 ; == TEMPERATURE CONVERTING FUNCTION     ==============
264 CONV:
265 ;       MOV   A,R1
266         MOV   B,#100
267         DIV   AB
268         MOV   @R0,A        ;hundred
269         MOV   A,B
270         MOV   B,#10
271         DIV   AB
272         INC   R0
273         MOV   @R0,A        ;ten
274         INC   R0
275         MOV   @R0,B        ;one
276         RET
277 ;----------------- DS1821 初始化副程式-------------
278 RESET:
279         CLR   DQ
280         MOV   R4,#240      ;延遲-480us
281         DJNZ  R4,$         ;|
282 ;
283         SETB  DQ           ;設定 Hight
284         JB    DQ,$         ; 等待 ds1821 回應 low
285 ;
286         MOV   R4,#30       ;延遲-60us 等待 ds1821 初始化完成
287         DJNZ  R4,$         ;|
288         JNB   DQ,$         ;|--------判斷初始化是否完成
289 ;
290         MOV   R4,#210      ;延遲-420us
291         DJNZ  R4,$         ;|
292 ;
293         RET
294 ; ------------------------------------------------
295 ;---------------- 寫入副程式---------------------
296 WRITE:
297         MOV   3AH,#8       ;8 筆資料
298         CLR   C
299         MOV   A,R2
```

```
300 W1:                                     ;資料輸出
301         RRC    A
302         JNC    W3                       ;C=0 跳到 W3 , C=1 則往下
303 W2:                                     ;0 的處理方式
304         CLR    DQ                       ;C=0
305         NOP
306         SETB   DQ
307         JMP    W4
308 W3:                                     ;1 的處理方式
309         CLR    DQ
310 W4:
311         MOV    R4,#35                   ;延遲-70us
312         DJNZ   R4,$                     ;|
313         SETB   DQ
314         DJNZ   3AH,W1
315 ;
316         RET
317
318 ;----------------- 讀取副程式 ------------------
319 READ:
320         MOV    3AH,#8                   ;8 筆資料
321 RD1:
322         CLR    DQ                       ;C=0
323         NOP
324         SETB   DQ
325 ;
326         MOV    R4,#1                    ;延遲-4us
327         DJNZ   R4,$                     ;|
328 ;
329         MOV    C,DQ
330         RRC    A
331 ;
332         MOV    R4,#50                   ;延遲-100us
333         DJNZ   R4,$                     ;|
334 ;
335         DJNZ   3AH,RD1
336         MOV    R1,A
337 ;
338         RET
339 ;===============================================
340 ;※LCD 模組初始化
341 ;===============================================
342 LCD_INIT:
```

```
343         CLR   LCD_E
344         MOV   LCD_BUS,#0A3H        ;(起動程序-01/)
345         ACALL LCD_EN
346         MOV   LCD_BUS,#0A3H        ;(起動程序-02/)
347         ACALL LCD_EN
348         MOV   LCD_BUS,#0A3H        ;(起動程序-03/)
349         ACALL LCD_EN
350         MOV   LCD_BUS,#0A2H        ;(起動程序-04/)
351         ACALL LCD_EN
352         MOV   A,#28H               ;(起動程序-05/)
353         ACALL WCOM
354         MOV   A,#0CH               ;(起動程序-06/)
355         ACALL WCOM
356         MOV   A,#06H               ;(起動程序-07/)
357         ACALL WCOM
358         ACALL CLR_LCD              ;(起動程序-08/) 清除目前全螢幕
359         RET
360 ;==================================================
361 ;※SET LCD 致能
362 ;==================================================
363 LCD_EN:
364         CLR   LCD_RW
365         SETB  LCD_E                ; SET LCD_E = 1
366         ACALL DLY0                 ; 延時
367         CLR   LCD_E                ; SET LCD_E = 0
368         ACALL DLY0                 ; 延時
369         CLR   LCD_LED
370         RET
371 ;==================================================
372 ;※Write-IR 暫存器_寫入指令暫存器函式
373 ;==================================================
374 WCOM:
375         SETB  RS0
376         CLR   RS1
377         MOV   R3,A
378         ANL   A,#00001111B
379         MOV   R2,A                 ;低四位元
380         MOV   A,R3
381         ANL   A,#11110000B
382         SWAP  A
383         MOV   R1,A                 ;高四位元
384 ;R1-輸出_將高四位元輸出到 Port-1
385         MOV   A,LCD_BUS
```

```
386          ANL    A,#11110000B
387          ORL    A,R1
388          MOV    LCD_BUS,A
389          CLR    LCD_RS              ; SET LCD_RS = 0
390          ACALL  LCD_EN              ; SET LCDM 致能腳 為 1 再轉為 0
391 ;R2-輸出_將低四位元輸出到 Port-1
392          MOV    A,LCD_BUS
393          ANL    A,#11110000B
394          ORL    A,R2
395          MOV    LCD_BUS,A
396          CLR    LCD_RS              ; SET LCD_RS = 0
397          ACALL  LCD_EN              ; SET LCDM 致能腳 為 1 再轉為 0
398 ;
399          ACALL  DLY1                ; 延時
400          CLR    RS0
401          CLR    RS1
402          RET
403 ;===============================================
404 ;※Write-DR 暫存器_寫入資料暫存器函式
405 ;===============================================
406 WDATA:
407          SETB   RS0
408          CLR    RS1
409          MOV    R3,A                ;資料轉移_R1 高四位元_R2 低四位元
410          ANL    A,#00001111B
411          MOV    R2,A                ;低四位元
412          MOV    A,R3
413          ANL    A,#11110000B
414          SWAP   A
415          MOV    R1,A                ;高四位元
416 ;R1-輸出_將高四位元輸出到 Port-1
417          MOV    A,LCD_BUS
418          ANL    A,#11110000B
419          ORL    A,R1
420          MOV    LCD_BUS,A
421          SETB   LCD_RS              ; SET LCD_RS = 1
422          ACALL  LCD_EN              ; SET LCDM 致能腳 為 1 再轉為 0
423 ;R2-輸出_將低四位元輸出到 Port-1
424          MOV    A,LCD_BUS
425          ANL    A,#11110000B
426          ORL    A,R2
427          MOV    LCD_BUS,A
428          SETB   LCD_RS              ; SET LCD_RS = 1
```

```
429          ACALL LCD_EN               ; SET LCDM 致能腳 為 1 再轉為 0
430  ;
431          ACALL DLY1                 ; 延時
432          CLR   RS0
433          CLR   RS1
434          RET
435  ;================================================
436  ;※清除畫面
437  ;================================================
438  CLR_LCD:
439          MOV   A,#01H               ; 從 LCDM 第一行第一個位置開始消除
440          ACALL WCOM
441          RET
442  ;================================================
443  ;※DELAY
444  ;================================================
445  ; 200us (基準)
446  DLY0:
447          MOV   0FH,#97
448          DJNZ  0FH,$
449          RET
450  ; 5ms
451  DLY1:   MOV   0EH,#25
452  DL1:    ACALL DLY0
453          DJNZ  0EH,DL1
454          RET
455  ; 40ms
456  DLY2:   MOV   0DH,#8
457  DL2:    ACALL DLY1
458          DJNZ  0DH,DL2
459          RET
460  ; 0.1s
461  DLY3:   MOV   0DH,#20
462  DL3:    ACALL DLY1
463          DJNZ  0DH,DL3
464          RET
465  ;
466  LIST_0: ;0123456789ABCDEF;---------;比例尺
467          DB    "TH:"
468  LIST_1: ;0123456789ABCDEF;---------;比例尺
469          DB    "Temp:   ",0DFH,43H,0
470  LIST_2:
471          DB    "WORKING"
```

```
472 LIST_3:
473         DB    "CONFIG "
474 LIST_4:
475         DB    "ALARM"
476 ;
477 LIST_5:
478         DB    "     "
479 ;
480         END
```

程式說明

1. 第 4 行設定 DQ 為 P2.5 接腳，因為這個接腳連接至實驗板的 DS1821 的 DQ 接腳。而第 7 至 11 行為應用假指令設定 LCM 模組的控制介面符號。第 14 至 26 行為應用假指令設定本範變數符號及相對應位址。第 29 至 32 行為主程式及 TIMER0_INT 中斷副程式設定。

2. 第 34 行設定 P2.4=0，致能 P1 埠為 LCM 模組的控制介面。第 35 至 37 行設定計時器 0 為模式 1 且令（TH0,TL0）=（65535-50000）。第 38 行設定堆疊暫存器指向 60H。而第 39 及 40 行設定 TH=#50 及 TL=#20 的初始值。

3. 第 42 至 44 行為 LCM 模組的初始化程序，請參考第九章說明。第 46 行為將 DPTR 資料指位器指向 LIST_0 表格位址，而第 47 及 48 行為設定 LCM 模組指向第 1 列第 10 行位置且預定輸出 3 個字元（TEMP=#03），第 49 行呼叫 SHOW_TEMP1 副程式，輸出"TH："至 LCM 模組。

4. 同理，第 51 至 54 行將 LIST_1 表格內容"Temp:□□□" 10 個字元輸出至 LCM 模組的第 2 列第 0 行位置，其中□表示空格。而第 56 至 59 行將 LIST_2 表格內容"WORKING" 6 個字元輸出至 LCM 模組的第 1 列第 0 行位置。

5. 第 67 至第 71 行設定 DS1821 的 TH 設定值。首先，第 67 行呼叫 RESET 副程式初始化 DS1821 裝置且使其待命接收指令。第 68 及 69 行為將 01H 寫入 DS1821 裝置，01H 指令表示下一次要寫入資料到溫度上限

TH 暫存器（參考 12-3），第 70 及 71 行再將 TH 值透過呼叫 WRITE 副程式寫入到 DS1821 的狀態/結構暫存器裡。同至，第 73 至第 77 行為將 TL 值寫入到 DS1821 的狀態/結構暫存器裡。

6. 第 79 行到第 83 行為將 42H 值寫入 DS1821 的狀態/結構暫存器。首先，第 79 行呼叫 RESET 副程式初始化 DS1821 裝置且使其待命接收指令。第 80 及 81 行為將 0CH 寫入 DS1821 裝置，0CH 指令表示下一次要寫入資料到狀態暫存器（參考 12-3），第 82 及 83 行再將 42H 值透過呼叫 WRITE 副程式寫入到 DS1821 的狀態/結構暫存器，設定極性為作動輸出高電位（Active High）。

7. 第 85 至 87 行為啟動 DS1821 進行溫度轉換工作。第 85 行呼叫 RESET 副程式初始化 DS1821 裝置且使其待命接收指令。第 86 及 87 行將開始轉換溫度（EEH）指令透過呼叫 WRITE 副程式寫入到 DS1821 的狀態/結構暫存器，啟動 DS1821 進行溫度轉換工作。

8. 第 89 至 95 行為輸出 TH 值至 LCM 模組的第 1 列第 13 行位置。第 92 行為呼叫 CONV 副程式，將 TH 值轉換為 LCM 模組的輸出格式且存放在 50H~52H 的位址內，而第 94 及 95 行則是將轉換後的 TH 值輸出至 LCM 模組的第 1 列第 13 行位置上。

9. 第 97 至 103 行分別是致能計時器 0 的中斷 ET0、微控制器的中斷總開關 EA、啟動計時器 0 與設定 30H~32H 及 STATE 記憶體位址內容為 0。

10. 第 105 至 209 行為主程式的無窮迴圈 LOOP1 程式，主要是判斷及執行相對應的程式設計功能。程式設計功能如流程圖說明，當 P3.5 被按下則執行 CASE1，當 P3.3 被按下則執行 CASE2，當 P3.4 被按下則執行 CASE3，注意，按鈕的優先順序 P3.5> P3.3> P3.4。CASE1 是切換操作（OPERATION）或是設定（SETTING），CASE2 是增加 TH 的設定值，而 CASE3 是減少 TH 的設定值。當按鈕沒有被按下時，第 109 至 111 行執行判斷，當 STATE≠#10 時執行操作程序，當 STATE=#10 執行規劃（CONFIG）程序。其他程序說明如下：

11. 第 112 至 150 行為 CASE1 程序。第 112 及 113 行為執行判斷，當 STATE≠#10 時執行設定（SETTING）程序，可是當 STATE=#10 則執行以下程式功能。第 114 行令 STATE=#00，第 115 至 118 行將 LIST_2 表格內容"WORKING"輸出至 LCM 模組的第 1 列第 0 行位置，第 120 至 124 行為將 TH 值寫入 DS1821 內，第 126 至 130 行為將 42H 值寫入 DS1821 的狀態/結構暫存器，設定極性為作動輸出高電位（Active High）。第 132 至 134 行為啟動 DS1821 進行溫度轉換工作。最後，致能計時器 0 及中斷總開關 EA，再執行操作程序（OPERATION）。另外，SETTING 程序為第 138 至 150 行，第 139 行令 STATE=#10，第 140 至 143 行為將表格 LIST_3 內容"CONFIG"輸出至 LCM 模組的第 1 列第 0 行位置，第 145 至 147 行為將 22H 寫入 DS1821 裝置,停止其溫度轉換工作，而第 148 及 149 行為除能計時器 0 及中斷總開關 EA 功能，最後跳至規劃（CONFIG）程序去執行。

12. 第 151 至 156 行為 CASE2 程序。第 152 及 153 行為執行判斷，當 STATE≠#10 時執行操作程序，可是當 STATE=#10 執行加 1 至 TH 記憶體且再跳至規劃（CONFIG）程序。

13. 第 157 至 161 行為 CASE3 程序。第 158 及 159 行為執行判斷，當 STATE≠#10 時執行操作程序，可是當 STATE=#10 執行將 TH 記憶體內容減 1 且再執行規劃（CONFIG）程序。

14. 第 162 至 174 行為規劃（CONFIG）程序。第 163 至 165 行判斷 TH 值是否等於舊的 TH 值（TH_OLD），如果相等則跳至 CASE_EXIT 標籤，可是如果不等則執行將 TH 寫入 DS1821 及存入 TH_OLD 內。第 167 將 TH 存入 TH_OLD，第 168 及 170 行將 TH 轉換為 LCM 模組輸出格式且存放在 50H~52H，然後在第 171 至 173 行將其值輸出至 LCM 模組的第 1 列第 13 行位置，最後跳至 CASE_EXIT 標籤，離開 CASE1 程序。

15. 第 175 至 206 行為操作（OPERATION）程序。第 176 至 178 行判斷 TEMPER 值是否等於舊的 TEMPER 值（TEMPER_OLD），如果不

等則執行將 TEMPER 輸出至 LCM 模組指定位置上（第 2 列第 5 個位置），最後跳至 CASE_EXIT 標籤，離開 CASE1 程序。可是如果相等則跳至 ALARM_SUB 標籤執行，第 189 至 191 行為判斷 ALARM 值是否等於舊的 ALARM 值（ALARM_OLD），如果相等則跳至 CASE_EXIT 標籤，可是如果不等則執行 SHOW_ALRAM 程序，如下說明。第 193 行將現在 ALARM 存入 ALARM_OLD，第 194 及 195 行判斷其第 4 位元是否為 1，如果其為 1 則塊行第 196 至 201 行將 LIST_4 表格內容"ALARM"輸出至 LCM 模組的第 2 列第 11 行位置，然後跳至 CASE_EXIT 標籤，離開 CASE 程序；可是如果其值不等到 1 則跳至 NORMAL 程序去執行，將 LIST_5 表格內容"□□□□□"輸出至 LCM 模組的第 2 列第 11 行位置，其中□表示空白，然後跳至 CASE_EXIT 標籤，離開 CASE 程序。

16. 第 212 至 224 行為 SHOW_TEMP 副程式，將溫度顯示在 LCM 模組的指定位置上，請參考前一範例說明。

17. 第 212 至 224 行為 SHOW_TEMP1 副程式，將表格字元輸出至 LCM 模組。

18. 第 237 至 262 行為 TIMER0_INT 中斷副程式，請參考前一範例說明。

19. 第 264 至 276 行為 CONV 副程式，請參考第十章範例程式說明。

20. 第 278 至 338 行為 DS1821 裝置的相關副程式，請參考前面範例程式說明。

21. 第 342 至 464 行為 LCM 模組的相關副程式，請參考第九章範例程式說明。

思考問題

a. 請把所有資料改成顯示在七段顯示器上。

Chapter 12

問題與討論

1. 在將數位溫度 IC 的擷取資料轉換為十進制時，範例中是先從最低位元開始，請改成從最高位元開始，並說明兩者有何不同與何者最為方便？

2. 請將範例 DM12_03 的數位溫度 IC 擷取資料改顯示在七段顯示器上。

3. 參考範例 12-4，請將在 LCM 模組的輸出方式修改為如下圖所示格式。

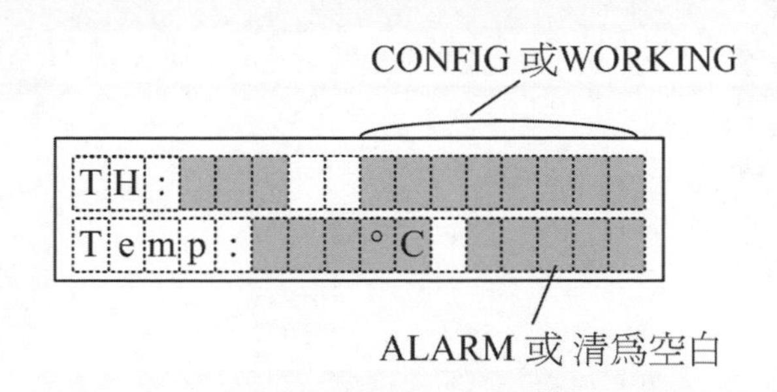

chapter 13

I^2C 串列通訊與即時時鐘之應用

本章主要探討 I^2C 兩線式串列匯流排、通訊協定與即時時鐘之應用。首先探討 I^2C 串列通訊原理、匯流排工作原理、信號類型與訊息框架。然後，介紹 DS1307 時鐘元件的基本原理與應用方式，經由單晶片與 DS1307 元件的介面電路設計與幾個典型範例的程式設計示範，讓讀者能充分掌握該晶片的各種應用程式設計技巧，甚至是進階萬年歷與相關時鐘應用程式設計，增加使用者在單晶片與可規劃時鐘元件 DS1307 整合應用能力。

本章學習重點

- I^2C 串列通訊原理、匯流排工作原理、信號類型與訊息框架
- DS1307 時鐘元件介紹
- DS1307 時鐘元件與七段顯示器之應用
- DS1307 時鐘元件與 LCM 顯示器之應用
- 時鐘 IC 的時間設定與修改程式設計
- 問題與討論

13-1 I²C 串列通訊原理

I²C 全名為 inter-integrated chips，是一種使用多主從架構的串列通訊匯流排。飛利浦（PHILIP）公司在 1980 年代為了讓主機板、嵌入式系統或手機可連接至低速週邊裝置而發展的兩線式串列匯流排，且專利權為飛利浦公司所擁有。I²C 的正確讀法為"I-squared-C"，而"I-two-C"則是另一種錯誤但被廣泛使用的讀法。截至 2006 年 11 月 1 日為止，使用 I²C 協定不需要為其專利付費，但是製造 I²C 的產品公司仍然需要向飛利浦公司的智財部申請授權與付費以獲得 I²C 從屬裝置位址。I²C 的詳細規範文件為 The I²C-Bus Specification V. 2.1，在網站 http:// www.nxp.com/documents/user_manual/UM10204.pdf 中可取得。因為 I²C 匯流排佔用的空間非常小，因此可將其電路與介面直接內嵌在積體電路晶片上，減少電路板的空間和晶片接腳的數量，降低了元件間通訊成本。匯流排的長度可高達 25 英尺且支援多主裝置（multi-mastering）系統，一個能夠控制信號的傳輸和時脈頻率的裝置稱為主裝置，可是在任何時間點上，匯流排只能有一個主裝置而已。I²C 的參考設計使用一個 7 位元長度的位址空間，但保留了 16 個位址，所以在一組匯流排最多可和 112 個節點通訊。常見的 I²C 匯流排依傳輸速率的不同有標準模式（100 Kbit/s）及低速模式（10 Kbit/s）。而新一代的 I²C 匯流排可以和更多的節點（支援 10 位元長度的位址空間）及更快的速率通訊：快速模式（400 Kbit/s）與高速模式（3.4 Mbit/s）。所以飛利浦公司要求日後的新產品，只能採用快速或高速模式。雖然最大的節點數目是被位址空間所限制住，但實際上也會被匯流排上的總電容所限制住，一般而言為 400 pF。

13-1.1 I²C 匯流排工作原理

I²C 匯流排是由資料線 SDA 和時脈線 SCL 構成的串列匯流排，這二線都是雙向性。因為 I²C 允許多主裝置系統，所以在電氣上 SCL 和 SDA 二線要透過提升電阻接至正電源，如圖 13-1 所示的傳輸裝置接線圖。裝置的 SCL 和 SDA 腳位要為開洩極（open-drain）或開集極（open-collector），且採用並聯接線的方式，因此匯流排上的裝置平常不使用時，二線的訊號都處於高電位。以 FET 電晶體為例，一旦有一個腳位的開洩極導通接地，則整條線將轉為低電位，這種現象稱作 wired-AND 運作；如同邏輯 AND 運算，需要共接的腳位都是 1（開洩極斷路），該條線的電位才是 1。I^2C 匯流排在傳送資料過程中共有三種類型信號，它們分別是：開始信號、結束信號和應答信號。開始信號（S）：SCL 為高電平時，SDA 由高電位向低電位跳變，發出資料開始傳輸信號，如圖 13-2（a）所示。終止信號（P）：SCL 為高電位時，SDA 由低電位向高電位跳變，發出資料傳輸結束信號，如圖 13-2（b）所示。應答信號（ACK）：接收資料的 I^2C 在接收到 8 位元（8 bits）資料後，向發送資料的 I^2C 裝置回應特定的低電位（0）脈衝，表示已收到資料。主裝置根據實際情況作出是否繼續傳遞信號的判斷，若未收到應答信號，則判斷受控單元出現故障現象。

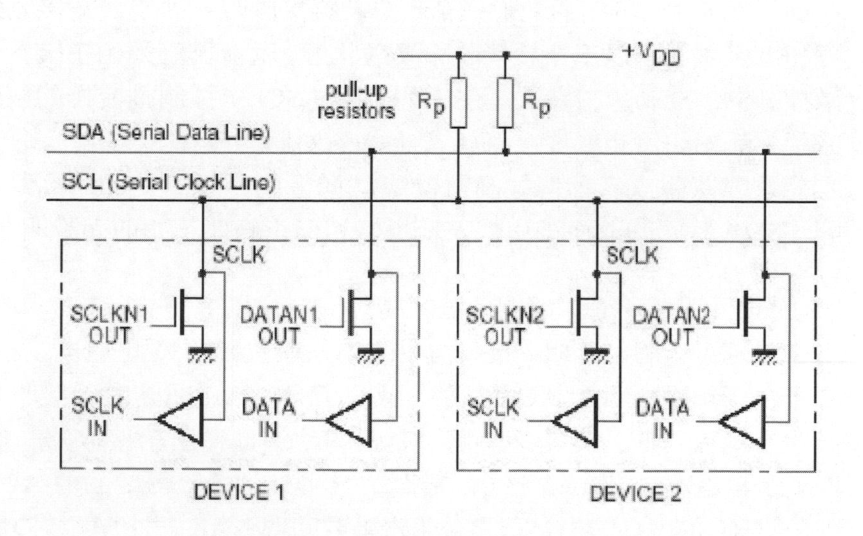

圖 13-1　I^2C 裝置之接線法

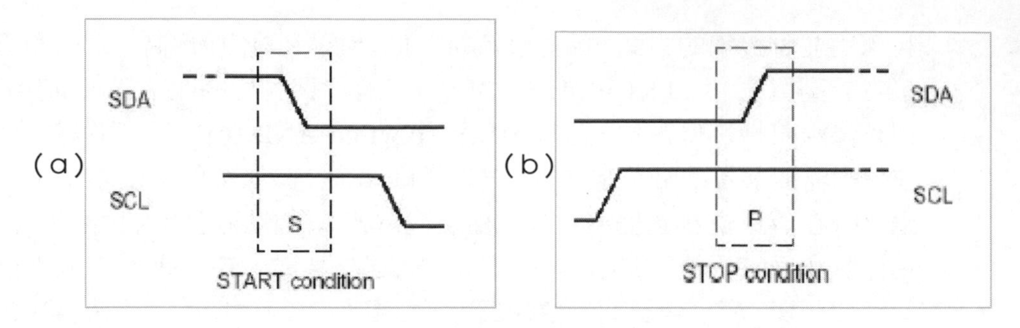

圖 13-2　（a）開始信號(S)；（b）終止信號(P)

13-1.2 匯流排基本操作

I^2C 規劃運用主/僕裝置雙向通訊。在一次傳輸中僅能有一個主裝置發送資料到匯流排上，其定義為發送器，僕裝置接收資料則定義為接收器。主裝置和僕裝置都可以工作於接收和發送狀態。匯流排必須由主裝置（通常為微控制器）控制，主裝置產生串列時脈（SCL）控制匯流排的傳輸方向，並產生起始和停止條件。SDA 線上的資料狀態僅在 SCL 為低電位的期間才能改變狀態去表示傳輸高電位或是低電位。至於 SCL 為高電位的期間，SDA 狀態的改變被用來表示起始和停止條件，如前面說明。

I^2C 為位元組（Byte）導向傳輸，所以資料是以 8 個位元為一單位。每當主裝置傳了一個位元組，接收器要回傳一個位元的訊號，作為接收確認。如果確認無誤則回傳 ACK 訊號，否則回傳 NAK 訊號表示接收有誤。主裝置在傳完一個位元組後，將 SDA 的傳送權釋出給接收器一個時脈週期，即發送器的 SDA 腳輸出為高電位。此時，接收器要回傳 ACK 訊號，則將它的 SDA 腳輸出為低電位；如果要回傳 NAK，則仍保持該腳位輸出為高電位。當一個位元組傳完，而接收器也回傳 ACK 訊號後，如果接收器需要一段儲存收到位元組資料的時間，則可以利用控制 SCL 腳位為低電位（0）方式，將 SCL 線維持在低電位直到收訊者可以接收下一個位元組為止；當然主裝置要在收到 ACK 訊號後，才需要偵測 SCL 是否維持在高電位半個週期，才進行更新位元資料。當一個訊息框未完成前，主裝置收到 NAK 訊號，則會送出結束訊號 P 來中斷該訊息框，或者重新送出起始訊號 S 來重送該訊息框，如圖 13-3 所示。

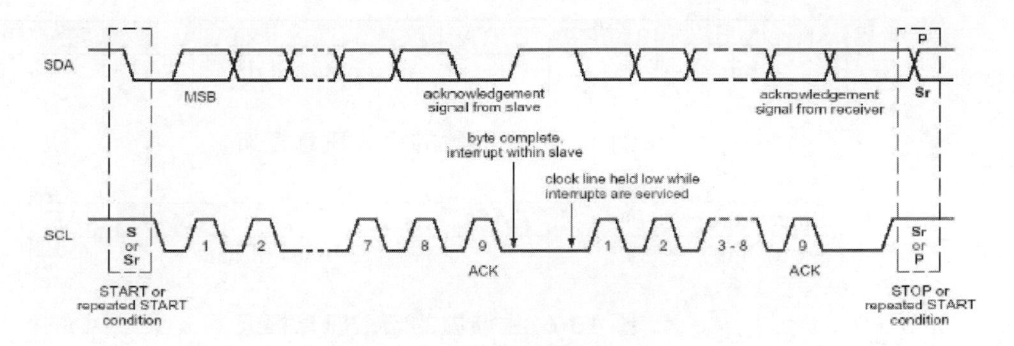

圖 13-3 I²C 的訊息框架

I²C 匯流排上的傳輸都是由主裝置主導，當主裝置送出起始訊號 S 之後，馬上要再送出與其通訊裝置的控制位元組，其中高四位元為裝置類型識別碼，須由飛利浦公司授與，接著三位元為裝置位址，即僅能同時連上 8 個相同的僕裝置，最後一位為讀寫位元碼，當為 1 時為讀取操作，如果是 0 時則為寫入操作，如圖 13-4 所示。因此，I²C 的訊息框架有寫入和讀取二種格式，寫入的格式如圖 13-5 而讀取的格式如圖 13-6。由於寫入和讀取的結束都是由主裝置主導，所以在讀取格式的最後，主裝置要回覆 NAK 訊號來表示結束讀取動作；但是寫入格式的最後，僕裝置可以回覆 ACK 或 NAK 訊號，其中 NAK 訊號表示強迫主裝置停止寫入。I²C 另外允許在訊框結束時，不送出結束信號 P，而是直接再送出開始訊號 S 來起始另一個訊息框架。I²C 採用 7 位元長度的位址空間，在一組匯流排最多可和 112 個節點通訊。如果要使用更多相同的僕裝置，I²C 另外提供擴充型的 10 位元定址法，其使用二個位元組來選擇僕裝置，第一個位元組的最高 7 位元必須為（11110XX），最低 1 個位元仍為讀寫位元 R/W。所以第一個位元組的第 1 和 2 位元，加上第 2 個位元組，共 10 個位元可以用來定址，當然前 4 個仍為裝置類別碼。以寫入為例，圖 13-7 展示出 10 個 X 表示 10 位元僕裝置定址。

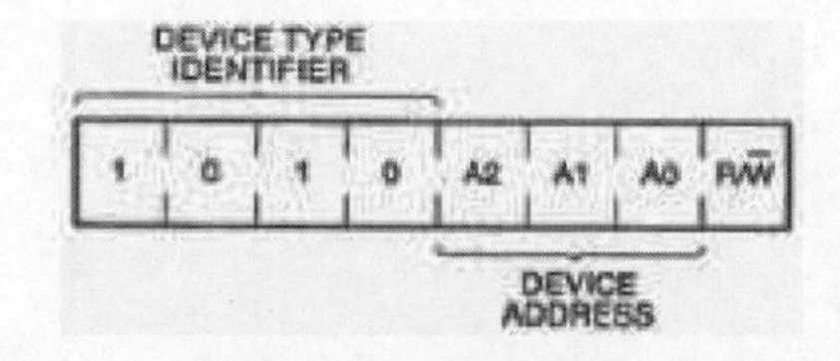

圖 13-4 控制位元組

S	Slave Address	0	ACK	DATA	ACK	…	DATA	ACK/NAK	P
	← 7 bits →		← n bytes of data →						

圖 13-5 主裝置的寫入訊息框架

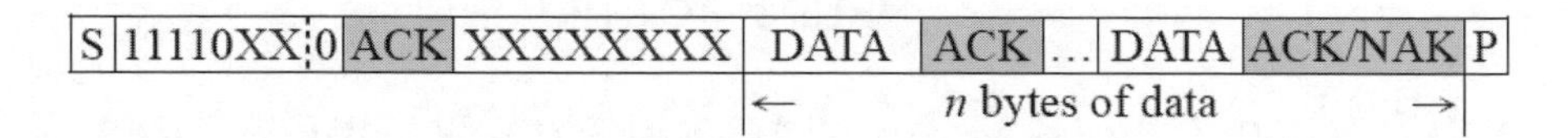

圖 13-6 主裝置的讀取訊息框架

S	11110XX	0	ACK	XXXXXXXX	DATA	ACK	…	DATA	ACK/NAK	P
					← n bytes of data →					

圖 13-7 主裝置 10 位元定址的寫入訊息框架

13-1.3 I²C 韌體技巧

根據以上說明的 I²C 通訊訊息框架，在韌體程式設計上可以將寫入與讀取訊息框架區分為以下幾個副程式：開始訊號、終止訊號、寫入 8 個位元資料、讀取 8 個位元資料與接收交握訊號 ACK 或 NAK。只要使用根據寫入與讀取訊息框架格式組合應用這幾個副程式，即可輕易完成 I²C 串列通訊。每個副程式設計及說明如下：

1. 開始訊號

當 SCL 為高電位時，SDA 由高電位向低電位跳變，表示發出資料開始傳輸信號，如圖 13-2(a)所示。開始訊號副程式設計如表 13-1 所示：

表 13-1 開始訊號副程式

```
1   STARTC:
2           SETB  SDA
3           ACALL D2T
4           SETB  SCL
5           ACALL D2T
6           CLR   SDA
7           ACALL D2T
8           RET
```

(1) 第 2 行設定 SDA 為高電位，然後延遲 2us 時間。

(2) 第 3 行設定 SCL 為高電位，然後延遲 2us 時間。

(3) 在第 6 行設定 SDA 為低電位，然後延遲 2us 時間。

因為本實驗板是有微控制器 8051 與 DS1307 裝置進行 I^2C 通訊，因此 STRATC 副程式只是簡單產生起始訊號而已。如果匯流排有多個裝置在通訊時，我們需要再加入檢查 SCL 和 SDA 二線是否為高準位的偵測。

2. 終止訊號

當 SCL 為高電位時，SDA 由低電位向高電位跳變，表示發出資料傳輸終止信號，如圖 13-2（b）所示。終止訊號副程式及設計說明如表 13-2 所示：

表 13-2 終止訊號副程式

```
1   STOP:   CLR    SDA
2           ACALL  D2T
3           SETB   SCL
4           ACALL  D2T
5           SETB   SDA
6           ACALL  D2T
7           RET
```

(1) 在第 1 行先將 SDA 設定為低電位，然後延遲 2μs 時間。

(2) 在第 3 行設定 SCL 為高電位，然後延遲 2μs 時間。

(3) 在第 5 行再設定 SDA 為高電位，然後延遲 2μs 時間，即可產出一個終止訊號。

3. 寫入 8 個位元資料

當主裝置發送出開始訊號之後，可以利用 SEND 副程式向僕裝置發送出控制位元組或是寫入 8 位元資料，然後等待僕裝置的 ACK 或 NACK 回應訊號，完成一個主裝置向僕裝置發送控制位元組或是寫入 8 位元資料的程序，副程式設計如下表 13-3 所示。首先使用者要將被傳送的位元組複製到累加器 A，然後呼叫 SEND 副程式即可將 8 位元資料寫入僕裝置。

表 13-3 寫入 8 個位元資料 SEND 副程式

```
1    SEND:    MOV    NUM2,#8
2    BACK:    CLR    SCL
3             ACALL  D3T
4             RLC    A
5             MOV    SDA,C
6             SETB   SCL
7             ACALL  D3T
8             CLR    SCL
9             ACALL  D3T
10            DJNZ   NUM2,BACK
11            SETB   SDA;
12            SETB   SCL
13            ACALL  D3T
14            CLR    SCL    ;
15            ACALL  D3T    ;
16            RET
```

(1) 第 1 行設定 NUM2=8，表示本副程式要利用累加器 A 左移方式，在左移 8 次之後即可將 8 位元資料向僕裝置發送。

(2) 進入本副程式時，在第 2 行先令 SCL =0；然後延遲 3μs 時間；

(3) 第 4 行應用累加器 A 左移 1 位元方式，將累加器 A 最高位元左移至進位旗標，然後在第 5 行將進位旗標內容搬至 SDA 腳位，也就是將高位元資料先發送出去。

(4) 在第 6 至 7 行設定 SCL=1，然後在第 8 至 9 行設定 SCL=0，即可以 SDA 的訊號寫入僕裝置中，也就是將高位元資料先發送出去及寫入僕裝置。

(5) 在第 10 行則是將 NUM2 的內容減 1，且判斷其內容是不是等於 0。如果不等於則跳至 BACK 標籤，再執行第 2 至 9 行一次，再將第 2 位元資料發送出去；依此步驟將位元資料依序發送出去，一直到

NUM2=0，表示已經執行第 2 至 9 行 8 次，完成向僕裝置發送 8 位元資料的步驟。

(6) 主裝置在傳完一個位元組後，將 SDA 的傳送權釋出給接收器一個時脈週期，即發送器的 SDA 腳輸出為高電位，此時接收器要回傳 ACK 訊號，則將它的 SDA 腳輸出為低電位。因此在第 11 行設定 SDA=1，然後在第 12 至 13 行設定 SCL 為高電位 3μs 時間，且在第 14 至 15 行設定 SCL=0，即可完成 ACK 或是 NACK 程序。

(7) 第 16 行結束副程式，完成主裝置向僕裝置寫入 8 位元資料的程序。

注意本副程式並沒有檢查 SDA=0(ACK)或是 SDA=1(NACK)。我們只是簡單產生一個時間延遲而已。

4. 讀取 8 個位元資料

當主裝置發送出開始訊號與控制位元組後，可利用 RECV 副程式接收僕裝置回傳 8 位元資料。也就是說，僕裝置是發送器而主裝置則是接收器。RECV 副程式設計如表 13-4 所示。首先將主裝置設定 SDA 為輸入腳位，然後應用 SCL 訊號讓僕裝置將資料位元依序傳出且為主裝置接收，並將 8 位元資料搬入累加器 A，使用者只要在呼叫 RECV 副程式後，將累加器 A 內容搬入 R0 的間接位址中。詳如下說明：

表 13-4　讀取 8 個位元資料 RECV 副程式

```
1   RECV:    MOV    NUM2,#8
2            SETB   SDA    ;非常重要,設為 HIGH 才可以讀資料.
3   BACK2:   SETB   SCL
4            ACALL  D3T
5            MOV    C,SDA
6            RLC    A
7            CLR    SCL
8            ACALL  D3T
9            DJNZ   NUM2,BACK2
10           MOV    @R0,A
11           INC    R0
12           RET
```

(1) 在呼叫 RECV 副程式後，在第 1 至 2 行分別設定 NUM2=8 與 SDA 為輸入腳位，表示本副程式是具有進位旗標的左移指令 RLC，且在左移 8 次之後即可將 8 位元資料擷取進入主裝置的累積器 A 內。

(2) 第 3 行是 BACK2 標籤，且在第 3 至 4 行設定 SCL 為高電壓，表至僕裝置可送出 SDA 資料，然後在第 5 行將 SDA 訊號擷取入進位旗標，第 6 行應用 RLC 指令將進位旗標內容左移進入累積器 A 中。接著在第 7 及 8 行將 SCL 訊號設定為高電位，表示完成向僕裝設讀取一個位元資料。

(3) 在第 9 行則是將 NUM2 的內容減 1，且判斷其內容是不是等於 0。如果不等於則跳至 BACK2 標籤再執行第 3 至 8 行一次，再將第 2 位元資料擷取及移入累加器 A 中；依此步驟將位元資料依序擷取入累加器 A 中，一直到 NUM2=0，表示已經執行第 2 至 9 行 8 次，完成向僕裝置讀取 8 位元資料的程序。

(4) 在第 10 行將累加器 A 內容搬入 R0 的指定簡接位址中。最後 R0 內容加 1 且結束 RECV 副程式。

本副程式是由設定 R0 內容去指定讀取資料位址，另一注意事項是本副程式可結合主裝置的 ACK 或是 NACK 回應去讀取單一位元組或是多位元組資料，詳細參考前面介紹的 I^2C 讀取資料訊息框架。而主裝置的 ACK 及 NACK 回應訊號副程式設計如下。

5. 接收交握訊號 ACK 或 NACK

在這裡只討論主裝置的 ACK 及 NACK 回應訊號，也就是在主裝置在向僕裝置讀取資料時，才需應用此兩種回應訊號機制去通知僕裝置，主裝置的讀取狀態。主裝置的 ACK 及 NACK 回應訊號副程式設計如下。

ACK 回應

當 SCL=1 時，SDA=0 表示 ACK，ACK 副程式設計如表 13-5 所示。

表 13-5　主裝置的 ACK 副程式

```
1   ACK:      SETB   SDA
2             CLR    SCL
3             ACALL  D3T
4             CLR    SDA
5             SETB   SCL
6             ACALL  D3T
7             CLR    SCL
8             ACALL  D3T
9             RET
```

(1) 在呼叫 ACK 副程式後，在第 2 至 3 行先將 SCL 設定為低電位（SCL=0），然後在第 4 行將 SDA 設定為低電位（SDA=0），接著在第 5 及 6 行將 SCL 設定為高電位（SCL=1），此時僕裝置即會讀取 ACK 回應。

(2) 最後在第 7 及 8 行將 SCL 訊號設定為低電位，即可以完成主裝置的 ACK 回應程序，然後在第 9 行結束副程式。

NACK 回應

當 SCL=1 時，SDA=1 表示 NACK，NACK 副程式設計如表 13-6 所示。

表 13-6　主裝置的 NACK 副程式

```
1   NACK:     SETB   SDA
2             CLR    SCL
3             ACALL  D3T
4             SETB   SDA
5             SETB   SCL
6             ACALL  D3T
7             CLR    SCL
8             ACALL  D3T
9             RET
```

(1) 在呼叫 NACK 副程式後，在第 2 至 3 行先將 SCL 設定為低電位（SCL=0），然後在第 4 行將 SDA 設定為高電位（SDA=1），接著在第 5 及 6 行將 SCL 設定為高電位（SCL=1），此時僕裝置即會讀取 NACK 回應。

(2) 最後在第 7 及 8 行將 SCL 訊號設定為低電位，即可以完成主裝置的 NACK 回應程序，然後在第 9 行結束副程式。

13-2 即時時鐘元件介紹

DS1307 系列即時時鐘是一個具有低功耗、全二進碼十位數（BCD）時鐘/日曆與具有 56 位元的非揮發性靜態記憶體，可由兩線式雙向匯流排串列傳遞位址與資料。時鐘/日曆提供秒、分、時、星期、日期、月與年的資訊。月的結束日可被自動調整，甚至可自動判定閏年（Leap Year）。它的時鐘可設定操作於 24 小時或是 AM/PM 的 12 小時制。此外，DS1307 具有電源感測電路，可偵測電源失效時可自動轉換至電池供電方式，其晶片特如下所示：

(1) 時鐘/日曆提供秒、分、時、星期、日期、月與年的資訊，且具有閏年補償器，可應用至 2100 年。

(2) 56 位元可由電池供電提供的非揮發性靜態記憶體。

(3) 兩線式串列介面。

(4) 自動電源失效偵測及可自動切換電路。

(5) 在電池備源及振盪器執行時，功耗小於 500nA。

(6) 可操作在工業溫度：-40°C to +85°C。

(7) 包裝有 8 支腳的 DIP 或是 SOIC 型式，如圖 13-8 所示，而晶片腳位功能說明如表 13-7。

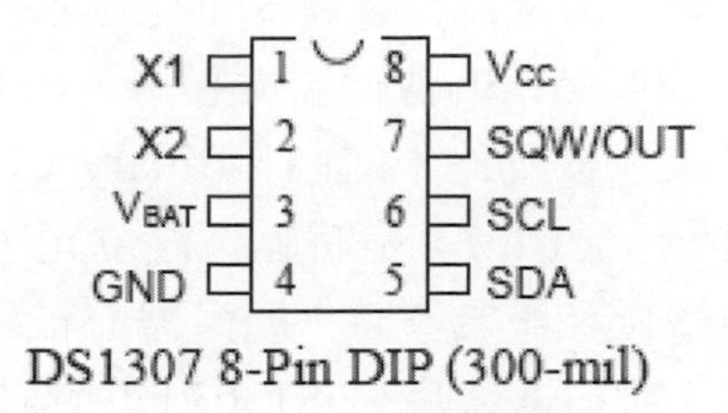

DS1307 8-Pin DIP (300-mil)

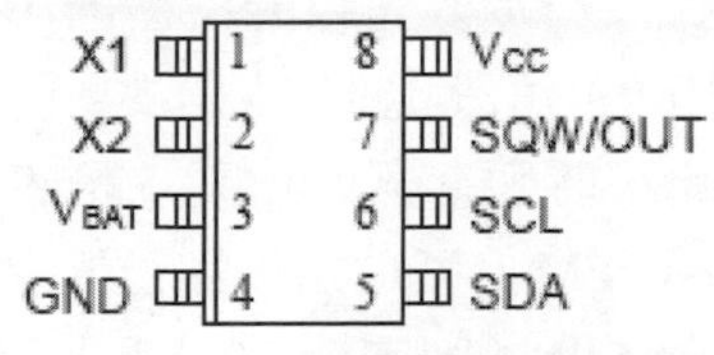

DS1307 8-Pin SOIC (150-mil)

圖 13-8 DS1307 的包裝型式

表 13-7 DS1307 接腳說明

腳位符號	功能說明
V_{CC} (腳位 8)	主電源：需提供+5V 輸入去致能裝置的讀寫功能。當該腳位的輸入主電源低於 1.25× VBAT 時，裝置的讀寫功能將被禁止。如果 V_{CC} 小於 VBAT 時，記憶體及時間保持將被切換至 VBAT 外部電池提供。
X1(腳位 1), X2(腳位 2)	元件已內建 12.5pF 電容，只要將 32.768 石英振盪器接至此 2 腳位即可。
VBAT	電池輸入腳，通常是採用+3V 的鋰電池。
GND	接地。
SDA	資料線：在 2 線式串列介面上，它為資料輸出或是輸入腳。
SCL	時脈線：在串列介面上被應用去同步資料移動。
SQW/OUT	當 SQWE 位元設為 1 時，方波/輸出功能被啟動。經由軟體設定，此腳位可輸出 4 種方波頻率（1Hz, 4kHz, 8kHz, 32kHz）的一種。注意，此腳位是開洩極，所以要外加一個提升電阻。

DS1307 的即時時鐘與記憶體暫存器位址圖如圖 13-9 所示，即時時鐘暫存器的位址是在 00h 至 07h，而記憶體暫存器的位址是在 08h 至 3Fh。在多位元組的存取時，指位器在到達 3Fh 位址後，會盤繞至 00h 位址。時間與日歷資訊可由讀取適當的暫存器而獲得，如圖 13-10 所示。時間與日歷的內容是採用二進制編碼的十進制（Binary Coded Decimal, BCD）格式，暫存器 0 的位元 7（Bit 7）是時脈暫停位元，當該位元設為 1 時，振盪器將被除能；如該位元設為 0 時，振盪器將被致能，時鐘晶片將正常工作。值得注意的是，在初送電時，DS1307 的所有暫存器是沒有定義的。因此，在初始規劃步驟，一定要先致能振盪器，即將 0H 位元設為 0。小時暫存器的位元 6（Bit 6）可設定 12 或是 24 小時模式，當該位元為 1 時是採用 12 小時制，因此小時暫存器的位元 5 是表示 AM/PM 位元，bit 5=0 是 AM 而 bit 5=1 是表示 PM；可是如果該位元為 0（Bit 6=0）時是採用 24 小時制，相對的，bit 5 及 4 則表示 20~23 小時，請參考圖 13-10 說明。

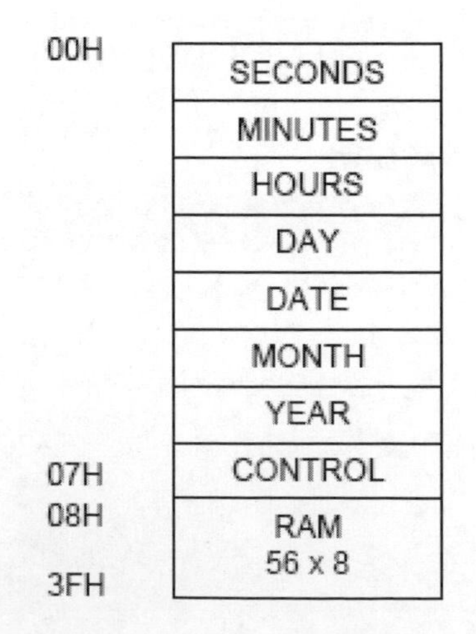

圖 13-9 DS1307 暫存器位址

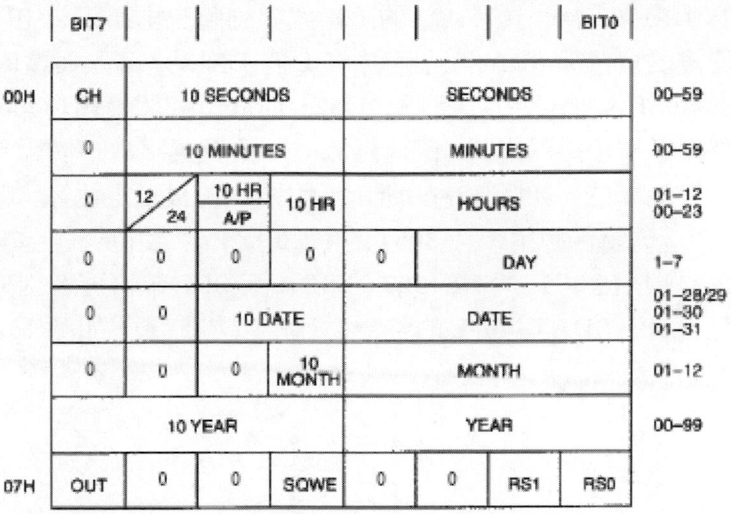

	BIT7							BIT0	
00H	CH	10 SECONDS			SECONDS				00–59
	0	10 MINUTES			MINUTES				00–59
	0	12/24	10 HR A/P	10 HR	HOURS				01–12 00–23
	0	0	0	0	0	DAY			1–7
	0	0	10 DATE		DATE				01–28/29 01–30 01–31
	0	0	0	10 MONTH	MONTH				01–12
	10 YEAR				YEAR				00–99
07H	OUT	0	0	SQWE	0	0	RS1	RS0	

圖 13-10 DS1307 時間、日歷與控制暫存器

DS1307 的 07h 位址為控制暫存器，具有控制 SQW/OUT 腳位的操作功能設定。當方波輸出被除能（SQWE=0）時，OUT（Bit 7）位元可控制 SQW/OUT 腳位的輸出準位；例如：假如 OUT = 1，則 SQW/OUT 腳位的邏輯準位為 1；但是，OUT ＝ 0，則 SQW/OUT 腳位的邏輯準位為 0。控制暫存器的位元 4 為 SQWE，其扮演致能方波輸出功能與否。如果 SQWE=1 是致能方波輸出，但是 SQWE=0 則是除能方波輸出。當 SQWE=1 是致能方波輸出時，方波的輸出頻率可由（RS1, RS0）2 個位元設定，如表 13-8 所示。

表 13-8 方波輸出頻率

RS1	RS0	方波輸出頻率
0	0	1Hz
0	1	4.096kHz
1	0	8.192kHz
1	1	32.768kHz

因為 DS1307 為一具有 I^2C 的兩線式串列匯流排通訊，主裝置可利用 I^2C 匯流排的資料線 SDA 和時脈線 SCL 向 DS1307 寫入與讀取資料。裝置的 SCL 和 SDA 腳位要為開洩極（Open-Drain）或開集極（Open-Collector），且採用並聯接線的方式，因此匯流排上的裝置平常不使用時，二線的訊號都處於高電位，如圖 13-11 所示。因為實驗板只定位在 8051 微控制器與 DS1307 的整合應用，且 8051 的 P2.6 及 P2.7 腳位已經包含有 10KΩ提升電阻，所以在 8051 與 DS1307 的 SDA 與 SCL 線需再各別外加 10KΩ提升電阻，迫使 SDA 與 SCL 的整合提升電阻為 5KΩ，如圖 13-12 所示，以符合 I^2C 規範要求。

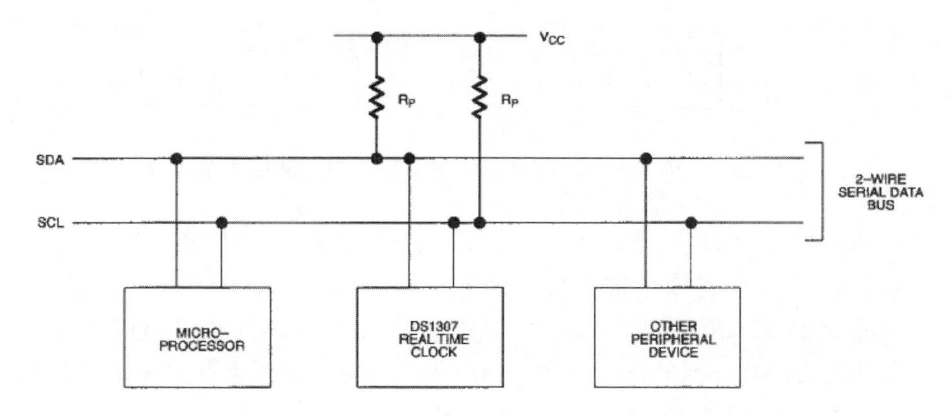

圖 13-11 微控制與 DS1307 及 I^2C 晶片在兩線式串列匯流排硬體架構

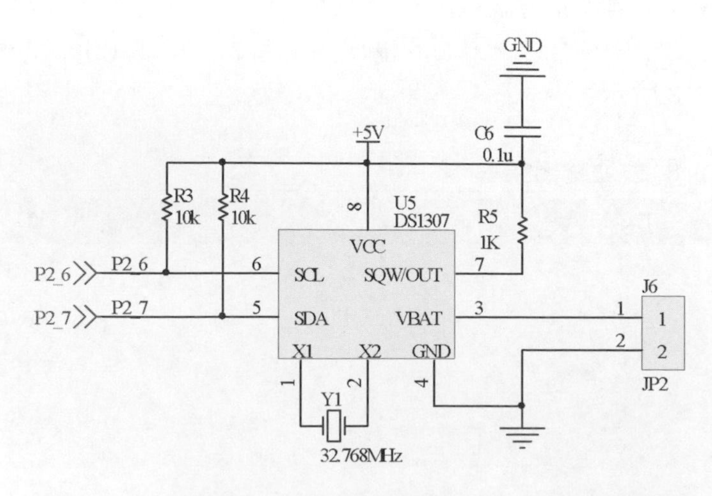

圖 13-12 微控制 8051 與 DS1307 之 I^2C 介面電路

13-2.1 資料寫入-僕裝置接收模式

圖 13-13 為主裝置向僕裝置寫入資料的封包格式。開始訊號 S 與終止訊號 P 分別表示一個串列傳遞的開始與結束。當主裝置送出起始訊號 S 之後，緊接著要再送出通訊位址識別碼，其是由僕裝置位址及方向位元（ $R/\overline{W}$ ）組合而成。DS1307 的 7 個僕裝置位址為 1101000，而寫入資料的方向位元為 0，所以主裝置向僕裝置寫入資料的位址識別碼為 11010000（D0h）。在接收及解碼位址識別碼後，DS1307 要回應一個位元的 ACK 訊號至 SDA 線上。在 DS1307 要確認響應位址識別碼號後，主裝置再傳送暫存器位址至 DS1307，設定 DS1307 裝置的暫存器指位器。然後，主裝置才可開始傳送資料至僕裝置，注意資料要被分解為位元組方式傳送，主裝置要將每個位元組傳送出去且確認 DS1307 的 ACK 回應，如圖 13-13 所示。當資料寫入完成，主裝置可送出結束訊框 P 去終止資料寫入。根據以上說明，如表 13-9 所示的 WRITE_TIME 副程式，可達成資料寫入-僕裝置接收模式的訊息框架程序，詳細說明如下：

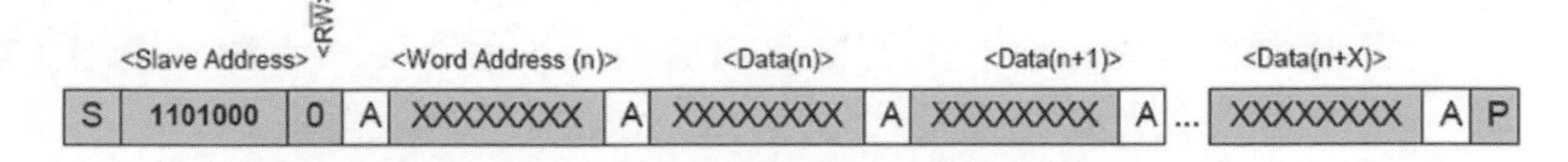

圖 13-13　資料寫入-僕裝置接收模式的訊息框架

表 13-9　資料寫入-僕裝置接收模式的訊息框架 WRITE_TIME 副程式

```
1   WRITE_TIME:
2           ACALL  STARTC
3           MOV    A,#0D0H
4           ACALL  SEND
5           MOV    A,#00H
6           ACALL  SEND
7           MOV    NUM0,#8
8           MOV    R0,#SEC
9   SEND_AGAIN:
10          MOV    A,@R0
11          ACALL  SEND
12          INC    R0
13          DJNZ   NUM0,SEND_AGAIN
14          ACALL  STOP
15          RET
```

(1) 在第 2 行呼叫 STARTC 副程式，主裝置先送出開始訊號至 I^2C 通訊線路上。

(2) 第 3 及 4 行，應用 SEND 副程式將控制位元組 D0H 送至僕裝置上，表示要向 D0 僕裝置寫入資料，因為方向位元 $R/\overline{W}$=0。

(3) 緊接著在第 5 及 6 行則資料位址（word address）00H 寫入僕裝置中，也就是設定僕裝置的指位器為 00H。然後，第 7 行設定 NUM0=8，表示要寫入 8 位元組資料，請參考圖 DS1307 暫存器位址；第 8 行將 SEC 暫存器位址指定給 R0 內容，將利用暫存器間接定址方式，將其內容依序寫入僕裝置的相對暫存器內。

(4) 第 10 及 11 行將 R0 暫存器的間接定址內容寫入僕裝置，因為僕裝置在寫入資料後，其指位器會自動指向下一個暫存器位址，因此在第 12 行執行 R0 內容加 1。然後，在第 13 行將 NUM0 內容減 1 且判斷其值是否為 0，如果不等待 0 則跳至 SEND_AGAIN 標籤再執行本程序一次，即可以將下一位元組資料寫入僕裝置中，可是當 NUM0=0，接示已經將 8 個位元組寫入僕裝置，則執行下一步驟，送出 I^2C 的結束訊號及結束副程式完成 8 位元組資料寫入程序。

注意，讀者可以修改本副程式的資料位址、NUM0 及 R0 之內容，即可執行指定位址及位元組的資料寫入程序。本副程式只是針對 DS1307 的前 8 個暫存器進行寫入程序。

13-2.2 資料讀取-僕裝置發送模式

圖 13-14 為主裝置向僕裝置讀取資料的封包格式。開始訊號 S 與終止訊號 P 分別表示一個串列傳遞的開始與結束。當主裝置送出起始訊號 S 之後，緊接著要再送出通訊位址識別碼，因為 DS1307 的僕裝置位址為 1101000，而讀取資料的方向位元（$R/\overline{W}$）為 1，所以主裝置向僕裝置讀取資料的位址識別碼為 11010001（D1h）。在接收及解碼位址識別碼後，DS1307 要回應一個位元的 ACK 訊號至 SDA 線上。在確認響應位址識別碼號後，DS1307 裝置是從暫存器指位器指定的暫存器位址開始傳送資料

至主裝置，當 DS1307 裝置傳送 1 位元組至主裝置，主裝置要回應 ACK 位元去確認讀取步驟。然後 DS1307 將再傳送出下個位元組及等待主裝置的 ACK 回應，可是當主裝置要完成讀取程序時，可在 DS1307 傳送位元組後再回覆 NAK 訊號來結束讀取動作。根據以上說明，如表 13-10 所示的 GET_TIME 副程式，可達成資料讀取-僕裝置發送模式的訊息框架程序，詳細說明如下：

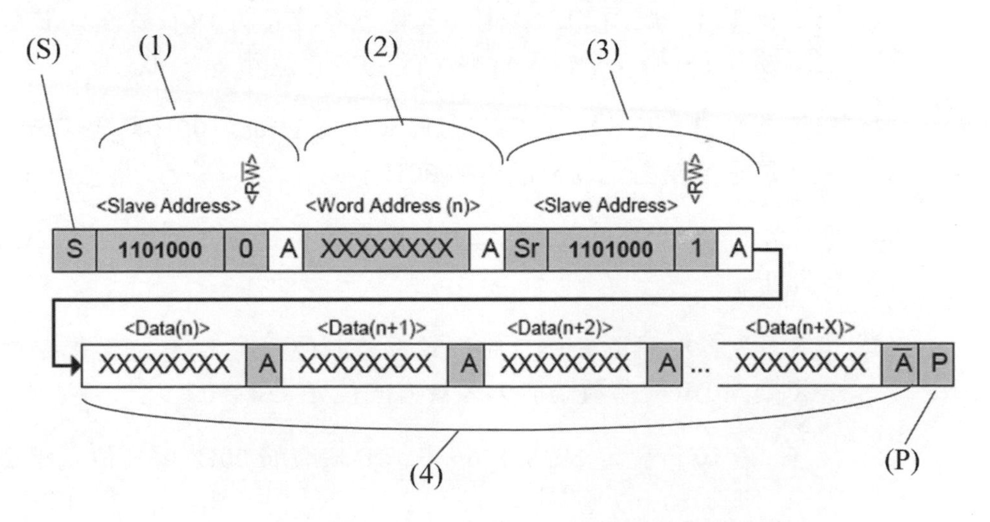

圖 13-14 資料讀取-僕裝置發送模式的訊息框架

表 13-10 資料讀取-僕裝置發送模式的訊息框架 GET_TIME 副程式

```
1   GET_TIME:
2           ACALL  STARTC
3           MOV    A,#0D0H
4           ACALL  SEND
5           MOV    A,#00H
6           ACALL  SEND
7           ACALL  STARTC
8           MOV    A,#0D1H
9           ACALL  SEND
10          MOV    NUM0,#6
11          MOV    R0,#SEC
12  RECV_AGAIN:
13          ACALL  RECV
14          ACALL  ACK
15          DJNZ   NUM0,RECV_AGAIN;前 6BYTE
```

```
16          ACALL RECV ;第 7 TYPE
17          ACALL NACK
18          ACALL STOP
19          RET
```

(1) 在第 2 行呼叫 STARTC 副程式，主裝置先送出開始訊號至 I^2C 通訊線路上。

(2) 第 3 及 4 行，應用 SEND 副程式將控制位元組 D0H 送至僕裝置上，表示要向 D0 僕裝置寫入資料，因為方向位元 $R/\bar{W}=0$。

(3) 緊接著在第 5 及 6 行則資料位址(word address)00H 寫入僕裝置中，也就是設定僕裝置的指位器為 00H。

(4) 在第 7 行呼叫 STARTC 副程式，主裝置再送出開始訊號至 I2C 通訊線路上。

(5) 第 8 及 9 行，應用 SEND 副程式將控制位元組 D1H 送至僕裝置上，表示要向 D0 僕裝置讀取，因為方向位元 $R/\bar{W}=1$。

(6) 然後，第 10 行設定 NUM0=6，表示要讀取前 00H~06H 位元組資料，請參考圖 DS1307 暫存器位址；第 11 行將 SEC 暫存器位址指定給 R0 內容，將利用暫存器間接定址方式，將 DS1307 的前 00H~06H 位元組資料依序擷取進入主裝置的相對暫存器內。

(7) 第 13 行呼叫 RECV 副程式，將 DS1307 的 00H 位址暫存器內容讀取至主裝置暫存器，即 SEC 暫存器。然後在第 14 行回應 ACK 給僕裝置，表示完成一個位元組資料讀取程序。接著在第 15 行將 NUM0 內容減 1 且判斷其值是否為 0，如果不等於 0 則跳至 RECV_AGAIN 標籤再執行本程序一次，即可再讀取下一位址的僕裝置資料；可是當 NUM0=0，接示已經將僕裝置 00h 至 06H 位元組讀取進入主裝置相對暫存器中，則執行下一步驟，在第 17 行回應 NACK 至僕裝置，表示已經完成整個資料讀取程序，緊接著在第 18 行送出 I2C 的結束訊號及在第 19 行結束副程式。

注意，讀者可以修改本副程式的資料位址、NUM0 及 R0 之內容，即可執行指定位址及位元組的資料讀取程序。本副程式只是針對 DS1307 的前 7 個暫存器進行讀取程序而已。

13-3 範例程式與討論

範例 1：即時時鐘與七段顯示器（一）

參考微控制器與 DS1307 即時時鐘的介面電路，設計一個程式可將即時時鐘的分與秒分別初始化設定為「30」及「00」，然後再讀取與顯示在如下圖所示之指定格式的七段顯示器中。

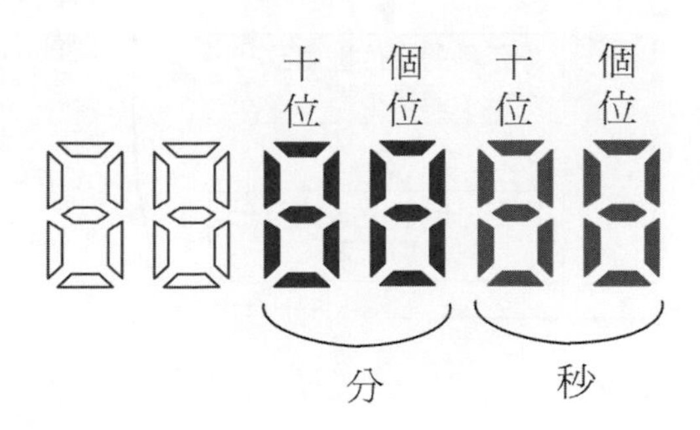

流程圖

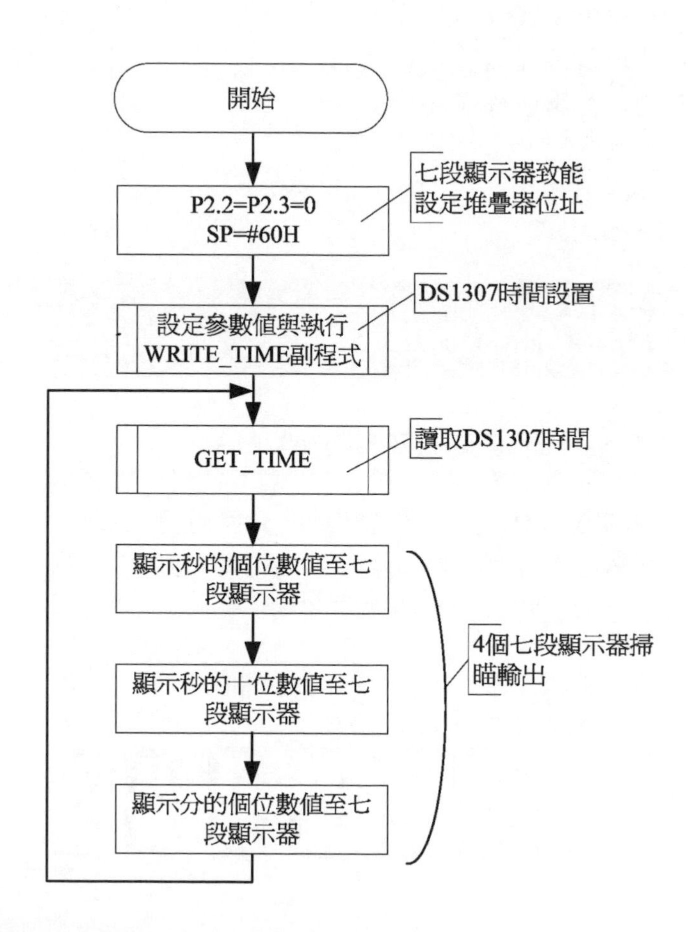

程式碼

範例 DM13_01.ASM 程式碼

```
1    ; ============DS1307 CONTROL ===================
2    SCL      BIT   P2.6  ; Serial Clock Input       =
3    SDA      BIT   P2.7  ; Serial Data Input/Output=
4    ;=============================================
5    ; DATA-ADDRESS
6    SEC      EQU   30H
7    MIN      EQU   31H
8    HOUR     EQU   32H
9    DAYS     EQU   33H
10   DATE     EQU   34H
11   MONTH    EQU   35H
```

```
12  YEAR      EQU    36H
13  YEAR1     EQU    37H
14  CTRL      EQU    38H
15  ; 程式中 數值運算用
16  DY0       EQU    26H                  ;延遲副程式計數用
17  DY1       EQU    27H                  ;延遲副程式計數用
18  ;
19  NUM0      EQU    28H                  ;從時鐘 IC 取資料用
20  NUM2      EQU    2AH                  ;時鐘 IC 接收/發射的資料回圈
21
22  ; ===============================================
23  ; 8051 RUN START_主程式
24            ORG    0000H
25            MOV    SP,#60H
26            CLR    P2.2
27            CLR    P2.3
28  ; DS-1307 Register-Data_時間設定 and 程序
29            MOV    SEC,#00H             ; 秒
30            MOV    MIN,#30H             ; 分
31            MOV    HOUR,#00H            ; 時
32            MOV    DAYS,#02H            ; 星期
33            MOV    DATE,#04H            ; 日
34            MOV    MONTH,#05H           ; 月
35            MOV    YEAR,#10H            ; 年
36            MOV    YEAR1,#20H           ;20
37            MOV    CTRL,#03H            ; (RS1,RS0)=(1,1)=32.768kHz
38            ACALL  WRITE_TIME           ; 時鐘-註冊寫入程序_(基礎)
39
40  ; Run-Process
41
42  START:
43            ACALL  GET_TIME             ;從時鐘裡取資料
44            MOV    A,SEC                ;SEC-0
45            ANL    A,#00001111B
46            ORL    A,#11110000B
47            MOV    P1,A
48            MOV    P0,#11011111B
49            ACALL  DLY1
50            ORL    P0,#11111111B
51            MOV    A,SEC                ;SEC-1
52            ANL    A,#11110000B
53            SWAP   A
54            ORL    A,#11110000B
```

```
55          MOV   P1,A
56          MOV   P0,#11101111B
57          ACALL DLY1
58          ORL   P0,#11111111B
59          MOV   A,MIN                ;MIN-0
60          ANL   A,#00001111B
61          ORL   A,#11110000B
62          MOV   P1,A
53          MOV   P0,#11110111B
64          ACALL DLY1
65          ORL   P0,#11111111B
66          MOV   A,MIN                ;MIN-1
67          ANL   A,#11110000B
68          SWAP  A
69          ORL   A,#11110000B
70          MOV   P1,A
71          MOV   P0,#11111011B
72          ACALL DLY1
73          ORL   P0,#11111111B
74          JMP   START
75          RET
76  ;==== I2C-Protocol_以下均為 I2C 通訊協定======
77  ;====           I2C TO START           ======
78  ;============================================
79  STARTC:
80          SETB  SDA
81          ACALL D2T
82          SETB  SCL
83          ACALL D2T
84          CLR   SDA
85          ACALL D2T
86          RET
87  ;=============================================
88  ;===   I2C TO STOP                  ==========
89  ;=============================================
90  STOP:   CLR   SDA
91          ACALL D2T
92          SETB  SCL
93          ACALL D2T
94          SETB  SDA
95          ACALL D2T
96          RET
97  ;=============================================
```

```
98  ;===   I2C SENDING (A USE TO DATA-BUS)=======
99  ;===========================================
100 SEND:    MOV   NUM2,#8
101 BACK:    CLR   SCL
102          ACALL D3T
103          RLC   A
104          MOV   SDA,C
105          SETB  SCL
106          ACALL D3T
107          CLR   SCL
108          ACALL D3T
109          DJNZ  NUM2,BACK
110          SETB  SDA;
111          SETB  SCL
112          ACALL D3T
113          CLR   SCL    ;
114          ACALL D3T    ;
115          RET
116 ;===========================================
117 ;===   I2C RECEIVING (A USE TO DATA-BUS)=====
118 ;===========================================
119 RECV:    MOV   NUM2,#8
120          SETB  SDA    ;非常重要,設為 HIGH 才可以讀資料.
121 BACK2:   SETB  SCL
122          ACALL D3T
123          MOV   C,SDA
124          RLC   A
125          CLR   SCL
126          ACALL D3T
127          DJNZ  NUM2,BACK2
128          MOV   @R0,A
129          INC   R0
130          RET
131 ;============================================
132 ACK:     SETB  SDA
133          CLR   SCL
134          ACALL D3T
135          CLR   SDA
136          SETB  SCL
137          ACALL D3T
138          CLR   SCL
139          ACALL D3T
140          RET
```

```
141 ;================================================
142 NACK:    SETB   SDA
143          CLR    SCL
144          ACALL  D3T
145          SETB   SDA
146          SETB   SCL
147          ACALL  D3T
148          CLR    SCL
149          ACALL  D3T
150          RET
151 ;==============================================
152 ;===    從時鐘裡取資料到記憶體 7 個 BYTE    =====
153 ;==============================================
154 GET_TIME:
155          ACALL  STARTC
156          MOV    A,#0D0H
157          ACALL  SEND
158          MOV    A,#00H
159          ACALL  SEND
160          ACALL  STARTC
161          MOV    A,#0D1H
162          ACALL  SEND
163          MOV    NUM0,#6
164          MOV    R0,#SEC
165 RECV_AGAIN:
166          ACALL  RECV
167          ACALL  ACK
168          DJNZ   NUM0,RECV_AGAIN;前 6BYTE
169          ACALL  RECV ;第 7 TYPE
170          ACALL  NACK
171          ACALL  STOP
172          RET
173 ;==============================================
174 ;===    將 DATA 寫入時鐘裡記憶體            =====
175 ;==============================================
176 WRITE_TIME:
177          ACALL  STARTC
178          MOV    A,#0D0H
179          ACALL  SEND
180          MOV    A,#00H
181          ACALL  SEND
182          MOV    NUM0,#8
183          MOV    R0,#SEC
```

```
184 SEND_AGAIN:
185         MOV    A,@R0
186         ACALL  SEND
187         INC    R0
188         DJNZ   NUM0,SEND_AGAIN
189         ACALL  STOP
190         RET
191 ;=============================================
192 ;===   DELAY_以下均為延遲副程式           =====
193 ;=============================================
194 ; 200us
195 DLY0:   MOV    DY0,#97
196         DJNZ   DY0,$
197         RET
198 ; 5ms
199 DLY1:   MOV    DY1,#25
201 DL1:    CALL   DLY0
202         DJNZ   DY1,DL1
203         RET
204
205 ; 三個機械週期
206 D3T:    NOP
207         NOP
208         NOP
209         RET
210 ; 兩個機械週期
211 D2T:    NOP
212         NOP
213         RET
214 ;
215         END
```

程式說明

1. 第 2 與 3 行設定 SCL 為 P2.6 腳位訊號與 SDA 為 P2.7 腳位。
2. 第 6 至 20 行應用假指令規劃如下表所示的符號變數。

符號	資料記憶體位址	說明
SEC	30H	秒
MIN	31H	分

符號	資料記憶體位址	說明
HOUR	32H	時
DAYS	33H	星期幾
DATE	34H	日
MONTH	35H	分
YEAR	36H	年
YEAR1	37H	20
CTRL	38H	控制暫存器
DY0	26H	延遲副程式計數用
DY1	27H	延遲副程式計數用
NUM0	28H	從時鐘 IC 取資料用
NUM2	2AH	時鐘 IC 接收/發射的資料回圈用

3. 第 24 行設定程式的啟始位址為 0000H；第 25 行設定堆疊器 SP 指向址位 60H；而第 26 及 27 行設定 P2.2=0 及 P2.3=0，啟動七段顯示器的控制介面電路，請參考第 7 章說明。

4. 第 29 至 37 行設定符號變數的內容值。

符號	符號變數的內容值	說明
SEC	00	秒=0
MIN	30	分=30
HOUR	00	時=0
DAYS	02	星期 2
DATE	04	日=4
MONTH	05	分=5
YEAR	10H	2010
YEAR1	20H	
CTRL	03H	(RS1,RS0)=(1,1)=32.768kHz

5. 第 38 行呼叫 WRITE_TIME 副程式，將上列設定參數寫入 DS1307 時鐘 IC 內，請參考表 13-9 說明。

6. 第 39 行呼叫 GET_TIME 副程式，將目前 DS1307 時鐘 IC 的內容取出且存入相對應的符號變數的指定位址內。

7. 第 44 至 73 行應用掃瞄輸出控制方式，分別將秒的個位數、秒的十位數、分的個位數與分的十位數輸出至指定的七段顯示器上。然後在第 74 行強制跳至 START 標籤處，再重新執行取得 DS1307 時鐘 IC 的內容與顯示在指定七段顯示器上。

8. 第 79 至 213 行程式為 DS1307 的 I^2C 通訊相關副程式，請參考本章內容說明。

思考問題

a. 參考上列範例程式，請將即時時鐘的分與秒分別初始化為「00」與「00」。

範例 2：即時時鐘與七段顯示器（二）

參考範例 1，將即時時鐘的時、分與秒分別初始化設定為「11」、「59」與「00」，然後再讀取與顯示在如下圖所示之指定格式的七段顯示器中。注意本範例是採用 12 小時制，其 AM 及 PM 是由一個 LED 燈來表示。

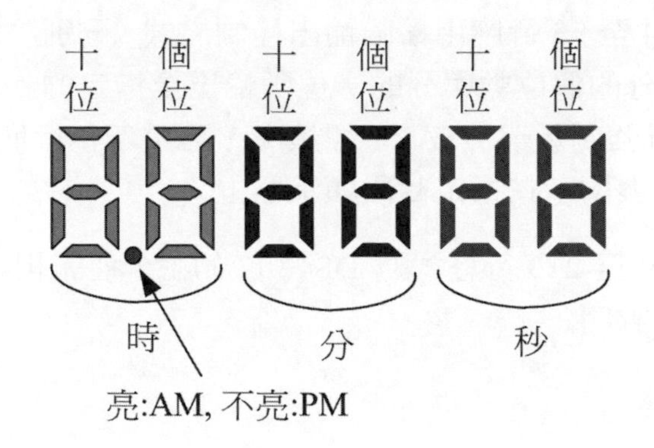

流程圖

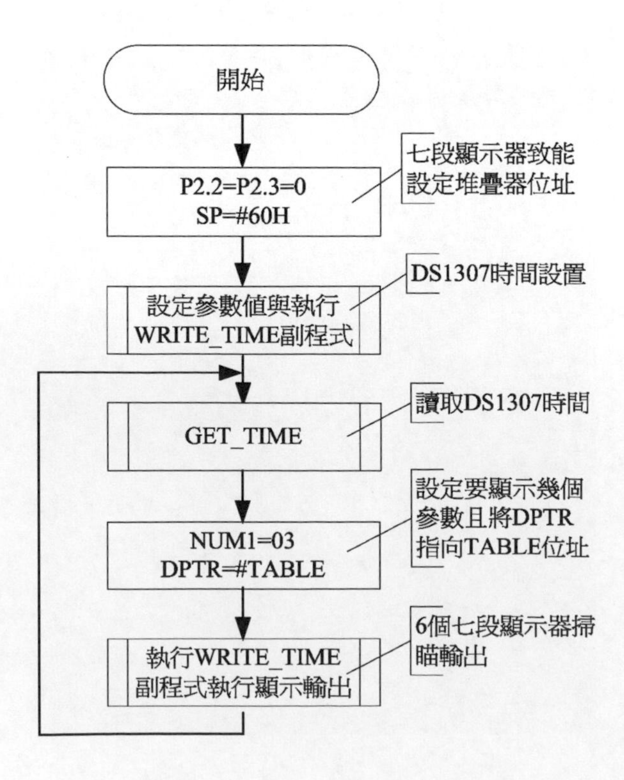

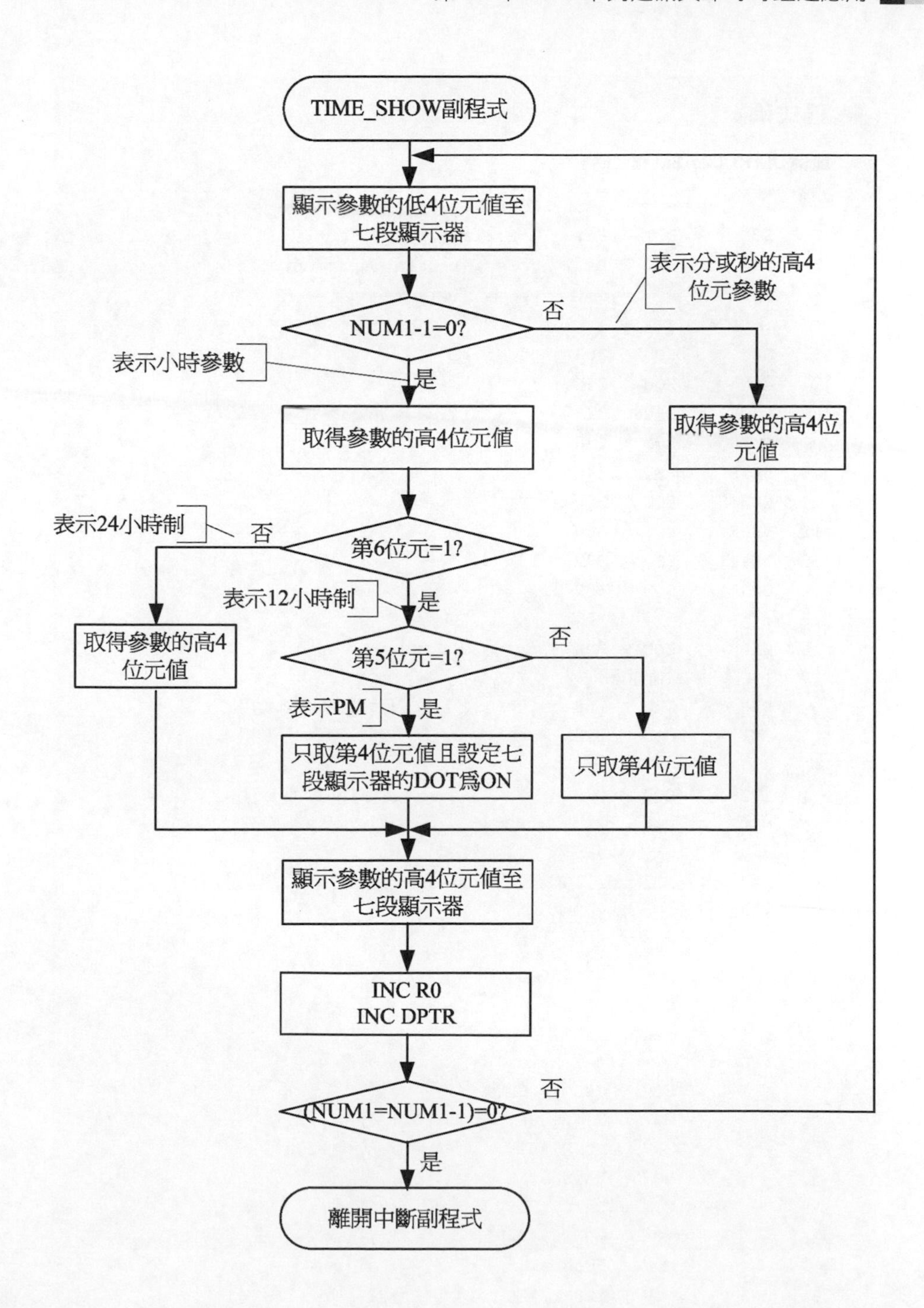
TIME_SHOW副程式
顯示參數的低4位元值至七段顯示器
表示分或秒的高4位元參數
否
NUM1-1=0?
表示小時參數
是
取得參數的高4位元值
取得參數的高4位元值
表示24小時制
否
第6位元=1?
表示12小時制
是
否
取得參數的高4位元值
第5位元=1?
表示PM
是
只取第4位元值且設定七段顯示器的DOT爲ON
只取第4位元值
顯示參數的高4位元值至七段顯示器
INC R0
INC DPTR
否
(NUM1=NUM1-1)=0?
是
離開中斷副程式

程式碼

範例 DM13_02.ASM 程式碼

```
1   ; ============DS1307 CONTROL ===================
2   SCL      BIT   P2.6  ; Serial Clock Input      =
3   SDA      BIT   P2.7  ; Serial Data Input/Output=
4   ;==============================================
5   ; DATA-ADDRESS
6   SEC      EQU   30H
7   MIN      EQU   31H
8   HOUR     EQU   32H
9   DAYS     EQU   33H
10  DATE     EQU   34H
11  MONTH    EQU   35H
12  YEAR     EQU   36H
13  YEAR1    EQU   37H
14  CTRL     EQU   38H
15  ;
16  MADD     EQU   3BH
17  ; 程式中 數值運算用
18  DY0      EQU   26H              ;延遲副程式計數用
19  DY1      EQU   27H              ;延遲副程式計數用
20  ;
21  NUM0     EQU   28H              ;從時鐘 IC 取資料用
22  NUM2     EQU   2                ;時鐘 IC 接收/發射的資料回圈
23  TEMP     EQU   2AH
24  ; ===============================================
25  ; 8051 RUN START_主程式
26           ORG   0000H
27           MOV   SP,#60H
28           CLR   P2.2
29           CLR   P2.3
30  ; DS-1307 Register-Data_時間設定 and 程序
31           MOV   SEC,#00H         ; 秒
32           MOV   MIN,#59H         ; 分
33           MOV   HOUR,#51H        ; 時 01010001
34           MOV   DAYS,#02H        ; 星期
35           MOV   DATE,#04H        ; 日
36           MOV   MONTH,#05H       ; 月
37           MOV   YEAR,#10H        ; 年
38           MOV   YEAR1,#20H       ;20
39           MOV   CTRL,#03H        ;  (RS1,RS0)=(1,1)=32.768kHz
40           ACALL WRITE_TIME       ; 時鐘-註冊寫入程序_(基礎)
```

```
41  ; Run-Process
42  START:
43          ACALL GET_TIME          ;從時鐘裡取資料
44          MOV   R0,#SEC
45          MOV   NUM1,#03
46          MOV   DPTR,#TABLE
47          ACALL TIME_SHOW
48          JMP   START
49  ;==== SHOW TIME IN 7-SEGMENT DISPLAY ======
50  TIME_SHOW:
51          MOV   A,@R0             ;LOW NIBBLE
52          ANL   A,#00001111B
53          ORL   A,#11110000B
54          MOV   P1,A
55          MOV   A,#00
56          MOVC  A,@A+DPTR
57          MOV   P0,A
58          ACALL DELAY
59          ORL   P0,#11111111B
60          INC   DPTR
61  ;CHECK
62          MOV   A,NUM1
53          CLR   C
64          SUBB  A,#1
65          JZ    EQUAL
66          MOV   A,@R0             ;HIGN NIBBLE
67          ANL   A,#11110000B
68          SWAP  A
69          ORL   A,#11110000B
70          JMP   EXIT_
71  EQUAL:
72          MOV   A,@R0             ;HIGH NIBBLE FOR HOUR
73          ANL   A,#11110000B
74          SWAP  A
75          MOV   TEMP,A
76          ANL   A,#00000100B
77          JB    ACC.2,CASE1       ;當 BIT2=1, 12 小時 MODE
78          MOV   A,TEMP
79          ANL   A,#00000011B
80          ORL   A,#11110000B
81          JMP   EXIT_
82  CASE1:  MOV   A,TEMP            ;12HR MODE
83          JB    ACC.1,CASE2  ;BIT1=1 ==> PM
```

```
84          MOV    A,TEMP
85          ANL    A,#00000001B
86          ORL    A,#11110000B
87          JMP    EXIT_
88  CASE2:                          ;SHOW DOT FOR PM
89          MOV    A,TEMP
90          ANL    A,#00000001B
91          ORL    A,#10110000B
92  EXIT_:
93          MOV    P1,A
94          MOV    A,#00
95          MOVC   A,@A+DPTR
96          MOV    P0,A
97          ACALL  DELAY
98          ORL    P0,#11111111B
99          INC    R0
100         INC    DPTR
101         DJNZ   NUM1,TIME_SHOW
102         RET
103 TABLE:
104         DB     11011111B
105         DB     11101111B
106         DB     11110111B
107         DB     11111011B
108         DB     11111101B
109         DB     11111110B
110 ;==== I2C-Protocol_以下均為 I2C 通訊協定======
111 ;====          I2C TO START            ======
112 ;============================================
113 STARTC:
114         SETB   SDA
115         ACALL  D2T
116         SETB   SCL
117         ACALL  D2T
118         CLR    SDA
119         ACALL  D2T
120         RET
121 ;=============================================
122 ;===    I2C TO STOP                 ==========
123 ;=============================================
124 STOP:   CLR    SDA
125         ACALL  D2T
126         SETB   SCL
```

```
127          ACALL D2T
128          SETB  SDA
129          ACALL D2T
130          RET
131 ;==============================================
132 ;===   I2C SENDING (A USE TO DATA-BUS)=======
133 ;==============================================
134 SEND:    MOV   NUM2,#8
135 BACK:    CLR   SCL
136          ACALL D3T
137          RLC   A
138          MOV   SDA,C
139          SETB  SCL
140          ACALL D3T
141          CLR   SCL
142          ACALL D3T
143          DJNZ  NUM2,BACK
144          SETB  SDA;
145          SETB  SCL
146          ACALL D3T
147          CLR   SCL    ;
148          ACALL D3T    ;
149          RET
150 ;==============================================
151 ;===   I2C RECEIVING (A USE TO DATA-BUS)=====
152 ;==============================================
153 RECV:    MOV   NUM2,#8
154          SETB  SDA    ;非常重要,設為 HIGH 才可以讀資料.
155 BACK2:   SETB  SCL
156          ACALL D3T
157          MOV   C,SDA
158          RLC   A
159          CLR   SCL
160          ACALL D3T
161          DJNZ  NUM2,BACK2
162          MOV   @R0,A
163          INC   R0
164          RET
165 ;===============================================
166 ACK:
167          SETB  SDA
168          CLR   SCL
169          ACALL D3T
```

```
170         CLR   SDA
171         SETB  SCL
172         ACALL D3T
173         CLR   SCL
174         ACALL D3T
175         RET
176 ;===============================================
177 NACK:
178         SETB  SDA
179         CLR   SCL
180         ACALL D3T
181         SETB  SDA
182         SETB  SCL
183         ACALL D3T
184         CLR   SCL
185         ACALL D3T
186         RET
187 ;=============================================
188 ;===    從時鐘裡取資料到記憶體 7 個 BYTE    =====
189 ;=============================================
190 GET_TIME:
191         ACALL STARTC
192         MOV   A,#0D0H
193         ACALL SEND
194         MOV   A,#00H
195         ACALL SEND
196         ACALL STARTC
197         MOV   A,#0D1H
198         ACALL SEND
199         MOV   NUM0,#6
201         MOV   R0,#SEC
202 RECV_AGAIN:
203         ACALL RECV
204         ACALL ACK
205         DJNZ  NUM0,RECV_AGAIN;前 6BYTE
206         ACALL RECV ;第 7 TYPE
207         ACALL NACK
208         ACALL STOP
209         RET
210 ;=============================================
211 ;===    將 DATA 寫入時鐘裡記憶體              =====
212 ;=============================================
213 WRITE_TIME:
```

```
214           ACALL  STARTC
215           MOV    A,#0D0H
216           ACALL  SEND
217           MOV    A,#00H
218           ACALL  SEND
219           MOV    NUM0,#8
220           MOV    R0,#SEC
221  SEND_AGAIN:
222           MOV    A,@R0
223           ACALL  SEND
224           INC    R0
225           DJNZ   NUM0,SEND_AGAIN
226           ACALL  STOP
227           RET
228  ;==============================================
229  ;===    DELAY_以下均為延遲副程式            =====
230  ;==============================================
231  ; 200us
232  DLY0:    MOV    DY0,#97
233           DJNZ   DY0,$
234           RET
235  ; 5ms
236  DLY1:    MOV    DY1,#25
237  DL1:     CALL   DLY0
238           DJNZ   DY1,DL1
239           RET
240  DELAY:   MOV    DY1,#5
241  DLL1:    CALL   DLY0
242           DJNZ   DY1,DLL1
243           RET
244  ; 三個機械週期
245  D3T:     NOP
246           NOP
247           NOP
248           RET
249  ; 兩個機械週期
250  D2T:     NOP
251           NOP
252           RET
253  ;
254           END
```

程式說明

1. 第 1 與 40 行程式設定如同範例 DM13_02，只是增加 MADD 及 TEMP 變數規劃而已，詳如下表所示：

符號	資料記憶體位址	說明
SEC	30H	秒
MIN	31H	分
HOUR	32H	時
DAYS	33H	星期幾
DATE	34H	日
MONTH	35H	分
YEAR	36H	年
YEAR1	37H	20
CTRL	38H	控制暫存器
DY0	26H	延遲副程式計數用
DY1	27H	延遲副程式計數用
NUM0	28H	從時鐘 IC 取資料用
NUM2	29H	時鐘 IC 接收/發射的資料回圈用
TEMP	2AH	變數
MADD	3BH	變數

符號變數的內容值如下表所示：

符號	符號變數的內容值	說明
SEC	00	秒=0
MIN	59	分=30
HOUR	51	採用 12 小時制，PM, 11 時
DAYS	02	星期 2
DATE	04	日=4
MONTH	05	分=5

符號	符號變數的內容值	說明
YEAR	10H	2010
YEAR1	20H	
CTRL	03H	(RS1,RS0)=(1,1)=32.768kHz

2. 第 40 行呼叫 WRITE_TIME 副程式，將上列設定參數寫入 DS1307 時鐘 IC 內，請參考表 13-9 說明。

3. 第 42 至 48 行為無窮迴路程式設計。第 43 行應用 GET_TIME 副程式取得時鐘 IC DS1307 的內容至相對應的符號變數的指定位址內。第 44 行將 SEC 的位址值搬移至 R0 暫存器內。第 45 行設定顯示 3 個變數，而第 46 行將 DPTR 資料指標暫存器指向表格 TABLE 的啟始位置。然後在第 47 行呼叫 TIME_SHOW 副程式，將秒、分與 AM 或 PM 值輸出至指定七段顯示器位置上，注意是採用掃瞄輸出控制七段顯示器與 LED 的顯示。最後在第 48 行強制跳至 START 標籤處，再重新執行第 42 至 48 行程式碼的輸出控制。

4. 第 50 至 102 行為 TIME_SHOW 副程式設計內容。請參考流程圖說明，當第一次執行第 51 至 70 行時會將“秒”的個位數、“秒”的十位數輸出至指定的七段顯示器上；當第 2 次執行第 51 至 70 行時則會將“分”的個位數與“分”的十位數輸出至指定的七段顯示器上；可是當第 3 次執行第 51 至 70 行時，在第 51 至 60 行會將“時”的個位數輸出至指定的七段顯示器上，可是當執行 65 行時，因為 Zero 旗標已觸發，也就是 NUM1=0 了，所以強制跳至 EAUAL 標籤處，執行 12 小時制的 AM 與 PM 位元判斷。然後將結果顯示在指定位元上，詳如第 71 至 91 行所示。而第 93 至 101 行是輸出高半字節（High Nibble）的資料至七段顯示器上且指向下一個資料指標位置，如果資料指標位置不是指向 TABLE 以外，則跳至 TIME_SHOW 標籤，再次控制資料輸出至指定七段顯示器上，可是如果指標位置已指向 TABLE 以外，則結束副程式反回主程式，然後在第 74 行強制跳至 START 標籤處，再重新執行取得 DS1307 時鐘 IC 的內容與顯示在指定七段顯示器上。如此設定方式，可以節省程式碼設計，提升程式效率。

5. 第 79 至 213 行程式為 DS1307 的 I^2C 通訊相關副程式，請參考本章內容說明。

思考問題

a. 參考上列範例程式，請將即時時鐘的小時初始化為「13」且改為 24 小時制，注意，LED 燈不再應用來指示 AM 及 PM 了。

b. 參考上列範例程式，請讀者根據目前時間去初始化時時鐘的時、分與秒值，然後再讀取與顯示在指定格式的七段顯示器中（如本範例），採用 12 小時制。

c. 參考上列範例程式，請讀者根據目前時間去初始化時時鐘的時、分與秒值，然後再讀取與顯示在指定格式的七段顯示器中（如本範例），採用 24 小時制。

範例 3：即時時鐘與七段顯示器（三）

參考範例 2，再增加即時時鐘的星期、日期、月與年之初始化設定分別為「星期五」、「01」、「01」與「2010」，然後再讀取與顯示在如下圖所示之指定格式的七段顯示器中。注意本範例是採用 12 小時制，其 AM 及 PM 是由一個 LED 燈來表示。

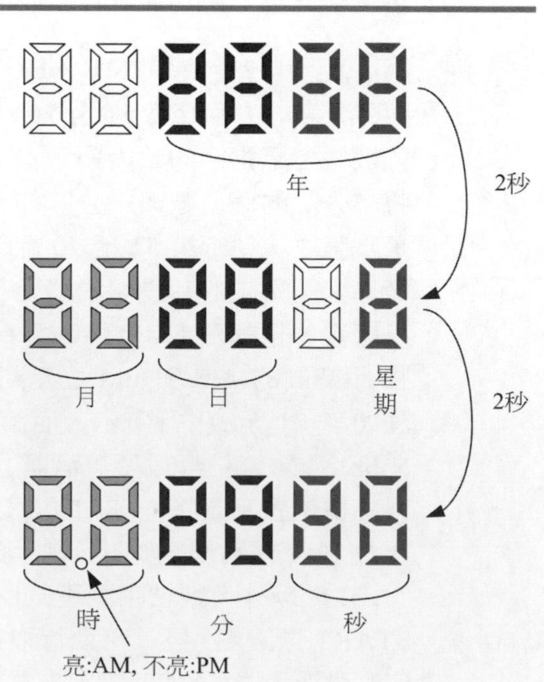

流程圖

1. 主程式

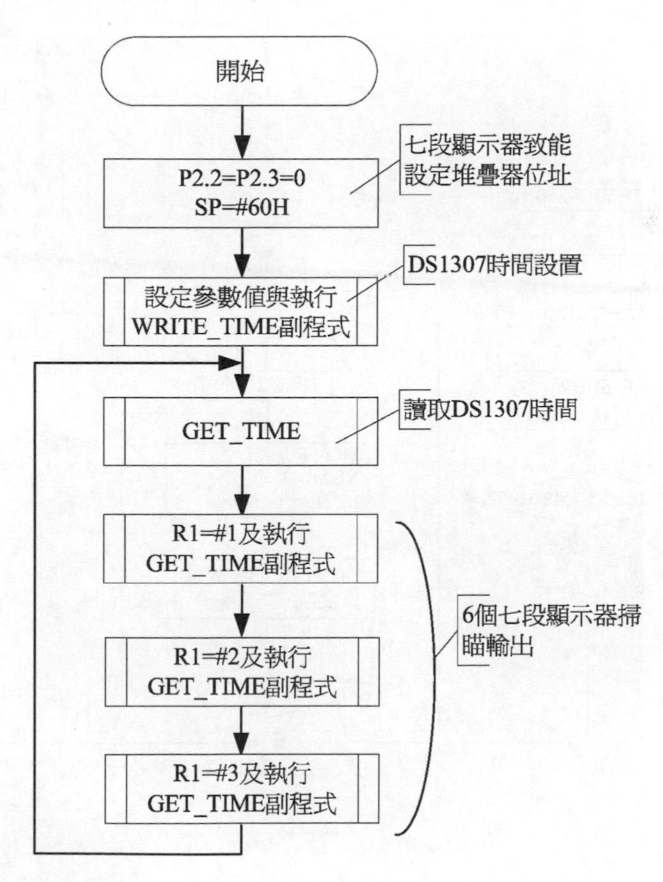
開始
P2.2=P2.3=0
SP=#60H
七段顯示器致能
設定堆疊器位址
設定參數值與執行
WRITE_TIME副程式
DS1307時間設置
GET_TIME
讀取DS1307時間
R1=#1及執行
GET_TIME副程式
R1=#2及執行
GET_TIME副程式
R1=#3及執行
GET_TIME副程式
6個七段顯示器掃
瞄輸出

2. 副程式

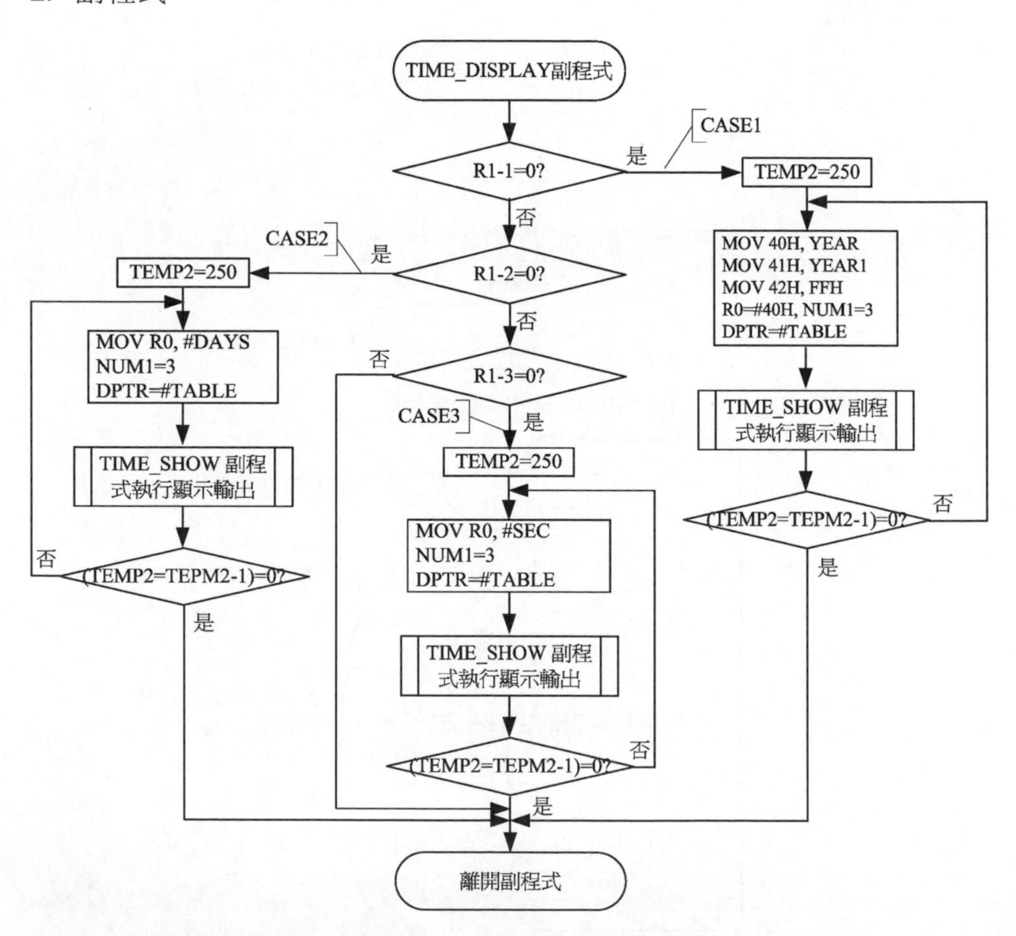

程式碼

範例 DM13_03.ASM 程式碼

```
1    ; ============DS1307 CONTROL ====================
2    SCL      BIT   P2.6  ; Serial Clock Input       =
3    SDA      BIT   P2.7  ; Serial Data Input/Output=
4    ;==============================================
5    ; DATA-ADDRESS
6    SEC      EQU   30H
7    MIN      EQU   31H
8    HOUR     EQU   32H
9    DAYS     EQU   33H
10   DATE     EQU   34H
```

```
11  MONTH    EQU    35H
12  YEAR     EQU    36H
13  YEAR1    EQU    37H
14  CTRL     EQU    38H
15  ;
16  MADD     EQU    3BH
17  ; 程式中 數值運算用
18  DY0      EQU    26H                  ;延遲副程式計數用
19  DY1      EQU    27H                  ;延遲副程式計數用
20  ;
21  NUM0     EQU    28H                  ;從時鐘 IC 取資料用
22  NUM2     EQU    29H                  ;時鐘 IC 接收/發射的資料回圈
23  TEMP     EQU    2AH
24  TEMP2    EQU    2BH
25  ; ================================================
26  ; 8051 RUN START_主程式
27           ORG    0000H
28           MOV    SP,#60H
29           CLR    P2.2
30           CLR    P2.3
31  ; DS-1307 Register-Data_時間設定 and 程序
32           MOV    SEC,#00H             ; 秒
33           MOV    MIN,#59H             ; 分
34           MOV    HOUR,#51H            ; 時 01010001
35           MOV    DAYS,#05H            ; 星期
36           MOV    DATE,#01H            ; 日
37           MOV    MONTH,#01H           ; 月
38           MOV    YEAR,#10H            ; 年
39           MOV    YEAR1,#20H           ;20
40           MOV    CTRL,#03H            ; (RS1,RS0)=(1,1)=32.768kHz
41           ACALL  WRITE_TIME           ; 時鐘-註冊寫入程序_(基礎)
42  ; Run-Process
43  START:
44           ACALL  GET_TIME             ;從時鐘裡取資料
45           MOV    R1,#1
46           ACALL  TIME_DISPLAY
47           MOV    R1,#2
48           ACALL  TIME_DISPLAY
49           MOV    R1,#3
50           ACALL  TIME_DISPLAY
51           JMP    START
52  ;
53  TIME_DISPLAY:
```

```
54            CLR    C
55            MOV    A,R1
56            SUBB   A,#1
57            JZ     CASE1 ;SHOW YEAR
58            MOV    A,R1
59            SUBB   A,#2
60            JZ     CASE2 ;SHOW MONTH,DATE,DAY
61            MOV    A,R1
62            SUBB   A,#3
53            JZ     CASE3 ;SHOW TIME
64            JMP    EXIT
65   CASE1:   MOV    TEMP2,#250
66   CASE1_AGAIN:
67            MOV    40H,YEAR
68            MOV    41H,YEAR1
69            MOV    42H,#0FFH
70            MOV    R0,#40H
71            MOV    NUM1,#03
72            MOV    DPTR,#TABLE
73            ACALL  TIME_SHOW
74            DJNZ   TEMP2,CASE1_AGAIN
75            JMP    EXIT
76   CASE2:   MOV    TEMP2,#250
77   CASE2_AGAIN:
78            MOV    R0,#DAYS
79            MOV    NUM1,#03
80            MOV    DPTR,#TABLE
81            ACALL  TIME_SHOW
82            DJNZ   TEMP2,CASE2_AGAIN
83            JMP    EXIT
84   CASE3:
85            MOV    TEMP2,#250
86   CASE3_AGAIN:
87            MOV    R0,#SEC
88            MOV    NUM1,#03
89            MOV    DPTR,#TABLE
90            ACALL  TIME_SHOW
91            DJNZ   TEMP2,CASE3_AGAIN
92   ;
93   EXIT:    RET
94   ;===============================================
95   TIME_SHOW:
96            MOV    A,@R0              ;LOW NIBBLE
```

```
97            ANL   A,#00001111B
98            ORL   A,#11110000B
99            MOV   P1,A
100           MOV   A,#00
101           MOVC  A,@A+DPTR
102           MOV   P0,A
103           ACALL DELAY
104           ORL   P0,#11111111B
105           INC   DPTR
106 ;==FOR HIGN NIBBLE ====
107           MOV   A,NUM1
108           CLR   C
109           SUBB  A,#1
110           JZ    EQUAL
111           MOV   A,@R0              ;HIGN NIBBLE
112           ANL   A,#11110000B
113           SWAP  A
114           ORL   A,#11110000B
115           JMP   EXIT_
116 EQUAL:
117           MOV   A,@R0              ;HIGH NIBBLE FOR HOUR
118           ANL   A,#11110000B
119           SWAP  A
120           MOV   TEMP,A
121           ANL   A,#00000100B
122           JB    ACC.2,C1 ;當 BIT2=1, 12 小時 MODE
123           MOV   A,TEMP
124           ANL   A,#00000011B
125           ORL   A,#11110000B
126           JMP   EXIT_
127 C1:       MOV   A,TEMP             ;12HR MODE
128           JB    ACC.1,C2           ;BIT1=1 ==> PM
129           MOV   A,TEMP
130           ANL   A,#00000001B
131           ORL   A,#11110000B
132           JMP   EXIT_
133 C2:                                ;SHOW DOT FOR PM
134           MOV   A,TEMP
135           ANL   A,#00000001B
136           ORL   A,#10110000B
137 EXIT_:
138           MOV   P1,A
139           MOV   A,#00
```

```
140         MOVC  A,@A+DPTR
141         MOV   P0,A
142         ACALL DELAY
143         ORL   P0,#11111111B
144         INC   R0
145         INC   DPTR
146         DJNZ  NUM1,TIME_SHOW
147         RET
148 TABLE:
149         DB    11011111B
150         DB    11101111B
151         DB    11110111B
152         DB    11111011B
153         DB    11111101B
154         DB    11111110B
155
156
157 ;==== I2C-Protocol_以下均為 I2C 通訊協定======
158 ;====          I2C TO START          ======
159 ;==========================================
160 STARTC:
161         SETB  SDA
162         ACALL D2T
163         SETB  SCL
164         ACALL D2T
165         CLR   SDA
166         ACALL D2T
167         RET
168 ;============================================
169 ;===   I2C TO STOP                ==========
170 ;============================================
171 STOP:   CLR   SDA
172         ACALL D2T
173         SETB  SCL
174         ACALL D2T
175         SETB  SDA
176         ACALL D2T
177         RET
178 ;============================================
179 ;===   I2C SENDING (A USE TO DATA-BUS)=======
180 ;============================================
181 SEND:   MOV   NUM2,#8
182 BACK:   CLR   SCL
```

```
183         ACALL D3T
184         RLC   A
185         MOV   SDA,C
186         SETB  SCL
187         ACALL D3T
188         CLR   SCL
189         ACALL D3T
190         DJNZ  NUM2,BACK
191         SETB  SDA;
192         SETB  SCL
193         ACALL D3T
194         CLR   SCL    ;
195         ACALL D3T    ;
196         RET
197 ;=============================================
198 ;===   I2C RECEIVING (A USE TO DATA-BUS)=====
199 ;=============================================
201 RECV:   MOV   NUM2,#8
202         SETB  SDA            ;非常重要,設為 HIGH 才可以讀資料.
203 BACK2:  SETB  SCL
204         ACALL D3T
205         MOV   C,SDA
206         RLC   A
207         CLR   SCL
208         ACALL D3T
209         DJNZ  NUM2,BACK2
210         MOV   @R0,A
211         INC   R0
212         RET
213 ;==============================================
214 ACK:
215         SETB  SDA
216         CLR   SCL
217         ACALL D3T
218         CLR   SDA
219         SETB  SCL
220         ACALL D3T
221         CLR   SCL
222         ACALL D3T
223         RET
224 ;===============================================
225 NACK:
226         SETB  SDA
```

```
227         CLR   SCL
228         ACALL D3T
229         SETB  SDA
230         SETB  SCL
231         ACALL D3T
232         CLR   SCL
233         ACALL D3T
234         RET
235 ;=============================================
236 ;===    從時鐘裡取資料到記憶體 7 個 BYTE    =====
237 ;=============================================
238 GET_TIME:
239         ACALL STARTC
240         MOV   A,#0D0H
241         ACALL SEND
242         MOV   A,#00H
243         ACALL SEND
244         ACALL STARTC
245         MOV   A,#0D1H
246         ACALL SEND
247         MOV   NUM0,#6
248         MOV   R0,#SEC
249 RECV_AGAIN:
250         ACALL RECV
251         ACALL ACK
252         DJNZ  NUM0,RECV_AGAIN;前 6BYTE
253         ACALL RECV ;第 7 TYPE
254         ACALL NACK
255         ACALL STOP
256         RET
257 ;=============================================
258 ;===    將 DATA 寫入時鐘裡記憶體              =====
259 ;=============================================
260 WRITE_TIME:
261         ACALL STARTC
262         MOV   A,#0D0H
263         ACALL SEND
264         MOV   A,#00H
265         ACALL SEND
266         MOV   NUM0,#8
267         MOV   R0,#SEC
268 SEND_AGAIN:
269         MOV   A,@R0
```

```
270          ACALL  SEND
271          INC    R0
272          DJNZ   NUM0,SEND_AGAIN
273          ACALL  STOP
274          RET
275 ;=============================================
276 ;===    DELAY_以下均為延遲副程式           =====
277 ;=============================================
278 ; 200us
279 DLY0:    MOV    DY0,#97
280          DJNZ   DY0,$
281          RET
282 ; 5ms
283 DLY1:    MOV    DY1,#25
284 DL1:     CALL   DLY0
285          DJNZ   DY1,DL1
286          RET
287 DELAY:   MOV    DY1,#5
288 DLL1:    CALL   DLY0
289          DJNZ   DY1,DLL1
290          RET
291 ; 三個機械週期
292 D3T:     NOP
293          NOP
294          NOP
295          RET
296 ; 兩個機械週期
297 D2T:     NOP
298          NOP
299          RET
300 ;
301          END
```

程式說明

1. 第 1 與 40 行程式設定如同範例 DM13_02，只是增加 MADD 及 TEMP 變數規劃而已，詳如下表所示：

符號	資料記憶體位址	說明
SEC	30H	秒
MIN	31H	分
HOUR	32H	時
DAYS	33H	星期幾
DATE	34H	日
MONTH	35H	分
YEAR	36H	年
YEAR1	37H	20
CTRL	38H	控制暫存器
DY0	26H	延遲副程式計數用
DY1	27H	延遲副程式計數用
NUM0	28H	從時鐘 IC 取資料用
NUM2	29H	時鐘 IC 接收/發射的資料回圈用
TEMP	2AH	變數
TEMP2	2BH	變數
MADD	3BH	變數

符號變數的內容值如下表所示：

符號	符號變數的內容值	說明
SEC	00H	秒=0
MIN	59H	分=30
HOUR	51H	採用 12 小時制，PM, 11 時
DAYS	05H	星期 5
DATE	01H	日=1
MONTH	01H	分=1
YEAR	10H	2010
YEAR1	20H	
CTRL	03H	(RS1,RS0)=(1,1)=32.768kHz

2. 第 41 行呼叫 WRITE_TIME 副程式，將上列設定參數寫入 DS1307 時鐘 IC 內，請參考表 13.9 說明。

3. 第 43 至 51 行為無窮迴路程式設計，可將指定資料顯示在七段顯示器上。第 44 行應用 GET_TIME 副程式取得時鐘 IC DS1307 的內容至相對應的符號變數的指定位址內。然後在第 45 和 46 行為顯示“年”資料至七段顯示器上；第 47 和 48 行為顯示“月及日”資料至七段顯示器上；第 49 和 50 行為顯示 12 小時制的“時、分及秒”資料至七段顯示器上。最後在第 51 行強制跳至 START 標籤處，再次執行資料的讀取與顯示工作。

4. 第 53 至 93 行為 TIME_DISPLAY 副程式設計內容。第 54 至 64 行為狀況判別與執行相對應的標籤跳躍。當 R1=1 時，則跳至 CASE1 標籤；當 R1=2 時，則跳至 CASE2 標籤；當 R1=3 時，則跳至 CASE3 標籤，其他狀態則離開副程式。CASE1 為第 65 至 75 行程式碼，TEMP2=250 設定 6 個七段顯示器的掃瞄顯示時間，將 YEAR, YEAR1 及#FFH 的內容搬移至位址 40H, 41H 及 42H，然後設定 R0=#40H，第 71 至 73 行的程式設計如同範例 2，應用 TIME_SHOW 副程式，可以將指定資料應用掃瞄方式顯示在 6 個七段顯示器，而第 74 行是執行 TEMP2=TEMP2-1 且判斷 TEMP2=0?，如果 TEMP2≠0，則跳至 CASE1_AGAIN 再次顯示“年”的資料，可是如果 TEMP2=0，則離開副程式。同理 CASE2 為顯示月及日”資料至七段顯示器上；同理 CASE3 為 12 小時制的“時、分及秒”資料至七段顯示器上，因此這是範例 2 的設定方式。

5. 其他程式說明，請參考範例 2。

思考問題

a. 參考上列範例程式，請將自動切換顯示即時時鐘資訊的方式修改為利用 PB0 按鈕為切換顯示功能，其切換顯示要求如下：（1）PB0 被按下 0 次，顯示時、分與秒；（2）PB0 被按下 1 次，顯示月、日與星期；（3）PB0 被按下 2 次，顯示年；（4）PB0 被按下 4 次，計數值歸零，回到（1）狀態。

b. 參考上列範例程式，小時初始化為「13」且改為 24 小時制，注意，LED 燈此時不用來指示 AM 及 PM 了。

c. 參考上列範例程式，請讀者根據目前時間去初始化時時鐘的時、分與秒值，然後再讀取與顯示在指定格式的七段顯示器中（如本範例），採用 24 小時制。

範例 4：即時時鐘與 LCM 模組（一）

即時時鐘的星期、日期、月與年之初始化設定分別為「星期五」、「01」、「01」與「2010」，而其時、分與秒也分別被初始化為「11」、「59」與「00」。然後再讀取與顯示在如下圖所示之指定格式 LCM 模組上。注意本範例是採用 12 小時制，「星期」是採用「SUN」、「MON」...「SAT」方式。

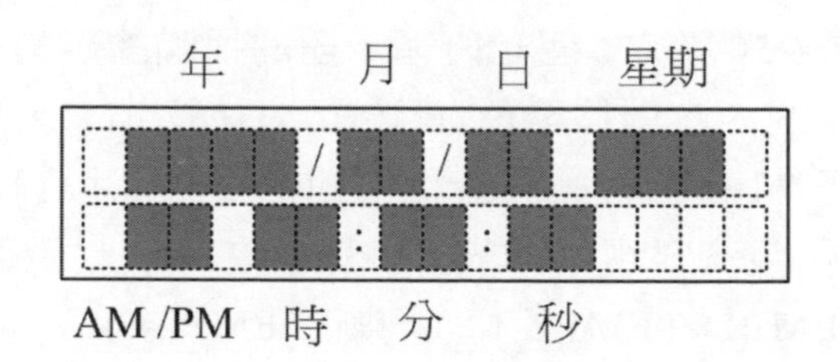

程式碼

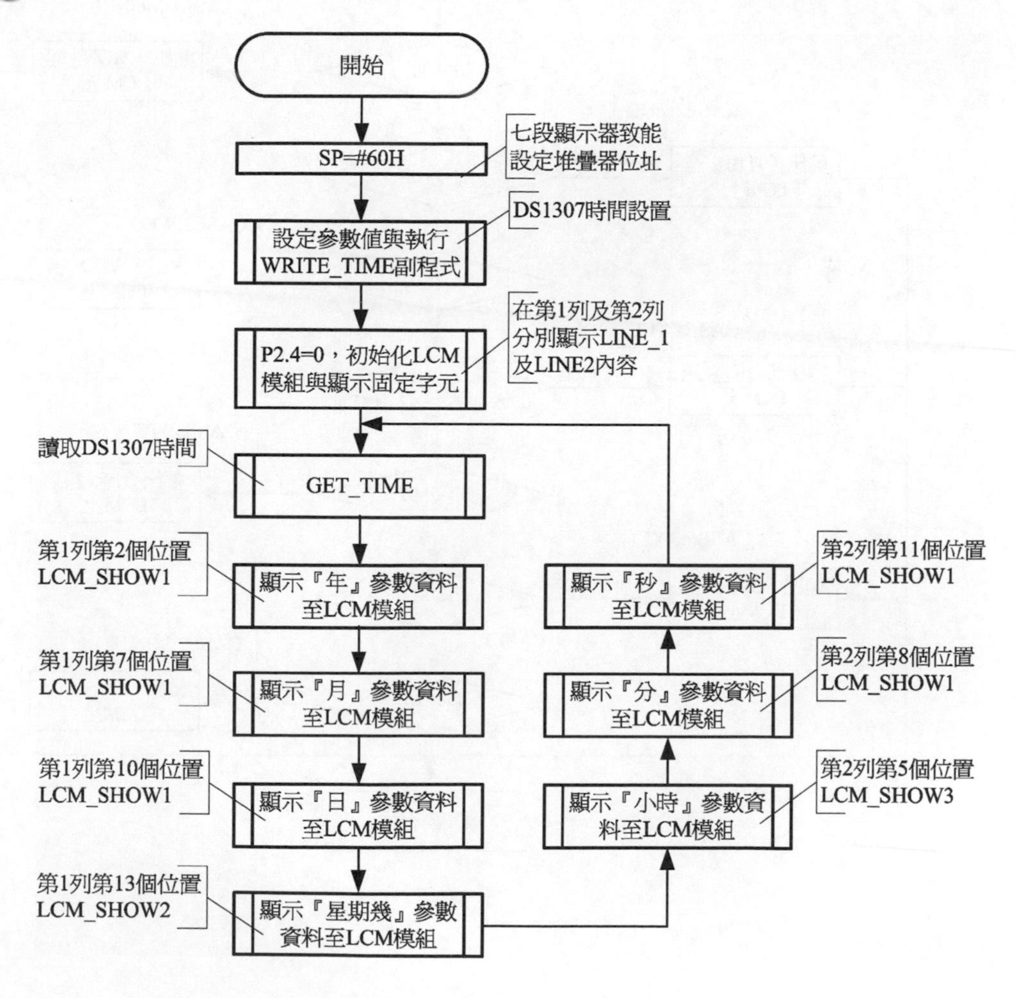

開始
SP=#60H
七段顯示器致能
設定堆疊器位址
設定參數值與執行
WRITE_TIME副程式
DS1307時間設置
P2.4=0，初始化LCM
模組與顯示固定字元
在第1列及第2列
分別顯示LINE_1
及LINE2內容
讀取DS1307時間
GET_TIME
第1列第2個位置
LCM_SHOW1
顯示『年』參數資料
至LCM模組
第1列第7個位置
LCM_SHOW1
顯示『月』參數資料
至LCM模組
第1列第10個位置
LCM_SHOW1
顯示『日』參數資料
至LCM模組
第1列第13個位置
LCM_SHOW2
顯示『星期幾』參數
資料至LCM模組
顯示『小時』參數資
料至LCM模組
第2列第5個位置
LCM_SHOW3
顯示『分』參數資料
至LCM模組
第2列第8個位置
LCM_SHOW1
顯示『秒』參數資料
至LCM模組
第2列第11個位置
LCM_SHOW1

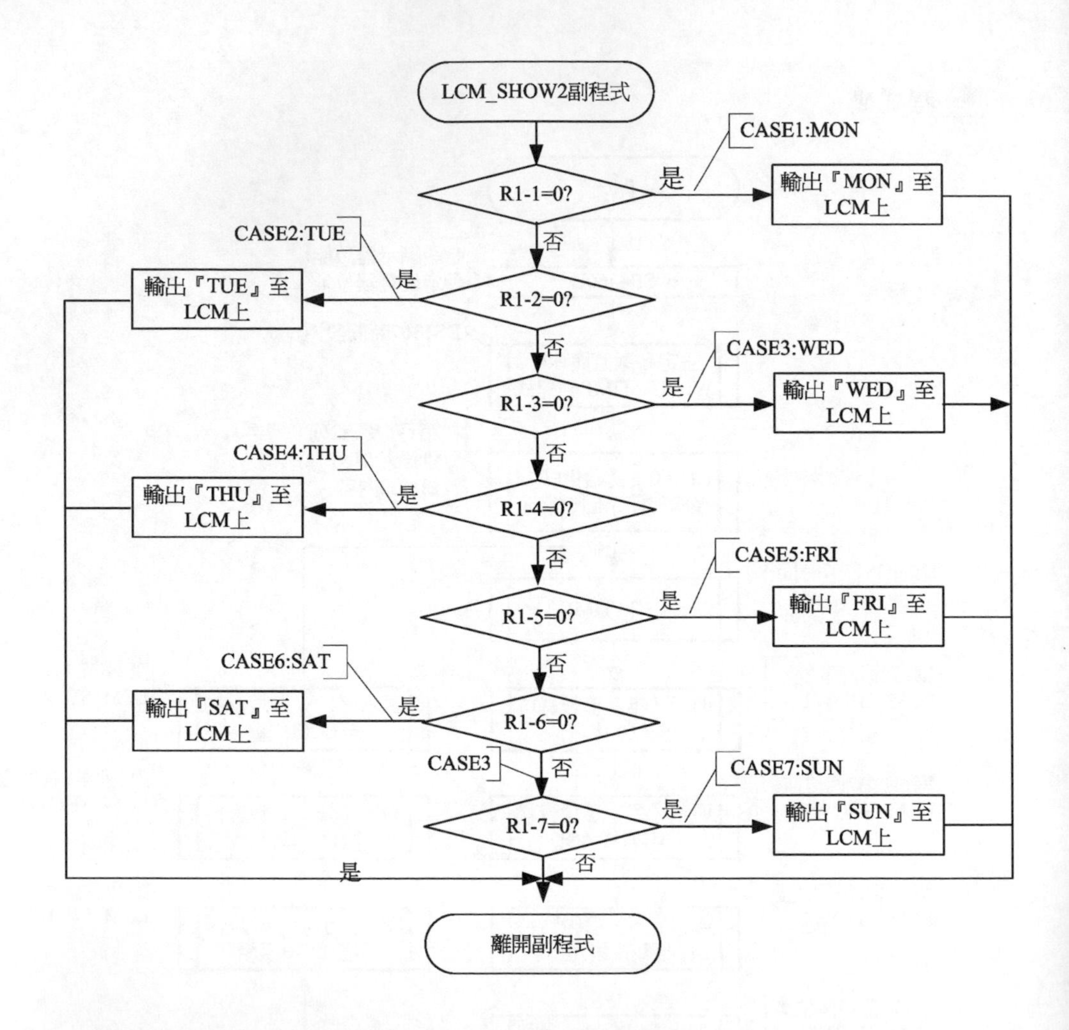
LCM_SHOW2副程式
CASE1:MON
R1-1=0?
是
輸出『MON』至LCM上
否
CASE2:TUE
是
輸出『TUE』至LCM上
R1-2=0?
否
CASE3:WED
R1-3=0?
是
輸出『WED』至LCM上
否
CASE4:THU
是
輸出『THU』至LCM上
R1-4=0?
否
CASE5:FRI
R1-5=0?
是
輸出『FRI』至LCM上
否
CASE6:SAT
是
輸出『SAT』至LCM上
R1-6=0?
CASE3
否
CASE7:SUN
R1-7=0?
是
輸出『SUN』至LCM上
否
是
離開副程式

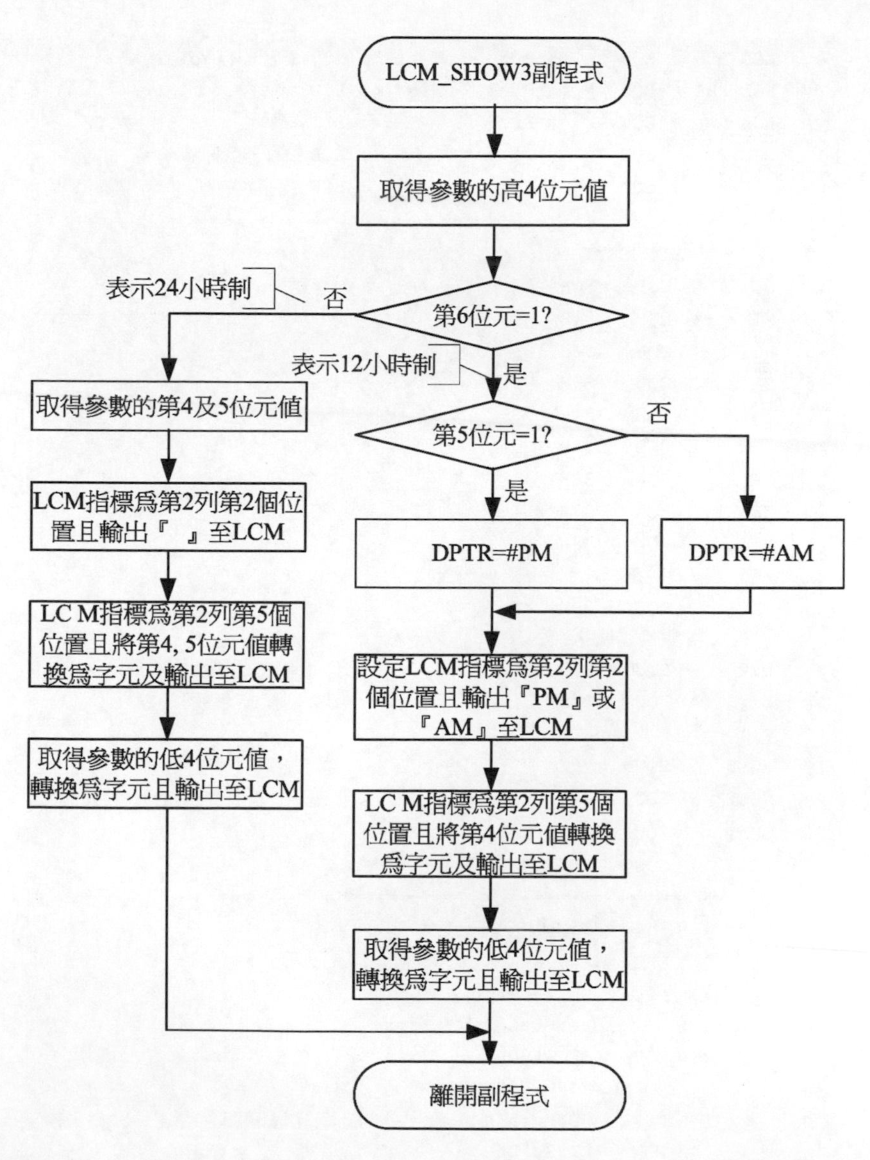

程式碼

範例 DM13_04.ASM 程式碼

```
1   ; ============DS1307 CONTROL ===================
2   SCL       BIT   P2.6  ; Serial Clock Input     =
3   SDA       BIT   P2.7  ; Serial Data Input/Output=
4   ;===============================================
5   ;=============LCD definition ===================
```

```
6   LCD_BUS   EQU      P1          ; LCD 輸出與控制端 =
7   LCD_LED   EQU      P1.7        ; LCD 背光        =
8   LCD_RW    EQU      P1.5        ; LCD 讀寫        =
9   LCD_RS    EQU      P1.4        ; LCD 暫存器選擇腳 =
10  LCD_E     EQU      P1.6        ; LCD 模組致能腳   =
11  ;===============================================
12  ; DATA-ADDRESS
13  SEC      EQU   30H
14  MIN      EQU   31H
15  HOUR     EQU   32H
16  DAYS     EQU   33H
17  DATE     EQU   34H
18  MONTH    EQU   35H
19  YEAR     EQU   36H
20  YEAR1    EQU   37H
21  CTRL     EQU   38H
22  ;
23  MADD     EQU   3BH
24  ; 程式中 數值運算用
25  DY0      EQU   26H             ; 延遲副程式計數用
26  DY1      EQU   27H             ; 延遲副程式計數用
27  ;
28  NUM0     EQU   28H             ; 從時鐘 IC 取資料用
29  NUM2     EQU   29H             ; 時鐘 IC 接收/發射的資料回圈
30  TEMP     EQU   2AH
31  TEMP2    EQU   2BH
32  ; ===============================================
33  ; 8051 RUN START_主程式
34           ORG   0000H
35           MOV   SP,#60H
36  ; DS-1307 Register-Data_時間設定 and 程序
37           MOV   SEC,#00H        ; 秒
38           MOV   MIN,#59H        ; 分
39           MOV   HOUR,#51H       ; 時 01010001
40           MOV   DAYS,#05H       ; 星期
41           MOV   DATE,#01H       ; 日
42           MOV   MONTH,#01H      ; 月
43           MOV   YEAR,#10H       ; 年
44           MOV   YEAR1,#20H
45           MOV   CTRL,#03H       ; (RS1,RS0)=(1,1)=32.768kHz
46           ACALL WRITE_TIME      ; 時鐘-註冊寫入程序_(基礎)
47  ; === LCM INITIATION AND SHOW THE BASIC FORM =============
48           CLR   P2.4
```

```
49          ACALL  LCD_INIT
50          MOV    A,#080H
51          ACALL  WCOM
52          MOV    DPTR,#LINE_1
53          ACALL  LCM_WEEK
54          MOV    A,#0C0H
55          ACALL  WCOM
56          MOV    DPTR,#LINE_2
57          ACALL  LCM_WEEK
58  ; Run-Process
59  START:
60          ACALL  GET_TIME                ;從時鐘裡取資料
61          MOV    A,#081H
62          ACALL  WCOM
63          MOV    R0,#YEAR1
64          ACALL  LCM_SHOW1
65          DEC    R0                      ;YEAR
66          ACALL  LCM_SHOW1
67          DEC    R0                      ;MONTH
68          MOV    A,#086H
69          ACALL  WCOM
70          ACALL  LCM_SHOW1
71          DEC    R0                      ;DATE
72          MOV    A,#089H
73          ACALL  WCOM
74          ACALL  LCM_SHOW1
75          DEC    R0                      ;DAY
76          MOV    A,#08CH
77          ACALL  WCOM
78          ACALL  LCM_SHOW2
79          DEC    R0                      ;HOURS
80          MOV    A,#0C4H
81          ACALL  WCOM
82          ACALL  LCM_SHOW3
83          DEC    R0                      ;MINUTE
84          MOV    A,#0C7H
85          ACALL  WCOM
86          ACALL  LCM_SHOW1
87          DEC    R0                      ;SECOND
88          MOV    A,#0CAH
89          ACALL  WCOM
90          ACALL  LCM_SHOW1
91          JMP    START
```

```
92  ;==========Show year, month, date, minute, second ====
93  LCM_SHOW1:
94          MOV   A,@R0
95          ANL   A,#11110000B
96          SWAP  A
97          ADD   A,#30H
98          ACALL WDATA
99          MOV   A,@R0
100         ANL   A,#00001111B
101         ADD   A,#30H
102         ACALL WDATA
103         RET
104 ;============Show week mode ===========
105 LCM_SHOW2:
106         CLR   C
107         MOV   A,@R0
108         ANL   A,#00001111B
109         MOV   R1,A
110         SUBB  A,#1
111         JZ    CASE1              ;MON
112         MOV   A,R1
113         SUBB  A,#2
114         JZ    CASE2              ;TUE
115         MOV   A,R1
116         SUBB  A,#3
117         JZ    CASE3              ;WED
118         MOV   A,R1
119         SUBB  A,#4
120         JZ    CASE4              ;THU
121         MOV   A,R1
122         SUBB  A,#5
123         JZ    CASE5              ;FRI
124         MOV   A,R1
125         SUBB  A,#6
126         JZ    CASE6              ;SAT
127         MOV   A,R1
128         SUBB  A,#7
129         JZ    CASE7              ;SUN
130         JMP   EXIT
131 CASE1:  MOV   DPTR,#MON
132         ACALL LCM_WEEK
133         JMP   EXIT
134 CASE2:  MOV   DPTR,#TUE
```

```
135           ACALL  LCM_WEEK
136           JMP    EXIT
137  CASE3:   MOV    DPTR,#WED
138           ACALL  LCM_WEEK
139           JMP    EXIT
140  CASE4:   MOV    DPTR,#THU
141           ACALL  LCM_WEEK
142           JMP    EXIT
143  CASE5:   MOV    DPTR,#FRI
144           ACALL  LCM_WEEK
145           JMP    EXIT
146  CASE6:   MOV    DPTR,#SAT
147           ACALL  LCM_WEEK
148           JMP    EXIT
149  CASE7:   MOV    DPTR,#SUN
150           ACALL  LCM_WEEK
151  EXIT:
152           RET
153  ;===============Show 12/24 hour mode =========
154  LCM_SHOW3:
155           MOV    A,@R0                ;SEC-1
156           ANL    A,#11110000B
157           SWAP   A
158           MOV    TEMP,A
159           ANL    A,#00000100B
160           JB     ACC.2,C1             ;當 BIT2=1, 12 小時 MODE
161           MOV    A,TEMP
162           ANL    A,#00000011B
163           JMP    H24_MODE
164  C1:      MOV    A,TEMP               ;12HR MODE
165           JB     ACC.1,C2             ;BIT1=1 ==> PM
166           MOV    DPTR,#AM             ;SHOW AM
167           JMP    AMPM_MODE
168  C2:      MOV    DPTR,#PM             ;SHOW PM
169  AMPM_MODE:
170           MOV    A,#0C1H
171           ACALL  WCOM
172           ACALL  LCM_WEEK
173           MOV    A,#0C4H
174           ACALL  WCOM
175           MOV    A,TEMP
176           ANL    A,#00000001B
177           ADD    A,#30H
```

```
178         ACALL WDATA
179         MOV   A,@R0
180         ANL   A,#00001111B
181         ADD   A,#30H
182         ACALL WDATA
183         JMP   EXIT_
184 H24_MODE:
185         MOV   A,#0C1H
186         ACALL WCOM
187         MOV   DPTR,#H24
188         ACALL LCM_WEEK
189         MOV   A,#0C4H
190         ACALL WCOM
191         MOV   A,TEMP
192         ADD   A,#30H
193         ACALL WDATA
194         MOV   A,@R0
195         ANL   A,#00001111B
196         ADD   A,#30H
197         ACALL WDATA
198 EXIT_:
199         RET
201 ;=============Show table character by movc instruction ===
202 LCM_WEEK:
203         CLR   A
204         MOVC  A,@A+DPTR          ; 將 DPTR 的字元逐一送至 LCDM 顯示
205         CJNE  A,#0,DISP_L        ; 遇到結束碼  0 才結束
206         RET
207 DISP_L:
208         ACALL WDATA
209         INC   DPTR
210         JMP   LCM_WEEK
211         RET
212
213 ;==== I2C-Protocol_以下均為 I2C 通訊協定======
214 ;====           I2C TO START           ======
215 ;==========================================
216 STARTC:
217         SETB  SDA
218         ACALL D2T
219         SETB  SCL
220         ACALL D2T
221         CLR   SDA
```

```
222              ACALL D2T
223              RET
224  ;===============================================
225  ;===   I2C TO STOP                   ==========
226  ;===============================================
227  STOP:       CLR    SDA
228              ACALL D2T
229              SETB   SCL
230              ACALL D2T
231              SETB   SDA
232              ACALL D2T
233              RET
234  ;===============================================
235  ;===   I2C SENDING (A USE TO DATA-BUS)=======
236  ;===============================================
237  SEND:       MOV    NUM2,#8
238  BACK:       CLR    SCL
239              ACALL D3T
240              RLC    A
241              MOV    SDA,C
242              SETB   SCL
243              ACALL D3T
244              CLR    SCL
245              ACALL D3T
246              DJNZ   NUM2,BACK
247              SETB   SDA;
248              SETB   SCL
249              ACALL D3T
250              CLR    SCL    ;
251              ACALL D3T    ;
252              RET
253  ;===============================================
254  ;===   I2C RECEIVING (A USE TO DATA-BUS)=====
255  ;===============================================
256  RECV:       MOV    NUM2,#8
257              SETB   SDA                      ;非常重要,設為 HIGH 才可以讀資料.
258  BACK2:      SETB   SCL
259              ACALL D3T
260              MOV    C,SDA
261              RLC    A
262              CLR    SCL
263              ACALL D3T
264              DJNZ   NUM2,BACK2
```

```
265         MOV   @R0,A
266         INC   R0
267         RET
268 ;=============================================
269 ACK:
270         SETB  SDA
271         CLR   SCL
272         ACALL D3T
273         CLR   SDA
274         SETB  SCL
275         ACALL D3T
276         CLR   SCL
277         ACALL D3T
278         RET
279 ;==============================================
280 NACK:
281         SETB  SDA
282         CLR   SCL
283         ACALL D3T
284         SETB  SDA
285         SETB  SCL
286         ACALL D3T
287         CLR   SCL
288         ACALL D3T
289         RET
290 ;=============================================
291 ;===    從時鐘裡取資料到記憶體 7 個 BYTE    =====
292 ;=============================================
293 GET_TIME:
294         ACALL STARTC
295         MOV   A,#0D0H
296         ACALL SEND
297         MOV   A,#00H
298         ACALL SEND
299         ACALL STARTC
300         MOV   A,#0D1H
301         ACALL SEND
302         MOV   NUM0,#6
303         MOV   R0,#SEC
304 RECV_AGAIN:
305         ACALL RECV
306         ACALL ACK
307         DJNZ  NUM0,RECV_AGAIN;前 6BYTE
```

```
308            ACALL  RECV ;第 7 TYPE
309            ACALL  NACK
310            ACALL  STOP
311            RET
312    ;===============================================
313    ;===    將 DATA 寫入時鐘裡記憶體              =====
314    ;===============================================
315    WRITE_TIME:
316            ACALL  STARTC
317            MOV    A,#0D0H
318            ACALL  SEND
319            MOV    A,#00H
320            ACALL  SEND
321            MOV    NUM0,#8
322            MOV    R0,#SEC
323    SEND_AGAIN:
324            MOV    A,@R0
325            ACALL  SEND
326            INC    R0
327            DJNZ   NUM0,SEND_AGAIN
328            ACALL  STOP
329            RET
330    ;===================================================
331    ;※LCD 模組初始化
332    ;===================================================
333    LCD_INIT:
334            CLR    LCD_E
335            MOV    LCD_BUS,#0A3H       ;(起動程序-01/)
336            ACALL  LCD_EN
337            MOV    LCD_BUS,#0A3H       ;(起動程序-02/)
338            ACALL  LCD_EN
339            MOV    LCD_BUS,#0A3H       ;(起動程序-03/)
340            ACALL  LCD_EN
341            MOV    LCD_BUS,#0A2H       ;(起動程序-04/)
342            ACALL  LCD_EN
343            MOV    A,#28H              ;(起動程序-05/)
344            ACALL  WCOM
345            MOV    A,#0CH              ;(起動程序-06/)
346            ACALL  WCOM
347            MOV    A,#06H              ;(起動程序-07/)
348            ACALL  WCOM
349            ACALL  CLR_LCD             ;(起動程序-08/) 清除目前全螢幕
350            RET
```

```
351 ;================================================
352 ;※SET LCD 致能
353 ;================================================
354 LCD_EN:
355         CLR   LCD_RW
356         SETB  LCD_E            ; SET LCD_E = 1
357         ACALL DLY0             ; 延時
358         CLR   LCD_E            ; SET LCD_E = 0
359         ACALL DLY0             ; 延時
360         CLR   LCD_LED
361         RET
362 ;================================================
363 ;※Write-IR 暫存器_寫入指令暫存器函式
364 ;================================================
365 WCOM:
366         ACALL EXCHANGE
367         ACALL R1OUT
368         CLR   LCD_RS           ; SET LCD_RS = 0
369         ACALL LCD_EN           ; SET LCDM 致能腳 為 1 再轉為 0
370         ACALL R2OUT
371         CLR   LCD_RS           ; SET LCD_RS = 0
372         ACALL LCD_EN           ; SET LCDM 致能腳 為 1 再轉為 0
373         ACALL DLY1             ; 延時
374         RET
375 ;================================================
376 ;※Write-DR 暫存器_寫入資料暫存器函式
377 ;================================================
378 WCOM:
379         SETB  RS0
380         CLR   RS1
381         MOV   R3,A
382         ANL   A,#00001111B
383         MOV   R2,A             ;低四位元
384         MOV   A,R3
385         ANL   A,#11110000B
386         SWAP  A
387         MOV   R1,A             ;高四位元
388 ;R1-輸出_將高四位元輸出到 Port-1
389         MOV   A,LCD_BUS
390         ANL   A,#11110000B
391         ORL   A,R1
392         MOV   LCD_BUS,A
393         CLR   LCD_RS           ; SET LCD_RS = 0
```

```
394          ACALL LCD_EN                ; SET LCDM 致能腳 為 1 再轉為 0
395 ;R2-輸出_將低四位元輸出到 Port-1
396          MOV    A,LCD_BUS
397          ANL    A,#11110000B
398          ORL    A,R2
399          MOV    LCD_BUS,A
400          CLR    LCD_RS               ; SET LCD_RS = 0
401          ACALL LCD_EN                ; SET LCDM 致能腳 為 1 再轉為 0
402 ;
403          ACALL DLY1                  ; 延時
404          CLR    RS0
405          CLR    RS1
406          RET
407 ;=================================================
408 ;※Write-DR 暫存器_寫入資料暫存器函式
409 ;=================================================
410 WDATA:
411          SETB   RS0
412          CLR    RS1
413          MOV    R3,A                 ;資料轉移_R1 高四位元_R2 低四位元
414          ANL    A,#00001111B
415          MOV    R2,A                 ;低四位元
416          MOV    A,R3
417          ANL    A,#11110000B
418          SWAP   A
419          MOV    R1,A                 ;高四位元
420 ;R1-輸出_將高四位元輸出到 Port-1
421          MOV    A,LCD_BUS
422          ANL    A,#11110000B
423          ORL    A,R1
424          MOV    LCD_BUS,A
425          SETB   LCD_RS               ; SET LCD_RS = 1
426          ACALL LCD_EN                ; SET LCDM 致能腳 為 1 再轉為 0
427 ;R2-輸出_將低四位元輸出到 Port-1
428          MOV    A,LCD_BUS
429          ANL    A,#11110000B
430          ORL    A,R2
431          MOV    LCD_BUS,A
432          SETB   LCD_RS               ; SET LCD_RS = 1
433          ACALL LCD_EN                ; SET LCDM 致能腳 為 1 再轉為 0
434 ;
435          ACALL DLY1                  ; 延時
436          CLR    RS0
```

```
437          CLR   RS1
438          RET
439 ;==================================================
440 ;※清除畫面
441 ;==================================================
442 CLR_LCD:
443          MOV   A,#01H              ; 從 LCDM 第一行第一個位置開始消除
444          ACALL WCOM
445          RET
446 ;=============================================
447 ;===   DELAY_以下均為延遲副程式           =====
448 ;=============================================
449 ; 200us
450 DLY0:    MOV   DY0,#97
451          DJNZ  DY0,$
452          RET
453 ; 5ms
454 DLY1:    MOV   DY1,#25
455 DL1:     CALL  DLY0
456          DJNZ  DY1,DL1
457          RET
458 DELAY:   MOV   DY1,#5
459 DLL1:    CALL  DLY0
460          DJNZ  DY1,DLL1
461          RET
462 ; 三個機械週期
463 D3T:     NOP
464          NOP
465          NOP
466          RET
467 ; 兩個機械週期
468 D2T:     NOP
469          NOP
470          RET
471 ;
472 MON:     DB    "MON",0
473 TUE:     DB    "TUE",0
474 WED:     DB    "WED",0
475 THU:     DB    "THU",0
476 FRI:     DB    "FRI",0
477 SAT:     DB    "SAT",0
478 SUN:     DB    "SUN",0
479 LINE_1:; 0123456789ABCDEF
```

```
480            DB    "      / /        ",0
481 LINE_2:
482            DB    "       :  :      ",0
483 AM:        DB    "AM",0
484 PM:        DB    "PM",0
485 H24:       DB    "  ",0
386            END
```

程式說明

1. 在第 34 至 35 行是設定程式的啟始位址及堆疊指標位址為 60H。
2. 第 37 與 45 設定符號變數的內容值如下表所示：

符號	符號變數的內容值	說明
SEC	00H	秒=0
MIN	59H	分=30
HOUR	51H	採用 12 小時制，PM, 11 時
DAYS	05H	星期 5
DATE	01H	日=1
MONTH	01H	分=1
YEAR	10H	2010
YEAR1	20H	
CTRL	03H	(RS1,RS0)=(1,1)=32.768kHz

3. 第 46 行呼叫 WRITE_TIME 副程式，將上列設定參數寫入 DS1307 時鐘 IC 內，請參考表 13-9 說明。
4. 第 48 至 57 行設定 P1 為 LCM 模組的介面控制，並且利用時間延遲副程式（DLY3）與 LCM 的初始化副程式（LCD_INIT），將 LCM 模組初始化與點亮背光，詳細參考第 9 章內容說明。
5. 第 59 至 91 行為無窮迴路程式設計，可將指定資料顯示在 LCM 顯示模組的指定位置上。

6. 第 60 行應用 GET_TIME 副程式取得時鐘 IC DS1307 的內容至相對應的符號變數的指定位址內。

7. 第 61 和 62 行為設定 LCM 模組的顯示位置為第 1 列第 2 個位置；第 63 和 64 行應用 LCM_SHOW1 副程式將 20 顯示 LCM 模組上；同理，第 65 和 66 行將變數 YEAR 內容顯示 LCM 模組上。

8. 第 67 和 70 行設定 LCM 模組的顯示位置為第 1 列第 7 個位置且將變數 MONTH 內容顯示 LCM 模組上。

9. 第 71 和 74 行設定 LCM 模組的顯示位置為第 1 列第 10 個位置且將變數 DATE（日期）內容顯示 LCM 模組上。

10. 第 75 和 78 行設定 LCM 模組的顯示位置為第 1 列第 13 個位置且將變數 DAY（星期幾）內容顯示 LCM 模組上。注意 LCM 模組的顯示是應用 LCM_SHOW2 副程式，因為我們有額外考量星期的顯示方式。

11. 第 79 和 82 行設定 LCM 模組的顯示位置為第 2 列第 5 個位置且將變數 HOURS（小時）內容顯示 LCM 模組上。注意 LCM 模組的顯示是應用 LCM_SHOW3 副程式，因為我們有額外考量 12 小時制的小時資訊顯示方式。

12. 第 83 和 86 行設定 LCM 模組的顯示位置為第 2 列第 8 個位置且將變數 MINUTE（分）內容顯示 LCM 模組上。

13. 第 87 和 90 行設定 LCM 模組的顯示位置為第 2 列第 11 個位置且將變數 SECOND（秒）內容顯示 LCM 模組上。

14. 第 91 行強制跳至 START 標籤，再次執行第 59 至 91 行。

15. 第 93 至 103 行為 LCM_SHOW1 副程式，主要應用在 YEAR, MONTH, DATE, MINUTE 及 SECOND 的顯示控制。

16. 第 105 至 152 行為 LCM_SHOW2 副程式，主要應用在星期幾的顯示控制，程式設定是採用類似 C 語言的 Switch case 方式。

17. 第 154 至 199 行為 LCM_SHOW3 副程式，主要應用在小時資訊的顯示控制，注意，程式的設計已經包含 12 或 24 小時制的顯示控制。請參考程流程圖說明。

18. 其他程式說明，請參考範例 2、3 與第 9 章的 LCM 控制方式。

思考問題

a. 參考上列範例程式，小時的顯示方式修改為 24 小時制，且同時修改顯示方式如下圖所示。

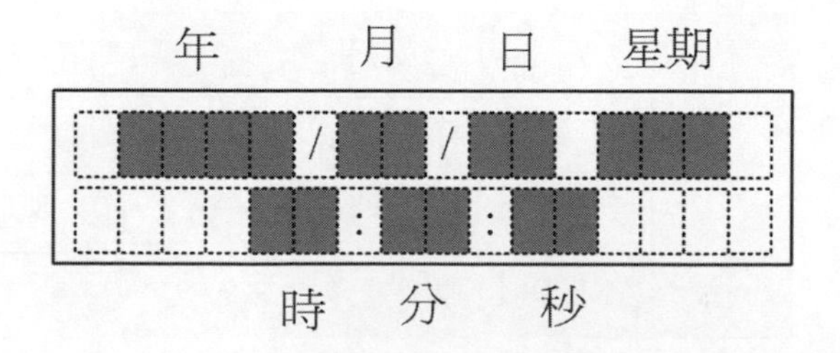

b. 參考上列範例程式，請讀者根據目前時間去初始化時時鐘的時、分與秒值，然後再讀取與顯示在指定格式的 LCM 模組上（如本範例），採用 24 小時制。

範例 5：即時時鐘與 LCM 模組（二）

即時時鐘的時間初始化可採用 PB0~2 按鈕去設定，其設定動作要求如下：（1）當按下 PB0（P3.3）按鈕時，即自動遞增參數值；（2）當按下 PB2（P3.5）按鈕時，即自動遞減參數值；（3）當按下 PB1（P3.4）按鈕時可以改變設定模式，例如「年」、「月」...等。可是按下時間超過 2 秒以上，則將參數寫入即時時鐘內；（4）如果雙按 PB0（P3.3）及 PB2（P3.5）即執行即時時鐘讀取/顯示或是進入設定模式（參考範例 4）。注意即時時鐘的設定畫面分別如下圖所示。

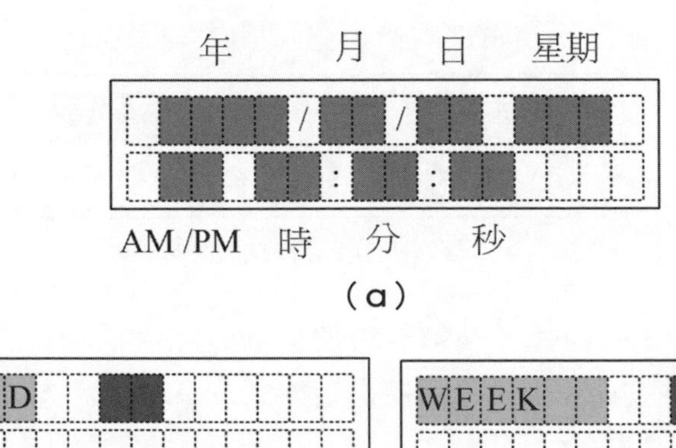

（a）

SECOND

WEEK

MINUTE

DATE

HOUR

MONTH

YEAR

（b）

流程圖

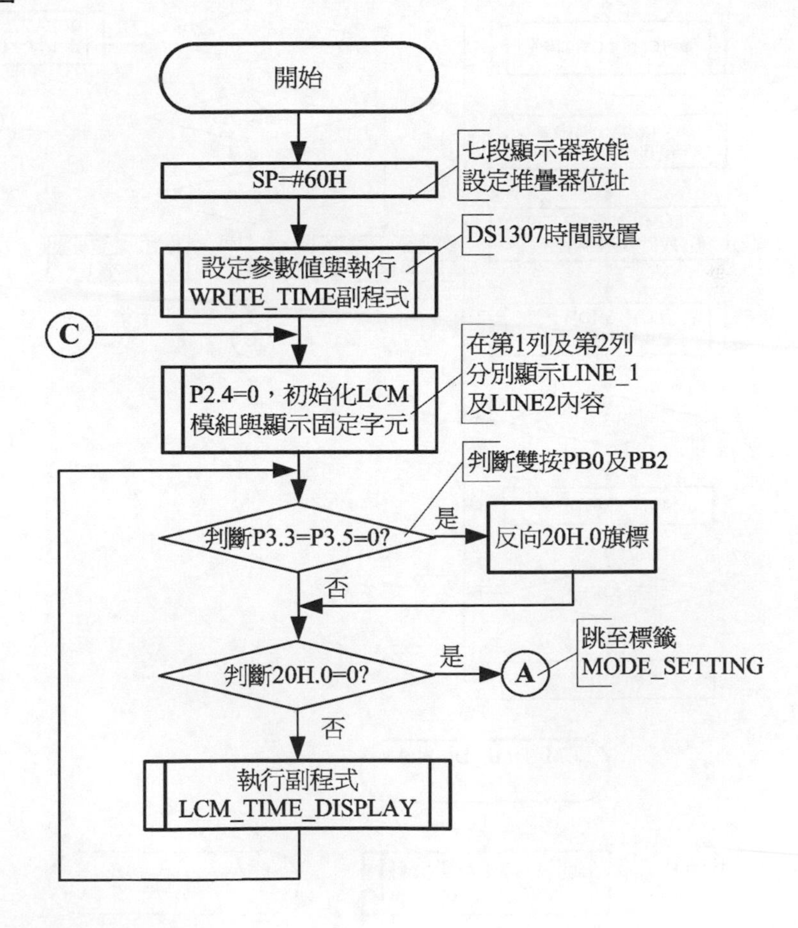
開始
SP=#60H
七段顯示器致能
設定堆疊器位址
設定參數值與執行
WRITE_TIME副程式
DS1307時間設置
C
P2.4=0，初始化LCM
模組與顯示固定字元
在第1列及第2列
分別顯示LINE_1
及LINE2內容
判斷雙按PB0及PB2
判斷P3.3=P3.5=0?
是
反向20H.0旗標
否
判斷20H.0=0?
是
A
跳至標籤
MODE_SETTING
否
執行副程式
LCM_TIME_DISPLAY

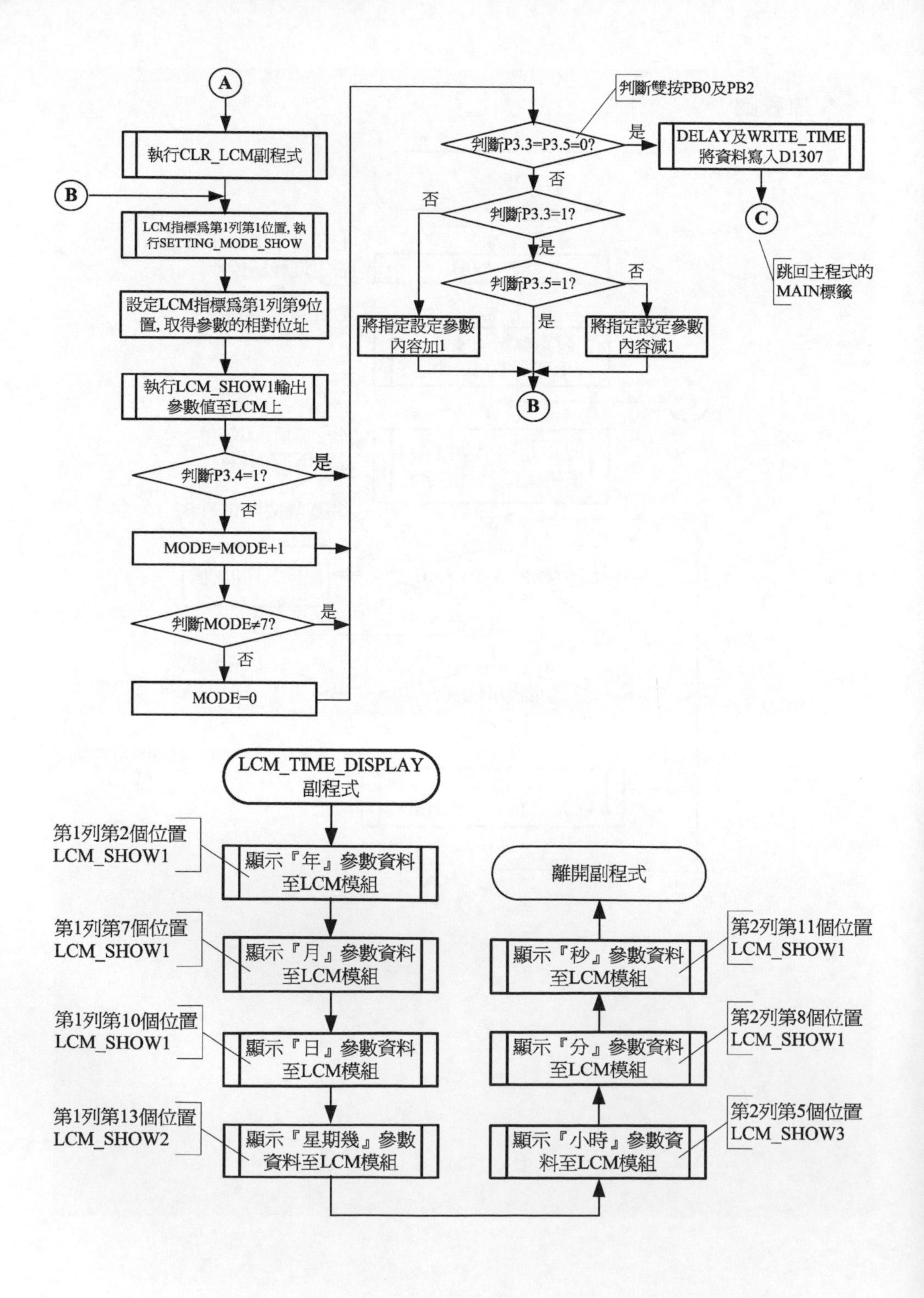
A
執行CLR_LCM副程式
B
LCM指標爲第1列第1位置, 執行SETTING_MODE_SHOW
設定LCM指標爲第1列第9位置, 取得參數的相對位址
執行LCM_SHOW1輸出參數值至LCM上
判斷P3.4=1?
是
否
MODE=MODE+1
判斷MODE≠7?
是
否
MODE=0
判斷雙按PB0及PB2
判斷P3.3=P3.5=0?
是
DELAY及WRITE_TIME將資料寫入D1307
否
C
判斷P3.3=1?
否
是
跳回主程式的MAIN標籤
判斷P3.5=1?
否
是
將指定設定參數內容加1
將指定設定參數內容減1
B
LCM_TIME_DISPLAY副程式
第1列第2個位置 LCM_SHOW1
顯示『年』參數資料至LCM模組
離開副程式
第1列第7個位置 LCM_SHOW1
顯示『月』參數資料至LCM模組
第2列第11個位置 LCM_SHOW1
顯示『秒』參數資料至LCM模組
第1列第10個位置 LCM_SHOW1
顯示『日』參數資料至LCM模組
第2列第8個位置 LCM_SHOW1
顯示『分』參數資料至LCM模組
第1列第13個位置 LCM_SHOW2
顯示『星期幾』參數資料至LCM模組
第2列第5個位置 LCM_SHOW3
顯示『小時』參數資料至LCM模組

程式碼

範例 DM13_05.ASM 程式碼

```
1    ; ============DS1307 CONTROL ===================
2    SCL      BIT   P2.6  ; Serial Clock Input      =
3    SDA      BIT   P2.7  ; Serial Data Input/Output=
4    ;===============================================
5    ;=============LCD definition ===================
6    LCD_BUS    EQU       P1       ; LCD 輸出與控制端 =
7    LCD_LED    EQU       P1.7     ; LCD 背光         =
8    LCD_RW     EQU       P1.5     ; LCD 讀寫         =
9    LCD_RS     EQU       P1.4     ; LCD 暫存器選擇腳  =
10   LCD_E      EQU       P1.6     ; LCD 模組致能腳    =
11   ;===============================================
12   ; DATA-ADDRESS
13   SEC        EQU    30H
14   MIN        EQU    31H
15   HOUR       EQU    32H
16   DAYS       EQU    33H
17   DATE       EQU    34H
18   MONTH      EQU    35H
19   YEAR       EQU    36H
20   YEAR1      EQU    37H
21   CTRL       EQU    38H
22   ;
23   MADD       EQU    3BH
24   ; 程式中 數值運算用
25   DY0        EQU    26H                 ;延遲副程式計數用
26   DY1        EQU    27H                 ;延遲副程式計數用
27   ;
28   NUM0       EQU    28H                 ;從時鐘 IC 取資料用
29   NUM2       EQU    29H                 ;時鐘 IC 接收/發射的資料回圈
30   TEMP       EQU    2AH
31   TEMP2      EQU    2BH
32   MODE       EQU    2CH
33   ; ================================================
34   ; 8051 RUN START_主程式
35              ORG    0000H
36              MOV    SP,#60H
37              MOV    P3,#00111000B
38   ; DS-1307 Register-Data_時間設定 and 程序
39              MOV    SEC,#00H            ; 秒
40              MOV    MIN,#59H            ; 分
```

```
41          MOV    HOUR,#51H           ; 時 01010001
42          MOV    DAYS,#05H           ; 星期
43          MOV    DATE,#01H           ; 日
44          MOV    MONTH,#01H          ; 月
45          MOV    YEAR,#10H           ; 年
46          MOV    YEAR1,#20H
47          MOV    MODE,#00
48          SETB   20H.0
49          MOV    CTRL,#03H           ; (RS1,RS0)=(1,1)=32.768kHz
50          ACALL WRITE_TIME           ; 時鐘-註冊寫入程序_(基礎)
51  ;=====LCM InitIATION AND SHOW THE BASIC FORM ==========
52  MAIN:  ;=====LCM Initail
53          CLR    P2.4
54          ACALL LCD_INIT
55          MOV    A,#080H
56          ACALL WCOM
57          MOV    DPTR,#LINE_1
58          ACALL LCM_WEEK
59          MOV    A,#0C0H
60          ACALL WCOM
61          MOV    DPTR,#LINE_2
62          ACALL LCM_WEEK
53  ;=== main loop for setting or running display===========
64  LOOP:   MOV    A,P3
65          ANL    A,#00111000B
66          CJNE   A,#00010000B,MAIN_SHOW
67          ACALL DELAY
68          CPL    20H.0               ;FLAG FOR SETTING OR CONFIG. MODE
69  MAIN_SHOW:
70          JNB    20H.0,MODE_SETTING ;LOW FOR SETTINF MODE
71          ACALL LCM_TIME_DISPLAY   ;HIGH FOR CONFIG MODE
72  LOOP_EXIT:
73          JMP    LOOP
74  ;==setting mode subrotune  ==============================
75  MODE_SETTING:
76          ACALL CLR_LCD              ;CLEAR LCM MODULE
77  MODE_MAIN:
78          MOV    A,#080H
79          ACALL WCOM
80          ACALL SETTING_MODE_SHOW
81          MOV    A,#088H
82          ACALL WCOM
83          MOV    A,R0
```

```
84            ADD    A,MODE
85            MOV    R0,A
86            ACALL  LCM_SHOW1    ;
87            MOV    R0,#30H
88            JB     P3.4,CHANGE_DATA    ;P3.4=1, 利用 P3.3 and P3.5 去改變相對值
89            ACALL  DELAY
90            INC    MODE                ;P3.4=0, change mode
91            MOV    A,MODE
92            CJNE   A,#07,CHANGE_DATA
93            MOV    MODE,#00
94   CHANGE_DATA:
95            MOV    A,P3                ;CHECK (P3.3=0 AND P3.5=0), GO MAIN LOOP
96            ANL    A,#00111000B
97            CJNE   A,#00010000B,CHANGE_MAIN
98            ACALL  DELAY
99            ACALL  WRITE_TIME
100           JMP    MAIN
101  CHANGE_MAIN:
102           JB     P3.3,CHECK_P35
103           ACALL  DELAY
104           JMP    INC_1
105  CHECK_P35:
106           JB     P3.5,MODE_SETTING_EXIT
107           ACALL  DELAY
108           JMP    DEC_1
109  INC_1:   MOV    A,R0
110           ADD    A,MODE
111           MOV    R0,A
112           MOV    A,@R0
113           ADD    A,#01
114           DA     A
115           MOV    @R0,A
116           JMP    MODE_SETTING_EXIT
117  DEC_1:   MOV    A,R0
118           ADD    A,MODE
119           MOV    R0,A
120           MOV    A,@R0
121           MOV    R2,A
122           ANL    A,#00001111B
123           MOV    R1,A
124           MOV    A,R2
125           ANL    A,#11110000B
126           SWAP   A
```

```
127          MOV   R2,A
128          DEC   R1
129          CJNE  R1,#-1,EXIT_D
130          MOV   R1,#09
131          DEC   R2
132          CJNE  R2,#-1,EXIT_D
133          MOV   R2,#09
134 EXIT_D:  MOV   A,R2
135          SWAP  A
136          ORL   A,R1
137          MOV   @R0,A
138 ;
139 MODE_SETTING_EXIT:
140          JMP   MODE_MAIN
141 ;
142          RET
143 ;============Show SETTING mode ===========
144 SETTING_MODE_SHOW:
145          MOV   A,MODE
146          SUBB  A,#0
147          JZ    mCASE1;SEC
148          MOV   A,MODE
149          SUBB  A,#1
150          JZ    mCASE2;MIN
151          MOV   A,MODE
152          SUBB  A,#2
153          JZ    mCASE3;hr
154          MOV   A,MODE
155          SUBB  A,#3
156          JZ    mCASE4;day
157          MOV   A,MODE
158          SUBB  A,#4
159          JZ    mCASE5;date
160          MOV   A,MODE
161          SUBB  A,#5
162          JZ    mCASE6;mon
163          MOV   A,MODE
164          SUBB  A,#6
165          JZ    mCASE7;year
166          JMP   m_EXIT
167 mCASE1:MOV     DPTR,#MODE_SEC
168          ACALL LCM_WEEK
169          JMP   m_EXIT
```

```
170 mCASE2:MOV      DPTR,#MODE_MIN
171         ACALL  LCM_WEEK
172         JMP    m_EXIT
173 mCASE3:MOV      DPTR,#MODE_HOUR
174         ACALL  LCM_WEEK
175         JMP    m_EXIT
176 mCASE4:MOV      DPTR,#MODE_DAY
177         ACALL  LCM_WEEK
178         JMP    m_EXIT
179 mCASE5:MOV      DPTR,#MODE_DATE
180         ACALL  LCM_WEEK
181         JMP    m_EXIT
182 mCASE6:MOV      DPTR,#MODE_MONTH
183         ACALL  LCM_WEEK
184         JMP    m_EXIT
185 mCASE7:MOV      DPTR,#MODE_YEAR
186         ACALL  LCM_WEEK
187 m_EXIT:
188         RET
189 ;============================================================
190 LCM_TIME_DISPLAY:
191         ACALL  GET_TIME             ;從時鐘裡取資料
192         MOV    A,#081H
193         ACALL  WCOM
194         MOV    R0,#YEAR1
195         ACALL  LCM_SHOW1
196         DEC    R0                   ;YEAR
197         ACALL  LCM_SHOW1
198         DEC    R0                   ;MONTH
199         MOV    A,#086H
201         ACALL  WCOM
202         ACALL  LCM_SHOW1
203         DEC    R0                   ;DATE
204         MOV    A,#089H
205         ACALL  WCOM
206         ACALL  LCM_SHOW1
207         DEC    R0                   ;DAY
208         MOV    A,#08CH
209         ACALL  WCOM
210         ACALL  LCM_SHOW2
211         DEC    R0                   ;HOURS
212         MOV    A,#0C4H
213         ACALL  WCOM
```

```
214          ACALL LCM_SHOW3
215          DEC   R0                  ;MINUTE
216          MOV   A,#0C7H
217          ACALL WCOM
218          ACALL LCM_SHOW1
219          DEC   R0                  ;SECOND
220          MOV   A,#0CAH
221          ACALL WCOM
222          ACALL LCM_SHOW1
223          RET
224 ;==========Show year, month, date, minute, second ====
225 LCM_SHOW1:
226          MOV   A,@R0
227          ANL   A,#11110000B ;取得 High Nibble
228          SWAP  A
229          ADD   A,#30H
230          ACALL WDATA
231          MOV   A,@R0
232          ANL   A,#00001111B ;      ;取得 Low Nibble
233          ADD   A,#30H
234          ACALL WDATA
235          RET
236 ;============Show week mode ===========
237 LCM_SHOW2:
238          CLR   C
239          MOV   A,@R0
240          ANL   A,#00001111B
241          MOV   R1,A
242          SUBB  A,#1
243          JZ    CASE1 ;MON
244          MOV   A,R1
245          SUBB  A,#2
246          JZ    CASE2 ;TUE
247          MOV   A,R1
248          SUBB  A,#3
249          JZ    CASE3 ;WED
250          MOV   A,R1
251          SUBB  A,#4
252          JZ    CASE4 ;THU
253          MOV   A,R1
254          SUBB  A,#5
255          JZ    CASE5 ;FRI
256          MOV   A,R1
```

```
257            SUBB   A,#6
258            JZ     CASE6  ;SAT
259            MOV    A,R1
260            SUBB   A,#7
261            JZ     CASE7  ;SUN
262            JMP    EXIT
263  CASE1:    MOV    DPTR,#MON
264            ACALL  LCM_WEEK
265            JMP    EXIT
266  CASE2:    MOV    DPTR,#TUE
267            ACALL  LCM_WEEK
268            JMP    EXIT
269  CASE3:    MOV    DPTR,#WED
270            ACALL  LCM_WEEK
271            JMP    EXIT
272  CASE4:    MOV    DPTR,#THU
273            ACALL  LCM_WEEK
274            JMP    EXIT
275  CASE5:    MOV    DPTR,#FRI
276            ACALL  LCM_WEEK
277            JMP    EXIT
278  CASE6:    MOV    DPTR,#SAT
279            ACALL  LCM_WEEK
280            JMP    EXIT
281  CASE7:    MOV    DPTR,#SUN
282            ACALL  LCM_WEEK
283  EXIT:
284            RET
285  ;===============Show 12/24 hour mode =========
286  LCM_SHOW3:
287            MOV    A,@R0                ;SEC-1
288            ANL    A,#11110000B
289            SWAP   A
290            MOV    TEMP,A
291            ANL    A,#00000100B
292            JB     ACC.2,C1  ;當 BIT2=1, 12 小時 MODE
293            MOV    A,TEMP
294            ANL    A,#00000011B
295            JMP    H24_MODE
296  C1:       MOV    A,TEMP               ;12HR MODE
297            JB     ACC.1,C2             ;BIT1=1 ==> PM
298            MOV    DPTR,#AM             ;SHOW AM
299            JMP    AMPM_MODE
```

```
300 C2:        MOV    DPTR,#PM             ;SHOW PM
301 AMPM_MODE:
302            MOV    A,#0C1H
303            ACALL  WCOM
304            ACALL  LCM_WEEK
305            MOV    A,#0C4H
306            ACALL  WCOM
307            MOV    A,TEMP
308            ANL    A,#00000001B
309            ADD    A,#30H
310            ACALL  WDATA
311            MOV    A,@R0
312            ANL    A,#00001111B
313            ADD    A,#30H
314            ACALL  WDATA
315            JMP    EXIT_
316 H24_MODE:
317            MOV    A,#0C1H
318            ACALL  WCOM
319            MOV    DPTR,#H24
320            ACALL  LCM_WEEK
321            MOV    A,#0C4H
322            ACALL  WCOM
323            MOV    A,TEMP
324            ADD    A,#30H
325            ACALL  WDATA
326            MOV    A,@R0
327            ANL    A,#00001111B
328            ADD    A,#30H
329            ACALL  WDATA
330 EXIT_:
331            RET
332 ;=============Show table character by movc instruction ===
333 LCM_WEEK:
334            CLR    A
335            MOVC   A,@A+DPTR            ; 將 DPTR 的字元逐一送至 LCDM 顯示
336            CJNE   A,#0,DISP_L          ; 遇到結束碼  0 才結束
337            RET
338 DISP_L:
339            ACALL  WDATA
340            INC    DPTR
341            JMP    LCM_WEEK
342            RET
```

```
343 ;==== I2C-Protocol_以下均為 I2C 通訊協定   ======
344 ;====          I2C TO START            ======
345 ;=============================================
346 STARTC:
347          SETB   SDA
348          ACALL  D2T
349          SETB   SCL
350          ACALL  D2T
351          CLR    SDA
352          ACALL  D2T
353          RET
354 ;==============================================
355 ;===   I2C TO STOP                  ==========
356 ;==============================================
357 STOP:    CLR    SDA
358          ACALL  D2T
359          SETB   SCL
360          ACALL  D2T
361          SETB   SDA
362          ACALL  D2T
363          RET
364 ;==============================================
365 ;===   I2C SENDING (A USE TO DATA-BUS)=======
366 ;==============================================
367 SEND:    MOV    NUM2,#8
368 BACK:    CLR    SCL
369          ACALL  D3T
370          RLC    A
371          MOV    SDA,C
372          SETB   SCL
373          ACALL  D3T
374          CLR    SCL
375          ACALL  D3T
376          DJNZ   NUM2,BACK
377          SETB   SDA;
378          SETB   SCL
379          ACALL  D3T
380          CLR    SCL    ;
381          ACALL  D3T    ;
382          RET
383 ;==============================================
384 ;===   I2C RECEIVING (A USE TO DATA-BUS)=====
385 ;==============================================
```

```
386 RECV:    MOV    NUM2,#8
387          SETB   SDA           ;非常重要,設為 HIGH 才可以讀資料.
388 BACK2:   SETB   SCL
389          ACALL  D3T
390          MOV    C,SDA
391          RLC    A
392          CLR    SCL
393          ACALL  D3T
394          DJNZ   NUM2,BACK2
395          MOV    @R0,A
396          INC    R0
397          RET
398 ;==============================================
399 ACK:
400          SETB   SDA
401          CLR    SCL
402          ACALL  D3T
403          CLR    SDA
404          SETB   SCL
405          ACALL  D3T
406          CLR    SCL
407          ACALL  D3T
408          RET
409 ;==============================================
410 NACK:
411          SETB   SDA
412          CLR    SCL
413          ACALL  D3T
414          SETB   SDA
415          SETB   SCL
416          ACALL  D3T
417          CLR    SCL
418          ACALL  D3T
419          RET
420 ;==============================================
421 ;===    從時鐘裡取資料到記憶體 7 個 BYTE       =====
422 ;==============================================
423 GET_TIME:
424          ACALL  STARTC
425          MOV    A,#0D0H
426          ACALL  SEND
427          MOV    A,#00H
428          ACALL  SEND
```

```
429          ACALL  STARTC
430          MOV    A,#0D1H
431          ACALL  SEND
432          MOV    NUM0,#6
433          MOV    R0,#SEC
434 RECV_AGAIN:
435          ACALL  RECV
436          ACALL  ACK
437          DJNZ   NUM0,RECV_AGAIN;前 6BYTE
438          ACALL  RECV ;第 7 TYPE
439          ACALL  NACK
440          ACALL  STOP
441          RET
442 ;=============================================
443 ;===    將 DATA 寫入時鐘裡記憶體           =====
444 ;=============================================
445 WRITE_TIME:
446          ACALL  STARTC
447          MOV    A,#0D0H
448          ACALL  SEND
449          MOV    A,#00H
450          ACALL  SEND
451          MOV    NUM0,#8
452          MOV    R0,#SEC
453 SEND_AGAIN:
454          MOV    A,@R0
455          ACALL  SEND
456          INC    R0
457          DJNZ   NUM0,SEND_AGAIN
458          ACALL  STOP
459          RET
460 ;=================================================
461 ;※LCD 模組初始化
462 ;=================================================
463 LCD_INIT:
464          CLR    LCD_E
465          MOV    LCD_BUS,#0A3H       ;(起動程序-01/)
466          ACALL  LCD_EN
467          MOV    LCD_BUS,#0A3H       ;(起動程序-02/)
468          ACALL  LCD_EN
469          MOV    LCD_BUS,#0A3H       ;(起動程序-03/)
470          ACALL  LCD_EN
471          MOV    LCD_BUS,#0A2H       ;(起動程序-04/)
```

```
472          ACALL  LCD_EN
473          MOV    A,#28H              ;(起動程序-05/)
474          ACALL  WCOM
475          MOV    A,#0CH              ;(起動程序-06/)
476          ACALL  WCOM
477          MOV    A,#06H              ;(起動程序-07/)
478          ACALL  WCOM
479          ACALL  CLR_LCD             ;(起動程序-08/) 清除目前全螢幕
480          RET
481 ;=================================================
482 ;※SET LCD 致能
483 ;=================================================
484 LCD_EN:
485          CLR    LCD_RW
486          SETB   LCD_E               ; SET LCD_E = 1
487          ACALL  DLY0                ; 延時
488          CLR    LCD_E               ; SET LCD_E = 0
489          ACALL  DLY0                ; 延時
490          CLR    LCD_LED
491          RET
492 ;=================================================
493 ;※Write-IR 暫存器_寫入指令暫存器函式
494 ;=================================================
495 WCOM:
496          ACALL  EXCHANGE
497          ACALL  R1OUT
498          CLR    LCD_RS              ; SET LCD_RS = 0
499          ACALL  LCD_EN              ; SET LCDM 致能腳 為 1 再轉為 0
500          ACALL  R2OUT
501          CLR    LCD_RS              ; SET LCD_RS = 0
502          ACALL  LCD_EN              ; SET LCDM 致能腳 為 1 再轉為 0
503          ACALL  DLY1                ; 延時
504          RET
505 ;=================================================
506 ;※Write-DR 暫存器_寫入資料暫存器函式
507 ;=================================================
508 WDATA:
509          ACALL  EXCHANGE
510          ACALL  R1OUT
511          SETB   LCD_RS              ; SET LCD_RS = 1
512          ACALL  LCD_EN              ; SET LCDM 致能腳 為 1 再轉為 0
513          ACALL  R2OUT
514          SETB   LCD_RS              ; SET LCD_RS = 1
```

```
515           ACALL LCD_EN              ; SET LCDM 致能腳 為 1 再轉為 0
516           ACALL DLY1                ; 延時
517           RET
518  ;================================================
519  ;※EXCHANGE_資料轉移_R1 高四位元_R2 低四位元
520  ;================================================
521  EXCHANGE:
522           MOV    R3,A
523           ANL    A,#00001111B
524           MOV    R2,A               ;低四位元
525           MOV    A,R3
526           ANL    A,#11110000B
527           SWAP   A
528           MOV    R1,A               ;高四位元
529           RET
530  ;================================================
531  ;※R1-輸出_將高四位元輸出到 Port-1
532  ;================================================
533  R1OUT:
534           MOV    A,LCD_BUS
535           ANL    A,#11110000B
536           ORL    A,R1
537           MOV    LCD_BUS,A
538           RET
539  ;================================================
540  ;※R2-輸出_將低四位元輸出到 Port-1
541  ;================================================
542  R2OUT:
543           MOV    A,LCD_BUS
544           ANL    A,#11110000B
545           ORL    A,R2
546           MOV    LCD_BUS,A
547           RET
548  ;================================================
549  ;※清除畫面
550  ;================================================
551  CLR_LCD:
552           MOV    A,#01H             ; 從 LCDM 第一行第一個位置開始消除
553           ACALL  WCOM
554           RET
555  ;============================================
556  ;===    DELAY_以下均為延遲副程式          =====
557  ;============================================
```

```
558 ; 200us
559 DLY0:     MOV    DY0,#97
560           DJNZ   DY0,$
561           RET
562 ; 5ms
563 DLY1:     MOV    DY1,#25
564 DL1:      ACALL  DLY0
565           DJNZ   DY1,DL1
566           RET
567 DELAY:    MOV    R1,#60
568 DLL1:     ACALL  DLY1
569           DJNZ   R1,DLL1
570           RET
571 ; 三個機械週期
572 D3T:      NOP
573           NOP
574           NOP
575           RET
576 ; 兩個機械週期
577 D2T:      NOP
578           NOP
579           RET
580 ;
581 MON:      DB     "MON",0
582 TUE:      DB     "TUE",0
583 WED:      DB     "WED",0
584 THU:      DB     "THU",0
585 FRI:      DB     "FRI",0
586 SAT:      DB     "SAT",0
587 SUN:      DB     "SUN",0
588 LINE_1:;   0123456789ABCDEF
589           DB     "      /  /        ",0
590 LINE_2:
591           DB     "       :  :       ",0
592 AM:       DB     "AM",0
593 PM:       DB     "PM",0
594 H24:      DB     "  ",0
595
596 MODE_SEC:       DB     "SECOND",0
597 MODE_MIN:       DB     "MINUTE",0
598 MODE_HOUR:      DB     "HOUR  ",0
599 MODE_DAY:       DB     "WEEK  ",0
600 MODE_DATE:      DB     "DATE  ",0
```

```
601 MODE_MONTH:    DB     "MONTH ",0
602 MODE_YEAR:     DB     "YEAR  ",0
603         END
```

程式說明

1. 第 34 至 35 行是設定程式的啟始位址及堆疊指標位址為 60H。
2. 第 36 行設定 P3.3=P3.4=P3.5=1，表示這些接腳要當數位輸入應用，也說是量測按鈕的狀態。
3. 第 37 與 45 設定符號變數的內容值如下表所示：

符號	符號變數的內容值	說明
SEC	00H	秒=0
MIN	59H	分=30
HOUR	51H	採用 12 小時制，PM, 11 時
DAYS	05H	星期 5
DATE	01H	日=1
MONTH	01H	分=1
YEAR	10H	2010
YEAR1	20H	
CTRL	03H	(RS1,RS0)=(1,1)=32.768kHz
MODE	00H	變數

4. 第 50 行呼叫 WRITE_TIME 副程式，將上列設定參數寫入 DS1307 時鐘 IC 內，請參考表 13-9 說明。
5. 第 52 至 62 行設定 P1 為 LCM 模組的介面控制，並且利用時間延遲副程式（DLY3）與 LCM 的初始化副程式（LCD_INIT），將 LCM 模組初始化與點亮背光。第 55 至 58 行是顯示第一列的初始字元；第 59 至 62 行是顯示第 2 列的初始字元，詳細參考程式表格（Table）的 LINE_1 及 LINE_2。

6. 第 64 至 73 行為無窮迴圈程式設計，當 P3.3 及 P3.5=0（雙按 PB0 及 PB1）時，將 20H.0 的旗標反向，因此可以切換設定顯示與設定模式。但是，如果不是雙按 PB0 及 PB1 時，則跳至 MAIN_SHOW 標籤處，且在第 70 至 71 行判斷 20H.0 的旗標狀態，如果 20H.0=0 則跳至 MODE_SETTING，否則 20H.0=1 則跳至 LCM_TIME_DISPLAY。第 73 行強制跳至 LOOP 標籤，再次執行設定或是顯示工作內容，功能如下說明。

7. 第 75 行至 142 行為 MODE_SETTING 副程式，主要是提供設定模式的功能，詳如流程圖說明。第 76 行為執行清除 LCM 模組的顯示工作，而第 78 至 80 行為設定 LCM 位置指標在第 1 列第 1 個位置且呼叫 SETTING_MODE_ SHOW 副程式，顯示要設定的參數提示文字。第 81 至 82 行設定 LCM 位置指標在第 1 列第 9 個位置，在第 83 至 86 行將 MODE 與參數啟始位址#30 相加以取得設定參數位址，然後將參數輸出至 LCM 上。第 87 行取回參數位址，而第 88 行判斷 P3.4=1 否，如果 P3.4=1 則跳至 CHANGE_DATA 標籤處執行；如果 P3.4≠1 則 MODE=MODE+1，如果 MODE=7 則令 MODE=0，否則跳至 CHANGE_DATA 標籤處執行。CHANGE_DATA 標籤以下程式，第 95 至 100 行判斷 P3.3 及 P3.5=0（雙按 PB0 及 PB1），如果是則將參數寫入 DS1307 時鐘 IC 內且跳至 MAIN 標籤處重重新執行主程式；否則跳至 CHANGE_MAIN 標籤，執行以下功能：（1）P3.3=0 則增加參數內容 1，詳如第 109 至 116 行；（2）P3.5=0 則減少參數內容 1，詳如第 117 至 137 行。最後在第 140 行跳至 MODE_MAIN 標籤，再次執行設定程式。注意，如果離開設定程式，一定要在設定模式時，雙按 PB0 及 PB1 才可以反回主程式去執行，如第 95 至 100 行所示。

8. 第 144 至 188 行為 SETTING_MODE_SHOW 副程式，主要取得 MODE 設定值，再判斷是要設定那一個參數內容，在第 1 列顯示設定參數的提示內容，例如 0 為 SECOND、1 為設定 MINITE、・・・、6 為設定 YEAR。請參考第 596 至 602 行資料內容。程式設計如下，取得 MODE 內容至累加器，（1）當 A=0 則跳至 mCASE1 標籤，輸出 SECOND 至 LCM 上；（2）當 A=1 則跳至 mCASE2 標籤，輸出 MINITE 至 LCM 上;（3）當 A=2 則跳至 mCASE3 標籤,輸出 HOURS 至 LCM 上；（4）當 A=3 則跳至 mCASE4 標籤，輸出 DAY 至 LCM 上；（5）當 A=4 則跳至 mCASE5 標籤，輸出 DATE 至 LCM 上；（6）當 A=5 則跳至 mCASE6 標籤，輸出 MONTH 至 LCM 上；（7）當 A=6 則跳至 mCASE7 標籤,輸出 YEAR 至 LCM 上。最後在第 188 行執行離開副程式指令。

9. 第 190 至 223 行為 LCM_TIME_DISPLAY 副程式。第 192 行應用 GET_TIME 副程式取得時鐘 IC DS1307 的內容至相對應的符號變數的指定位址內。第 192 至 193 行設定 LCM 指標為第 1 列第 2 個位置，第 194 至 195 行輸出 YEAR1（20）至 LCM 上，第 196 至 197 行輸出 YEAR（10）至 LCM 上。第 198 至 202 行將 LCM 定位至第 1 列第 7 個位置，然後輸出 MONTH 至 LCM 上。第 203 至 206 行將 LCM 定位至第 1 列第 10 個位置，然後輸出 DATE 至 LCM 上。第 207 至 210 行將 LCM 定位至第 1 列第 13 個位置，然後應用 LCM_SHOW2 副程式將星期幾（DAY）輸出 LCM 上，參考 LCM_SHOW2 程式說明。第 211 至 214 行將 LCM 定位至第 2 列第 5 個位置，然後應用 LCM_SHOW3 副程式將小時（HOURS）輸出 LCM 上，參考 LCM_SHOW3 程式說明。第 215 至 218 行將 LCM 定位至第 2 列第 8 個位置，然後輸出 MINITE 至 LCM 上。第 219 至 222 行將 LCM 定位至第 2 列第 11 個位置，然後輸出 SECOND 至 LCM 上。第 223 行副程式反回指令。

10. 第 225 至 235 行為 LCM_SHOW1 副程式，參考範例 4 流程圖說明。先取得@R0 簡接定址內容的高 4 位元值，轉換為字元且顯示在 LCM 模組上；再取得@R0 簡接定址內容的低 4 位元值，轉換為字元且顯示在 LCM 模組上。這個副程式只可以應用在年、月、日、分與秒的顯示上。

11. 第 237 至 284 行為 LCM_SHOW2 副程式，主要再將星期幾的數值轉換為未符號輸出，例如 1 為 MON、2 為 TUE、・・・、7 為 SUN，參考範例 4 流程圖說明。取得@R0 簡接定址內容的低 4 位元值且存回 R1 暫存器，然後執行下列判斷式，（1）當 R1-1=0 則跳至 CASE1 標籤，輸出 MON 至 LCM 上；（2）否則 R1-2=0 則跳至 CASE2 標籤，輸出 TUE 至 LCM 上；（3）否則 R1-3=0 則跳至 CASE3 標籤，輸出 WED 至 LCM 上；（4）否則 R1-4=0 則跳至 CASE4 標籤，輸出 THU 至 LCM 上；（5）否則 R1-5=0 則跳至 CASE5 標籤，輸出 FRI 至 LCM 上；（6）否則 R1-6=0 則跳至 CASE6 標籤，輸出 SAT 至 LCM 上；（7）否則 R1-7=0 則跳至 CASE7 標籤，輸出 SUN 至 LCM 上。最後在第 284 行執行離開副程式指令。

12. 第 286 至 331 行為 LCM_SHOW3 副程式，主要在執行 12 小時制或是 24 小時制的 HOUR 資料顯示，參考範例 4 流程圖說明。第 287 至 291 行應用@R0 簡接定址方式取得 HOUR 的高 4 位元值。在第 296 至 304 行，（1）然後判斷第 7 位元是否為 1，如果第 7 位元=1 表示 12 小時制，跳至 C1 標籤，判斷第 6 位元=1?，如果第 6 位元=0 則輸出 AM 至指定位於，如果第 6 位元=1 則輸出 PM 至指定位；（2）如果第 7 位元≠1 表示 24 小時制，再取出則高 4 位元值的前 2 個位元，然後跳至 H24_MODE 標籤，第 317 至 318 行設定第 2 列第 2 個位置，輸出 “　” 至 LCM 上，第 321 至 322 行設定第 2 列第 5 個位置，第 323 至 325 將小時的拾位數值輸出至 LCM 上。第 326 至 329 行取得小時的個位數值且輸出至 LCM 上。

13. 其他程式說明，請參考範例 2, 3, 4 與第 9 章的 LCM 控制方式。

思考問題

a. 參考上列範例程式，同時將「時」、「分」與「秒」的時間顯示在七段顯示器上，如下圖所示。

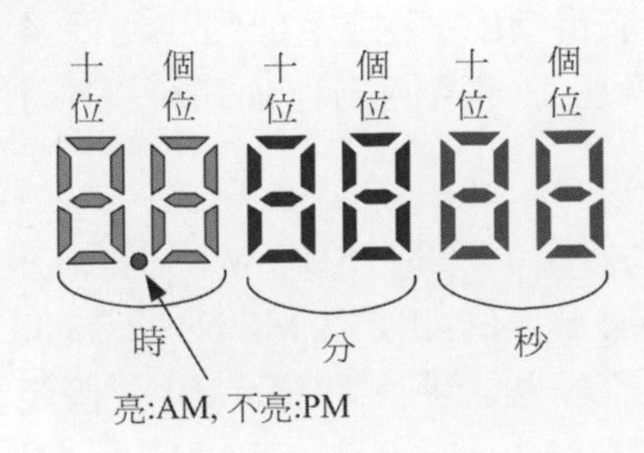

問題與討論

1. 即時時鐘的時間初始化可採用 SW 開關與 PB0~2 按鈕去設定，其設定動作要求如下：

（1）當 SW0 為低電位，執行時間設定，其動作為（a）當按下 PB0 按鈕時，即自動遞增參數值；（b）當按下 PB2 按鈕時，即自動遞減參數值；（c）當按下 PB1 按鈕時可以改變設定模式，例如「年」、「月」...等。

（2）當 SW0 為高電位，則將設定參數寫入時鐘 IC 且執行即時時鐘讀取與顯示在指定格式 LCM 模組上（參考範例 4）。注意即時時鐘的設定畫面分別如下圖所示。

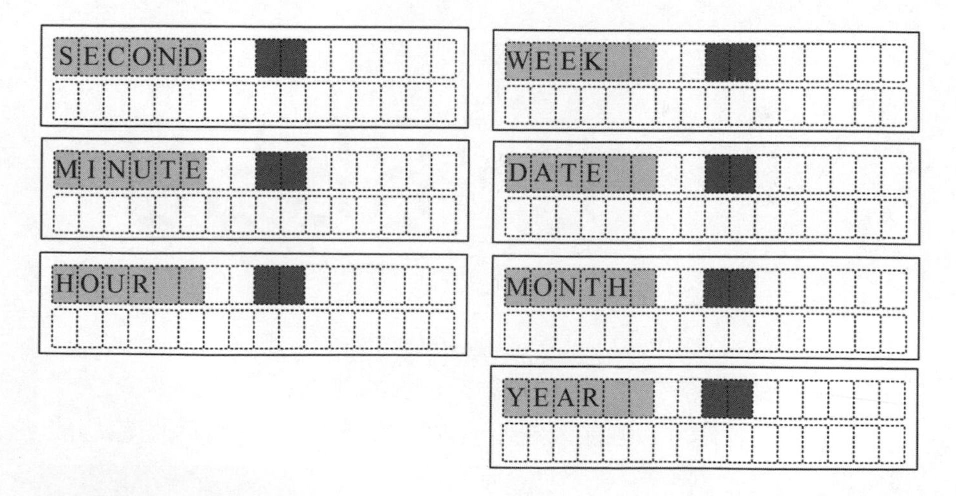

2. 參考習題 1，再增加鬧鐘設定，當 SW1（P1.1）為低（高電位）時，則進行鬧鐘的「時」、「分」與「秒」設定，設定方式為（a）當按下 PB0 按鈕時，即自動遞增參數值；（b）當按下 PB2 按鈕時，即自動遞減參數值；（c）當按下 PB1 按鈕時可以改變設定模式，例如「「時」、「分」與「秒」設定。可是按下時間超過 2 秒以上時則將參數值寫入微控器的暫存器中。當即時時鐘的時間與鬧鐘設定值一樣時，則行用揚聲器發出警告聲音（參考第八章）。

3. 使用時鐘 IC 製作鬧鐘。參考範例 1 及 2，將即時時鐘的「時」、「分」與「秒」的值分別修正為「09」、「00」與「00」，然後，允許利用 PB0~2 按鈕去設定鬧鐘時間，其設定方式如下：（1）當按下 PB0 按鈕時，即自動遞增參數值；（2）當按下 PB2 按鈕時，即自動遞減參數值；（3）當按下 PB1 按鈕時可以改變設定模式，被修改的參數會執行閃爍情況；（4）當雙按 PB0 及 PB2 時，則將參數值寫入微控器的暫存器中。如果 PB0~2 按鈕在 2 秒時間內沒有被按下，即執行讀取即時時鐘資料與顯示在如下圖所示之指定格式的七段顯示器中。但是，當即時時鐘的時間與鬧鐘設定值一樣時，則執行七段顯示器時間的閃爍且維持 5 秒時間，同時 LED0~7 同時亮。

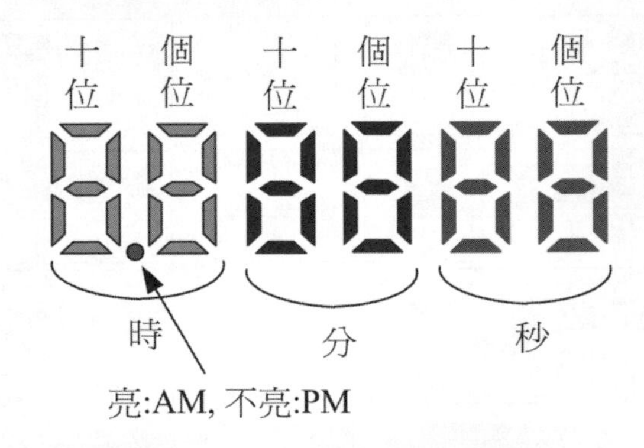

4. 請參習題 3，再加入應用 SW0 為低電位時可解除鬧鐘功能。

chapter

14 串列通訊之應用

電腦系統之間的資料傳輸方法，可分為並列式傳輸與串列式傳輸兩種。並列式傳輸法，其優點為傳送速度快，但需要較多的傳輸線，因此在做遠距離資料傳送時施工不易且耗材，所以常採用串列式傳輸取代。基本上串列式傳輸只需要三條傳輸線就可以做全雙工通信，因此串列式傳輸介面就被廣泛的應用在微電腦系統之間的通信上，例如 PC 上所使用的 RS-232 就是串列介面。本章主要介紹單晶片在串列通訊之應用。首先介紹串列通訊原理及協定，以期讀者能具有簡單串列通訊控制的基礎知識與概念。再經由實驗板的串列通訊電路與程式設計，強化讀者的整合應用的能力。若讀者能充分掌握本章各節的內容及範例程式，對於瞭解單晶片的串列通訊之應用將有莫大的助益。

本章學習重點

- 串列通訊原理
- 串列通訊協定
- 串列通訊埠之軟硬體測試
- 電腦與單晶片之串列通訊應用
- 2 個單晶片之串列通訊應用
- 問題與討論

14-1 串列通訊原理

MCS-51 的串列埠是一組全雙工的非同步傳送接收器（Universal Asynchronous Receiver-Transmitter, UART）。所謂全雙工是表示 MCS-51 的 UART 可以在同一時間進行串列資料的傳送與接收。MCS-51 使用 P3.0 腳做為串列資料的傳送的接收端（RXD），P3.1 腳做為串列傳輸的輸出端（TXD）。MCS-51 利用 SFR 的串列埠緩衝器（Serial Port Buffer，簡稱 SBUF）執行串列傳輸的工作。當一切的設定工作完成之後，存入一筆資料到 SBUF 就會引發資料傳送的動作；而從串列埠收到一筆資料後也會存放在 SBUF 內供後續的讀取處理。雖然資料的傳輸與接收都使用 SBUF 暫存器，但是在 MCS-51 內部的結構中，接收資料與傳送資料實際使用的暫存器並不是同一個，只不過他們具有相同的定址位址而已。MCS-51 會依照傳送或接收動作的不同而選擇使用不同的暫存器，所以 MCS-51 的串列埠可以同時進行資料的傳送與接收而不會發生問題。

MCS-51 的串列通訊埠具有輸入緩衝的功能，即當串列埠接收到一筆資料後，會把資料存入 SBUF 中，然後繼續接收資料；而在接收下一筆資料的過程中，處理 SBUF 內的資料。如此一來，串列埠可以一直不斷的接收資料，而不必在接收一筆資料後必須等到該資料完全處理完畢，才可以接收下一筆資料的接收。但是若在第二筆資料被 UART 接收完畢時，第一筆被接收的資料尚未被處理，則會產生資料流失的問題。

在 SFR 中有兩個與串列通訊埠控制有關的暫存器，分別是串列控制暫存器（Serial Port Control Register，簡稱 SCON）及電源控制暫存器（Power Control Register，簡稱 PCON），圖 14-1 與 14-2 說明了 SCON 與 PCON 的內部結構。SCON 是由串列埠模式選擇位元、可規劃資料位元及一些串列的旗標所組成。PCON 中只有 SMOD 位元與串列傳輸有關，其他的位元則是使用在省電模式的設定。

MCS-51 的串列埠有四種工作模式，利用 SCON 的 SM0 及 SM1 位元選擇，（SM0, SM1）=（0,0）為模式 0、（SM0, SM1）=（0,1）為模式 1、（SM0, SM1）=（1,0）為模式 2 與（SM0, SM1）=（1,1）為模式 3，四種模式說明分別如下：

1. 模式 0（MODE0）：SM1＝SM0＝0

串列埠設定為模式 0 時，串列資料的傳送與接收都是利用 RXD 接腳進行，而 TXD 接腳則做為輸出移位脈波，此脈波的鮑率固定為 8051 單晶片的振盪頻率之 1/12。當要由串列埠傳送資料時，只要執行一個將資料寫入 SBUF 的指令，就會引發傳送的動作。資料傳送完畢，CPU 會將 SCON 中的 TI 位元設定為 1，通知系統產生串列中斷。在資料接收方面，一開始必須以軟體設定 SCON 中的 REN 位元為 1 然後執行清除 RI 位元為 0 的指令，串列埠就會依時序進行接收資料的工作。資料接收完畢，CPU 會將 SCON 中的 RI 位元設定為 1，通知中斷系統產生串列中斷。

串列埠控制暫存器（98H），可位元定址									
SCON：		7	6	5	4	3	2	1	0
		SM0	SM1	SM2	REN	TB8	RB8	TI	RI

符號	位址	說明
SM0	SCON.7	串列埠模式選擇
SM1	SCON.6	串列埠模式選擇
SM2	SCON.5	在模式 0 時 SM2 必須為 0。在模式 1 時，若 SM2=1，當接收到的停止位元不正確時，RI 也不動作。在模式 2 和 3 時，致串列埠能多處理器通信的功能。在模式 2 或 3，如果 SM2=1，則當接收到的第 9 資料位元 RB8=0 時，RI 不動作，但在 RB8=1 時才允許 RI=1。
REN	SCON.4	由軟體去設定或清除，以決定是否接收串列輸入資料，（REN=1 允許接收，REN=0 停止接收）
TB8	SCON.3	在模式 2 或 3 時，TB8 為被傳送第 9 位元的可規劃資料，由軟體控制。
RB8	SCON.2	在模式 2 或 3 時，接收到第 9 位元資料自動存入 RB8。再模式 1 時，如果 SM20，RB8 為接收到的停止位元：在模式 0 時，RB8 沒有用。
TI	SCON.1	傳送中斷旗號。在模式 0 時，在第 8 位元結束時，硬體會將它設為 1，其他模式時，在停止位元的開始時設定為 1。此位元必須由軟體清除。
RI	SCON.0	接收中斷旗號。在模式 0 時，在第 8 位元結束時，硬體會將其設為 1，在其他模式時，在停止位元的一半的時候由硬體設定（參考 SM2），此位元必須由軟體清除。

圖 14-1 SCON 的內部結構

電源控制暫存器（87H），可位元定址									
PCON		7	6	5	4	3	2	1	0
		SMOD	—	—	—	GF1	GF0	PD	IDL
符號	位址	說明							
SMOD	PCON.7	雙倍鮑率位元，當串列埠工作於模式 1、2 或 3 時如使用 TIMER1 做鮑率產生器，且 SMOD=1，則鮑率為雙倍。							
	PCON.6	保留將來使用							
	PCON.5	保留將來使用							
	PCON.4	保留將來使用							
	PCON.3	保留將來使用							
CF1	SCON.2	一般用途							
CF0	PCON.1	一般用途							
PD	PCON.0	電源下降位元，80C51BH 時，設定此位元為"1"，就進入電源下降模式（僅 CHMOS 可以）。							

圖 14-2 PCON 的內部結構

模式 0 通常不是使用在串列通訊方面，而是作為 I/O 擴充。我們只要將 RXD 與 TXD 接腳連接到一個並入串出（Parallel In / Serial Out, PISO）的 IC，就可以擴充一個 8 位元的輸入埠；若將 RXD 及 TXD 接腳連接到一個串入並出（Serial In / Parallel Out , SIPO）的 IC，就可以擴充一個 8 位元的的輸出埠。

2. 模式 1（MODE1）：SM1=1，SM0=0

串列埠工作在模式 1 時，CPU 每次傳送或接收 10 位元的資料，這 10 位元是由三個部分組成，如圖 14-3 所示，分別為：

- ⊙ 起始位元：佔一個位元，固定為 0。
- ⊙ 資料位元：佔 8 個位元，（LSB 先）。
- ⊙ 停止位元：佔 1 個位元，固定為 1。

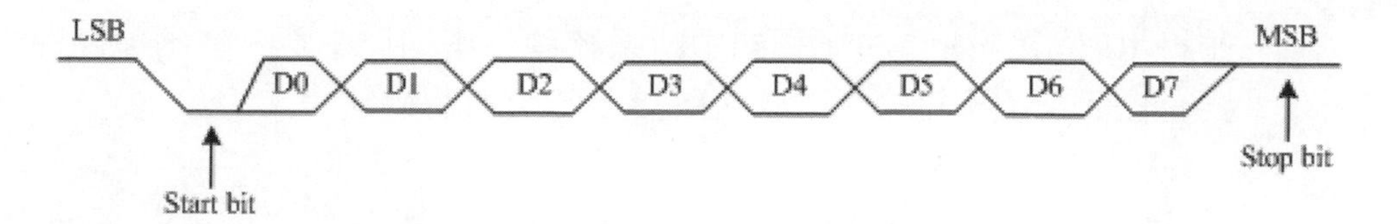

圖 14-3 模式 1 傳送/接收的資料格式

串列埠工作在模式 1 時，資料傳輸的鮑率是由 Timer1 設定，設定方式如表 14-1 所示。在串列通訊設定完畢後，CPU 只要執行寫入資料到 SBUF 的指令時，就會開始進行資料傳送的工作。當寫入 SBUF 的資料傳送完畢，CPU 會將 SCON 的 TI 位元設定為 1，通知中斷系統產生串列埠中斷。

表 14-1 鮑率的設定

鮑率	振盪器頻率	SMOD	C/T	模式	載入值
模式 0（最大 1M）	12M Hz	×	×	×	×
模式 2（最大 375K）	12M Hz	1	×	×	×
模式 1、3（最大 62.5K）	12M Hz	1	0	2	FFH
19200	11.0592M Hz	1	0	2	FDH
9600	11.0592M Hz	0	0	2	FDH
4800	11.0592M Hz	0	0	2	FAH
2400	11.0592M Hz	0	0	2	F4H
1200	11.0592M Hz	0	0	2	E8H
137.5	11.0592M Hz	0	0	2	1DH
110	6M Hz	0	0	2	72H
110	12M Hz	0	0	1	FEEBH

接收資料方面，接收資料的動作是由 RXD 接腳信號由 1 變成 0 時開始，CPU 會依序接收 10 位元的資料。資料接收完畢，CPU 會測試 RI、SM2 及停止位元的值是否符合下列兩項條件：1、RI=0；2、SM2=0 或是所接收到的停止位元=1。如果兩項條件都符合，CPU 就會將所接收到的 8 個資料位元存入 SBUF，將所接收到的停止位元存入 SCON 的 RB8 位元，

並將 RI 位元設定為 1，通知中斷系統產生串列埠中斷。在兩項條件中只要有任何一項不符合，則該次所接收的資料將會流失。

3. 模式 2（MODE2）：SM1=0，SM0=1

串列埠工作在模式 2 時，CPU 每次傳送或接收 11 位元的資料，這 11 位元是由 4 個部分組成，如圖 14-3 所示，分別為：

- ⊙ 起始位元：佔一個位元，固定為 0。
- ⊙ 資料位元：佔 8 個位元（LSB 先）。
- ⊙ 可規劃資料位元：佔一個位元（TB8、RB8）。
- ⊙ 停止位元：佔一個位元，固定為 1。

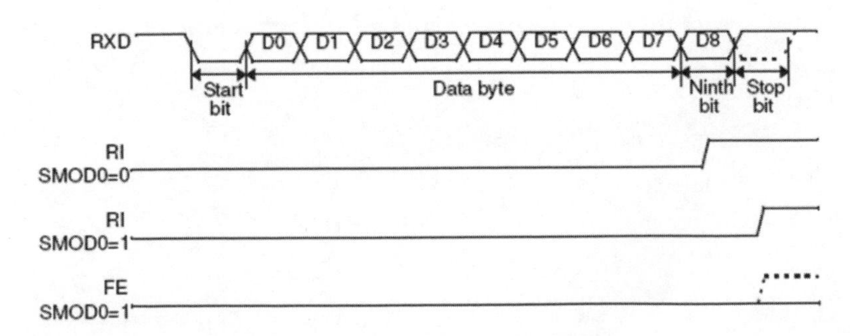

圖 14-4 模式 2 及 3 的傳送/接收資料格式

串列埠工作在模式 2 時，傳輸鮑率可以設定為 MCS-51 振盪頻率的 1/32 或 1/64，如表 14-1 所示。在傳送資料方面，必須先由軟體設定 SCON 中的 TB8 位元的值，然後再執行將資料寫入 SBUF 的指令，開始資料傳送的動作。串列埠會依序由傳送起始位元、8 個資料位元、TB8 位元及結束位元。傳送完畢，CPU 會設定 SCON 的 TI 位元為 1，通知中斷系統產生串列埠中斷。而在接收資料方面，接收資料的動作是由 RXD 接腳信號由 1 變到 0 時開始，CPU 會依序接收 11 位元的資料。資料接收完畢，CPU 會測試 RI、SM2 及可規劃資料位元的值是否符合下列兩項條件：1、RI=0；2、SM2=0 或是所接收到的可規劃資料位元為 1。如果兩項條件都符合，

CPU 就會將所接收到的 8 個資料位元存入 SBUF，將所接收到的可規劃資料位元存入 SCON 的 RB8 位元，並將 RI 位元設定為 1，通知該中斷系統產生串列埠中斷。在兩項條件中只要有任何一項不符合，則該次所接收的資料將會消失。

4. 模式 3（MODE3）：SM1＝1，SM0＝1

模式 3 與模式 2 除了鮑率設定不同外，其他功能完全相同。模式 3 的鮑率是可變的，是由計時器 1 控制。此外，如果單晶片為 8052，鮑率設定還可以使用 Timer2 控制。

以上四種串列埠模式，在傳輸資料時，鮑率的準確與否對資料之接收非常的重要，因此在使用模式 1 與模式 3 時，要先啟動 Timer1 工作。以下列串列埠使用的步驟，以利檢查串列埠設定是否正確：

(1) 設定 Timer1 工作模式，並根據傳輸鮑率設定 TH1 及 TL1。注意，在串列埠模式 0 與模式 2 不用此項。
(2) 決定 SMOD 位元值為 0 或 1。
(3) 設定串列埠工作模式，並清除 RI、TI 位元為 0，及設定 REN 位元為 1。
(4) 致能串列埠中斷。
(5) 啟動 Timer1 開始計時。注意，在串列埠模式 0 與模式 2 不用此項。
(6) 執行“MOV SBUF，A”指令，來啟動 UART 傳送資料。

在四種模式中，只要使用“MOV SBUF, A”指令，即可起始串列埠之傳送動作。在模式 0 中，需設定 RI=“0”且 REN=“1”條件下，才可開始串列埠之接收；在其他模式中，需 REN=“1”且有 Start Bit 輸入，才起始串列埠之接收動作。

14-2 鮑率的設定方法

8051 的鮑率在各模式的設定方法如下：

1. MODE0 中的鮑率是固定的

$$\text{MODE0 的鮑率}=\frac{\text{振盪器頻率}}{12}$$

例如：振盪器頻率為 12MHz，則 MODE0 的鮑率為

12M÷12=1M bit/sec，即每秒傳 1000000bits

2. 模式 2 的鮑率

$$\text{模式 2 的鮑率}=\frac{2^{SMOD}}{64}\times（\text{振盪器頻率}）$$

SMOD：SMOD 是在 PCON 暫存器裡的第 7 位元。

例如：振盪器頻率為 12MHz，SMOD=1 則 MODE2 的鮑率為：

$$\frac{2^{1}}{64}\times(12MHz)=375K(bit/sec)$$

$$SMOD=0,\ \frac{2^{0}}{64}\times(12MHZ)=187.5K(bit/sec)$$

3. 模式 1 及模式 3 使用 Timer1 產生鮑率

模式 1 及模式 3 的鮑率可由 8051 內部的 Timer1 控制，此時 Timer1 工作於模式 2（自動重新載入模式）的使用法較為簡單。它和鮑率設定關係如下：

$$\text{鮑率}=\frac{2^{SMOD}}{32}\times(\text{計時器的溢位率})$$

$$=\frac{2^{SMOD}}{32}\times\frac{\text{振盪器頻率}}{12\times\left[256-(TH1)\right]}$$

上式是假設 Timer1 工作在模式 2 時。一般我們事先知道鮑率，再求出 TH1，然後將求出的值以軟體寫入 Timer1 的 TH1 及 TL1 暫存器中，如此可將上式修改如下：

$$TH1=256-\frac{2^{SMOD}\times 振盪器頻率}{384\times 鮑率}$$

例如，我們使用 11.0592MHZ 振盪器，要得到 9600 的鮑率且 SMOD=0 時，則：

$$TH1=256-\frac{2^{0}\times 11.0592\times 10^{6}}{384\times 9600}$$

$$=256-3=3$$

本書實驗板的 CPU 的振盪器頻率為 12MHz，因此表 14-2 只列出振盪器為 12MHz 的各種常使用的鮑率及相關的 Timer1 設定參數。至於其他振盪器頻率的計時器 1 之參數設定，請參考資料手冊。

表 14-2 常用鮑率速查表

模式	TH1	SMOD	實際鮑率	標準鮑率	誤差率
1, 3	0F3H	1	4,807.69	4,800	0.16%
1, 3	0E6H	1	2,403.85	2,400	0.16%
1, 3	0CCH	1	1,201.92	1,200	0.16%
1, 3	30H	1	300.48	300	0.16%
1, 3	0F3H	0	2,403.85	2,400	0.16%
1, 3	0E6H	0	1,201.92	1,200	0.16%
1, 3	98H	0	300.48	300	0.16%
1, 3	0FFH	1	62.5K	X	0%

4. 模式 1 及模式 3 使用 Timer2 產生鮑率

在 8051 中，可以經由設定 T2CON 中的 TCLK/RCLK，以選定 Timer2 為鮑率產生器。需注意此時串列埠之傳送與接收，可以具有不同的鮑率，其鮑率產生器模式類似自動載入模式，即 Timer2 產生溢位時，會將 RCAP2H，RCA2L 之 16 位元數值再載入 Timer2 的暫存器中，而 RCAP2H，RCAP2L 的數值是事先經由程式軟體設定。此時鮑率計算如下：

$$\text{鮑率}=\frac{\text{振盪器頻率}/2}{16\times\left[65536-\left(\text{RCAP2H,RCAP2L}\right)\right]}$$

$$=\frac{\text{振盪器頻率}}{32\times\left[65536-\left(\text{RCAP2H,RCAP2L}\right)\right]}$$

上列公式可重寫如下：

$$[\text{RCAP2H,RCAP2L}]_{16}=\left(65536-\frac{\text{振盪頻率}}{32\times\text{鮑率}}\right)_{16}$$

表 14-3 只列出振盪器為 12MHz 的各種常使用的鮑率及相的 Timer2 設定參數。

表 14-3 應用計時器 2 之常用鮑率速查表

RCAP2H	RCAP2L	實際鮑率	標準鮑率	誤差率
0FFH	0F3H	28846.15	28800	0.16%
0FFH	0E6H	14423.08	14400	0.16%
0FFH	0D9H	9615.38	9600	0.16%
0FFH	0B2H	4807.69	4800	0.16%
0FFH	64H	2403.85	2400	0.16%
0FEH	0C8H	1201.92	1200	0.16%
0FBH	1EH	300.00	300	0%

14-3 實驗板與串列通訊相關電路

電腦系統之間的資料傳輸方法，可分為並列式傳輸與串列式傳輸兩種。並列式傳輸法的優點為傳送速度快，但需要較多的傳輸線，因此在做遠距離資料傳送時施工不易且所線材費用較多。但是串列式傳輸只需要三條傳輸線就可以做到全雙工通信，因此串列式傳輸介面就被廣泛的運用在微電腦系統之間的通信上，例如 PC 上所使用的 RS-232 就是串列介面。8051 單晶片雖然為小型的微電腦系統，其通常有提供一組全雙工的非同步串列通訊介面（UART）。8051 使用 P3.0 腳做為串列傳輸的資料接收腳（RXD），P3.1 腳做為串列傳輸的訊號傳送腳（TXD）。本實習模組應用 MAX232 信號轉換的 IC，可將 UART 的 TTL 訊號提升至 RS-232 通用訊號準位，因此可以與任何標準的 RS-232 設備進行通訊。注意，J2 的 D-sub 腳位訊號，為了方便實習模組與上位機的個人電腦進行通訊，我們已經將 8051 的 RXD 接至 D-Sub 的腳位 3（TXD），而其 TXD 腳位接至 D-Sub 的腳位 2（RXD）。此外，實習板的接地（GND）則接至 D-Sub 的腳位 5（GND），可達成兩端設備共接地方式，以確保傳送與接收訊號的精準性，如圖 14-4 串列通訊電路圖。

8051 利用 SFR 的串列埠緩衝器（Serial port Buffer，簡稱 SBUF）執行串列傳輸的工作。當一切的設定工作完成之後，存入一筆資料到 SBUF 就會引發資料傳送的動作；而從串列埠收到一筆資料後，也會存放在 SBUF 內供後續的處理。雖然資料的傳輸與接收都使用 SBUF，但是在 MCS-51 內部的結構中，接收資料與傳送資料實際使用的暫存器並不是同一個，只不過他們具有相同的定址位址而已，MCS-51 會依照傳送或接收動作的不同而選擇使用不同的暫存器，所以 MCS-51 的串列埠可以同時進行資料的傳送與接收而不會發生問題。實習版上設計串列通訊模組，讓使用者了解如何使用串列式訊號和電腦溝通與如何讓晶片間相互傳遞訊息。

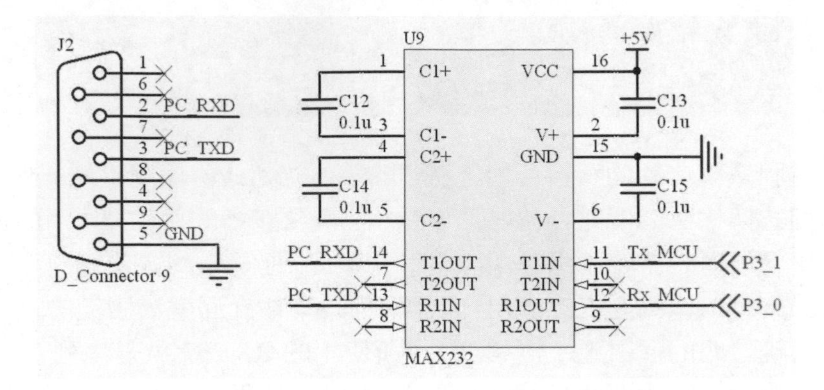

圖 14-5 串列通訊電路圖

串列通訊程式設計可區分為輪詢模式與中斷模式，可分類為 4 種工作模式：1. 傳送訊息的輪詢模式；2. 接收訊息的輪詢模式；3. 傳送訊息的中斷模式；4. 接收訊息的中斷模式。因為串列通訊有不同模式的操作方式，其需要規劃相關暫存器，請參考前面說明，在此我們將精簡扼要說明程式設定方式：

1. 傳送訊息的輪詢模式

```
    …
1           CLR    TI
2           MOV    SBUF, A
3           JNB    TI,$
4           CLR    TI
5   ...
```

第 1 行在傳送資料之前，先清除串列傳送旗標 TI，然後再將資料由累加器 A 搬移至串列暫存器 SBUF，此時傳送的資料將自動從串列埠送出去，接著在第 3 行等待 TI 旗標變為 1（TI=1），此時表示資料已由串列埠送出去了，最後在第 4 行將 TI 旗標變清為 0（TI=0），完成一個傳送訊息的輪詢模式程式設定。

2. 接收訊息的輪詢模式

```
    …
1           CLR    RI
2           JNB    RI, $
3           MOV    A, SBUF
4           CLR    RI
5   ...
```

第 1 行在接收資料之前，先清除串列接收旗標 RI，接著在第 2 行等待 RI 旗標變為 1（RI=1），此時表示資料已由串列埠接收進來了，然後在第 3 行將串列暫存器 SBUF 的資料搬移至累加器 A，最後在第 4 行將 RI 旗標變清為 0（RI=0），完成一個接收訊息的輪詢模式程式設定。

3. 傳送訊息的中斷模式

```
1           ORG    0000H
2           JMP    MAIN
3           ORG    0023H
4           JMP    UART_INT
5           ORG    0030H
6   MAIN: … MOV    SBUF, A
    …
27  UART_INT:
28          JBC    RI,REC_INT
29          JBC    TI, SEND_INT
30          JMP    UART_EXIT
31  REC_INT:
32          CLR    RI
33          JMP    UART_EXIT
34  SEND_INT:
35          CLR    TI
36  UART_EXIT:
37          RETI
```

第 1 至 5 行為程式啟始位置及串列中斷副程式設定；第 6 行為主程式 MAIN 標籤位置，同時展現將累加器 A 搬移至串列暫存器 SBUF 準備傳送出去；而第 27 至 37 行為串列中斷副程式，由於本範例不採用接收中斷方式，因此當中斷發生時，只負責清除 TI 及 RI 旗標即可。注意，在主程式的 MOV SBUF, A 指令一定要依據程式要求應用，因為只有將資料搬入 SBUF，才會發生傳送訊息的中斷模式。

4. 接收訊息的中斷模式

```
1           ORG   0000H
2           JMP   MAIN
3           ORG   0023H
4           JMP   UART_INT
5           ORG   0030H
6   MAIN: …
    …
27  UART_INT:
28          JBC   RI,REC_INT
29          JBC   TI, SEND_INT
30          JMP   UART_EXIT
31  REC_INT:
32          CLR   RI
33          MOV   A, SBUF
34          JMP   UART_EXIT
35  SEND_INT:
36          CLR   TI
37  UART_EXIT:
38          RETI
```

第 1 至 5 行為程式啟始位置及串列中斷副程式設定；第 6 行為主程式 MAIN 標籤位置，一般在中斷程式應用時，主程式一定要採用無窮迴路程式方式；而第 27 至 37 行為串列中斷副程式，因此當中斷發生時，先判斷是否是接收中斷，如果是則應用指令 MOV A, SBUF 將資料搬移至累加器 A 中；但是如果是 TI 中斷，則將 TI 旗標清除即可。

14-4 範例程式與討論

範例 1：串列埠模式 0 的應用

參考如下圖所示之微控制器與 74164 數位 IC 介面電路，設計一個程式可透過串列通訊去控制 74 HCT164 的數位 IC，並可以產生右移跑馬燈功能。首先由 LED7 先亮，其他 LED 則不亮，且在延遲 0.1 秒後，由 LED6 亮，其他 LED 則不亮。以此類推一直不斷循環產生右移跑馬燈功能，詳如下圖說明。

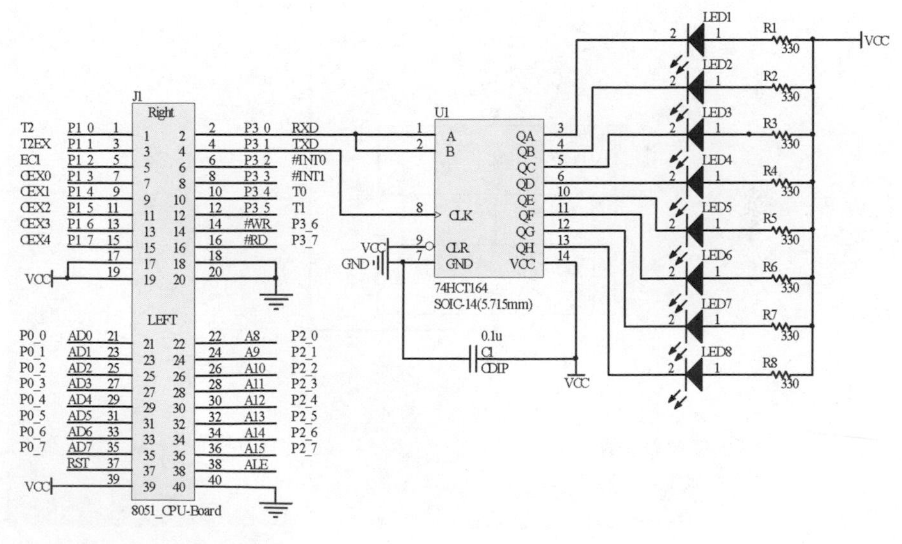

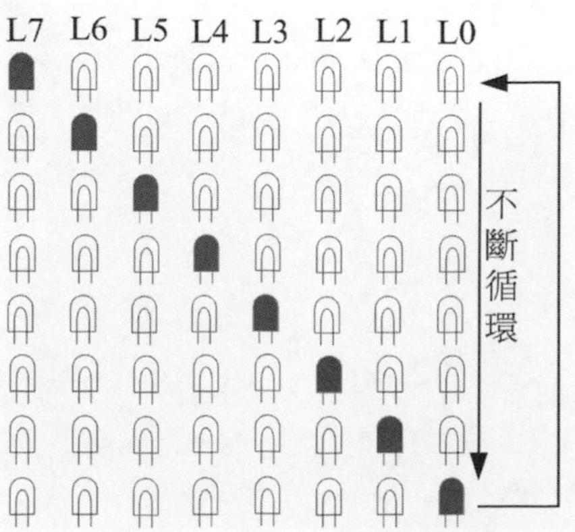

流程圖

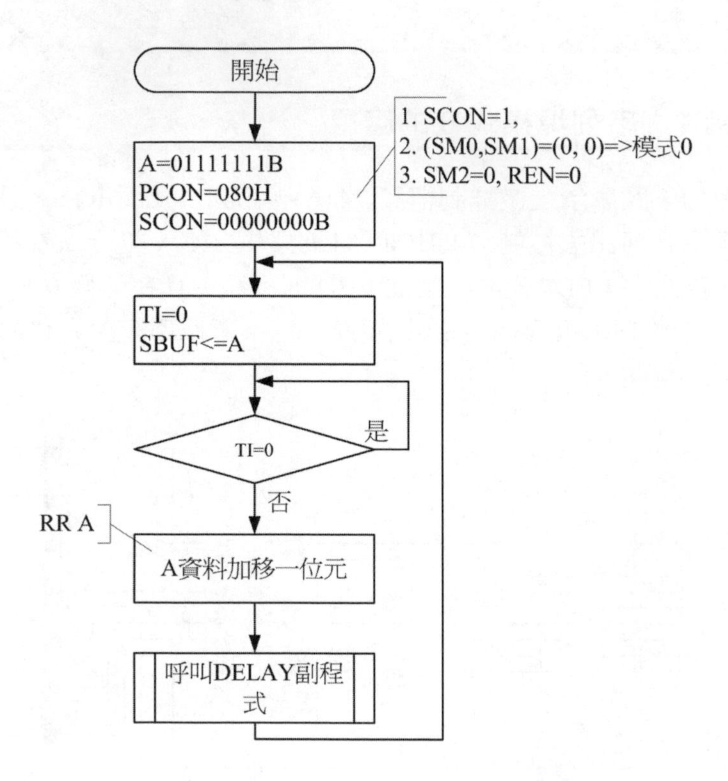

程式碼

範例 DM14_01.ASM 程式碼

```
1              ORG    0000H
2              MOV    A,#01111111B
3              MOV    PCON,#080H
4              MOV    SCON,#00000000B ;(SM0,SM1)=(0,0),MODE=0, SM2=0,REN=0
5     ;
6     LOOP:    CLR    TI
7              MOV    SBUF,A
8     ;
9     WAIT2:   JNB    TI,WAIT2
10             RR     A
11             ACALL  DELAY
12             AJMP   LOOP
13
14    ; == DELAY-FUNCTION (0.1s)=========
```

```
15  DELAY:   MOV   R6,#250
16  DL1:     MOV   R7,#200
17  DL2:     DJNZ  R7,DL2
18           DJNZ  R6,DL1
19           RET
20  ;
21           END
```

程式說明

1. 第 2 行設定累加器 A 的初始值為#01111111B。

2. 由於 MODE0 的鮑率是固定值，鮑率=振盪頻率/12=12MHz/12=1MHz。在第 3 行設定 PCON 暫存器的雙倍鮑率位元（SMOD）之值，因為不管設定 PCON=0x80 或 PCON=0x00，它並不會影響本範例之傳輸鮑率。

3. 第 4 行設定 SCON 暫存器=0x00，將串列埠模式設定為 MODE0。有關 SCON 暫存器之位元說明，請參考圖 14-1 SCON 的內部結構。

4. 第 6 行消除串列埠的 TI 傳送旗標；第 7 行將累加器資料傳送進串列埠暫存器 SBUF，此時資料將會自動由 RX 傳送至串列輸入轉並列輸出的 74HCT164 上。第 9 行為判斷 TI=1 否，如果不是就在這一行等待，如果 TI=1 則執行下一行程式。

5. 第 10 行為將累加器 A 的內容右旋一個位元，然後在第 12 行呼叫 DELAY 副程式產生一個時間延遲，再於第 12 行跳至 LOOP 標籤處，重新執行第 6 行至第 12 行程式，如此可以產生一個跑馬燈右移的控制功能。

6. 第 14 行到第 19 行程式為 DELAY 時間延遲副程式，延遲時間之計算方式請參考第四章範例 1 解說，讓 LED 燈約 0.1 秒變化一次。

思考問題

a. 請參考上列範例程式，並將走馬燈控制改為左移控制，如下圖所示。

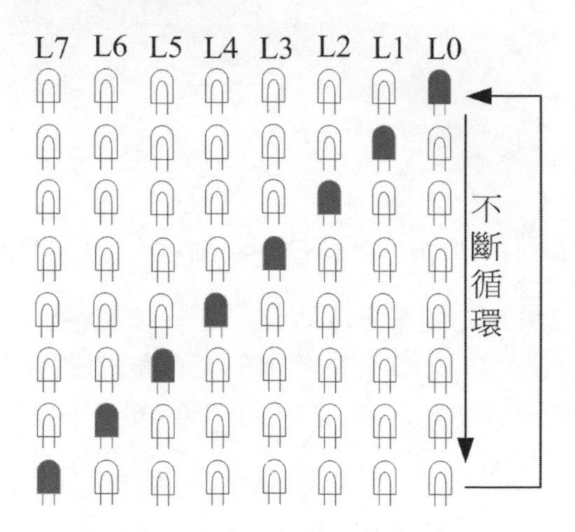

範例 2：本機串列埠自我通訊測試

參如下圖所示之實驗板局部圖形，利用一單心線將串列埠的 PIN2 及 3 短路（如圖示），然後利用串列埠模式 1 進行發送及接收練習。串列通訊的鮑得率（baudrate）設定是採用計時器 1 模式 2 的方式，本範例中應用鮑得率為 4800BPS。而控制要求為只要實驗板指撥開關的數位輸入狀態改變，即將其值由串列埠送出，可是當串列埠的接收腳收到串列資料時，即將資料直接反應至 LED0~7 上顯示。注意，本範例是採用發送及接收的輪詢模式，LED 燈是低準位作動。

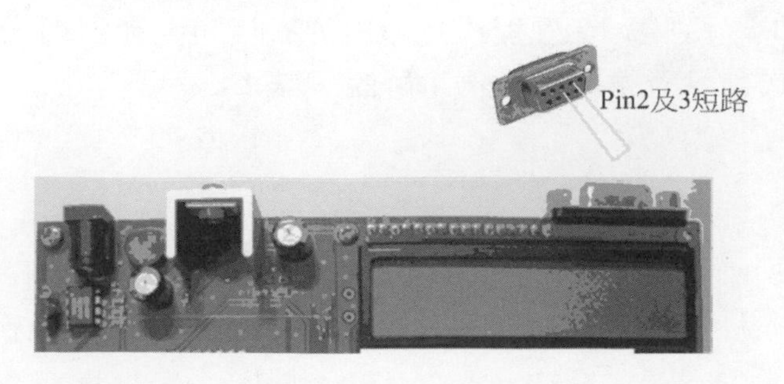

流程圖

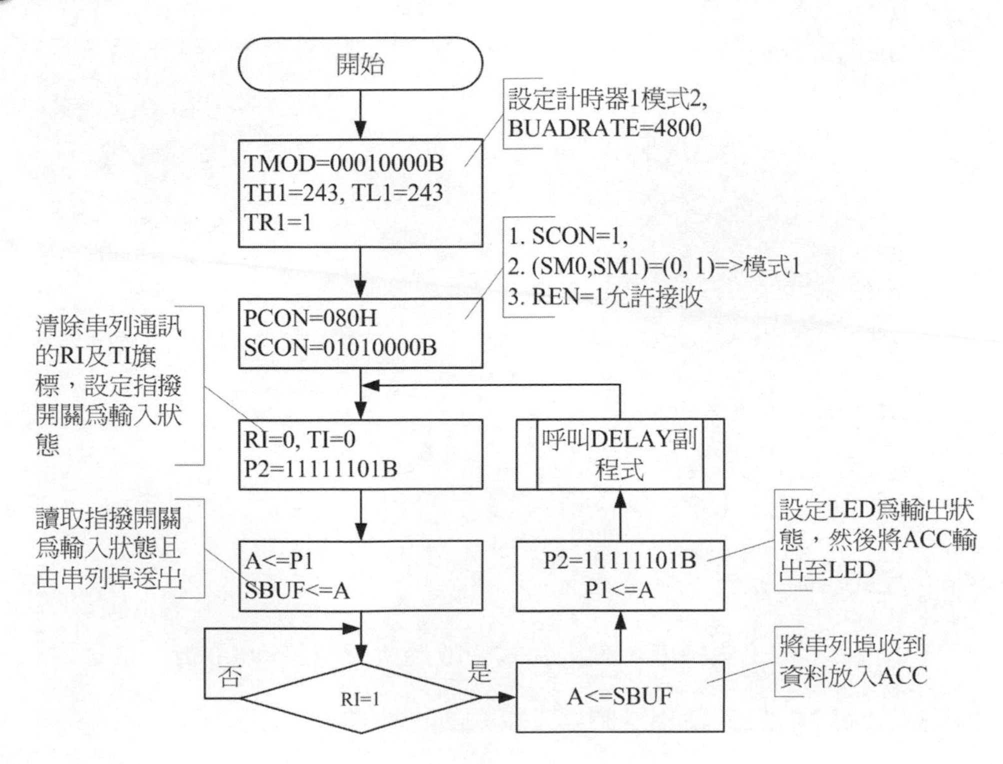

程式碼

範例 DM14_02.ASM 程式碼

```
1               ORG     0000H
2               MOV     TMOD,#00100000B          ;Timer 1 mode 2
3               MOV     TH1,#243                 ;BUAD=4800
4               MOV     TL1,#243
5               SETB    TR1                      ;polling mode
6       ;
7               MOV     PCON,#080H
8               MOV     SCON,#01010000B          ;(SM0,SM1)=(0,1), SM2=0, REN=1
9       ;
10      LOOP:   CLR     RI
11              CLR     TI
12              MOV     P2,#11111101B
13              MOV     A,P1
14              MOV     SBUF,A
```

```
15  ;
16  WAIT2:   JNB    RI,WAIT2
17  ;
18           MOV    A,SBUF
19           MOV    P2,#11111110B
20           MOV    P1,A
21           ACALL  DELAY
22  ;
23           AJMP   LOOP
24
25  ; ==== Delay function =========
26  DELAY:   MOV    R6,#250
27  DL1:     MOV    R7,#200
28  DL2:     DJNZ   R7,DL2
29           DJNZ   R6,DL1
30           RET
31  ;
32           END
```

程式說明

1. 第 1 行是假指令，設定程式的啟始位置為第 0000 行。
2. 第 2 行設定使用計時器 1 模式 2。
3. 參考表 14-2，設定 TH1=TL1=243=F3H，也就是設定鮑率為 4800BPS，然後在第 5 行啟動計時器 1。
4. 第 7 行設定 PCON 暫存器=0x80，主要的目的就是將 SMOD 位元設定為 1。由表 14-5 常用鮑率速查表得知，為了產生 4800BPS，因此 SMOD 位元必須設定為 1。同上，參考相關章節可了解傳輸鮑率之計算方法。
5. 第 9 行設定 SCON 暫存器=0x50，將串列埠模式設定為 MODE1。有關 SCON 暫存器之位元說明，請參考圖 14.1 SCON 的內部結構。
6. 第 10 及 11 行分別消除 RI 及 TI 旗標；而第 12 行設定 P2.1=0，致能指撥開關且在第 13 行讀取其值，然後將讀取的值傳送入串列埠暫存器 SBUF，準備傳送至串列埠介面。

7. 第 16 行判斷 RI=1 否，如果 RI=0 表示資料接收未完成，繼續等待；但是如 RI=1 接示串列埠資料接收完成，則執行下一行程式。

8. 第 18 行取出串列埠資料至累加器 A；第 19 行設定 P2.0=0，致能 LED 輸出介面，然後在第 20 行將累加器 A 的值輸出至 P1，控制 8 個 LED 的輸出狀態。

9. 第 21 行呼叫 DELAY 副程式產生一個時間延遲，再於第 23 行跳至 LOOP 標籤處，重新執行第 10 行至第 23 行程式，如此可將指撥開關的輸入狀態反應在 8 個 LED 輸出控制上。

10. 第 25 行到第 30 行為 DELAY 時間延遲副程式，延遲時間之計算方式請參考第四章範例 1 解說，其將產生 0.1 秒的時間延遲。

思考問題

a. 參考上列範例程式，請將鮑得率修改為 2400 BPS。

b. 參考上列範例程式，請將鮑得率修改為 1200 BPS。

c. 參考上列範例程式，請將鮑得率修改為 62.5kBPS。

d. 參考上列範例程式，請將接收的輪詢模式修改為中斷模式。

範例 3：本機串列埠自我通訊測試（模式 2）

參考範例 2 實驗，利用一單心線將串列埠的 PIN2 及 3 短路，然後利用串列埠模式 2 進行發送及接收練習。本範例中應用鮑得率為 375K BPS。而控制要求為只要實驗板指撥開關的數位輸入狀態改變，即將其值由串列埠送出，可是當串列埠的接收腳收到串列資料時，即將資料直接反應至 LED0~7 上顯示。注意，本範例是採用發送及接收的輪詢模式，LED 燈是低準位作動。

流程圖

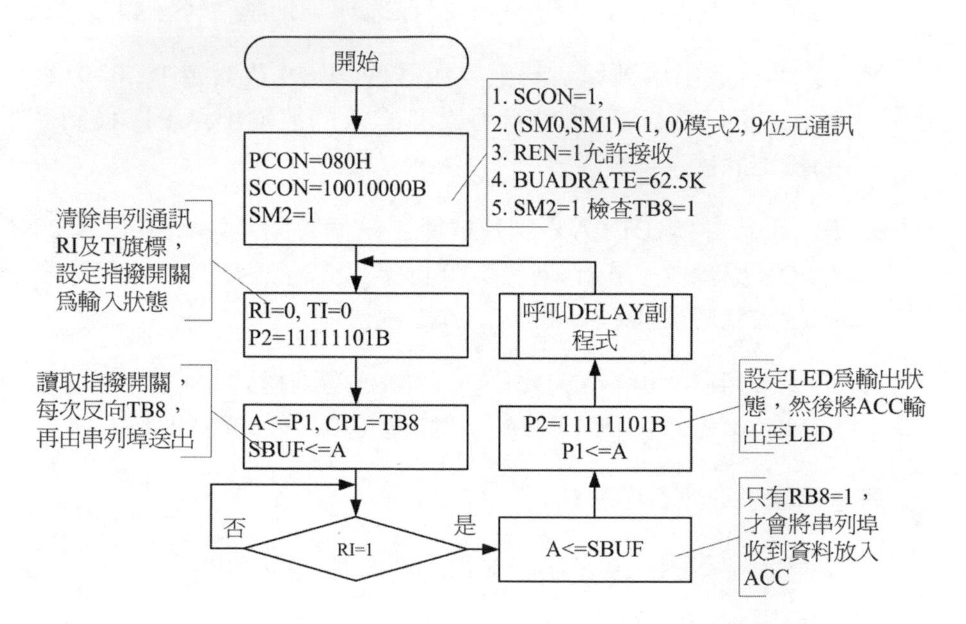

程式碼

範例 DM14_03.ASM 程式碼

```
1    ; MODE 2
2       ORG    0000H
3    ; buad rate=Fsoc/32=12M/32=375Khz;
4    ;SMOD=0, B=FSOC/64,  SMOD=1, B=FSOC/32
5             MOV    PCON,#080H
6             MOV    SCON,#10010000B ;(SM0,SM1)=(1,0), SM2=0 SEE SCON DIRECTION
7    ;  SETB  SM2              ;ENABLE TB8 AND RB8
8    LOOP:    CLR    RI
9             CLR    TI
10            MOV    P2,#11111101B
11            MOV    A,P1
12            CPL    TB8
13            MOV    SBUF,A
14   ;
15   WAIT2:   JNB    RI,WAIT2
16   ;
17            MOV    A,SBUF
18            MOV    P2,#11111110B
19            MOV    P1,A
20            ACALL  DELAY
21   ;
```

```
22          AJMP   LOOP
23
24   ; Delay- function=(0.1s)
25   DELAY:   MOV    R6,#250
26   DL1:     MOV    R7,#200
27   DL2:     DJNZ   R7,DL2
28            DJNZ   R6,DL1
29            RET
30   ;
31            END
```

程式說明

1. 本範例與前一個範例幾乎差不多，故本範例之程式說明，會依不同處加以解說，其餘部份請參考前一個範例之程式說明。
2. 本範例將採用串列埠模式 2，根據 14-2 的模式 2 鮑率計算方式說明，當 PCON 暫存器裡的 SMOD（Bit7）設定為 1 時，採用 12MHz 振盪器，經計算可獲 375KBPS 傳輸速率。因此在第 5 行程式，將 PCON 設定為 0x80。
3. 第 6 行設定 SCON 暫存器=0x90，將串列埠模式設定為模式 2。有關 SCON 暫存器之位元說明，請參考圖 14-1 SCON 的內部結構。
4. 由於模式 2 多了一個可規劃資料位元：位於串列埠控制暫存器（SCON）裡的 TB8、RB8 位元，可讓資料一次傳輸/接收為 9 個位元。
5. 第 7 行設定 SM2=1，表示收接到第 9 位元為 1 時，則 RI=1 或是提出 RI 中斷，可是當表示收接到第 9 位元為 0 時，RI=0。
6. 因此根據第 7 行 SM2=1 設定，本範例在第 8 至 22 行，設計每次反相 TB8 一次，然後結合指撥開關輸入，再傳送至串列埠介面。因此，串列埠的接收會在隔次傳送時，才會將資料讀取且反應在 8 個 LED 控制輸出上。這點一定要注意程式設計不同之處。其餘程式說明，請參考前一個範例。

思考問題

a. 參考上列範例程式，請將鮑得率修改為 187.5 kBPS。

範例 4：本機串列埠自我通訊測試（模式 3）

參考範例 2 實驗，利用一單心線將串列埠的 PIN2 及 3 短路，然後利用串列埠模式 3 進行發送及接收練習。本範例中應用鮑得率為 62.5K BPS。而控制要求為只要實驗板指撥開關的數位輸入狀態改變，即將其值由串列埠送出，可是當串列埠的接收腳收到串列資料時，即將資料直接反應至 LED0~7 上顯示。注意，本範例是採用發送及接收的輪詢模式，LED 燈是低準位作動。

流程圖

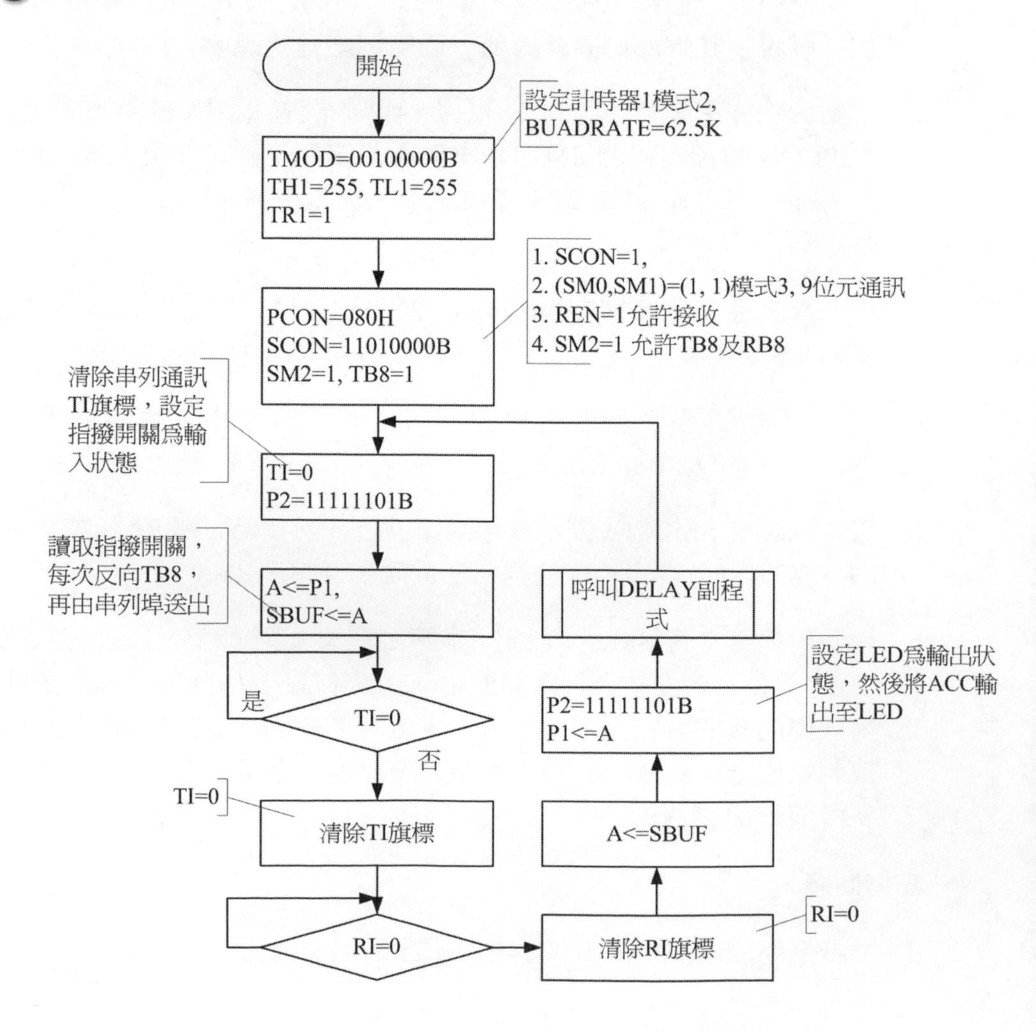

程式碼

範例 DM14_04.ASM 程式碼

```
1    ;====   MODE  3 =============
2            ORG    0000H
3            MOV    TMOD,#00100000B    ;Timer 1 mode 2
4            MOV    TH1,#0FFH          ;BUAD=62.5K
5            MOV    TL1,#0FFH
6            SETB   TR1                ;polling mode
7    ;
8            MOV    PCON,#080H
9            MOV    SCON,#11010000B    ;(SM0,SM1)=(1,1), SM2=0 , REN=1
10           SETB   SM2
11           SETB   TB8
12   LOOP:   CLR    TI
13           MOV    P2,#11111101B
14           MOV    A,P1
15           MOV    SBUF,A
16   ;
17   WAIT_TX:
18           JNB    TI,WAIT_TX
19           CLR    TI
20   WAIT_RX:
21           JNB    RI,WAIT_RX
22           CLR    RI
23           MOV    A,SBUF
24           MOV    P2,#11111110B
25           MOV    P1,A
26           ACALL  DELAY
27           AJMP   LOOP
28   ; ======Delay- function=(0.1s) =========
29   DELAY:  MOV    R6,#250
30   DL1:    MOV    R7,#200
31   DL2:    DJNZ   R7,DL2
32           DJNZ   R6,DL1
33           RET
     ;
             END
```

程式說明

1. 本範例與本章範例二幾乎差不多，故本範例之程式說明，會依不同處加以解說，其餘程式說明請參考範例 2。
2. 此範例將採用串列埠模式模式 3，在 14-2.章節裡有詳細描寫模式 3 鮑率計算方式與模式 1 相同。因此在程式第 3 到 5 行，進行對 Timer1 模式 2 設定，為求傳輸速率可達 62.5KBPS，故 TH1 與 TL1 均設定為 0xFF。
3. 第 8 行把 PCON 暫存器裡的 SMOD（Bit7）設定為 1，故 PCON=0x80。第 9 行設定 SCON 暫存器=0xD0，將串列埠模式設定為模式 3。有關 SCON 暫存器之位元說明，請參考圖 14-1 SCON 的內部結構。
4. 由於模式 3 多了一個可規劃資料位元：位於串列埠控制暫存器（SCON）裡的 TB8、RB8 位元，可讓資料一次傳輸/接收為 9 個位元。由於第 10 行設定 SM2=1，因此在第 11 行設定 TB8=1，讓傳輸資料的第 9 個位元都是 1，這樣串列埠才會將指撥開關的狀態輸入且反應在 8 位元 LED 上。
5. 本範例在第 12 至 27 行，將 TB8=1 結合指撥開關輸入，傳送至串列埠介面。再將串列埠的接收值取回且反應在 8 個 LED 控制輸出上。

思考問題

a. 參考上列範例程式，請將鮑得率修改為 4800 BPS。
b. 參考上列範例程式，請將鮑得率修改為 2400 BPS。

範例 5：個人電腦與實驗板之串列埠通訊

參考如下圖所示之實驗架構，利用實驗板所提供的 USB/RS232 下載線，建立個人電腦串列通訊之連線。在實驗板設計一個串列通訊應用程式，具將 PC 端發送給實驗板的字串，回傳給 PC 端的通訊應用程式上顯示，建立一個基本的個人電腦與實驗板之串列埠通訊測試功能。注意，串列通訊的鮑得率（baudrate）設定是採用計時器 1 模式 2 的方式，本範應用鮑得率為 4800BPS。

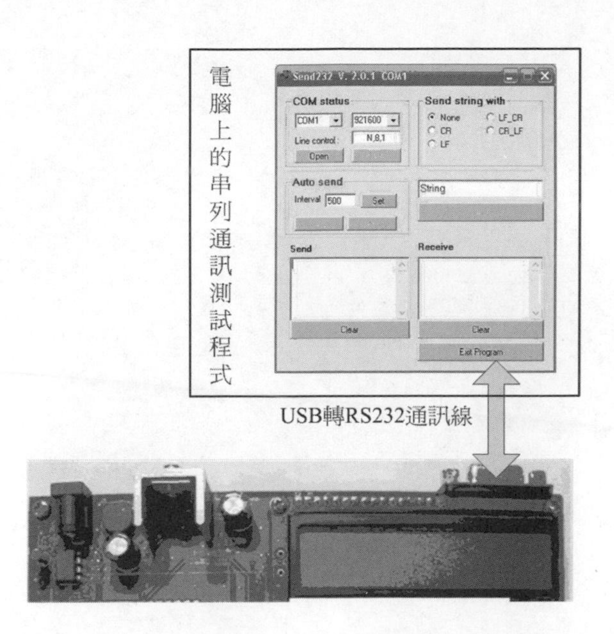
電腦上的串列通訊測試程式
Send232 V. 2.0.1 COM1
COM status
Send string with
None
CR
LF
LF_CR
CR_LF
Line control
Open
Auto send
Interval
Set
String
Send
Receive
Clear
Exit Program
USB轉RS232通訊線

流程圖

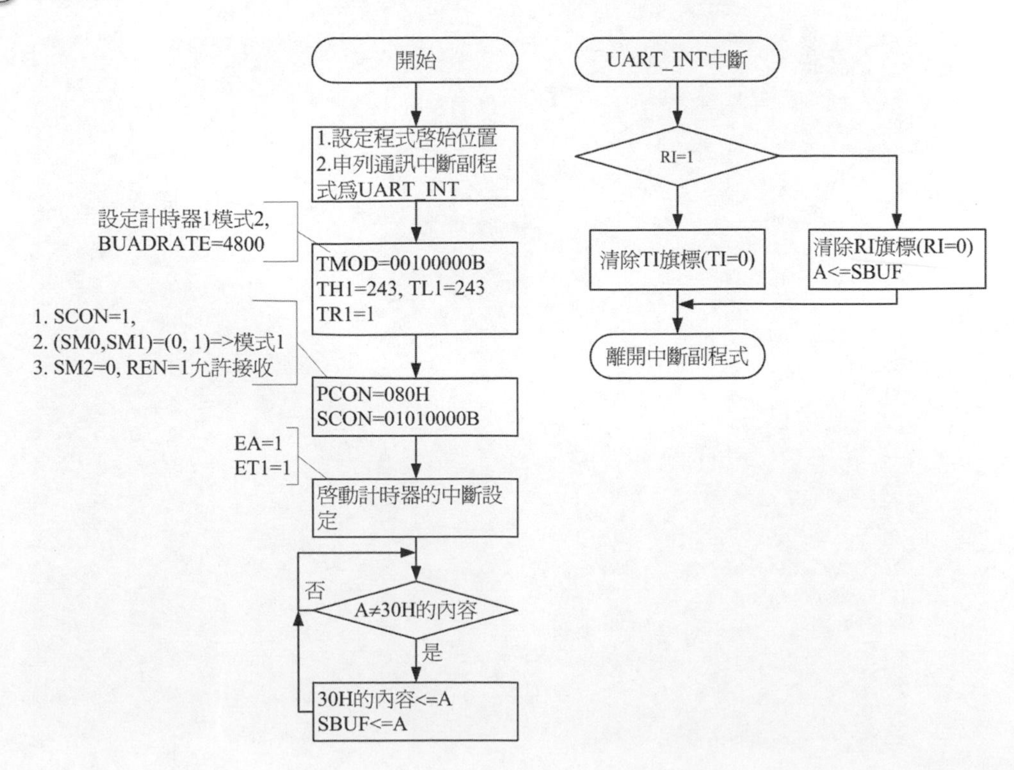
開始
1.設定程式啓始位置
2.串列通訊中斷副程式爲UART_INT
設定計時器1模式2,
BUADRATE=4800
TMOD=00100000B
TH1=243, TL1=243
TR1=1
1. SCON=1,
2. (SM0,SM1)=(0, 1)=>模式1
3. SM2=0, REN=1允許接收
PCON=080H
SCON=01010000B
EA=1
ET1=1
啓動計時器的中斷設定
否
A≠30H的內容
是
30H的內容<=A
SBUF<=A
UART_INT中斷
RI=1
清除TI旗標(TI=0)
清除RI旗標(RI=0)
A<=SBUF
離開中斷副程式

程式碼

範例 DM14_05.ASM 程式碼

```
1              ORG    0000H
2              JMP    MAIN
3              ORG    0023H
4              JMP    UART_INT
5              ORG    0030H
6     MAIN:    MOV    30H,#00
7              MOV    TMOD,#00100000B      ;Timer 1 mode 2
8              MOV    TH1,#243             ;BUAD=4800
9              MOV    TL1,#243
10             SETB   TR1                  ;polling mode
11    ;
12             MOV    PCON,#080H
13             MOV    SCON,#01010000B      ;(SM0,SM1)=(0,1), SM2=0, REN=1
14             MOV    IP,#00010000B
15             MOV    IE,#10010000B
16             MOV    A,#00
17
18    LOOP:    CJNE   A,30H,SEND
19             JMP    SKIP
20    SEND:    MOV    30H,A
21             MOV    SBUF,A
22    SKIP:
23             JMP    LOOP
24    ;
25    UART_INT:
26             JBC    RI,REC_INT
27             CLR    TI
28             JMP    UART_EXIT
29    REC_INT:
30             CLR    RI
31             MOV    A,SBUF
32    UART_EXIT:
33             RETI
34
35
36    ; Delay-°Z{¦¡ (0.1s)
37    DELAY:   MOV    R6,#250
38    DL1:     MOV    R7,#200
39    DL2:     DJNZ   R7,DL2
40             DJNZ   R6,DL1
41             RET
42    ;
43             END
```

程式說明

1. 第 1 行為單晶片致能後預設讀取的程式位址（0000h）；第 2 行強制跳至 MAIN 標籤處執行。而第 3 至 5 行為設定串列中斷的程式為 UART_INT。這些都是撰寫單晶片程式每次必備的條件。

2. 第 6 行至第 10 行程式，設定 Timer 1 模式 2，並載入 TH1 與 TL1 計數值＝243=0xF3，從表 14-2 常用鮑率速查表中查得，傳輸速率為 4800BPS，然後再啓動計數器（TR1=1）。

3. 如同表 14-2 中，其 SMOD 必須設定為 1，因此在第 12 行將 PCON 暫存器設定為 0x80，使得 SMOD 位元=1。第 13 行設定 SCON 暫存器=0x50，將串列埠模式設定為模式 1；第 14 及 15 行，將串列傳輸中斷服務致能。注意，第 6 行將資料記憶體內容清為 0，而第 16 行設定累加器初始值 A=0。

4. 第 18 行至第 33 行是發射與接收程式，第 18 行與第 23 行是輪詢模式發射訊息的程式，如果累加器的內容與資料記憶體 30h 的內容不同時，就將 A 的內容搬至資料記憶體 30h，然後將累加器 A 的內容由串列埠發射出去，但是如果相同時，則忽略讀取的內容，再跳至 LOOP 標籤重新執行輪詢模式發射訊息。而第 25 行至第 33 行為接收訊息的中斷模式程式，當 RI=1 時，代表接收訊息且將資料傳送入累加器 A 中。所以本範例將會從 PC 端傳來資料，然後透過實驗板將資料回傳回去。

思考問題

a. 參考上列範例程式，請將鮑得率修改為 2400 BPS。

b. 參考上列範例程式，請將鮑得率修改為 1200 BPS。

c. 參考上列範例程式，請將接收的中斷模式修改為輪詢模式。

d. 參考上列範例程式，請將發送的輪詢模式修改為中斷模式。

範例 6：個人電腦與實驗板之串列埠通訊

參考範例 5 之實驗架構，利用實驗板所提供的 USB/RS232 下載線，建立個人電腦串列通訊之連線。串列通訊的鮑得率（baudrate）設定是採用計時器 1 模式 2 的方式，本範例應用鮑得率為 4800BPS。在實驗板設計一個串列通訊應用程式，具有如下功能：

1. 當微控制器接收到「0」命令字串，即執行七段顯示器為「888888」方式。
2. 當微控制器接收到「1」命令字串，即執行右移走馬燈控制，如右圖所示。

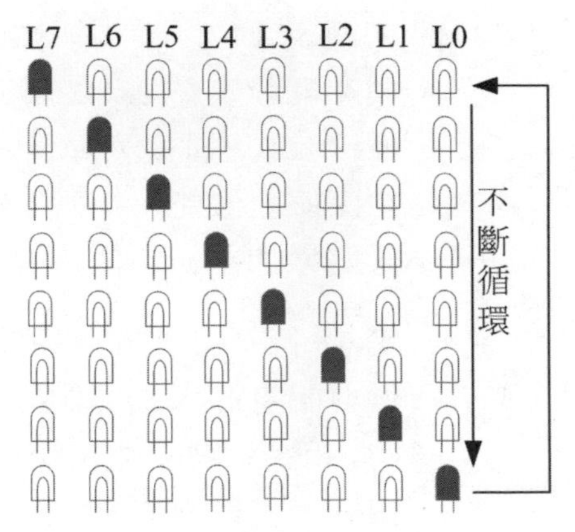

3. 當微控制器接收到「2」命令字串，即執行左移走馬燈控制，如右圖所示。

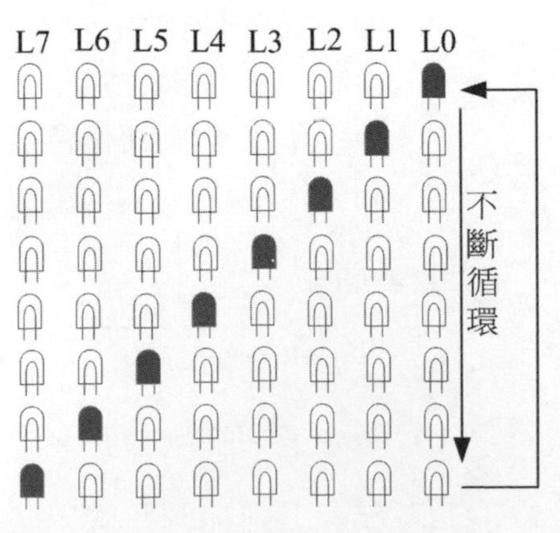

4. 當微控制器接收到「3」命令字串，即執行燈號閃爍控制，如右圖所示。

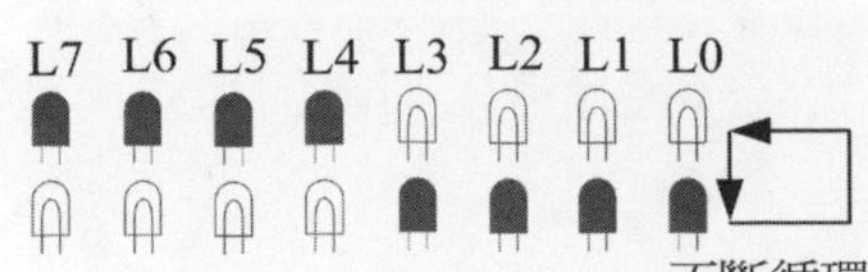

5. 當微控制器接收到其他命令字串，則沒有反應。

在執行指定功能後，實驗板將接收命令加上「5」且回傳給上位機的 PC 端。例如：接收命令為「0」則回傳「5」。讓 PC 端知道實驗板已經在執行指定要求。

流程圖

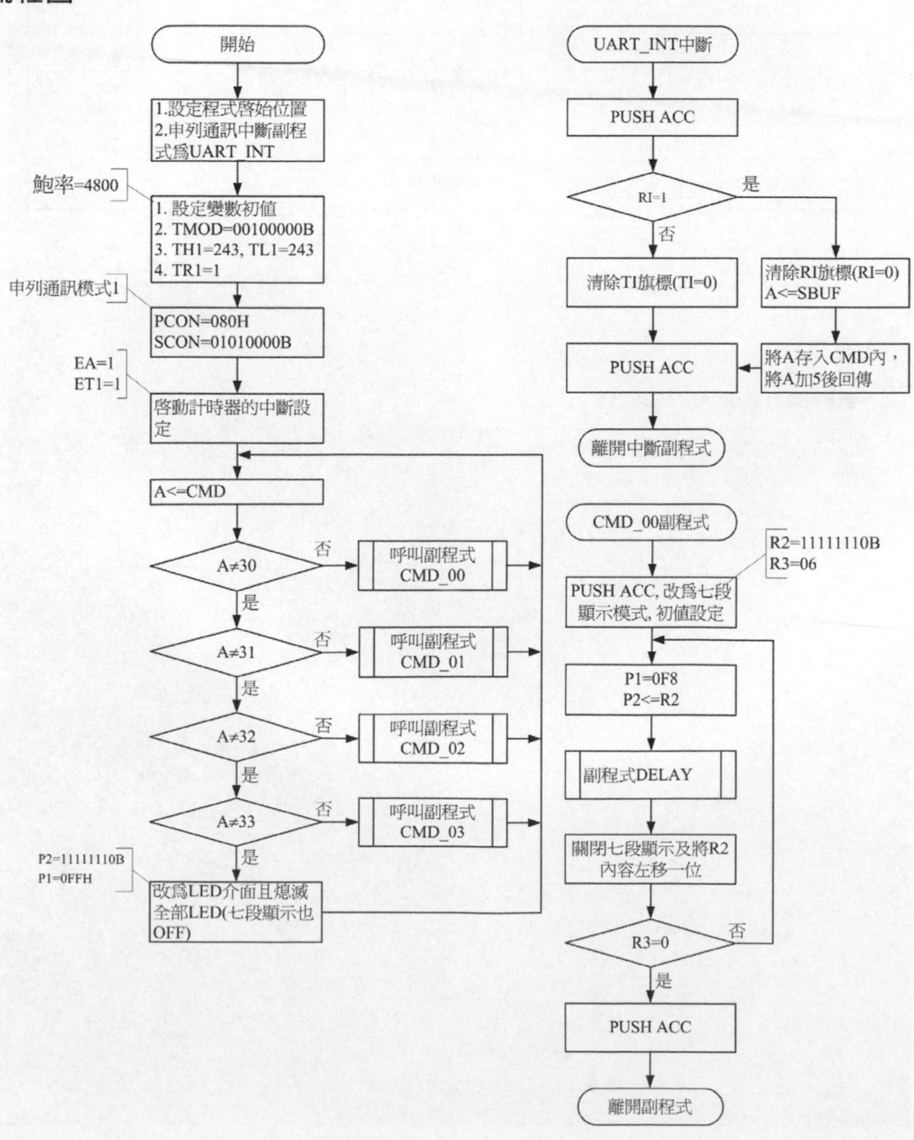

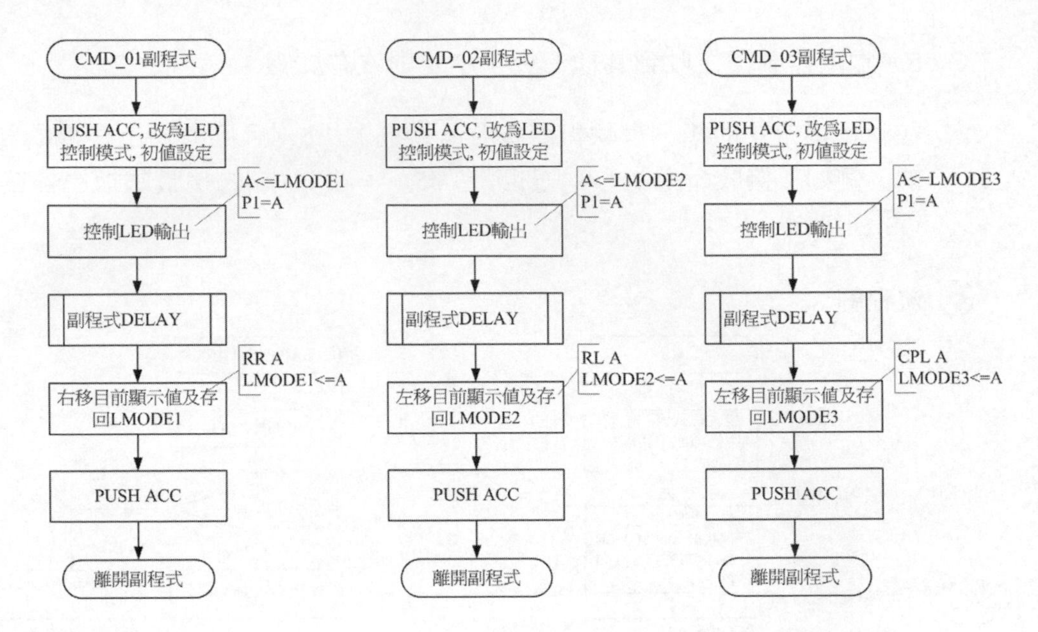

程式碼

範例 DM14_06.ASM 程式碼

```
1    CMD      EQU   0040H
2    LMODE1   EQU   0041H
3    LMODE2   EQU   0042H
4    LMODE3   EQU   0043H
5    ;
6             ORG   0000H
7             JMP   MAIN
8             ORG   0023H
9             JMP   UART_INT
10            ORG   0030H
11   MAIN:    MOV   CMD,#30H
12            MOV   LMODE1,#01111111B
13            MOV   LMODE2,#11111110B
14            MOV   LMODE3,#11110000B
15            MOV   TMOD,#00100000B    ;Timer 1 mode 2
16            MOV   TH1,#243           ;BUAD=4800
17            MOV   TL1,#243
18            SETB  TR1                ;polling mode
19   ;
20            MOV   PCON,#080H
21            MOV   SCON,#01010000B ;(SM1,SM0)=(1,0), SM2=0 SEE SCON DIRECTION
22            MOV   IP,#00010000B
```

```
23              MOV    IE,#10010000B
24   ;
25   LOOP:      MOV    A,CMD
26              CJNE   A,#30H,NEXT1
27              ACALL  CMD_00
28              JMP    EXIT
29   NEXT1:     CJNE   A,#31H,NEXT2
30              ACALL  CMD_01
31              JMP    EXIT
32   NEXT2:     CJNE   A,#32H, NEXT3
33              ACALL  CMD_02
34              JMP    EXIT
35   NEXT3:     CJNE   A,#33H,NEXT4
36              ACALL  CMD_03
37              JMP    EXIT
38   NEXT4:     MOV    P2,#11111110B
39              MOV    P1,#0ffH
40   EXIT:
41              JMP    LOOP
42
43   ;===== Function 00 ================
44   CMD_00:
45              PUSH   ACC
46              MOV    P2, #11110011B
47              MOV    R2,#11111110B
48              MOV    R3,#06
49
50   LOOP00:    MOV    P1,#0F8h
51              MOV    P0,R2
52              ACALL  DELAY1
53              ORL    P3,#11111111B
54              MOV    A,R2
55              RL     A
56              MOV    R2,A
57              DJNZ   R3, LOOP00
58              POP    ACC
59              RET
60   ;===== Function 01 ================
61   CMD_01:
62              PUSH   ACC
53              MOV    P2,#11111110B
64              MOV    A,LMODE1
65              MOV    P1,A
```

```
66          ACALL DELAY
67          RR    A
68          MOV   LMODE1,A
69          POP   ACC
70          RET
71  ;===== Function 02 ================
72  CMD_02:
73          PUSH  ACC
74          MOV   P2,#11111110B
75          MOV   A,LMODE2
76          MOV   P1,A
77          ACALL DELAY
78          RL    A
79          MOV   LMODE2,A
80          POP   ACC
81          RET
82
83  ;===== Function 03 ================;
84  CMD_03:
85          PUSH  ACC
86          MOV   P2, #11111110B
87          MOV   A,LMODE3
88          MOV   P1,A
89          ACALL DELAY
90          CPL   A
91          MOV   LMODE3,A
92          POP   ACC
93          RET
94
95  ;===== UART interrupt  ================
96  UART_INT:
97          PUSH  ACC
98          JBC   RI,REC_INT
99          CLR   TI
100         JMP   UART_EXIT
101 REC_INT:
102         CLR   RI
103         MOV   A,SBUF
104         MOV   CMD,A
105         ADD   A,#05H
106         MOV   SBUF,A
107 UART_EXIT:
108         POP   ACC
```

```
109            RETI
110
111 ;
112 DELAY:     MOV   R6,#250
113 DL1:       MOV   R7,#200
114 DL2:       DJNZ  R7,DL2
115            DJNZ  R6,DL1
116            RET
117 ;
118 DELAY1:    MOV   R6,#250
119            DJNZ  R6,$
120            RET
121            END
```

程式說明

1. 第 1 至 4 行，令 CMD 為 0040H 位址，令 LMODE1 為 0041H 位址，令 LMODE2 為 0042H 位址，令 LMODE3 為 0043H 位址。

2. 第 6 至 7 行為單晶片程式起始必備的條件，並跳至 MAIN 標籤。

3. 第 8 至 9 行設定串列埠中斷副程式，如中斷發生時將跳至 UART_INT 標籤。

4. 第 11 至 14 行，將 0(ACSII 30H 為數字 0)搬到 CMD，將值 01111111B 搬到 LMODE1，將值 11111110B 搬到 LMODE2，將值 11110000B 搬到 LMODE3。

5. 第 15 至 18 行，設定計時器 1 模式 2，參考表 14-5，設定 TH1=TL1=243=F3H 選用鮑率設定為 4800，因模式 2 是自動再載入型計時器，所以兩個值都設定一樣。然後致能計時器 1。

6. 第 20 行設定 PCON=80H，也就是設定 SMOD=1。第 21 行 SCON=50H 設定串列阜模式 1。第 22 至 23 行，致能串列埠中斷功能。

7. 第 25 至 41 行程式中，在 LOOP 標籤，將 CMD 搬到 A，比對 A 是否為 0，如果是呼叫副程式 CMD_00（結束副程式跳至 EXIT），如果不是跳至 NEXT1 標籤，比對 A 是否為 1，如果是呼叫副程式 CMD_01（結束副程式跳至 EXIT），如果不是再跳至 NEXT2 標籤，比對 A 是否為 2，如果 A=2 則呼叫副程式 CMD_02（結束副程式跳至 EXIT），如果 A≠2 則跳至 NEXT3 標籤，再比對 A 是否為 3，如果 A=3 則呼叫副程式 CMD_3（結束副程式跳至 EXIT），如果 A≠3 跳至 NEXT4 標籤，致能 LED 區塊，清除 P1 輸出，最後跳至 LOOP 標籤，再次重複執行程式。這個區段程式，主要在判斷呼叫的相對應副程式。

8. 第 44 至 93 行為副程式 CMD_00、CMD_01、CMD_02 與 CMD_03。其個別功能說明如下：

副程式	執行程式	執行內容說明
CMD_00	第 50~59 行	七段顯示器顯示 888888。（可參考第七章範例 1）
CMD_01	第 61~70 行	LED 右移跑馬燈。（可參考第四章範例 2）
CMD_02	第 72~81 行	LED 左移跑馬燈。（可參考第四章範例 2）
CMD_03	第 84~93 行	4 個 LED 燈分別閃爍。（可參考第四章範例 1）

9. 程式 95~109 行為 UART_INT 中斷副程式，其將 A 值放入堆疊區，判斷 RI 是否為 1，如果 RI=1 跳至 REC_INT 標籤，否則則往下執行，清除 TI 且跳至 UART_EXIT 離開中斷程式。

10. REC_INT 標籤程式在第 102 至 106 行，其先清除 RI，再將串列埠緩衝區 SBUF 搬到 A 且令 CMD=A，然後再將 A 的值加 5 後，再由串列埠回傳給上位機的 PC，最後取回堆疊區的累加器 A 的值且離開中斷程式。

11. 第 112 至 116 行與第 118 至 120 行分別為不同時間延遲的副程式。詳細請參考第四章說明。

思考問題

a. 參考上列範例程式，請將鮑得率修改為 4800 BPS。

b. 參考上列範例程式，請將鮑得率修改為 1200 BPS。

c. 參考上列範例程式，請將接收的中斷模式修改為輪詢模式。

d. 參考上列範例程式，請將發送的輪詢模式修改為中斷模式。

範例 7：實驗板間之串列埠通訊

參考如下圖所示之實驗架構建立串列埠的硬體通訊。設計一個應用程式，可以將實驗板 0 指撥開關的數位輸入狀態值發送給實驗板 1 且輸出至 LED0~7（P1.0~P1.7）上。同理，對實驗板 1 也可將其指撥開關的數位輸入狀態值，回傳給實驗板 0，並且輸出至實驗板 0 的 LED0~7（P1.0~P1.7）上。本範例是進行 2 個實驗板間的簡單通訊。注意，串列通訊採用模式 2 且鮑得率為 375000BPS。

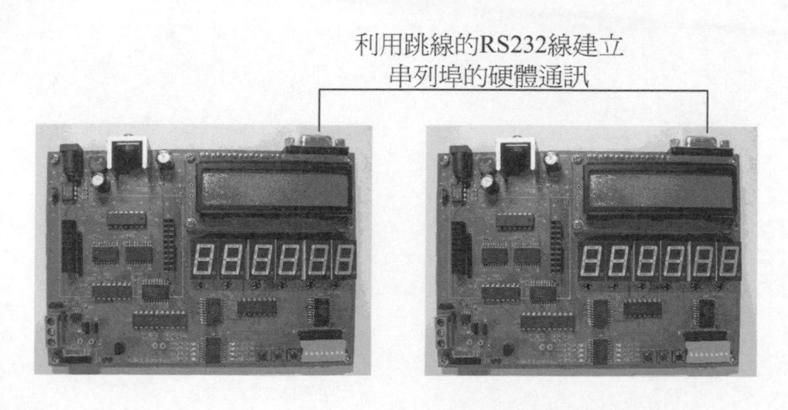

流程圖

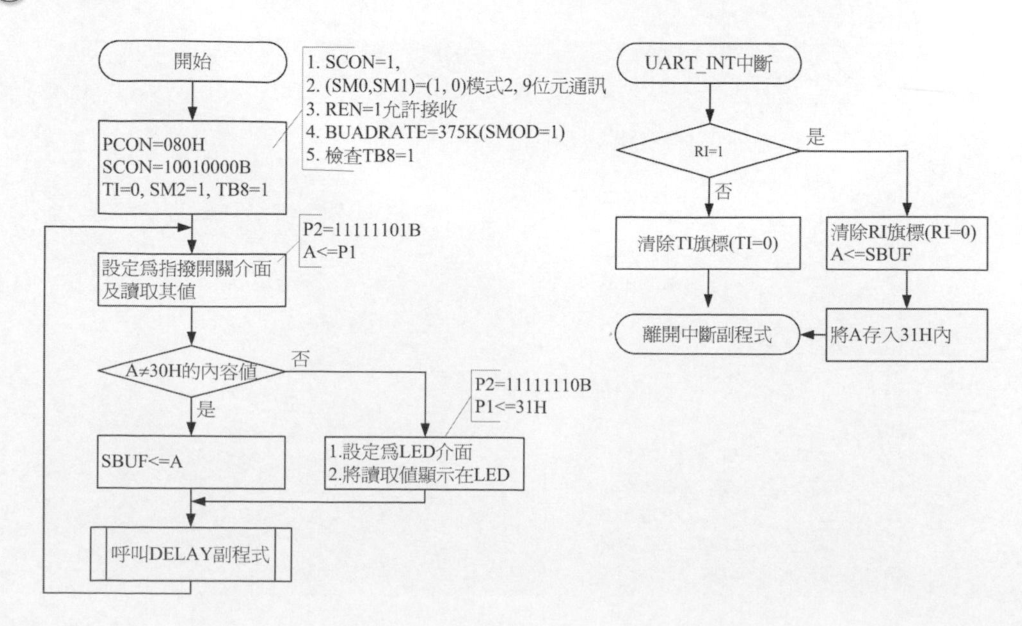

程式碼

範例 DM14_07.ASM 程式碼

```
1            ORG    0000H
2            JMP    MAIN
3            ORG    0023H
4            JMP    UART_INT
5            ORG    0030H
6   MAIN:    MOV    30H,#00
7            MOV    PCON,#080H     ;375KBPS
8            MOV    SCON,#10010000B ;(SM1,SM0)=(1,0)=mode 2, SM2=0, REN=1
9            MOV    IP,#00010000B
10           MOV    IE,#10010000B
11           MOV    A,#00
12           CLR    TI
13           SETB   TB8
14  LOOP:
15           MOV    P2,#11111101B
16           MOV    A,P1
17           CJNE   A,30H,SEND
18           JMP    Display
19  SEND:    MOV    30H,A
20           MOV    SBUF,A
21  Display:
22           MOV    P2,#11111110B
23           MOV    P1,31H
24           ACALL  DELAY
25           JMP    LOOP
26  ;
27  UART_INT:
28           JBC    RI,REC_INT
29           CLR    TI
30           JMP    UART_EXIT
31  REC_INT:
32           CLR    RI
33           MOV    A,SBUF
34           MOV    31H,A
35  UART_EXIT:
36           RETI
37
38
39  ; Delay-°Ƶ{¦¡ (0.1s)
40  DELAY:   MOV    R6,#250
41  DL1:     MOV    R7,#200
42  DL2:     DJNZ   R7,DL2
43           DJNZ   R6,DL1
```

```
44          RET
45  ;
46          END
```

程式說明

1. 第 1 行為單晶片致能後預設讀取的程式位址（0000h）；第 2 行強制跳至 MAIN 標籤處執行。而第 3 至 5 行為設定串列中斷的程式為 UART_INT。這些都是撰寫單晶片程式每次必備的條件。
2. 第 6 至 13 行是主程式的初始化設定。第 6 行為 MAIN 標籤處且設定資料記憶體位址 30h 的內容為 0；第 7 行為 PCON=80H 設定 SMOD（Bit7）位元為 1；第 8 行設定 SCON 暫存器=0x90，也就是將串列埠模式設定為模式 2。本範例採用串列埠模式 2，當振盪器為 12MHz，經計算傳輸速率為 375KBPS。第 9 及 10 行設定串列傳輸中斷服務致能。第 11 至 13 行設定 A=0、TI=0 與 TB8=1。
3. 第 18 行與第 23 行是輪詢模式發射訊息的程式，讀取指撥開關的狀態值至累加器 A，然後判斷累加器 A 的內容與資料記憶體位址 30h 的內容是否不同，如果不同時，則跳至 SEND 標籤處，並且將 A 的內容搬至資料記憶體 30h，再將累加器 A 的內容由串列埠發射出去，接著再執行 Display 標籤以下程式；可是如果相同時，則跳至 Display 標籤處，將資料記憶體位址 31h 的內容送至 8 位元 LED 顯示，最後再跳至 LOOP 標籤處，再次執行第 14 至 25 行。
4. 第 27 行至第 36 行為接收訊息的中斷模式程式，當 RI=1 時，代表接收訊息且將資料傳送入累加器 A 中，再將累加器 A 內容搬移至資料記憶體位址 31h；但是 RI=0 時，消除 TI 旗標，然後離開中斷程式。
5. 第 40 至 44 行為時間延遲副程式，讓 LED 燈有足夠時間來顯示。

思考問題

a. 參考上列範例程式，串列通訊改為模式 1，應用計時器 1 模式 2 的方式設定鮑得率為 4800BPS。

b. 參考上列範例程式，串列通訊改為模式 3，應用計時器 1 模式 2 的方式設定鮑得率為 2400BPS。

Chapter 14

問題與討論

1. 參考範例 1 及微控制器與 74164 數位 IC 介面電路，請設計一個程式可透過串列通訊去控制 74HS164 的數位 IC，並可以產生左右移走馬燈功能，如下圖所示。注意，每個狀態的改變時間間隔為 0.4 秒。

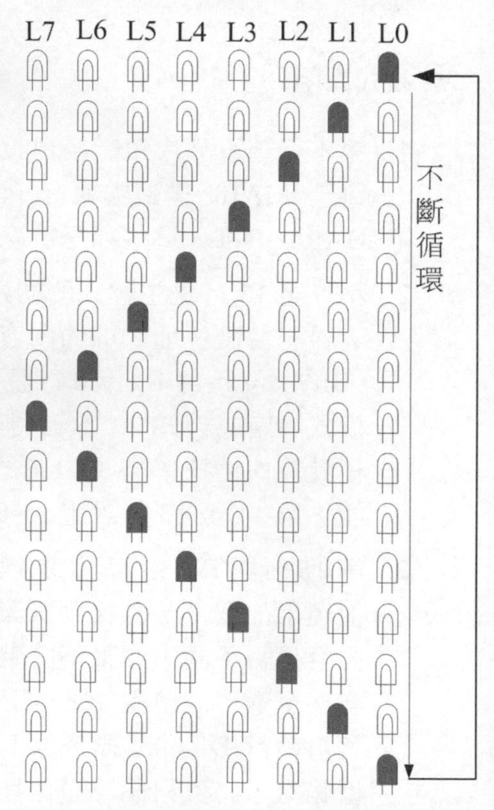

2. 參考範例 3 之實驗架構。在實驗板設計一個串列通訊應用程式，具將 PC 端發送給實驗板的字串，顯示在 LCM 模組上，且同時可以回傳給 PC 端的通訊應用程式上顯示。注意，串列通訊的鮑得率（baudrate）設定是採用計時器 1 模式 2 的方式，本習題中應用鮑得率為 9600BPS。

3. 參考範例 3 之實驗架構。在實驗板設計一個串列通訊應用程式，具有將溫度 IC 之量測值，發送給 PC 端的通訊應用程式上顯示。注意，串列通訊的鮑得率（baudrate）設定是採用計時器 1 模式 2 的方式，本習題中應用鮑得率為 9600BPS。

4. 參考範例 3 之實驗架構。在實驗板設計一個應用程式，可將即時時鐘回傳給 PC 端的通訊應用程式上顯示。串列通訊的鮑得率（baudrate）設定是採用計時器 1 模式 2 的方式，本習題中應用鮑得率為 9600BPS。此外，實驗板即時時鐘的時間初始化可採用 SW 開關與 PB0~2 按鈕去設定，其設定動作要求如下：

（1）當 SW0 為低電位，執行時間設定，其動作為（a）當按下 PB0 按鈕時，即自動遞增參數值；（b）當按下 PB2 按鈕時，即自動遞減參數值；（c）當按下 PB1 按鈕時可以改變設定模式，例如「年」、「月」...等。可是按下時間超過 2 秒以上時則將參數值寫入即時時鐘。

（2）當 SW0 為高電位，則執行即時時鐘讀取與顯示在指定格式 LCM 模組上（參考範例 4）。注意即時時鐘的設定畫面分別如下圖所示。

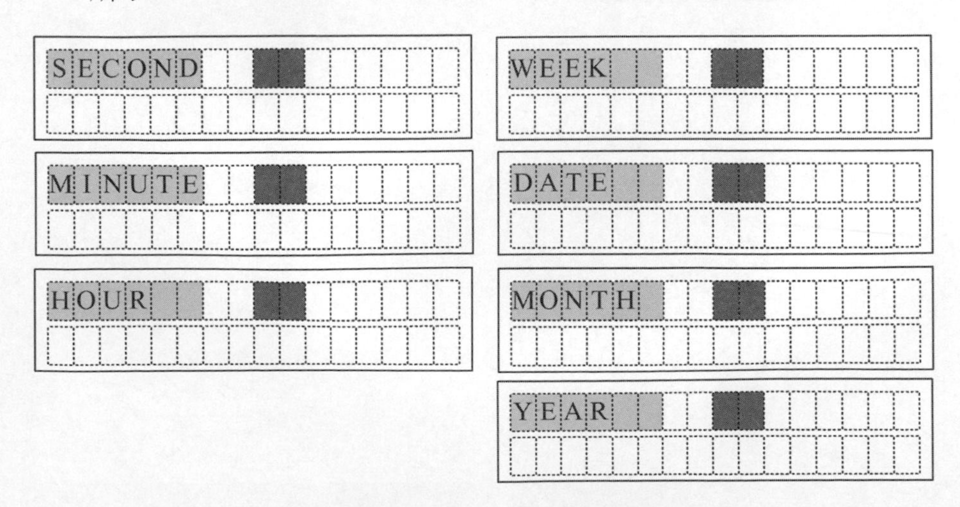

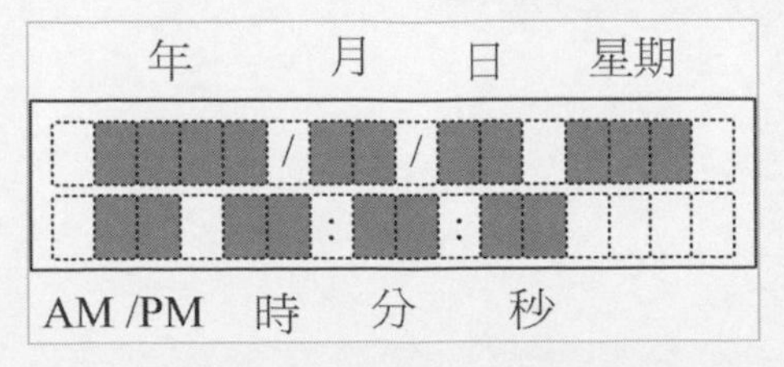

5. 參考如下圖所示之實驗架構，建立串列埠的 1 對多的硬體通訊。請設計一個應用程式，可以實驗板 0 指撥開關的數位輸入狀態值發送給對實驗板#2 及#3 且輸出至 LED0~7（P1.0~P1.7）上。同理，對實驗板#2 及#3 也可將其指撥開關的數位輸入狀態值，回傳給實驗板#1，並且分別顯示在 LCM 模組的第一行及第二行。進行 1 對多實驗板間的簡單通訊。注意，本習題是採用串列通訊模式 1，鮑得率為 9600BPS。

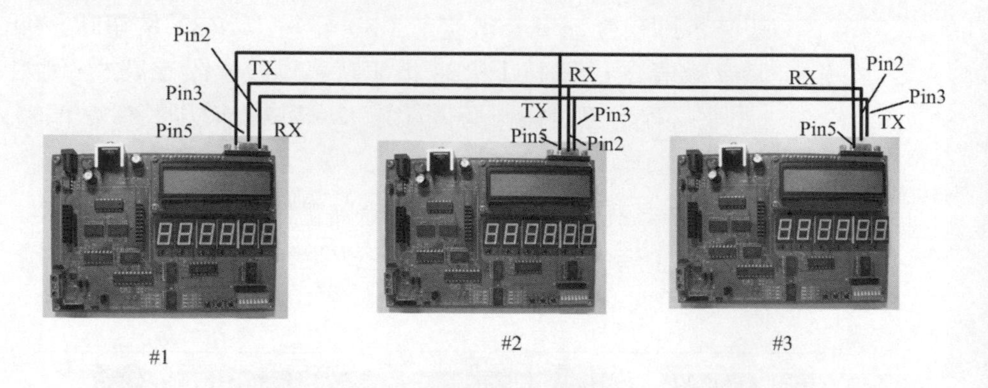

實驗內容：

第一章　單晶片介紹
第二章　組合語言與程式設計
第三章　程式開發流程與應用
第四章　數位輸出及輸入應用
第五章　副程式與中斷副程式之應用
第六章　計時器與計數器之應用
第七章　七段顯示器之應用
第八章　聲音與音樂之應用
第九章　文字型LCM模組之應用
第十章　類比至數位轉換之應用
第十一章 數位至類比轉換之應用
第十二章 數位溫度元件之應用
第十三章 I2C串列通訊與即時時鐘之應用
第十四章 串列通訊之應用

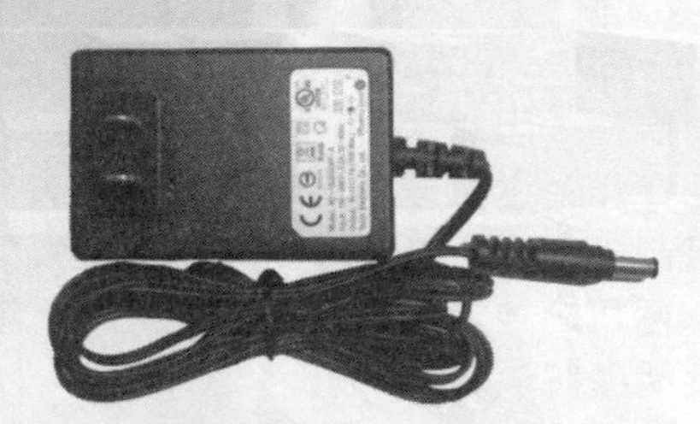

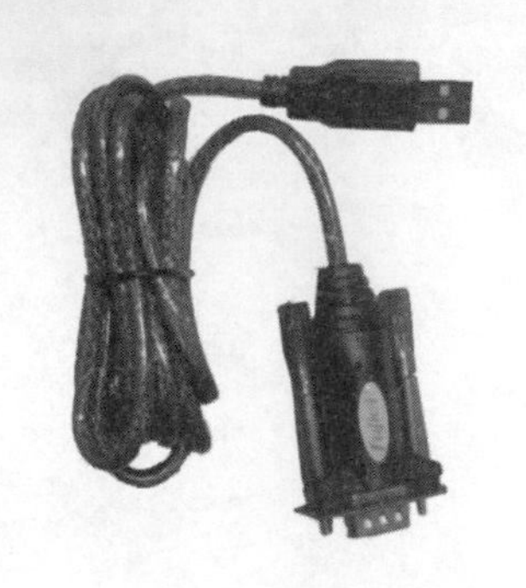

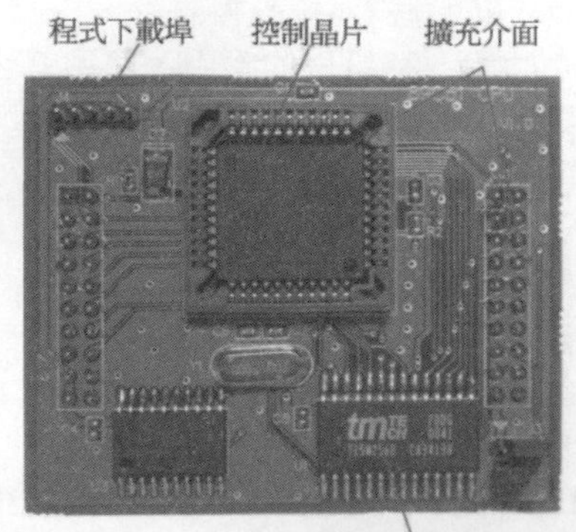

讀者服務

感謝您購買碁峰圖書，如果您對本書的內容或表達上有不清楚的地方，或是有任何建議，歡迎您利用以下方式與我們聯絡，但若是有關該書籍所介紹之軟體方面的問題，建議您與軟體原廠或其代理商聯絡，方能儘快解決您的問題。

- 網站客服：請至碁峰網站 http://www.gotop.com.tw 「聯絡我們」\「圖書問題」留下您所購買之書籍及問題。(請輸入書號或書名以加快回覆之速度)
- 傳真問題：若您不方便上網，請傳真至 (02)2788-1031 圖書客服部收
- 客服專線：請撥 02-27882408#861，洽圖書部客服人員。

如何購買

- 線上購書：不用出門就可於各大網路書局選購碁峰圖書。
- 門市選購：請至全省各大連鎖書局、電腦門市選購。
- 郵政劃撥：請至郵局劃撥訂購，並於備註欄填寫購買書籍的書名、書號及數量
  帳號：14244383　　戶名：碁峰資訊股份有限公司
  （為確保您的權益，請於劃撥後將訂購單傳真至 02-27881031）

碁峰全省服務團隊

學校或團購用書請洽全省服務團隊，將有專人為您服務

台北總公司	服務轄區：基隆、台北、桃園、新竹、宜蘭、花蓮、金門 電　話：(02)2788-2408　傳真：(02)2788-1031
台中分公司	服務轄區：苗栗、台中、南投、彰化、雲林 電　話：(04)2452-7051　傳真：(04)2452-9053
台南分公司	服務轄區：嘉義、台南 電　話：(06)270-8568　傳真：(06)270-8579
高雄分公司	服務轄區：高雄、屏東、台東、澎湖、馬祖 電　話：(07)384-7699　傳真：(07)384-7599

瑕疵書籍更換

若於購買書籍後發現有破損、缺頁、裝訂錯誤之問題，請直接將書寄至：台北市南港區三重路 66 號 7 樓之 6，並註明您的姓名、連絡電話及地址，碁峰將有專人與您連絡補寄同產品給您。

版權聲明

商標聲明

國家圖書館出版品預行編目資料

微處理機/單晶片組合語言教學範本 / 陳正義, 李建華著. -- 初版.

-- 臺北市：碁峯資訊, 2012.01

面； 公分

ISBN 978-986-276-417-6(平裝)

1.微處理機

471.516 101000112

書　　名	微處理機/單晶片組合語言教學範本
書　　號	AEH001300
作　　者	陳正義 / 李建華
建議售價	NT$520
發 行 人	廖文良
發 行 所	碁峯資訊股份有限公司
地　　址	台北市南港區三重路 66 號 7 樓之 6
電　　話	(02)2788-2408
傳　　真	(02)2788-1031
法律顧問	明貞法律事務所　胡坤佑律師
版　　次	2012 年 01 月初版